#motorbike #bikerepair

Für Duni.

Für Luki.

#motorbike #bikerepair

So durchschaust, wartest, pflegst und reparierst du dein Motorrad.

4. Auflage

Uller Bessin

Impressum

Ulrich Brügmann
Gorch-Fock-Str. 13
24601 Wankendorf
Tel.: +49 4326 288 9397
E-Mail: office@goerage.net
Internet: https://goerage.net

ISBN: 978-9-40-370636-8

#motorbike #bikerepair

4. überarbeitete und erweiterte Auflage 2026

Letzte redaktionelle Bearbeitung: 15.06.2026

Produktmanagement: gÖrage.net

Herstellung, Satz und Digitalisierung: Ulrich Brügmann

Redaktion: Ulrich Brügmann

Coverfoto, Titelgestaltung: © 2026 gÖrage motorcycles

Fotografien: © 2026 gÖrage.net, Lukas Heikendorf, Ulrich Brügmann (außer in Sektion ‚Über' unter ‚Fotos' aufgeführte Werke).

Druck und Vertrieb: Bookmundo.

Handgemacht, ganz klar!

Haftungsausschluss

Das Werk inklusive aller Inhalte wurde über Jahre und unter größter Sorgfalt erarbeitet. Dennoch können Fehler, Druckfehler und Falschinformationen nicht ausgeschlossen werden. Verlag, Autor und das Projekt gÖrage.net bzw. gÖrage motorcycles übernehmen keine Gewähr, Haftung und juristische Verantwortung in irgendeiner Form für Aktualität, Richtigkeit, Vollständigkeit, Qualität, Verlässlichkeit, Brauchbarkeit und eventuelle Folgen bei Übernahme der bereitgestellten Informationen. Für Anregungen, Kritik und Fehlerhinweise sende bitte eine Mail an feedback@goerage.net. Vielen Dank!

Arbeiten an einem Zweirad sind von Natur aus risikobehaftet und können bei fehlerhafter Ausführung und unter bestimmten Voraussetzungen zu erheblichen Folgeschäden führen. Verlag, Autor und das Projekt gÖrage.net bzw. gÖrage motorcycles lehnen daher ausdrücklich Haftung für etwaige Unfälle und Schäden jeder Art ab, die auf Grund der veröffentlichten Arbeitsanweisungen, daraus gefolgerten Schlüssen oder anderen Gründen (bspw. wegen fehlenden oder andernorts untergebrachten Sicherheitshinweisen) entstanden sein sollen. Auch sind Haftungsansprüche sowie daraus abgeleitete Rechts- und Schadenersatzansprüche gegen den Verlag, den Autor oder das Projekt gÖrage.net für Schäden materieller oder ideeller Art, die durch die Nutzung oder Nichtnutzung der Informationen bzw. durch die Nutzung fehlerhafter und/oder unvollständiger Informationen verursacht wurden, ausgeschlossen. Für alle auf Grundlage dieses Buches vorgenommenen Arbeiten übernimmt die jeweilige als Schrauber, Bastler, Mechaniker oder in anderer Funktion tätige Person das alleinige und uneingeschränkte Risiko. Dieses Buch dient als Beitrag zu eigenverantwortlichem Arbeiten, als Hilfe zur Selbsthilfe, die Nutzung und Umsetzung der enthaltenen Informationen erfolgt ausdrücklich auf eigenes Risiko. Die Umsetzung erteilter technischer Ratschläge (auch jene, die keinen üblichen Handwerksregeln entsprechen) setzt handwerkliches Grundwissen und Geschick voraus und sollte nicht ohne diese angegangen werden. Im Zweifelsfall ist die Ausführung einer Arbeit an einen geschulten Spezialisten zu übertragen oder ein solcher zu Rate zu ziehen.

Alle vorbezeichneten Haftungsausschlüsse gelten nicht bei Vorsatz oder grober Fahrlässigkeit und soweit Zusicherungen schriftlich abgegeben wurden. Auch gelten die Ausschlüsse ausdrücklich nicht bei Schäden aus der Verletzung des Lebens, des Körpers oder der Gesundheit, bei der Verletzung wesentlicher Vertragspflichten (Kardinalpflichten) sowie bei Ansprüchen nach dem Produkthaftungsgesetz.

Inhaltsverzeichnis

Bevor du loslegst:

Vereinzelt findest du im Text Symbole und Verweise auf Internetseiten. Hierzu ein paar Erklärungen:

Zu allen Themen beinhaltet dieses Buch Links zu weiteren Inhalten im Internet. Die verwendeten Kurzlinks werden von t1p.de bereitgestellt. t1p wird eigenen Aussagen zufolge von Deutschland aus betrieben, arbeitet datenschutzfreundlich und überprüft alle Links auf Malware- und Phishingbefall.

Für die einzelnen Web-Inhalte sind ausschließlich die Betreiber der jeweiligen Internetseiten verantwortlich. Zum Zeitpunkt der Drucklegung waren keine sichtlich illegalen Inhalte auf den Webseiten vorhanden. Bei Weiterleitungen, die nicht eindeutig als kommerzielle Ziele erkennbar sind, steht zusätzlich der Hinweis ‚Kommerzlink' im Text.

Dieses Symbol kennzeichnet Inhalte mit Bezug zur Hauptuntersuchung eines Motorrads. Meist handelt es sich um Themen bzw. Sachverhalte, die direkten Einfluss auf das Bestehen der Prüfung haben. Weitere Informationen hält dann die HU-Sektion für dich bereit (das Symbol macht nur darauf aufmerksam, dass du dich eventuell damit auseinandersetzen musst).

Ist ein Text mit dieser Warnung ausgestattet, handelt es sich um ein Thema, das direkt deine Sicherheit oder die deines Bikes betrifft. Nehme dir die jeweiligen Hinweise zu Herzen!

„Adam fand immer etwas Vernünftiges, das er der Vergänglichkeit entreißen und in eine Zukunft mitnehmen musste, die seiner festen Überzeugung nach dem heillosen Wahnsinn geweiht sei und ein Desaster würde, weil sie uns bis dahin so weit hätten, dass wir zu blöd zum Kartoffelschälen wären und nicht mal mehr einen Knopf würden annähen können."

Aus ‚Das lässt sich ändern' von Birgit Vanderbeke.

Sektion 01: Werk- und anderes Zeugs

‚Zwei linke Hände' haben viele, wenn es darum geht, übers Wochenende einen Motor auseinanderzureißen, um am Montag zum Sahara-Sightseeing zu fahren. Da ist keine Schande drin zu sehen.

Genauso wenig, wie darin, dass sich die meisten Biker (m/f) maximal als Gelegenheitsschrauber mit Berufung zu Höherem verorten, denen *eine* linke Hand (die Rechte bei Linkshändern), etwas Gottvertrauen und die realistische Einschätzung der eigenen Fähigkeiten reichen. Hauptsache, man weiß, welche Erfahrungen bislang verdaut worden sind, was man sich talentmäßig zutraut, wie lernfähig man ist und von was man besser die Finger lässt, falls weder Wissen noch Können noch Werkzeugbestand ausreichen. Es ist selten Unwissenheit, die Schaden anrichtet, meistens ist es Ignoranz.

Wobei mit Werkzeugbestand das eigentliche Thema benannt ist: Werk- und anderes Zeugs, denn Werkzeug benötigen alle, die obsessiven Zwangs- wie die Hobby-Schrauber und die engagierten sowieso.

Ferner unabdingbar sind allerlei griffbereite Hilfsmittel, Kleinteile sowie Schmierstoffe. Was davon genau, für welchen Skill-Level und warum überhaupt, erfährst du weiter unten ...

Grundausstattung

Die unverzichtbaren Basis-Utensilien in Sachen ‚Motorradfahren mit Schrauberambitionen' sind modell-spezifische Anleitungen, rudimentäre Werkzeug-Sets sowie verschiedene Hilfsmittel wie Schmierstoffe. Was darüber hinaus geht, muss nicht notgedrungen die Garage bevölkern, man wird in Einzelfällen aber froh sein, wenn die Sachen vorhanden sind. Ständer beispielsweise, Schraubstock, Werkbank usw. Aber der Reihe nach ...

Ja, kann gut kommen, ein Must-have ist es aber nicht: die Hebebühne.

Handbuch und Reparaturanleitung

Erste Wichtigkeit: das mitgelieferte **Handbuch**. Das mag erstaunen, besteht so ein Wälzer aus gefühlt 300 Sprachen, 700 Sicherheitshinweisen und einer irren Anzahl rechtlicher Absicherungen. Aber ebenso aus unverzichtbaren Informationen wie Reifendruck, Schmierstofftypen und Drehmomentwerte, die sonst mühsam zusammengesucht werden müssten[01-1].

Zweite Wichtigkeit: eine *spezifisch auf dein Motorrad* zugeschnittene **Reparaturanleitung**. Solche Anleitungen sind für nahezu jedes Bike im Buchhandel erhältlich, mit Glück auch gebraucht bei eBay und in Stadtbüchereien.

Infoquellen fürs eigene Bike: Hersteller-Handbücher und spezifische Reparaturanleitungen, nicht selten auch als Kopie im Internet zu finden ...

Übrigens: Selbst in Produkten bekannter Motorbuchverlage können Fehler oder Inkonsistenzen vorkommen, bspw. weil Motorradhersteller nach Veröffentlichung unangekündigt Spezifikationen ändern. Im Zweifel lohnt deshalb, sich zusätzliche Informationsquellen zu sichern.

In welcher Form die Bücher vorliegen, ist im Prinzip egal. Kann gedruckt sein, muss aber nicht. Im Gegenteil: Existieren digitale Versionen und hast du ein brauchbares Display (größeres Tablet), bleibt das Papier davor bewahrt, mit verölten Fingern verschmiert zu werden. Obendrein besteht die Option, im Internet nach zusätzlichen Informationen zu suchen.

Ob es jedoch Wälzer sein müssen, die penibel verklickern, wie du einen Motor komplett zerlegst, und dir nebenbei mit tonnenweisen Informationen für Ausnahmemechaniker Kopfschmerzen bereiten, sei dahingestellt.

Bleiben wir auf dem Teppich: Freizeitschrauber benötigen selten mehr, als für die tägliche Praxis und verschiedenen Notfällen notwendig ist, während man kritische Arbeiten an Motoren und Sicherheitssystemen ausgebildeten Mechanikern überlässt. Wer dabei im Zuge üblicher Wartungs-, Reparatur- und Inspektionsarbeiten einen begnadeten Schrauber in sich entdeckt, kann dann seinen/ihren Skill-Level zeitig genug erweitern und in Fachliteratur investieren.

YouTube

Kleiner Abstecher, weil das Internet erwähnt wurde: Nicht nur Lesen bildet, auch **YouTube** beinhaltet einen reichhaltigen Wissensschatz, der darauf wartet, angebohrt zu werden. Die eingestellten Anleitungsclips stammen oft von Privatpersonen, aber ebenso von Marketingprofis im Auftrag diverser Unternehmen. Wem du dabei mehr vertraust, ist im Prinzip gleichgültig und obendrein der falsche Ansatz. Amateurkreationen können fehlerhaft sein (steckt ja kein Profi dahinter), professionelle dafür voreingenommener und breiter aufgestellt – weil halt Firmeninteressen berücksichtigt werden müssen. Und für spezielle Reparaturanweisungen einzelner Bikes ist dort eh zu wenig Luft, weil zu viele Modelle derartige Ambitionen unlukrativ machen.

In letzter Instanz ist YouTube aber sowieso keine Lehranstalt und mehr ein Gesprächsangebot. Man konsumiert nicht nur, man kommuniziert auch – und so lässt sich mit ideologiefreier Wachsamkeit und genügend Willen zur ausgiebigen Recherche recht schnell die Spreu (Dummbeutel auf der einen Seite, manipulative Schwätzer auf der anderen) vom Weizen trennen und Antworten auf spezielle Fragen finden. Nur eben nicht sofort – oder zumindest nicht immer auf Schlag.

Künstliche Intelligenz

Mit den richtigen Fragen gefüttert, kann auch eine gut trainierte KI hilfreich sein und komplette Arbeitsanleitungen selbst für uralte Motorräder bieten. Die Fehlerquoten sinken rapide und in ein paar Jahren benötigst du dann wohl selbst dieses Buch nicht mehr. Leider ...

Werkzeug-Grundausstattung

Mit Bordwerkzeug auf Motorräder einprügeln, geht selten gut. Es mag (vielleicht) für die eine oder andere Notreparatur zwischen Ackerfurche und Straßenrand reichen, ansonsten aber gilt: Mit miserablem Werkzeug lässt sich wenig erreichen und erst recht keine Schrauberkarriere hinlegen. Zeugen dafür sind abgegniedelte Schrauben und Muttern sowie Kratzer an Bike und Händen, unter anderem weil ungenau passende Schlüssel dazu neigen, abzurutschen. Also: Besser mehr Geld für **Qualitätswerkzeug** ausgeben und auf lange Sicht sparen. Ein lieblos gefertigtes Billigangebot aus dem Baumarkt, Fernost oder fernöstlichem Baumarkt ruiniert nicht nur deine Schrauben, das in aller Regel minderwertige Material wird bei häufigem Gebrauch sowieso nicht besonders alt. Es bricht, verformt sich oder wird sonst wie defekt und muss erneut erworben werden.

Der Haken beim landläufig gern gegebenen Supertipp ‚Qualitätswerkzeug': Fehlt das notwendige Kleingeld, bleibt der Traum vom guten Zeug graue Theorie.

Immerhin, Geduld kann dann zumindest etwas helfen:

1. Erwerbe *ein teures* Werkzeug statt *drei billige*. Dann brauchste länger, deine Ausrüstung zu vervollständigen, stehst langfristig aber besser da.
2. Suche gezielt nach Sonderangeboten von Qualitätswerkzeug bzw. schiebe Anschaffungen auf, bis der Preis auf ein akzeptables Niveau sinkt.
3. Durchforste Flohmärkte und eBay nach gebrauchtem Qualitätswerkzeug. Die Chancen stehen gut, eine wertvolle Ausrüstung für wenig Geld zu ergattern.
4. Lass' dir zum Geburtstag, Ostern etc. gutes Werkzeug schenken statt zwar ebenso wichtiges, aber nur auf der Couch brauchbares Daddelzubehör.
5. Klappere Discounter ab, die öfter Aktionen mit qualitativ akzeptablem Werkzeug haben und Reste mit Preisnachlass abverkaufen.

Wenn alles nix hilft: Greife zum Schrott-Werkzeug, hantiere damit aber, als sei es ... na ja, *Schrott*-Werkzeug! Rechne mit Ausfällen, Brüchen, Verletzungen und lege bei ungenau sitzenden Nüssen, Bits und Schlüsseln Stoffreste zwischen Werkstück und Werkzeug. Das rettet dich nicht zuverlässig vor zu weichem Werkzeugmaterial, das sich trotzdem verformen kann, aber vielleicht bekommst du die jeweiligen Schrauben auf oder zu, ohne sie zu ruinieren.

Für die meisten Neu-Schrauber beginnt der Einstieg mit einem relativ günstigen **Knarrenkasten**, der neben Aufstecknüssen in allen gängigen Größen auch Torx-, Schraub- und Inbus-Bits liefert. Auch gern gesehen: eine Griffverlängerung für längere Hebel (altes Rohr?).

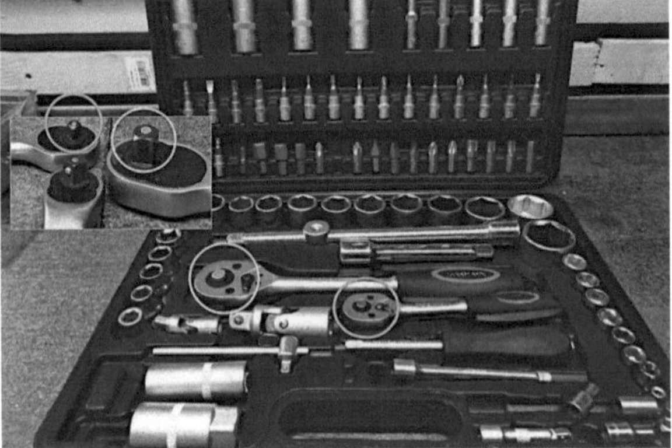

Knarrenkasten mit 1/2- und 1/4-Zoll-Knarre. 3/8-Zoll-Knarre kann bei Bedarf nachgekauft werden.

Achte beim Kauf darauf, dass eine **große (1/2 Zoll) und eine kleine (1/4 Zoll) Knarre** sowie Aufsteck-Verlängerungen vorhanden und die Komponenten aus Chrom-Vanadium-Stahl sind. Auch sollten die Nüsse einen Flankengriff gegen das Abgniedeln von Schraubköpfen aufweisen. Eine 3/8-Zoll-Knarre, die größentechnisch zwischen den beiden Erstgenannten liegt, kann bei Bedarf samt passenden Nüssen nachgerüstet werden, wirklich notwendig wird sie aber nur selten. Sinnvolle Ergänzungen zum Knarrenkasten können je nach Ambitionslevel sein:

- Ein Satz Inbusschlüssel mit Kugelköpfen zum seitlichen Ansetzen (ideal für enge Winkel).
- Ein Satz Torx-Schraubendreher[01-2].
- Ein mittelgroßer Kreuz-Schraubendreher.
- Ein Satz Rohr-, Spitz-, Flach- und Klemmzangen.

Notwendig werden kann ferner ein **Satz metrischer Ring- und Maulschlüssel** für japanische und die meisten europäischen Motorräder. Häufig verwendete Größen sind 10, 12 und 14 mm für Fernostler und zusätzlich 13 und 15 mm für Europäer. (Wo es geht, immer den schonenderen Ring- statt Maulschlüssel verwenden.)

Hinweis: Harley- und Buell-Freunde benötigen ebenso wie Fans klassischer englischer Motorräder Schlüssel in **Zoll-Ausführung**[01-3].

Behälter: Gewöhne dich besser gleich dran und sortiere abgenommene Bauteile, Schrauben, Muttern etc. in separate Plastiktüten, Joghurtbecher oder andere Behältnisse, um Verluste und Verwechslungen zu vermeiden.

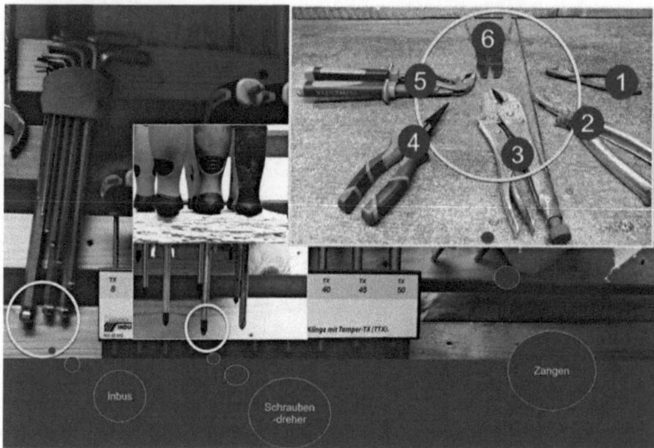

Ein Satz Inbusschlüssel mit Kugelköpfen, ein paar Schraubendreher in verschiedenen Größen und eine Sammlung Zangen: Flachzange (1), Seitenschneider (2), Klemmzange (3), Spitzzange (4), Universal- bzw. Pumpenzange (5), Kabelzange (6).

Drehmomentschlüssel

Ohne **Drehmomentschlüssel** gibst du besser alle Schrauberambitionen jenseits eines Leuchtkörperwechsels auf, denn das Teil ist unabkömmlich und unverzichtbarer Bestandteil jeder Ausrüstung.

Praktisch jede Schraube bzw. Mutter sollte mit dem vorgeschriebenen Wert angezogen werden. *Zu wenig Drehmoment* birgt die Gefahr, dass sich die Verbindung löst, *zu viel Drehmoment*, dass sich Bauteile verformen oder verspannen, Dichtflächen sich verziehen (und undicht werden), Schraubbolzen abreißen oder Gewinde ausreißen.

Um genau zu sein, benötigst du sogar *zwei* Drehmomentschlüssel: einen großen und einen zierlichen. Die kleineren Drehmomentschlüssel decken Bereiche von ca. 3 Newtonmeter (Nm) bis 30 Nm oder 50 Nm ab, die größeren Bereiche von 20 oder 30 Nm bis 140 Nm oder höher. Das Dumme daran: An Motorrädern kommen Verbindungen über die komplette Bandbreite vor – die (bis auf digitale) ein Schlüssel alleine nie beherrscht.

Regel 1: Ja, es gibt Schrauber, die haben sich im Laufe vieler Jahre ein Gespür für richtige Drehmomente angeschraubt und fühlen recht präzise, was sie einer Verbindung auch ohne Drehmomentschlüssel zumuten können. Gehe aber davon aus, dass wir anderen nicht dazu gehören und von dem Teil enorm profitieren.

Regel 2: Lassen sich korrekte Drehmomentangaben nicht in Erfahrung bringen, greife auf allgemeingültige Werte zurück, die sich am Metalltyp und dessen Qualität sowie dem Gewindedurchmesser und der Gewindesteigung einer Verschraubung ausrichten. Entsprechende Tabellen findest du im Internet[01-4]. (Allerdings musst du dich bei dieser Gelegenheit mit den Merkmalen einer Schraube wie Festigkeit und die anderen erwähnten Eigenschaften auseinandersetzen, da die Anzugsmomente je nach Typ variieren. Herkömmliche 8.8-Schrauben bspw. erhalten als M6-Variante 10 Nm, als M8 25 Nm und als M10 49 Nm. Siehe hierzu auch *„Über Schraubverbindungen"* auf Seite 14).

Regel 3: Aufgesetzte Verlängerungen und Kreuzgelenke können das Auslösemoment verfälschen.

Regel 4: Benutze einen herkömmlichen Drehmomentschlüssel niemals (echt jetzt: NIEmals) zum *Lösen* von Schrauben oder Muttern. Du riskierst die innere Mechanik.

Regel 5: Um die Feder zu schonen und lange Freude an dem teuren Teil zu haben, entspanne den Drehmomentschlüssel nach getaner Arbeit, indem du den geringsten Zahlenwert auf der Skala einstellst (also ‚0'). In dieser Position ist die Feder real entlastet; bei höheren Werten steht sie unter Spannung, bei geringeren unter Druck. (Wie, auch unter null? Ja, die Drehmechanik vieler Schlüssel lässt sich weiter nach unten drehen, auch wenn die 0-Newton-Marke unterschritten ist.)

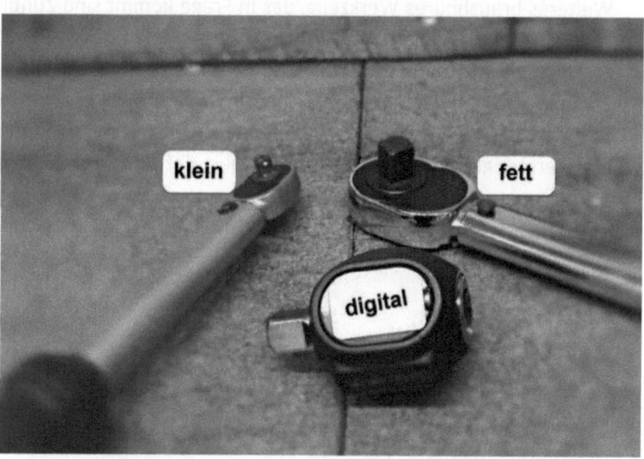

Ein großer Drehmomentschlüssel mit 1/4-Aufnahme (rechts), ein kleiner mit 1/8-Aufnahme (links) sowie ein elektronischer (weil Digitalisierung und so).

Erweiterte Werkzeugausstattung

Hast du dich ans Schrauben gewöhnt und möglicherweise Gefallen dran gefunden, kann eine erste Aufrüstaktion stattfinden – wie vorher mit möglichst wertigen Produkten, wenn der Kontostand es erlaubt (Bezugsbild auf nächster Seite oben):

Level 1

- Ein Satz **Kreuzschlitzschraubendreher** in verschiedenen Größen, gerne mit Magnetspitze.
- Ein paar **Schlitzschraubendreher** ebenfalls in verschiedenen Größen und mit Magnetspitze.
- Ein Satz **Inbusnüsse (1)** in allen gängigen Größen für die Knarre.
- **Mittelgroßer Hammer (2)** aus Metall sowie ein weiterer aus Gummi, Plastik oder Kupfer (schont Radachsen).
- Eine **Messing-** und eine **Stahlbürste (3)** zum Reinigen verrosteter Teile und Schrauben.
- Eine alte (harte) Zahnbürste: Eignet sich gut für moderat verdreckte oder verkrustete Werkstücke.
- Eine **Schleif- bzw. Polierscheibe (5)** unterstützt die Putzwütigen, die gerne jedes Teil abbauen und durchwienern.
- Ein **Federzieher** für verbindende Auspufffedern (kann auch ein umgebogener Nagel sein).

- **Tape (6)** in allen Formen und Farben, beispielsweise Gaffa, Isolierband, Kabelbaum-Klebeband ...
- Ein **Teppichmesser** zum Schneiden von Dichtungen und Durchtrennen von Benzin- und Entlüftungsschläuchen.

Inbusnüsse (1), Hammergelöt (2), Bürsten (3), Schraubstock (4), Schleifscheibe (5), Tape (6).

Level 2

Weiteres brauchbares Werkzeug, das in Frage kommt sind **Zündkerzennuss und -verlängerung (1)** und **Ölfilteraufsatz (2)**. Ob eine Kerzennuss mit oder ohne Gelenk, musst du schauen. Ein Gelenk ist nice, wenn es an deinem Mopped aber unnötig ist, brauchste es auch nicht. Und zur Ölfilternuss: Oft sitzen die Filter knallfest am Motor, dann helfen Werkzeuge wie dieses (auch als Riemen, Ketten o. Ä. zu haben).

Zündkerzen- (1) und Ölfilterschlüssel (2), Seitenschneider (3), Luftdruckprüfer (4), Schlagschrauber (5), Multimeter (6), säckeweise Bits (7).

Seitenschneider (3) zum Abschnipseln von Kabeln, Kabelbindern u. Ä. sowie einen **Luftdruckprüfer (4).** Der Reifenluftdruck lässt sich zwar auch an der Tanke messen, jedoch (meistens) umständlicher und (immer) weniger exakt. Zumal bei kaltem Reifen geprüft werden sollte – was schwierig wird, wenn die nächste Tankstelle zu weit entfernt ist.

Schlagschrauber (5) zum brachialen Lösen fest angezogener Kreuz- oder Schlitzschrauben. Es gibt sie als Hau-drauf-, Druckluft- und Akku-Varianten – aber Obacht bei kleineren Schrauben, da diese beim Gebrauch eines Schlagschraubers reißen können.

Haufenweise **Bits (7)** für Kreuz-, Inbus-, Schlitz- und sonstige Schrauben (angegnaddelte Bits werden zeitig entsorgt).

Level 3

Messschieber (8): Ein Schieber mit einem Messbereich bis 250 Millimeter reicht meist.

Gewindebohrersatz und **-schneider (14)** zum Reparieren und Reinigen von Gewinden.

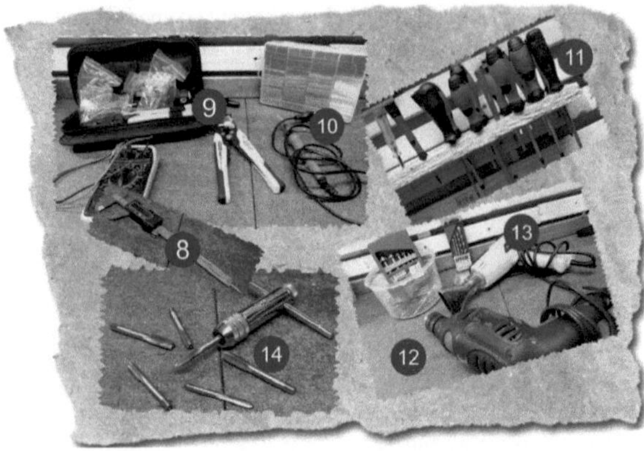

Messschieber (8), Kabelzange (9), Lötkolben (10), Schraubendreher (11), Bohrmaschine (12), Heißluftföhn (13) und ein Satz Gewindeschneider in den gängigsten Größen (14).

Bohrmaschine (12) und Metallbohrer (2 bis 12,5 mm).

Elektro-Zeugs: Für den ernsthaften Einstieg in die Motorrad-Elektrik schaffst du neben dem Seitenschneider ein **Multimeter** an sowie eine **Abisolier- bzw. Quetschzange (9),** Kabelschuhe, **30 Watt-Lötkolben** und **Schrumpfschläuche (10)** in verschiedenen Stärken (verwende aber *kein* Lötfett, es führt zu Korrosion).

Heißluftföhn (13), um Arbeitsbereiche gezielt erwärmen zu können, bspw. zum Lösen von Schrauben und dem Abziehen von Lagern.

Dichtungsschaber zum Entfernen alter Dichtungsreste von Metallkanten (Spachtel und Schraubenzieher richten nur Schaden an).

Level 4

Die Kür in Sachen Motorradwartung umfasst Aktionen, die mit im Alltag kaum gebräuchlichen oder gar modellspezifischen Werkzeugen angegangen werden:

Kettentrenn- und -vernietwerkzeug: Wer dem Bike ein neues Kettenset gönnt und hierzu nicht die Schwinge ausbauen möchte, kommt oft nicht drum rum, die neue Kette selbst zu vernieten. Achte darauf, dass das Werkzeug zur Kettenteilung (520, 525, etc.) passt (siehe auch Sektion 09 ab Seite 134).

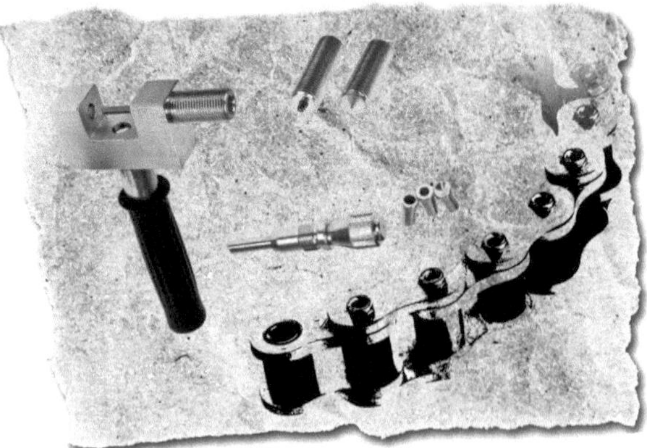

Alternative für Sparbiker: Mit Clipschloss *vorsichtig* (knapp über Schiebegeschwindigkeit) zur Werkstatt rollen und Kette vernieten lassen.

Bremsen-Entlüftungsgerät: Wer beim Wechsel der Bremsflüssigkeit nicht bis Saisonende pumpen möchte, um eingeschlossene Luft aus dem System zu bekommen, sollte auf ein kostengünstig zu bekommendes Entlüftersystem zurückgreifen. Das kann eine Vakuumpumpe mit Pumphebel oder eine schlichte Vakuumblase (Bild unten) sein.

Alternativen für Sparbiker (nicht direkt empfehlenswert)*:* Mit einer Spritze/Spraypumpe die Flüssigkeit absaugen.

Bei Bremssättel mit feinen Kanälen bringen einfache Vakuumpumpen leider meist nicht genügend Kraft auf, die Flüssigkeit raus zu befördern.

Ein Set **Seegeringzangen** für Spreng- und Seegeringe, die unter anderem Dichtungen und Lager an ihrem Platz halten (und irgendwie entfernt werden müssen, willst du die jeweiligen Teile ausbauen).

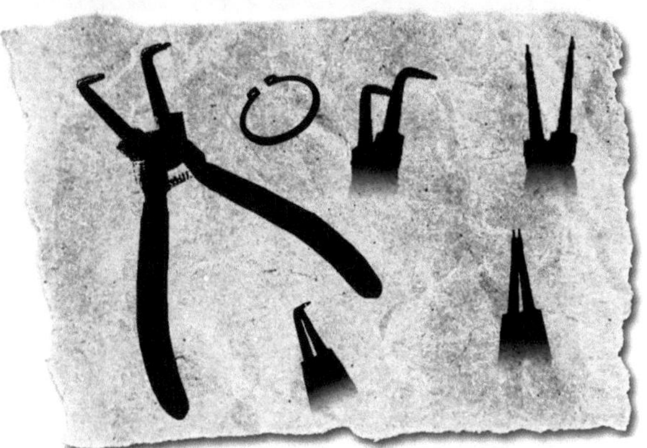

Alternativen für Sparbiker: Spitzzangen oder dünne Metalldorne.

Bremskolbenrücksteller: Bei jüngeren Bikes lassen sich Bremskolben oft mit der Hand zurückdrücken, bei betagteren kann ein Rücksteller nötig werden, weil sie spürbar fester in ihren Führungen sitzen.

Notfall-Alternativen für Sparbiker: Alte Belege einlegen und mit stabilem Schraubendreher auseinander hebeln. Bewährt haben sich auch stabile Metall-Holzzwingen, wie sie bei Tischlerarbeiten üblich sind.

Lageraustreiber, Lagerabzieher: Sollen Lager gewechselt werden, vereinfachen Lagerabzieher die Arbeiten enorm – während sich Sparbiker weiter mit Durchschlägen wie Dorn, Rohr oder Schraubendreher über die Runden quälen und die Lager so aus- und eintreiben.

Druckluftkompressor: Diese bis 8 Bar leistenden Geräte mit Luftpistole, Reifenfüllmanometer und (nach Möglichkeit langem Schlauch) können dank ihres Lärmpegels abstrus sozialunverträglich sein, sind aber für sensitive Reinigungsarbeiten (wie die Säuberung von engen Kanälen in verschiedenen Bauteilen) eine gute Hilfe. Alternativen? Im Prinzip keine – außer Mehrarbeit und bei simplen Dingen der Rückgriff auf eine Luftpumpe.

Spezialwerkzeug: Benötigt ein Motorrad spezielles Werkzeug, ist das ärgerlich, da es meist auch Typ- und/oder Hersteller-spezifisch ist. Immerhin, einige lassen sich mit Geschick im Eigenbau oder als Provisorium selbst anfertigen bzw. online als preisgünstige Nachbauten ordern. Andere (wie bspw. Kupplungsnaben- und Kupplungskorbhalter) sind hingegen nur direkt beim Motorradhersteller gegen Bares zu bekommen. Ähnliches gilt für normales Werkzeug in speziellen Größen oder Ausführungen wie seltene Nussgrößen, die meistens ebenfalls nur krass teuer über die Ladentheke gehen.

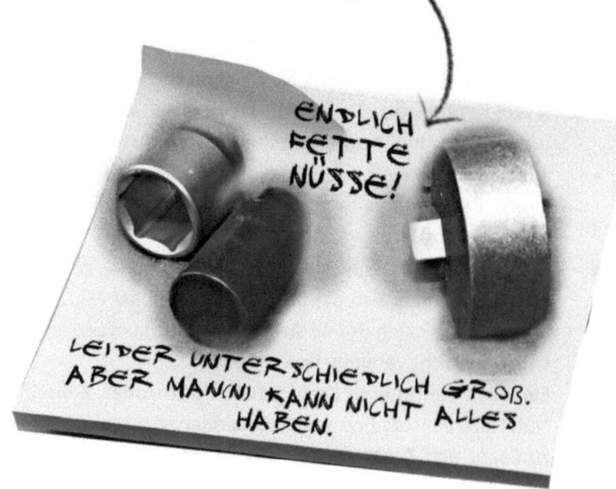

Gewindeeinsätze: Lässt sich ein ruiniertes Innengewinde nicht größer schneiden, weil bestimmte Gehäuse- oder Halteschrauben fest dimensioniert sind (bspw. bei Zündkerzen), muss die Reparatur mit einem Gewindeeinsatz wie Helicoil oder Bearcoil/Bearfix erfolgen. Hierbei wird das zerstörte Gewinde erst nachgeschnitten und dann ein Gewindeeinsatz aus einem eckigen, eng zylindrisch gewickelten Stahldraht hoher Güte hineingedreht, quasi ein Gewinde im Gewinde, hochbelastbar und langlebig.

Noch etwas in Sachen Ausrüstung?

Ja, damit die üblichen Biker-Vorführwitze greifen, die Selbige gerne als Alkoholiker oder Modepuppen oder beides labeln:

- Flaschenöffner.
- Holzfällerhemden (nur echt mit Kevlar und wenn teurer als Smokings).

Bordwerkzeug

Werkzeugtaschen sind traditionelles Zubehör seit den Tagen, an denen Zweiräder an jeder Ecke liegen blieben. Spartanisch ausgerüstet sind sie leider immer noch.

Wirklich nur das Nötigste: Ein paar Inbus, Zündkerzenschlüssel, 10-er- und 8-er-Maul, Kombischrauber und Federbeinversteller.

Meistens kein Hit, aber auch nicht generell Müll und verzichtbar: das Bordwerkzeug, serienmäßig in einer kleinen Plastik- oder Stofftasche (meistens) unter der Sitzbank verstaut. Ob man sich allerdings mit der herstellerseitigen Minimalversorgung zufriedengibt oder aufrüstet, muss jede(r) für sich entscheiden. Bewegst du dein Zweirad in der Regel nur zwischen Bäcker, Kiosk und Garage, lässt sich der fürs Werkzeug notwendige Platz anders nutzen, weil die Folgen einer Panne überschaubar bleiben.

Wer öfter längere Strecken im Programm hat, sollte sich hingegen bei Gelegenheit eigenes Bordwerkzeug zusammenstellen und eine Minimalausrüstung für ärgerliche Ausfälle anschaffen:

- Ein paar **Schlüssel** in den modellspezifisch notwendigen Größen. Gängig sind 8, 10, 12, 14 und 17 mm sowie fette Vertreter für die Achsmuttern (meistens 22, 24, kann bis 32 mm raufgehen).
- **¼-Zoll-Knarre** oder -Dreher mit **kleinerer Bit-Sammlung**, eventuell ein paar **Innensechskant- und Torxschlüssel**.
- **Kabelbinder:** Kabelbinder sichern lockere Stecker, ersetzen verlorene Befestigungen und Schlauchklemmen und halten auch sonst Dinge zusammen.
- **Kettenspray:** Für eine kleine Dose Kettenspray sollte immer Platz sein. Zumal sich die Dose eignet, ein paar Meter Panzertape rumzuwickeln (für all die Dinge, die sich unterwegs mit Kabelbinder nicht vereinen lassen wollen).
- **Ein paar Zentimeter Draht sowie Flach- oder Kombizange:** Nützt Gaffa nichts und sind Kabelbinder zu schwach, greifst du zu Draht und Zange (beispielsweise zur Sicherung eines abvibrierten Auspuffs).
- **Lüsterklemmen:** Eigentlich eine Igitt-Komponente für Elektroarbeiten am Motorrad, bei Pannen aber nützlich: Lüsterklemmen. Voraussetzung zum Einsatz ist natürlich ein kleiner Schraubendreher und etwas zum Abisolieren der zu verbindenden Kabel (Feuerzeug?).
- **Powerpack:** Die etwa Smartphone-großen Lithium-Ionen-Kraftwerke[01-5] von Anbietern wie Anker und Dino dienen als Jumpstarter, wenn eine Batterie den Motor nicht mehr anwerfen mag. (Nur ellenlang herumorgeln solltest du hiermit nicht, da das Gerät sonst dem Hitzetod anheimfällt.)
- **Reifen-Pannenset:** Zur Reparatur von Schlauchlosreifen dienen Pannenhilfesets, deren Hauptbestandteil eine kaugummiartige Substanz ist, die bis zu 4 Millimeter große Löcher im Mantel abdichtet, ohne dass hierzu das Rad ausgebaut werden muss. Für Schlauchreifen reichen die vom Fahrrad bekannten Gummiflicken plus Klebstoff, allerdings sind dann aber passende Schlüssel für Achsmutter, Achsklemmschrauben, Konterschrauben, Kettenspannschrauben und eventuell Bremssattelschrauben sowie ein Montiereisen zum Abziehen der äußeren Pelle zusätzlich mitzuführen. Was Produkte betrifft, die über das Ventil in den Schlauch eingeführt werden und die für beide Reifentypen geeignet sind: Sie hinterlassen eine Riesensauerei im Innenleben, die dir eine eventuell noch mögliche Reparatur erschwert. (Mehr Infos hält Sektion 08 *„Reifen/Räder"* ab Seite 117 für dich bereit.)
- Erfahrene Schrauber packen noch einen **Bowdenzugnippel** ins Paket sowie etwas **Dichtmasse** (wie 2-Komponentenkleber mit Glasfasermatte) für Löcher oder Risse in Verkleidung, Motordeckel, Kühler oder Tank.
- Verpacken lässt sich all das Zeugs in einer **Bordwerkzeugrolle**, idealerweise in einer wasserdichten Hülle, die auch ein **Multimeter**, eine kleine Dose **Ölspray**, eine Mini-**Messingbürste** und ein Paar **Werkstatthandschuhe** beherbergen kann.

OK, zugegeben, das klingt nach viel Gelöt zum Mitschleppen, aber nur auf dem Papier. In der Praxis wirst du alles unterbringen können, erst recht, wenn du dich darauf besinnst, dass niemand dein Motorrad so gut kennt wie du und sich das notwendige Werkzeug auf die üblichen Schraubgrößen (meistens 10er- und 8er-Ring- oder Maulschlüssel sowie einen 5er-Innensechskant) sowie die wahrscheinlichsten Pannen begrenzen lässt.

Bei einer vorne an der Gabel angebrachten Werkzeugrolle ist darauf zu achten, dass sie beim Eintauchen nicht auf den Fender aufschlägt ...

Hast du beispielsweise nie Probleme mit der Elektrik, brauchst du diesbezüglich auch nicht sonderlich viel einpacken. Anders herum: Musst du zuhause öfter einmal Tank und Seitendeckel abbauen, rechne auch unterwegs damit und addiere das notwendige Werkzeug deinem Paket hinzu. Zur Not kann unter Umständen der Platz unter der Sitzbank zwischen Sitzplatte und Batterie als zusätzlicher Stauraum herangezogen werden.

Wie viel und oft Probleme hat, muss natürlich mehr mitnehmen 😉. Passt aber auch irgendwie ...

Über Schraubverbindungen

Während der Arbeit herunterfallende Schrauben, Muttern und Unterlegscheiben haben unabhängig von Größe und Beschaffenheit eines gemeinsam: kurz nach dem hörbaren Aufprall verlassen sie diesen Planeten sofort, *sie verschwinden einfach* – und dann benötigst du dringendst griffbereiten Ersatz.

Allerdings, dumme Sache: Was ausreicht, um bei Mutti im Keller das Wackelregal ruhig zu stellen, verbietet sich hier: die Verwendung von Schrauben und Muttern aus der Grabbelkiste. Dies solltest du deinem Mopped nicht antun, und zwar nicht unbedingt aus ästhetischen oder elitären, aber aus sicherheitstechnischen Gründen.

Wie Restaurateure, deren Ziel es ist, ein Mopped in den Auslieferungszustand zurückzuversetzen, verwenden auch Profis mit gemäßigteren Intentionen praktisch **immer die originalen Schrauben und Muttern**, insbesondere an sicherheitsrelevanten Teilen wie Schwinge, Bremsen, Lenker, Gabel, Räder, Hebel, usw. Bestehen keine Möglichkeiten, an Originalteile zu kommen, besorge zumindest adäquaten Ersatz, also Schrauben und Muttern mit gleicher Qualität, Festigkeit, Gewindesteigung – und Größe sowieso. Für nahezu jede Motorradmarke existiert ein Onlineversender, der Schrauben und Muttern in

Erstanbieterqualität preisgünstiger als der Mopped-Hersteller vertickt. Mach' dich schlau diesbezüglich und einen Bogen um die Pappkamerad-Sammlung beim Discounter oder im Baumarkt.

Ja, so sehen Schrauben, Muttern und Scheiben aus, die nicht wissen, wo sie herkommen, aber genau, was sie aussagen sollen: „Verzichte auf uns!"

Schrauben

Schrauben finden sich an einem Bike in unterschiedlichen Ausführungen, problemlos erkennbar an **Schraubengröße** und **Schraubenkopf**, aber auch an weniger augenfälligen Merkmalen wie **Werkstoff** (bspw. Stahl, Edelstahl, Aluminium oder Titan) und **Gewindetyp**.

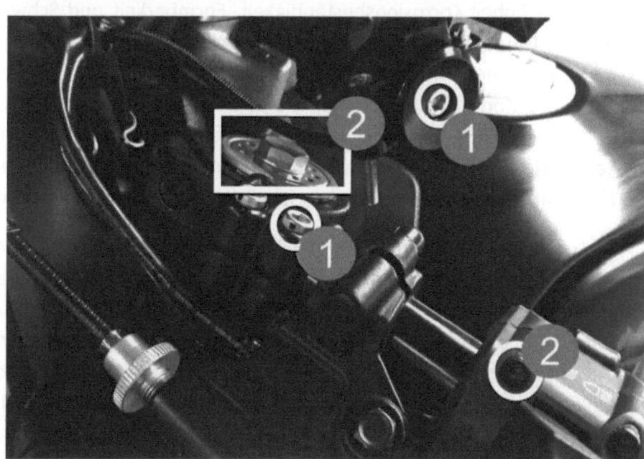

Innen/Vielzahn- (1) und Außensechskant-Schrauben (2) dominieren die Schraubentypen am Motorrad.

Wichtig: Verwende immer ein **zu Schraubengröße und Kopftyp passendes Werkzeug**, um die jeweilige Verbindung nicht zu ruinieren, und (Wiederholung!) achte darauf, KEINE Schrauben bzw. Muttern zu verarbeiten, die halt rumliegen und von denen unbekannt ist, welche Qualitäten sie aufweisen, woher sie stammen und ob sie überhaupt so etwas wie Festigkeit besitzen.

Schlitz- und Kreuzschlitzschrauben

Schlitz- und Kreuzschlitz lassen sich Schraubkopf-technisch am leichtesten ruinieren, kommen an modernen Motorrädern aber nur noch selten zum Einsatz - oder überhaupt nicht mehr, wie die vor Ausbruch der Neuzeit üblichen Schlitzschrauben. Als Gewinde sind grob (bei älteren Maschinen und Plastikteilen)) wie fein möglich.

Der Kopf einer Kreuzschlitzschraube (aka Philips) kann auf der Unterseite platt sein (Halbrundkopf, Tellerkopf, Zierkopf) oder kegelförmig (Senkkopf, Linsensenkkopf). Eine Sonderform sind Pozidrivköpfe, die über zusätzliche sternförmige Einkerbungen verfügen, die bei Verwendung eines Philips-Schraubendrehers aber Spiel haben, so dass man einen passenden Pozidrivdreher benötigt (siehe Bild links unten).

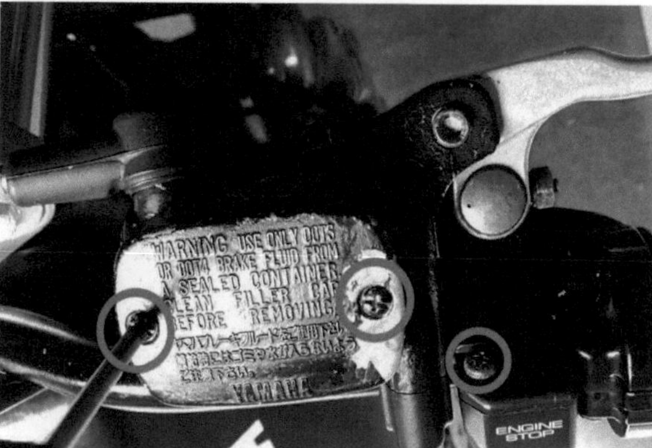

Kreuzschlitzschrauben kommen eher selten und bei wenig belasteten Verbindungen zum Einsatz.

Innensechskant/Vielzahnkopf

Innensechskante und Vielzahnköpfe lassen sich besser verarbeiten als Kreuzschrauben und bilden das Gros der Verbindungen bis 8 mm.

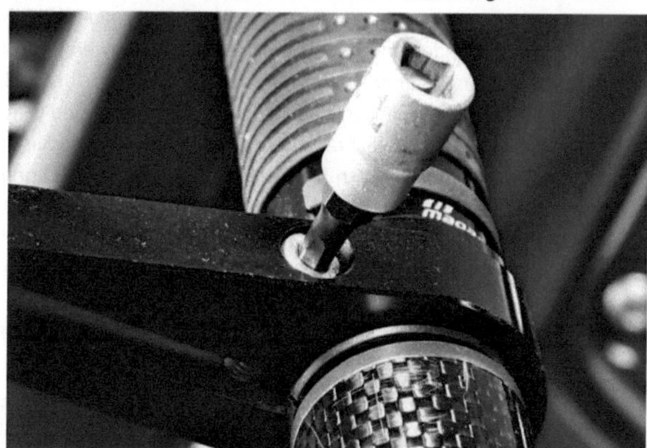

Herkömmliche Inbusschlüssel für Innensechskante bevölkern gemeinhin alle Serien-Werkzeugtaschen. Angenehmer arbeiten lässt sich aber mit Nüssen und Ratschenschlüsseln.

Die Kopfformen können wie bei Kreuzschlitz unten platt (Zylinderkopf, Flachkopf) oder kegelförmig (Senkkopf) ausgestaltet sein, die Gewinde meist fein (bei Metallverbindungen) und bei Verkleidungs- und Plastikteilen grob. Als Werkzeuge kommen Inbusschlüssel (Innensechskant) bzw. Torx-Schraubendreher (Vielzahnkopf) zum Einsatz.

Achte darauf, Innensechskant und Vielzahnkopf nicht zu verwechseln. Das Werkzeug des jeweils anderen mag sich 'passend' anfühlen, ruiniert aber gerne Schraubköpfe ...

Außensechskant

Außensechskantschrauben werden zur Sicherung belastbarer Verbindungen mit Feingewinde eingesetzt und wahlweise mit einem Schlüssel (Maul- oder Ringschlüssel) oder einer Nuss (Steckschlüssel) angetrieben.

Außensechskant: Meistens gut zugänglich und griffig – und falls einmal ein wenig versteckt, helfen Ratschen-Ringschlüssel, kleine Drehwinkel zu überwinden ...

Schraubgewinde

Grob- und Feingewinde lassen sich naturgemäß zielgenau unterscheiden, bei Feingewinden untereinander kann es aber schwierig werden. Zollschrauben anglo-amerikanischer Moppeds bspw. verfügen über andere Normen in Sachen Gewindeprofil, Flankenwinkel und Gewindesteigung als metrische Schrauben und Muttern von europäischen und japanischen Motorrädern (und selbst bei diesen beiden können Unterschiede zwischen den Regelgewinden auftauchen, so bei 10er- und 12er-Größen). Gute Teilekataloge verfügen deshalb über Anhänge, in denen alle verbauten Schrauben und Muttern samt Spezifikationen aufgelistet sind. Was du definitiv nicht machen solltest, ist eine Schraube oder Mutter mit Gewalt ein- bzw. aufzudrehen, wenn du bereits beim Ansetzen merkst, dass sich das Teil sperrt.

Auf den ersten Blick kann man schon mal reinfallen. Nützt nichts. Schrauben können trotzdem unterschiedliche Gewindesteigungen haben. Also achte drauf ...

Materialeigenschaften

An Motorrädern finden sich meist Edelstahl- und Aluminium-, vereinzelt auch Kunststoffschrauben. Edelstahlschrauben in den Kategorien A2 bis A4 sind rostfrei und werden für belastbare Verbindungen verwendet. Alu ist ebenfalls korrosionsbeständig, darüber hinaus aber zu 2/3 leichter und in verschiedenen Farben eloxierbar (das Auge isst halt mit). Für sicherheitsrelevante Verschraubungen sind Alu-Schrauben ***nicht*** geeignet.

Stahl

Stahl besitzt eine hohe Festigkeit und Härte, kann große Belastungen aushalten und ist widerstandsfähig gegenüber Biegung, Dehnung und Bruch. Der Nachteil: Ohne Beschichtung korrodieren Stahlschrauben sehr schnell. An Motorrädern kommen beschichtete wie unbeschichtete Stahlschrauben vor – und wecken Austauschwünsche, wenn sie in die Jahre kommen, korrodieren, festrotten und unansehnlich werden. Meist gehen die Wünsche dann mindestens Richtung Edelstahl, vereinzelt auch Titan und, bei nicht sicherheitsrelevanten Verschraubungen, Richtung Aluminium.

Titan

Die für Motorradschrauber interessantesten Eigenschaften von Titanschrauben sind deren Korrosionsbeständigkeit, ihr vertrauenerweckendes Verhältnis von Festigkeit zu Dichte und ihr visuell ansprechender Auftritt. Zwar sind sie 60 % schwerer als ihre (ebenfalls gern aus ästhetischen Gründen genommenen) Kollegen aus Aluminium, dafür aber doppelt so stark wie jene. Im Verhältnis zu Stahl sind Titanschrauben 30 % stärker und um die 43 % leichter.

Titanprodukte vom Typ 'Grad 1' sind die biegsamsten Vertreter und jene mit der höchsten Duktilität (= plastische Verformbarkeit, bevor es zum Bruch kommt), der besten Korrosionsbeständigkeit und größten Schlagzähigkeit. Die Weiterentwicklung 'Grad 2' ähnelt dem sehr, ist jedoch deutlich stärker, während der nächste Schritt, 'Grad 3', zwar wiederum fester als 'Grad 1' ist, aber etwas weniger formbar. 'Grad 3'-Produkte werden dort eingesetzt, wo mäßige Festigkeit und erhebliche Korrosionsbeständigkeit gefordert sind, in erster Linie wegen der besseren mechanische Eigenschaften, die sie 'Grad 1' und 'Grad 2' voraus haben. Titanprodukte von 'Grad 4' schließlich sind die stärksten, inklusive hoher Korrosionsbeständigkeit, Formbarkeit und Schweißbarkeit. Über 'Grad 4' hinausgehende Titanprodukte bestehen nicht mehr aus reinem Titan, sondern sind Legierungen, die entsprechend geringere Korrosionsbeständigkeit besitzen. 'Grad 5' bspw. besitzt zwar eine recht geringe Duktilität, dafür aber eine sehr hohe Festigkeit sowie eine höhere Zugfestigkeit und Streckgrenze. Es findet überall Einsatz, wo Festigkeit wichtiger ist als Korrosionsbeständigkeit ist.

Die unbeliebteste Eigenschaft von Titanschrauben ist der Preis, der Aufrüstwillige schnell aus dem Schuh rutschen lässt, zumindest wenn Gewichtseinsparung das Hauptaugenmerk ist. Über'n Daumen muss mit Kosten um die € 300 bis € 500.- Euro gerechnet werden, will man auch nur ein Kilogramm Masse loswerden, das man sonst in Form der gewichtigeren Stahlschrauben spazieren fährt. Warum das so ist? Eine DIN-Edelstahlschraube kostet ein paar Cent, dieselbe Größe als Titanausgabe mehrere Euro. Einzig bei sicherheitsrelevanten Verbindungen und Spezialschrauben, die sonst nur für teuer Geld beim Hersteller zu bekommen sind, relativiert sich der krasse Kostenaufwand ein wenig und lässt Titanschrauben attraktiv erscheinen.

Ebenfalls nachteilig bei Titanschrauben ist, dass sie selbst zwar korrosionsbeständig sind, dies aber nicht für das jeweilige Werkstück gilt, in dem sie eingeschraubt werden (was so allerdings auch für Aluminium und Edelstahl gilt). Treffen zwei verschiedene Metalle aufeinander, wie eben Stahl und Titan oder auch Aluminium und Stahl, muss bei Feuchtigkeit mit Oxydation und Korrosion gerechnet werden, die das jeweils niederwertigere Material zersetzt.

Edelstahl

Alternativ kommen bei Austauschwünschen die im Verhältnis zu Titan günstigeren Edelstahlschrauben (bzw. Edelstahlschrauben mit Beschichtung, weil auch das Auge was vom Austausch haben will) in Frage. Deren Vorteile sind außer dem niedrigen Preis die breite Verfügbarkeit, die hohe Festigkeit, Haltbarkeit und Korrosionsbeständigkeit sowie die sehr guten mechanischen Eigenschaften – auch wenn die Festigkeit bei hohen Temperaturen abnimmt. Ebenfalls nicht zu unterschätzen: Fallen Schrauben in unzugängliche Stellen am Bike, kann man Stahlschrauben mit einem Magneten herausholen. Das klappt bei den nicht-magnetischen Konkurrenten Titan und Aluminium naturgemäß nicht.

Aluminium

Aluminiumschrauben verfügen über ein geringeres Gewicht als Stahlschrauben (ca. 70 % weniger), sind aber weicher, weniger fest und bieten generell nicht die gleiche Robustheit. Sie können unter hohen Belastungen leicht biegen oder brechen, weshalb sie an sicherheitsrelevanten Verbindungen nichts zu suchen haben. Auf der Habenseite stehen weiter die gute Anziehwirksamkeit sowie der hohe Korrosionsschutz und die aufs Eloxieren basierende große Farbauswahl. (Hinweis: Im Motorsport werden Leichtmetallschrauben aus hochfestem Aluminium verwendet, die beim Gewichtsparen helfen, aber trotzdem über hohe Zugfestigkeiten verfügen.)

Kunststoff

Hier und da finden sich am Motorrad an wenig kritischen Verbindungen die meist aus Nylon hergestellten Kunststoffschrauben. Die Vorteile liegen auf der Hand: Leicht, günstig, null Korrosion und eine hohe Elastizität, die Lastwechsel sehr gut schlucken kann. Die Nachteile auch: Sie sind nur für wenig belastbare Verbindungen zu gebrauchen und haben eine geringe UV-Toleranz und Temperaturbeständigkeit, werden also im Lauf der Zeit spröde und brüchig.

Fazit

Stahl- und Edelstahlschrauben sind eine gute Wahl, wenn hohe Festigkeit und Härte erforderlich ist und extreme Belastungen und Vibrationen auszuhalten sind, während sich Aluminiumschrauben eher für Anwendungsfälle eignen, bei denen Leichtigkeit und Korrosionsbeständigkeit größere Bedeutung haben. Titanschrauben eignen sich abhängig vom Grad bzw. der verwendeten Legierung als Ersatz für Stahlschrauben mit gleichzeitig höherem Korrosionsschutz.

Zugfestigkeit & Streckgrenze

Ziehst du eine Schraube an, setzt du das Teil unter Spannung. Überschreitest du hierbei eine werkstoffspezifische Grenze, kann die Schraube die Spannung nicht mehr absorbieren und verformt sich oder reißt. Die Materialeigenschaften, die hierbei eine Rolle spielen, sind die Zugfestigkeit und die Streckgrenze. Die Zugfestigkeit beschreibt die maximal mögliche Spannung, die eine Schraube verkraften kann, die Streckgrenze, wie weit sie dehnbar ist (wie ein Gummibärchen lässt sich Metall bis zu einem gewissen Grad dehnen, bevor sich die Form dauerhaft und unwiederbringlich ändert).

Ansehen kannst du es einer Schraube allerdings nicht, was sie aushält, weshalb sie über aufgeprägte Zahlen der Form x.x verfügt, bspw. 8.8.

Die Schrauben-Zugfestigkeit/Streckgrenze ist aufgeprägt.

Die erste Ziffer mit 100 multipliziert ergibt die Zugfestigkeit des Materials, die zweite Ziffer multipliziert mit der ersten sowie ein weiteres Mal mit 10 ergibt die Streckgrenze, beides in Newton pro Quadratmillimeter (N/mm^2). An Motorrädern sind meist Schrauben mit einer Zugfestigkeit/Streckgrenze von mindestens 8.8 zu finden. Die Zugfestigkeit beträgt hierbei 8 x 100 = 800 N/mm^2, die Streckgrenze 8 x 8 x 10 = 640 N/mm^2.

Scheiben

Eine Schraubverbindung besteht nicht nur aus Gewinde und Schraube oder Mutter; in der Regel kommt eine weitere Komponente on top zum Einsatz: die Scheibe. Sie wird zwischen Schraube und Auflagefläche gelegt und dient der Schonung des Werkstücks sowie der Sicherung der Verbindung. Üblich sind auch Scheiben, die bereits fest mit dem Schraubkopf verbunden sind.

Bei Bikes zu finden sind folgende Scheibenvarianten:

Einfache Unterleg- (1) und Wellenscheiben (2): Besteht bei einer Verbindung eine Komponente aus Stahl und eine andere aus Aluminium (bspw. eine Stahlschraube im Motorgehäuse), schonen Wellen- und Unterlegscheiben die Alu-Flächen und verbessern die Flächenpressung, so dass der vom Schraubenkopf oder der Mutter auf das Werkstück ausgeübte Druck besser auf die Oberfläche des jeweiligen Werkstücks verteilt wird.

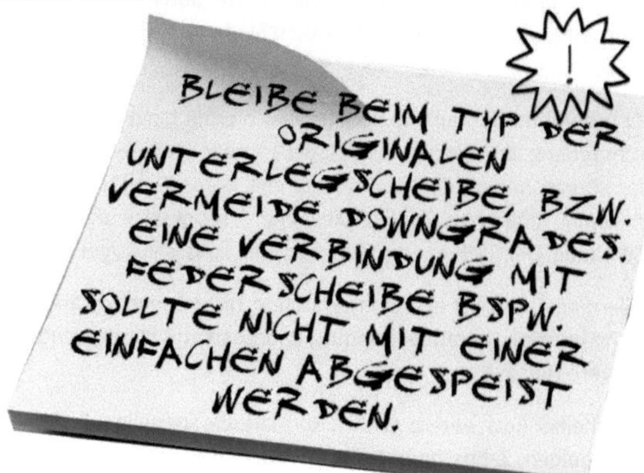

Federscheiben (3): Bestehen beide Werkkomponenten aus Stahl, erschwert eine Federscheibe (aka Sprengringe) die Lockerung einer Schraubverbindung durch Vibrationen. Empfindliche Oberflächen wie Alu oder Plastik/Kunststoff können durch Hinzufügen einer normalen Unterlegscheibe geschont werden.

Zahnscheibe (4), hier im Bild fest mit der Mutter verbunden. Die Zahnscheibe gräbt sich in beide Seiten einer Schraubverbindung ein und erschwert wie eine Federscheibe das Losschütteln der Verbindung.

Noch ein Griff in die Grabbelkiste ...

Stoppmuttern (5) sind selbstsichernde Muttern und verfügen über Weichblech- bzw. Kunststoffsicherungsringe (Polyamid) oder Stahlsegmente, welche die jeweilige Mutter auf der Schraube einklemmen. Muttern mit Kunststoffringen sollten einmalig verwendet werden, Muttern mit Stahlsegmenten dürfen mehrmals zum Einsatz kommen.

Mutter mit fester Scheibe (6 und 4): Bei Stahlmuttern mit festen Scheiben (geeignet für Alu- und Stahl) sparst du die Unterlegscheibe. Oft verfügt die Auflagefläche über eine feine Verzahnung, die aber nach zwei bis drei Verwendungen plattgedrückt ist und als Sicherung nicht mehr taugt.

Nylonscheibe (ohne Bild): Nylonscheiben bestehen aus Plastik und schützen den Untergrund, wenn dieser lackiert oder poliert ist. Für Metallverbindungen kommen sie nicht in Frage.

Schraubverbindungen sichern

Es liegt in der Natur der Sache, dass alle Verschraubungen bis zu einem gewissen Grad selbstsichernd sind. Die beim Anziehen aufgewendete Klemmkraft (aka Vorspannung) erzeugt genügend Reibung in den Gewinden, so dass die Verbindungen halten – und je stärker du anziehst, desto höher die Klemmkraft. Allerdings: lockern kann sich eine Verbindung trotzdem, beispielsweise durch Vibrationen. Um dem entgegenzuwirken, stehen verschiedene Techniken zur Verfügung:

1) Drehmoment: Kennste bereits, aber hiermit fängt es an: Jede Verschraubung am Mopped verlässt das Laufband mit dem vom Hersteller vorgesehenen idealen Drehmoment unter Berücksichtigung der maximal möglichen Zugfestigkeit und Streckgrenze der jeweiligen Schraube. Der Fachmann spricht hier von ‚kraftschlüssiger Sicherung'.

Allerdings: ‚Fest' ist erst einmal nur fest, nicht unbedingt auch sicher, denn um eine Schraubverbindung dauerhaft zu sichern, benötigst du weitere Hilfsmittel.

2) Scheibe: Auch bereits gehört: Normale wie spezielle Scheiben (Wellenscheiben, Zahnscheiben, Federringe und Federscheiben) erhöhen ganz klassisch die Klemmkraft und damit die Sicherheit deiner Verbindung.

3) Ebenfalls klassisch ist das Kontern einer Mutter mit einer zweiten Mutter. Oder die Verwendung von Stoppmuttern mit oder ohne Sicherungsringen (siehe oben). Wichtig: Nach dem Lösen einer solchen Verbindung die Stoppmutter durch eine neue ersetzen!

4) Chemie-Klebsicherung (7): Flüssige Schraubsicherungen[01-6] sind bewährte Lösungen, wenn es darum geht, Verbindungen dauerhaft zu sichern, insbesondere bei sicherheitsrelevanten Verbindungen.

Hierbei ist darauf zu achten, dass die Gewindegänge absolut fettfrei sind und bereits ein Tropfen einer ‚mittelfesten' Lösung auf das Innen- *oder* Außengewinde ausreicht, die jeweilige Verbindung zuverlässig zu fixieren – und später auch problemfrei wieder lösen zu können. ‚Hochfeste' Lösungen sollten speziellen Anwendungsfällen vorbehalten sein, da sie auch in sehr geringen Dosen (Stecknadelkopfgröße) nahezu für immer halten. Derartige Verbindungen können dann bestenfalls durch Erhitzung (mindestens 200 Grad) noch zur Aufgabe bewegt werden.

5) Splinte und Co.: Splinte und umgeschlagene Scheibenbleche sichern Verbindungen, die sich unter keinen Umständen ungewollt öffnen dürfen, beispielsweise an Radachsen und Bremsen (Splinte) und Kettenritzel (Sicherungsbleche). Erstere werden durch vorgebohrte Löcher gesteckt, Letztere simpel umgebogen. Beiden gemein ist, dass sie nach einer Demontage ersetzt werden müssen. Ausnahmen sind natürlich Dauersplinte, die nicht zufällig so heißen.

6) Drahtsicherung: Ein wenig over the top für den Fahralltag, im Rennsport und bei Offroadfreunden aber immer noch beliebt, ist die arbeitsaufwändige Drahtsicherung. Hierzu wird in die Schraube oder Mutter ein kleines Loch (2 bis 2,5 Millimeter) gebohrt und nach der Montage ein dünner Stahldraht hindurchgefädelt. Je nach handwerklichem Geschick werden die Drahtenden anschließend verdreht oder professionell verdrillt und an Bauteilen in der Nähe verknotet.

Wichtig: Bei Verknotungen am Rahmen muss ein kompatibler Draht, bspw. ein weicher ausgeglühter Kupferdraht, verwendet werden, um Schäden am Rahmen wie Risse (!) zu vermeiden.

7) Ebenfalls eine sichere Bank (wenn regelmäßig überprüft wird): Farbmarkierungen auf Schraubverbindungen. Sie bestehen aus einer (mehr oder weniger) geraden Linie vom Schraubkopf zur Auflagefläche. Lockert sich eine Schraubverbindung, erkennst du dies bei einer Sichtprüfung sofort an der nicht mehr geschlossenen Linie der Farbmarkierung.

Zum Markieren schwer abwaschbare Materialien verwenden, die eine Zeitlang halten, aber nicht ewig (weil sich nach einem Ausbau die Lage der Striche ändern wird).

Korrosionsschutz

Der neben Lockerung zweite potenzielle Dauerfeind jeder Verbindung ist das Festrotten durch Korrosion. Es sorgt im Lauf der Zeit für schwer oder kaum zu lösende Verschraubungen, und wer bei jedem Wetter unterwegs ist, wird sich spätestens bei der ersten Frühjahrsinspektion schwören, ab sofort zumindest die am stärksten der Witterung ausgesetzten Verbindungen irgendwie mit Fett, Öl oder Montagepaste zu schützen, um Gewindeschäden und Festbacken vorzubeugen

Kann man vereinzelt machen, sollte aber beherzigen, dass die Verwendung von Schmiermitteln/Pasten zur Korrosionsvermeidung einer Schraubsicherung diametral entgegensteht. (Genauso wie für spezielle Verbindungen der Einsatz eines bestimmten Fettes vorgeschrieben sein kann, existieren etliche, die trocken bleiben oder gar mit flüssiger Schraubsicherung versehen werden *müssen*. Konsultiere deshalb für jede Verbindung *auf jeden Fall* deine Reparaturanleitung.)

Öle bzw. Fette als Oberflächenschutz bedeuten, dass die im trockenen Zustand vorhandene Selbstsicherung verringert wird, wobei gilt, dass Öl oder Sprühfett mit niedriger Viskosität das Reibmoment nicht so stark beeinträchtigen wie hochviskoses Maschinenbaufett. Auch wenn nicht mehr als ein Tropfen Öl für kleinere und etwas Fett oder Aluminiumfett für größere Schraubverbindungen verwendet wird, kann sich im Extremfall die Verschraubung lösen!

Wenn schon Motoröl, dann natürlich frisches!

Die logische Folge ist, dass bei mit Fett oder Öl versehenen Gewinden das Drehmoment angepasst werden muss. Die Angaben der Hersteller gelten (soweit nicht ausdrücklich Gegenteiliges vermerkt ist) für trockene Schrauben, nicht für geschmierte Verbindungen mit geringerer Reibung. Die Klemmkraft ändert sich bei gleichem Drehmoment, so dass das Anzugsdrehmoment angepasst werden muss, um bspw. Ausreißer bei kleinen oder empfindlichen Gewinden zu vermeiden, so bei Stahlschrauben in Aluminiumgehäusen.

Leider finden sich aber kaum Anhaltswerte, um wie viel Prozent das Drehmoment verändert werden muss, so dass viele Biker entweder trotzig den Trockenwert nehmen oder sich mit *geringfügigen* Abweichungen im Drehmoment begnügen und zur Absicherung Spreng- oder Federringe hinzuziehen. (Es reicht **nicht**, eine mit Öl oder Fett behandelte Schraubverbindung einfach mit Farbe zu markieren und den Sitz öfter zu kontrollieren.)

Angesichts dessen empfiehlt sich, auf Schmierungen zu verzichten und stattdessen eine gering oder mittelfeste Schraubensicherung in Schraubkopfnähe zu verwenden, die ebenfalls vor Korrosion und Festrotten schützt.

Werden zwei Metallflächen miteinander verschraubt (Stahl auf Stahl, Alu auf Alu, Stahl auf Alu), empfiehlt sich, die Kontaktflächen der Werkstücke mit Fett einzuschmieren, um flächiges Festrosten zu verhindern. (Verwende aber kein Fett bei Kontaktstellen zwischen Kunststoff und Gummi, sondern greife auf Silikon- oder Teflonspray zurück, ebenso wie für Metall auf Kunststoff, Kunststoff auf Kunststoff und Gummi auf Gummi.)

Schraubverbindungen lösen

Lässt sich eine Verbindung nicht mit normalem Kraftaufwand lösen, beende den Versuch, bevor der Schraubenkopf ruiniert ist, und probiere, mit Tricks zum Ziel zu kommen. Oft hilft bereits ein gezielter Schlag mit einem Metallhammer, quasi als Schocktherapie, achte aber darauf, keine anderen Teile, bspw. Lager, in Mitleidenschaft zu ziehen. Ist genügend Platz zum Ansetzen und zum Arbeiten vorhanden, lohnt auch der Einsatz einer Wasserpumpen- oder Gripzange.

Fall 1: Schraubverbindung zu fest angezogen, Schraubkopf bereits ramponiert: Stecke den Schraubendreher (Kreuz, Inbus oder Torx) in die Fingerkuppe eines dünnwandigen Gummi- bzw. Latexhandschuhs, um mehr Grip zu erhalten. Außerdem gleicht das Gummi runde Schrauben in einem gewissen Rahmen aus.

Weitere Tipps:

- Fülle den Schraubkopf mit körniger Handwaschpaste, deren Schleifkörperchen einen Effekt wie Latexhandschuhe haben.
- Finden sich Reste im Schraubenkopf, die einigermaßen Grip bieten, setze einen Schlagschrauber mit passendem Bit auf und lande ein paar gut dosierte Schläge mit einem Hammer.
- Setze die nächste Größe des jeweiligen Werkzeugs (also nächsthöher bei Schraubendreher und Innenbits und nächstkleiner bei Nüssen) auf die Schraube und treibe sie mit kurzen, harten Schlägen mit einem Kunststoffhammer ein- bzw. auf.

Fall 2: Verbindung festgerottet/verklebt: Bei Rost empfiehlt sich, die betroffenen Schrauben mit Rostlöser vorzubehandeln und satt einzuweichen – wenn es sein muss (bei tiefsitzenden Gewindebolzen beispielsweise) über Nacht. Beim Arbeiten selbst hilft es, die Verbindung mit einem Heißluftföhn anzuwärmen. Der Fön ist besonders hilfreich, wenn eine chemische Schraubsicherung die Verbindung sperrt.

Wenn alle Stricke reißen

Extrem festsitzenden, weil festgerotteten Sorgenkindern ist mit herkömmlichem Werkzeug kaum beizukommen. Dann versuche einen der folgenden Vorschlägen:

- Schlage mit einem Schlitzschrauber eine Kerbe in den Schraubenkopf und die Schraube dann mit kurzen, harten Schlägen schräge gegen den Uhrzeigersinn auf (wahlweise auch mit Hammer und Meißel, wenn die Schraube nicht zu klein ist).
- Flexe den Schraubkopf ab und drehe den verbliebenen Gewindestummel mit Klemmzange raus.
- Ist die Verbindung extrem festgerottet, muss sie aufgebohrt werden. Setze eine mittige Körnung an, bohre ein Loch in den Schraubkopf und verwende einen Linksausdreher, wahlweise einen Ausdrehdorn, bspw. von Würth (*www.wuerth.de*).
- Für Brutalos eignet sich der Mutternsprenger, der einen Dorn in die Flanke der Mutter drückt und sie aufreißt. Nachteilig ist, dass dieses Werkzeug genügend Platz zum Ansetzen benötigt.
- *Drive Cone*-Steckschlüssel von Gambit: Diese Nüsse fressen sich in den Schraubkopf und leisten erstaunliche Arbeit selbst bei runden Köpfen.

Dos & Don'ts beim Schrauben

Sauberkeit: Verwende immer gereinigte Schrauben und Muttern. Mit Dreck und/oder Rost verkrustete Gewinde lassen sich mit Messingbürsten schonend säubern, ohne das Gewinde anzugreifen. Verwende jedoch KEINE Stahlbürsten. Um ein Innengewinde zu säubern, bohre mit *einem passenden* Gewindeschneider nach (also einem in originaler Gewindegröße).

Zur Gewindereinigung kein hartes Metall verwenden. Messing erledigt den Job besser.

Gewinde, die mit flüssiger Schraubensicherung beglückt wurden, müssen vor dem Wiedereinbau ebenfalls gründlich gereinigt und erneut mit frischer Flüssigkeit versehen werden.

Größe nicht verpeilen! Gehe Schraubköpfe NIE mit Werkzeug in der falschen Größe an, setze also keine 12er-Nuss auf eine 11er-Schraube oder einen zu kleinen Schrauber in eine Kreuz- oder Schlitzschraube. Du vergnaddelst nur den Schraubkopf.

Mindestlänge nicht unterschreiten! Vereinzelt müssen Schrauben eine Mindesteinschraublänge einhalten, bspw. solche in Aluminiumgewinden (wie unter anderem im Motorblock). Da reicht es nicht, wenn das Gewinde so gerade eben greift und die Schraublänge noch eine weitere Umdrehung zulässt.

Als Regel gilt: Schrauben mindestens mit der Länge des 1,5-fachen Schraubendurchmessers eindrehen, bei M6-Schrauben (Durchmesser 6 Millimeter) also wenigstens 9 Millimeter. Verfügst du für eine Schraube über keinen gleich langen Ersatz, nehme statt eine zu kurze eine zu lange und säge sie in der richtigen Länge ab.

Zugfestigkeit nicht missachten! An Moppeds sind Stahlschrauben verschiedener Größen zu finden, in aller Regel mit einer Zugfestigkeit/Streckgrenze von mindestens 8.8, je nach Einsatzgebiet auch mehr (9.8, 10.9 oder 12.9). Hast du keinen gut überlegten Grund für eine Änderung, bleibe beim Originalwert (gehe aber auf keinen Fall darunter). Für Muttern gilt eine Zugfestigkeit gleich der oder größer als die korrespondierende Schraube der jeweiligen Verbindung.

Hinweis: Edelstahlschrauben mögen in Alugewinden (wie im Motorblock) gut aussehen, sind aber nicht immer die beste Idee (auch, wenn die Länge passt). Das eine Material (Schraube) ist hart, das andere (Alugewinde) weich. Wenn hier zu viel Druck aufgebaut wird, gibt eines von beiden nach, drei Mal darfst du raten, welches (Antwort: das Gewinde im Motorblock).

Schraubsicherungen beachten: Flüssige Schraubsicherung wird, wie bereits angesprochen, nach der Gewindereinigung erneut aufgetragen. Letztendlich gab es einen Grund für die Sicherung.

Dies gilt so auch für selbstsichernde Muttern, die ebenfalls aus gutem Grund angebracht wurden: Sie lockern sich nicht so ohne Weiteres. Tausche sie deshalb nicht durch normale Muttern aus. Wie lange die Sicherung gegeben ist, hängt davon ab, wie oft solch eine Mutter entfernt und neu eingesetzt wurde. Daumenregel: So lange sie sich noch schwer genug drehen lässt, kann sie auch ein zweites oder drittes Mal verwendet werden. Zur Sicherheit setze eine Farbmarkierung.

Sorgfalt: Schrauben und Muttern sind vor dem Gebrauch auf Gewindefehler zu überprüfen. Überdrehte, vertikal eingeschnittene oder anders defekte Gewinde sind Sicherheitsrisiken und die jeweiligen Schrauben und Muttern gehören in den Müll.

Sonstiges: Schrauben in Flüssigkeitsbehältern (Ölwanne usw.) benötigen Kupfer- oder Aluscheiben als Dichtmittel (einmalig verwenden!).

Tipp: Bei Schraubverbindungen, die nur mit Kraftaufwand gelöst werden können (bspw. Achsmuttern), setze die Knarre oder den Schlüssel so an, dass das Bike nicht mitbewegt werden kann. In der Regel bedeutet dies, dass die Drehrichtung nach unten oder nach hinten zeigt. Zeigt sie nach oben, kann es passieren, dass du das Bike anhebst. Zeigt sie nach vorne, besteht Gefahr, dass du es vom Ständer bewegst.

Und noch einmal: Anziehdrehmoment! Für de facto jede Schraubverbindung an deinem Bike gilt ein vorgeschriebenes Drehmoment, um zu verhindern, dass sie sich von alleine löst. Ist eine Schraube/Mutter zu schwach angezogen, kann sich die Verbindung lockern; ist sie zu fest angezogen, kann sie reißen – aber auch wenn ein Gewinde nicht bricht, kann das jeweilige Gegengewinde instabil bzw. ‚weich' werden. Dann erscheint die Verbindung fest, lockert sich aber später und fällt unvermittelt ab.

Hilfsmittel und Kleinteile

Weitere Begleiter eines Schrauberlebens sind flüssige und feste Schmierstoffe sowie diverse Kleinteile wie Schlauchklemmen:

Flüssige Schmierstoffe

***Sauberes* Motoröl** (1) in einem Kännchen oder einer Spritze lässt sich als Gleitmittel und Schmierstoff verwenden, niedrigviskoses u.U. als Korrosionsschutz bei Schraubverbindungen (siehe hierzu auf Seite 18 den Abschnitt *‚Korrosionsschutz'*). **Hinweis:** Nutze kein Altöl!

Fettspray eignet sich zum Schmieren, **Vielzweck-** oder **Kriechöl** (2) wie WD-40[01-7], Caramba[01-8] oder Liqui Moly[01-9] eher nicht oder nur bedingt, dafür aber prima als Kriechmittel, Rostlöser, evtl. Kontaktspray (bedingt), Korrosionsschutz und Reiniger.

Vaseline: Egal, ob fest oder flüssig: Vaseline eignet sich gut zum Fetten beweglicher Kunststoffteile (Gasgriffe etc.) – und der Hände.

Feste Schmierstoffe

Normales Schmierfett (3) eignet sich für Kontaktstellen beweglicher Teile, die nicht alle naslang mit Fettspray eingesprüht werden sollen, beispielsweise Fußrasten, Haupt- und Seitenständer, Achsen und was sich sonst irgendwie dreht oder ein Gelenk besitzt.

Falsch kaufen lässt sich Schmierfett nahezu nicht, achte aber trotzdem darauf, dass es für den Gebrauch an Bikes wasserresistent genug ist und sich nicht gleich beim ersten Nieselregen auflöst und Richtung Straße abgespült wird.

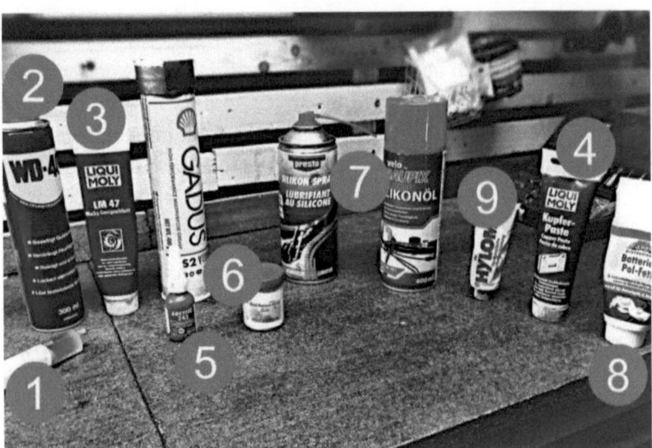

Dauerwerbesendung ohne eindeutige Kaufempfehlung: Motoröl (1), Ölspray (2), Fett (3), Kupferpaste (4), Schraubsicherung (5), Spezial-Lagerfett (6)), Silikonöl (7), Polfett (8) und Dichtmittel (9). Grobe Daumenregel: Nutze Fette, wenn Bauteile sowieso demontiert bzw. zugänglich sind, und Sprays, wenn sie ohne viel Aufwand geschmiert werden sollen

Mit **Lagerfett** (6) verwöhnst du unter anderem Rad-, Lenkkopf- und Schwingenlager:

- ***Schweres* Wälzlagerfett** kommt auf langsam drehende Lager und Bauteile, bspw. Lenkkopf- und Schwingenlager (kann ebenso zur Schmierung der Gelenkbolzen von Fußrasten, Brems- und Schalthebel dienen).
- ***Leichtes* Wälzlagerfett** wird für schnell drehende Bauteile genutzt, bspw. Radlager, aber auch zum Schmieren von Gummis wie den Außenseiten von Simmerringen beim Einbau.

Kupfer-Montagepaste (4) kommt auf Bauteile, die großer Hitze ausgesetzt sind, beispielsweise Auspuff- und Krümmerschrauben sowie Zündkerzengewinde und unter Umständen auf bestimmte Bremssattelschrauben.

Auf keinen Fall trage hingegen Kupferpaste auf die Trägerflächen von Bremsbelägen auf, da bei modernen, asbestfreien Belägen die Gefahr von Verklumpungen besteht. In diesen Fällen eignet sich Keramikpaste oder spezielles hitzebeständiges Fett viel besser (Herstellervorgaben beachten!). Letzteres liegt unter Umständen auch einem gekauften Belag-Nachrüstsatz bei

Keramik-Montagepaste dient neben dem Kupferpastenersatz (kann mehr Hitze vertragen) als Trennmittel zwischen einem Gewinde und einer Alu-, Titan- oder Edelstahlschraube und verhindert das Festfressen von Materialien durch Kontaktkorrosion.

Nickel-Montagepaste: Schützt vor Korrosion, Festfressen, Kaltverschweißen und Rostbildung.

Silikonfett eignet sich als Gleitfett und Schmiermittel bei Werkstoffpaarungen wie Metall/Kunststoff, Metall/Kautschuk, Kunststoff/Kunststoff, Gummi/Gummi, bspw. beim Einbau von O-, Simmer- und Dichtringen (die nicht trocken verbaut werden sollten).

Weitere Hilfsmittel

Kontaktspray (oder bedingt Multifunktionsöl) hilft bei eingedrungener Feuchtigkeit in Schaltern und elektrischen Steckverbindungen und beugt Korrosion vor.

Graphitspray: Sorgt für geschmeidige Zünd- und Sitzbankschlösser (NICHT für Tankschlösser geeignet, da die Benzindämpfe das Mittel verflüssigen und in den Tank abfließen lassen).

Rostlöser: Mittel wie Spezial 99[01-10] und WD-40 helfen beim Lösen von festgerotteten Schrauben (frühzeitig, reichlich und unter Umständen mehrmals auftragen).

Silikondichtmasse: Flächendichtmittel aus Silikon können als Ersatz für Papierdichtungen dienen. Übrigens: Dichtmasse immer nur dünn auftragen, andernfalls riskierst du, dass beim Festziehen die überschüssige Masse ins Motorinnere gequetscht wird und dort unter Umständen die feinen Ölkanäle verstopft.

Ballistol: Wie WD-40 ist Ballistol[01-11] kein Schmiermittel, aber als universelles Reinigungs- und Pflegeöl zu Recht überaus beliebt.

Vergaserreiniger: Nur notwendig, falls du planst, Vergaser zu warten. Dann aber notwendig, da andere Mittel oft Rückstände hinterlassen.

Sekunden- bzw. Hartplastikkleber: Sehr gut zu gebrauchen, falls Plastikteile (Hartplastik!) Risse aufweisen. Zumindest eine Zeitlang.

Handschuhe

Da schraubende Biker es bei allen Fetten, Reinigern, Schmiermitteln und haste nicht gesehen mit Dutzenden Chemikalien unterschiedlichster Natur zu tun bekommen (obendrein in Kombination), gehört genügend Ignoranz oder Naivität dazu, dies alles der eigenen Haut oder den Atemwegen zuzumuten, ohne negative Folgen zu erwarten. Außerdem heißt Schrauben immer auch, irgendwo abzurutschen. Montagehandschuhe helfen dann ungemein – wenn angezogen.

Hierbei schützen Latexhandschuhe (bzw. Nitril-Handschuhe für Allergiker) vor Motoröl, Brems- und Kühlflüssigkeit und reguläre Werkstatthandschuhe mit Schutzfunktion vor mechanischen Verletzungen. Ist so ein Teil gefüttert, schützt es mit Einschränkungen auch vor Kälte. Selbst Bauhandschuhe sind brauchbar, zumindest bedingt für grobe Arbeiten wie einen Radausbau. Für Feinarbeiten eignen sie sich naturgemäß weniger.

Die Normung ‚EN 388' gibt über vier Zahlen und gegebenenfalls einem Buchstaben Auskunft über die Widerstandskräfte eines Handschuhs: Die erste Ziffer steht für Abrieb-, die zweite für Schnitt-, die dritte für Reiß- und die vierte für Durchstichfestigkeit (je höher, desto besser). Der Buchstabe beziffert ebenfalls die Schnittfestigkeit, aber nach einer anderen Prüfmethode.

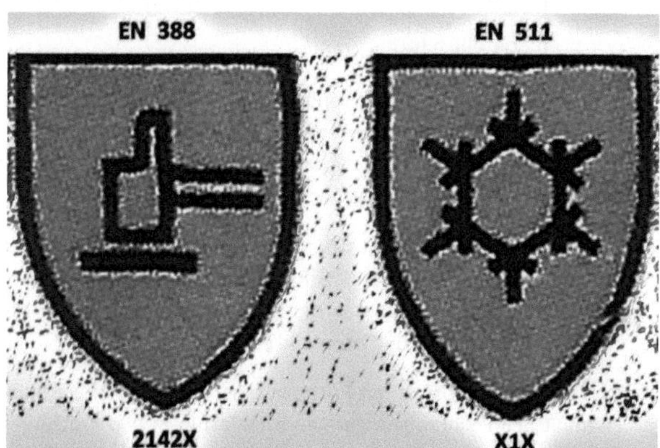

Hammer auf Amboss ist das völlig Kommunismus-freie Symbol für die Normung EN 388.

Die zweite Normung ‚EN 511' widmet sich dem Kälteschutz mit drei Symbolen: Das erste beziffert den Schutz gegen Umluftkälte (0 bis 4), das zweite gegen Kontaktkälte (0 bis 4) und das dritte sagt aus, ob der Handschuh wasserdicht ist (1) oder nicht (0). Das CE-Zeichen bescheinigt generell die jeweilige Schutzkategorie, bspw. ‚2' gegen mittelgradige Risiken.

Handwaschpaste

Wurde an Handschuhen gespart, muss der beim Schrauben unvermeidbare Dreck abgewaschen werden, will man nicht mit versauten Griffeln nach der Welt greifen. Hierzu eignen sich diverse Handwaschpasten mit zugefügten Reibmitteln, die allesamt dank des simplen Aufbaus nahezu gleich gut funktionieren. Allerdings: im Preisgefüge gibt es Unterschiede, so dass sich ein Vergleich lohnt[01-12].

Saubermänner (m/w/d)

An verschmutzten Bauteilen lässt sich nicht vernünftig arbeiten, weil's 1) keinen Spaß macht und sich 2) Werkzeuge oft nur unsicher ansetzen lassen. Was ansteht, ist folglich eine moderate Reinigung vor oder während der Arbeiten. Eine große Wäsche (siehe Sektion 02 *„Reinigung …"* ab Seite 28) wäre mit Kanonen auf Spatzen schießen, eine lokale Reinigung aber hilfreich.

Säubere die zu bearbeitenden Teile mit Rostlöser (WD-40), vielleicht ein wenig Chemie (Stichwort: Insektenlöser), Zahnbürste und Spülmittel aus der Pumpflasche und spüle mit warmem Wasser ab. Hartnäckiger Dreck wird triefend nass eingeweicht oder mit Bremsenreiniger weggespült.

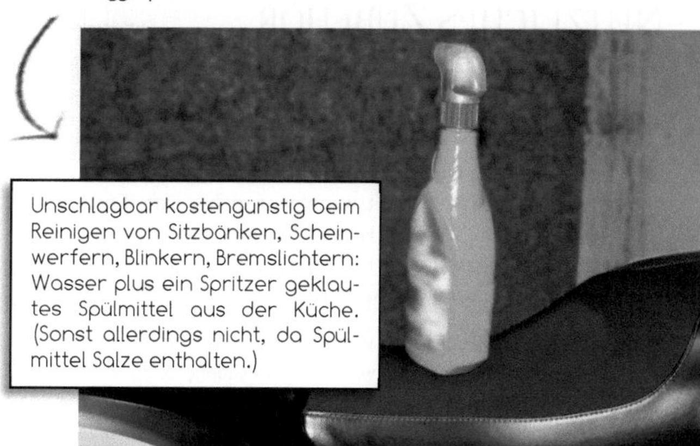

Unschlagbar kostengünstig beim Reinigen von Sitzbänken, Scheinwerfern, Blinkern, Bremslichtern: Wasser plus ein Spritzer geklautes Spülmittel aus der Küche. (Sonst allerdings nicht, da Spülmittel Salze enthalten.)

Selbst die Sprühpumpe kann man stibitzen …

Bremsenreiniger

Bremsenreiniger ist eine Art Allzweck-Kloputzer für Motorradfahrer. Die Lösungskraft für Schmutz und Fett ist hoch und der Druck, mit dem die Mischung aus der Dose gepresst wird, tut ein Übriges. Was auf der anderen Seite leider dazu führt, dass die Versuchung groß ist, das Zeug inflationär zu nutzen. Dabei hat es nicht nur Vorteile:

- Bremsenreiniger verflüchtigt sich schnell, ist aber vorher feuergefährlich (wenig verwunderlich, da der Hauptbestandteil Benzin ist). Raucher sollten das im Hinterkopf behalten.
- Die austretenden Gase umschmeicheln die Riechrezeptoren gestandener Schnüffler, sind aber aggressiv, weshalb niemand sie in Lunge oder Nase haben möchte und deshalb besser für eine gute Belüftung sorgt.
- Die Reinigungskraft ist zu hoch für Lacke und Gummi, die angegriffen werden können. Es empfiehlt sich daher beim Einsatz am Mopped, den Bereich rings um die zu reinigenden Stellen abzudecken und auf Dichtringe Rücksicht zu nehmen.

Bremsenreiniger sollte NIE als Kettenreiniger verwendet werden. Beide Produkte riechen zwar ähnlich und säubern stark, der Bremsenreiniger ist jedoch Gift für die empfindlichen Dichtringe einer Kette.

Kettenreiniger

Kettenreiniger verfügt ebenfalls über eine starke Reinigungswirkung und kann zur Not als Säuberungsmittel der Wahl herhalten, allerdings ist der Einsatz aus Kostengründen sinnbefreit, da Kettenreiniger teurer ist als Bremsenreiniger. Darüber hinaus greifen mindestens Kettenreiniger mit Aceton Lacke, Gummi und Kunststoffe an. Es lohnt, die aufgedruckte Beschreibung eines Produkts zu lesen, bevor das Zeug artfremd verwendet wird. Dort ist in der Regel vermerkt, welcher Einsatz empfohlen ist bzw. vor welchem man sich hüten sollte.

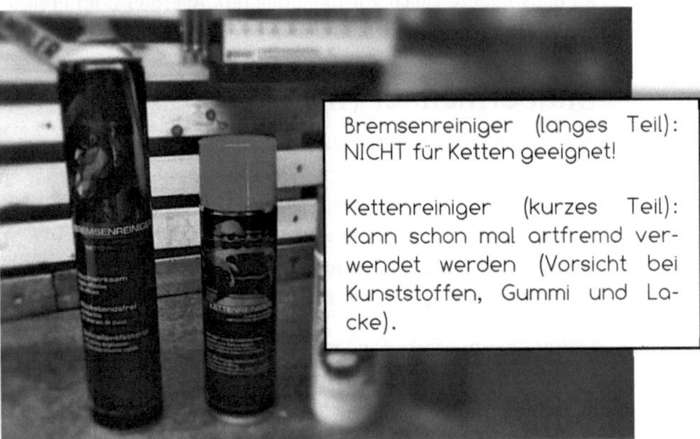

Bremsenreiniger (langes Teil): NICHT für Ketten geeignet!

Kettenreiniger (kurzes Teil): Kann schon mal artfremd verwendet werden (Vorsicht bei Kunststoffen, Gummi und Lacke).

Nützliches Zubehör

Ölauffangwanne: Das alte Katzenklo tut es zwar auch, eine spezielle Ölauffangwanne mit Öltank vereinfacht aber zumindest Abtransport und Entsorgung des Altöls.

Werkstattlampe/LED-Fluter: Selbst in gut beleuchteten Garagen haben Moppeds dunkle Ecken. Gut, wenn dann mobile Extra-Leuchten zur Verfügung stehen, die auch jene Stellen erhellt, wo sonst nie die Sonne scheint. Idealerweise mit neutralem oder kaltem Licht, weil sie das Farbspektrum besser wiedergeben.

Batterieladegerät: Spätestens, wenn der Frühling kommt und alte Batterien vor sich hin maulen, wird man ein Ladegerät zu schätzen wissen – passend zur verbauten Batterie, natürlich, und idealerweise elektronisch geregelt (siehe Sektion 13 *„Elektrik“* ab Seite 182).

Kleinteile: Kleinteile sind Gummidichtungen (1), Gummistopfen (2), Kabelbinder (3), Schellen (4), Stecker, Querverbinder, Blindstopfen und Ähnliches, alles Dinge, die man sich sinnigerweise beim Erstbedarf als Sortiment mit verschiedenen Größen anschafft.

Gibt's immer wieder beim Discounter und Ali-Temu ...

Ständer (kicher)

Viele Motorräder verfügen über keinen Haupt- oder Mittelständer. Das freut die Hersteller, weil die Produktionskosten sinken, und die Biker-Gemeinde, weil Gewicht fehlt und ein Geweih untenrum irgendwie uncool aussieht. Nur, praktisch sind *Seitenständer* leider nicht und bei diversen Wartungs- und Reparaturarbeiten an Rad, Bremse und Kette wirst du einen Hauptständer schmerzlich vermissen.

Logische Folge: Du benötigst eine Standhilfe. Das kann im Notfall Opa oder Vati sein, aber ständig in der Garage geparkt werden wollen beide nicht. Besser sind dann Aushilfsständer. Sie sind obendrein weniger redselig (), gefühlsduselig (), besserwisserisch () – und professioneller () obendrein (Passendes ankreuzen).

Hinterradständer

Montageständer fürs Heck dienen je nach Ausführung sowohl dem (winterlichen) Abstellen als auch (die besseren unter ihnen) der Hilfe bei Rad-, Brems- und Kettenwartung. Meistens sind es modellübergreifende und universell einsetzbare Stahlrohr-Heber, mit denen sich per Hebelwirkung und moderatem Kraftaufwand das Bike (bspw. über L-Aufnehmer) hinten anheben lässt. Voraussetzung ist eine Zweiarmschwinge.

Universalständer sind oft preisgünstig und werden mit einem Set verschiedener Aufnehmer für unterschiedliche Motorräder ausgeliefert, eignen sich allerdings eher semi-gut für umfangreiche Wartungsmaßnahmen. Das Gewicht des Motorrads, das auf die Aufnehmer drückt, verleiht dem Gesamtkunstwerk zwar eine gewisse Stabilität, aber ein abrutschender Schlüssel oder seitlicher Druck kann schnell unangenehme Folgen zeigen. Insbesondere, wenn Aufnehmer zu klein und Führungen aus Kostengründen aus Plastik gefertigt sind. Dann rutscht ein Gummihalter ab oder bricht weg, da nützt auch keine garantierte Maximal-Tragkraft (in der Regel 150 Kilogramm), die ohnehin nur für Abstellruhephasen Bedeutung hat.

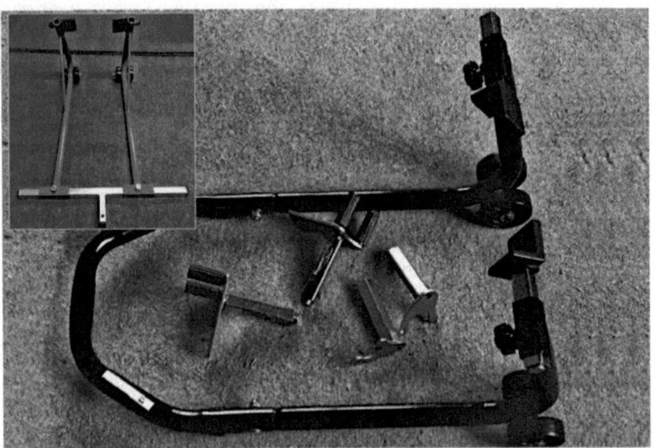

Meistens günstig, immer simpel gehalten und (hoffentlich) funktional: Universalständer, die dank verschiedener Aufnehmer modellübergreifend einsetzbar sind, nicht selten aber nur zum Abstellen taugen.

Weißt du, was du willst und benötigst (beispielsweise nur Abstellen), kann das in Ordnung gehen, benötigst du mehr Vertrauen in die Standsicherheit, solltest du darauf achten, dass die Aufnehmer groß, die Gummis dick und die Ausführungen generell stabil sind.

Unbesorgter zupacken lässt sich bei Ständern mit modellspezifischen Adaptern. Diese setzen an Prismabuchsen an, die in seitlich integrierte Gewindebohrungen an den Schwingen eingeschraubt sind – bei diversen Sportlern und Naked Bikes serienmäßig.

Vorteile bei der Lösung mit Prismabuchsen sind die höhere Standsicherheit beim Schrauben, geringere Verletzungs- und Kratzergefahr sowie eine generell einfachere Handhabung. Achte beim Kauf darauf, dass das Montagegewinde für Prismabuchsen am Bike mit dem Gewindemaß des Hinterradständers korrespondiert.

Ebenfalls zu berücksichtigen:

- An der Schwinge ansetzende Heckständer kommen mit vielen herkömmlichen Kasten-, Rund- und Ovalrohrschwingen zurecht, nicht aber mit Dreiecksschwingen, stark abfallenden Schwingen und Einarmschwingen. Hier helfen Heber, die an der

Hinterachse ansetzen – mit denen ein Radausbau aber logischerweise nicht möglich ist.

- Stehen Auspuff, seitliche Nummernschildhalter oder andere Elemente dem Ansetzen im Weg, hilft einzig Abbauen der hinderlichen Bauteile – oder die Suche nach einer Ständer-Alternative.
- Vorsicht beim Ansetzen und Aufbocken, wenn sich Bremsleitungen in der Nähe befinden und eingequetscht werden könnten.
- Da Heckständer direkt oder indirekt die Schwinge heben, lässt Selbige sich zwangsläufig mit keiner Heckständervariante ausbauen. Hierfür benötigst du einen Zentralständer.

Je variabler der Ständer in Sachen Einstellungsmöglichkeiten ist, desto besser. Hierzu gehört nicht nur die Höhenverstellung des hebelnden Teils, sondern auch die Breitenverstellung, um die Schwinge passend umfassen zu können, sowie eine Hebelverlängerung (je länger, desto geringer der Kraftaufwand zum Aufbocken).

Vorderradständer

Vorderradständer eignen sich ebenfalls entweder nur zum Abstellen (bspw. für die Winterpause) und (je nach Bauart begrenzt) zum Arbeiten. Was hierbei möglich ist, bestimmt der Ansatzpunkt des jeweiligen Hebers: Vorderradachse (bei Hohlachsen), Gabelfüße oder Lenkrohr:

- **Achse:** Frontheber, die an der Radachse ansetzen (meistens Universalheber mit V-Profiladaptern), sind zum reinen Abstellen für Reinigungsarbeiten am Vorderbau sowie für kleinere Arbeiten an Bremse, Gabel und (verbautem) Rad gut.
- **Gabelfüße:** Frontheber, die an den Gabelfüßen ansetzen (bspw. mit Gabelholm-Dornen), erlauben den Ausbau des Vorderrads.
- **Lenkrohr:** Soll über das Rad hinaus die Gabel demontiert werden, benötigst du eine Frontheber-Variante, die unten am Lenkrohr ansetzt. Dies ist oft auch eine standsichere Bauform, da sich das Vorderrad relativ gefahrlos einschlagen lässt.

Aufbocken, aber wie?

Insbesondere bei Universalständern kann das Aufbocken eines Motorrads eine pfriemelige Angelegenheit sein, wenn man bislang keine Erfahrung damit sammeln durfte.

Die wesentlichste Voraussetzung: Das Bike muss gerade austariert sein. Steht ein Freund zur Verfügung, bitte ihn, das Motorrad in der Waage zu halten und handzubremsen, während du dich mit der Bedienung des Ständers vertraut machst und den Heber optimal in Höhe und Weite an deine Schwinge (bzw. deine Gabel) anpasst.

Willst du die Sache alleine durchziehen, bereite dich schrittweise vor:

Schritt 1: Lerne dein Mopped kennen, insbesondere Schwerpunkt und Balance. Übe in der Garage oder auf einem Parkplatz, indem du es wahllos durch die Gegend schiebst, über kleinere Rampen und überhaupt wohin und wie du willst. Die Gewöhnung an den Umgang mit dem Motorrad setzt quasi über Nacht ein. Hirn und Muskeln speichern das Gelernte und es fällt jeden Tag leichter, mit dem Bike umzugehen, ohne dass hierzu der Motor laufen muss.

Schritt 2: Stelle das Motorrad auf dem Seitenständer ab und lege ein Holzbrett bereit, dass du zwischen Seitenständerfuß und Boden schiebst. Je dicker das Brett, desto gerader steht das Bike (nur nicht übertreiben) und desto leichter fällt das Aufbocken mit Heckständer.

Schritt 3: Fixiere die Handbremse mit Kabelbinder oder festes Gummiband und sichere das Bike für die ersten Versuche seitlich mit Zurrgurten, damit es dir nicht wegkippt.

Schritt 4: Stelle die Breite des Hebers so ein, dass die Schwingenarme vollständig auf den Aufnehmern liegen (bzw. bei anderen Adaptern diese korrekt sitzen). Gleiches gilt vorne bei der Verwendung von Ständern, die an der Gabel anliegen. Achte darauf, dass die Gabelfüße komplett auf den Aufnehmern liegen.

Fürs Üben mit einem Vorderradständer sollte natürlich die Fußbremse blockiert sein ...

Ein Gummiband oder Kabelbinder fixiert die Handbremse ...

Schritt 5: Drücke den Hebelarm in einer Bewegung nach unten. Ist der Kraftaufwand zu hoch und die Bewegungsausführung dadurch zu unsicher, verlängere den Hebel mit einem stabilen Rohr (falls möglich). Je nach Produkt liegt unter Umständen auch eine Verlängerung bei.

Was zu beachten ist:

- **Fester Untergrund:** Versuchst du, dein Mopped auf Sand, Schotter, Gras oder der Moorteichwiese aufzubocken, kannst du dir ausrechnen, was passieren wird.
- **Ebener Untergrund:** Schräg am Deich ist ebenfalls kein richtiger Ort für Arbeiten am Mopped. Selbst wenn es bei festem Untergrund klappt, das Bike schräge aufzubocken: Mildes Anstoßen oder mit dem Schlüssel abrutschen reichen, das Gleichgewicht zu verlieren ...
- **Sauberkeit:** Reinige die Schwinge bzw. die Gabelfüße vor dem Aufbocken, um zu vermeiden, dass die Gummis abrutschen.
- **(Saisonales) Abstellen auf zwei Montageständern:** Stabilisiere immer zuerst das Heck, bevor du das Vorderrad anhebst. Nutze hierzu den Serien-Haupt/Mittelständer (falls vorhanden), einen Hinterrad-Montageständer oder einen Zentralständer.

Zentralständer

Mit einem Zentralständer hebst du dein Mopped direkt unterm Maschinenschwerpunkt an.

In aller Regel auf das jeweilige Motorradmodell zugeschnitten: seitliche Motorradheber.

Der Vorteil ist unübersehbar: Vorder- und Hinterrad befinden sich gleichzeitig in der Luft und es lässt sich an beiden arbeiten – Schwinge, Federbein und Gabel inklusive.

Seitlich am Rahmen ansetzende Zentralständer können das Bike – je nach Preisklasse und Ausführung – sogar nach vorne bzw. hinten kippen lassen und verfügen über Räder, so dass sich die ganze Fuhre hin- und herschieben lässt.

Scherenheber: Verfügt ein Bike über parallele Rahmenunterzüge, kommst du mit einem Scherenheber weiter als mit einem Satz Heck- und Frontheber (Chopper und Cruiser haben eh ihre Probleme damit). Je nach Ansatzpunkt am Rahmen (weiter vorne oder weiter hinten) lässt sich der Vorder- oder Hinterbau (oder beides gleichzeitig) anheben und die Arbeitshöhe variieren.

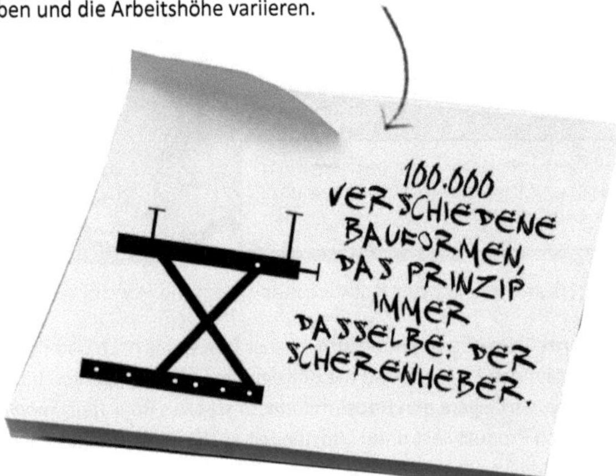

Wichtig ist, die Maße des Hebers vor dem Kauf mit der Bodenfreiheit (passt er eingefahren unter das Motorrad?) und der Rahmenbreite zu vergleichen. Stimmen sie, ist der Scherenheber eine echte Alternative zu den üblichen Universal-Montageständern, nicht zuletzt, weil Rad-, Gabel- und Schwingenausbau gleichzeitig möglich sind.

Allerdings: Längst nicht alle Moppeds verfügen über zwei parallel verlaufende Rahmenunterzüge, an denen der Heber problemfrei ansetzen kann. Manchmal stören die Auspuffkrümmer, weil sie tiefer liegen als die Rahmenzüge, manchmal liegen die Rahmenzüge ungleich tief und manchmal sind überhaupt keine verfügbar, weil der Motor als Teil des Rahmens integriert wurde.

In einigen Fällen lassen sich die Höhenunterschiede in den Rahmenzügen mit verstellbaren Adaptern ausgleichen. In anderen müssen im Weg stehende Auspuffkrümmer, Bugspoiler, Motorschutzplatten oder Verkleidungsteile demontiert werden, da die Teile ansonsten beschädigt oder zerdrückt werden.

Immerhin: Leichte Moppeds lassen sich zur Not auf die Ölwanne stellen, allerdings liegt die Betonung auf ‚leicht'. Alle anderen sollten es sich zwei Mal überlegen, ob sie dem Motorblock-Aluminium das komplette Gewicht des Motorrads aufbürden möchten, selbst wenn die Ölwanne flach und waagerecht ist und das Gewicht gleichmäßig verteilt aufnimmt.

Hubtisch/Motocrossheber: Enduros verfügen über weite Federwege und lassen sich mit herkömmlichen Front- bzw. Heckhebern nicht genug liften, um das jeweilige Rad freizubekommen. Hier kommen Hubtische zum Einsatz.

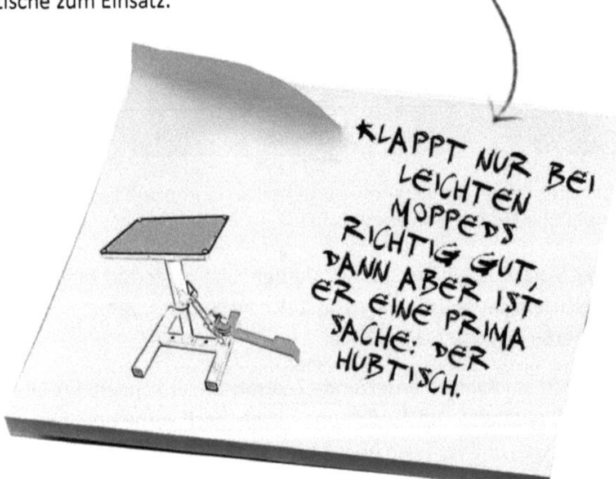

Hubtische setzen wie Scherenheber zentral an, verfügen aber über ebene Auflageflächen (wie Tische halt) und Fußhebel, mit denen das Mopped angehoben wird. Parallel verlaufende Rahmenzüge oder zumindest eine stabile Auflageplatte am Motorrad sind eindeutig von Vorteil und ein tiefer als der Rahmen liegender Auspuff ein K.O.-Kriterium.

Kurz: Hubtische sind im Prinzip ausschließlich für leichte Motorräder wie Geländemaschinen geeignet.

Chopperheber: Chopperheber sind wie tragbare Mittelständer, die bei diesen Bikes aus Designgründen fehlen. Freie, parallel verlaufende Rahmenunterzüge vorausgesetzt, lässt sich mit den preiswerten Hebern je nach Ansatzpunkt vor oder hinter dem Maschinenschwerpunkt das Vorder- oder das Hinterrad frei bekommen und das Mopped stabil fixieren.

Schwingenachsenheber: Ähnlich wie Chopperheber arbeiten Schwingenachsenheber, setzen aber hohlgebohrte Schwingenachsen voraus, in der die zur Aufnahme benötigten Adapter platziert werden können.

Bauartbedingt ist mit einem Schwingenachsenheber nur das Hinterrad frei zu bekommen, da die Schwingenachse hinter dem Maschinenschwerpunkt liegt.

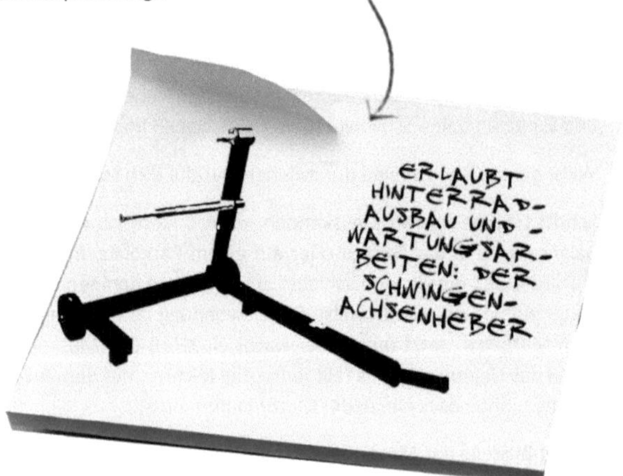

Hebebühne

Eine Hebebühne ist eine tolle Sache zum Arbeiten an Motorrädern, weil du 1) nicht mehr auf dem Boden herumkriechen musst und 2) der Rücken das ständige Bücken sowieso satthat.

Aber nicht vergessen: Eine Hebebühne ist zunächst einmal wenig mehr als ein angehobener Fußboden und ersetzt keinen Ständer, mit dem man ein Rad freibekommt. Angesichts der hohen Anschaffungskosten solltest du deshalb bereits vor dem Kauf im Blick haben, ob die Arbeits-/Standplattform breit genug für einen Haupt- und/oder

Montageständer ist. Ebenso, ob sie über einen integrierten Radständer oder eine ausfahrbare Querschiene für den Seitenständer verfügt.

Wie du dir eine Behelfsbühne ohne Schweißen aus einem Lastenheber bastelst, zeigt dir ein gÖrage vook (Verlinkung auf Seite260)

Neben fahrbaren Rangierhilfen mit Seitenständerplattform gehören Motorradhebebühnen zu den teureren Gegenständen, die eine Garage bevölkern können - weshalb die Kleinanzeigespalten voll sind mit Angeboten umgebauter Krankenbetten und sonstiger Behelfskonstrukte. Kannste machen, ist oft aber nicht der Hit.

Dann besser selbst aktiv werden und bspw. einen einfachen Heber zur Bühne umbauen. Ist Arbeit, funktioniert aber gut, ist günstig und leistet dasselbe wie einfache Bühnen.

Bekommst du zur Not auch als Eigenkonstruktion mit Holz oder Metall hin: Motorradhebebühne.

Apropos Geld: Wer in seinem Leben alles haben muss und über genügend Bares verfügt, kann sich für teuer Geld eine Hebebühne mit Montagekran anschaffen, an dem sich ein Motorrad aufhängen lässt – zum Reparieren/Warten und über den Winter.

Gurte/Zurrgurte

Welche Art Ständer du auch verwendest, arbeitest du am Bike, helfen Gurte, dass dir die Maschine nicht vor oder auf die Füße fällt. Manche Schrauben sind halt widerspenstig und verlangen vollen Körpereinsatz, mancher Garagentourist sucht einen Platz zum Anlehnen und irgendwie kann man immer stolpern und sich dann am Nächstliegenden festhalten wollen. Gut, wenn das Bike dann gesichert ist.

Im Gegensatz zum Motorradtransport kann zur Absicherung der Maschine in der heimischen Garage bereits ein Satz Gurte aus dem Baumarkt oder eine genügend dicke Wäscheleine reichen. Dabei nutzt du Zurrgurte, wenn du das Bike unter Spannung abzusichern gedenkst und Rundschlingen, wenn drauf verzichtet werden kann. Sorge nur dafür, dass du ein paar Meter davon hast.

Zurrgurte gibt es ein- oder zweiteilig. Erstere sind wie XXXL-Hosengürtel mit Schnallen, letztere verfügen über Haken an den Enden.

Allen Zurrgurten gemein ist, dass sie hinsichtlich der angegebenen Reißkraft normgeprüft sein müssen (ist auf dem Produkt vermerkt) und nicht zum Heben verwendet werden dürfen. **Hinweis:** Asienware nimmt es nicht so genau mit dem Einhalten von Reißgrenzen – und ist für Schadens-regulierungen auch nicht so richtig greifbar, wenn's mal danebengegangen ist.

Werkstatt

Eine Man-Cave wäre toll, was wir bekommen, wird aber wohl eher etwas wie im Bild sein: eine feuchte Garage, Scheune, Keller-Ecke oder einen Gartenschuppen. Sei es drum, versuche trotzdem, deinen Arbeitsplatz – selbst einen Stellplatz in einer Tiefgarage – so einzurichten, dass er sicher, hell und aufgeräumt, gerne auch einigermaßen gedämmt und beheizbar ist. Ein weiterer Pluspunkt ist ein rutschfester, solider und pflegeleichter Bodenbelag. Falls nicht, solltest du versuchen, möglichst viele der genannten Punkte zu realisieren, denn mit klammen Fingern in feuchten Räumen und weichen Pappkartons nach Werkzeugen und Teilen suchen zu müssen, macht keinen echten Spaß. Außerdem wird die Qualität deiner Arbeiten leiden.

Keine echte Man Cave, nee, aber funktional zwischen Abwasserrohr (links) und Mülltüte (rechts).

Hast du das Glück, eigene Räumlichkeiten zur Motorrad-Werkstatt ausbauen zu können, steht möglicherweise weiteres Zubehör auf deiner Wunschliste:

Werkbank und Schraubstock

Manche Teile müssen vom Bike abgebaut und separat behandelt werden. Dann wirst du froh sein, über eine Werkbank zu verfügen. Doppelt, wenn ein Schraubstock dran ist, dreifach, wenn alle oft genutzten Werkzeuge griffbereit in der Nähe sind.

Soll die Werkbank selbst gebastelt werden (für fertige aus dem Bauhaus ist die Tragfähigkeit angegeben), achte darauf, dass sie was aushält, falls du eines Tages an ausgebauten Motoren schrauben willst. Sie sollte stabil und möglichst schwer sein sowie genügend Platz aufweisen, den erwähnten Schraubstock plus vielleicht einen Schleifbock und eine Standbohrmaschine zu beherbergen. Fettes Vierkantholz für den Unterbau (ab 5 x 10) plus dicke Arbeitsplatte (ab 2,5 cm) aus schichtverleimtem Holz oder beschichteten Spanplatten (Küchenarbeitsplatten) und Minimaldimensionen von 1 m Höhe und 60 Zentimeter Tiefe sind folglich Minimalanforderungen.

Und da du gerade dabei ist, dich *vollständig* auszurüsten: Früher oder später wird jeder Vielschrauber damit konfrontiert, dass ein Gewinde aus- oder eine Schraube abreißt. Schaffe dir deshalb auch ein **Gewindereparaturkit** für M5- bis M10- und Zündkerzengewinde an.

Eine **Gewindefeile** macht sich auch ganz schmuck. In vielen Fällen richtet sie ein ramponiertes Bolzengewinde weniger brachial wieder auf als ein Material-entnehmender Gewindeschneider.

Sicherheit

Was IMMER gehen muss, ist für Sicherheit zu sorgen. Scheiße passiert, halte deshalb verschiedene Paar **Handschuhe** (siehe ab Seite 21) auf Vorrat sowie eine **Atemschutzmaske** und **Schutzbrille** parat. Außerdem **entsorge regelmäßig chemische Abfälle** und lagere sie niemals in unbeschrifteten Behältern. Zur Sicherheit von Kindern sollten sie ferner in verschlossenen Schränken aufbewahrt werden (die Abfälle).

Weitere Safety-first-Dinge:

Verbandskasten: In irgendeiner Ecke sollte er zu finden sein – und wenn es der ausgemusterte aus dem Auto ist. So ganz ohne Verbandskasten willst du nicht den lieben langen Tag mit Werkzeug, Maschinen und Dutzenden Chemikalien hantieren.

Feuerlöscher: Brennbare Flüssigkeiten sind in jeder Garage anzutreffen, spätestens bei Arbeiten am Tank. Ein Feuerlöscher sollte deshalb zur Grundausstattung gehören, idealerweise ein Pulverlöscher, der gleichsam geeignet ist für feste und flüssige Brennstoffe.

Belüftung: Die Chemieausdünstungen, die beim Arbeiten am Motorrad freigesetzt werden können, sind nicht gesundheitsfördernd. Daher solltest du alles daransetzen, sämtliche Gase, Dämpfe und Staubpartikel über eine ausreichende Belüftung raus zu bekommen – auch wenn es in Wintermonaten mit deinem Wärmebedürfnis kollidiert.

Gefahrstoffkataster

Ja, da warst du jetzt nicht drauf vorbereitet, dass auch dem urdeutschen Hobby, irgendwelche Gefahren zu wittern und den Katastrophenhelm aufzusetzen, ein paar Zeilen gewidmet werden sollen. Aber versuche trotzdem, nicht abzuwinken, denn wie alle Händler und Werkstätten dazu verpflichtet sind, zum Schutz der Beschäftigten ein Gefahrstoffkataster zu führen, solltest auch du einen Überblick darüber haben, mit welchen gesundheitsschädlichen Stoffen du täglich hantierst und welche Schutzmaßnahmen wie Handschuhe, Schutzbrille, Masken, Feuerlöscher etc. hierfür notwendig sind.

Es wird zwar kaum jemand genügend Platz für Absauganlagen für Dämpfe und Stäube oder Extraräume zur Lagerung aller chemischen Helferlein haben, aber man sollte schon wissen, was so herumliegt, wie im Notfall damit umzugehen ist und ob genügend Ausrüstungsgegenstände zum Schutz vorhanden sind. Wer Mühe hat, sich dies zu merken, sollte das Kleingedruckte der Mittel und Werkstoffe studieren und eine Liste anfertigen, wie notfallmäßig zu handeln ist, wenn etwas passiert, bspw. wenn einem ein Behälter mit Bremsflüssigkeit umkippt und Letzteres über die Fummelfinger läuft.

Gern gemachte No-Gos

Falscher Zeitpunkt: Führe Reparaturen und Wartungen nie unter Zeitdruck aus. Stehen berufliche, familiäre oder freizeittechnische Termine an, lass' das Schrauben am Bike. Erstens dauert es praktisch immer länger als geplant und zweitens steigt die Fehleranfälligkeit, wenn der jeweilige Termin näher rückt.

Fehlende Vorbereitung: Reparaturen und Wartungen benötigen einen Plan und Vorkehrungen: Sind Reparaturanleitung und alle benötigten Werkzeuge zur Hand? Ist der Arbeitsbereich am Bike gesäubert? Liegen alle Ersatzteile bereit? Auch Austauschteile wie Dichtringe, Splinte und Flüssigkeiten? Auch die Behälter für abgebaute Teile und das Handy zur Fotodokumentation des Ist-Zustand?

Mangelnde Sorgfalt: Sorgfalt beginnt damit, dass das Bike gut gesichert auf Hebebühne, Boden, Montageständer oder einer selbstgebauten Plattform steht. Dann folgen der planvolle Abbau und das Wegsortieren der entfernten Teile sowie die Entfernung abgelassener Flüssigkeiten. Hierbei sollte immer nur das Motorrad im Fokus stehen.

Andersrum: **Schlecht gesicherte Bikes** provozieren Super-GAUs, so das Abseilen von der Hebebühne oder üble Verletzungen. Wildes Abbauen und Verteilen auf dem Boden führt zu zertretenen Teilen, verschütteten Flüssigkeiten und einem Sammelsurium aus neuen und alten Teilen – wobei dann auch gern mal das alte und nicht das neue Ersatzteil verbaut wird.

Improvisationstalent missbrauchen: Fehlendes oder defektes Werkzeug oder Kleinteile durch Geschick ersetzen kann klappen, kann aber auch Schäden hinterlassen.

Und zuletzt die Dauerbrenner-No-Gos: Schrauben mit Drehmomentschlüssel lösen, Dichtungen mit Spachtel oder anderem Grobmetall abkratzen, Gewindesteigungen bei Austauschschrauben missachten, Stahl- durch Aluschrauben ersetzen (oder umgekehrt) und Batterie aus Faulheit nicht abklemmen.

Fremdwerkstatt

Je nach Können und vorhandenem Werkzeug wirst du früher oder später auf eine professionelle Werkstatt zurückgreifen wollen. Vor allem bei komplizierteren und sicherheitsrelevanten Eingriffen wird es besser sein, auf einen Spezialisten zu setzen, der den Beruf erlernt und sich obendrein sauteures Werkzeug hierfür angeschafft hat. Die Frage, ob es unbedingt eine Markenwerkstatt oder lieber eine freie Hinterhofklitsche sein soll, wird vermutlich von den persönlichen Präferenzen und nicht zuletzt vom Geldbeutel abhängen.

Für den einen gehören feste Terminzusagen, Kaffeemaschinen in lichtdurchfluteten Palästen, Ersatzbikes und geschultes und laufend fortgebildetes Personal halt zum Lifestyle. Die andere möchte hingegen von preisgünstigeren, aber engagierten und erfahrenen Motorradveteranen betreut werden, auch wenn man Selbigen erst einmal tagelang zur Terminabsprache hinterhertelefonieren und danach gefühlt ewig auf die Rückgabe des Bikes warten muss.

So oder so, wichtig ist, sich vor der Entscheidung für eine Werkstatt über deren Ruf zu informieren. Freie Schrauberbuden wie Markenwerkstätten leben von ihrem Ansehen, das sie von den Deppen, Abzockern, Pfuschern und Nichtstuern unterscheidet und sich unter Bikern rumspricht. Informationen diesbezüglich liefern Kioskgespräche, Foren und – mit Abstrichen – auch Internet-Bewertungen auf kommerziellen Plattformen (Abstriche insofern, als, im Gegensatz zu Foren, Trolle sich dort besser breitmachen können). Ein paar Regeln sollten aber auch bei anerkannt fairen Werkstätten beachtet werden:

- Vergebe deinen Auftrag gezielt und verständige dich mit der Werkstatt über eine schriftliche Niederlegung.
- Lege fest, welche Punkte bei einer Inspektion berücksichtigt werden sollen und welche nicht.
- Schildere bei einem Auftrag zum Auffinden und Beheben von Fehlern das Problem präzise und lasse wenig Raum für freie Interpretationen.
- Nenne eine finanzielle Obergrenze und bitte um Rückruf, falls eine Reparatur diese Grenze überschreiten sollte, weil andere Schäden erkennbar werden. Rechne aber damit, dass sich der Werkstattaufenthalt verlängern kann, da die andere Seite ihre Termine abgleichen muss.

Man(n?) wird ja noch träumen dürfen!

KI

Sektion 02: Reinigung, Pflege und Schutz

Einmal Armlecken und Rasieren?

Ja. Das volle Programm, denn Reinigen trägt neben regelmäßigen Wartungs- und Inspektionseinheiten maßgeblich zum Werterhalt eines Motorrads bei.

In den meisten zivilisierten Landkreisen gilt: Was über das hinausgeht, was auch bei einem Regenschauer passiert, sollte in einer Waschanlage stattfinden.

Und als sei das noch nicht genug, droht echten Kerlen richtig Ungemach, denn es gilt, sich mit *weichen* Schwämmen, *milden* Waschmitteln sowie *lauwarmem* Wasser zu bewaffnen und *aggressive* Reinigungsmittel, *harte* Bürsten und *raue* Haushaltsschwämme zu meiden. Alle Hilfsmittel für Grobmotoriker bleiben außen vor, sie zerkratzen den Lack und lassen Alu- und Kunststoffteile auf Dauer matt und/oder fleckig erscheinen.

Tatortreinigung

Ebenfalls ein No-Go: Zu viel Hitze zum falschen Zeitpunkt. Fahre dein Motorrad also *nicht* warm und wasche es *nicht* in der prallen Sonne. In beiden Fällen riskierst du, dass vor dem Waschen aufgetragene oder im Waschwasser enthaltene chemische Reinigungszusätze zu hässlichen Flecken führen, wenn das Wasser durch die Hitze verdunstet und die Rückstände verbleiben.

Kannst du dich damit anfreunden, hast du eine Triple-Win-Situation: Überlegt gepflegt siehst du 1) deinem Motorrad sein/ihr Alter nicht an, du lernst 2) dein Gerät besser kennen und 3) fällt so manch lockere Schraube oder anderes Ungemach auf, bevor Probleme draus werden.

Es gilt: Show-Bikes und Garagen-Schätzchen mit Samthandschuhen anfassen, Alltags-Bikes auch mal weniger sensibel.

Vorsicht! Jedes Bike besteht aus verschiedenen Materialien, von denen weder Herstellungsverfahren noch Ursprung oder Zusammensetzung bekannt sind. Dazu gesellen sich unzählige chemische Pflegemittel, von denen niemand weiß, wie sie mit verschiedenen Oberflächen oder aufeinander reagieren. Studiere deshalb immer die Produktbeschreibung und prüfe jedes Mittel vor Verwendung an einer versteckten Stelle auf Verträglichkeit.

Krasse vs. Katzenwäsche

Regel 1: Hast du soeben kennengelernt: Jede Wäsche sollte schonend erfolgen.

Regel 2: Die Intensität der Wäsche steigt nur mit dem Verschmutzungsgrad und dem Alter des Schmutzes: Komplettwäschen mit aggressiven Reinigern behält man starken Verschmutzungen vor, leichte Wäschen reichen für mittlere Fälle und Trockenreinigungen für geringe Verschmutzungen.

Der Grund: Reinigungsmittel säubern nicht ohne Folgen für die zu reinigenden Oberflächen, insbesondere aggressiv vorgehende Reiniger nutzen Oberflächen ab – und je aggressiver, desto mehr können Lacke ebenso wie Metalloberflächen beschädigt, verätzt und/oder matt und fleckig werden. Zu Tode gepflegt, sozusagen, weshalb du ein paar Dinge im Hinterkopf behalten solltest, wenn du deinem Bike an die Wäsche gehst:

- Es ist kontraproduktiv, mit Kanonen auf Spatzen zu schießen und dem Mopped eine Komplettwäsche aufzubürden, wenn es reicht, oberflächlichen Staub mit dem Schlauch abzuspülen und mit einem Schnellpfleger ein paar Fliegenreste zu beseitigen.
- Wähle einen Reiniger passend zum Verschmutzungsgrad. Nehme keinen milden Reiniger bei intensiver Verschmutzung und verzichte auf aggressive bei geringer.

- Vermeide zu lange Einwirkzeiten aggressiver Reiniger. Gehe bei starken Verschmutzungen besser in Etappen vor. Mehrfach einsprühen und nach jeweils kurzer Zeit abspülen, bringt auf lange Sicht mehr, als intensiv einwirken zu lassen. Das Resultat ist genauso gründlich, die empfindlichen Oberflächen werden aber geschont.
- Generell gilt: Je jünger ein Motorrad, desto empfindlicher reagieren die Oberflächen auf anhaltende chemische Attacken. Besonders übel: Oft zeigen sich die negativen Folgen falscher Wäschen erst nach mehreren Wochen, wenn das Kind längst in den Brunnen gefallen ist.
- Um Schmutz, Ölrückstände, Fette und verharztes Kettenfett besser entfernen zu können, greife auf weiche Nylonpinsel und Bürsten zurück. Sie brechen den Schmutz auf, helfen dem Reiniger, besser einzudringen, und verkürzen die Einwirkzeit, bzw. machen mehrere Durchgänge überflüssig.

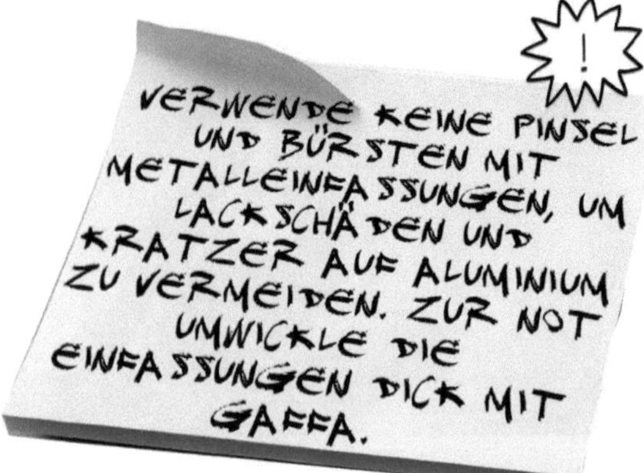

1. Krasse Wäsche

Die große Wäsche kommt bei starken Verschmutzungen zum Einsatz. Stelle hierzu sicher, dass Motor und Auspuff abgekühlt sind, und reserviere dir ein flauschiges Plätzchen im Freien.

Das heißt, nicht wirklich im Freien im Sinne von Natur, Garten oder vor der Haustür, denn du darfst dein Mopped zwar im öffentlichen Verkehrsraum oder deiner Auffahrt mit klarem Wasser abspritzen, allerdings nicht, wenn Öl oder andere Schadstoffe ausgespült werden könnten, und/oder du zusätzliche Waschmittel einsetzt. So blau kann der Engel auf dem Produkt nicht sein, dass der komplette Schmodder inklusive Chemie in die Umwelt entlassen werden dürfte. Als Daumenregel gilt: Alles, was über einen natürlichen Regenschauer hinausgeht, sollte auf einem speziellen Waschplatz stattfinden – was die Sache (inklusive Abkühlung) natürlich in die Länge zieht, aber einige Dinge sind halt, wie einige Dinge sind[02-1].

Benötigte Hardware:

- Wasser, ganz klar. Viel Wasser.
- Motorradreiniger.
- 2 Eimer.
- 2 weiche Schwämme.
- Weiche Bürsten (Zahnbürsten, Nylonpinsel, Wurzelbürsten, etc.).
- Mehr Wasser.
- Weiches Tuch.
- Waschleder.
- Wurde Wasser bereits angesprochen?

1.1. Grundreinigung

Wässere dein Mopped gründlich mit klarem Wasser ein, via Schlauch, Gießkanne oder mit dem Eimer.

Schritt 1: Ähh, nass machen ...

Nach dem Abtropfen sprühe Motorradreiniger auf und lasse das Zeug einwirken. Je nach Lage der Dinge verwende einen aggressiven Reiniger bei intensiver Verschmutzung und harten Krusten (Gel-Motorradreiniger haften besser und tropfen nicht sofort ab) oder einen milden Reiniger für leichte bis mittelschwere Fälle mit wenig Dreck.

Schritt 2: Motorradreiniger aufsprühen, Einwirkzeit beachten und abspülen.

Sprühe stark verschmutzte Stellen und ausgetrockneten Dreck satt ein (mindestens die doppelte Dosis) und arbeite in hartnäckigen Fällen mit einem Nylonpinsel nach, um Verkrustungen aufzubrechen oder Fliegen aus dem Kühler zu bürsten.

Lackierter Kunststoff wird wie lackiertes Metall behandelt und der darauf befindliche Schmutz eingeweicht. Durchgefärbte Kunststoffteile können mit einem handelsüblichen Küchenschwamm (nur die weiche Seite!), Kühlrippen und Umlenkhebeleien mit weichen Wurzelbürsten gereinigt werden.

Bedenke, dass zu lange Einwirkzeiten hässliche Flecken und matte Oberflächen provozieren und spüle besser einmal zu viel als zu wenig ab. Die empfohlene Einwirkzeit eines Reinigers findet sich in der Produktbeschreibung und sollte nicht überschritten werden, denn nach ‚sauber' kommt nicht ‚porentief sauber', sondern ‚langfristig matt'. (Putzschäden werden nicht nur durch aggressive Reiniger provoziert (dort zeitlich nur eher), auch sanfte greifen auf Dauer Oberflächen an.

Insbesondere ältere Bikes mit unlackierten Motoren sollten in dieser Hinsicht wie rohe Eier behandelt werden.)

Nach dem Einwirken spülst du das Mopped via Schlauch mit *reichlich* klarem, ohne Druck plätschernden Wasser von oben nach unten ab, bis sich keine braune Pampe und kein heller Schaum mehr bilden. Ungeschütztes Aluminium und Schrauben besonders ausgiebig, um Reinigungserblinden zu vermeiden; auch Reifen und Bremsscheiben sollten mit viel klarem Wasser wieder verkehrssicher gemacht werden. (Vermeide beim Abspülen zielgenaue Angriffe auf die Bordelektrik wie Steckdosen, USB-Anschlüsse, Armaturen, Schalter, Steckverbindungen, etc. In aller Regel sind diese Komponenten zwar gegen Spritzwasser und Regen geschützt, nicht aber, wenn ihnen die Flüssigkeit aufgezwungen wird.)

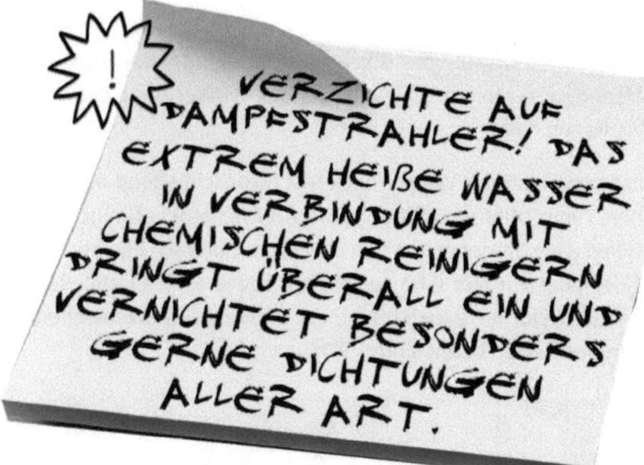

Halten sich Klumpen hartnäckig, weiche die betroffenen Stellen neu ein, statt sie mit Druck runter zu scheuern. Auf die entsprechenden Stellen gelegte wasserreiche Tücher (idealerweise warmes oder sogar heißes Wasser) haben sich in solchen Fällen bewährt.

Felgen

Dicker, fester Schmodder, wie er sich gerne auf Felgen und im Ritzelgehäuse bildet, gehst du mit Holzsplinten oder Plastikspatel an, mit denen du widerspenstige, klebrige Mischungen aus Fett, Sand, Schmutz und Metallabrieb der Kette aufbrichst (gerate *nicht* in Versuchung, das Zeugs mit Metallgegenständen abzukratzen). Eingebrannten Bremsstaub kannst du mit einer Paste aus Backpulver und Wasser versuchen beizukommen. Bei abgeschleudertem Kettenfett hilft Kettenreiniger und die Reste sprühst du mit Insektenentferner, Glasreiniger oder speziellen Felgenreinigern für Motorradfelgen[02-14] ein und wischst sie mit einem Tuch ab. Milde Allzweckreiniger oder ein Gemisch aus warmem Wasser und etwas Shampoo sind auch hilfreich.

Thema Hochdruckreiniger: Pflegst du dein Bike regelmäßig, benötigst du keinen hohen Wasserdruck zur Reinigung. Nur wenn du oft im Gelände unterwegs bist oder generell wartest, bis sich Grauschimmel an den Felgen bildet, kann der Einsatz eines Hochdruckreinigers eine Option werden.

Hochdruckreiniger sollten umsichtig und nur auf unbedenkliche Oberflächen verwendet werden – mit einem Minimalabstand von 40 Zentimetern und sinnigerweise von oben nach unten. Halte den Wasserstrahl niemals direkt auf Bremsanlagen, Lager, Vergaser, Luftfilter, Reifen, Dichtungen oder elektrische Komponenten. Es besteht Gefahr, die Dichtungen diverser Bauteile (Bremsanlage, Federbeine, Gabelbeine) zu ruinieren, Gelenk- oder Lagerfett auszuspülen (Hebel, Fußraste, Lenkkopf-, Rad- und Schwingenlager), das Reifengummi vorzuschädigen (kann bei hoher Fahrgeschwindigkeit fatal enden) oder elektrische Komponenten zu vernichten bzw. der Korrosion auszusetzen.

1.2. Waschen

Der Waschgang erfolgt nach der Grundreinigung. Wurde Letztere ausgelassen, weil keine Vorbehandlung nötig war, spüle das Mopped vor der Wäsche nur gründlich mit klarem Wasser ab. Stelle ferner zwei Eimer mit lauwarmem Wasser bereit, einen mit Waschshampoo und einen mit klarem Wasser.

Schritt 3: Mit Shampoo einschäumen und säubern ...

Mit einem Schwamm oder Mikrofaserwaschhandschuh verteilst du das Shampoo und reinigst das Mopped; im zweiten Eimer spülst du den Schwamm oder Handschuh aus. So vermeidest du die Verschmutzung des Waschwassers und des Schwamms bzw. Handschuhs mit abgewaschenem Dreck (der im nächsten Waschgang unnötig den Lack zerkratzen würde).

Reinige das Bike von oben nach unten und widme dich den stärker verschmutzten Teilen zuerst. Wasche mit mäßigem Druck und sorge dafür, dass der Schwamm immer reichlich sauberes Wasser enthält.

Bleiben Schmutzreste mit den Fingern fühlbar an Lack, Motorvorbau, Scheinwerfer oder Gabel haften (Sichtkontrolle reicht nicht), weiche entweder erneut ein oder greife auf eine blaue (= milde) Lackreinigungsknete zurück. Hiermit lassen sich Dinge wie Baumharz, Vogelkot, Insektenreste, Teer, Ablagerungen, Flugrost, Farbspritzer und Farbnebel sehr gut entfernen.

Für die Arbeit mit der Reinigungsknete wird zunächst die Lackoberfläche mit einem Gleitmittel versehen, entweder aus einer mit der Knete gelieferten Sprühflasche oder aus einer mit Wasser und Waschshampoo hergestellten Eigenmischung. Anschließend schiebst du die Knete ohne Druck über die fragliche Stelle, was meist bereits ausreicht, um die Verschmutzungen abzutragen.

Ist das erledigt, spülst du die Knete unterm Wasserhahn ab und/oder knetest den Dreck ins Innere, damit die Aufnahmefläche wieder sauber wird. Logischerweise solltest du die Reinigungsknete nicht allzu stark verschmutzen, sondern frühzeitig austauschen.

Für schwierige Situationen (wie Fliegen aus dem Kühler puhlen) gibt's Wurzelbürsten. Die hier arbeiten sogar von alleine.

Abspülen: Zum Abschluss spülst du das Bike gründlich mit klarem Wasser ab und nimmst mit einem weichen Tuch, einem Waschleder oder einem Schwammtuch die oberflächliche Flüssigkeit auf, um Wasser- bzw. Kalkflecken zu vermeiden.

Trocknen: Unzugängliche Stellen trocknest du (entspannt) mit Druckluft oder (mühselig) mit sauberen, weichen Mikrofasertüchern oder Baumwolllappen und Geduld. Eine Trockenfahrt vor dem Polieren tut dann ein Übriges, der Rostbildung vorzubeugen. Vorher bitte sicherstellen, dass Reifen und Bremsscheiben von allen rutschigen Rückständen befreit sind.

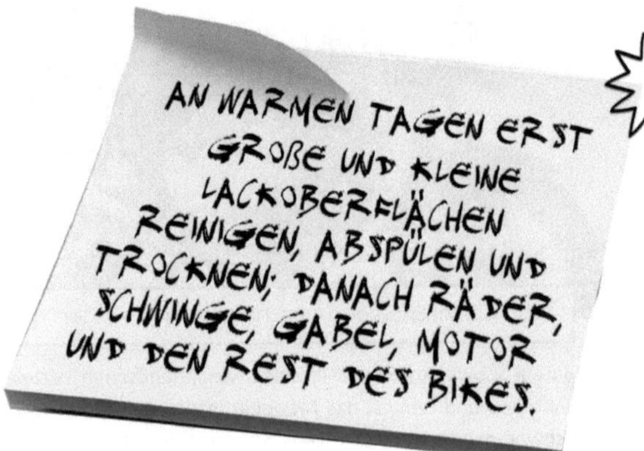

Mehrfachverwendung von Hilfsmitteln: Nahezu alle Reinigungswerkzeuge lassen sich wiederverwenden, solange du sie nur nach Gebrauch gründlich ausspülst. Faserwaschhandschuhe und Schwämme sollten darüber hinaus gelegentlich mit Feinwaschmittel in der Waschmaschine gereinigt, Naturschwämme luftgetrocknet und staubfrei gelagert und Naturhaarbürsten vor dem Ausspülen mit Seife ausgewaschen werden.

2. Katzenwäsche

Die gemächliche Katzenwäsche im Kontrast zur heftigen Waschorgie fällt an bei:

- Fällen mit geringem Verschmutzungsgrad, bei denen eher Staub und ein paar verstreute Insektenreste beseitigt werden wollen.
- Liebhaberbikes, deren Besitzer höllisch aufpassen müssen, ihr Teil nicht zu Tode zu pflegen und denen Selbstdisziplin guttut.
- Motorrädern mit dunklen und sensiblen Lackoberflächen (insbesondere mattschwarze).
- Old- und Youngtimern, deren Motoren und andere Metallteile in aller Regel unlackiert und ständig in Gefahr sind, der Korrosion zum Opfer zu fallen.
- Show- und Custombikes, die nie oder kaum bei Schlechtwetter gefahren werden.

2.1. Schonende Grundreinigung

Soll vor der leichten Wäsche eine Grundreinigung erfolgen, wässere das Motorrad gründlich ein und sprühe dann einen milden Reiniger oder eine Wasser-Shampoo-Lösung auf. Das Augenmerk liegt darauf, den Schmutz auf sanfte Weise einzuweichen und aufzulösen und bestenfalls anschließend mit weichen Naturhaarbürsten aufzubrechen. Im Falle von älteren Motorrädern mit unlackierten Motoren ist darauf zu achten, einen Reiniger mit Korrosionsschutzwirkung zu verwenden.

Zu lange Einwirkzeiten bewirken auch bei milden Reinigern hässliche Flecken und matte Oberflächen. Lasse das Zeug deshalb nicht zu lange drauf, sondern spüle relativ zügig mit reichlich fließendem Wasser von oben nach unten ab, ungeschütztes Aluminium und Schrauben besonders ausgiebig – bis nur Wasser abtropft und alle Reinigerreste aufgelöst sind.

Wie immer gilt: Alle elektrischen Komponenten sind tabu und sollten auf keinen Fall direkt mit Wasser konfrontiert werden.

2.2. Schonende Wäsche

Nach dem Abtropfen kommt auch bei der Katzenwäsche die bereits beschriebene 2-Eimer-2-Schwämme-Technik zum Einsatz (siehe oben), allerdings mit sehr weichen Naturschwämmen, um noch oberflächenschonender zu reinigen.

Wasche wie gewohnt das Mopped von oben nach unten, stärker verschmutzte Teile zuerst und mit mäßigem bis kaum Druck sowie reichlich Wasser im Schwamm. Für die Felgen und andere Stellen, die eventuell mehr Schmutz aufweisen, verwende Bürsten mit weichen Naturborsten (mehr zur Felgenreinigung auf Seite 127).

Hartnäckige Krusten weiche wiederholt ein, Zeugs wie Baumharz, Vogelkot, Insektenreste usw. entsorge mit Lackreinigungsknete (siehe oben).

Zum Abschluss spüle das Bike gründlich ab, idealerweise mit einem offenen, düsenfreien Schlauch, der das Wasser ohne Druck entlässt. Wie Regen halt.

Nicht abgelaufenes Wasser entfernst du anschließend mit einem weichen Tuch (Mikrofaser) oder einem Waschleder, für unzugängliche Stellen wie Kühlrippen hat sich ein Luftkompressor bewährt, ein Laubbläser oder zur Not eine Luftpumpe sowie eine anschließende Trockenfahrt (vorher sicherstellen, dass Reifen und Bremsscheiben trocken und einsatzbereit sind).

Für richtig fette Waschorgien gibt es nur einen richtigen Ort: einen offiziellen Waschplatz.

3. Trockenreinigung

Hört sich widersprüchlich an, funktioniert trotzdem gut: die Trockenreinigung. Bewaffnet mit einem Hand-Staubwedel, langfaserigen Mikrofasertüchern und Schnellreiniger[02-2] hältst du auf diese Weise ein kaum bis leicht verschmutztes Motorrad auf schonende Weise auf Hochglanz.

Mit den Mikrofasertüchern, Mikrofaser-Staubwedeln oder wachsgetränkten Baumwollbesen entfernst du niedergelassenen Staub, leichten Belag und lose Schmutzpartikel. Arbeite hierbei umsichtig und verwende die Produkte nicht zum Abkratzen hartnäckiger Krusten. Was sich nicht quasi von alleine abwedeln lässt, bleibt erst einmal dran.

In einem zweiten Schritt sprühst du zur weiteren Reinigung Schnell-Lackpflege auf und verteilst sie mit einem sehr weichen Mikrofasertuch. Wende anschließend das Tuch und nehme eventuell gelöste Partikel mit der anderen Seite auf.

Insbesondere für die empfindlichen matten Lacke neuerer Motorräder erweisen sich die Schnellreiniger (neben Glasreiniger) als wahrer Segen, da aggressives Zeugs wie Vogelkot und Insektenreste die sensiblen Oberflächen nahezu instant schädigen und außer Glascoating und die regelmäßige Verwendung von sehr weichen Tüchern und sehr milden Mitteln präventiv nur wenig getan werden kann.

Empfehlung/Preistipp: Das wegen der vielseitigen Verwendbarkeit relativ günstige Ballistol-Öl eignet sich ideal zur Oberflächenbehandlung (Reinigung und Pflege) von nahezu allen Lacken, Kunststoffen und Metallteilen an einem Mopped. Selbst die Stiefel lassen sich mit dem obendrein umweltfreundlichen Produkt in Schuss halten.

Auslassen sollte man Bremsen, Reifen, Sitzbank, Griffe, Fußrasten, die Stiefel*sohlen* und wo man sonst (ab)rutschen könnte (ist ja Öl). Nicht mit Ballistol verträglich sind auch Buntmetalle, die anlaufen könnten, sowie heiße Metallflächen (Motor, Auspuff, Krümmer), bei denen nach dem Aufsprühen und Verdampfen Flecke verbleiben können. Auch bei Polycarbonat solltest du mit Ballistol zurückhaltend sein, da das Material spröde wird und mit der Zeit Spannungsrisse bildet.

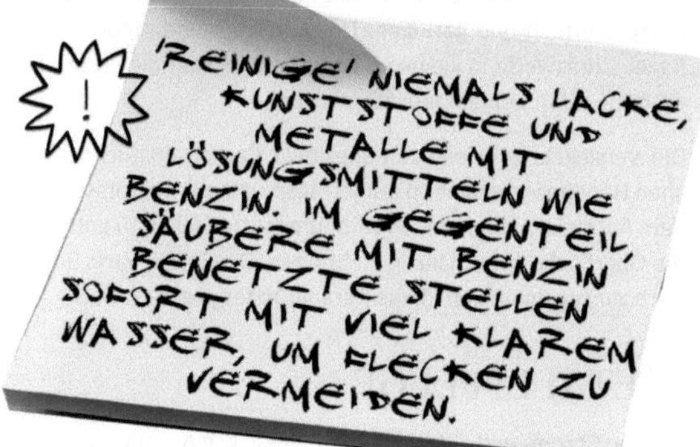

LACKPFLEGE

Lässt sich Lack durch Waschen alleine nicht mehr zum Glänzen bringen, schlägt die Stunde der Lackpolitur aus dem Zubehörhandel oder direkt vom Motorradhersteller (dessen Mittel oft auf die Auslieferungsfarben der jeweiligen Maschine abgestimmt ist). Sie mindert feine Kratzer, schafft eine gleichmäßig glänzende Oberfläche und schützt den Lack für einen gewissen Zeitraum. Müssen dabei tiefere (aber immer noch oberflächliche) Kratzer eliminiert werden, greife zusätzlich auf spezielle Polituren mit feinen Schleif- und ‚füllenden' Farbpartikeln zurück – Wunder solltest du allerdings keine erwarten.

Wichtig beim Polieren: Nutze ausschließlich milde Polier- und weiche Hilfsmittel wie Mikrofasertücher, denn was immer du nutzt und wie immer du vorgehst, jede Politur hat eine lackabtragende Schleifwirkung. Je nach Produkt unterschiedlich intensiv, aber unweigerlich.

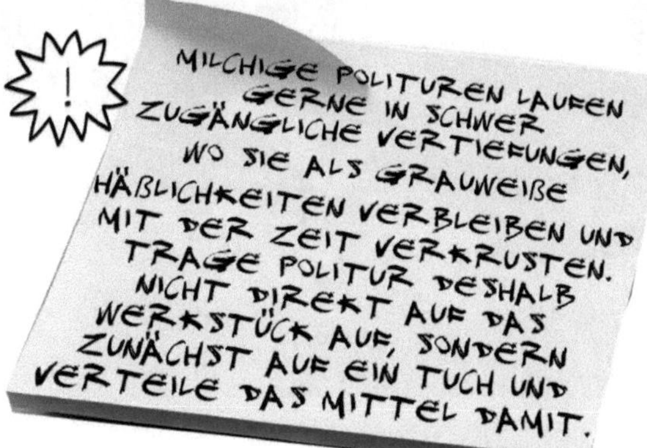

Der Trick ist, die Politur für sich zu finden, die bei minimalem Lackabtrag das beste Ergebnis zeitigt. Bist du nicht sicher, wie ein Lack auf ein Pflegemittel reagieren wird, teste es an nicht sofort ins Auge fallenden Stellen. Dort kannst du neben dem Glanzergebnis auch die Stärke des Abriebs ermitteln. Führe hierzu mit einem weißen Baumwolltuch ein paar kreisende Putzbewegungen mit etwas Druck aus und begutachte das Ergebnis auf dem Tuch. Je stärker die Verschmutzung, desto höher der Abtrag.

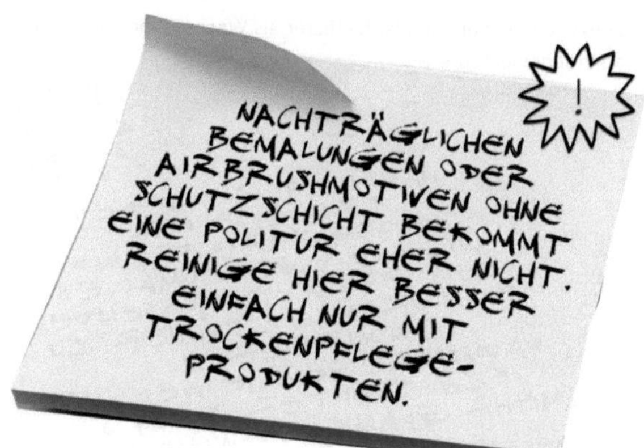

Lackpolitur

Trage die Politur flächendeckend mit einem weichen Tuch auf die *saubere und trockene* Lackoberfläche und lasse sie um und bei 10 Minuten antrocknen. Poliere die Lackfläche anschließend mit Watte, festem Schaumstoff oder einem sauberen *weichen* Lappen in kleinen Schritten und mit wenig Druck, idealerweise in Längsrichtung, keinesfalls aber mit kreisenden Bewegungen.

Für polierte Felgen verwende eine geeignete Aluminium-Politur ohne Säure oder Ammoniak, für Chromfelgen nur spezielle Chromreiniger und Versiegelungen und für matte Felgen überhaupt keine Politur, da sie den matten Effekt zerstören können.

Versiegelung

Glänzt das Bike aus allen Lackporen, willst du, dass dies ewig hält. Wird es nicht, aber du kannst versuchen, den Lack gegen UV-Strahlung sowie die üblichen Verdächtigen (Vogelkot, Insektenreste, etc.) durch regelmäßiges Wachsen und Versiegeln abzuschotten.

Zur Versiegelung verwendest du natürliche Canubawachse, Chemieprodukte wie synthetisch unterstützte Wachse oder die noch mehr von der Chemieindustrie zusammengebrauten Polymerlackschutzversiegelungen, aufgetragen wie üblich mit weichen Hilfsmitteln. Richtig weichen. Die Polymer-Lackschutzversiegelungen sind hierbei generell belastbarer und langlebiger als herkömmliche Wachse und müssen seltener erneuert werden.

Aufgetragen wird ein dünner Film des Mittels mit einem Schaumstoff- oder Mikrofaser-Polierschwamm, ohne Druck und in geraden Linien, auf eine *saubere und staubfreie* Lackoberfläche. Wie beim Polieren sind Kreisbewegungen tabu, sie hinterlassen Haarlinienkratzer. Alternativ verwende ein Polierwachs aus der Sprühdose.

Ist das Wachs angetrocknet, wird es *in geraden Linien und ohne Druck* aufpoliert, entweder ebenfalls mit einem weichen Polierschwamm oder mit zwei Mikrofasertüchern. Das erste (härtere) Tuch entfernt dabei mit groben Schlaufen die trockene Wachs- bzw. Polymerschicht, das weichere zweite Tuch kümmert sich um Restbestände und übernimmt die Glanzpolitur.

Umgebungstemperatur: Das ideale Temperaturfenster zur Verarbeitung liegt um die 20 bis 25 Grad. Unter 15 Grad härten Wachse und Polymere nicht genügend aus, sind widerborstig aufzupolieren und bleiben strukturell zu weich. Auf der anderen Seite: In der prallen Sonne, wenn sich der Lack aufheizt, verdampfen Inhaltsstoffe und die Versiegelung lässt sich nicht mehr gleichmäßig auftragen. Es bilden sich unschöne Schatten.

Dauerversiegelung

Wer es so richtig ernst meint mit der Lackpflege, versiegelt ihn mit einem sogenannten *Glasscoat*[02-3], der mit der Lackoberfläche chemisch reagiert und einen auf Jahre haltbaren Keramikfilm bildet. Das

Zeugs funktioniert und ist haltbarer als Wachse, aber dummerweise auch sehr viel teurer.

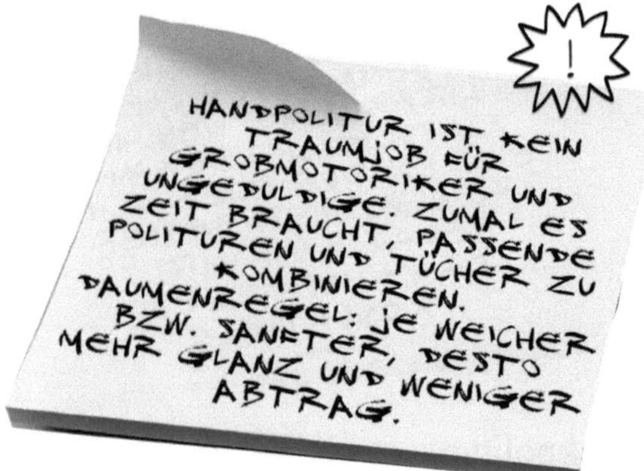

Irgendwie ebenfalls eine Art Dauerversiegelung sind Folierungen, bei denen der vorhandenen Lackschicht eine selbsthaftende Folie übergestreift wird (siehe hierzu ab Seite 38)

Schaumstoff- und Mikrofaser-Polierschwämme nach Gebrauch mit Spülmittel und lauwarmem Wasser säubern, ausspülen und lufttrocknen

KUNSTSTOFFPFLEGE

Unlackierte bzw. eingefärbte Kunststoffteile wie Seitenteile, Schalterkästchen usw. bringst du über die Jahre, indem du sie mild reinigst. Als Versiegelung trägst du spezielle Kunststoffpfleger[02-4], Silikonöl oder Ballistol auf, damit die Teile glänzen und nicht austrocknen. Aber Vorsicht bei Spezialmitteln: Sie können bei falscher Anwendung Schäden hinterlassen. Es lohnt, die Produktbeilagen zu studieren.

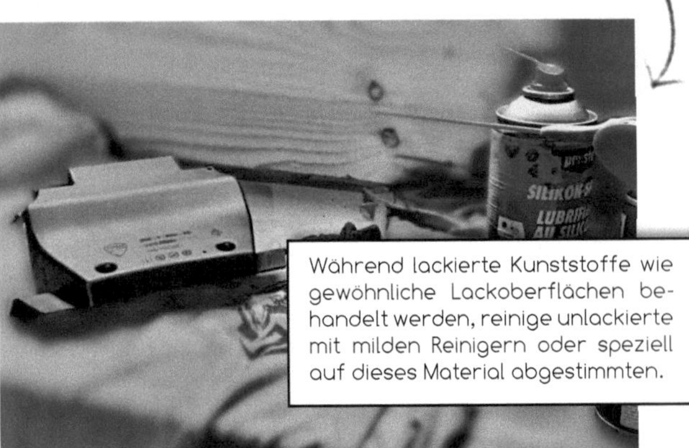

Während lackierte Kunststoffe wie gewöhnliche Lackoberflächen behandelt werden, reinige unlackierte mit milden Reinigern oder speziell auf dieses Material abgestimmten.

Transparente Kunststoffe wie Brems- und Rücklichter, Windschilde und Blinker können mit denselben Materialien gepflegt und versiegelt werden wie Lacke.

Bei beschichteten Scheiben mache einen Test an einer unauffälligen Stelle (*nicht* im Sichtbereich). Endgültigen Glanz bringt eine ans jeweilige Material angepasste Plastik-, Acryl- oder Plexiglaspolitur.

Klebrige Kunststoffflächen: Dünsten Weichmacher aus Kunststoffen aus, die mit Gummi beschichtet sind, wird es klebrig. Bei dünnen Gummischichten (1/10 mm) hilft Orangenöl-Reiniger (Achtung: kein harmloses Zeug, auch wenn es sich anders anhört!), bei dickeren (mehr als 1 mm) nur der Austausch, weil der Brei zu fett ist.

CARBONPFLEGE

Bei Carbonteilen unterscheide zwischen Carbon-Imitaten (lackierte Kunststoffteile) und echtem Carbon.

Erstere werden wie lackierte Kunststoffe mit normaler Handpolitur und Versiegelung beglückt, echtes Carbon behandelt man mit einer milden Spezialpolierpaste. Sie wird im feuchten Zustand mit weichem Mikrofasertuch und geringem Druck verteilt und aufpoliert, in aller Regel schrittweise in kleinen Sektionen (trocknet die Paste dabei an, entferne sie mit einem feuchten Tuch).

Die Versiegelung erfolgt mit spezieller Carbon-Politur, die mit weichen Handpolierschwamm aufgetragen und mit Mikrofasertuch nach dem Antrocknen abgerieben wird, um matte Stellen zu entfernen und die Oberfläche zum Glänzen zu bringen. Die Politur kann (und sollte) auch zur regelmäßigen Pflege herangezogen werden.

METALLPFLEGE

Chrom: Chrom- und glänzende Metallteile wie Auspuffkrümmer, Endtöpfe, Gabelholme, Federbein-Dämpferstangen usw. putzt du mit einem weichen Baumwolltuch und versiegelst Teile, die nicht heiß werden, mit einem Wachs oder Polymer. Hierzu trägst du die Versiegelung mit einem weichen Schaumstoffschwamm auf, lässt sie antrocknen und polierst mit einem weichen Baumwolltuch nach. In der Folge reicht es, ab und zu daran zu denken, die Schutzschicht aufzufrischen.

Ist die Chromoberfläche bereits leicht abgerockt und kommt in einem matten Erscheinungsbild daher, kannst du sie mit einem Chromputzmittel, einer getränkten Polierwatte wie dem Klassiker *Nevr Dull* oder spezieller Chrom-Politur aufpeppen. Experimentierst du hierbei ein wenig mit unterschiedlich scharfen Mitteln und harten Tüchern wirst du schnell den besten Weg herausfinden, deine Chromteile wieder bestmöglich ansehbar zu machen.

Metallpolish: Auftragen, trocknen lassen, polieren

Im Extremfall, falls sich beispielsweise Flugrost gebildet hat, darf gar *sehr weiche* Stahlwolle oder die harte Seite eines Haushaltschwamms zum Einsatz kommen – allerdings wirst du dann mit feinen Kratzspuren leben müssen.

Wichtig: Wurde mit Stahlwolle aufpoliert, säubere die Chrom-Oberfläche mit Glasreiniger, reibe mit einem Mikrofasertuch nach und versiegele mit Wachs oder Polymer (vorausgesetzt, die Teile werden nicht heiß). Wiederhole Letzteres regelmäßig nach einigen Wäschen.

Rohes Aluminium: Weiche unlackierte Metalle wie Aluminium können empfindlich auf unüberlegte Polieranfälle reagieren, beispielsweise mit Polierrillen. Probiere deshalb zunächst verschiedene Produkte mit unterschiedlichen Tüchern oder Schwämmchen aus, um herauszufinden, welche Mittel optimal mit deinem Polierstil harmonieren. Zum Testen gebe ein wenig Mittel auf ein Tuch und verreibe es 10- bis 15-mal mit der Fingerkuppe kreisrund auf unbehandeltes Aluminium. Je stärker die Schwärzung am Tuch, desto höher der Abrieb, hervorgerufen durch a) die Schleifwirkung des Mittels und b) dem ausgeübten Druck. In vielen Fällen bewährt haben sich spezielle Mittel wie *Alu-Magic, ako* oder *EMR*[02-5]. Ähnlich wie bei der Lackpolitur trägst du das Mittel auf, lässt es antrocknen und polierst es mit einem Tuch aus. (Mehr zur Alu-Pflege unten ab Seite 34.)

Über das Polieren von Metallen: Erlaubt es die Fläche, reibst du dein Mittel zur Vorpolitur mit einem härteren Baumwolltuch in kleinen, kreisenden und kräftigen Bewegungen ein, um Oberflächenspuren zu beseitigen. Zum Nachpoliergang wiederholst du die Arbeitsgänge mit weiter ausholenden Kreisbewegungen, einem weicheren Tuch, milderen Mitteln und geringerem Druck.

Zur Versiegelung verfährst du wie bei der Chrompflege: Mit Glasreiniger säubern, mit Mikrofasertuch nachreiben und Wachs oder Polymer auftragen.

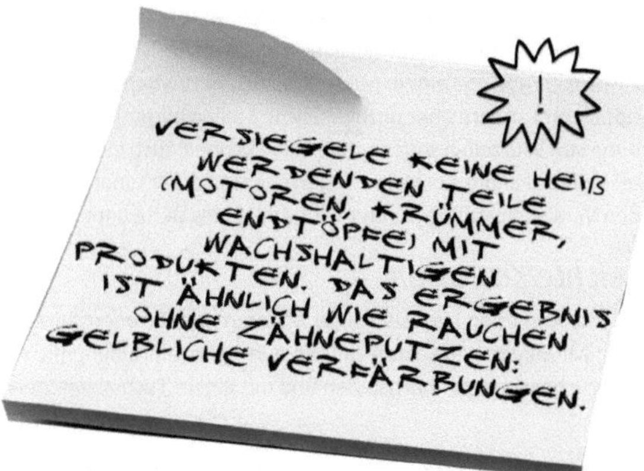

Lackiertes Aluminium: Ist ein Aluminium-Motorblock lackiert, behandelt man den *abgekühlten* Motor wie jede andere Lackfläche und sprüht ihn abschließend leicht mit Vielzwecköl ein. Das sorgt für Glanz und führt nicht zu Verfärbungen, wenn der Motor wieder in Anspruch genommen und heiß wird (das jeweilige Mittel vorher jedoch an einer neutralen Stelle ausprobieren).

Geheimwaffe Ballistol: Kaum glitzerndes Marketing, keine poppigen Verpackungen, trotzdem begeistert das Uraltprodukt Ballistol viele Biker, da es für nahezu jeden Pflegefall verwendet werden kann, selbst an Motor und Auspuff bei fleckigen oder stumpfen Oberflächen.

Einsprühen, mit mildem Tuch abreiben, fertig. Oder umgekehrt auf ein Tuch sprühen und verteilen. Ballistol reinigt, pflegt und lässt das jeweilige Werkstück glänzen. Selbst hartnäckige Fälle können mit dem Produkt angegangen werden.

Haben sich beispielsweise Teer, Schuhsohlen, Straßendreck oder die eigene Haut nach einer Dummbeutel-Aktion in die Auspuffkrümmer eingebrannt, lassen sie sich oft mit Ballistol und der rauen Seite eines Haushaltsschwamms herauspolieren. Allerdings solltest du den Schwamm NICHT (oder nur sehr vorsichtig) bei Aluminium-Oberflächen von Auspufftöpfen anwenden, weil dessen raue Seite zu unschönen Kratzern führen kann.

Hinweise: Vorsichtige Naturen könnten kurz zusammenzucken, wenn mit Ballistol eingesprühtes Metall warm wird und in der Folge Dampf aufsteigt. Das geht aber schnell und folgenlos vorüber. JEDOCH: Sprühe Ballistol *nicht auf bereits heiße* Oberflächen, da es dann punktuell aufgetragen wird und beim Verdampfen Flecken entstehen können! Auch bei Buntmetallen solltest du drauf verzichten (siehe hierzu auch Seite 31).

"Ballistol: Kunststoffpflegemittel, Metallpolitur und Lackschutz. Die Ergebnisse können sich sehen lassen." Werbung Ende.

Weitere Materialien

Sitzbank

Die **Sitzbank** erhält, je nach Material, eine spezielle Sitzbank- oder Lederpflege oder schlicht handelsübliche Schuhcreme (einreiben, 12 Stunden trocknen lassen, auspolieren). Achten solltest du aber darauf, keine Mittel zu verwenden, die das Material austrocknen lassen oder rutschig machen, wie bspw. Kunststoffreiniger.

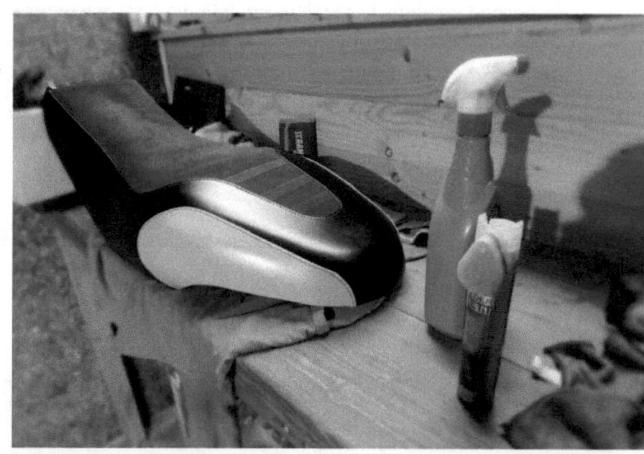

Mit einer Wasser/Shampoo-Lösung reinigst du die Oberfläche der Sitzbank, mit Kunststoffpfleger oder Lederfett hältst du sie geschmeidig.

Viele Biker demontieren vor dem Waschen die Sitzbank. Kannste machen, um Putzflecken durch unpassende Reiniger zu vermeiden. Allerdings liegt dann die darunter befindliche Elektrik blank und du musst sie vor Spritz- und reinlaufendem Wasser bzw. Reiniger schützen. Alternativ lasse sie drauf und umgehe sie mit dem Reinigungsmittel. Oder entnehme sie, umhülle sie mit einer passenden Mülltüte und baue sie wieder ans Bike

Speichen.

Speichen und andere **runde Werkstücke** lassen sich mit getränkten Spezialpolierbändern auf Vordermann bringen. Für sensiblere Zierteile oder Rohre nimmt man Streifen eines weichen Baumwolltuches und versieht sie mit einer milden Politur.

Elektrik

Elektrische Verbindungen, sofern nicht effektiv vor Wasser geschützt, trennt man kurz, pustet mit Druckluft Feuchtigkeit raus und sprüht Kontaktspray hinein, um sie vor Korrosion zu schützen. Ähnliches gilt für die Handschalter (Blinker, Licht, Kill), die zu diesem Zweck allerdings abgebaut und geöffnet werden müssen. Die **Batteriepole** erhalten Polfett als Korrosionsschutz.

Trage KEINE Schmiermittel oder Ölsprays auf Steckverbindungen oder Sensoren auf.

Spiegel & Displays

Für **Display, Instrumente** und **Spiegel** schließlich stibitzt du aus der Ablage unter der Spüle den Behälter mit dem Glasreiniger. Und da du gerade dort bist: Das Spülmittel belässt du, wo es ist. Spülmittel enthält Salz und Salz fördert Korrosion und hinterlässt feinste Kratzer. Streiche es deshalb aus deiner Inventarliste für die meisten Reinigungsarbeiten.

OBERFLÄCHEN-NEUAUFBAU

Korrosionsbehandlung Eisen

Das beste Mittel gegen Rost ist ... Prävention:

- **Motorrad bewegen:** Viele Korrosionsschäden sind Standschäden, die sich über einen längeren Zeitraum gebildet haben.
- **Trockene Umgebung:** Feuchte Garagen und Immer-Draußen-Parken sind ideale Wachstumsbedingungen für Korrosion aller Art. Ebenso das Abstellen eines nassen Motorrads in der Garage oder eines nassen Autos gleich nebenan.
- **Konservierung:** Multifunktionsöl ist der natürliche Feind von Feuchtigkeit. Regelmäßiges Einsprühen gefährdeter Bereiche, insbesondere einfaches Stahlblech, hält die Alterung unter Kontrolle. Als hilfreich erweisen sich auch spezielle Korrosionsschutzsprays. Sie schützen Carbon und Metalloberflächen und halten als Bonus Kunststoff- und Gummiteile elastisch. Aber Achtung: Spraye keine sicherheitsrelevanten Teile wie Fußrasten, Griffe, Hebel etc. ein, um nicht abzurutschen.

Ist es zu spät und sind Bauteile nicht mehr durch Reinigen/ Polieren zu retten, bleibt nur der Frontalangriff:

- **Austauschen:** Manche Bauteile sind nicht mehr zu akzeptablen Konditionen zu konservieren. Dann steht ein Neukauf oder der Rückgriff auf gut erhaltene Gebrauchtteile an.
- **Abschleifen und (Neu-)Beschichten:** Oft günstiger als ein Neukauf kommt das Abschleifen bzw Abstrahlen von Metallen, ist aber zeitaufwändiger – und, falls man die Teile nicht an einen Spezialisten weiterleitet, arbeitsträchtiger.

Korrosionsbehandlung Aluminium

Korrosion auf Eisen und Stahl kann jeder sofort identifizieren, alleine anhand der Farbe (rostrot) und der bröseligen Oberfläche. Korrosion auf Aluminium lässt hingegen viele mit einem Fragezeichen zurück. Wie? Alu korrodiert und rostet?

Ja, tut es. Nein, richtig rosten tut es natürlich nicht, weil reines Alu keine Eisenanteile besitzt. Rost ist eine spezifische Art der Korrosion, die nur Eisen und eisenhaltige Legierungen betrifft und bis zur vollständigen Auflösung des Metalls führen kann. Aluminiumkorrosion hingegen besteht daraus, dass sich bei Kontakt mit Sauerstoff eine Oxidschicht bildet, die nicht dicker als drei oder vier Nanometer wird, nicht abbröckelt und das genaue Gegenteil vom Rost bewirkt: Es verfestigt sich, riegelt das Werkstück hermetisch ab und schützt es so vor dem Verfall.

Das Dumme daran: Die Schicht macht die Oberfläche unansehnlich, besteht aus mal mehr, mal weniger grauen bis schwarzen Flecken und hinterlässt, wenn unbehandelt, einen ähnlichen Eindruck wie graue Haare beim Menschen: In die Jahre gekommen, halt.

Kann man sie loswerden, die Oxidschicht? Und wenn ja, wie genau? Antwort: Kommt drauf an. Auf die Stärke der Oxidschicht, die Menge an Dreck, die sich gebunden und ebenfalls verewigt hat – und natürlich darauf, wie viel Arbeit investiert werden soll.

Flugbefall

Wie Flugrost bei Eisen fängt auch die Oxidschicht bei Aluminium klein an und kann sich auf großen glatten Oberflächen (wie Zylinderrippen) zunächst als pelziger Belag bemerkbar machen – als ob Staub oder Pollen auf dem Metall liegen. Dann reicht es, die betroffenen Stellen mit einem sanften Motorradreiniger oder einem Schnellreiniger einzusprühen und mit einem Mikrofasertuch abzuwischen. Für Zylinderrippen und andere eher unzugängliche Stellen bietet sich die Verwendung von Wurzelbürsten an. Alternativ können auch die gleichen Mittel wie für leichte Korrosion angewendet und mit einer anschließenden Versiegelung abgerundet werden (beides siehe unten).

Leichte Korrosion

Leichte Korrosion lässt sich unter anderem mit Zitronensäure begegnen: Mit einem getränkten Lappen auftragen, einreiben, mit Wasser oder Schnellreiniger nachspülen und mit einem Tuch abwischen. Fertig.

Hinweis: Zitronensäure wird meist in Pulverform verkauft und muss dann mit Wasser angerührt werden. In welchem Verhältnis steht auf der Verpackung. Alternativ kannst du den reinen Zitronensaft aus der häuslichen Küche stibitzen, die oxydierten Bereiche großzügig einreiben, eine halbe Stunden einwirken lassen und die Reste mit einem feuchten Tuch entfernen.

Oder du verrührst Backpulver mit Wasser zu einem dicken Brei, der mit einem Tuch oder Pinsel nicht zu knapp auf die korrodierten Flächen aufgetragen wird. Nach einer Einwirkzeit von rund einer Stunde wische die angelösten Korrosionsrückstände und Backpulverreste mit einem Tuch ab. Gleiche Ergebnisse liefert mit Wasser zu einem zähen Brei angerührtes Natron. Hier wie dort gilt, nicht länger als eine Stunde zu warten, um Flecken zu vermeiden.

Witzigerweise kann man bei Flugrost und leichter Korrosion auch gewöhnlichen Ketchup verwenden. Heißt es ;-) Welche Geschmacksrichtung, ist vermutlich egal, aber es soll funktionieren. Nachteil: Du musst sorgfältig reinigen, um zu verhindern, dass sich das Zeugs in irgendwelchen Rillen verzieht und dort für immer kleben bleibt.

Starke Korrosion

Bei starker und großflächig verteilter Korrosion greifst du zu einer regulären Alu-Polierpaste. Trage einen etwa 1 Zentimeter langen Strang auf ein Poliertuch und reibe den oxydierten Bereich mit kreisenden Bewegungen und wenig Druck ein.

Wische die Reste mit einem trockenen Tuch ab und wiederhole den Vorgang, falls notwendig. Auspoliert wird mit einem trockenen Mikrofasertuch.

Ist Korrosion bereits tief in die Oberfläche eingedrungen, bleibt nur der Abtrag mit einem Schleifmittel. Dies kann man zunächst mit grobkörnigen Pasten versuchen oder gleich zum Schleifpapier greifen, allerdings keinem grobkörnigem, da dieses tiefe Kratzer hinterlässt. Arbeite dich stattdessen, je nach Verschmutzungsgrad, mit Papier zwischen 500er- und 800er-Körnung (für Metall, nicht jenes für Holz) weiter nach oben. Gehe langsam und mit kreisenden Bewegungen vor, bei großen Flächen und starker Korrosion wirst du gar ein elektrisches Schleifgerät nutzen wollen. Verzichte in beiden Fällen darauf, stark aufzudrücken, um die Oberflächen nicht zu ruinieren.

Hinweis: Abgeschliffene Aluminiumoberflächen laden neue Sauerstoffattacken geradezu ein. Trage deshalb nach den Arbeiten auf der sauberen und trockenen Oberfläche einen matten oder seidenmatten Klarlack auf. Er macht kaum einen visuellen Unterschied zum blanken Metall und schützt das Werkstück für einen längeren Zeitraum.

No-Gos

Topfkratzer, Scheuermilch und andere groben Reinigungsutensilien wie die rauen Seiten eines Putzschwammes sind oft zu viel des Guten bei herkömmlicher Oxidation. Damit zerkratzt du die Oberflächen weiträumig, ohne der Oxydationsschicht wirklich beizukommen, die über eine höhere Festigkeit verfügt als das nicht betroffene Aluminium. Ist eine Reinigung auf eine schonendere Weise nicht erfolgreich, versuche eine der anderen Methoden oder wiederhole den Vorgang mehrfach. Auch stark säurehaltige Reinigungsmittel sind nicht immer angeraten, da sie die Oberflächen auf ihre Weisen angreifen (immer zuerst an unauffälliger Stelle testen).

Für die Zukunft

Der Versuch, Aluminium am Rosten zu hindern, ist ein hartes Brot. Liegt das Metall blank, wird sich durch den Kontakt mit Sauerstoff Oxid bilden; da führt kein Weg dran vorbei. Durch gute Pflege lässt sich aber der Zeitpunkt herauszögern und eine Schicht Klarlack verhindert den direkten Kontakt mit der Umgebung zusätzlich.

Pflegetipps

Reinigen: Spezielle Aluminiumreiniger helfen, die empfindlichen Oberflächen zu säubern. Mit etwas Reiniger auf einem weichen Tuch wird das Alu mit sanftem Druck vom Dreck befreit und einem zweiten weichen Tuch aufpoliert. Bewährt hat sich bei leichten Verschmutzungen auch gewöhnliches Leitungswasser mit Spülmittel, hier sollte aber auf jeden Fall nachpoliert werden, um Wasserflecken zu vermeiden.

Hartnäckige Verschmutzungen durch Insekten, Klebstoffrückständen, Kettenfett und Öl lassen sich durch Aceton-haltigen Reinigern in den Griff bekommen – deren Dämpfe allerdings nicht zur Gesundheit beitragen. Also Maske tragen!

Ausbessern: Mit Alu-Polierpaste oder BIO-Zahnpaste ohne Reibemittel und Aufheller lassen sich Oberflächen aufhübschen und kleine Kratzer entfernen. Achte nur darauf, mit kreisenden Bewegungen und wenig Druck vorzugehen, um weitere Längskratzer zu vermeiden.

Eloxiertes Aluminium (wirkt matt und schimmert weniger als unbehandeltes) bringst du mit einer angedickten Backpulver/Wasser-Mischung oder einer speziellen Politur zum Glänzen. Praktischerweise verschließen Letztere auch feine Kratzer und Mikroditscher. Teile hierzu einen kleinen Strang mit einem feinen, sauberen und feuchten Tuch auf das Werkstück und arbeite es gleichmäßig ohne Druck ein. Nachpoliert wird mit einem trockenen Mikrofasertuch. Alternativ bietet sich nicht-bleichende Zahnpaste ohne Reibmittel, der bereits angesprochene Ketchup oder eine wenig intensive Zitronensäure an.

Ist die eloxierte Oberfläche bereits sichtbar angekratzt, verwende eine spezielle Reparaturpaste für Aluminium (eine Art Knetmasse) oder alternativ ein Aluminiumspray. Die Paste kann in tiefere Kratzer und Risse eingebracht und mit Druck eingearbeitet werden; nach dem Trocknen werden die betroffenen Stellen geschliffen und mit spezieller Eloxalfarbe überlackiert. Soll ein Spray eingesetzt werden, reinige die Oberfläche weiträumig und gründlich, um keine starker Korrosion oder Dreck unter dem Mittel zu begraben, und wiederhole den Aufsprühvorgang, bis du eine gleichmäßige Oberfläche geschaffen hast.

Versiegeln: Versiegeln lässt sich Aluminium mit Silikon- oder Silikonwachsspray, solange die Werkstücke keiner großen Hitze ausgesetzt sind. Alternativ können Pflege- und Schutzöle wie Ballistol oder ACF-50 zum Einsatz kommen bzw. die bereits angesprochenen Spezialpolituren (Seite 32), die oft gleichzeitig eine Versiegelung auftragen (achte darauf, die Oberflächen vorher sauber und fettfrei zu machen).

Alu-Lackierung

Stelle zunächst fest, mit welcher Art Aluminium du es zu tun hast. Blankes Alu oder Aluminium mit einer Oxidschicht wird in mehreren Arbeitsgängen sehr fein angeschliffen (2000er Papier). Verwende frisches Schleifpapier ohne Rückstände früherer Arbeiten, säubere das Werkstück, trockne es, mache es fettfrei und trage eine spezielle Grundierung für poliertes Alu auf, dann ein 2K-Klar- oder -Farblack (Acryllack, Alkydharzlack oder Kreidefarbe) in zwei bis drei Schichten. Für Motorteile (siehe unten) benötigst du *hitzebeständigen* Klarlack.

Klar eloxiertes Aluminium verfügt über eine sehr dünne Abdeckschicht, die die Oberfläche des Aluminiums noch erkennen lässt, aber im Ganzen etwas matt wirkt. Sie kann komplett abgeschliffen oder in gesäuberter und trockener Form als Grundierung dienen.

Bei einer farbigen Eloxal-Lackierung ist die Struktur des Aluminiums nicht mehr erkennbar. Sie wird entweder komplett entfernt oder zumindest angeschliffen und in gleicher Farbe überlackiert. Pulverbeschichtungen auf Aluminium werden idealerweise komplett entfernt oder zumindest stark angeschliffen.

Hinweis: Werkstücke aus Herkömmlichem Eisen, das mit Aluminium beschichtet ist oder mit einer Lackierung in Aluminiumoptik ausgestattet wurde, behandle wie normales Metall.

Zum Lackieren verwende Eloxalfarben oder Acryllacke, die entweder aufgesprüht oder mit Pinsel bzw. Walze per Hand aufgetragen werden. Klassische Klarlacke funktionieren ebenfalls, sind aber nicht so hitzebeständig, wie man es gerne hätte, schon gar nicht in Auspuff- oder Motornähe. Außerdem können sie UV-Strahlung nur bedingt standhalten. Dann vergilben die lackierten Stellen und werden zu neuen Problemzonen. Zum Abschluss der Lackarbeiten versiegele die Oberflächen mit silikonhaltigen Mitteln (siehe oben).

Hinweis: Welches Mittel auch immer du verwendest und wie immer du vorgehen möchtest, mache zunächst einen Test an einer wenig sichtbaren Stelle oder einem Probestück, um großflächige Schäden zu vermeiden, bspw. durch ungewollte chemische Reaktionen.

Alu-Motorlackierung

Soll ein Motor lackmäßig generalsaniert werden, baue ihn aus und zerlege ihn (wg. Dichtungen etc.). Steht das nicht zur Debatte, entferne zumindest Teile wie Tank, Airbox, Vergaser, Krümmer, Zündkerzen, Zündspulen, Sitzbank, Fußrasten etc. und verstopfe alle freien Öffnungen am Motor mit sauberen Lappen. Dies gilt auch für freigelegte Gewinde, nur dass hier logischerweise keine Lappen reingestopft werden können. In dem Fall greife auf Blindstopfen, Papier oder alte Schrauben zurück. Werden Kabel abgezogen, beschrifte sie, um beim Rückbau keinen Elektro-Overkill zu produzieren.

Reinigung

Der erste Schritt beinhaltet eine exzessive Reinigung des Motorgehäuses – auch dort, wo nicht neu lackiert werden soll. Weiche die verschmutzten Oberflächen mit gewöhnlichem Seifenwasser ein, kratze groben Schmutz mit Plastik oder Holz ab und säubere das Metall gründlich. Nach dem Trocknen gönne der Oberfläche ein, zwei Dosen Bremsenreiniger und widme dich neben den bereits sauberen Stellen insbesondere den unzugänglichen (wie bspw. den Kühlrippen). Wichtig ist, dass die zu lackierenden Bereiche sorgfältig entfettet werden.

Abdecken

Mit gewöhnlichem Malerkrepp in verschiedenen Größen deckst du alle Bereiche an Motor und Rahmen ab, die nicht lackiert werden sollen. Bei größeren Oberflächen verklebe Zeitungspapier, bei ganz großen (also dem restlichen Bike) verwende alte Laken. Ziel ist, dass alle Teile, die keine Farbe abbekommen sollen, restlos abgedeckt sind.

Lackieren

Besorge dir hochwertige hitzebeständige Grundierung (nicht bei allen Lacken notwendig), Farbe (nix Billiges vom Discounter), Brille/Schutzmaske/Handschuhe (siehe unten) und Heißluftfön (zur Not Haarfön).

- Sorge für gute Belüftung und einigermaßen moderate Temperaturen. Zu kalt sollte es nicht sein (auch die Farbsprühdose nicht).
- Die zu lackierenden Oberflächen werden mit dem Fön leicht angewärmt, damit die Farbe schneller trocknet.
- Die Farbsprühdose wird vor Arbeitsbeginn gut geschüttelt und zwischendurch immer wieder mit weiteren Schüttlern beglückt.
- Sprühe die Farbe in gleichmäßigem Abstand und Dicke auf, idealerweise während eine zweite Person aus einiger Entfernung den Fön auf die frisch lackierten Bereiche hält.
- Warte ein paar Minuten, überprüfe die Abdeckung und bessere eventuell übersehene Ecken aus.
- Übersehene Stellen, die erst nach Entfernung der Abdeckungen erkennbar werden, bessere mit einem kleinen Pinsel aus.

Neulackierung von Tank, Rahmen etc.

Eine Neulackierung von Seitenteilen, Tank, Rahmen und sonstiger vorlackierter Komponenten kann aus zwei Gründen notwendig werden: 1), weil man unansehnliche Stellen ausbessern möchte oder weil 2) eine komplett neue Farbgestaltung realisiert werden soll.

Notwendige Komponenten

Zum Lackieren benötigst du:

- **Handschuhe:** Trage bei Arbeiten mit geschliffenen und gesäuberten Teilen stets saubere Werkstatthandschuhe, um zu vermeiden, dass du Fettspuren auf den Oberflächen hinterlässt.
- **Schutzkleidung:** Trage eine Schutzbrille sowie eine Staubmaske beim Schleifen und eine Atemschutzmaske beim Sprayen. 2K-Lacke sind darüber hinaus ganz besonders giftig und rechtfertigen nahezu einen Astronautenanzug, mit dem man auf dem Mars spazieren gehen kann
- **Silikonentferner,** Aceton oder ein anderes Mittel, das die zu lackierenden Flächen von Klebereste, Fett, Schmutz etc. befreit.
- **Staubbindetücher** zum Säubern.
- **Schleifpapier** für Metall (nicht jenes für Holz) sollte in ausreichenden Mengen und allen Abstufungen von P80 (sehr grob) bis hinauf zu P2000 oder gar P5000 (sehr fein) vorhanden sein.
- **Plastik- oder Holzblock:** Sollen größere Flächen geschliffen werden, wickele das Schleifpapier um einen handtellergroßen Plastik-, Holz- oder Korkblock.
- **Schleifpad/Schleifschwamm** (optional): Schleifpads gibt es wie Schleifpapier in verschiedenen Stärken. Der Vorteil ist, dass die Teile besser in der Hand liegen und Pads auch biegsam sind. Der Nachteil, dass sie halt mehr kosten als einfaches Papier.
- **Schleifvlies** (optional): Wie oben Schleifpads, nur dünner.
- **Wasser** (optional): Mit Wasser schleifen, spart viel Schleifmaterial, weil es sich nicht so schnell mit Farbstaub zusetzen kann. Der Nachteil ist, dass der Lack Feuchtigkeit ziehen kann.
- **Rostumwandler** (optional): Falls starker Rostbefall vorliegt.
- **Haftgrund bzw. Grundierfüller:** Dient der Grundierung der zu lackierenden Oberfläche.
- **Spachtelmasse:** Zum Füllen von Dellen und Löchern.
- **Verglasungskitt o. Ä.:** Zum evtl. Ausgleichen kleinerer Dellen.
- **Farblack:** Je nach vorhandener Ausrüstung benötigst du Spraydosen in der gewünschten Farbe oder angemischte Farben in Dosen, die du mit einer Lackierpistole aufträgst. Verwende nach Möglichkeit einen hochwertigen Lack zumindest für jene Teile, die ins Auge springen. 2K-Lack (siehe unten „*Neulacke*") ist eine Option, wenn kein weiterer Schutzlack aufgetragen werden soll.
- **Klarlack:** Herkömmlicher 1K-Farblack wird mit mehreren Schichten Klarlack geschützt. Dies kann auch ein 2K-Klarlack sein.
- **Lackierpistole** (optional): Für professionellere Ergebnisse bieten sich Lackierpistole und extra anzumischende Farbe an.
- **Seile:** Zum Aufhängen der zu lackierenden Werkstücke, um sie von allen Seiten lackieren zu können.

Außerdem wichtig: Eine trockene, saubere Umgebung, idealerweise durch Plastikvorhänge vom Rest der Werkstatt abgetrennt, sowie gute Belüftung selbst dann, wenn man eine Maske mit passendem Filter nutzt. Die ideale Temperatur liegt bei um und bei 20 Grad, bei weniger als 15 Grad hoffe auf besseres Wetter oder heiz' dir ein.

Farbnummern

Jedes Fahrzeug hat in seinen Papieren einen Farbcode, bzw. eine Lacknummer oder einen Farbnamen vermerkt. Willst du die Originalfarbgebung behalten, bspw. bei Ausbesserungen, kannst du mit diesem Code beim Motorradhersteller bzw. deinem Händler Lackstifte in der Originalfarbe deines Bikes nachbestellen. Benötigst du mehr Material, versuche, bei gewöhnlichen Onlineversendern (Amazon, eBay & Co.) Dosen oder Spraydosen mit der richtigen Nummer zu bekommen. Zumindest bei gängigen Lackmischungen sollte es klappen.

Ist hingegen der Farbcode nicht bekannt oder ist der Originallack bereits in die Jahre gekommen und verblasst, helfen Spezialisten für Fahrzeuglacke aus (bspw. *CROP* im Internet: *www.nonpaints.com*). Sie messen den Altlack mit einem Spectrofotometer, ermitteln daraus den aktuellen Farbton und mischen den Lack individuell an. Erhältlich ist die Farbe dann als Spraydose zum direkten Aufsprühen oder in Dosen zum Auffüllen eigener Lackierpistolen.

Lackvarianten

Soll eine komplette Neulackierung erfolgen, stehen zunächst verschiedene Oberflächenstrukturen zur Auswahl:

- **Glänzend:** Hochglanzlacke sind wahrscheinlich die am weitesten verbreiteten. Sie verleihen der Oberfläche Eleganz und Glanz und sind obendrein leicht zu pflegen.

- **Metallic:** Metallische Oberflächen sind wegen glänzenden und reflektierenden Eigenschaften im High-End-Bereich begehrt.
- **Matt:** Matte Oberflächen zeugen von Understatement und werden oft von Bikern bevorzugt, die auf dezente Ästhetik stehen.

Eine weitere Eigenschaft von Lacken, an die gedacht werden sollte, ist deren Haltbarkeit. Wer sein Motorrad das Jahr über fordert, auch bei schlechtem Wetter unterwegs ist und an der Straße parkt, wird sich für einen langlebigen 2-Komponenentenlack (2K) entscheiden wollen. Die erste Komponente ist hierbei der Lack selbst, die zweite ein Härter, der den Lack kratzfest sowie benzin-, chemie- und säurebeständig macht. Wie man sich leicht denken kann, ist er zwar teurer als normaler 1K-Lack, benötigt dafür aber keine Klarlackschichten mehr.

2K-Lacke gibt es in verschiedenen Glanzstufen und Ultramatt, er eignet sich aber nicht für Metalliclacke. Hier muss man auf 1K ausweichen und die Oberflächen anschließend mit 2K-Klarlack schützen.

Hinweis: Verwendest du 2K- Farb- oder -Klarlack, musst du vor Gebrauch die rote Plastikbuchse unten in die Spraydose eintreiben (damit der Härter eintritt) und die Dose rund 2 Minuten lang schütteln.

VORSICHT: 2K ist giftiges Zeugs. Trage auf jeden Fall eine wertige Maske mit den richtigen Filtern (der schlappe Papierlappen aus seligen Coronatagen reicht bei weitem nicht).

Grundierung: Primer, Füller, Haftgrund

Hauptzweck einer Grundierung ist die Haftung. Sie bildet sozusagen eine Brücke zwischen dem Untergrund und der nächsten Schicht bspw. einem Lack. Ohne Grundierung würde der Lack abplatzen, abblättern, sich in einem Stück abziehen lassen oder gleich beim Auftragen runterfließen. Weitere Aufgaben sind der Korrosionsschutz, der Ausgleich von Unebenheiten, die Herstellung eines einheitlichen Grundfarbtons und die Trennung verschiedener Lackschichten.

Unterschieden werden Grundierungen in erster Linie nach ihrer funktionellen Hauptaufgabe. Hierbei werden einfache Haftvermittler als ‚Primer' bezeichnet, sie stellen einzig eine dünne Schicht zwischen Untergrund und erster Lackschicht zur Verfügung. ‚Filler' auf der anderen Seite tun etwas mehr, sie füllen zusätzlich kleine Unebenheiten aus und sorgen so dafür, dass die folgende Lackschicht möglichst glatt aufgetragen werden kann.

Neulackierung

Hinweis: Fahrzeugteile lackieren ist kein Job für Ungeduldige. Das Spachteln braucht seine Zeit, bis alle Dellen entdeckt und ausgefüllt sind, das Schleifen dauert ewig, bis eine einheitliche Oberfläche entstanden ist, und die Trockenphasen zwischen Grundierungen und einzelnen Lackschichten tun ihr Übriges. Wer schnell die Nerven verliert, sollte besser Abstand halten.

Entlacken

Für eine Neulackierung muss das jeweilige Werkstück vorbereitet werden. Manch einer begnügt sich hierbei damit, die sichtbare letzte Schicht oberflächlich aufzurauen, andere puhlen alle Schichten mit Lackentferner, Abbeize, Spachtel, Schaber, Schleifmaschine oder Heißluftfön bis auf den Untergrund ab, bzw. lassen die Teile sandstrahlen. Letzteres ist insbesondere zu empfehlen, wenn Rost mit im Spiel ist und/oder jede Ecke penibel gesäubert werden soll.

Verschwinden müssen natürlich auch störende Komponenten wie bspw. Tankdeckel, Benzinhahn, Benzinpumpe und Seitenembleme. Außerdem müssen Einfüllöffnungen und eventuelle andere Löcher (wie für einen Benzinhahn) ausgestopft und/oder abgeklebt werden.

Hinweis: Raust du nur den Originallack auf, achte darauf, dass nirgends glänzende Stellen übrig bleiben. Sie bilden keinen guten Untergrund für die Grundierung.

Unebenheiten ausgleichen

Ist das Entfernen der alten Oberfläche erledigt, folgt die Phase der Egalisierung. Gröbere Dellen werden mit Spachtelmasse eingeebnet, für kleinere Unebenheiten nutzt man eine Grundierung mit Fülleigenschaften, einen Filler. Danach wird die Oberfläche mit Schleifpapier schrittweise (P120 oder P280 bis P600) fein geschliffen.

Grundierung

Säubere die entlackte, gespachtelte und gleichmäßig glatte Oberfläche mit Silikonentferner, Waschbenzin o. Ä. um sie staub- und fettfrei zu bekommen und die Grundierung[02-6] auftragen zu können.

Bei gleichmäßig glatten Oberflächen verwende nur einen Primer, bei gerissenen oder durch Schleifriefen zerkratzten zusätzlich einen Filler bzw. ein Kombiprodukt, das sowohl einen Haftgrund liefert als auch Unebenheiten füllt. Unterschieden wird bei der Auswahl einer Grundierung auch nach der Art des Untergrunds:

- Bei Kunststoffuntergründen nutze silbern eingefärbten Kunststoffprimer bzw. Kunststoffgrundierfüller (Kombiprodukt).
- Bei Metallen wie Stahl und Eisen verwende eine Acryl- oder Epoxygrundierung, wobei Letztere auch einen guten Rostschutz mitbringt. Diese gibt es als 1K- und 2K-Varianten mit Härter. Oft genutzt werden für diese Materialien auch Etch-Filler (1K-Kombi-Präparate mit Korrosionsschutz, hoher Haftung und großer Füllkraft). Epoxy und Etch eignen sich auch sehr gut für Aluminium.
- GFK (Fiberglas) lässt sich wie Eisen mit Acryl- oder Epoxy-Produkten grundieren, wenngleich Korrosionsschutz überflüssig ist.
- Altlackierungen lassen sich mit Spritzfüller grundieren.

Hinweis: Verwende für helle Lackierungen eine farblich helle Grundierung und mache einen Lösemitteltest, falls alte Lackschichten übersprüht werden sollen.

Die erste Grundierschicht sollte nur sehr dünn erfolgen und um die 10 Minuten antrocknen dürfen, bevor eine zweite, etwas dickere Schicht folgt. Achte darauf, dass sich keine Laufnasen bilden.

Für einen Zwischenschliff nach gründlichem Ausgasen (ca. 5 Stunden) verwendest du P240 bis P400. Danach kann eine dritte Schicht folgen, wenn das Ergebnis nicht überzeugt. Wichtig ist, dass so lange geschliffen wird, bis die zu lackierende Oberfläche gleichmäßig glatt ist. Andernfalls wird die später aufzutragende Farbe jeden noch so kleinen Kratzer brutal sichtbar machen. Was du jetzt schleifst, brauchst du später bei der Farbe nicht mehr nachholen.

Die fertige Grundierung sollte gut durchtrocknen, mindestens über Nacht oder mehrere Tage, vielleicht beschleunigt durch einen Fön.

Lackierung vorbereiten

Wer möchte, kann einen ersten Nebel der Farbe auf die Grundierung sprayen, die man später nutzen möchte. Damit lassen sich vorhandene Dellen einfacher identifizieren (sie sehen meist dunkler aus als die geschliffene Oberfläche). Sollte es der Fall sein, gleiche die Dellen mit einer Verglasungsspachtelmasse wie Bondo[0276] aus und schleife mit 400er-Schleifvlies, bis die Masse sich perfekt in die Oberfläche des Werkstücks einpasst.

Danach säubere die Fläche von Staub und Fett und trage die erste Schicht Basislack auf. Beginne am Rand und sprühe aus ca. 20 cm Entfernung im Kreuzgang nur eine dünne Schicht auf, die du anziehen und trocknen lässt, je nach Dicke zwischen fünf und zehn Minuten.

Trage eine zweite Schicht auf, lasse sie mindestens 5 Stunden trocknen, schleife sie mit 1000er-Schleifpapier glatt, säubere die Oberfläche und trage eine dritte Farbschicht auf. Lasse auch diese Schicht großzügig ausgasen und entscheide dich, ob dir das Ergebnis gefällt oder ob du eine weitere Farbschicht auftragen möchtest. Falls ja: Schleife mit 2000er, säubere und spraye die nächste Schicht auf.

Hinweis: Das gewissenhafte Säubern nach einem Schleifvorgang ist insbesondere wichtig, weil andernfalls der Staub in die neue Lackschicht aufgenommen wird und einen milchigen Eindruck erzeugt.

Überprüfe deine Arbeit nach dem letzten Sprühgang, Sind an einer Stelle Tropfen zu beklagen, bspw. weil die Spraydose ‚stotterte', schleife sie mit 2000er-Vlies und Wasser aus und trage eine weitere Farbschicht auf. Ansonsten war es das. Wenn du einen 2K-Lack verwendet hast, komplett, bei normalem Lack steht hingegen das Auftragen von zwei oder mehr Lagen Klarlack an.

Lasse die Farblackschicht gut durchtrocknen und trage die erste (dünne) Klarlackschicht auf sowie nach dem Ausgasen die zweite. Für einen Zwischenschliff 5 Stunden später verwende für die erste Schicht 1.000er-Schleifpapier und für die zweite 2.000er. Überprüfe nach jeder Trocknung die Ergebnisse und schleife erneut mit 2.000er oder 4.000er (falls erforderlich), bevor du die eine dritte und vielleicht noch eine vierte Klarlackschicht aufsprühst. Danach lässt du das Werkstück für ein paar Tage stehen, bevor du die entfernten Teile wieder anbaust. Und wenn du es gut mit ihm meinst, lässt du es für zwei Wochen aushärten (mehr wenn's kalt ist), bevor du ihm mit Watte und Poliermittel den letzten Schliff verpasst (siehe ab Seite 31).

Hinweis: Bei Motorradtanks befindet sich auf den Rändern des Benzin-Einfüllstutzens ein spezielles Harz oder ein ähnlicher Auftrag, der verhindert, dass Benzin unter den Lack laufen kann. Erneuere auch diesen, wenn du den Tank umlackiert hast.

Sticker, Airbrush & Embleme integrieren

Möchtest du einen lieb gewonnenen Aufkleber, ein besonderes Emblem oder ein nachträglich aufgetragenes Airbrush-Motiv vor Umwelteinflüsse, Polieranfällen und Kratzern schützen, stehst du vor einem Problem. Die Oberfläche bspw. des Tanks ist so weit fertig und du hast Bedenken, den Klarlack aufzurauen und dabei das zu schützende Motiv zu zerkratzen (bzw. dicke Klarlackschichten an den Kanten des Aufklebers zu produzieren). Zu Recht. Kann passieren.

Abhilfe: Verwende einen transparenten Haftgrund und trage ihn in einer dünnen Schicht auf den entfetteten und von Staub befreitem Untergrund auf. Das Zeug liefert eine unsichtbare Brücke zwischen ungeschliffenem Altlack und einer neuen Lackierung, also eine haltbare Grundlage für ein oder zwei Schichten neuen Klarlacks.

Die erste Schicht Haftgrund sollte dünn erfolgen, um die harten Kanten eines Aufklebers oder Emblems zu versiegeln, ohne dass sich dort Klarlack ansammelt. Als Trockenzeit plane je nach Umgebungstemperatur bis zu eine Stunde ein (1/2 Stunde bei 18 bis 20 Grad). Dadurch läufst du nicht Gefahr, dass die zweite Schicht (die ebenso dünn erfolgen sollte) die erste wieder anlöst und Laufnasen provoziert.

Auf den Haftgrund folgen zwei oder drei dünne Klarlackschichten. Danach kann normal dick aufgetragen werden, wobei oft bereits eine einzelne dickere Schicht reicht. Sollte das Ergebnis nicht zufriedenstellend sein, kann eine zweite oder dritte Schicht drangehängt und bei Bedarf mit 2.000er oder 4.000er zwischengeschliffen werden. (Wie viele Durchgänge letztendlich fällig werden, hängt von der persönlichen Einschätzung ab sowie davon, ob man möchte, dass die Übergänge zum Motiv fühlbar bleiben oder nicht.)

Folierung

Hat man keine Lust, einen in die Jahre gekommenen Altlack zu erneuern oder möchte seinen Neulack effektiv schützen, greift so mancher zur Folierung[02-8]. Das kann später zwar ins Auge gehen, wenn bspw. der Klarlack nicht robust ist und beim Abziehen der Folie abreißt, aber darüber kann sich dann ja der Zukunftsbiker den Kopf zerbrechen.

Das Gute beim Folieren: Keine etlichen Arbeitsgänge wie beim Lackieren, kein Zwischenschleifen, keine Trocknungs- und somit Wartezeiten. Und gefällt die Farbgestaltung nicht mehr, zieht man das Zeugs einfach ab. Das Schlechte: Genauso wie eine Volllackierung kann Folieren gruselig teuer werden[02-9], abhängig von Form und Größe des Motorrads und der zu folierenden Fläche. Übern Daumen sollte man mit Materialkosten von 500.- bis rauf zu 2.500 für Euro bei einer Vollfolierung rechnen. Plus 500 bis 1.000 weitere Euronen Arbeitskosten, wenn man das Aufkleben nicht selbst erledigt.

Was geht so?

Foliert werden kann an einem Bike nahezu alles, was irgendwie ebene Oberflächen mit sich bringt: Verkleidungen, Tank, Kotflügel, Seitenteile, Koffer, Abdeckungen, Felgen und Schwingen.

Wie funktioniert's?

Bei einer Folierung wird eine Fläche mithilfe eines Rakels und eines Föns mit einer Vinylfolie überzogen. Hierbei wird die Folie aufgelegt und ausgerichtet und leicht angedrückt. Stimmt die Position, wird stärker gedrückt (je stärker, desto besser klebt die Folie) und zum Abschluss mit einem Fön rübergegangen.

Hört sich einfach an? Das mag auf geraden, glatten Oberflächen stimmen, bei dreidimensionalen Formen (wie beim Tank, wenn Rundungen gleichzeitig nach oben, unten und zu den Seiten verlaufen) stehen aber Probleme ins Haus. Ebenso wie bei Fugen und Kanten, die sauber gefüllt bzw. abgeschnitten werden müssen. Dann kommen Rakel, Teppichmesser oder Skalpell und Fön exzessiv zum Einsatz, um die Folie um die Problemstellen herum zu bekommen und die Grenzbereiche der eigenen Geduld auszutesten. Daumenregel: Alles, was ein Fingernagel beim Rüberfahren spürt, sieht theoretisch auch das Auge, wenn Folie drauf ist, weil sie dort einen kleinen Absatz hat.

Kurz: Einfach raufpappen und fertig klappt leider nicht. Nicht nur, dass die Oberflächen wie beim Lackieren im Vorfeld sorgfältig von Schmutz, Fett, alten Kleberesten und herausstehenden Schrauben oder Ähnlichem befreit werden müssen, es braucht viel Übung und Geduld, das Material falten- und blasenfrei aufzubringen. Ein paar Trainingsstunden mit Billigfolie und einige gute YouTube-Anleitungsvideos sollten folglich mit eingeplant werden.

Was gibt es so?

- **Gegossene Vinylfolie:** Hochwertig, teuer und sehr dünn. Beim Verarbeiten sehr flexibel, im Alltag widerstandsfähig gegen Umwelteinflüssen wie Temperaturschwankungen und UV-Strahlen (Lebensdauer ist auf der jeweiligen Folie vermerkt).
- **Kalandriertes Vinyl:** Gängig, weil preisgünstig, dicker, weniger widerstandsfähig gegen Umwelteinflüsse und nicht so flexibel wie gegossene Vinylfolie, aber schwieriger zu verarbeiten.
- **Polyurethan:** Sehr, dünn, sehr flexibel und resistent gegenüber Umwelteinflüssen.
- **Aufsprühfolie:** Eine Motorradfolie aus der Spraydose kostet um die 20.- Euro, je nach Farbe und Effekt, und funktioniert ähnlich

wie Lackieren[02109] – nur halt mit dem Unterschied, dass man den ‚Lack' bei Bedarf wieder abziehen kann. Ob es einem gefällt, ist eine andere Frage. Bei verwinkelten Kleinteilen ist die Aufsprühfolie sicherlich von Vorteil, bei größeren Flächen muss man schauen, ob einem das Ergebnis befriedigt.

Motorrad-Dekore und Aufkleber

Ein Motorrad-Dekor[02-9] ist eine Art Zwischending aus Folie und Sticker, eine Sammlung aus mit Laminat überzogenen Einzelfolien, die in Form und Größe genau auf bestimmte Motorradmodelle abgestimmt sind. Es wird ähnlich wie ein Sticker aufgeklebt, nur halt großflächiger und passgenau auf die jeweilige Komponente wie Tankpad, Seitenverkleidung, Fender usw. ausgerichtet. Der große Vorteil: Dekore sind im Vergleich zu Folien preisgünstiger (ab rund 200.- Euro) zu bekommen und lassen sich auch von Grobmotorikern ohne viel Übung aufkleben.

Einfache Aufkleber wie Club-Logo etc. sollten mindestens aus Vinylfolie bestehen, um den Elementen auf Dauer trotzen zu können, bei gewölbten Oberflächen (Tank etc.) gar aus dehnbarer und formstabiler Hochleistungsfolie mit Schutzlaminat.

DUMM GELAUFEN

Benzin verschüttet?

Hast du beim Tanken versehentlich Spritzer verursacht, wische den Lack möglichst sofort mit einem weichen Tuch ab. Das Scheibenwischwasser an der Tanke verwende besser nicht, da es oft verschmutzt ist.

Kratzer im Lack?

Lacke ausbessern ist ein übler Job, wenn es in Eigenregie erfolgen soll, abhängig auch davon, wie tief die Kratzer im Lack sitzen und wie groß sie sind. Immerhin, vereinzelte oberflächliche Haarkratzer, die klein und dünn sind und kaum den Klarlack durchdrungen haben, lassen sich eventuell mit Hausmitteln herauspolieren.

Klappt es nicht und möchte man etwas weiter ausholen, trägt man die Oberfläche mit sehr feinem Schleifpapier (bspw. 4000er) weiträumig so weit ab, dass der Riss verschwindet. Danach säubert man die restliche Oberfläche und sprüht transparentem Haftgrund auf, der ausreicht, ein oder zwei neue Lagen Klarlack zu tragen.
Tiefere Kratzer, die zwar die Farbschicht, nicht aber die Grundierung erreicht haben, kann man versuchen, mit spezieller Politur zu verdecken. Hierbei sollen die Farbpigmente der jeweiligen Lackierung reaktiviert und in der Rille verteilt werden. Die Idee ist gut und kann bei kleineren Schäden klappen, oft möchte man das teuer bezahlte Wundermittel aber nur in die Tonne kloppen.

Mehr Erfolgschancen besitzen mglw. die ähnlich wie Filzstifte aufgebauten Lackstifte, die aufgetragen und der Bereich dann weiträumig poliert werden. Fühl- und leider auch sichtbare Absätze können zwar nicht immer vermieden werden, die Ergebnisse können aber bei kurzen und wenigen Kratzern zufriedenstellend sein. Professioneller ist die Verwendung eines Nass-in-Nass-Füllers, der direkt aufgetragen und ohne Schleifen mit frischem Lack überlackiert werden kann. Darüber hinaus hilft nur eine Neulackierung.

Airbrush verblasst?

Hat ein Airbrushmotiv keine schützende Klarlackschicht erhalten und befindet sich zudem an exponierter Stelle, verblasst es mit der Zeit und muss von Politur zu Politur mit weniger Farbe auskommen.

Ist es bereits passiert, säubere die Oberfläche sorgfältig, trage rundum transparenten Haftgrund[02-11] auf und versehe das Motiv und die restliche Oberfläche mit einer oder mehr Schichten Klarlack (siehe hierzu oben *„Sticker, Airbrush & Embleme"*). Mache vorher unbedingt einen Test mit Haftgrund und Klarlack an einer unauffälligen Stelle.

Ist es noch nicht passiert, verzichte schlicht darauf, das Airbrushmotiv zu polieren, sondern reinige und schütze es nur mit einfachen Mitteln, die die Oberfläche nicht angreifen (siehe Seite 31).

Grundierung löst Oberfläche auf?

Ältere Fahrzeuge haben oft auf Alkyd (ein Kunstharz) basierende Lackierungen, die sich mit lösemittelhaltigen Grundierungen nicht vertragen und sie auflösen. Dasselbe Zeug wird dummerweise auch vereinzelten Grundierungen beigemischt (in erster Linie Produkten in Baumärkten), die sich dementsprechend ebenfalls nicht mit lösemittelhaltigen Lacken vertragen.

In beiden Fällen kann man die Materialschichten mit einer 2K-Epoxy-Grundierung erfolgreich voneinander trennen.

Bist du dir einmal nicht sicher, ob eine Oberfläche Alkyd enthält, machen einen Lösemitteltest. Hierzu legst du simpel einen mit Lösemittel getränkten Lappen auf die jeweilige Oberfläche. Quellt die Altbeschichtung nach fünf Minuten auf oder wird klebrig, benötigst du eine kompatible Grundierung.

Mein Lack pellt ab!

Du kannst den Lack einfach so abziehen und darunter liegt blankes Metall? Da wurde die Grundierung vergessen – oder der Lack samt Grundierung durch Bremsflüssigkeit zersetzt. Abhilfe: Entlacken, neu grundieren und neu lackieren. Bei undichtem Bremssystem Leck identifizieren und abdichten. Meist sind es Entlüftungsventile, die Hohlschrauben der Bremsleitung oder der Deckel des Vorratsbehälters.

STELLPLATZ

Am Tag Null vorm Motorradkauf interessiert es kaum jemanden, an Tag Eins abends umso mehr: *„Wo parke ich das gute Stück?"* Auf dass es weder geklaut wird noch übermäßig UV-Licht, Regen, Dreck und Vandalismus ertragen muss. Wobei gilt: Je rudimentärer der Stellplatz, desto rabiater frisst sich Korrosion in die metallene Substanz, desto stärker verbleicht der Lack, desto mehr härten die Kunststoffteile aus und desto höher ist das Diebstahlrisiko.

Besonders gefährdet sind Bikes dort, wo auch sonst die Arschkarte wohnt: auf einem Parkplatz direkt neben oder etwas abseits der Straße. Hier können sich alle wertmindernden Angreifer geballt austoben, wobei die Feuchtigkeit nicht nur wie sonst in Form von Regen oder Schnee von oben kommt, sondern obendrein als Spritzwasser von der Seite. Auch Diebe haben es hier leichter als sonst im Leben.

Der Ort, an dem Regen nicht nur von oben kommt …

Ein wenig sicherer sind überdachte Stellplätze direkt am Haus oder belebte Ecken in Tiefgaragen. Direkte Umwelteinflüsse wie Schnee, Regen, Hagel und Sonnenstrahlen sind hier weniger ein Thema, Temperaturschwankungen und Luftfeuchtigkeit jedoch immer noch. Ebenso Vandalismus, unbeabsichtigte Beschädigungen und Diebstahl.

Glücklich demgegenüber Biker, die zumindest eine ungeheizte Garage ihr Eigen nennen können. Sie gibt zwar Temperaturschwankungen (und damit Kondenswasser) noch genügend Raum, beugt aber

Diebstählen effektiv vor und reduziert Vandalismus auf die eigene Schusseligkeit. Sorgt man dafür, dass sich ein Motorrad die Garage nicht mit einem gelegentlich nassen Auto teilen muss und lässt es in einer VCI-Plane überwintern, braucht man auch kaum Bedenken hinsichtlich rabiater Rostattacken haben.

Noch besser ist eine beheizbare, trockene Garage mit Werkstatt und Hebebühne, in der das Motorrad die Alleinherrschaft ausübt und in der sich weder Auto noch Rasenmäher oder Aufsitzer anfinden. Von dort ist der Weg auch nicht mehr allzu weit zu einer echten Man Cave, beheizt, ganz klar, aber mit Kamin. Plus Sofa, Eichentisch, Teppich, LED-TV und Minibar.

Freier Stellplatz

Bedenkt man, dass eine möglichst gleichbleibend trockene Umgebung das A & O eines guten Stellplatzes ist, hat man bei einem freien Stellplatz, der vor Feuchtigkeit strotzt, bereits verloren. Sie kriecht in jede Ecke und provoziert dort jede Menge Korrosion.

Ein wenig gegenhalten kann man mit einem festen Untergrund aus Teer, Holz oder einer Plastikplane, die besser als ein Sandboden ist – und dieser wiederum besser als eine Grasfläche. Auch empfiehlt sich, den Stellplatz von einer befahrenen Straße in einen ruhigeren Randbereich zu verlegen, dabei aber Knicks und Buschreihen zu meiden, da die Feuchtigkeit dort naturgegeben höher ist als auf freien Flächen – es sei denn, jemand ist gezwungen, die Natur als Sichtschutz und damit Diebstahlprävention zu nutzen.

Bei der Frage, ob es ein sonniger oder ein beschatteter Platz sein soll, entscheide dich für Letzteren. Der Punkt, dass man die Wärme der Sonne nutzen kann, wenn sie denn einmal scheint, ist nicht wirklich ein Vorteil, da die Temperaturschwankungen Kondenswasser erzeugen. Ein luftiger, trockener und konstant beschatteter Platz ist somit positiver zu sehen als ein paar Stunden moderate Temperaturen. Außerdem schädigen Sonnenstrahlen den Lack (der ausbleicht), die Sitzbank (die aushärtet und rissig wird) sowie alle Plastik- und Gummiteile (die spröde werden).

Zur Abdeckung im Alltag und über den Winter setze eine atmungsaktive Outdoor-Abdeckplane ein (siehe unten).

Tiefgarage/Carport

In der Tiefgarage bekommt man seinen Platz meist zugewiesen und muss dann damit leben. Falls aber nicht, sollte man einen vielleicht zugigen, aber trockenen Ort einer feuchten Ecke vorziehen. Immerhin, allem, was von oben an Unheil kommt, hat man sich in einer Tiefgarage entzogen, was bereits ein nettes Plus bedeutet.

Ähnlich ein Carport, das zudem den Vorteil besitzt, dass man meist über einen viel direkteren Zugriff auf den Stellplatz verfügt, da er in der Regel vor der Haustür liegt. Hier wie bei der Tiefgarage gilt ferner, dass ein luftiger überdachter Stellplatz besser ist als ein weitgehend geschlossener, aber feuchter. Auf der anderen Seite: Geschlossene Boxen haben einen besseren Diebstahl- und Vandalismus-Schutz, weil neugierigen Blicken der Einblick verwehrt ist.

Zur Abdeckung lege eine atmungsaktive Outdoor-Abdeckplane (siehe unten) über das Bike, die keine Feuchtigkeit speichert, aber einen Luftaustausch zulässt. Geht es in die fahrfreie Wintersaison, greife auf eine nahezu komplett verschließbare VCI-Plane zurück und lege ein oder zwei Entfeuchterbeutel hinein.

Einzelgarage

Eine trockene kalte Garage ist einer beheizten, aber feuchten vorzuziehen (gleichwohl eine beheizte *und* trockene natürlich der Jackpot ist). Klammkalte Garagen, in denen auch das nasse Auto parkt und ansonsten der Regen in bereitgestellte Eimer plätschert, sind übler als Freiluftparken, weil dort wenigstens Wind für Trocknung sorgt.

Zur Abdeckung in unbeheizten Räumen nutze einfache Indoor-Abdeckplanen, die weder wasser- noch winddicht sein müssen, da sie nur vor Staub und Kratzern schützen sollen. Ein atmungsaktives Leinentuch reicht ebenfalls. Hauptsache luftig. Damit eventuelles Kondenswasser ablüften kann, bzw. gar nicht erst auftritt.

Für die lange Saisonpause verstaut man das Bike auch hier in eine weitgehend luftdichte VCI-Plane. Außerdem verbannt man nach Möglichkeit das Auto nach draußen, falls es irgend geht.

Abdeckhaube Indoor

In konstant trockenen Umgebungen (egal, wie kalt oder warm, egal, ob Garage, Gartenhäuschen oder Keller) tut es für kurze wie längere Fahrpausen ein einfaches, luftdurchlässiges Leinentuch, im Prinzip also auch ein altes Bettlaken. Die Abdeckung erfolgt nur, um den Staub draußen zu halten und unbeabsichtigte Kratzer zu mindern.

In feuchten Räumlichkeiten oder bei häufiger Kondenswasserbildung verpacke das Bike bei kurzen Fahrpausen überhaupt nicht (damit es ablüften kann) und über den Winter in eine VCI-Plane mit einem oder zwei Entfeuchterbeutel. Nicht empfehlenswert sind wasserdichte Folien, zusammengeklebte Müllbeutel/Plastiktaschen oder Kunststoffplanen, da sich dort Kondenswasser bilden und halten kann.

Abdeckhaube Outdoor

Beim Parken unter Außenbedingungen (Freiluft, Carport, Tiefgaragen) bekommt es eine Plane direkt mit wechselnden Wetterbedingungen zu tun sowie Temperaturschwankungen, die selbst an im Prinzip trockenen Orten für Kondenswasser sorgen. Hier reicht ein einfaches Leinentuch nicht und es sollte mindestens eine einfache PVC-Haube gegen Regen, Wind und Schnee, besser jedoch eine mehrschichtige und gefütterte Outdoor-Plane sein (für einen Test siehe [02-13]).

Auf was ist zu achten?

Deine Abdeckplane für draußen sollte möglichst passgenau auf dein Bike zugeschnitten sein, um zu vermeiden, dass überflüssiges Material im Wind umherflattert und das Motorrad in Mitleidenschaft zieht. Entweder durch ständiges Reiben an Oberflächen oder indem sich der Wind verfängt und die Maschine zu Fall bringt.

Der Nachteil bei eng anliegenden Hauben ist der ewige Kampf, sie anständig um das Motorrad herumlegen zu können, während sich Fußrasten, Spiegel, Lenkerenden und anderes Gesocks wehrhaft dagegen sperren. So mancher Biker kauft das gute Stück deshalb ein Ticken größer. Hilfreich sind dann eingearbeitete Gummizüge untenrum, (mindestens) vier Zurrösen und Sicherheitsleinen, mit denen man zur Passung bringt, was sonst nur unnötig umherflattert. Auch vermeidet man so, dass die Plane beim ersten Sturm vom Winde verweht wird. (Für Tourenbikes und Dixie-Klo-Veteranen mit seemannsgroßen Koffern und hohen Windschildern existieren übrigens Exemplare, die diese Aufbauten einbeziehen.)

Weitere Merkmale:

- **Gewicht:** Die Haube sollte relativ schwer sein (= höhere Verarbeitungsqualität und Reißfestigkeit, geringere Flatterneigung).
- **Wasser- und Winddichtigkeit:** Die Schichten der Plane sollten weder Schnee nach unten Richtung Motorrad durchreichen noch erlauben, dass der Wind Feuchtigkeit eindrückt.
- **Atmungsaktiv:** Eine gern gesehene Eigenschaft, die sich die Hersteller allerdings auch teuer bezahlen lassen, ist die Verwendung von atmungsaktivem Material, das innere Feuchtigkeit nach außen transportiert und für ein Innenklima sorgt, das dem Außenklima entspricht. Dadurch entsteht unter günstigen Umständen kaum bis kein Kondenswasser.
- **Luftklappen:** Die kostengünstigere Alternative zu atmungsaktivem Material sind überlegt angebrachte Belüftungsklappen, die das Ablüften von Feuchtigkeit erleichtern.
- **Hitzebeständigkeit:** Die Temperaturtoleranz sollte zumindest bei um und bei 150 Grad liegen, damit sich die Plane nicht gleich beleidigt zusammenkräuselt, wenn sie versehentlich mit heißen Teilen in Berührung kommt. Das reicht natürlich nicht für die Gegend um die Krümmer herum, an denen bis zu 800 Grad anliegen können, aber man soll sein Motorrad sowieso immer nur dann abdecken, wenn es bereits abgekühlt ist. Einfache PVC-Planen sind, wie man sich denken kann, in dieser Beziehung die weitaus empfindlichsten Gesellen. Immerhin, manch günstiges Exemplar verfügt wenigstens über hitzebeständige Beschichtungen an den entsprechenden Stellen im unteren Bereich.
- **Oberflächenschonend:** Die Innenseite sollte eine materialschonende Gewebebeschichtung (Vlies) mit geringem Reibwert besitzen, um an stürmischen Tagen die Reibungsschäden an Lackierungen und anderen Oberflächen durch im Wind peitschenden Teilen so gering wie möglich zu halten.
- **Sicherheit: Reflektoren** sorgen für bessere Sichtbarkeit, an **Metallösen** lassen sich Schlösser anbringen und **Kennzeichenfenster** verhindern, dass städtische Bedienstete unter die Plane kriechen, um abgemeldete Bikes zu enttarnen.

Tipps

Achte darauf, dass die Plane unten genügend Luft einströmen und wieder raus lässt, damit sich kein Kondenswasser im Inneren ansammelt, bzw. sich nach nassen Wetterbedingungen schnell verflüchtigen kann. Hierzu reicht es, dass die Haube das Bike nicht komplett bis zum Boden einhüllt, sondern um die fünf bis zehn Zentimeter vorher stoppt. Das ermöglicht eine Luftzirkulation auch für einfache PVC-Planen, die Kondenswasser sonst innen festhalten.

Hinweis für Putzmuffel: Alle Komponenten, die mit der Innenseite der Plane direkt in Kontakt stehen (Spiegel, Tank, Verkleidung, Windschild etc.), sollten möglichst sauber sein, damit der Dreck nicht den unangenehmen Schleifeffekt verstärkt, den ständig im Wind flatternde Planen sowieso auf exponierte Oberflächen haben.

Frisch lackierte Komponenten können bis zu einem halben Jahr Lösungsmittel ausdünsten, die nicht entweichen können und Plane sowie Oberflächen beschädigen. Ähnliches gilt für Konservierungssprays, die je nach Plane mit deren Oberflächen chemisch reagieren können.

An trockenen Wintertagen empfiehlt sich, die Plane abzunehmen und das Bike den Tag über durchtrocknen zu lassen. Das kann zwar am Abend nach Überwerfen der Plane für ein wenig Kondenswasser sorgen, aber das ist im Vergleich vernachlässigbar.

Vandalismus & Diebstahl

Worauf man beim Freiluftparken, in Tiefgaragen und vielen Carports wenig Einfluss besitzt, ist das Risiko von Beschädigungen und Diebstahl. Hier muss man auf diverse Abschreckungsmaßnahmen wie Wegfahrsperren, massive Ketten oder Ähnliches sowie laute Alarmanlagen setzen und ansonsten hoffen, dass es reicht.

Was wird gestohlen?

Im Prinzip alles Mögliche. Ein Bike kann komplett entwendet oder nur die eine oder andere Komponente abgeschraubt werden. Besonders beliebt, weil schnell erledigt: Teure Nachrüstspiegel und Bremshebel. Und steht ein rottes Motorrad unter einer teuren Abdeckplane, kann es sein, dass diese geklaut wird, während kompliziert verschraubte Teile wie Aftermarket-Auspuffanlagen eher als Anregung dienen, das Motorrad selbst zu stehlen, um es dann später in Ruhe ausschlachten zu können. Kurz: Ist etwas wertvoll genug, findet sich auch jemand, der weder Risiko noch Aufwand scheut, es entwenden zu wollen.

Der Zeitpunkt, an dem das Bike aufschließen so lange dauert wie das Anziehen der Klamotten ...

Sichtschutz & Sichtbarkeit

Mache dir zu Nutze, dass Diebe in der Regel keine Zeit haben. Zeit ist schlecht für das persönliche Vorstrafenregister, denn mit jeder Minute, die aufgewendet werden muss, steigt das Risiko, entdeckt zu werden. Die naheliegendste Prävention besteht deshalb daraus, ein Bike aus dem Sichtfeld zu rücken und nicht in sattem Glanz und mit fetter Einladungskarte direkt am Straßenrand zu positionieren.

Hier haben es Garagen- und selbst Carportbesitzer deutlich einfacher als Laternenparker, weil Letztere offen sicht- und sofort greifbar sind, aber bereits einfache Abdeckhauben können sich als vorteilhaft erweisen. Sie entziehen das Motorrad weitgehend abschätzenden Blicken, und obwohl jeder weiß, was sich unter der Plane befindet, werden abgedeckte Motorräder schlichtweg weniger beachtet. Wer erst neugierig unter einer Plane herumschnüffeln muss, um zu schauen, ob sich der Aufwand lohnt, wird sich lieber an den Kollegen gütlich tun, die öffentlich präsentiert werden.

Andersrum: Hast du dein Bike besser im Blick, kannst du vielleicht das Schlimmste vermeiden. Weshalb es besser an der Straße vorm Fenster als um die Ecke steht. Ebenso bei Ausfahrten: Hast du dein Bike bei Fahrpausen stetig im Blick, während du deine Semmelknödel verdrückst oder mal schnell hinterm Baum verschwindest, sinkt die Wahrscheinlichkeit, dass es erfolgreich in den nächsten Sprinter verladen wird. Andersrum steigt sie, bspw. an Flohmärkten, Rummelplätzen und anderen Events, wo ein Dieb nur darauf achten muss, ob sich eine Maschine lohnt, ob und wie der Besitzer sie sichert und wann er oder sie in der Menge verschwindet.

Weitere Tipps: Stellplätze öfter mal wechseln, gut beleuchtete und frequentierte Plätze nutzen sowie nahe Kameras.

Wegfahrsperre

Nach dem Sichtschutz zünde die zweite Präventionsstufe: Das Lenkschloss und die elektronische Wegfahrsperre, die sich nur mit dem Originalschlüssel deaktivieren lässt. Bei modernen Motorrädern sind beide Komponenten vorgeschrieben, bei älteren nur das Lenkschloss; die elektronische Wegfahrsperre lässt sich aber nachrüsten.

Die schlechte Nachricht: Elektronische Wegfahrsperren und eingeschränkt Lenkschlösser (halten meist nur 5 bis 20 Sekunden stand) sind brauchbar, wenn es sich um Schutz vor einzelnen Gelegenheitsdieben beim Freiluftparken oder Tourpausen handelt. Bei professionellen Diebesbanden, die Motorräder kurzerhand mit ein paar Mann anheben und auf die Ladefläche eines Sprinters bugsieren, nützen sie hingegen wenig. Dies gilt ähnlich auch für die Alternativen aus dem Zubehörmarkt:

- **Bremsscheibenschloss:** Wird um die Bremsscheibe herum angebracht und blockiert das Rad. Vorteile: Sehr kompakt, sehr schnell anzubringen, mitführbar. Nachteile: Kann samt Bike geklaut werden und darf nie vergessen werden! (Fährt man mit angebrachtem Bremsscheibenschloss los, wird der Bremssattel unweigerlich beschädigt. Immerhin: Es gibt sogenannte Reminder. Das sind Bänder, die am Gasgriff oder Bremshebel befestigt werden und den Fahrer darin erinnern sollen, dass die Bremsblockade noch aktiv ist. Wirkt nicht immer!)
- **Handbremshebelschloss:** Zieht den Bremshebel an und blockiert die Vorderbremse. Vorteile: Ebenfalls sehr kompakt, sehr schnell anzubringen und mitführbar. Nachteil: Kann samt Bike geklaut werden.
- **Kleines Bügelschloss:** Wird meist auch um ein Rad herum angebracht und blockiert es auf diese Weise. Vorteile: Meist sehr knacksicher, sehr kompakt, sehr schnell anzubringen und mitführbar. Nachteil: Kann samt Bike geklaut werden.
- **Kleines Kettenschloss:** Wie das Bügelschloss, inklusive Anwendung, Vorteile und Nachteile.

Wegtragsperre

Nicht nur als Wegfahr- oder Wegrollsperre fungieren die großen Vertreter der Bügel- und Kettenschlösser mit SRA-Zertifizierung. Sie verbinden das Motorrad über den Rahmen oder ein Rad (vorzugsweise das Hinterrad, da das Vorderrad schnell ausgebaut ist) mit einer externen Komponente wie einem Laternenpfahl. Einfaches Wegtragen ist hier nicht mehr möglich und ein Dieb muss sich dann zeitaufwändig um das Schloss direkt kümmern – was in der Regel unterlassen wird, da größere Bügel- und Kettenschlösser sehr knacksicher sind. Eng mit dieser höheren Sicherheit verbunden ist aber leider auch der große Nachteil der Schlösser. Weil sie so groß und schwer (und Bügelschlösser obendrein sperrig) sind, werden sie nur selten mitgeführt. Sie dienen nahezu ausschließlich als stationäre Lösung für Freiluft-Stellplätze, Tiefgaragen, Carports und Garagen.

Ketten- und Bügelschlösser existieren in verschiedenen Sicherheitsstufen. Je geringer diese ausfällt (mindestens 13 mm sollten es sein), desto schneller lässt sich die jeweilige Kette mit einem großen Bolzenschneider (geht meist fix) oder einer akkubetriebenen Flex (braucht ein paar Minuten und ist sehr laut) aufbrechen. Für den Mantel um die Glieder herum wird meist noch ein Messer oder eine Schere benötigt, aber die wird ein Profidieb sehr wahrscheinlich dabei haben.

Alarmanlage

Unterwegs wie Zuhause gleich praktisch sind Alarmanlagen. Sie nehmen kaum Raum ein, fungieren als Abschreckung (wenn sie bereits im Vorfeld visuell auf sich aufmerksam machen) und schlagen Diebe mit lautstarker Empörung in die Flucht, sowie das Bike bewegt wird.
Der Nachteil: Bei stürmischem Wetter kann so eine Alarmanlage auch durch den Wind ausgelöst werden und der Anbau sollte clever erfolgen. Einfache Alarmboxen, die sichtbar am Rahmen befestigt sind und bei Bewegung aktiv werden, lassen sich unter Umständen sehr schnell ausschalten oder mindestens lautstärkemindernd abdecken. Auch nützen die schrillsten Glocken nichts, wenn die stromführenden Kabel instant lokalisierbar sind und nur abgeklemmt werden müssen.

GPS-Tracker

GPS-Tracker können Motorräder jederzeit orten. Sie arbeiten mit Apps zusammen, die den jeweiligen Standort des Bikes mitteilen und den man dann bei einem Diebstahl an die Polizei weitergeben kann. Bei Trackern mit Alarmanlage und Bewegungsmeldern erhält der Besitzer obendrein sofortige Meldungen ans Handy, wenn das Bike bewegt, angefahren oder beschädigt wird. Weitere Features können sein: Notruf, Routenanzeige und Schräglagenanalyse[02-12].

Tracker werden in verschiedenen Formen und Größen angeboten und werden irgendwo am Motorrad verbaut (je versteckter, desto besser). Einige kommen mit Batterien, andere mit Akkus und wieder andere laufen nur, wenn sie Strom von der Batterie erhalten. Sie müssen also via Kabel verbunden oder in Einzelfällen via ODB 2 angeschlossen werden. Die Geräteakkus halten meist zwischen 3 Stunden und 4 Tagen durch (je nach Beanspruchung), aber spätestens fürs Aufladen müssen sie an der Batterie angeschlossen sein. Hinweis: Ein Tracker kann ordentlich Strom ziehen und bereits nach einer Woche dafür sorgen, dass das Bike nicht mehr genügend Saft zum Starten vorfindet.

Die Kosten für einen Tracker liegen zwischen 50.- und 300.- Euro sowie (abhängig vom Produkt) zusätzlich 60.- bis 100.- Euro pro Jahr für eine SIM-Karte, die zum Kontakt mit dem Handy notwendig ist.

Hinweis: Ein Tracker alleine verhindert natürlich nichts. Vom Zeitpunkt der ersten Berührung bis zum Einladen eines Motorrads vergehen bei Profis nur wenige Sekunden. In dieser Zeit schafft man es nicht einmal, rechtzeitig vom Klo zu kommen, selbst, wenn die Benachrichtigung instant auf dem Handy erfolgt – was nicht immer der Fall ist. Eine zusätzliche Absicherung wie ein Schloss ist folglich angebracht.

AirTags

Eine Art GPS-Tracker für Arme sind AirTags. AirTags, original entwickelt und ausgeliefert von Apple, mittlerweile aber auch für 3 bis 5 Euro pro Stück als Nachbauten erhältlich, sind kleine Bluetooth-Sender, die auf das ‚Verlorene-Gegenstände-Netz' von Smartphones aufsetzen. Sucht man ein mit einem AirTag gebundenen Gegenstand, erhält man auf dem Smartphone die Standortdaten und kann zur Unterstützung einen Piepton aktivieren, wenn man in Reichweite ist.

Nachteilig: Da sich AirTags prima als Spionagetools für Stalker und misstrauische Lebenspartner einsetzen lassen, erkennen Smartphones unbekannte AirTags, senden eine Alarm-Benachrichtigung samt Standort des vermeintlichen Urhebers und warnen so auch den Dieb.

So gesehen, sind AirTags als Diebstahlschutz natürlich unbrauchbar. Es sei denn, man entfernt den Alarmgeber für den Piepton und versteckt den AirTag so unauffindbar wie möglich. Damit umgeht man zwar nicht die Pushnachricht, die trotzdem verschickt wird, aber wenn Zeit eine Rolle spielt, wird der Dieb nicht weiter nach dem Tag suchen und das Bike stehen lassen.

Fazit

Die beste Diebstahlprävention für den Normalfall sind wenig überraschend abschließbare Garagen. Sie rücken das Bike aus dem Sichtfeld und erlauben paranoiden Zeitgenossen diverse zusätzliche Maßnahmen wie Alarmanlagen und in den Boden gedübelte Wegfahrsperren.

Wer über keine Garage verfügt, sollte auf verschiedene Kombinationen aus Sichtschutz und Wegfahrsperren setzen. On top ist, wie mehrfach gesagt, gar nicht erst gesehen zu werden. Ab da gilt: Je mehr Zeit ein Dieb aufwenden muss, um ein Motorrad zu stehlen, desto wahrscheinlicher lässt er es stehen. Eine Kombination aus Abdeckhaube + Wegfahrsperre + Bremsscheibenschloss vorne + Kettenschloss hinten hat folglich gute Chancen, über Nacht in Ruhe gelassen zu werden.

Für unterwegs bieten sich die kleineren Lösungen der physikalischen Wegfahrsperren im Verbund mit Alarmanlagen oder einem GPS-Tracker mit Warnfunktion an.

Sektion 03: Abschmieren

In vielen Fällen bereits ausreichend: frisches Motoröl.

So gar nicht beim Fahren, aber ansonsten von jedem Bike gern gesehen: das Abschmieren. Warum? Fette, Öle und andere Schmierstoffe altern und kommen ihrer Arbeit nicht mehr oder kaum nach – selbst, wenn du nur selten und bei Sonnenschein fährst. Schlimmer noch: Manche Stellen sind hinter Motor oder Verkleidungsteilen verborgen und altern vor sich hin, ohne zur Kenntnis genommen zu werden.

Regelmäßiges Nachschmieren aller Teile, die sich irgendwie drehen oder sonst wie bewegen, ist angesagt. Damit hältst du Umgebungsschmutz und Wasser draußen, beugst Rost vor, sorgst für Leichtgängigkeit und erhöhst die Lebensdauer der jeweiligen Komponente.

Wo and wann: Mit etwas Glück weist dein modellspezifisches Reparaturhandbuch einen Schmier- und Wartungsplan auf, der dich darüber unterrichtet, welche Bauteile welche Schmiermittel benötigen und wo genau es in welchen Mengen aufgetragen wird. Auch hinsichtlich der Zeiträume, in denen das Aufmöbeln der Schmierung erfolgen sollte, wirst du dort auf dem Laufenden gehalten.

Fehlt ein solcher Plan, weil du das Mopped gebraucht gekauft hast, es für das Bike kein Werkstatthandbuch gibt und sich auch im Internet keine Pläne auftreiben lassen, sorgst du eigenständig für Schmierung. Beispielsweise in den in dieser Sektion aufgeführten Bereichen, darüber hinaus aber ebenso überall, wo du es für notwendig befindest.

Womit? Arbeitet Metall auf Metall, nutze Öl, Ölspray, Fette oder Fettsprays (wenn nicht anders vorgeschrieben). Trifft Metall auf Gummi oder Kunststoff bzw. Kunststoff auf Gummi oder Kunststoff, setze auf Silikon- oder Teflonspray.

An der Front abschmieren

Tachowelle: Ältere Moppeds mit analogem Tacho verfügen im Vorderrad über eine Tachoschnecke und eine zuführende Welle.

Nicht zu viel!

Die Welle schraubst du oben am Tacho ab und verwöhnst sie zum Frühling und Winter hin mit ein, zwei Tropfen frisches Motoröl aus der Ölkanne oder einer Spritze. Achte darauf, nicht zu viel einzufüllen, damit das überschüssige Öl nicht der Schwerkraft folgend unten in der Tachoschnecke landet und dort das Fett verdünnt. Alternativ ziehe die Welle raus und fette sie ein.

An die Tachoschnecke kommt nur ran, wer das Vorderrad ausbaut, weil sie dort im Felgenkörper integriert ist. Ist das erfolgt, nimmst du sie heraus, entfernst das alte Fett sorgfältig und fettest alle Bereiche in Schnecke und Gehäuse mit leichtem Wälzlagerfett neu ein.

Heißt zwar Schnecke, dreht aber trotzdem schnell. Ergo: leichtes Wälzlagerfett.

Als Zeitplan gilt: Bei jedem Radausbau (beispielsweise beim Reifenwechsel) überprüfen, ansonsten immer mal genau hinhören: Eine trockene Schnecke macht ähnliche Geräusche wie defekte Radlager oder schleifende Bremsscheiben.

Schwimmsattelbremsen: Bei Schwimmsattelbremsen können die Gleitbolzen des Sattels korrodieren und sich festsetzen. Spätestens beim Bremsbelagwechsel bietet sich deshalb an, das alte Fett zu entfernen und neues aufzutragen (mehr zur Bremsenwartung erfährst du in Sektion 10 ab Seite 154).

Gleitbolzen einer Schwimmsattelbremse.

Davon abgesehen überprüfst du bei der Gelegenheit (wie auch bei jeder größeren Reinigungsaktion) die Bremskolben auf Leichtgängigkeit. Sie können sich im Laufe der Zeit zusetzen und mindestens schwergängig werden oder gar klemmen. Falls Letzteres der Fall ist, muss der Sattel demontiert werden, ansonsten reicht möglicherweise eine intensive Reinigung mit Bremsenreiniger (auch hierzu erfährst du mehr im Sektion 10).

Kupplungs- und Bremshebel: Dort, wo Kupplungs- bzw. Bremshebel in ihren Halterungen gelagert sind, bewegen sie sich auch. Nach dem Waschen schiebst du an diesen Stellen eine schnelle Überprüfung ein. Kommt es dir dabei zu trocken vor, reicht zum Auffrischen der Schmierung ein Mittel aus der Fett-, Öl- oder Schmierspraydose. Ferner versorgst du die Hebel zum Saisonbeginn und vor der Winterpause. Überschüssiges Fett wischt du mit einem Lappen ab.

Kann nicht schaden: zwei, drei gezielte Schmiermittelspritzer nach der Wäsche.

Bowdenzüge: Bowdenzügen fallen zwar meist nur an der Front ins Auge, finden sich aber auch anderswo am Bike und werden zum Ende der Sektion in einem eigenen Abschnitt abgehandelt (siehe Seite 46).

Zünd- und Sitzbankschloss: Die beiden Schlösser deines Moppeds (*nicht* das Tankschloss) sowie die Seitenkofferschlösser (falls vorhanden) verwöhnst du zum Frühling und Winter hin mit Nähmaschinenöl-, Graphit- oder speziellem Schlossspray.

Misshandle sie NICHT mit Ölspray, Öl aus der Kanne oder gar Kettenspray. Damit riskierst du Ablagerungen, die die Schlösser hakelig werden lassen – und im Fall des Zündschlosses obendrein zu Kontaktproblemen führen können.

Sonstiges: Weitere, nicht so häufig zu berücksichtigende Fettempfänger am Vorderbau sind die Radachse mit Distanzbuchsen (in der Regel nur nach einer Demontage und zur Korrosionsprävention, siehe Sektion 08 *„Reifen/Räder"* ab Seite 110) sowie das Lenkkopflager, dem ab Seite 161 ein eigener Bereich in Sektion 11 gewidmet ist.

Nur Nähmaschinenöl- oder spezielles Schlossspray verwenden., aber KEIN Ölspray, Motoröl oder anderes Zeugs mit Tendenz zu Ablagerungen, Dreckbindung, etc. !

IN DER MITTE ABSCHMIEREN

Vergaser: Das untere Ende des Gasseilzugs ist bei Vergaserbikes an der Vergaserbatterie befestigt und betätigt dort Gelenke und Wellen, die mit der Zeit schwergängig werden und verschleißen. Gut platzierte Öltropfen oder ein Fettspray verhindern dies. Das Dumme daran: Meistens liegen die Schmierziele gut versteckt unter dem Tank und hinter allerlei Schläuchen und/oder Leitungen, so dass du freiwillig nicht auf die Idee kommen wirst, öfter als ein oder zwei Mal im Jahr dorthin vorzustoßen – was aber meist reicht.

Wichtig: Drosselklappen-Gelenkstellen erhalten kein Fett oder Öl, weil sich die Schmiermittel unter Hitzeeinwirkung ‚einbrennen' und die Beweglichkeit der Drosselklappen bis zum Festbacken einschränken könnten.

Tankdeckel und -scharniere: Hier trägst du NICHTS auf, da Benzindämpfe die Schmierstoffe verflüssigen und in den Tank ablaufen lassen – als Additive, die man dort garantiert nicht drin haben möchte.

Der Choke an älteren Bikes sieht von Zeit zu Zeit ebenfalls gerne etwas Schmierstoff, unten am Vergaser wie oben am Bowdenzug (wenn er denn von oben bedienbar ist).

Fußrasten: Wer Lust zum Ausbau hat, verteilt ein wenig Fett auf die Gelenkstellen der Fußrasten, alle anderen greifen auf Schmiermittel aus der Öl- oder Fettspraydose zurück. Zeitplan: Nach dem Waschen, alle Jubeljahre oder bei Bedarf. Ansonsten vor der Winterpause.

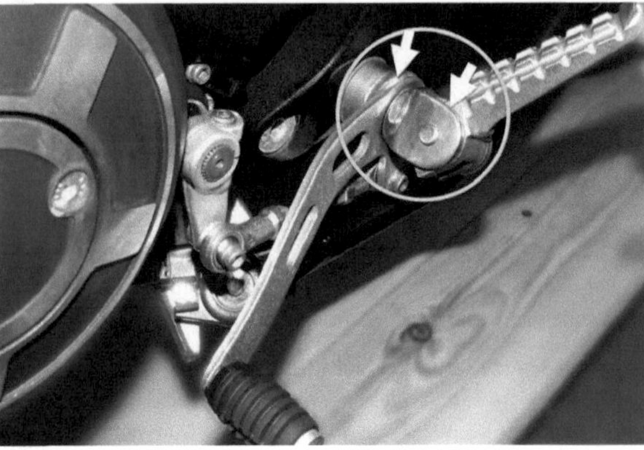

Wenn nicht der Gängigkeit wegen, dann zur Rostprävention

Schalthebel: Die Gelenke und die Kontakt-Reibflächen der Halterung versorgst du nach dem Waschen, zum Saisonbeginn bzw. -ende hin oder bei Bedarf mit Schmiermittel aus der Fettspraydose.

Ein Abwasch: Schmiere die Gelenkstellen der Schalthebelübersetzung zusammen mit den Fußrasten.

Fußbremse: Auch die Fußbremse freut sich bei Bedarf über Fett oder Fettspray an ihren Kontakt-Reibflächen und den jeweiligen Gelenkstellen.

Haupt- und Seitenständer: Geschmiert werden die Gleitflächen in den Halterungen (Ständergelenken) sowie an den Federenden mit schwerem Lagerfett zum Saisonbeginn und -ende hin sowie mit Öl- oder Fettspray nach dem Waschen. Letzteres beugt Korrosion vor.

Dem Seitenständer gebührt dabei besondere Aufmerksamkeit, da dessen Funktionalität von zentraler Bedeutung ist.

Gut, er wird zwar die meiste Zeit mit Füßen getreten und bringt wenig mehr als Standfunktionen mit sich, muss aber trotzdem korrekt arbeiten, um nicht zum Sicherheitsrisiko werden. Dafür sorgst du durch 1) Säubern und 2) Fetten:

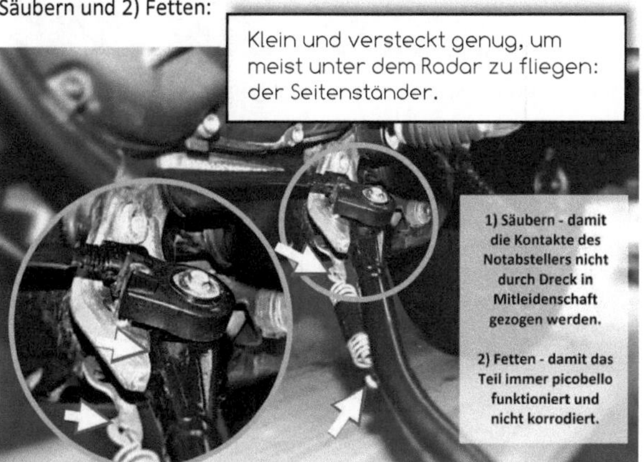

Klein und versteckt genug, um meist unter dem Radar zu fliegen: der Seitenständer.

Tüllengedöns: Findest du an deinem Mopped eine Gummitülle (also nicht zwingend nur am Mittelbau), verbirgt sich oft irgendwas Gelenkiges dahinter, welches ab und an mit Fett nachgefüllt werden sollte. Die Tüllen halten den Schmierstoff dort, wo er wirken soll und schützen die jeweiligen Gelenke vor Nässe und Dreck. (Nicht mit Gummiabdeckungen für Elektrik verwechseln.)

Eine der ominösen Tüllen.

Am Heck abschmieren

Schwinge: Oft sträflich vernachlässigt (weil allen Blicken entzogen), ist die Schmierung der Schwingenlagerung und dort präventiv des Zugankers im Achsrohr, der wegen seiner engen Passung gerne schnell festgammelt. Immerhin: Einige Bikes haben Schmiernippel, über die man die Lager schnell mit Fett versorgen kann, bei anderen jedoch muss die Schwinge ausgebaut werden, um an Lager und Zuganker zu kommen (mehr zum Schwingenlager steht in Sektion 11 ab Seite 168).

Trommelbremse: Einige Bikes ohne moderne Bremsen (meistens Oldtimer), verfügen über Trommelbremsen. Hier sprayst du bei Bedarf Fett auf die Radwelle und versorgst den Bowdenzug. Zum Winter hin werden die Räder abgebaut, um die Innenleben der Bremsen zu inspizieren und eventuell etwas Fett auf die Zapfen loszuwerden, die die Bremsbacken beim Betätigen der Bremse auseinanderdrücken.

Koffer: Bei Wasch- und Pflegeanfällen öfter einmal vergessen werden Reisekoffer, denen du Fettspray (Scharniere) und Graphitspray (Schlösser) gönnst.

Antrieb: Kettenantriebe gehören regelmäßig überprüft, bei Trockenheit nachgeschmiert sowie bei Verschmutzung zusätzlich gesäubert. Wie genau du dabei vorgehst, vermittelt dir Sektion 09 *„Kette & Kollegen"* ab Seite 110. Bei **Kardanwellen** presst du mittels einer Fettpresse 2 bis 3 Hübe über den Schmiernippel hinein (Herstelleranweisung beachten!). Die gleiche Menge kann auch als Überwinterungsmaßnahme verwendet werden.

Sonstiges: Ebenfalls Fettempfänger am Hinterbau sind die Radachse inkl. Distanzbuchsen (Rostprävention) sowie in größeren Inspektionsabständen der Bereich um das Kettenblattlager und die Umlenkhebel des Federeins, Letztere erhalten meist schweres Wälzlagerfett (siehe Sektion 11 ab Seite 109).

Angelaufene Radachsen werden gesäubert und eingefettet. Achte darauf, kein Material abzutragen.

Und zu guter Letzt: die Sitzbankverriegelung, die saisonal und/oder bei Bedarf mit Ölspray bestens bedient ist.

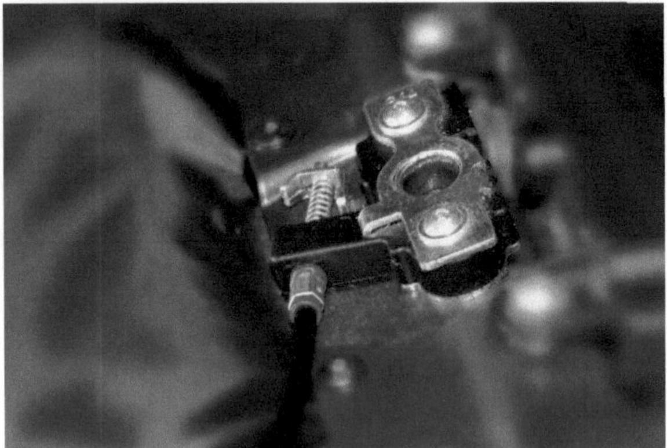

Wichtig genug, es zu wiederholen: Verwende für Teflon-Bowdenzüge KEIN Öl, da es das Teflon aufquellen lässt und so den Reibungswiderstand erhöht statt verringert.

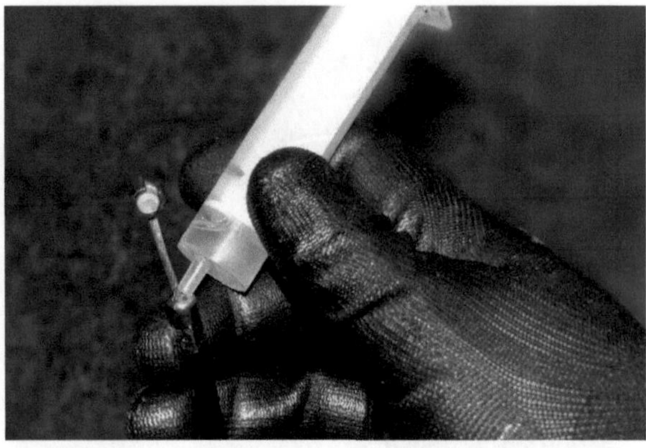

Nur für Teflon-freie Bowdenzüge geeignet: *frisches* Motoröl

Bowdenzüge

Bowdenzügen finden sich beim Motorrad an der Kupplung (nicht bei hydraulischen Kupplungen), dem Gas (nicht bei elektrischen Ride-by-Wire-Systemen), der Sitzbankentriegelung, dem Choke (sofern nach oben zum Lenker geführt) und bei älteren und/oder leistungsschwachen Motorrädern an der Trommelbremse.

Züge inspizieren

Alle Bowdenzüge sollten der Leichtgängigkeit wegen regelmäßig geschmiert werden sowie knickfrei verlegt sein; insbesondere Gasdrehgriffe müssen selbsttätig und verzögerungsfrei in die Ausgangslage zurückschnellen können.

No-Gos neben mangelhafter Schmierung sind zu enge Bögen, die den Reibwiderstand der Seele im Zug erhöhen, sowie Schabstellen an Lenker, Armatur, Scheinwerfer, Rahmen oder Verkleidung. Sie scheuern auf der einen Seite den Lack ab und schädigen auf der anderen die Bowdenzughüllen. Achte bei Gaszügen auch darauf, dass die Gasdrehhülse am Lenker nicht verklemmt oder ausgetrocknet ist.

Um einen Zug auf Beschädigungen zu überprüfen, muss er meist nur dann ausgebaut werden, wenn Bauteile wie Verkleidungen die Sicht versperren. Im Normalfall sind die meisten Reibpunkte aber mehr oder weniger offen einsehbar.

Innere Schäden machen sich durch Stockungen beim Anziehen/Lösen oder eingeklemmte Seelen bemerkbar. Das ist meistens der Fall, wenn eine Ader des Stahlseils gerissen ist und an der Hülle scheuert. Ist ein Zug defekt (aufgescheuert, geknickt, innen verrostet, Seele zerfranst) oder durch keine Schmierung leichtgängig zu bekommen, muss er ausgetauscht werden.

Züge schmieren

Moderne Bowdenzüge mit innerer Teflonbeschichtung (erkennbar am weißlichen, schlauchähnlichen Material innen) benötigen wenig Wartung. Wenn aber, dann mit einem *speziellen Bowdenzugspray*, nichts anderem. Teflon-freie Bowdenzüge dürfen wahlweise mit frischem Motoröl oder anderem, nicht zu dünnflüssigen Öl geschmiert werden.

Tritt der Schmierstoff am anderen Ende wieder aus, ist genügend drin.

Wer gründlich vorgehen will (beispielsweise in der Winterpause), baut die Züge aus, verwöhnt die jeweiligen Kontaktstellen an Lenker und Motor mit Fett oder Fettspray, schmiert Seele und Hülle getrennt und lässt die Züge über Nacht liegen, damit das Öl überall landet und überschüssige Flüssigkeit ablaufen kann (Lappen unterlegen!).

Kupplungszug: Wenn nicht hydraulisch angesprochen, wird die Kupplung über einen Bowdenzug betätigt. Neben dem Zug freuen sich auch die Schnittstellen über ein wenig Schmierung. Spendiere einen Tropfen Motoröl oder einen Spritzer Öl- bzw. Fettspray oben im Hebel und etwas Fett unten am Motor. Zeitpunkte: In der Regel zum Winter und Frühling hin, sonst bei Bedarf.

Gasgriff: Der Gasgriff sollte aufgeschraubt und die Teflon-freien Innenzüge mit harzfreiem Nähmaschinenöl geschmiert werden. Alternativ verwende (wie für Züge mit Teflon) ein spezielles Bowdenzugspray, aber keinesfalls Motoröl oder Ölspray, um ein gefährliches Festsetzen zu vermeiden.

Altes Fett raus, neues rein, nicht geizen.

Das Gaszuggehäuse versorgst du mit leichtem Molybdänfett, sowohl zum Saisonbeginn als auch beim Einmotten für den Winter und zusätzlich bei Bedarf.

Sonstige: Die weniger wichtigen, ‚kleinen' Bowdenzüge für Choke und Sitzbankverriegelung beglückst du zum Saisonende mit etwas Öl, die Verriegelung und das Chokegestänge mit Fett, Öl- oder Fettspray.

Sektion 04: Inspektionen

Maschinen besitzen die Angewohnheit, gewartet werden zu wollen. Selbst Arnold-Terminator schaffte es nicht, ohne Abnutzung in die Jahre zu kommen.

Zu spät, Alter!

Ignorierste das und kümmerst dich kaum bis gar nicht um dein Bike, kann es dem Fahrspaß übel zusetzen. Es wird dir zwar nicht gleich morgen in Einzelteilen vor die Füße fallen, wenn du aber bedenkst, dass deine Gesundheit und im Extremfall auch dein Leben von einem Gerät abhängen, das mit gerade einmal einer Handbreit Auflagefläche über den Asphalt surrt, möchtest du, dass dies technisch so akkurat wie möglich abläuft.

Hierzu sind regelmäßige Wartungs- und Überprüfungsarbeiten, kleinere Sichtprüfungen und umfangreichere Inspektionen in vorgegebenen Intervallen unabdingbar. Auch nach der Erst- und den anschließenden ein, zwei Folgeinspektionen, die aus Garantiegründen quasi Pflichttermine sind und durch geschultes Personal in geeigneten Werkstätten durchgeführt werden sollten.

Müssen nicht zwangsläufig in der Werkstatt erfolgen: kleine und große Inspektionen. So manches davon ist wenig mehr als reine Fleißarbeit, die selbst erledigt werden kann ...

Viele bleiben auch danach bei den Meistern ihres Vertrauens und überlassen ihnen die Routineinspektionen, andere entscheiden selbst, ob, wann und wie sie die Überprüfungen gestalten möchten. Nur, stattfinden sollten sie auf jeden Fall. **Hinweis:** Die bei Kaufverträgen üblichen Bestimmungen, Garantieleistungen zu verwehren, wenn Inspektionen nicht von autorisierten Fachwerkstätten ausgeführt wurden, ist laut BGH (Aktenzeichen *VIII ZR 206/21* von 2013) nicht gültig. Rechnungen unabhängiger Werkstätten gelten demnach ebenfalls als gültige Nachweise ausgeführter Arbeiten.

Grundsätzliches

Die Abstände, in denen man ein Bike auf den aktuellen Ist-Zustand kontrolliert, variieren in Abhängigkeit von Art und Umfang der zu kontrollierenden Komponenten. Manche Dinge hast du möglichst ständig im Auge, andere nur alle paar Wochen, Monate oder Jahre: manche schlagen mit wenigen Minuten zu Buche, andere mit Stunden.

Eigentlich vor jeder Fahrt fällig: der Beleuchtungscheck.

Als Leitlinien sind die einzelnen Posten in zeitabhängige (alle x Monate) und zeitunabhängige Inspektionsarbeiten zusammengefasst, beispielsweise alle 1.000 bis 6.000 Kilometer für kleine und alle 10.000 bis 14.000 Kilometer für große Kontrollen. Ältere Moppeds orientieren sich dabei am kleineren Wert, modernere am großen; bei häufigen Ausritten unter unüblichen Bedingungen (Staub, Schmutz, Winter, viele Kurzstreckenfahrten) sollten jeweils kürzere Abstände gewählt werden.

Wird die maximal vorgesehene Kilometerzahl für bestimmte Inspektionsarbeiten nicht innerhalb eines festgelegten Zeitfensters erreicht, kommen sie beim Erreichen des jeweiligen Zeitpunkts zur Ausführung. Hierzu gehört beispielsweise der Ölwechsel, der theoretisch selbst dann fällig wird, wenn in 12 Monaten nur 2.000 Kilometer geschafft wurden. (Sinnvollerweise, denn Öl altert auch bei Nichtnutzung. Im Prinzip oxydiert es bereits vor Schreck, wenn du dich dem Anlasser nur näherst, und kann dann seinen Kernaufgaben wie Schmieren, Kühlen und Korrosionsschutz nicht mehr optimal nachkommen.)

Andere Wartungsarbeiten wiederum lassen sich ruhigen Gewissens bis Erreichen der vorgegebenen Kilometerleistung aufschieben, bspw. Prüfung und Einstellung des Lenkkopflagers (es sei denn, es gibt handfeste Gründe für einen vorzeitigen Check).

Gemeinsam ist allen Inspektionen, dass sie nicht billig sind, lässt du sie in der Werkstatt ausführen – was bei komplizierteren Geschichten wie Ventilspieleinstellungen und Vergaser-Synchronisierungen oft wegen mangelnder Erfahrung und fehlenden Werkzeugs nahezu unumgänglich ist. Viele Ducati-Fans wissen ein Lied davon zu singen, machen sie sich doch regelmäßig in die Hosen, wenn die große Inspektion mit Desmodromik-Ventileinstellung ansteht, die durchaus die 1.000-Euro-Grenze durchbrechen kann – je nach Werkstatt.

Günstiger wird's, wenn du grundlegende Wartungsarbeiten selbst ausführen kannst. Die einfachen, weil sie im Prinzip nur Zeit und keine bis wenig Nerven kosten, aber auch einige der komplizierteren. Das spart dann das Geld für ernste Reparaturen und aufwändige Wartungen, welches man sonst händeringend zusammenkratzen muss.

Hinweis: Willst du bei Eigen-Inspektionen den Überblick behalten, bieten sich Servicehefte (‚Schraubertagebücher') zum Selbsteintragen durchgeführter Arbeiten an. So etwas lässt sich bei Selfpublishern[04-1] bzw. auf Amazon bestellen.

Selbst wenn sich alle Wartungs- und Reparaturarbeiten in Eigenregie erledigen lassen, sollte die Maschine trotzdem von Zeit zu Zeit in einer Vertragswerkstatt vorstellig werden, um den Fehlerspeicher auszulesen, aktuelle Updates einzuspielen und die Serviceanzeige zurückzusetzen – sowie um eventuell anfallenden Rückrufaktionen nachkommen zu können.

ZEITRÄUME & ARBEITSBEREICHE

1. Dauernd im Auge

Es gibt Sachen, die überprüft man laufend: vor jeder Fahrt, beim Fahren, beim Tanken, in Gedanken auf'm Klo und überhaupt, z. B.:

Reifenprofil, Luftdruck, Kette: Ein regelmäßiger kritischer Blick auf Profilbild und allgemeinen Reifenzustand (Schnitte, Risse?) sollte drin sein, ebenso der Check auf korrekten Luftdruck (siehe ab Seite 113). Und da du dich gerade bückst: Sitzen die Ventilkappen fest und hat die Kette noch Fett (siehe auch Seite 129)?

Motoröl: Genügend drin? Aussagekräftig gemessen wird bei warmem Motor, ein Trend lässt sich aber ebenso bei kaltem erkennen – wenn die Messung denn in regelmäßigen Abständen erfolgt.

Der Ölstand sollte zwischen der oberen und unteren Markierung liegen, mit Tendenz zu oben bei kaltem Motor.

Bremsen: Bevor es auf die Piste geht, teste kurz die Hand- und Fußbremse (sind die Druckpunkte präzise fühlbar?) und riskiere einen Blick auf die Bremsflüssigkeitsbehälter. Befindet sich der Füllstand bereits deutlich jenseits der mittleren Markierung, ohne dass in der Vergangenheit nachgeschüttet wurde? Dann kontrolliere zusätzlich die Stärke der Bremsbeläge sowie die Leitungen auf Leckagen.

Anzeigegedöns und Schalter: Haben alle von gehört, macht kaum jemand: den Check der Elektrik vor jeder Fahrt. Sollte man sich trotzdem angewöhnen, erst recht, wenn das Bike eher selten ausgeführt wird. Zum Check gehören Funktionsprüfungen der Beleuchtung, der Signalanlage, der Warn- und Kontrollleuchten sowie im Prinzip der Hupe – wobei ... würde dem tatsächlich jede(r) nachkommen, hätte die Motorradgemeinde zusätzlich zum Reizthema Auspuff ein weiteres Lärmproblem an der Backe.

Die Schalter prüfst du beim Check zwangsläufig mit. Besonderes Augenmerk gilt dabei der Funktionalität des Seitenständerschalters.

Lenkung- sowie Federung: Nicht erst bei 100 Sachen auf der Hausstrecke, sondern kurz vor Fahrtantritt: Überprüfe Lenkung, Federung und Dämpfung mittels Gefühlsradar auf sicheren Auftritt. Vorder- und Hinterrad sollten im Stand leicht ein- und sämig wieder ausfedern, die Lenkung nirgends haken und zu beiden Seiten gleichmäßig widerstandsfrei bis zum Anschlag gehen.

Meist finden sich am Gabelholm bzw. Federbein Dreck oder Reinigungsreste, größere Ölfunde deuten hingegen auf Undichtigkeiten (und baldige Arbeit) hin.

Sieht ein Holm so aus: Abwischen, Gabel bei gezogener Handbremse durchpumpen und erneut checken.

2. Generelle Sichtprüfungen

Ebenfalls hin und wieder fällig, bis sie in den Alltag integriert sind:

- Sichtprüfungen auf Undichtigkeiten an Motor, Bremssystem, Wasserkühlung und Federungskomponenten. Kostet keine Zeit, kann aber vor unangenehmen Folgen bewahren.
- Demgegenüber ist der ebenfalls schnelle Blick auf Rost, Kratzer, Risse in der Sitzbank und andere Ästhetik-Katastrophen nicht so zwingend erforderlich, sollte aber ebenfalls hier und da eingeschoben werden.

Alle Dichtungen am Motor wie Ventildeckel (1), Zylinderkopf (2), Zylinderfuß (3), Ölwanne (4), Ritzelschutz (5) und Seitenabdeckungen für Kupplung und Lichtmaschine (6) rundum begutachten. Bei Ölkühlern auch deren Anschlüsse am Motor.

3. Kleine Inspektion

Kleine Inspektionen bestehen aus den bereits beschrieben plus ein paar neuen Sichtkontrollen sowie Wartungsarbeiten und sind alle 800 bis 1.000 km (oder alle vier bis sechs Monate bei Wenigfahrern) fällig.

3.1. Kette, Kettenrad und Ritzel

Hast du einen Lappen dabei, ziehe ihn mit dem Finger über die *Innenseite* der Kette (die 1 im Bild). Achte hierbei auch auf einzelne steife Kettenglieder, die dadurch auffallen, dass sie sich dem geraden Verlauf der Kette widersetzen.

Befindet sich Fett auf dem Taschentuch, ist das OK (auch wenn es schwarz ist). Hältst du hingegen nur Dreck in den Händen, wurde die Kette länger nicht gereinigt und geschmiert. Ist es gar Flugrost, wird es höchste Eisenbahn, tätig zu werden (siehe hierzu Sektion 09 ab Seite 128).

Kettendurchhang und Kettenlängung

Überprüfe den Kettendurchhang (die 2 im Bild). Hängt sie zu weit durch, spanne sie nach Herstellervorgaben (siehe ab Seite 131).

Ziehe ferner die Kette bei 3:00 Uhr am Kettenrad nach hinten ab (3). Sie darf sich maximal ein Stück weit (um die drei mm) bewegen lassen. Bei mehr ist die Kette gelängt und gehört ausgetauscht (siehe ab Seite 134). Du kannst auch die Kettenspanner zur Einschätzung der Kettenlängung heranziehen: Ist die letzte Markierung erreicht, lässt sich die Kette nicht weiter einstellen; ihre Maximallängung ist erreicht.

Hinweis: Misst du bei aufgebocktem Motorrad den Kettendurchhang in verschiedenen Stellungen des Hinterrads, dürfen die einzelnen Ergebnisse nicht zu stark voneinander abweichen. Tun sie es, ist die Kette ungleichmäßig gelängt.

Zahnräder

Das Ritzel liegt hinter einer Abdeckung, die abgeschraubt werden muss. Wie das Kettenrad sollte es keine Haifischflossen-Zahnräder besitzen oder sichtbar spitz abgenutzt sein. Ist es der Fall, sollten Ritzel, Kettenrad und Kette in Kürze ausgetauscht werden – oder vor einem Monat, je nach Stärke der Abnutzung (siehe hierzu auch ab Seite 135).

3.2. Reifen und Felgen

Zentrale Frage: Überstehen die Reifen eine weitere Saison oder auch nur den Intervall zwischen zwei Inspektionen oder würde der TÜV jetzt bereits abwinken, wenn ihm die Stollen unterkämen? Zur Beantwortung achte auf folgende Eigenschaften:

Reifenzustand

Sind der Luftdruck OK und die Profil-Verschleißgrenze weiterhin nicht in Sicht? Wie sieht der allgemeine Zustand der Reifen aus? Sind Risse und/oder eingedrungene Fremdkörper wie Steine und Schrauben/Nägel erkennbar (siehe hierzu ab Seite 110)?

Überprüfe deine Reifen regelmäßig auf Schnitte und eingedrungene Fremdkörper wie Nägel etc.

Kleine Steinsplitter lassen sich mit einem Schlitzschraubendreher rauspuhlen, wenn notwendig. Bei tiefsitzenden Schrauben und Nägeln wird ein neuer Reifen fällig, auch wenn bislang noch keine Luft entwichen oder zumindest nicht spürbar entwichen ist.

Hast du keinen Profilmesser zur Hand, verwende eine 1-Euro-Münze (deren Rand ungefähr 3 Millimeter stark ist). Knappes Profil ist wie keines zu behandeln, da der Austausch des Reifens in Kürze erfolgen muss. In deutschen Landen gilt ein Restprofil von 1,6 Millimeter als niedrigster Grenzwert. Alles, was darunter liegt, muss ausgetauscht werden (mehr zum Reifenprofil in Sektion 08 ab Seite 114).

Zur Profilbeurteilung integrieren Reifenhersteller Indikatoren in die Lauffläche – die aber dummerweise meist nur den US-amerikanischen Grenzwert von 0,8 mm abbilden.

Haben möchtest du auch keine ‚eckig' gefahrene Puschen, die in der Mitte wenig und am Rand viel Profil aufweisen, oder zu alte Reifen mit Rissen an den Seiten.

Ergibt die Sichtprüfung, dass ein Reifen stark rissig und/oder spröde ist, ist es unerheblich, ob er genügend Profil hat oder sich noch innerhalb seines Produktionszeitfensters befindet. Er gehört ausgetauscht. Das gilt auch für das Gegenteil, wenn das Gummi glänzt. Dann ist der Reifen sehr wahrscheinlich verhärtet und verglast; eine Druckprobe mit dem Fingernagel kann hier Klarheit bringen. Je härter der Reifen, desto weniger ist das Gummi von der Attacke beindruckt. Gummimischungen altern halt, verhärten und verlieren ihre Haftfähigkeit– was im Extremfall zum Abschmieren beim Bremsen oder in Schräglage führen kann.

Da nützt sattes Restprofil wenig: eckig gefahrene Reifen (wie immer das so geschafft wurde).

Speichen- und Com-Star-Räder

Überprüfe Vollzähligkeit und Spannung der Speichen. Hierzu klopfst du mit einem Schraubendreher gegen jede einzelne Speiche. Der produzierte Ton (je fester, desto höher) muss bei allen Speichen gleich sein. Ist er es nicht, ist die jeweilige Speiche nicht korrekt gespannt und gehört nachjustiert – was von einer Werkstatt erledigt werden sollte, wenn sowohl das richtige Werkzeug (Speichentensiometer) als auch die Erfahrung fehlen.

Bei den eher seltenen Com-Star-Rädern von Honda ist darauf zu achten, dass alle Nieten fest sind.

3.3. Motorölstand

Im Gegensatz zum fixen Zwischendurch-Check gönnt man dem Motorölstand in größeren Abständen mehr Aufmerksamkeit. Fahre ein paar Kilometer (zehn Minuten), bis der Motor warm ist, stelle das Motorrad ab, warte zwei Minuten und überprüfe die Füllmenge.

Solange sich der Ölstand innerhalb der Markierungen befindet, brauchste nichts tun. Allerdings: Viele Kurzstrecken begünstigen den Eintritt von Benzin ins Öl, so dass der Ölstand nicht zwingend eine korrekte Ölmenge anzeigt. Eine längere, drehzahlfreudige Fahrt produziert präzisere Ergebnisse, weil das Benzin dann verdampft und nur Öl zurückbleibt (mehr Infos zu Öl, Ölcheck und Ölwechsel in Sektion 13 ab Seite 219).

3.4. Kleiner Bremsencheck

Überprüfe Bremsflüssigkeitsstand, Belagstärke und Bremsscheiben auf Verschleiß, Letztere auch auf Freigängigkeit (siehe auch Sektion 10 ab Seite 138).

Kalkuliere bei versetzten Behältern die Schrägung mit ein.

Der Stand der Bremsflüssigkeit lässt sich bei durchsichtigen Vorratsbehältern völlig easy an Hand der Maximum-/Minimum-Marker einschätzen, bei undurchsichtigen Gesellen erledigst du die Aufgabe mithilfe eines Schauglases.

Ist der Pegel gesunken, gibt es folgende mögliche Ursachen:

- **Normaler Verbrauch:** Bremsbeläge verschleißen und das, was ihnen an Dicke fehlt, wird im Schauglas an Bremsflüssigkeit weniger angezeigt.
- **Leckage:** Flüssigkeitsverluste durch undichte Bremsleitungen sollten ohne Verzug in Angriff genommen werden, um zu vermeiden, dass die Füllmenge situationsbedingt dramatisch absackt oder Luft und Feuchtigkeit in den Kreislauf gelangen. Kandidaten für Undichtigkeiten sind Hohlschrauben der Leitungsbefestigungen (gelockert), Gummileitungen (aufgescheuert), brüchige Dichtungen an Bremskolben oder Vorratsbehälter, das ausgeleierte Gewinde eines Entlüfterventils (zu oft genutzt) oder defekte Dichtmanschetten der Bremspumpe bzw. der Bremskolben.
- **Kein Verlust über längere Zeit:** Entweder bremst du nie oder der Abrieb der Beläge wird durch Wasser in der Bremsflüssigkeit kompensiert. Unbedingt den Wasseranteil messen – aber wahrscheinlich hast du den Umstand bereits an einem fehlenden klaren Druckpunkt gespürt.

Bremsleitungen

Überprüfe die Bremsschläuche auf Gängigkeit beim Lenken, freien Verlauf sowie auf Knicke, Risse und Scheuerstellen.

Trage Sorge, dass Bremsleitungen in Gummihalterungen gelagert und die Bögen weit sind, damit nichts scheuert.

Bremsscheibe

Befreie die Bremsscheibe mit einem flusenfreien Lappen und Bremsenreiniger von Staub und anderen Ablagerungen. Man sollte meinen, dieser Belag würde beim Bremsen sozusagen atomisiert, was aber nicht eintritt oder nur zu einem Teil; der Rest setzt sich auf der Bremsscheibe fest und kann die Bremsleistung beeinträchtigen.

Rund verlaufende Kratzspuren sind normal, tiefe Riefen hingegen nicht. Sie lassen sich enttarnen, indem du mit dem Fingernagel über die Scheibe fährst. Die Tiefe ist dabei spürbar und spricht ebenso wie ein deutlicher Absatz zwischen Bremsfläche und äußerem Rand (an dem die Beläge beim Bremsen nicht ansetzen), für eine verschlissene Bremsscheibe.

Kommen Bremsscheiben in die Jahre, ähneln sie den Ringen des Saturn - müssen aber erst getauscht werden, wenn die Mindeststärke erreicht ist oder sie starke Riefen aufweisen.

Um eine Scheibe auf Freilauf zu prüfen, benötigst du Unterstützung: Eine(r) sorgt für ein freies Rad, der/die andere lässt es rotieren. Es sollte mindestens eine Umdrehung alleine schaffen, sonst ist möglicherweise ein Bremskolben schwergängig. Achte darüber hinaus auf wechselnde Schleifgeräusche und während der Probefahrt auf spürbares Bremspumpen. Beides deutet darauf hin, dass die Scheibe Schlag besitzt.

Bremsbeläge

Checke die Bremsbeläge auf Abrieb. Sind sie ausgebaut, orientiere dich an der mittleren Nut, die (allerdings nicht immer!) verschwindet, wenn ein Belag verschlissenen ist. Bei verbauten Belägen beurteile den sichtbaren Teil. So oder so: Unter ein Millimeter Rest-Belagstärke ist Schicht im Schach.

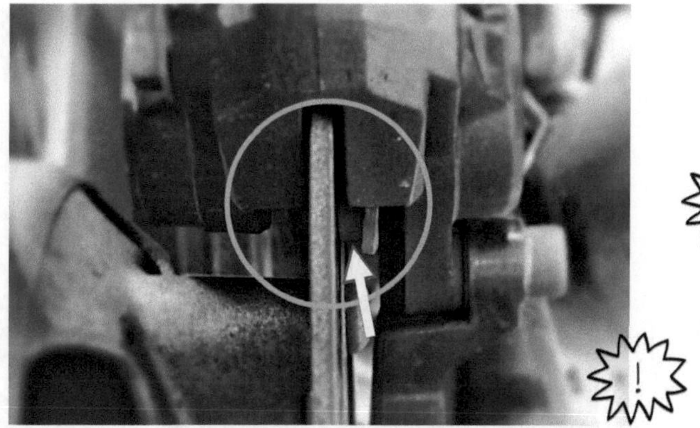

Auch wenn nur ein Belag von zwei unter der Mindeststärke liegt, gehören beide ausgetauscht.

Verglaste, verschmutzte, riefige Beläge sind von vornherein Sicherheitsrisiken, unabhängig davon, wie dick die Beläge noch sind. Hast du bei einer Sichtprüfung den Verdacht, dass eines davon zutrifft, baue die Beläge aus und nehme bei Bestätigung einen Austausch vor. (Hilfestellung für diverse Arbeiten an der Bremse hält Sektion 10 *„Bremsen und Beläge"* ab Seite 138 bereit.)

3.5. Kühlflüssigkeit

Überprüfe Flüssigkeitsstand sowie Leitungen und fülle bei Bedarf nach (siehe Sektion 13 ab Seite 223).

3.6. Zündkerzen

Schraube die Kerzen aus und verschaffe dir einen Überblick über die Kerzenbilder.

Idealerweise sieht der Kopf einer Kerze sauber und rückstandsfrei aus, der Porzellankörper ist rehbraun gefärbt und obere sowie untere Elektroden sind gleichmäßig abgebrannt. Hinweis: Das Kerzenbild dient in erster Linie der Einschätzung des Benzingemisches und rechtfertigt für sich keinen Austausch.

Reh- bis graubraun ist top, matt-schwarz weist auf ein zu fettes, weißlich auf ein zu mageres Gemisch hin.

Ein kerzentausch erfolgt meist alle zwei Jahre (oder alle 24.000 km), wenn die Elektrode sichtbar verschlissen ist oder wenn die Kerze Zündprobleme bereitet (weitere Details hierzu findest du in Sektion 13 ab Seite 215).

3.7. Luftfilter

Abhängig vom Filtertyp, dem Grad der Verschmutzung bzw. dem Zustand sollte der Filter gereinigt oder ausgetauscht werden. (siehe Sektion 13 ab Seite 211).

Leicht verdreckte Papierfilter klopfst oder bläst du trocken aus, Schaumstofffilter lassen sich mit Wasser und Spülmittel reinigen. Schwer verdreckte werden ersetzt.

3.8. Sichtprüfung Kupplungs- und Gaszugsspiel

Verfügt die Kupplung über das richtige Spiel am Hebel, trennt sie gut und schleift nicht?

Das Kupplungsspiel wird eingestellt, wenn der Zug bei eingeschlagenem Lenker am straffsten ist.

Das Kupplungsspiel oben am Hebel sollte in der straffsten Position (abhängig von der Lenkerstellung) 2 bis 3 Millimeter betragen (siehe Anhang ab Seite 255 sowie ab Seite 80 in Sektion 06).

Für den Gaszug empfiehlt sich ein Spiel von fünf Millimeter, ebenfalls in der straffsten Position (siehe hierzu Sektion 06 ab Seite 80 sowie im Anhang ab Seite 255).

3.9. Seitenständer

Die Seitenständerführung bei Bedarf mit Fett verwöhnen (die Ansatzpunkte der Federn nicht vergessen).

Bei regelmäßigen Routinearbeiten werden sie gerne vergessen: der Seitenständer und dessen Sicherheitsschalter. Ist Letzterer defekt oder haut das Zusammenspiel der Komponenten nicht hin, startet der Motor nicht oder setzt während der Fahrt aus, bspw. wenn die Rückholfeder erlahmt ist oder sich die Kontakte im Schalter aus anderen Gründen nicht (richtig) öffnen.

Überprüfe den Seitenständer auf korrektes Arbeiten und Sitz, inklusive der Rückholfedern, die bei ein- wie ausgeklapptem Ständer stramm in ihren Befestigungen sitzen sollten.

Seitenständerschalter von Dreck befreien und überprüfen.

Befinden sich Halteschrauben des Seitenständers im Motorblock, prüfst du mit einem Drehmomentschlüssel auf korrektem Anzug. Sind sie locker, drehe sie zunächst komplett aus dem Motorgehäuse heraus, überprüfe das Gewinde sorgfältig (geht gerne kaputt) und, falls keine Defekte im Gewinde erkennbar sind, ziehe die Schrauben mit mittelfester Schraubsicherung wieder an.

4. Große Inspektion

Die große Inspektion verlangt mehr Einsatz. *Zusätzlich* zu den bekannten Sichtkontrollen sowie den Arbeiten kleiner Inspektionen (siehe oben) gesellen sich Leichtgängigkeitsprüfungen beweglicher Teile hinzu, Abschmieraktionen (siehe Sektion 03 ab Seite 43) und die Überprüfung von Schraubverbindungen, Lagern und Befestigungsteilen.

On top stehen aufwändige Montagearbeiten ins Haus, bspw. wenn der Wartungsplan des Motorradherstellers einen Wechsel des Gabelöls oder der Bremsflüssigkeit vorsieht. Auch sollte das Aufsuchen einer Werkstatt in Betracht gezogen werden, wenn man/frau sich nicht traut, kompliziertere Dinge wie Vergaser- oder Drosselklappensynchronisationen in Angriff zu nehmen oder an sicherheitsrelevanten Bauteilen herumzudoktern.

Idealerweise machst du dir einen Plan mithilfe eines modellspezifischen Reparaturhandbuchs und nimmst dir mehrere Tage Zeit – was hinsichtlich der auszuführenden Arbeiten auch vorausschauend ist, da einige (wie Prüfung der Kerzen und Ventile) bei kaltem, andere (wie ein Ölwechsel) bei warmem Motor durchzuführen sind.

4.1. Alles aus Punkt 1, 2 und 3.

Zunächst steht alles auf dem Stundenplan, was die kleine Inspektion ausmacht (nur für den Fall, dass jemand dachte, er/sie komme so davon).

4.2 Wichtige Verbindungen

Alle 12.000 Kilometer (bzw. 1 x im Jahr) oder öfter solltest du den Vibrationen deines Motorrads Tribut zollen und alle wichtigen Schraubverbindungen des Bikes gezielt und sorgfältig inspizieren.

Farbmarkierung auf Schraubverbindungen erleichtern die Kontrolle auf festen Sitz und Drehmoment.

Zu den wichtigsten Verbindungen gehören u. a. die Vorderradachse, die Hinterradachse, die Bremssättel, die Motorhalterung, die Ritzelschrauben sowie die Kettenradmuttern. In der Regel reicht es, die Markierungen abzuchecken. Fehlen sie, bewaffne dich mit einem Drehmomentschlüssel und den korrekten Drehmomenten und ziehe die betreffenden Schrauben nach.

4.3 Räder

Nicht unbedingt bereits nach 12.000 Kilometern, aber ab 24.000 sollte man seinen Rädern besondere Aufmerksamkeit widmen und Achsen, Radlager und beim Hinterrad auch die Ruckdämpfer prüfen (es sei denn, der Hersteller sieht engere Zeiträume vor). Falls notwendig schmiere die Achse und tausche defekte Ruckdämpfer und Lager aus (mehr zu Rädern und Lagern in den Sektionen 09 und 11).

Radlager prüfen

Um das vordere Radlager zu prüfen, lasse das Bike hinten über den Hauptständer runterdrücken. Greife das Vorderrad in etwa auf 7 Uhr an, stabilisiere die Gabel mit der anderen Hand und versuche, das Rad quer zur Fahrtrichtung hin und her zu rütteln, wobei kein Spiel fühlbar sein darf. Stabilisiert jemand die Gabel, kannst du das Rad direkt mit beiden Händen ‚fünf vor Fünf' auf der Uhr greifen und im Wechsel mit einer Hand ziehen und der anderen drücken.

Oft sind defekte *Vorderrad*lager bereits hörbar, wenn du das Rad frei drehst – es sei denn, die Bremsscheibe funkt mit eigenen Geräuschen dazwischen. Dreht es sich bei freier Bremse nur schwer, ist das Lager hinüber (siehe auch ab Seite 165).

Ist kein Hauptständer vorhanden, steht unter Umständen jemand bereit, das Mopped über den Seitenständer Cirque-du-Soleil-mäßig in die Luft zu hebeln, damit das Rad gedreht werden kann. Ansonsten versuche, am stehenden Mopped an den Rädern zu rütteln.

Zur Prüfung des *Hinterrad*lagers greife mit einer Hand den Reifen oben oder hinten und mit der anderen die Fußraste. Versuche dann, das Rad quer zur Fahrtrichtung in den Achslagern zu bewegen, um Spiel zu identifizieren. Simples Drehen ist nicht zielführend, da die mitlaufende Kette verdächtige Geräusche übertönt und den freien Lauf ausbremst.

4.4. Schwinge

Sichtprüfe die Schwinge auf Beschädigungen durch die Kette. Kontrolliere insbesondere den (oft aus Gummi oder Hartplastik bestehenden) Schwingenschutz im vorderen Bereich der Schwinge kurz hinter dem Ritzel. Er sorgt dafür, dass die im Fahrbetrieb schlagende Kette nicht auf das Metall der Schwinge einprügelt. Diese Platten sind Verschleißteile und verbrauchen sich im Laufe der Jahre.

Schwingenlager prüfen

Zur Prüfung des Schwingenlagers benötigst du ebenfalls Hilfe. Ist ein Hauptständer vorhanden, bitte jemanden, das Bike hinten runter zu drücken, während du versuchst, die Schwinge quer zur Fahrtrichtung nach rechts oder links zu drücken, um Seitenspiel zu erfühlen.

Um Höhenspiel in der Umlenkung zu diagnostizieren, ziehe das (immer noch freie) Hinterrad hoch. Lässt sich die Schwinge dabei ein paar Millimeter bewegen, bevor Druck am Federbein anliegt, besteht Spiel, möglicherweise durch verschlissene Umlenklager (siehe hierzu auch ab Seite 172).

Steht nur ein Seitenständer zur Verfügung, versuche auch hier, das Motorrad über den Seitenständer zu balancieren, während eine dritte Person die Schwinge checkt.

4.5. Lenkkopflager prüfen

Den Zustand des Lenkkopflagers auf zu hohes Spiel oder Defekte nimmst du folgendermaßen vor:

- **Hauptständer vorhanden:** Zum Erspüren von Lagerspiel bockst du das Mopped auf, lässt es hinten runterdrücken (damit das Vorderrad frei wird) und presst mit beiden Händen die Gabelfüße an der Radachse abwechselnd nach hinten bzw. ziehst sie nach vorne. Knackt es, ist (mindestens) Spiel im Lenkkopflager vorhanden (meist viel, weil wenig Spiel so nur mit sehr viel Feingefühl erspürt werden kann). Unter Umständen ist das Lager gar verschlissen.
- **Nur Seitenständer vorhanden:** Bist du alleine oder steht nur ein Seitenständer zur Verfügung, stelle das Vorderrad an eine Wand und drücke den Lenker mehrmals kurz und kräftig Richtung Wand. Zu hören sein darf wieder nur das Eintauchen der Gabel. Knackt es, ist Spiel vorhanden oder das Lenkkopflager defekt.

Für eine weitergehende Prüfung des Lagers auf Defekte und Rastpunkte wird der Lenker in eine gerade Position gebracht und von rechts nach links bis zum Anschlag sowie in die entgegengesetzte Richtung gedreht. In beiden Fällen muss der Lenkweg locker und ohne zu haken erfolgen (mehr Infos in Sektion 11 ab Seite 161).

Wie im wirklichen Leben: Mit wenig Kraft und viel Einfühlungsvermögen erst Richtung Motor pressen und dann nach vorne ziehen. Ist dabei Spiel im Lenkkopf fühlbar?

Hinweis: Zur Prüfung muss das Vorderrad frei bewegt werden können, entweder indem (bei einem vorhandenen Hauptständer) die Maschine hinten runterdrückt wird, oder indem eine andere Person das Bike über den Seitenständer hochhebelt. Steht das Vorderrad auf dem Boden, lassen sich kaum Defekte identifizieren.

Fühlt sich der Lenkweg schwergängig an (und sind keine Bowdenzüge, Brems- oder Kupplungsleitungen bzw. Kabel dafür verantwortlich), ist das Lager zu fest angezogen. Erfühlst du obendrein Rastpunkte beim Drehen des Lenkers, ist das Lager hinüber und muss ausgetauscht werden

4.6. Batterie/Elektrik

Überprüfe die Spannung der Batterie und lade sie auf, wenn sie schwachbrüstig erscheint (siehe Seite 179).

Kontrolliere ferner alle sichtbaren Kabel auf Brüche und Scheuerstellen, insbesondere im Bereich des Lenkkopfes und checke die Steckverbindungen (siehe Seite 173).

4.7. Gas, Kupplung, Bremse

Schmiere die Kupplungs-, Schalt- und Bremshebel (Hand und Fuß), überprüfe auf Spiel und korrigiere gegebenenfalls (siehe auch ab Seite 46, ab Seite 80 und im Anhang ab Seite 255).

4.8. Federungssystem

Überprüfe die Dichtungen an der Gabel (Simmerringe) und dem hinteren Federbein auf Undichtigkeiten (siehe Sektion 07 ab Seite 105).

Federbein

Befindet sich ein feiner Ölnebel an der Dämpferstange, können die Dichtungen defekt sein. Läuft sogar sichtbar Öl aus, ist für dieses Federbein das Ende der Fahnenstange erreicht (siehe ab Seite 108).

Dämpferstange ölfrei? Bei aufwändigeren Federbeinen als hier sollten auch die Einsteller für Druck- und Zugstufe sowie der externe Ausgleichsbehälter auf Undichtigkeiten geprüft werden.

Zur Funktionskontrolle des Federbeins (bzw. der Federbeine) drücke das Motorrad hinten herunter und lasse es hochschnellen (hierzu muss eine zweite Person das Bike am Lenker festhalten und gerade ausrichten). Es sollte sämig ausfedern. Federt das Federbein nach oder macht es Geräusche, ist es defekt.

Überprüft werden ferner die Leichtgängigkeit der Einsteller, mit denen sich Federung, Dämpfung und Umlenkhebel zur Änderung der Federwirkung anpassen lassen (natürlich nur, falls vorhanden).

Gabel

Zum Check, ob an den Dichtungen (Simmerringe) der Gabelholme Öl entweicht, ziehe die Handbremse und tauche die Gabel mehrmals kräftig ein. Danach wischst du mit dem Finger über das Metall oberhalb der Staubkappen. Austretendes Öl fühlst du sofort als Film auf dem jeweiligen Gabelholm, im fortgeschrittenen Stadium lassen deutliche Ölspuren keine Zweifel mehr aufkommen (siehe ab Seite 100).

Überprüfe bei der Gelegenheit die Gabelholme auf Rostpickel. Diese sind nicht nur unschön, sondern Gift für die Simmerringe, da sie mit jedem Eintauchen an der Dichtung schmirgeln (sofern sie innerhalb des Eintauchbereichs der Gabel liegen).

Meist alle 36.000 Kilometer (alle 3 Jahre) sollte das Gabelöl (Seite 102) erneuert und ein kompletter Gabelservice durchgeführt werden. Dann sind auch neue Simmerringe und unter Umständen Gleitlager einzuplanen.

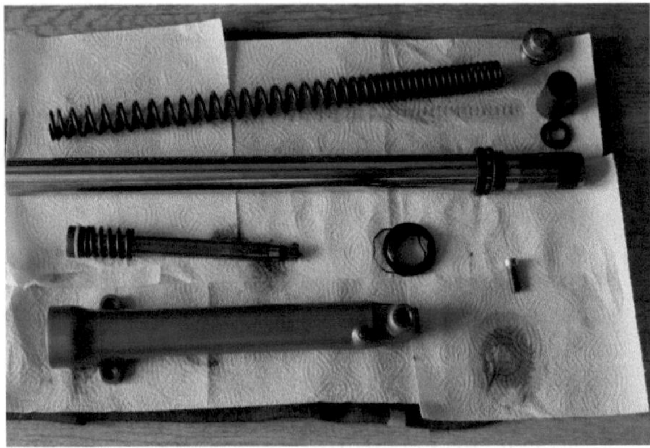

Gabelservice meint Austausch der Gleitlager (außen und innen), der Simmerringe, des Sicherungsrings, der Staubkappe – und was andere Gabel so extra haben.

Hast du etwas Gerades zur Hand, lege es längsseitig vorne und hinten an die Gabelstandrohre (die blanken, inneren Rohre). Kippelt dein ‚Messinstrument', sind die Rohre verspannt oder krumm (der Gegenstand muss aber wirklich gerade sein!).

4.9. Großer Bremsencheck

Einmal im Jahr solltest du ein wenig weiter ausholen als beim halbjährlichen kleinen Bremsencheck, was die Betriebssicherheit deiner Bremse betrifft:

Bremsflüssigkeit

Mache dir Gedanken, wann die Bremsflüssigkeit zuletzt gewechselt wurde. So über den Daumen solltest du (je nach Fahrweise) alle ein bis vier Jahre einen Komplettwechsel in die Wege leiten (siehe Seite 142).

Bremsleitungen

Herkömmliche Bremsschläuche müssen alle drei bis vier Jahre ausgetauscht werden (siehe Seite 145), manchmal eher. Das Gummi verliert an Stabilität und beginnt, sich auszudehnen. Ergebnis: Die Bremsen lassen sich nicht mehr feinfühlig dosieren (Stahlflexleitungen kennen dies Problem nicht).

Bremsscheibe

Besitzt die Scheibe deutlich mit dem Fingernagel spürbare Riefen oder weist sie einen hohen Absatz zwischen Bremsfläche und Randgebiet auf, ist sie verschlissen. Ist die Abnutzung nicht dramatisch, kann sie nachgeschliffen werden, andernfalls muss Ersatz ran (zu Details siehe Sektion 10 ab Seite 147).

Bremskolben

Läuft die Bremsscheibe nicht mehr frei, drücken schwergängige Bremskolben die Beläge an. In dem Fall musst du den Bremssattel demontieren und komplett reinigen sowie bei Schwimmsatteln die Gleitbolzen schmieren (siehe hierzu auch Sektion 10 ab Seite 154).

Bremsbeläge

Ist ein einzelner Bremsbelag verschlissen, verglast, verschmutzt oder riefig, gehört der komplette Satz ausgetauscht (siehe ab Seite 149).

4.10. Kettenantrieb

Checke die Kette, das Ritzel, das Kettenrad und den Kettenschleifschutz der Schwinge auf Verschleiß und tausche gegebenenfalls den kompletten Kettensatz (siehe hierzu Sektion 09 ab Seite 134).

Ritzelschrauben und Kettenradmuttern auf Sitz prüfen.

4.11. Flüssigkeiten & Flüssigkeitsleitungen

Überprüfe alle Flüssigkeit-führenden Leitungen neben den Bremsleitungen auf Undichtigkeiten und poröses Material, also Benzinleitungen sowie Leitungen der Wasserkühlung, der Ölkühlung und eines hydraulischen Kupplungssystems.

Bei Vielfahrern jedes Jahr oder zumindest alle zwei Jahre steht ein Ölwechsel ins Haus. Erneuere dann Motoröl, Ölfilter und eventuell zusätzliche Ölsiebe (siehe Sektion 13 ab Seite 219). Der Motoröldruck wird in der Regel alle 24.000 km oder alle 2 Jahre geprüft.

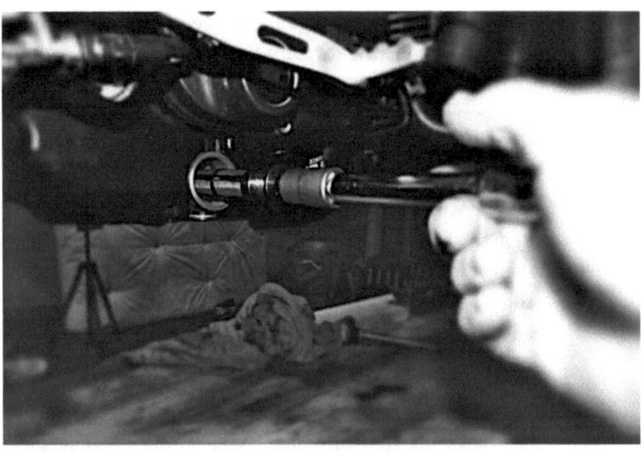

Leider müssen zur Wartung zusätzlicher Ölsiebe oft andere Bauteile wie Krümmer etc. im Vorfeld abgebaut werden.

Meist alle zwei Jahre steht ein Wechsel der Kühlflüssigkeit durch Komplettablass und Neubefüllung an. Verwende hierbei nicht aus Kostengründen nur destilliertes Wasser, sondern auch Frostschutz. Selbst wenn dein Mopped im Winter nur in der Garage steht, kann Frost die Leitungen zum Platzen bringen (siehe Sektion 13 ab Seite 223).

4.12. Luftfilter & PAIR

Überprüfe den Luftfilter und ggf. das Sekundärluftsystem zur Emissionsverbesserung **(PAIR)**, auch die Gummischläuche und Ansaugstutzen. Der Luftfilter wird gereinigt bzw. ersetzt (siehe ab Seite 211).

4.13. Ventilspiel & Zahnriemen

Das Ventilspiel wird geprüft und gegebenenfalls eingestellt und ein eventuell vorhandener Zahnriemen zur Ventilsteuerung meist alle 12.000 bis 24.000 km oder alle 2 Jahre ausgetauscht.

Liste

Hinweis: Die nachfolgende Inspektionsliste stellt eine *Beispiel*liste dar und ist wie die vorherigen Hinweise ohne Anspruch auf Vollständigkeit oder Gültigkeit für dein Mopped.

Verfügst du über keinerlei Anhaltspunkte, welche Wartungspunkte wann in Angriff zu nehmen sein sollten, orientiere dich hieran. Ansonsten sind die Angaben des Herstellers und/oder die eines speziellen Reparaturhandbuchs zu deinem Motorradmodell bindend.

Warum? Die schiere Menge an unterschiedlichen Motorradmodellen macht es unmöglich, eine generelle Liste aller Wartungspunkte samt jeweiligen Zeitpunkten zu erstellen, ganz zu schweigen von der Berücksichtigung von Bauteilen, die nicht an jeder Maschine zu finden sind, wie Wasserkühler, Ölsiebe und dergleichen.

Hinweise zur Tabelle

* Je nachdem, was früher erreicht wird; unbedingt im Handbuch gegenprüfen.

** Bei eher ungewöhnlichen Belastungen (häufige Kurzstrecken, Wintereinsatz, extreme Umweltbedingungen wie Schmutz und Staub) empfehlen sich kürzere Wartungsabstände.

*** Braucht meist erst erfolgen, wenn die maximale Kilometermarke erreicht ist (auch wenn der Zeitraum bereits überschritten wurde).

	Kleine Inspektion	**Große Inspektion**	**Fette Inspektion**	
Was\Wann?	alle 1.000 km (alle 6 Monate) *	alle 12.000 km (alle 12 – 60 Monate) *	alle 24.000 km (alle 24 Monaten) *	Siehe u. a. Seite
Fehlerspeicher auslesen	Bei jeder Inspektion in der Vertragswerkstatt.	Bei jeder Inspektion in der Vertragswerkstatt.	Bei jeder Inspektion in der Vertragswerkstatt.	-
Motoröl & Ölfilter **	Ölstand prüfen.	Öl und Filter erneuern.	Öl und Filter erneuern.	219
Öldruck **	-	-	Prüfen.	222
Drosselklappen-Synchronisierung	-	Einstellen.	Einstellen.	210
Wasserkühler	Flüssigkeitsstand & Frostschutzanteil prüfen.	Flüssigkeitsstand & Frostschutzanteil prüfen.	Ersetzen.	223
Ventilspiel	-	Prüfen/Einstellen ***.	Prüfen/einstellen ***.	-
Motor-Zahnriemen	-	Erneuern.	Erneuern.	260 (vook)
Zündkerzen	-	Prüfen.	Erneuern.	215
Luftfilter **	-	Prüfen/Reinigen ***.	Erneuern ***.	211
PAIR-System (Abgasverbesserung)	-	Prüfen.	Prüfen.	-
Benzinleitung	Sichtprüfung.	Sichtprüfung.	Sichtprüfung.	204
Kupplungs- und Gaszugspiel	Prüfen.	Prüfen/Einstellen.	Prüfen/einstellen.	81
Kette **	Reinigen/Schmieren. Durchhang prüfen & einstellen.	Reinigen/Schmieren. Durchhang prüfen & einstellen.	Reinigen/schmieren. Durchhang prüfen & einstellen.	110
Verschraubungen: Achse, Ritzel, Kettenrad, Bremse, Motorhalterung, Auspuff, Fahrwerk	Prüfen.	Prüfen.	Prüfen.	14

Was\Wann?	alle 1.000 km (alle 6 Monate) *	alle 12.000 km (alle 12 – 60 Monate) *	alle 24.000 km (alle 24 Monaten) *	Siehe u. a. Seite
Verschleiß Kette, Ritzel, Kettenrad, Schleifschutz	-	Prüfen.	Prüfen.	110
Bremse & Bremsflüssigkeit*	Prüfen.	Prüfen.	Prüfen/Flüssigkeit spätestens alle 3 Jahre erneuern.	138
Verschleiß Bremsbeläge & Scheibe	Prüfen.	Prüfen.	Prüfen.	147, 149
Freigängigkeit des Rades (Bremskolben fest?)	Prüfen**.	Prüfen/reinigen**.	Prüfen/reinigen**.	155
Lenkung	Freigängigkeit prüfen.	Freigängigkeit prüfen.	Freigängigkeit prüfen.	53, 161
Lenkkopflager **	-	-	Prüfen, einstellen. Schmieren/erneuern alle 50.000 km (5 Jahre).	161
Telegabelöl**			Bei 36.000 km oder alle 36 Monate erneuern ***.	98
Dichtungen an Gabel und Federbein	-	Prüfen.	Prüfen.	105
Seitenständer	-	Prüfen.	Prüfen.	51
Elektrik (Leitungen & Verbindungen), Beleuchtung	Prüfen.	Prüfen.	Prüfen.	173
Batterie	Prüfen.	Prüfen.	Prüfen.	176
Räder und Reifen	Prüfen.	Prüfen.	Prüfen.	110
Schwingen-/Radlager **	-	-	Prüfen. Alle 50.000 km (5 Jahre) erneuern.	168, 165
Ruckdämpfer	-	-	Prüfen ***.	123
Radachsen	-	-	Prüfen/schmieren.	124
Speichen	Prüfen.	Prüfen.	Prüfen.	52
Abschmieren	Ja.	Ja.	Ja.	43

Verfügt jemand über wenig Erfahrung, sollten wichtige Arbeiten der Werkstatt überlassen bleiben, nicht nur der Sicherheit wegen, sondern auch, um Geld zu sparen. Die Folgekosten schlechter oder nicht richtig ausgeführter Arbeiten können immens ausfallen. So können bspw. falsch eingestellte Ventile unter Umständen eingelaufene Nockenwellen provozieren oder eine nicht komplett ausgetauschte Bremsflüssigkeit bei ABS-Systemen zu Ablagerungen führen, die die gesamte Bremsanlage lahmlegen.

Um- und Unfallnachsorge

Scheiße passiert hoffentlich nie, aber wenn das Schicksal einem doch einen Strich durch die Rechnung gemacht hat, muss kritische Bilanz gezogen werden. Bei kleineren Missgeschicken wie Rangier- und Umfallschäden betrifft dies im Wesentlichen die wenigen betroffenen Teile, bei leichten und mittelschweren Unfällen sowie Rutschpartien darüber hinaus die elementaren Träger der Fahrsicherheit: Rahmen, Gabel, Schwinge und Felgen. Deren Beschädigungen können erhebliche Folgekosten nach sich ziehen, nicht nur durch ihren Ersatz, sondern auch, weil die Beeinträchtigung der Fahrtüchtigkeit oft nur durch Fachleute geprüft und eingeschätzt werden kann.

Schritt 1: Sichtkontrolle

Nach dem jeweiligen Schadenfall überprüfe das Motorrad auf oberflächliche Schäden wie Kratzer im Lack, Risse an Verkleidungen, abgebrochene Hebel, verbogene Komponenten (Auspuff, Halterungen für Koffer etc.) und beschädigte Spiegel.

Bei Rangier-Missgeschicken reicht es, sich auf die betroffenen Komponenten zu beschränken, bei Umfallern meist ebenso, es sei denn, es handelt sich um schwere Maschinen und der Feindkontakt bestand aus unregelmäßig geformten Oberflächen mit herausragenden Objekten.

Dann gilt wie bei leichten Unfällen (bspw. eine Rutschpartie ohne nennenswerten oder nur leichtem Aufprall), einen zusätzlichen Blick in weiter innen liegende Bauteile wie Motor, Krümmer, Leitungen und Kabel zu werfen. Checke insbesondere das Bremssystem, die hydraulische Kupplung, den Motorblock, den Kühler und das Benzinsystem auf Lecks und austretende Flüssigkeiten.

Schritt 2: Weiterfahren?

Je nach Schwere des Unfalls und dem Material der tragenden Teile entscheide dich zur Weiterfahrt oder zum Abschleppen der Maschine. Bedenke, dass sicherheitsrelevante Komponenten wie Rahmen, Schwinge, Lenker und Felgen aus Aluminium nicht sofort sichtbare Risse aufweisen können. Aluminium verformt sich weniger stark als Stahl und reagiert eher mit spröden Brüchen, ohne dass die Schäden gleich erkennbar sind. Hast du diesbezüglich die kleinsten Zweifel an der Fahrtüchtigkeit, lasse das Gefährt stehen. Ansonsten repariere die leicht beschädigten Komponenten notdürftig (siehe unten).

Rahmenschäden

Während sich Stahlrahmen bei Überlastungen verformen können, kommt bei Alurahmen hinzu, dass sich u. U. Haarrisse bilden (selbst bei leichten Stürzen oder gar nur Umfallern). Diese sind zunächst nicht sichtbar, können sich aber mit der Zeit ausbreiten und zu einem plötzlichen Rahmenbruch führen. Sichtprüfe trotzdem auf jeden Fall auf Risse, Knicke, Brüche, Verformungen, Verfärbungen (liefern Hinweise auf Materialüberdehnung oder Verzug) und Ablösungen, insbesondere an Schweißnähten.

Kontrolliere ferner die Lenkkopflagerung auf Risse, Verformungen und Spiel sowie den Hilfsrahmen (bspw. einen Heckrahmen) ebenfalls auf Risse oder Verbiegungen. Auch die Motoraufnahme sollte begutachtet werden.

Gabelschäden

Schleifende Geräusche, schlagende Bremsscheiben oder Eintauchprobleme beim Schieben oder einem vorsichtigen Fahrversuch erfordern eine Überprüfung der Gabel: Sichtprüfe die Standrohre auf Verzug (Schiefstand), Kratzer, Dellen und Risse sowie die Tauchrohre auf Verformungen und Risse.

Ebenfalls zu beantwortende Fragen: Befinden sich Ölspuren an den Gabelholmen? Sind Staubkappen und Simmerringe dicht? Sind Achsaufnahme und Achsklemmung unbeschädigt? Sind die Lenkeranschläge verformt oder gebrochen? Ist das Vorderrad mittig in der Gabel zentriert? Besteht Spiel im Lenkkopf?

Lenkerschäden

Ist ein Stahllenker leicht verbogen, können Schwarzeneggers versuchen, ihn für eine eventuelle Heimfahrt zurückzubiegen, sollten ihn aber trotzdem zügig austauschen. Alulenker sind prinzipiell nach einem Sturz als nicht mehr zuverlässig anzusehen, ob nun mit äußerlich sichtbaren Schäden oder ohne.

Zur Ersteinschätzung gehe folgende Schritte durch: Sichtprüfe auf Verformungen wie Krümmungen oder Verdrehungen, auf Risse und auf Brüche an Lenkerrohr, Klemmstellen und eventuellen Schweißnähten. Inspiziere ferner die Lenkerenden auf Beschädigungen durch Bodenkontakt und die Lenkerklemmung auf Spuren von Verschiebung oder Verzug. Sind ferner Kratzspuren am Lack oder Beschichtungsabplatzungen sichtbar? Ist die Symmetrie des Lenkers gegeben?

Schwingenschäden

Überprüfe die Schwinge auf äußere Schäden wie Kratzer und Schleifspuren, die auf Bodenkontakt hinweisen sowie Risse (insbesondere an Schweißnähten und Übergängen), Dellen und andere Deformationen. Farbveränderungen können auf mögliche Materialspannungen hinweisen.

Überprüfe ferner, ob sich kein verbogenes Teil beim Einfedern an der Schwinge reibt (ein eingedrückter Endtopf beispielsweise). Eine Aluschwinge muss generell aufwändig überprüft werden, bestehen auch nur geringste Zweifel hinsichtlich ihrer Integrität, eine einfache Sichtprüfung von hinten, der Seite und unten auf Verformungen ist zwar wichtig, reicht aber nicht.

Felgenschäden

Neben einer Sichtprüfung auf Risse oder Brüche (die nicht verbindlich sein muss), steht eine Prüfung auf Höhen- und Seitenschlag an, für die das Rad eigentlich ausgebaut gehört. Vor Ort kannst du nur versuchen, das Rad zu drehen und einen eventuellen Schlag so zu diagnostizieren. Klappt es vorne nicht, weil die Bremsscheibe verzogen ist, gehe davon aus, dass auch die Felge was abbekommen hat. Für hinten starte den Motor und lege den ersten Gang ein; hierfür brauchst du natürlich einen Mittelständer, damit das Rad frei läuft.

Prüfe ferner das Felgenhorn (den Felgenrand) auf Risse und Eindellungen sowie die gesamte Felge auf Schlagspuren. Sind Lackschäden oder Materialabplatzungen sichtbar? Lassen sich im Felgenbett Riefen, Verformungen oder Einschnitte diagnostizieren? Sind bei Speichenrädern einzelne Speichen lose, gebrochen oder verbogen? Sind das Radventil und dessen Bohrung in Ordnung? Ist das Ventil an- oder ausgerissen? Sind bei Alu-Schweißfelgen Risse an den Schweißnähten erkennbar? Ist das Felgenschloss (falls vorhanden) in Mitleidenschaft gezogen? Außerdem: Sind Schäden am Reifen erkennbar? Sitzt er korrekt auf der Felge? Ist das Ventil in Ordnung? Stimmt der Luftdruck?

Für das komplette Fahrwerk gilt: Besteht auch nur der geringste Verdacht auf nicht sichtbare Schäden, gehört das Motorrad abgeschleppt und sollte unbedingt Spezialisten zugeführt werden.

Schritt 3: Reparaturen

Bei einer Urlaubsreise oder größeren Tour (und noch fahrtüchtigem Motorrad) tritt man mit Gaffa (Panzerband), Draht und Zurrgurten in Aktion, die das Mopped bis zur Rückkehr in Schuss halten, so Gott will (bspw. wackelnde Blinker, abgerissene Plastikverkleidungen, Koffer, Auspuff etc.). Bis aufs Metall abgekratzter Lack lässt sich provisorisch mit Klarlack oder wasserundurchlässiges Klebeband verschließen.

Steht das Motorrad mittlerweile in der heimischen Garage, steht die Frage ins Haus, welche Reparaturen man selbst vornehmen kann und welche Ersatzteile man nehmen sollte: Original oder Aftermarket.

OEM vs. Aftermarket

OEM steht für *,Original Equipment Manufacturer'*, was vom Wort her so viel heißt wie *,Erstausrüster'* oder *,Originalgerätehersteller'* sowie vom Marketinggehalt her belegen soll, dass ein Markenprodukt qualitativ überzeugend ist und sich Verbraucher hinsichtlich Passform und Leistungs- sowie Sicherheitsstandards auf der sicheren Seite wissen dürfen. Als Begründung wird angegeben, dass die Teile aus denselben Produktionstrecken stammen, die auch für die Originalteile zuständig sind, ob nun vom Motorradhersteller direkt oder einem lizenzierten Zulieferer.

Und tatsächlich: Der größte Vorteil von OEM-Produkten ist ihre Passgenauigkeit, was aber nicht überraschen mag, da sie als Ersatz speziell auf bestimmte Fahrzeugmodelle zugeschnitten sind. Außerdem sollen sie höhere Qualitäten und längere Lebensdauern quasi als Geburtsrecht aufweisen.

Aftermarket auf der anderen Seite steht für, naja, *After*market halt, ein Markt, der ausschließlich aus Nachbauten besteht, die von Drittanbietern stammen und die gleichen Qualitätsstandards wie OEM-Produkte erfüllen können (aber nicht müssen). Je nach Anbieter sind sie möglicherweise weniger sorgfältig gefertigt und halten nicht so lange durch. Auf der Habenseite steht, dass die Konkurrenz größer ist als im OEM-Markt und so die Preise niedrig hält und Neu- bzw Ersatzanschaffungen spürbar günstiger macht.

	OEM	**Aftermarket**
Herkunft	Motorradhersteller oder lizenzierter Zulieferer für das jeweilige Modell	Drittanbieter
Qualität	Erstausrüsterqualität	Variabel, von sehr hochwertig bis mittelmäßig bis schlecht
Passform	Sehr hoch	Sehr gut bis gut, nicht immer 100 %
Preis	Meist hoch bis sehr hoch	Günstig bis sehr günstig
Garantie	Herstellergarantie	Gesetzlich geregelte Gewährleistung
Vielfalt	Gering	Oft große Auswahl an Designs, Materialien, Marken

Die Frage, ob OEM-Produkte tatsächlich *immer* die besseren Eigenschaften besitzen und ob Nachbauten *generell* nichts taugen, beantworten Motorradfahrer unterschiedlich, je nachdem, ob sie der Spar- oder der ‚*Wer billig kauft, kauft doppelt*'-Fraktion angehören. Recht haben beide (oder keiner, je nachdem, wie man es sehen will), denn je nach Ersatzteil kommt man nicht umhin, zu differenzieren.

Zunächst gilt generell:

- Bei unbedingt passgenauen sowie sicherheitsrelevanten Ersatzteilen wie Bremsen oder Fahrwerk sollte man auf OEM oder zumindest einen hochwertigen Markenhersteller setzen.
- Bei Spiegeln, Hebeln, Blinkern oder anderen Custom-Komponenten sind (nicht zwingend) hochwertige Aftermarket-Alternativen meist die bessere Option. Überhaupt werden Wünsche nach mehr Individualität und Performance vom Aftermarket meist besser – und vor allem preisgünstiger – bedient.
- Abstand halten sollte man von eindeutigen Billigartikeln, die nicht einmal rudimentär geprüft aus dem Ausland ins Land gespült werden und über keine Prüfzeichen wie TÜV, ECE oder ABE verfügen. Bekanntestes Beispiel sind hier wohl die Bremshebel aus dem asiatischen Raum, die für ein paar Euro zu haben sind und sehr gut aussehen – aber das Risiko bergen, beim nächsten Bremsmanöver abzubrechen.

Es gilt aber auch:

- Was die OEM-Produkten nachgesagte höhere Qualität bzw. längere Lebensdauer gegenüber Nachbauten betrifft, sollte dies von Einzelfall zu Einzelfall individuell eingeschätzt und beurteilt werden. Es ist durchaus möglich, dass eine ab Werk verbaute Komponente bereits im Auslieferungszustand Qualitätsmängel aufweist.
- Wie OEM-Produkte nicht zwingend als Maß der Dinge gelten müssen, kann es auch im Aftermarket anders herum kommen und dann stellen die Nachbauten die Originale nicht nur beim Preis in den Schatten, sondern auch hinsichtlich der verwendeten Materialien und des Fertigungsprozesses. Vom Design ganz zu schweigen. Wer hier zu vergleichen gelernt hat, fährt besser. Wortwörtlich, denn für viele OEM-Produkte wie Bremsbeläge, Ölfilter, Luftfilter, Benzinfilter, Antriebsketten und andere wichtige Komponenten existieren hochwertige Aftermarket-Alternativen, die der Originalqualität in nichts nachstehen.
- Die Mondpreise, die für manche OEM-Komponenten aufgerufen werden, rechtfertigen oft den Rückgriff auf Alternativen, selbst wenn diese nicht so lange haltbar sind wie das Original.

Wo kaufe ich was?

Soll es ein Original-Ersatzteil sein, sind Werkstätten und Vertragshändler meist die ersten Anlaufstellen, allerdings auch die teuersten, da zusätzlich zum hohen Preis der OEM-Komponente ein je nach Verkäufer mehr oder weniger satter Aufschlag erhoben wird. Günstiger kommt man im Internet weg, wenn man einen für sein Bike zuständigen Lieferanten von OEM-Teilen gefunden hat.

Bei Aftermarket-Produkten ist die Verkäufer-Auswahl ungleich größer, darunter die üblichen Verdächtigen, die mit etwas Glück auch gerade eine Gutscheinaktion gestartet haben. Außerdem sind sie im Internet erreichbar – wie etliche andere Onlineshops, die nicht nur eigene Websites betreiben, sondern ebenso auf Plattformen wie eBay zu finden sind. Wegen des höheren Konkurrenzdrucks bieten sie ihre Waren dort oft sogar günstiger an als auf ihren eigenen Websites und übernehmen obendrein die Versandgebühren.

Noch mehr Einsparpotenzial liefern nur Schrottplätze und die Anbieter von Gebrauchtteilen. Achte aber darauf, dass bestimmte Komponenten wie Bremsen und Lenker aus Sicherheitsgründen immer neu angeschafft werden sollten – es sei denn, es bestehen keine anderen Möglichkeiten mehr, wie bei Oldtimern, deren Ersatzteillage oft schwierig ist.

Augen auf beim Onlinekauf

Um dich vor Fehlkäufen zu schützen, bestelle so genau wie möglich:

- Achte darauf, dass die Fahrzeugdaten zur Bestellung passen. Meist gibt es Eingabefelder für Eintragungen aus dem Fahrzeugschein, um ein Fahrzeug zu identifizieren. Nutze sie. Bestellsicherheit bieten auch die Fahrgestellnummer (VIN) und (in Grenzen) eine genaue Modellbezeichnung. Ist die originale Teilenummer (OEM-Nummer) bekannt, kann diese ebenso hilfreich sein, einen passenden Ersatz zu finden.
- Schätze deine Schrauberfähigkeiten realistisch ein. Suche im Netz nach Reparaturanleitungen, um die notwendigen Schritte zu lernen. Manche Teile passen technisch, sind aber nur sehr schwer und/oder mit speziellem Werkzeug zu montieren

Was den Onlineshop betrifft, recherchiere ebenfalls im Vorfeld:

- Sei dir im Klaren, dass Suchergebnisse mit Preisen, die spürbar unter den üblichen liegen, oft direkt zu Fakeshops führen. Um sie auszufiltern, starte eine Suche mit Begriffen wie ‚ist XXX vertrauenswürdig?'. Hilfreich sind auch Websites wie der Fakeshopfinder der Verbraucherzentrale[04-2].
- Achte auf Seriosität mit klaren AGBs und einem Impressum mit Anschrift und Telefonnummer.
- Prüfe die Rückgabebedingungen: Gute Anbieter gewähren Rückgaberecht, moderate Liefer- und Rücksendekosten und Garantie – das schützt dich bei Fehlkäufen oder Defekten.
- Achte auf Zulassungsbeschränkungen: Manche Shops verstecken Hinweise bezüglich der legalen Verwendbarkeit ihrer Artikel hinter Sternchen oder im Kleingedruckten. Achte bei

Aftermarket-Teilen wie Auspuffanlagen, Beleuchtung oder Bremsen auf ABEs und ECEs. Ohne diese kann die Betriebserlaubnis deines Motorrads erlöschen.

Weiter gut zu wissen:

- **Produkthaftungsgesetz:** Hersteller und Händler haften auch im Aftermarket für Schäden, die durch fehlerhafte Teile entstehen.
- **Gewährleistung:** Du hast als Käufer Anspruch auf die übliche gesetzliche Gewährleistung, auch bei Drittanbietern.
- **Ersatzteilverfügbarkeit:** Für OEM-Teile gibt es laut EU-Vorgaben eine Mindestverfügbarkeit von 7 Jahren für alle Ersatzteile, für Aftermarket-Produkte, die aus verschiedenen Komponenten bestehen, existiert keine einheitliche gesetzliche Pflicht.

Blinker, Hebel etc.

Bei Komponenten wie Spiegel, Handyhalter, Griffe, Blinker, Scheinwerfer, Fender und Armaturen muss man schauen, wie sehr sie in Mitleidenschaft gezogen wurden. Ist keine Funktionalität beeinträchtigt, lässt sich mit dem einen oder anderen Kratzer durchaus leben - zumal Ersatz sehr teuer werden kann (jedenfalls bei Originalteilen).

Hebel aus Aluminium werden prinzipiell ersetzt (siehe Seite 72). Auch hier gilt, dass Originalersatzteile empfindlich teuer sein können, während der Aftermarket günstiger zur Sache geht - und mit sehr viel mehr Auswahl.

Auspuff

Mit Dellen und Kratzer an Auspuff und/oder Krümmer kann man leben (muss aber natürlich nicht); schlimmer ist ein beschädigter Krümmer, noch schlimmer ein Abriss der Stehbolzen am Zylinder, der nur aufwändig repariert werden kann. Dann wird ein Austausch fällig, ein teurer, egal, ob man ein Produkt aus dem Aftermarket erwirbt oder das Original ordert. Billig sind da nur die Teile ohne ABE oder E-Prüfzeichen. Möglich ist auch die Beschichtung der ruinierten Oberfläche mit Keramik - die jedoch auch bezahlt werden will.

Lecks

Defekte Leitungen der Bremse/Kupplung und des Benzinsystems müssen ausgetauscht werden, bei Kühlerschläuchen kann ein sich selbst verschweißendes Klebeband als Provisorium ausreichen, wenn der Riss nicht allzu groß ist.

Ein gerissener Motorseitendeckel oder ein Loch im Gehäuse sind demgegenüber schwieriger zu behandeln. Mit Glück lässt sich die Öffnung mit Knetmetall oder Kaltmetall (ein Zweikomponentenkleber aus Kunstharz und einzumischenden Härter) schließen, es darf aber nicht zu heiß werden. Hierbei wird das Zeug auf die geglättete, entfettete Oberfläche verteilt, möglichst ohne, dass etwas ins Motorinnere gelangt. Später kann dann ein Austausch vorgenommen werden.

Verkleidung

In weiten Teilen zersplitterte Verkleidungsteile werden ersetzt. Meist als Originalteil, vereinzelt findet man jedoch auch Nachbauten bei Zubehörspezialisten, zumindest für Sportmotorräder[04-3].

Handhabbare Risse lassen sich oft mit speziellen Reparatursets flicken - wenn man denn weiß, aus welchem Material die Verkleidung besteht. Polycarbonat und ABS-Kunststoff wird mit Flüssigkunststoff geflickt, GFK, Kevlar und Carbon hingegen mit Glasfasermatten und Polyesterharz (Prestolith). Oben drauf kommt die Neulackierung (siehe ab Seite 36).

Tank etc.

Der Tank und möglicherweise Seitenteile aus Blech benötigen bei Kratzern eine Neulackierung, kommen Dellen hinzu, einen Neuaufbau, indem die Dellen ausgebeult und zugespachtelt werden (siehe ab Seite 36). Der Arbeitsaufwand ist beträchtlich, ein Neukauf aber spürbar teurer.

Rahmen

Bei Rahmenschäden hilft oft nur ein Austausch, weil Reparaturen sehr komplex ausfallen und spezielle Kenntnisse sowie Ausrüstung (und damit massig Geld) erfordern. Außerdem sperren sich Hersteller in aller Regel gegen eine Reparatur. Eine Rissprüfung (bspw. mit Magnetpulver oder Röntgen) und eine Rahmenvermessung können Klarheit bringen, sie sind der reinen Sichtprüfung klar überlegen.

Eine professionelle Überprüfung des Rahmens beinhaltet im Detail:

- **Geometrieprüfung:** Kontrolle von Lenk- und Steuerkopfwinkel. Messung der Rahmenhälften-Symmetrie. Kontrolle der Radflucht. Achsvermessung auf einer Richtbank. Überprüfung von Gabelbrücke und Achse auf Parallelität und ein Abgleich der gemessenen Werte mit den Sollmaßen des Herstellers.
- **Funktionale Prüfung:** Befinden sich Spuren am Lenkeranschlag (Einrisse, Verschiebung, verbogene Anschläge)? Wenn die Sichtprüfung eine Probefahrt möglich macht (bei augenscheinlich unbeschädigtem Rahmen), wird auf folgende Punkte geachtet: Besteht auffälliges Fahrverhalten (Lenkverzug, Nachlaufprobleme, Pendeln)? Sind Gabel und Schwinge beweglich, ohne Widerstand oder Versatz?
- **Materialprüfung:** Durchführung einer Farbeindringprüfung bei Verdacht auf Haarrisse sowie einer Ultraschall- oder Röntgenprüfung bei Rahmen aus Aluminium oder bei Carbon-Komponenten.

Ergibt die Überprüfung, dass der Rahmen unbeschädigt und einsatzbereit ist, sind keine weiteren Maßnahmen notwendig. Ist er leicht beschädigt, kann eine Instandsetzung durch einen Fachbetrieb erfolgen. Ist er verzogen oder gebrochen, hilft nur ein Austausch.

Schwinge

Beschädigte Schwingen müssen vermessen und auf Haarrisse überprüft werden. Hierzu gehören auch Kontrollen der Achs-, Umlenk- und Stoßdämpferaufnahmen sowie der Kettenspannungslinie bzw. Kettenspannerführung.

Eine professionelle Überprüfung der Schwinge beinhaltet im Detail:

- **Geometrieprüfung:** Messung der Schwingenachse auf Verzug (bspw. mit Schablone oder Laser), Parallelitätsmessung beider Schwingenarme, Abstandsvergleich der Schwinge zum Rahmen auf beiden Seiten sowie eine Winkel- und Längenkontrolle nach Herstellervorgaben.

- **Material-/Rissprüfung:** Die Rissprüfung erfolgt meist durch eine Farbeindringprüfung (PT) und/oder einer Magnetpulverprüfung (MT). Bei Verdacht auf innere Schäden kann auch eine Ultraschall- oder Röntgenprüfung zum Einsatz kommen.
- **Komponentenprüfung:** Nicht vergessen werden sollten Überprüfungen der Schwingenlager auf Spiel und Beschädigungen, der Lagerbuchsen auf Verschleiß und des Kettenspanners auf Funktion. Kontrolliert wird ferner der Zustand des Ketten- und Schwingenschutzes (der vor Beschädigungen durch die Kette schützt), der Bremsaufnahmen und der ABS-Sensoren.

Ergibt die professionelle Überprüfung, dass die Schwinge unbeschädigt und einsatzbereit ist, sind keine weiteren Maßnahmen notwendig. Ist das Gegenteil der Fall, wird sie meist ersetzt. Reparaturen an der Schwinge sind eher unüblich und nur nach Rücksprache mit dem Hersteller oder einem Fachbetrieb in Erwägung zu ziehen, da das Risiko zukünftigen Materialversagens zu hoch ist.

Gabel

Ist die Gabel nur verzogen und sind keine sichtbaren äußeren Schäden erkennbar, kann eine Entspannung der Gabel bereits ausreichen, die Unfallauswirkungen zu eliminieren (siehe ab Seite 107). Eine gründliche Inspektion steht trotzdem ins Haus: Ist das Tauchrohr beschädigt? Sind die Standrohre krumm? Arbeiten alle Einsteller (falls vorhanden) zur Vorspannung und Dämpfung korrekt? Tritt Gabelöl aus?

Eine professionelle Überprüfung der Gabel beinhaltet im Detail:

- **Geometrieprüfung:** Sichtprüfung auf Verzug (steht die Gabel schief im Brückenbereich?). Messung der Parallelität der Standrohre. Vermessung auf Richtbank bzw. Laservermessung. Sichtkontrolle der Gabelbrücken oben und unten auf Verformungen. Überprüfung der Lenkkopflager auf Spiel.
- **Funktionsprüfung:** Ist das Einfederverhalten beidseitig gleichmäßig? Fährt die Gabel über dem gesamten Federweg ohne Verkanten ein und aus? Sind Geräusche (bspw. Knacken oder Schleifen) beim Federn hörbar? Ist das Rückstellverhalten einwandfrei (bleibt die Gabel nicht hängen)? Ist Spiel in der Führung zu fühlen (bei den Gleitlagern oder den Führungsbuchsen)?
- **Komponentenprüfung:** Zerlegung der Gabel bei Verdacht auf Schäden. Prüfung der Standrohre auf Verbiegung (auf Glasplatte oder Messbock). Prüfung der inneren Führungsbuchsen auf Beschädigung. Kontrolle der Gabeldämpfung (Dämpferkolben, Ventile, Ölzustand). Prüfung auf Späne (Materialabrieb) im Gabelöl. Federprüfung auf Bruch/Verformung. Prüfungen der Dichtungen auf Zustand und Leckagen. Prüfung der Gabelbrücke.
- **Umfeldanalyse:** Prüfung des Gabelwinkels im Verhältnis zum Rahmen. Zustandsüberprüfung des Lenkanschlags. Ist eine Rahmenverformung erfolgt (oft bei USD-Gabeln)? Prüfung der Achse, der Radlagerung und der Bremsscheiben auf Unwucht und Verformungen. Prüfung der Felge auf Schlag oder Seitenschlag. Reifen auf Karkassen- und andere Schäden prüfen.

Sind Schäden an der Gabel vorhanden, können sie oft beseitigt werden, im Extremfall ist aber ein Komplettaustausch notwendig. Wichtig ist, dass weitere Fahrwerksschäden beim Überprüfen der Gabel ausgeschlossen werden können (zur Gabeldemontage siehe auch ab Seite 100).

Felgen

Da Schäden an der Felge sicherheitsrelevant sind, sollte auch hier eine gründliche Untersuchung erfolgen:

- **Rundlaufprüfung:** Messung des horizontalen Seiten- und des vertikalen Höhenschlags mit Messuhr oder Lehre. Befinden sich die Messwerte im Toleranzbereich laut Hersteller? Hierbei Prüfvorrichtung verwenden (bspw. Zentrierständer).
- **Strukturprüfung/Werkstoffanalyse:** Bei Verdacht auf Schäden Durchführung einer Rissprüfung (z. B. Farbeindringprüfung oder Magnetpulverprüfung), mglw. auch eine Sichtprüfung unter UV-Licht auf feine Risse. Prüfung auf Sprödbruchstellen bei Aluminium- oder Magnesiumlegierungen. Prüfung der Gussnähte (bei Gussfelgen) auf feine Haarrisse. Besteht ferner der Verdacht auf eine erwärmte oder überdehnte Felge ist dies unter Umständen einer vorherigen unsachgemäßen Reparatur geschuldet.
- **Reifenprüfung:** Ist der Reifen ordnungsgemäß auf der Felge montiert? Befindet sich der Reifenwulst rundum korrekt im Felgenbett? Ist Reifenluftdruckverlust zu beklagen? Prüfung des Reifens auf Plattfuß, Risse und Aufschläge. Ist der Schlauch (bei Schlauchreifen) intakt und dicht? Ist der Reifendrucksensor (TPMS) unbeschädigt und funktionstüchtig (falls vorhanden)? Ist das Felgenband (bei Speichenfelgen mit Schlauch) intakt?
- **Umfeldanalyse:** Prüfung des Radlagers auf Spiel und Leichtgängigkeit. Prüfung der Lageraufnahme in der Felge auf Schäden. Ist ferner die Aufnahme der Bremsscheibe plan und unbeschädigt? Prüfung der Befestigungsschrauben und Distanzbuchsen sowie der Achsaufnahme auf Riefen, Gratbildung oder Verzug.

Lenker

Einen Lenker auszutauschen, ist keine Raketenwissenschaft und auch nicht unbedingt teuer (siehe ab Seite 72), so dass umfangreiche Untersuchungen eher kontraproduktiv sind. Soll der beschädigte Lenker trotzdem untersucht werden (vielleicht auch, um weitere Schäden an anderen Komponenten wie Gasgriff und Schaltereinheiten auszuschließen), stehen folgende Punkte auf dem Programm:

- **Funktionsprüfung:** Befindet sich der Lenker sichtbar verdreht in der Gabelbrücke? Ist Spiel im Lenker fühlbar, bspw. durch eine gelockerte Klemmung? Besteht Freigängigkeit der Züge, Leitungen und Kabel? Sind die Lenkanschläge beidseitig intakt und symmetrisch?
- **Vermessung:** Messung der Lenkerbreite, -höhe und -kröpfung im Vergleich zu den Sollmaßen des Herstellers. Prüfung der Symmetrie des Abstands der Lenkerenden auf beiden Seiten zum Tank. Laser- oder Messschienenprüfung zur Kontrolle auf Torsionsverformung.
- **Komponentenprüfung:** Griffe und Lenkerenden auf Beschädigungen prüfen. Armaturen (Kupplung, Gas, Schalter) auf Funktion, Schäden und Lage prüfen. Sind die Spiegelaufnahmen verbogen oder beschädigt? Ist der Lenkungsdämpfer in Mitleidenschaft gezogen worden (falls vorhanden). Ist der Gasgriff leichtgängig und bleibt nicht hängen?
- **Umfeldanalyse:** Prüfung von Lenkrohr/Steuerkopf auf Verformungen. Prüfung der Lenkkopflager auf Spiel und Schäden. Prüfung des Lenkschlosses auf Funktionalität sowie der Kabel, Züge und Leitungen auf Freigängigkeit. Prüfung auf Schäden durch den Lenker an Tank und Verkleidung.

Biker Bell, begehrtes Accessoire in den USA.

Abschließend bleibt, für immer ein gute Fahrt zu wünschen!

Sektion 05: Saisonbeginn/Saisonende

Abwasserkanäle sind auch keine Alternativen

Auch wenn eine Saison versicherungstechnisch nicht zwingend aus 6 Monaten bestehen muss (es können auch 7, 8 oder 9 sein), hat sie für die meisten Biker irgendwann ein Ende und zwingt sie von den Straßen in die Garagen. Aber Winterruhe heißt nicht Winterschlaf und nur, weil die Erde einige Monate hintenüberkippt, muss niemand komplett aufs Bike verzichten. Man kann die Zeit nutzen, Wartungsarbeiten nachzuholen, TÜV-Besuche vorzubereiten und das Bike einzumotten. Auch vor sich hergeschobene Umbaupläne regen sich in den Wintermonaten wieder stark in Bikerseelen – vorausgesetzt, es ist eine einigermaßen solide Motorrad-Unterkunft vorhanden.

Was leider nicht immer der Fall ist, so dass jenen, die nicht zu den Privilegierten mit gut gelüfteten, trockenen Garagen gehören, nur bleibt, jede einigermaßen akzeptable Gelegenheit wie Gartenhäuschen, Hinterhofschuppen oder Kellerraum zu ergreifen. Hauptsache, die Örtlichkeit ist abschließbar, annähernd den Witterungseinflüssen entzogen und lässt hoffen, eine Überwinterung mit minimalen Korrosions- und Standschäden hinzubekommen.

Laternenparken auf der anderen Seite ist die schlechteste Option, zu überwintern – zumal saisonale Stilllegungen rechtlich gesehen ‚kleine' Abmeldungen sind und eigentlich die Entfernung des Bikes aus dem öffentlichen Verkehrsraum erfordern. Vielen bleibt dann nur der gegen Entgelt angebotene temporäre Unterschlupf in Werkstätten. Immerhin: Die Kosten halten sich in Grenzen und eine kleine Inspektion ist oft inklusive. Was den Kampf um einen Frühjahrstermin erspart, der regelmäßig ausbricht, wenn die Sonne wieder kräftiger wird und Werkstätten traditionell überlastet sind.

AUßERBETRIEBNAHME

1) Inspektion

Stehen noch Inspektionspunkte an, wickele sie ab, bevor du das Bike winterfein machst (Details hierzu hält Sektion 04 ab Seite 47 bereit).

2) Reinigung (1 Tag vorher)

Reinige dein Motorrad gründlich (siehe ab Seite 27) und unternehme eine Abschlusstour, bei der das Bike heiß gefahren und trockengeföhnt wird. Ist keine Trockenfahrt möglich, tut es auch Druckluft aus einem Kompressor. Stelle den Motor ab, ohne zuvor wild am Gas zu drehen, und parke das Bike auf dem geplanten Standplatz.

3) Schmierung

Öle alle Bowdenzüge und schmiere alle Gelenkstellen (Bremsen, Kupplung, Fußrasten, Seitenständer etc., siehe Sektion 4 ab Seite 46), um Wasserrückstände zu unterwandern und Korrosion zu vermeiden.

Mehr zum Thema Abschmieren erfährst du in Sektion 03.

Reinige die Kette ein letztes Mal in dieser Saison (siehe Seite 128) und sprühe sie wie gewohnt mit Kettenfett ein. Ein Kardan erhält zwei bis drei Hübe Fett (sofern Schmiernippel vorhanden).

4) Konservierung

Gegen Rostbildung schmiere säurefreies Fett (Vaseline) auf blanke und verchromte Metallteile und sprühe ferner etwas Teflonspray auf Gummitüllen und -dichtungen wie Simmerringe.

Poliere lackierte Flächen wie Tank und Verkleidung mit Lack- und Kunststoff-Politur und versiegele mit Hartwachskonservierer. Unlackierte Kunststoff- und Gummiteile können mit Farbauffrischer oder Silikonspray gepflegt werden, Letzteres bindet allerdings Staub.

Eher unzugängliche Metalloberflächen wie Teile des Motors, Dämpferstange des Federbeins und Gabelholme (auch lackierte Teile) werden mit Korrosionsschutzspray eingedieselt.

Hinweis: Verwende Wachse nicht bei warm werdenden Bauteilen (führen zu Verfärbungen) und beachte bei Titan-Auspuffanlagen unbedingt die Herstelleranweisungen.

Versiegelte Oberflächen überstehen den Stillstand besser.

Alternativ sprühe dein Bike (außer Bremsen, Reifen usw.) mit Konservierungsspray oder Ballistol ein oder verpacke es in eine mit chemischen Substanzen versehene VCI-Plastikplane.

Eine VCI-Plane schützt zwangsläufig auch vor Staub, allerdings solltest du keine Experimente mit anderen Chemikalien (beispielsweise die angesprochenen Konservierungssprays) eingehen, da die Substanzen mit jenen in der Hülle interagieren könnten.

Ein Entfeuchtungsbeutel ist hingegen eine sinnvolle Ergänzung und kann gerne mit hineingelegt werden.

Übrigens, size matters: Wähle die VCI-Plane in Abhängigkeit von der Größe deines Bikes. Einsparpotenzial bietet der zur Einwinterung vorgenommene Abbau von Teilen wie Spiegel, Koffer usw. Dann reicht oft die kleinere Ausführung.

Verwöhne deine kleineren Kunststoffteile mit Ballistol oder spezieller Kunststoffpflege, ebenso die erreichbaren Gummihüllen und jene Komponenten, die sonst vernachlässigt werden: Bordwerkzeughülle, Batteriekasten etc. Schmiere ferner alle beweglichen Teile wie Ständer, Bowdenzüge etc. und exponierte elektrische Kontakte mit Multispray oder Kriechöl.

Fülle einen Benzinstabilisator ein (siehe unten), sprühe das Innere der Auspuffendtöpfe mit Öl ein und stopfe ölgetränkte Lappen in die Endstücke, um Kondenswasser im Auspuff zu verhindern.

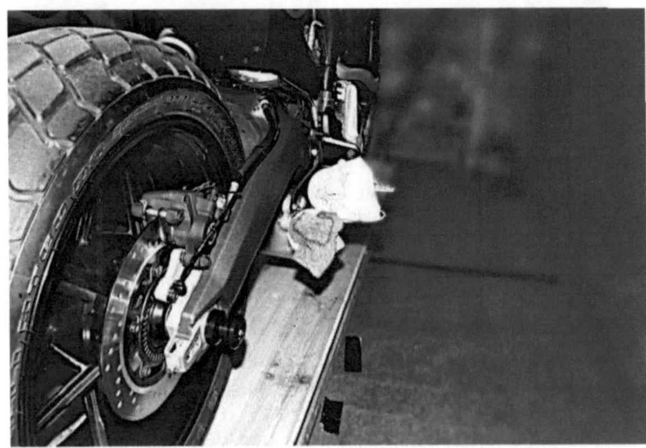

Ein Teelöffel frisches Motoröl gehört ferner in jedes Zündkerzenloch, um auch dort ein oxydationsfreieres Klima zu schaffen. **Hinweis:** Weitere Informationen zur Oberflächenbehandlung diverser Bauteile findest du in Sektion 02 *„Reinigung, Pflege & Schutz“.*

Hinweis: Achte bei Reinigung, Wartung und dem Abschmieren auf lose Schrauben, Brüche, Lecks und andere Schäden und nehme sie gleich in Angriff oder notiere sie zumindest – im Frühling denkt man nicht mehr dran.

5) Technische Wartung

Motor: Ist das Motoröl älter als 2.000 bis 3.000 Kilometer (oder 3 Monate), wechsele Öl und Ölfilter. Altes Öl enthält aggressive Substanzen, die den ganzen Winter über Zeit für allerlei Schandtaten haben. **Bremsen:** Sorge dafür, dass die Bremsbeläge nicht an den Scheiben anliegen. In feuchter Umgebung können sie anrosten.

Tank: Kunststofftanks können einige Zeit teilbefüllt bleiben, sollten aber wie ihre Aluminiumkollegen bei längeren Standzeiten entleert werden[05-1]. Einen Stahltank fülle randvoll mit hochwertigem Benzin (über 100 Oktan), verstopfe die Tankbelüftung und/oder gebe Kraftstoffstabilisatoren hinzu (Details hierzu findest du ab Seite 202).

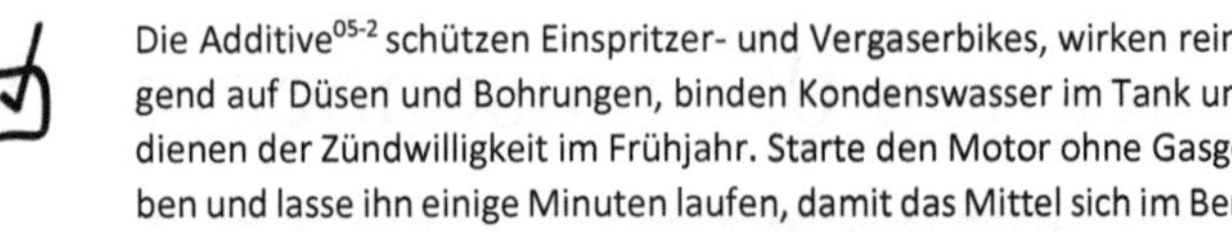

Die Additive[05-2] schützen Einspritzer- und Vergaserbikes, wirken reinigend auf Düsen und Bohrungen, binden Kondenswasser im Tank und dienen der Zündwilligkeit im Frühjahr. Starte den Motor ohne Gasgeben und lasse ihn einige Minuten laufen, damit das Mittel sich im Benzinsystem verteilt.)

Vergaser: Bei Vergasern entleere die Schwimmerkammern über die dafür vorgesehenen Ablassschrauben, um Benzinverharzungen zu vermeiden. Der Benzinhahn darf nicht auf ‚Fluten‘ gestellt sein.

Wasserkühler: Teste die Kühlflüssigkeit mit einem Frostschutzprüfer. Ist der Wert zu klein, fülle Kühlmittel nach. Ist der Wert OK, der Wasserstand aber gering, fülle ebenfalls Kühlmittel nach (nicht nur destilliertes Wasser reinkippen). Mindestens bis -20° C sollte der Schutz reichen (siehe auch Sektion 13 ab 223).

Luftfederung (falls existent): Senke zur Entlastung der Dichtringe leicht den Luftdruck in Gabel und Federbein.

6) Sonstiges

Vermeide, den Motor in regelmäßigen Abständen anzuwerfen, um kein Kondenswasser zu provozieren, welches wiederum zu Korrosion in Auspuff etc. führt.

Entferne die **Sitzbank** und lagere sie trocken im Keller (wenn sie beispielsweise mit organischem Material bezogen und die Garage eher feucht ist). Gleiches gilt für textile Pack- und Werkzeugtaschen.

Baue die **Batterie** aus und lagere sie trocken und frostfrei. Meinst du es gut mit ihr, hängst du sie von Zeit zu Zeit ans Ladegerät (so alle 2 Wochen). Standard-Blei-Batterien möchten ferner, dass du den Säurestand kontrollierst und destilliertes Wasser nachfüllst, wenn er zu niedrig ist (mehr hierzu in Sektion 13 ab Seite 176).

Erhöhe den **Luftdruck** an Hinter- und Vorderreifen um 0,5 bar und bewege die Räder alle paar Wochen ein Stück. Gute, moderne Reifen stehen sich meist weder eckig noch undicht noch platt (Stichwort

Standplatten), manch Biker fühlt sich aber besser, wenn das Motorrad traditionell umsorgt wird oder gar auf Montageständern steht. Der im Übrigen nicht nötig ist, wenn das Bike über einen Hauptständer verfügt. Dann ist das Hinterrad sowieso entlastet und fürs Vorderrad reichen zwei Holzstücke, die unter die Gabelfüße geklemmt werden – bzw. eine Latte, die unter dem Lenkrohr platziert wird. Nahezu ideal sind Montageständer für vorne und hinten (nahezu, weil die Federung dauerhaft belastet wird), ideal Zentralständer, die das Bike in der Mitte anheben und alles entlasten, was entlastbar ist.

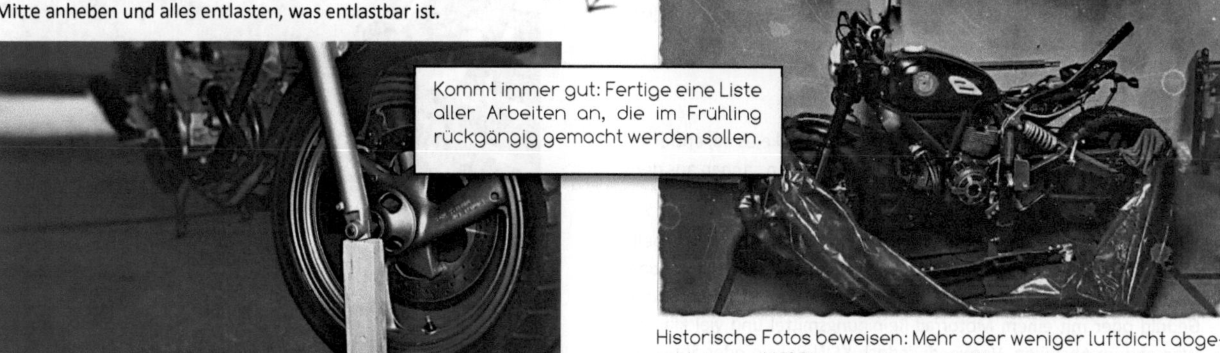

Kost nix, funktioniert und kann bleiben, bis das Holz verheizt wird. Hier entfällt auch die Luftdruckkontrolle alle 2 Wochen.

Zu guter Letzt: Als Abdeckung verwende in trockenen Garagen ein Leinentuch, ansonsten einen Überwurf aus dem Fachhandel (siehe ab Seite 40), der Feuchtigkeit ableitet – schaue aber trotzdem ab und an vorbei und lüfte an trockenen Tagen. Nicht anwerfen!

Mache eine Liste mit den Dingen, die nach der Standzeit im Frühling und vor der ersten Ausfahrt erledigt werden müssen, also: Lappen aus dem Auspuff entfernen, die konservierten Teile von der verwendeten Chemie befreien, Luft ablassen, abgebaute Teile wieder befestigen usw. Plus jene Arbeiten, die aufgeschoben wurden.

Dauer-Einlagerung

Scheunenfunde sprechen dafür, dass so etwas immer wieder vorkommt: Die Dauerstilllegung eines Motorrads, weil der Besitzer keine Lust oder Zeit zum Fahren hat, aber auch nicht verkaufen mag. Allerdings: Fachgerecht eingemottet sind die wenigsten.

Falls du etwas in dieser Richtung vorhast, beachte folgende Punkte:

- Belasse die Flüssigkeiten für Bremse und Kühler im System, um zu vermeiden, dass Pumpen und andere Bauteile festrotten und Dichtungen austrocknen. Fülle bis zum Anschlag auf und sorge für einen sehr hohen Frostschutz der Wasserkühlung.
- Bremsflüssigkeit zieht Wasser, auch im Stand. Zur Sicherheit bietet sich an, die Flüssigkeit alle 4 Jahre zu wechseln, auch wenn das Bike stillsteht und nicht mehr bewegt wird.
- Fülle den Motor bis Oberkante Einfüllstutzen randvoll mit frischem Motoröl.
- Leere Tank und Vergaser komplett, baue den Tank ab und lasse ihn von innen versiegeln.
- Versiegele das Mopped von außen mit Sprühwachs, Fetten und ähnlichen (nicht mit anderen Produkten reagierenden) Mitteln. Die großen Lackflächen polierst du aus und die unzugänglichen Teile sprühst du mit Konservierungsspray ein.
- Verpacke die Maschine anschließend in Kunststofffolie oder VCI-Plane und gebe einen Entfeuchterbeutel hinzu. Fehlt er und lässt ein Produkt keine wirklich luftdichte Innenatmosphäre zu, installiere einen Lüfter, der für steten Luftaustausch und konstant niedrige Luftfeuchtigkeit sorgt. Zu diesem Zweck reicht in den meisten Fällen ein alter PC- oder, wenn die Räumlichkeiten nur kalt, aber nicht feucht sind, gar ein CPU-Lüfter aus.
- Lege einen Zettel mit allen vorgenommenen Arbeiten ins fertige Paket. Der Grund ist offensichtlich: In 5 bis 10 Jahren sind die meisten Maßnahmen schlicht vergessen, bspw., wo Öllappen um Bauteile gewickelt wurden, dass der Motor bis Oberkante Unterlippe voll Öl ist, wo Wachs aufgesprüht wurde usw. Mit der Liste lassen sich entspannt alle Schritte rückgängig machen.

Historische Fotos beweisen: Mehr oder weniger luftdicht abgeschlossene VCI-Planen können ein Bike richtig lange frisch halten und Korrosion vermeiden helfen. Obendrein sind sie günstiger als Motorradgaragen aus Holz oder Metall.

Zwischen den Jahren

Die Zeit zwischen den Jahren (für Normalsterbliche die Tage vom 27.12. bis 31.12) dauert für Motorradfahrer bis zu einem halben Jahr und wäre für viele Biker vollkommen ereignislos, könnte man sich nicht die Zeit mit anderen Dingen wie kleineren Basteleien, Putzorgien und sogar realem Familienleben vertreiben.

Für einige semi-winterfeste Biker sind gar kleinere Ausflüge noch eine Option, wo sie dann vereinzelt auf ein paar entspannte Saisonverweigerer treffen, die generell nicht viel Stilllegungsaufwand im Winter betreiben, weil ihre Garagen beheizt und trocken und Saisonkennzeichen unbekannt sind. Bei Sonnenschein trauen sich beide Rassen raus wie echte Kerle, pusten bei Matsch, Frost und Schnee aber wie wir anderen sachte den Staub vom Bike, um die Beziehung nicht ... naja ... abkühlen zu lassen.

Die schlechte Nachricht für die winterfahrenden harten Hunde: Die Reinigungsintervalle fürs Bike müssen kürzer, die Wäschen intensiver und das Waschwasser kälter werden, denn Streusalz frisst und je wärmer das Wasser zum Abspülen, desto besser kann es das.

Und wenn du wirklich nur bei Sonnenschein fährst? Macht keinen Unterschied. Das andere weiße Zeugs, das im Winter auf den Straßen liegt, ist Salzstaub, und die einzige Möglichkeit, Korrosion zu minimieren, besteht darin, das Mopped nach jeder Ausfahrt mit kaltem Wasser (höchstens lauwarm) abzuspülen, mit Reiniger und Shampoo zu reinigen und irgendwie trocken zu bekommen – oft in mühsamer Handarbeit mit weichen Lappen.

Weitere Arbeiten bei häufigen Winterfahrten:

- Das Reinigen der Kette samt Schmierung fällt im Winter öfter an als im Sommer, ebenso die Pflege und Konservierung der Lack- und Kunststoffoberflächen und die Behandlung der Sitzbank mit spezieller Sitzbankpflege.
- Überprüfe und schmiere alle beweglichen Teile (zum Beispiel Ständer, Bowdenzüge) und spraye Kontakt- oder WD-40 auf exponierte elektrische Kontakte, um Wasser zu verdrängen.
- Checke Reifenprofil und Reifendruck regelmäßig. Abgefahrene Reifen haben eine schlechtere Nass-Haftung.
- Überprüfe die Beleuchtung gewissenhaft (da du zwangsläufig öfter mal im Dunklen unterwegs sein solltest) und behalte deine Batterie im Auge. Im Winter schwächeln Akkus gerne.

Inbetriebnahme

Wie auch immer man die Zeit zwischen den Jahren verbringt, eines ist sicher: Der Winter wird die Biege machen und die Rücknahme der im Herbst ergriffenen Maßnahmen nahelegen. Warte hierzu aber nicht bis zum allerletzten Tag, sondern halte dir ein Wochenende vor Saisonbeginn frei, um die Wiederinbetriebnahme vorzubereiten und Zeit zur Beseitigung unangenehmer Überraschungen zu haben. Sowas passiert, auch wenn alle wichtigen Arbeiten in der Winterzeit erledigt und Checklisten für den Frühling angelegt wurden.

Alte Pelle runter

Pule dein Motorrad aus der Plastikgarage, bzw. decke es ab, entferne alle aufgetragenen Mittel und ziehe die ölgetränkten Lappen aus den Auspuff-Endtöpfen.

Hast du dein Mopped im Herbst mit Konservierungsspray eingenebelt oder Motorblock und Auspuff mit Feinöl konserviert, holst du das Zeug jetzt wieder runter. Entweder mit einem Lappen, Wischkraft und Geduld oder mit einem Motorrad-Reinigungsmittel und viel klarem Wasser zum Abspülen. Verwende jedoch KEIN Benzin oder ähnliche Lösungsmittel.

Wichtig: Reinige die Bremsscheiben sorgfältig mit Bremsenreiniger, um versehentlich aufgetragenes Öl zu entfernen. Das gilt genauso für Fußrasten, Fußbremshebel, Handgriffe und Kupplungs- bzw. Bremshebel. Halt überall dort, wo du wie auch immer wegflutschen könntest. Reinige ferner die Reifen, damit angesammelter Staub nicht zu einem Schmierfilm wird.

Hat sich Gammel breitgemacht? Nehme ihn gleich in Angriff und entferne den Schmand gründlich. Rostnestern gehst du mit Schmirgelpapier und Drahtbürste zu Leibe, grundierst mit Rostschutz und lackierst in Fahrzeugfarbe mit Tupf- oder Sprühlack. Rost an Chromteilen bearbeitest du mit Chrompolitur, Alu-Blüh mit Produkten wie Alu Magic. Auch Ballistol hilft. Weitere Tipps zum Putzeinstieg liefert dir Sektion 02 ab Seite 27.

Nicht jedermanns Sache: Den Frühling gleich mit Waschen beginnen - aber es entfernt die Konservierung ...

Frische Pampe rauf

Spendiere allen Hebeln, Bowdenzügen und anderen beweglichen Teilen Öl, Fett oder was immer sie benötigen, um reibungsfrei zu arbeiten. Schmiere alle Schlösser, also Zünd- bzw. Lenk- und Sitzbankschloss sowie Kofferschlösser (Sektion 03 *„Abschmieren"* hält hierzu ab Seite 43 die notwendigen Infos für dich bereit).

Überprüfe die Antriebskette auf Flugrost, justiere und reinige sie und gönne ihr frisches Kettenspray. Später, nach dem ersten Ausritt, überprüfe den Durchhang erneut und korrigiere ihn bei Bedarf. Einen Riemenantrieb kontrolliere auf Sauberkeit des Riemens, einen Kardanantrieb auf seinen Ölstand (mehr zu Kette & Co. ab Seite 110).

Technischer Check

Leckagen: Stimmen alle Flüssigkeitsstände für Öl, Wasser und Bremse? Kontrolliere die Komponenten auf Undichtigkeiten: Tank, Benzinhahn, Benzinschläuche, Vergaser, Einspritzer, Bremsschläuche, Bremsbehälter, Bremsventile, Ölablassschraube, Ölfilter, Ölkühler, Ölschläuche, Wasserkühler und -schläuche.

Kann passieren: Aus gealterten Leitungen austretendes Öl.

Bremse: Checke die Bremswirkung im Stand und beim Schieben. Dreht sich ein Rad bzw. rollt die Maschine nach dem Bremsen schwergängiger, sitzen möglicherweise Bremskolben fest und müssen gängig gemacht werden (siehe Sektion 10 ab Seite 138).

Kontrolliere Bremsbeläge, Bremsleitungen sowie Stand und Wassergehalt der Bremsflüssigkeit(siehe ab Seite 141) und, falls im Herbst versäumt, die Belagstärke.

Gehe ferner in dich, rufe dir in Erinnerung, woran du im Winter geschraubt hast, kontrolliere dort die Befestigungsschrauben auf festen Sitz und ziehe gegebenenfalls mit richtigem Drehmoment nach. Nach Möglichkeit erweitere den Schritt auf alle wichtigen Verbindungen.

Liste angelegt? Gut. Das sorgt dafür, keine wichtigen Dinge (wie die Sitzbank) zu vergessen 😉.

Federung: Tauche Gabel und Federbein mehrmals stark ein, überprüfe Federung und Dämpfung (siehe Seite 53) und kontrolliere die Komponenten auf Undichtigkeiten (Schmierfilm, Ölnebel) – auch hinter Faltenbälgen.

Kurz mit weißem Küchentuch oder Watte abwischen - Öl zeigt sich sofort.

Reifen: Bringe den Reifenluftdruck auf Normalniveau. Bei einem Profilwert unter 2 mm führt die erste Frühlingsfahrt zum Reifenhändler, bei unter 1,6 mm sogar mit dem Auto (mehr zum Thema in Sektion 08 *„Reifen/Räder"* ab Seite 110).

Hinweis zur ersten Fahrt: Ist das Fahrgefühl anders als letzte Saison (Lenkerschlagen, unbekannte Vibrationen), weist allen Versprechen der Reifenindustrie zum Trotz mglw. die Lauffläche Standschäden auf.

Baue die aufgeladene Batterie ein und schließe sie an (erst das Pluskabel (rot), dann das Massekabel (schwarz)). Schmiere Polfett auf die verschraubten Kontakte und verlege einen eventuell vorhandenen Entlüftungsschlauch knickfrei nach unten.

Elektrik: Kontrolliere den Ladezustand und bei Standard-Säurebatterien den Flüssigkeitsfüllstand des Stromlieferanten. Fülle gegebenenfalls destilliertes (demineralisiertes) Wasser nach und hänge die Batterie anschließend an ein Ladegerät.

Kontrolliere alle Verbraucher auf Funktion und teste die gesamte Lichterbagage durch: Abblend- und Fernlicht, Bremslicht (Hand- und Fußbremsschalter), Rücklicht, Kennzeichenleuchte, Blinker, Instrumentenboard und die vollständige Truppe der LED-Kontrollleuchten.

Vergiss die Hupe nicht und prüfe alle **Schalter** sorgfältig auf Funktion, Leichtgängigkeit und Kontakt.

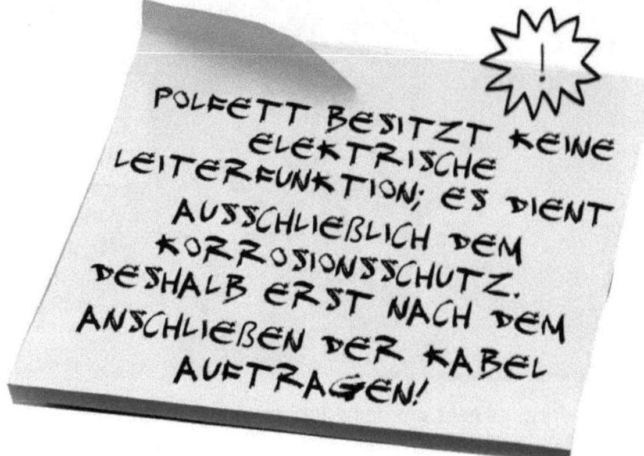

Verfügt der **Bordcomputer** über keine eigene Batterie zur Notstromversorgung muss das Fahrzeugsetup überprüft werden. Stelle die Uhr neu ein und passe mögliche Einstellungen (Fahrmodi, ABS, etc.) wieder an deine individuellen Bedürfnisse an.

Motorstart

VOR dem Start: Bei älteren Motorrädern mit Vakuum-Benzinpumpen müssen die Vergaser geflutet werden. Stelle hierzu den Benzinhahn auf ‚Pri' und warte eine kleine Zeitlang.

Bei älteren Vergasermodellen mit elektrischen Benzinpumpen entfällt der Spaß, aber hier wie dort ziehe den Choke heraus und schalte sämtliche Verbraucher aus, um allen Lebenssaft der Batterie auf den Start des Motors zu bündeln. (Vergiss nicht, bei Modellen mit Vakuumpumpe den Benzinhahn wieder in die Normalstellung zu bringen, wenn der Motor läuft.)

Bei moderneren Bikes schaltest du als Vorbereitung zum Start die Zündung ein und drehst bei *eingeschalteter* Zündung 2- bis 3-mal das Gas auf, damit sich das Motorsteuergerät einjustiert. Alternativ warte ca. 30 Sekunden bei eingeschalteter Zündung. Grund ist der Verlust von Adaptionswerten bei abgeklemmter Batterie.

Zelebriere anschließend den Augenblick und lasse den Motor an. Läuft er nicht gleich rund, ist das nicht weiter tragisch; gebe ihm ein paar Sekunden, er wird sich fangen.

Quäle den Motor nicht zu lange im Standgas, sondern überprüfe fix das Spiel von Gas- und Kupplungszug (auch bei rechts/links eingeschlagenem Lenker), checke die Bremsen und fahre nach einigen Minuten ohne Bummeleien bei laufendem Motor im Stand los.

Gehe die ersten Touren entspannt an, um deine Reflexe und deinen Rhythmus wieder zu erlangen. Fahre defensiv und gönne deinem Bike eine längere Warmlaufphase, um die 15 bis 20 Kilometer.

Der Motor ist beim Erststart nach einer langen Pause nahezu komplett ölfrei, weil quasi jeder Tropfen in die Ölwanne zurückgekehrt ist und er die kostbare Flüssigkeit erst wieder in alle Gänge schaufeln muss. Außerdem beherbergt er hier und dort Kondenswasser, das sich erst nach und nach verflüchtigt.

Sektion 06: Ergonomie am Arbeitsplatz

Keine Seltenheit: Der Jochen steht im Stall und man/frau vor der grundlegenden Frage: Wie mache ich es mir auf dem guten Stück bequem? Lässt sich was an der Haltung drehen oder ist sie gottgegeben? Müssen die Handgelenke schmerzen? Muss ich mir längere Beine wachsen lassen?

Einen guten Eindruck zu hinterlassen, ist schon mal ein guter Anfang ...

Du merkst, es geht um deine Position als MeisterIn des Feuers, im Stand wie beim Fahren – wobei die Basis bereits mit den spezifischen Fahreigenschaften der erworbenen Maschine vorgegeben ist: Auf Cruisern lümmelst du in erster Linie lässig rum, auf Sportlern tauchst du ab, auf Enduros stehst du über den Dingen und auf Naked Bikes und Sporttourern lässt du mit quasi aufrechtem Rücken die Landschaft an dir vorüberziehen[06-1].

Von hier ausgehend, gilt es, die Art, wie du deinen Hintern über den Asphalt bewegst, in deinem Sinne zu optimieren. Das wird praktisch nie extrem ausfallen (weil einer vorderradlastigen Sportmaschine nun mal keine Sprünge im Gelände beigebracht werden sollen), aber innerhalb der vorgegebenen Bauartgrenzen lassen sich alle Bikes an individuelle Körpermaße anpassen und Aspekte wie Handlichkeit, Bequemlichkeit oder Sportlichkeit (weiter) in den Vordergrund rücken.

Übrigens: Es heißt oft, dass ein Motorrad nur dann Spaß macht, wenn es sich bequem fahren lässt. Das ist aber nur die halbe Wahrheit, denn ‚Spaß' ist relativ und bedeutet für manche eine maximale sportliche Ausrichtung (= unbequem), während sich andere nur auf ausgebauten (aber wenig agilen) Reisesofas wohlfühlen. Behalte das im Hinterkopf.

Sitzposition im Stand

2-Meter-Riesen sollten kein Mofa fahren, obwohl die Knie die Ohren warmhalten. Das leuchtet ein, aber kleine Leute haben ebenso Limitierungen, bspw. wenn sie an der Ampel ein Motorrad austarieren wollen, das größer ist, als die Beine lang sind. Weshalb es zunächst gilt, die ideale Sitzposition im Stand zu ermitteln:

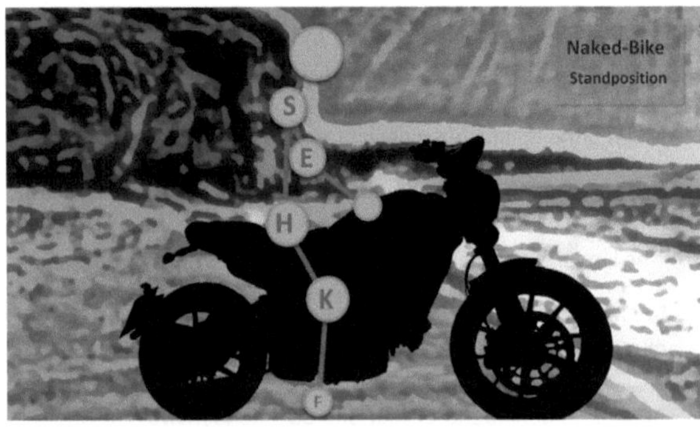

S=Schulter, E=Ellbogen, H=Hüfte, K=Knie, F=Fuß.

Du sitzt entspannt auf deinem Mopped, die Hände umfassen unverkrampft die Lenkergriffe und beide Füße ankern platt auf dem Boden, um ein gutes Standgefühl zu vermitteln. (Gerne mit Luft nach oben, also leicht angewinkelten Beinen, weil du auch mal rangieren musst und dich nicht immer auf festem Untergrund bewegst.)

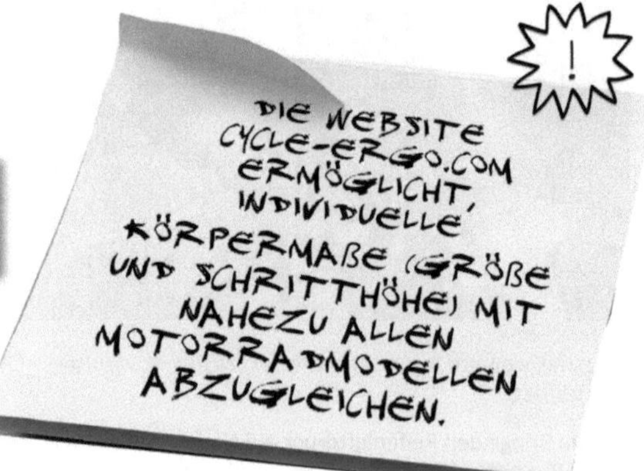

Biste eher groß?

Moppeds sind von Haus aus für durchschnittlich große und meist männliche Menschen um die 1,75 bis 1,80 Meter konzipiert. Überschreitest du diesen Normwert um einige Zentimeter, ist das zunächst nicht weiter tragisch und mit ein paar Handgriffen an Lenker oder Sitzbank gut zu korrigieren.

Erst wenn es über die Anpassung herkömmlicher Bikes an moderat zu große Piloten hinausgeht, wird es problematisch und kaum lösbar. 2-Meter-Türme, die sich auf einem Motorrad wie auf einem Spielzeugroller fühlen, sollten nicht großartig an der Maschine rumbasteln, sondern für eine größere sparen.

Am Lenker fummeln

Experimentiere mit der Lenkerstellung, indem du ihn wahlweise ein wenig mehr oder weniger vorderradorientiert ausrichtest. Gefällt oder bekommt dir eine nach vorne oder nach hinten versetzte Lenkerstellung besser als die originale, ist aber noch nicht perfekt, überlege die Anschaffung eines der geänderten Position nahekommend geformten Lenkers, der die Sitzhaltung weiter optimieren könnte.

An der Sitzbank fummeln

Verfügt dein Mopped über keine Möglichkeit die Höhe der Sitzbank[06-2] manuell oder automatisch zu korrigieren (meist 2 – 4 cm, dein Handbuch sollte Aufschluss darüber geben), bleibt das Aufpolstern des Möbels.

Hier existieren eine schnelle und problemfreie (aber für viele leider hässliche) und eine relativ aufwändige Lösung. Erstere besteht aus dem sogenannten Komfortkissen für Reisemotorräder. Das Teil lässt sich fix aufschnallen, bringt ein paar Milli- bis Zentimeter und ist eine Offenbarung für den Allerwertesten. Dafür schmerzt das Auge, wenn jemand nicht gerade auf Tourenmoppeds steht.

Bei der aufwändigeren Lösung ziehst du die alte Sitzpelle ab, fügst eine Lage Schaumstoff hinzu und hoffst, dass der alte Bezug noch genügend Material aufweist, um erneut angetackert werden zu können. In der Regel wird es nicht reichen oder nur bedingt, mit den Löchern der alten Tackerung außen am Sitzbankrand. Dann wird obendrein ein neuer Bezug fällig[06-3].

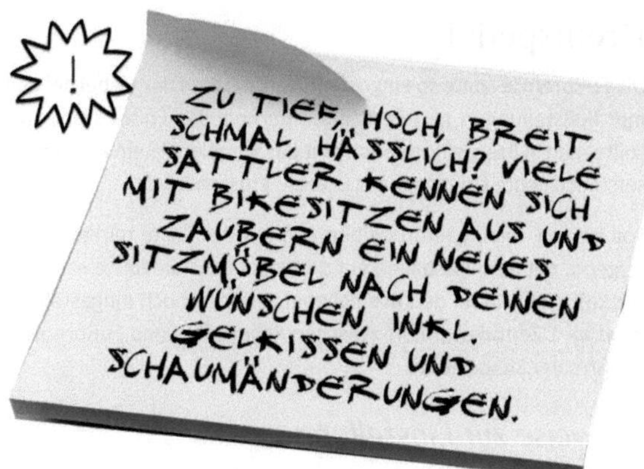

Biste eher klein?

Bist du kleiner, als es Motorradkonzepte vorsehen, und musst im Stand mit den Zehenspitzen um Gleichgewicht kämpfen, besitzt du ungleich mehr Möglichkeiten als die zu großen Kollegen, die Angelegenheit zu deinen Gunsten ausgehen zu lassen:

Schuhwerk tunen

Lass' dir vom Schuster Extrasohlen unter die Stiefel kleben. Nicht so hoch, dass man(n) geneigt ist, dir zum Geburtstag Strapse schenken zu wollen, aber ein Zentimeter kann bereits Wunder wirken. Außerdem bietet der Fachhandel Stiefel an, die eine künstliche Standerhöhung dezent verbergen. Nachteil: Das veränderte Lauf-, Schalt- und Bremsgefühl ist gewöhnungsbedürftig und bedarf der Übung.

Sitzbank tunen

Die gegenteilige Lösung besteht darin, statt deine Stiefel *auf-*, die Sitzbank *ab*zupolstern, nur achte darauf, wieviel du entfernst. *Zu wenig* bringt zwar eine gewisse Erleichterung beim Stehen an der Ampel oder beim Rangieren, verpasst aber den Idealzustand. Nimmst du auf der anderen Seite *zu viel* weg, geht es auf Kosten des Steißbeins und die Haltung wird auf langen Strecken unbequem. Auch bedingt ein zu tiefer Sitz einen zu engen Kniewinkel. **Hinweis:** Musst du zu viel Material abnehmen und willst nicht den Rest der Saison das Gefühl haben, auf einem Holzbrett zu reisen, lasse dir gleichzeitig beim Abpolstern ein bequemes Sitzgel einbauen. Damit lassen sich problemlos Kilometer abreißen.

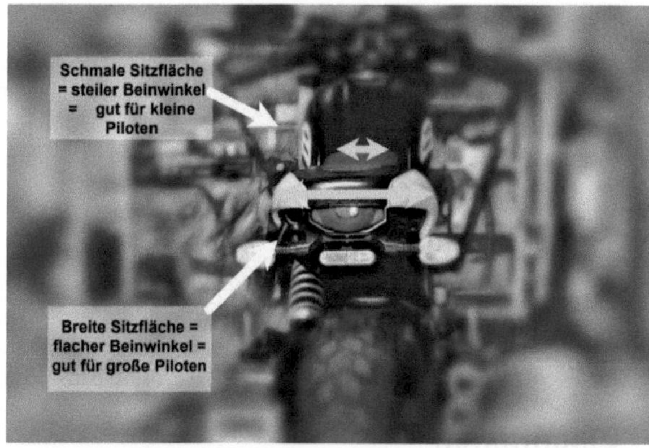

Eigentlich logisch: Ein Spagat auf der Sitzbank verträgt sich nicht mit Füßen am Boden.

Der Nachteil der aufwändigen Methode (außer, dass sie halt aufwändig ist): Sie lässt sich nur schwer rückgängig machen, wenn überhaupt. Soll das Bike später im Originalzustand verkauft werden, empfiehlt sich daher die Anschaffung einer zweiten Sitzbank, die sich nach Belieben anpassen und umbauen lässt.

Übrigens: Allzu oft ist es nicht die Höhe der Sitzfläche, die problematisch ist, sondern die Breite der Sitzbank, die die Beine des Piloten auseinanderspreizt. Ein schmalerer Sitz mit gemäßigten Flanken gewährt dann oft die für einen sichereren Stand notwendigen Zentimeter, ohne dass an der Sitzbankhöhe selbst etwas verändert werden muss.

Tieferlegen

Die technisch gesehen unsauberste Lösung für ein Standproblem (fahren kannst du auch als kleine Pilotin) ist die Tieferlegung eines Bikes, selbst wenn erhältliche Kits mit ABEs daherkommen[06-4]. Da der Eingriff den Federweg durch Umlenkung verkürzt und in vielen Fällen die werksseitig vorgesehene Fahrzeuggeometrie verändert, können negative Folgen für Fahrverhalten und Schräglagenfreiheit nicht ausgeschlossen werden.

Hinten: Am Heck lassen sich Veränderungen unter anderem an der Federbeinaufnahme vornehmen, beispielsweise durch schmalere Federteller. Sauberer (und teurer) ist der Komplettaustausch des originalen Federbeins durch ein kürzeres von einem Spezialisten wie Öhlins oder Wilbers.

Vorne: Nur hinten tiefer legen, rüttelt am Werkszustand der Motorradbalance, weshalb die Front angeglichen werden sollte/muss. Hier greifst du entweder ein weiteres Mal in den Geldbeutel und investierst in angepasste Federn bzw. Vorspann- und Reduzierhülsen oder – weniger akkurat und nicht ohne Risiko – schiebst die Gabelholme nach oben durch (siehe Seite 97).

Achtung: Beide Holme müssen identisch verschoben werden (wie weit genau, damit die Balance erhalten bleibt, weiß die Anleitung zur Tieferlegung) und bei einer Vollbremsung mit voll eingefederter Gabel darf es zu keiner Kollision mit Rad, Kühler, Krümmer oder anderen Teilen kommen. Einfach Pi mal Daumen die Rohre nach oben versetzen und, weil's halt geil aussieht, noch einen Zentimeter draufpacken, ist ein No-Go. Es versaut die Fahrwerksgeometrie und kann fatale Folgen haben.

Weitere Probleme neben der veränderten Fahrwerksgeometrie bereiten der Seitenständer, der Hauptscheinwerfer sowie mglw. eine eingeschränkte Schräglage:

Problem mit dem Seitenständer: Mit der Tieferlegung wird der originale Seitenständer zu lang und muss angepasst werden, damit der Abstellwinkel wieder stimmt. So mancher greift dann zur Flex und kürzt das Teil kurzerhand, was strenggenommen zum Erlöschen der ABE führt. Besser ist, bereits beim Kauf eines Tieferlegungs-Kits darauf zu achten, dass ein angepasster Seitenständer Teil des Lieferumfangs ist.

Problem mit dem Hauptscheinwerfer: Bei Tieferlegungen verändert sich der Abstrahlwinkel des Hauptscheinwerfers und muss korrigiert werden. Stellst du dabei fest, dass der vom Motorradhersteller vorgesehene Regelbereich nicht ausreicht, weißt du, dass du dich auch hier besser *vor* dem Umbau informiert hättest. Fahr- und TÜV-sicher ist der Umbau auf jeden Fall nicht mehr.

Schräglagenfreiheit: Liegt das Mopped tiefer als werksseitig vorgesehen, kann es passieren, dass bei Schräglage in Kurven plötzlich Teile wie Auspuff, Fußrasten, Haupt- oder Seitenständer am Asphalt kratzen oder aufsetzen.

SITZPOSITION IM FAHRBETRIEB

OK, jetzt, da du im Stand auf sicheren Füßen stehst, kümmerst du dich um die Sitzposition beim Fahren[06-5]. Sie wird bestimmt durch die Faktoren Sitzhöhe (kennst du bereits), der Stellung der Fußrasten und dem Lenker, in deren Fadenkreuz du sitzt.

Die Anordnung der drei Faktoren zueinander verschafft dir im Idealfall eine leicht vorgebeugte Position auf dem Bike, mit moderat angewinkelten Armen, lockerem Griff am Lenker und wenig Druck auf beiden Handgelenken.

Fachleute sprechen dann von einer aktiven Fahrhaltung mit moderater Körperspannung in Beinen und Oberkörper. Sie soll den besten Überblick des Verkehrsgeschehens liefern, die individuell maximal leistbare Fahrzeugbeherrschung ermöglichen und helfen, die häufigsten Fahrsituationen zu meistern: Beschleunigen (Beine federn Anzugskraft ab), Bremsen (Knieschluss am Tank hält Körper auf dem Sitz) und Kurven fahren (Gewichtsverlagerungen über Hüftbewegungen).

Hinweis: Für Sportbiker gilt außerdem, die durch Stummellenker erzwungene tiefere Oberkörper-Beugung mit der Rückenmuskulatur zu halten, um Hände und Oberarme zu entlasten und Verkrampfungen zu vermeiden.

Wer Glück hat, flutscht auf Anhieb in sein Bike und bleibt mit den Werkseinstellungen zufrieden. Bei anderen verläuft es nicht so gut: zu unbequem, zu unsportlich, zu hoher Windwiderstand, zu bieder, zu was auch immer. Sie müssen dann versuchen, durch geschicktes Kombinieren der Einstellmöglichkeiten an Sitzbank, Fußrasten und Lenker ihre Präferenzen unterzubringen.

Fußraste 

Die schlechte Nachricht: Fußrasten sind in der Regel nicht so ohne Weiteres einstellbar, so dass Probleme mit dem Kniewinkel bei von der Norm abweichenden FahrerInnen nahezu vorprogrammiert sind.

Ist der Kniewinkel zu eng, wird es anstrengend und schmerzhaft für die Beine – was bei Sportbikes aber in Kauf genommen wird, weil die Schräglage bei engem Winkel höher ausfallen kann. Eindeutig negativ zu bewerten ist allerdings das Gegenteil, ein zu weiter Kniewinkel, weil er die Fahrzeugkontrolle erschwert.

Änderungen am Kniewinkel lassen sich über die Sitzhöhe erreichen, wenn der Hersteller nichts vorgesehen hat, oder professioneller über Nachrüstkits[06-6], mit denen sich Höhe und Position der Rasten anpassen lassen.

Wer noch mehr Geld über hat, kann auf modellspezifische Fußrastenanlagen zurückgreifen. Für welche Lösung du dich aber auch immer entscheidest, eine ABE *muss* dabei sein.

Bremspedal

Die Fußbremse sollte so eingestellt werden, dass der Hebel bei bequemer Fußstellung in gerader Linie ***unterhalb*** des Fußes steht. Weder sollte man in Bremssituationen erst das komplette Bein anheben müssen, noch sollte Druck auf der Bremse entstehen.

Soll heißen, egal, wie du deinen Fuß auf der Raste parkst (zur Seite zeigend, mit dem Fußballen auf der Raste oder die Raste kurz vor der Hacke), stößt du an den Bremshebel, ist er zu hoch eingestellt. Ideal ist etwa 1 Zentimeter Luft zwischen Schuhsohle und Fußbremspedal in normaler Sitzposition.

Hinweise zur Einstellung

Der Fußbremshebel lässt sich (wie der Schalthebel) zwar gut nach oben bzw. unten verstellen, naturgemäß aber nicht nach vorne oder hinten. Hierfür benötigst du modellspezifische Fußrasten-Nachrüstkits. Und noch etwas: Eingestellt wird prinzipiell in typischer Fahrhaltung und mit der üblichen Stiefelmontur.

Beispiel für Einstellschraube der Bremshebelposition (roter Kreis). Nicht mit der Schraube der Druckstange verwechseln (durchgestrichener Kreis)!

Um deine Fußbremse anzupassen, schau dir zunächst die an deinem Bike verbaute Konstruktion an. Meistens verläuft die Einstellung über ein horizontal verlaufendes Gestänge, das vertikal übersetzt wird. Dort wird in der Regel eine Kontermutter gelöst und über eine zweite Mutter die Länge des Gestänges verändert. Je tiefer bzw. weiter du sie hinein- oder herausdrehst, desto tiefer/höher steht der Fußbremshebel.

löse nicht aus Versehen die Kontermutter der Druckstange, um unangenehme Fummelarbeiten zu vermeiden. Die Druckstange befindet sich zwischen Fußbremshebel und Bremskolben und muss im Ruhezustand des Bremshebels unbedingt etwas Luft im Gelenk aufweisen (ca. 0,1 bis 0,3 Millimeter, je nach Modell) sowie um die 2 mm Leerspiel, bevor die Druckstange den Kolben berührt. Ist hier etwas verstellt, benötigst du Fingerspitzengefühl, um das Spiel zu korrigieren, damit die Stange nicht ständig auf den Bremskolben drückt. Ist es passiert, löse die Kontermutter, drehe die Druckstange, bis sie genügend Freiraum aufweist, und ziehe die Kontermutter wieder an. Konsultiere hierzu unbedingt dein Werkstatthandbuch.

Schalthebel

Der Schalthebel auf der linken Fahrzeugseite sollte sich in etwa auf gleicher Höhe (vom Boden aus betrachtet) wie der Fußbremshebel rechts befinden. In aller Regel ist dies die Position, in der man bequem bis zum Anschlag hochschalten kann, ohne gleichzeitig beim Runterschalten das Bein hochreißen zu müssen. Aber natürlich gibt es auch hier, wie bei praktisch allen ergonomischen Einstellungen, individuelle Ausnahmen.

Hinweise zur Einstellung

Der Schalthebel sitzt auf einer verzahnten Welle (unten im Bild die ‚1') und lässt sich über das lang verlaufende Gestänge (2) nach oben bzw. unten kippen. Im Notfall kann auch der Ansatz auf der Welle im oder gegen den Uhrzeigersinn versetzt werden, aber nur eingeschränkt und mit Risiko (kann die Schaltung sperren).

Schalthebel, einstellbar über Zahnwelle (1, nicht prinzipiell zu empfehlen) oder Gestänge (2).

Positionsänderung über die Welle (1): Schraube lösen, Schalthebel abziehen, versetzt wieder aufsetzen, festziehen, fertig. Achtung: Bei Änderungen hier kann es passieren, dass die Schaltung klemmt oder sich nicht mehr durchschalten lässt. Also nur im Notfall dran fummeln und ansonsten im Original-Winkel belassen.

Positionsänderung über das Gestänge (2): Löse beide Kontermuttern, die sich auf dem Übersetzungsgestänge befinden, und schraube sie zwei bis drei Umdrehungen vom Anschlag weg. **Hinweis:** Eines der beiden Gewinde ist ein Linksgewinde, allerdings gibt es keine Regel, welches von beiden. Schau' also genau hin.

Drehe die gelockerte Stange nach rechts oder links, je nachdem, ob du den Hebel heben oder senken möchtest. Teste die Einstellung.

Wichtig: Die Kugelköpfe auf beiden Seiten sind relativ empfindlich. Um zu vermeiden, dass sie beim Lösen oder Festziehen beschädigt werden, halte beim Arbeiten an der Kontermutter den entsprechenden Kugelkopf am Zweikant mit einem Maulschlüssel gegen.

Befestige die Kontermuttern nach getaner Arbeit ‚gut handfest'. Vergiss nicht, am Zweikant gegenzuhalten.

LENKER 

Außer bei Sportbikes mit Stummellenkern sind die meisten Moppeds werksseitig mit gekröpften Rohr-Serien-lenkern ausgerüstet, die sich irgendwo im Mittelfeld der Kriterien Komfort, Lenkleichtigkeit und Präzision bewegen, und egal, ob du nun zu groß, klein oder normgerecht bist, es gilt:

Umfasst du mit beiden Händen die Griffe, sollten der Oberkörper ein wenig vorgebeugt (mehr bei Stummellenkern) und die Arme leicht angewinkelt sein. die Handoberflächen bilden eine Linie mit den Unterarmen.

Kurzes Lenkerlatein

Die wesentlichen Merkmale eines Lenkers mit direkten Auswirkungen auf das Fahrgefühl sind dessen Breite, die Höhe, die Kröpfung, die Entfernung der Griffe (und damit der Hände) vom Lenkkopf sowie der Offset.

Die Lenkerbreite ist die direkte Verbindung zwischen beiden Händen bzw. Griffen. Je weiter die Hände auseinander liegen, desto länger der Hebel, mit dem man das Vorderrad auf dem Boden dreht und desto leichter fällt das Lenken. Allerdings steht dem geringeren Kraftaufwand ein längerer Weg gegenüber, den die Hände zurücklegen müssen, das heißt, der Lenkimpuls erfolgt gemächlicher.

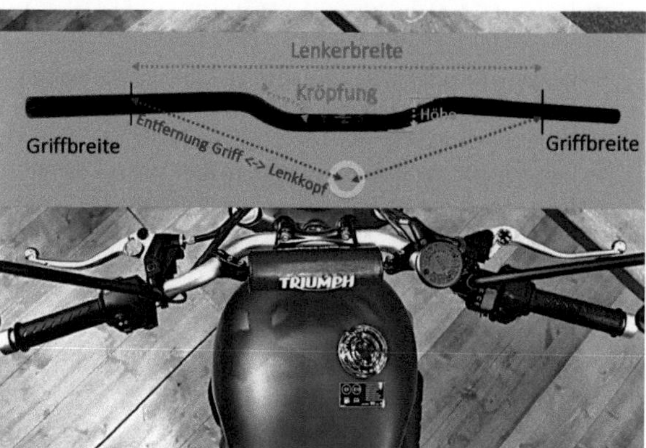

Bei den enger am Bike anliegenden Stummellenkern ist die Hebelwirkung entsprechend geringer als bei den breiten Vertretern, der Weg, den die Hände zurücklegen müssen, kürzer, und der Kraftaufwand für den Lenkimpuls höher. Ergo: Der Lenkbefehl wird damit direkter, schneller und präziser umgesetzt – aber nicht so leichtfüßig.

Die Höhe des Lenkers bestimmt, wie senkrecht du auf dem Bike sitzt, und die Kröpfung (dreidimensionale Biegung), wie sehr er dir entgegenkommt. Viele Piloten empfinden bspw. hohe Lenker mit dezent nach hinten und unten gebogenen Lenkerenden als komfortabel, aber je nach Körperhaltung und -maße kann eine andere Bikerin dies als unangenehm wahrnehmen. Hier ist Ausprobieren angesagt.

Die Entfernung der Griffe vom Lenkkopf ist die vierte Größe, die das Lenkempfinden beeinflusst; mit großem Anteil daran, ob sich das Lenken präzise anfühlt. Je näher sie am Lenkkopf liegen, desto stärker das Gefühl exakten Lenkens, bspw. bei einem Stummellenker. Umgekehrt verschwimmt der Eindruck der Präzision mit der Entfernung vom Lenkkopf, (so bei breiten und weit nach hinten aufgestellten Show- oder Cruiser-Lenker.) Ganz extrem: Angenommen, du lenktest mit der Gabelbrücke, dann wäre es, als steuertest du die Achse des Vorderrads nahezu direkt – vorausgesetzt, du bringst die nötige Lenkkraft auf. Umgekehrt der Cruiser-Lenker, mit dem du eher indirekt steuerst, dafür aber spielerisch. (Der Unterschied im Fahrgefühl ist dabei natürlich nicht jener zwischen einer Lenkrakete und einer Schubkarre, aber das Prinzip erkennbar.)

Der sogenannte Offset schließlich hat mit dem Lenker an sich nichts zu tun, aber mit dessen Befestigung. Er beinhaltet die Möglichkeit, den kompletten Lenker im Ganzen (also ohne dessen Haltung zu verändern) nach vorne (zur Front) oder nach hinten (zum Piloten) zu verschieben.

Gekröpfter Lenker

Ist der Lenker zu tief (verursacht Schmerzen in Schultern, Rücken, Handgelenken), reichen oft Korrekturen durch Lenkererhöhungen (Riser[5]). Sie bringen bis zu 2 cm Höhenunterschied und sind eintragungsfrei (ABE mitführen!).

Bekommt dir hingegen die Kröpfung nicht, versuche, über eine Drehung des Lenkers in der Klemmung nach vorne oder hinten deine Wünsche durchzusetzen. Pfiffiger wäre, eine Lenkerklemmung in Gabelbrücken zu verschieben (Gabelbrückenoffset), ohne die aktuelle Lenkerposition zu ändern, dies lassen aber nur wenige Modelle zu.

Hinweise zur Einstellung

Halte den Lenker mit einer Hand und löse die Halteschrauben, bis sich der Lenker (relativ steif) in der Lenkerklemmung drehen lässt. Eine geringe Klemmung sollte weiterhin spürbar sein, um zu vermeiden, dass

eine vorgenommene Veränderung der Lenkerposition nach vorne oder hinten sofort wegkippt, wenn du den Lenker freigibst.

Teste verschiedene Positionen, verdrehe den Lenker aber nicht so weit, dass der Bremsbehälter in extreme Schräglage gerät und die Bremshydraulik Luft ziehen kann oder die Züge eingeklemmt werden. Auch die Schaltereinheiten für Hupe, Blinker und Licht müssen weiterhin flüssig bedienbar sein. (Die Schaltergehäuse sind über Zapfen im Lenker gegen Verdrehen gesichert, so dass sich mit der Veränderung der Lenkerstellung auch die Positionen der Schalter ändern.)

Griffe/Lenker nach vorne drücken (vom Piloten weg):

- Anpassung an größere BikerInnen.
- Bessere Rückmeldung vom Vorderrad.
- Stärkere Beugung des Oberkörpers.
- Stärkere Belastung der Handgelenke.
- Leicht eingeschränkte Blickführung.

Griffe/Lenker nach hinten ziehen (zum Piloten hin):

- Anpassung an kleinere Piloten.
- Entlastung der Handgelenke.
- Erweiterte Blickführung, insbesondere beim Kurvenräubern auf Landstraße.
- Geringere Oberkörperbeugung.
- Stärkere Belastung des unteren und unter Umständen mittleren Rückens.

Hast du eine optimale Position gefunden, ziehe die Schrauben *gering* an (so dass sich nichts verstellen kann) und überprüfe, ob der Lenker in der jetzigen Position nirgends an Tank und/oder Verkleidung anschlägt und das Bike sich weiter einwandfrei steuern lässt.

Bist du zufrieden, befestige den Lenker und beachte dabei Folgendes:

- Entferne jede Schraube der Lenkerklemmung einzeln, reinige sie, gebe jeweils einen Tropfen mittelfeste Schraubsicherung auf das Gewinde und drehe sie ein, bis sie gerade eben fasst.
- Ziehe alle Schrauben zunächst nur handfest an; halte dich hierbei *unbedingt* an die im Handbuch vermerkte Anziehreihenfolge.
- Ziehe danach jede Schraube mit dem vom Hersteller vorgegebenen Drehmoment an und beachte weiterhin die Anziehreihenfolge. Sie ist wichtig, damit der Spalt zwischen der oberen Klemmschale und dem unteren Klemmbock gleichbleibt. Ziehst du die Schrauben ungleichmäßig fest, riskierst du, dass die obere Klemmschale sich verzieht oder bricht (nicht lustig, wenn das während der Fahrt geschieht).
- Passe die Positionen von Brems- und Kupplungshebel an, falls notwendig.

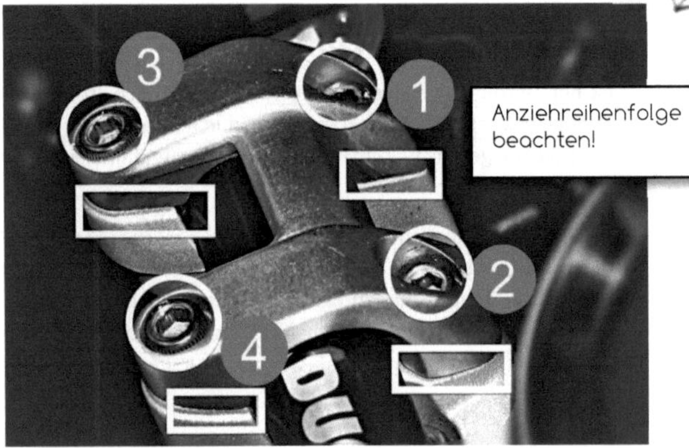

Anziehreihenfolge einhalten und auf gleiche Spaltmaße achten (das Bild illustriert nur beispielhaft eine Reihenfolgevariante für ein bestimmtes Modell).

Stummellenker

Bei Stummellenkern erfolgt die Anpassung an deine bevorzugte Körperhaltung wahlweise *vertikal, horizontal* oder in einer Mischung aus beiden Maßnahmen. Bei der vertikalen Anpassung werden die Lenkerstummel am jeweiligen Gabelholm nach oben oder unten verschoben, bei der horizontalen die Stummel im Winkel weiter nach vorne oder hinten ausgerichtet.

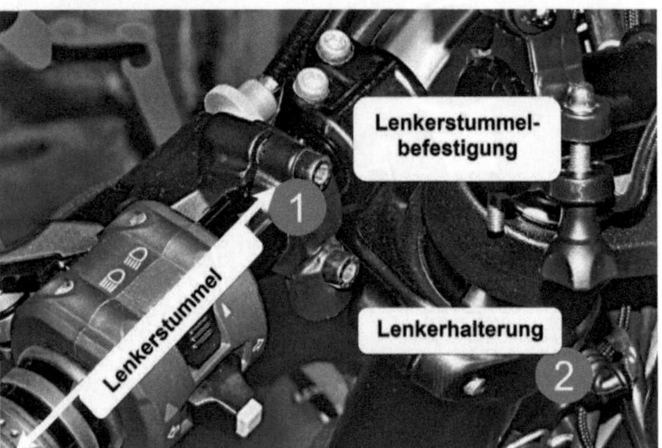

Linke Stummellenkerhalterung. Löst du hier im Beispiel die einzelne Schraube der Halterung (2), lässt sich der Stummel in der Höhe sowie nach vorne/hinten (= Breite) versetzen.

Hinweise zur Einstellung

Je nach Bauart löse die Inbusschraube(n) der Halterung (hier im Beispiel die ‚2') für den Lenkerstummel (hier die ‚1'). Beachte die Anleitung des Herstellers!

Drücke die Lenkerstummel in der Horizontalen nach vorne bzw. ziehe sie nach hinten und/oder verschiebe sie in der Vertikalen (nach unten bzw. nach oben) auf den Gabelholmen. Ein geringer Widerstand sollte dabei spürbar sein, damit die Stummel nach dem Loslassen in der neuen Lageposition verbleiben. Ist das nicht möglich, ohne Kratzer zu produzieren, löse die Halterungen komplett und ziehe sie am neuen Ort handfest an.

Probiere verschiedene Positionen aus und achte darauf, dass sich die Schaltereinheiten für Hupe, Blinker und Licht weiterhin flüssig bedienen lassen. Richte ebenso den Bremsbehälter gegebenenfalls neu aus (falls möglich), damit die Bremshydraulik keine Luft zieht, und sorge dafür, dass die Brems- und Kupplungsleitungen nirgends scheuern oder klemmen.

Lenkerstummel nach unten/oben: Je tiefer du die Stummel positionierst, desto stärker fällt die Beugung des Oberkörpers aus, desto windschlüpfriger wird dein nächster Ausflug und desto direkter der Kontakt zur Straße. Der Preis ist fehlender Komfort, es wird unbequemer, insbesondere auf längeren Touren. Auch die Blickführung wird in Mitleidenschaft gezogen und du bist gezwungen, den Kopf stärker in den Nacken zu pressen, um den Überblick zu behalten. Erschwert ist ebenso der rasche Blick über die Schulter nach hinten beim Einfädeln oder vor dem Überholen.

Lenkerstummel nach vorne/hinten: In horizontaler Richtung (Lenkerbreite) ist der Einstellungsspielraum auf der einen Seite durch den Tank, bei Sportbikes darüber hinaus auf der anderen Seite durch die Verkleidung begrenzt. Die Stummel dürfen weder hier noch dort anstoßen oder die Finger einklemmen. Innerhalb dieses Spielraums gilt die Regel, dass du mit dem Oberkörper umso weiter nach vorne rutscht und ihn damit beugst, je weiter du die Stummel ‚auffächerst'.

Mit dem Auffächern einher gehen eine Beugung des Oberkörpers und eine (mglw. als unangenehm empfundene) Verbreiterung der Armhaltung, eine Schwerpunktverlagerung sowie eine Änderung des

Lenkimpulses. (Da die von Griff zu Griff gemessene Lenkerbreite von Stummellenkern eher kurz ist, ist der Kraftaufwand für einen Lenkimpuls vergleichsweise hoch. Vergrößerst du die Lenkerbreite, indem du den Winkel der Stummel erweiterst, musst du zwar weniger Kraft in den Lenkimpuls investieren, das Lenkverhalten insgesamt wird aber unpräziser.)

Bist du mit einer Position zufrieden, ziehe die Halteschrauben *handfest* an und überprüfe, ob die Stummel in der jetzigen Position nicht an Tank oder Verkleidung anschlagen und die Lenkung einwandfreies möglich ist. Ziehe die Schrauben mit den richtigen Drehmomenten an (beachte eine eventuell vom Hersteller vorgesehene Anziehreihenfolge) und passe die Lage des Brems- und Kupplungshebels an. Achte auf die Freigängigkeit aller Züge und elektrischen Leitungen.

Nach der Anpassung

Der **Handgelenkswinkel** sollte durch die veränderte Lenkerposition in die eine oder andere Richtung nicht zu unbequem ausfallen. Unter Umständen provozieren ungünstige Winkel erst nach einigen Wochen schmerzhafte Folgen in den Handgelenken, relativ unangenehm bemerkbar machen sie sich in der Regel aber sofort.

Die Züge für Kupplung und Gas müssen beim Einschlagen des Lenkers freigängig bleiben, dürfen also in keiner Lenkerposition eingeklemmt sein, zu straff am Lenkkopf anliegen oder sich am Rahmen oder anderen Bauteilen abscheuern können. Dies gilt so auch für hydraulische Brems-/Kupplungsleitungen und elektrische Kabel.

Der Behälter für die Bremsflüssigkeit darf nicht lecken oder so stark in Schräglage geraten, dass die Bremspumpe Luft ziehen kann. Ist dies mit einer Axialbremspumpe nicht zu bewerkstelligen, weil der Vorratsbehälter direkt am Lenker anliegt und zwangsläufig dessen Neigungswinkel und Position einnimmt, steht die Aufrüstung auf eine Radialbremspumpe ins Haus, die über einen separaten Flüssigkeitsbehälter verfügt (siehe Seite 156).

Alle **Schalter** (Blinker, Hupe, Licht, Cockpit-Bedienung, Killschalter) müssen problemfrei bedienbar sein – was oft nicht der Fall ist, wenn der Lenker eine extrem neue Position einnimmt. Der Grund sind kleine Zapfen, die die jeweiligen Schaltereinheiten im Lenkerrohr verankern und die entweder neu gebohrte Löcher benötigen (nicht zu empfehlen) oder rausgebrochen werden müssen. Was strenggenommen auch keine Empfehlung verdient, da eine eventuell noch bestehende Garantie verfällt und außerdem die Gefahr besteht, dass sich die jeweilige Einheit bei jeder Gelegenheit verdreht – wenn nicht gegengesteuert wird, beispielsweise durch doppelseitiges Klebeband.

LENKERAUFRÜSTUNG

Nicht immer reichen die limitierten Möglichkeiten, die ein Serienlenker zur Anpassung liefert, zumal sich die Oberkörperbeugung durch einfache Lageänderungen nur wenig ändern lässt, von der Absicht, individuellen Vorlieben Geltung zu verleihen ganz zu schweigen.

Dann bleiben entsprechende Wünsche schnell auf der Strecke, egal, ob sie aus purer Notwendigkeit eigentlich zwingend fällig wären (weil man/frau zu groß oder zu klein ist) oder ob ein bestimmter persönlicher Fahrstil nun einmal erst mit entsprechend angepassten Lenkern am besten funktioniert. Viele Biker sehen sich dann genötigt, mit Adaptern zu arbeiten, um die Lenkerhöhe zu variieren oder die Griffe näher zum Körper zu bringen. Oder einen Lenker-Komplettaustausch vorzunehmen, um ihre Territorien zukünftig mit einem Bike abklopfen zu können, das zum eigenen Fahrstil passt. (OK, ein weiterer Grund für den Umbau einer Lenkeinheit liegt auch im ästhetischen Empfinden, denn kaum eine Maßnahme zur Individualisierung eines Serienbikes ist so beliebt wie ein Lenkerumbau samt Griffen, Hebeln, Spiegeln und Lenkerendengewichten. Aber das nur nebenbei.)

Hinweis: Sowohl ein Lenkerumbau als auch moderatere Maßnahmen wie die Verwendung von Adaptern können über die neue Fahrhaltung eine Änderung des Schwerpunkts und des Bike-Handlings bewirken. Behalte auch das im Hinterkopf.

Lenkeradapter

Wer einen Komplettumbau vermeiden möchte oder als nicht notwendig erachtet, dem stehen verschiedene Möglichkeiten zur Anpassung der Lenkeinheit über die Lenker-Befestigungskomponenten zur Verfügung:

Lenker*stellung* variieren: Die simpelste Lösung, deine Fahrhaltung zu beeinflussen, liegt darin, die Lenkerklemmung zu lösen und den Lenker nach vorne zu drücken oder nach hinten zu ziehen (siehe weiter vorne ab Seite 66).

Lenker*klemmung* variieren: Ebenfalls ganz ohne Geldeinsatz funktioniert die Verschiebung des Lenkeroffsets über die untere Lenkerklemmung – aber nur dann, wenn die Originalausstattung des Bikes dies zulässt. Sind die Klemmen außermittig gebohrt worden, erhältst du ein paar Millimeter, die sich die komplette Lenkeinheit vor oder zurück schieben lässt. Dein Handbuch sollte dich darüber aufklären können (fehlt ein Hinweis, gibt es ziemlich sicher keine Möglichkeit).

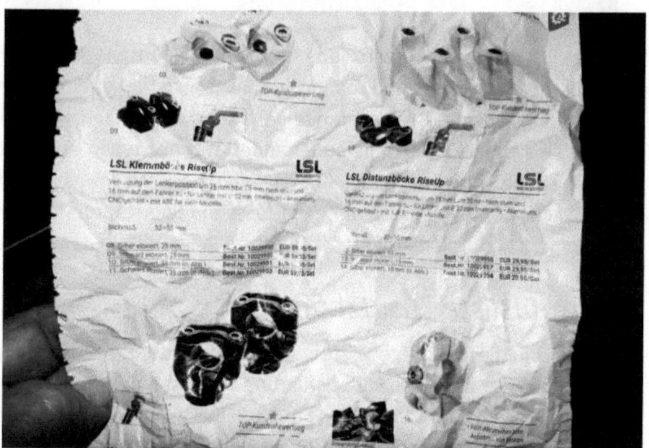

Lenkerklemmböcke gesucht? Sofort die Tanten-Werbung aus dem Müll zerren ... der Handel hält diverse Modelle bereit. Achte aber unbedingt darauf, dass dein Nachrüstprodukt mit einer ABE ausgerüstet ist.

Distanzböcke: Mit im Zubehörhandel erhältlichen Distanzböcken (auf ABE achten!) für die unteren Klemmbockhälften (gibt es auch für fest angegossene Aufnahmen) erhöhst du die Lenkerposition um die Dicke der jeweiligen Böcke, in der Regel 30 Millimeter. Eine Verschiebung des Offsets ist damit nicht möglich.

Rise-up-Böcke werden wie Distanzböcke auf die unteren Hälften der Original-Klemmböcke montiert, erhöhen aber nicht nur die Lenkerposition um die jeweilige Größe der Riser, sondern bringen den Lenker auch näher zum Fahrer heran.

Gabelbrücke: Bist du bereit, deine originale Gabelbrücke zu opfern, wartet der Zubehörhandel ebenfalls darauf, dir besondere Produkte verkaufen zu dürfen, die mit Offset-Verstellmöglichkeiten aufwarten. Damit lässt sich die Kröpfung nach einer Höhenänderung optimieren.

Hinweis: Sowohl die herkömmlichen Aluminiumklemmböcke zur Fixierung des Lenkers auf der Gabelbrücke als auch nachgerüstete Lenkererhöhungen wie Riser und Distanzböcke sind nachtragende Gesellen. Sie können mit der Zeit oder nach mehreren Umbauten und/oder Veränderungen der Lenkerstellung so stark in Mitleidenschaft gezogen worden sein, dass mindestens die sichere Befestigung von hohen Lenkern (ab 40 cm) nicht mehr gewährleistet ist. In dem Fall müssen die Klemmböcke bzw. Riser ausgetauscht oder zumindest nachgearbeitet werden.

Lenkerwechsel

Die schlechte Nachricht vorweg: Es gibt keine befriedigende Antwort auf die Frage, welcher Lenker für eine bestimmte Person den optimalen Nutzen bringt. Zwar wird ein sportlich orientierter Pilot wenig überraschend oft zu Lenkerstummeln greifen, das kann jedoch ebenso für einen Landstraßenjäger gelten, der zwar mit einem wendigen Superbike-Lenker gut beraten wäre – aber mit Stummeln unterwegs ist, weil's irgendwie mehr Laune macht oder taffer aussieht.

Mancher verbastelt seinen Sporttourer zum Naked Bike, während andere aus Tourern Café Racer machen. Sollte kein Problem sein, denn gut ist, was gefällt. Und was nicht passt, wird halt passend gemacht.

Ohne Erfahrungswerte wird jede Entscheidung jenseits ästhetischer Aspekte schwerfallen, und so mancher Biker wird fünf oder mehr verschiedene Lenker austesten, um seinen Idealtyp zu finden, unter Umständen auch noch den einen oder anderen Lenkertyp in verschiedenen Varianten (tiefer, höher, breiter, schmaler). Wobei es am Ende des Tages durchaus passieren kann, dass ein Sporttouren-Motorrad mit einem Endurolenker bestückt wird, weil der Rücken damit jubelt.

Einkaufsliste Zusatzbauteile

Bevor es in die Garage geht, steht der Teilekauf an, zunächst der Lenker selbst, der dann je nach Ausführung die Bestellung weiterer Teile nach sich zieht. Dies sind wenige bis keine, wenn der Umbau nur kleine Veränderungen mit sich bringt und vorhandene Bauteile wie Bowdenzüge und Kabel übernommen werden können.

Sind die zu erwartenden Veränderungen einschneidender Natur, etwa beim Umbau zu einem Stummel- oder Hochlenker, schnürst du ein Komplettpaket. Was nicht benötigt wird, geht halt zurück und sorgt für weitere prekäre Arbeitsplätze in der Paketbranche.

Lenkerenden

Neue Lenkerenden bzw. Lenkerendenspiegel werden fällig, wenn die alten übel aussehen oder der neue Lenker ein abweichendes Innenleben besitzt, so dass die Lenkerenden nicht mehr passen (Stahllenker haben Innendurchmesser von 17 - 18 mm, Alulenker 12 - 14).

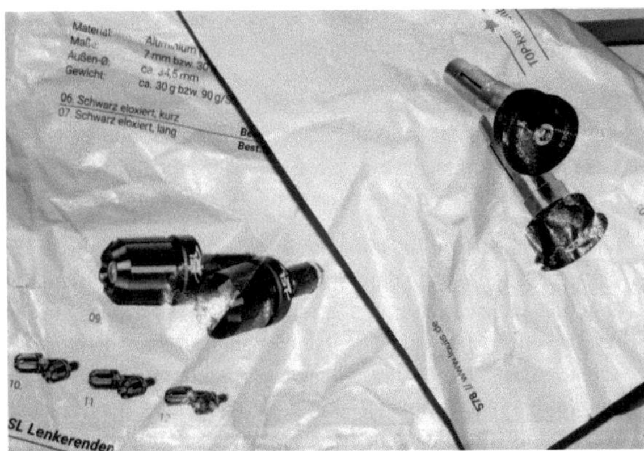

Bevölkern ebenfalls gerne die Werbepamphlete im Zubehörhandel: Lenkerenden und Vibrationsvernichter ...

Der/die eine oder andere wird gar froh sein, die Lenkerenden der Serienlenker mit ihren weit nach innen reichenden Gewindebuchsen in der Tonne versenken zu dürfen. Zumal sie zusätzliche Bohrlöcher im neuen Lenker erfordern, die nicht jede(r) bereit ist, anzufertigen.

Hinweis: Neigt dein Bike zu Vibrationen, macht es Sinn, Lenkerenden mit erhöhtem Gewicht zu montieren statt einfache, die in erster Linie der Ästhetik dienen.

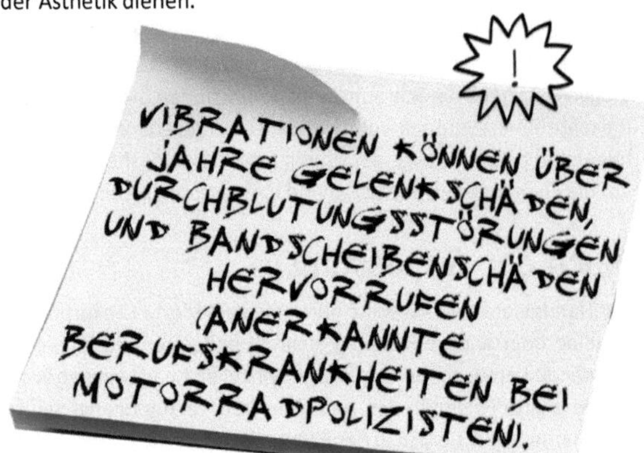

Griffe

Sind die alten Griffe unlösbar am alten Lenker zementiert, lassen sie sich oft nur aufgeschnitten entfernen und ein Neukauf wird notwendig. Eine Anschaffung steht auch dann an, wenn die bisherigen Griffe zu hässlich oder zu dick sind und das Lenkgefühl verfälschen (weiche, dünne Griffe verbessern das Lenkgefühl und schonen die Unterarme). Achte beim Kauf auf den Außendurchmesser des Lenkers (in der Regel 22 mm). Zu enge bekommst du nicht rauf, zu weite haben ... naja, andere Probleme.

Brems- und Kupplungshebel

Beide Komponenten können in der Regel übernommen werden – es sei denn, man benötigt kürzere, will funktionell bzw. ästhetisch aufrüsten oder möchte die Bedienung optimieren (mehr zu Hebeln ab Seite 81).

Leitungen

Alles, was zum Lenker führt, muss so verlegt sein, dass sämtliche Lenk– und Federbewegungen störungsfrei erfolgen können. Hydraulikschläuche dürfen einen Biegeradius von 40 mm nicht unterschreiten, Gaszug, Kupplungszug und Kabel müssen knick– und spannungsfrei verlegt sein und ausreichend Abstand zu Scheuerstellen besitzen. Die Motordrehzahl darf sich bei vollem Lenkeinschlag nicht ändern.

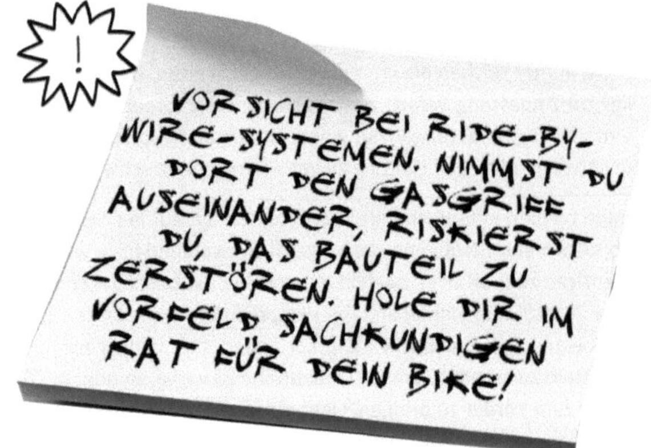

Gas- und Kupplungszug: Ist der neue Lenker breiter und/oder höher als der originale, können die alten Züge plötzlich zu kurz sein. Teste besser *vor* dem Umbau, ob der neue Lenker genügend Spielraum für die Züge zulässt. Manchmal hilft es, die Verlegung geschickt zu ändern, um wertvolle Zentimeter zu gewinnen, manchmal kann man auf Züge eines konstruktionsverwandten Modells zurückgreifen, vereinzelt bleiben aber nur umfangreiche Bastelarbeiten und/oder viel Sucherei, um passende Alternativen zu finden.

Brems-/ Kupplungshydraulik: Zu breite bzw. zu hohe Lenker können die Hydraulikleitungen an ihre Grenzen bringen, wortwörtlich. Liegen die Schläuche nicht mehr locker in den vom Hersteller vorgesehenen Führungen, bzw. spannen und/oder scheuern sie an anderen Bauteilen, steht ein Komplettaustausch ins Haus: Flüssigkeiten ablassen, alte Leitungen abbauen, längere Leitungen verbauen, System neu befüllen und entlüften.

Elektrokabel: Spannen die Kabel für die Schaltereinheiten, müssen sie verlängert werden. Dann kommen zur Einkaufsliste Lötkolben, Kabelstränge zum Zwischenlöten und Schrumpfschläuche zum Isolieren hinzu. **Hinweis:** Verlängere bei Ride-by-Wire nicht einfach das Kabel, sondern kaufe ein neues, längeres. Lötstellen können Sicherheitsrisiken bergen, die du nicht haben willst.

Spiegel

Die serienmäßig aufgeschraubten Spiegel können übernommen werden – wenn man denn will. Austauschgründe: Weiter außen angebrachte Spiegel verschaffen besseren Überblick nach hinten – und visuelle Bringer sind die serienmäßig verbauten biederen Bügeleisen meistens sowieso nicht (siehe hierzu auch Seite 80).

Gabelbrücke

Soll ein Stummellenker verbaut werden, ist die Lenkerklemmung aber fest in die obere Gabelbrücke vergossen, benötigst du eine neue, ‚nackte' obere Gabelbrücke.

Gabelbrücke für Stummellenker. Soll hier ein anderer Lenker verbaut werden, fallen bis auf spezielle Adapter fast alle Maßnahmen naturgemäß weg und allzu oft bleibt nur der Komplettaustausch der Brücke.

Umgekehrt: Soll ein serienmäßig an der Gabel verbauter Stummellenker einem bequemeren Superbike-Lenker weichen, wird eine Gabelbrücke mit Lenkerklemmböcken notwendig. Oder zumindest spezielle Adapterhalterungen, die wie Stummellenkerhalterungen an die Holme gebaut werden, aber über Aufbauten mit Lenkerklemmböcken verfügen.

Hinweis: Wer über genügend Bares verfügt, kann auf diverse modellspezifische Lenker-Komplettkits inklusive verlängerten Hydraulikleitungen zurückgreifen.

Einkaufsliste Lenker

Materialien

Die verwendeten Materialien eines Lenkers besitzen keine Auswirkungen auf das Fahrverhalten, dafür aber auf Preis und Haltbarkeit. So ist ein in nur wenigen Varianten erhältlichen Stahllenker günstig zu bekommen, neigt jedoch zu Verformungen, insbesondere im harten Offroad-Alltag und bei starken Bremsungen.

Dem stehen eine höhere Modellvielfalt und mehr Stabilität bei den teureren Alu-Lenkern gegenüber, die durch Konifizierung und Mittelstreben noch erhöht werden können. Auf der Minusseite steht das höhere Bruchrisiko nach einem Unfall, das einen Austausch selbst dann notwendig macht, wenn der Lenker keinen sichtbaren Schaden aufweist.

Kannst du es dir aussuchen, beschaffe dir Neuware, jedoch kein Billigzeugs ohne Papiere. Gebrauchte Ware verbaue nur, wenn sicher ist, dass es sich um einen Stahllenker handelt und das Teil keinen Unfall hinter sich hat. Du siehst Lenkern keine Haarrisse an und das Risiko besteht, dass sie irgendwann brechen, insbesondere die Kerb- und Riss-empfindlichen Alulenker.

Dimensionen

Achte bei der Lenkerauswahl darauf, dass der neue Lenker den gleichen Rohrumfang besitzt wie der alte, damit Klemmböcke und Armaturen auch weiterhin passen. Fatbar-Lenker mit 26,6 Millimeter Durchmesser sind beispielsweise nicht kompatibel mit Lenkerklemmböcke, die für Lenker mit 28 Millimeter vorgesehen sind. Auch Gaszug- und Schaltereinheiten werden voraussehbar haltlos am Rohr baumeln.

Stelle vor dem Kauf sicher, dass alle Züge (Gas, Kupplung), Leitungen (Bremse, hydraulische Kupplung) und die elektrischen Kabel lang genug sind. Berücksichtige hierbei Höhe *und* Breite des neuen Lenkers. Nachträgliche Anpassungen erfordern höhere Investitionen und genügend Schrauber-Erfahrung.

Zulassungsgedöns

Unproblematisch austauschen lässt sich nur ein alter Serienlenker gegen einen neuen. Für alle anderen benötigst du eine allgemeine Betriebserlaubnis (ABE) oder zumindest eine Teiletypgenehmigung (vormals Teilegutachten) als Grundlage für eine Abnahme durch eine Prüfungsstelle. ABE wie Teiletypgenehmigung müssen das Motorradmodell ausdrücklich aufführen und die ABE obendrein bei jeder Fahrt mitgeführt werden (entfällt, wenn der Lenker eingetragen ist).

Lenkertypen

Stummellenker: Stummellenker sind ideale Steuerknüppel für sportlich Veranlagte und ermöglichen präzises Lenken bei hohen Geschwindigkeiten, komplettiert von geringem Fahrtwind.

Hohe Stummellenker ragen über die Gabelbrücke hinaus und finden sich an sportlichen Tourenmotorrädern, tiefe Stummellenker schmücken Sportmotorräder und haben ihren Platz unterhalb der Gabelbrücke.

Je höher der Lenker am Holm sitzt, desto komfortabler ist die Körperhaltung und desto besser die Verkehrsübersicht. Je tiefer, desto kompakter, aber auch angestrengter, sitzt der Pilot ,im' Motorrad und büßt Verkehrsübersicht ein. Dafür ist der Winddruck kleiner und es erfolgen weniger unbewusste Lenkimpulse durch starken Fahrtwind. Das Mopped fährt ruhiger.

Ebenfalls negative Begleiterscheinungen tiefer Stummellenker sind die schnellere Ermüdung bei längeren Touren, die eingeschränkte Blickführung, insbesondere beim schnellen Blick nach hinten, und der erhöhte Druck auf die Handgelenke. Letzterer kann allerdings durch eine antrainierte sportlichere Körperspannung kompensiert werden (eine gute Ergänzung leisten dabei höhere Fußrasten).

M-Lenker: M-Lenker sind Stummellenkern sehr ähnlich, werden aber wie herkömmliche Rohrlenker mit Klemmböcken auf der Gabelbrücke befestigt. Sie erlauben einen sportlichen Fahrstil, sind rückenfreundlicher als übliche Stummellenker und werden gerne auf Retro-getrimmten Motorrädern und Café Racern geschraubt.

Superbike-Lenker: Superbike-Lenker versprechen und halten mehr Komfort auf einem Sport-Motorrad – was man(n) zu schätzen weiß, wenn man(n) in die Jahre kommt – insbesondere bei Reiselust.

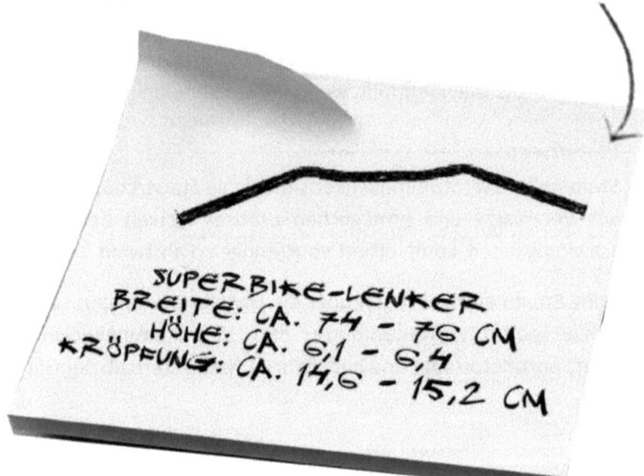

Superbike-Lenker ermöglichen dank der hohen und breiten oberen Auslegung eine angenehme Sitzhaltung und einen geringen Lenkkraftaufwand. Auf der Sollseite steht der höhere Winddruck beim Fahren sowie der größere Arbeitsaufwand beim Wechsel. (Wer von Stummel- auf Superbike-Lenker aufrüstet, benötigt in aller Regel eine neue Gabelbrücke und wahrscheinlich auch neue Leitungen und Züge.)

Ebenfalls zu beachten: Die Verkleidung darf nicht mit dem Lenker kollidieren. Es empfiehlt sich deshalb, nur Lenker zu erwerben, die für ein bestimmtes Motorradmodell ausgewiesen sind (und natürlich eine entsprechende ABE vorweisen).

Endurolenker: Reine Endurolenker (mit oder ohne Querstrebe) findet man sinnigerweise in erster Linie auf Bikes fürs Gelände – wenngleich manch Bastler die relativ hoch montierten und kaum gekröpften Lenker seinem Rücken zuliebe auch herkömmlichen Sporttourer-Serienbikes andient. Sie sind eindeutig geländetauglich und top beim Standfahren. Demgegenüber: Endurolenker sind zu breit und ungünstig geformt für lange Straßenfahrten, an windigen Tagen erst recht.

Dragbar: Dragbars sind im Prinzip nahezu gerade Stangen mit teilweise wenig Kröpfung, die ein direkteres Lenkgefühl vermitteln als Serien- oder Superbike-Lenker. Nachteilig sind das starke ,Im-Wind-hängen' bei den breiten und hohen Vertretern sowie eine für Rücken und Arme anstrengendere Körperhaltung als üblich. Dragbars gibt es mit nahezu null (Zero Drag), mittlerer (Low Drag) und starker Kröpfung (High Drag).

Beach Bar: Beach Bars sind die extremen Gegenstücke zu Stummellenkern und gut für die beliebte Dreier-kombination *,Coolness, Tiefenentspannung und Lenken mit dem Mittelfinger'*.

Positiv zu vermerken sind die ermüdungsfreie Körperhaltung und geringe Lenkkräfte, negativ die Windanfälligkeit selbst bei moderater Geschwindigkeit, das indirekte ,Schubkarren'-Lenkgefühl und weite Armwege bei Wendemanövern. Notwendige Ergänzungen: tiefer Sitz, tief und vorne gelagerte Fußrasten.

Apehanger: Apehanger sind *die* Lenker für die Showmeile, auch wenn sie im Aktivmodus starke Assoziationen an unsere evolutionären Kollegen wecken, die mangels Moppeds noch an Ästen hängen (daher der Name). Vorteil: definitiv auffällig. Nachteile: anstrengendes Lenken, indirektes und krass fremdartiges Lenkgefühl.

Weitere Lenkertypen

Neben diesen wichtigsten Vertretern existieren weitere Formen, die meisten sind aber Variationen der bekannten, beispielsweise Street Bar, Tracker, Tourer Bar, Sport Tourer, Keystone, Clubman, Breezer, Mustache, Frisco, H-Bar, Champs etc. Als Grundregel kannst du dir merken: Je sportlicher du unterwegs sein möchtest, desto schmaler, flacher und weniger gekröpft sollte der Lenker sein. Und umgekehrt: Je komfortabler dein Ausritt werden soll, desto mehr profitierst du von breiten, hohen und stärker gekröpften Lenkern.

Lenker (Basistypen)	Breite (ca.)	Höhe (ca.)	Kröpfung (ca.)
Naked Bike	79 cm	9,5 cm	17,1 cm
Sporttourer	68 cm	4,1 cm	11,4 cm
Superbike	76,2 cm	6,4 cm	15,2 cm
Superbike Low	73,7 cm	6 cm	14,6 cm
Tourer Bar	80 cm	13,3 cm	22,2 cm
Flat Track Bar	83,9 cm	11,4 cm	18,7 cm
Drag Bar	83,8 cm	0 cm	10 cm
Street Bar	81,2 cm	5,7 cm	8,9 cm
Street Bar High	85 cm	7 cm	11,4 cm

Unbenommen: Schönheit liegt im Auge des Betrachters. Dem einen bluten sie beim Anblick des Originals, dem anderen nach dem Umbau. In letzter Konsequenz baust du aber für dich, dein Fahrgefühl und deinen Sinn von Ästhetik. Nicht für den Bewertungshansel am Kiosk.

Hinweise zum Lenkerwechsel

Dein Lenker kommt mit einer Dokumentation ins Hause. Halte dich dran – und an die Beschreibungen in deinem modell-spezifischen Reparaturhandbuch. Alle Arbeiten an allen Komponenten der Lenkung sind sicherheitsrelevante Arbeiten. Bist du unsicher, wende dich an eine qualifizierte Werkstatt.

Sorge für einen sicheren Stand der Maschine und decke den Tank ab. Abhängig von der Art des neuen Lenkers, ob Stummel- oder Rohrlenker (in welcher Variante auch immer) fährst du unterschiedlich fort:

Rohrlenker: Ist der neue Lenker spürbar höher und/oder breiter als der alte und werden die hydraulischen Leitungen nicht lang genug sein, entleere das Brems- sowie, abhängig vom Mopped, das hydraulische Kupplungssystem und löse oben am Lenker die Hohlschrauben der Schläuche. Achte darauf, beim Arbeiten keine verbliebene Bremsflüssigkeit umherzuschleudern (zu den Details siehe Sektion 10 ab Seite 145).

Stummellenker: Sollen Stummellenker ohne klappbare Standrohrschellen verbaut werden (sie also über den Holm geschoben werden müssen), steht neben der Demontage des Lenkers ein Teilabbau der Vorderfront an:

- Löse die oberen Gabelklemmschrauben sowie ggf. die Zentralmutter der Gabelbrücke und/oder weitere Halteschrauben (Handbuch konsultieren), falls notwendig. Die Betonung liegt auf ‚Lösen', ausschrauben kannst du die Befestigungen später.
- Löse die Vorderradachsmutter und bocke das Bike so auf, dass kaum bis kein Gewicht auf dem Vorderbau ruht. Baue anschließend das Rad aus (siehe Sektion 08 ab Seite 123). Der Grund für den Radausbau liegt darin, die Gabel möglichst lastfrei zu bekommen, damit die Holme beim Abziehen der oberen Gabelbrücke nicht die untere Brücke unnötig unter Spannung setzen.

Eventuell notwendigen Arbeitsfreiraum gewinnst du durch Demontage des Scheinwerfers und der Instrumente sowie eventuell der Verkleidung. Allerdings: Ist der zu verbauende Stummellenker nicht ausdrücklich für dein Bike vorgesehen, besteht die Gefahr, dass nach dem Rückbau nichts mehr so richtig passen mag und du es zu spät bemerkst. Lege deshalb besser *vor* dem Abbau der Verkleidung den Lenker provisorisch an und prüfe, ob Überraschungen zu erwarten sind, er bspw. gegen Tank oder Verkleidung stößt oder Leitungen stören.

Weitere Hinweise ...

... zur Lenkerenden-Demontage

Zur Entfernung einfacher Lenkerenden, die mehr ästhetischen Zwecken dienen als funktionellen, löse deren versenkte Innensechskantschrauben. Sie sind seitlich am Lenker zugänglich und sorgen dafür, dass Klemmungen (meist Gummi) von innen an die Lenkerwände drücken und das Bauteil im Lenker halten.

1. Inneren Schraubbolzen lösen und ein paar Umdrehungen herausschrauben ...

Drehe die Schraube ein paar Umdrehungen heraus und schlage sie anschließend mit einem Plastik- oder Gummihammer in umgekehrter Richtung in den Lenker hinein. Dadurch löst sich die innenliegende Klemmung und das Lenkerende kann komplett entnommen werden.

Merkst du, dass du leer im Lenker drehst, drücke das sichtbare Ende des Lenkerendengewichts nach oben oder unten, während du schraubst. Dadurch verkantet sich das Gummi, in dem die innere Verschraubung gelagert ist und bietet mehr Widerstand.

Bei Serienlenkern sind werksseitig oft richtig fette und schwere Lenkerendengewichte verbaut, die in Gewindebuchsen verankert sind. Ist dort die Schraube abgegnaddelt oder festgerottet, wickle einen Lappen um das Gewicht, packe mit einer Rohrzange fest zu und drehe es aus (mit leichtem Druck nach außen).

Soll anschließend die im Lenker eingeclippte Gewindebuchse entfernt werden (weil bspw. eine Heizpatronen rein soll oder du die alten Gewichte am neuen Lenker haben möchtest), drehe den Bolzen ein Stück hinein, drücke die beiden Federbügel zusammen und ziehe die komplette Stange aus dem Lenker. Sind die Clips korrodiert, spraye sie von außen mit Rostlöser ein.

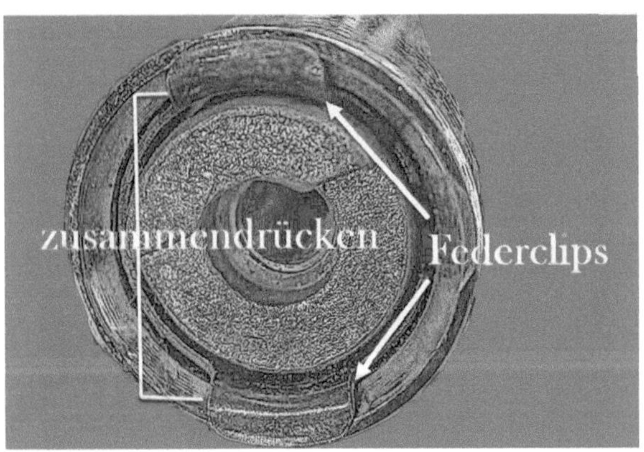

... zur Griffdemontage

Zum Entfernen des linken Gummigriffs spraye Bremsenreiniger zwischen Gummi und Lenker, packe kräftig zu und drehe das Gummi ab.

Ist der Griff bockig, erwärme das Material mit einem Föhn. Für den Fall, dass er mit Krass-Kleber quasi aufgeschweißt wurde und beharrlich jede Mitarbeit verweigert, hebele ihn mit einem länglichen, stumpfen Gegenstand rundherum vom Metall ab, bevor du Bremsenreiniger einsprühst. Alternativ schneide den Griff mit einem Teppichmesser seitlich der Länge nach ein und pelle ihn ab. *Seitlich* heißt, du schneidest nur das Gummi und vermeidest penibel, in den Lenker hineinzuschneiden oder Material abzukratzen. Lenker sind sicherheitssensitive Bauteile und insbesondere Alulenker können Beschädigungen später mit Brüchen quittieren!

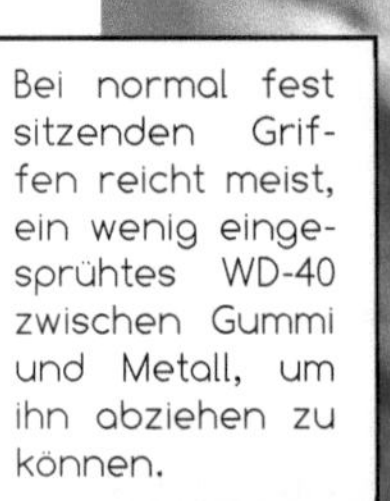

Beim Gasgriff musst du zunächst das Bowdenzug-Gehäuse öffnen, um die Züge zu lösen. Entferne hierzu die Schrauben, die die Hälften zusammenhalten, fummel die Bowdenzugenden aus den Führungen und ziehe den Griff komplett runter.

Merke dir hierbei, welcher Gaszug der öffnende und welcher der schließende ist, damit du später weißt, welcher wo eingelegt wird. (In

der Regel haben sich die Züge aber bereits der Führung angepasst, so dass klar ist, wer wo hingehört.) Sind die Züge ab, ist der Griff samt Plastiktülle frei.

Entferne das Griffgummi von der Plastiktülle auf die gleiche Weise wie am linken Lenkerende, also mit untergespritztem Bremsenreiniger. Musst du schneiden, achte darauf, die Tülle nicht zu beschädigen, da sie weiter benutzt werden soll.

Hinweis: Werden neue Griffe mit eigener Zugaufnahme verbaut, kann der alte Gasgriff im Ganzen abgebaut und für später oder zum Verkauf zur Seite gelegt werden.

... zur Demontage der Schaltereinheiten

Löse rechts die Start-/Killschalter-Armatur und links den Blinker- und Lichtschalter (in der Regel jeweils 2 oder 3 Schrauben).

Untersuche das Innenleben der Schaltereinheiten auf Korrosion und spraye Kontaktspray auf die elektrischen Verbindungen. Korrodierte Metalle werden mit Sandpapier abgeschliffen.

Hinweis: Schaltereinheiten verfügen über Arretierstifte, die in Stanzlöcher im Lenker greifen. Vermeide nach Möglichkeit, sie aus Versehen (oder willentlich) abzubrechen, da sie beim Bedienen der Schalter ein Verdrehen der jeweiligen Einheit verhindern.

... zur Spiegeldemontage

Entferne die Spiegel. Löse hierzu die Kontermuttern (falls vorhanden) und drehe die Spiegel raus. Den rechten übrigens im Uhrzeigersinn, da er über ein Linksgewinde verfügt und in Gegenrichtung ausgedreht werden muss.

Sollen später Lenkerendenspiegel verbaut werden, besorge dir Blindstopfen für die Schraublöcher.

Unter Umständen lässt sich die Armaturenhälfte mit der Spiegelaufnahme kopfüber mit der anderen Hälfte zusammenbauen, so dass das nun leere Gewinde nach unten zeigt.

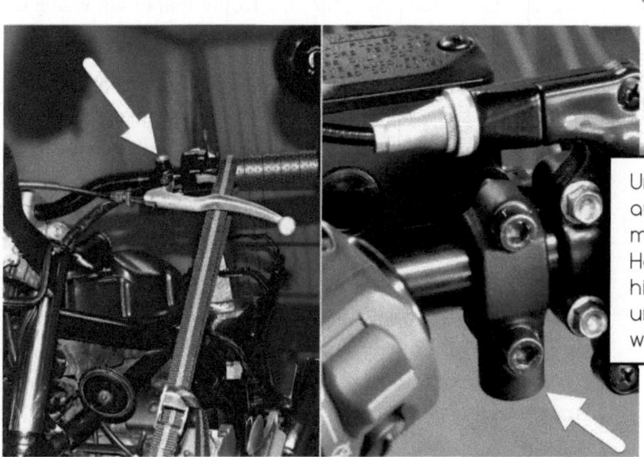

Um das hässliche Schraubloch aus dem Blickfeld zu bekommen, löse und entferne die Halteschrauben, drehe das hintere Teilstück kopfüber und schraube beide Hälften wieder zusammen.

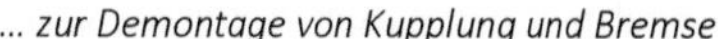

... zur Demontage von Kupplung und Bremse

Bowdenzug-Kupplung: Löse die Schrauben der Kupplungshalterung, nehme die Armatur inklusive Kupplungsschalter als Einheit ab und befestige sie an Schnüren von der Decke.

Muss der Bowdenzug erneuert werden, weil der anzubauende Lenker breiter und/oder höher als der alte ist, löse den Zug unten am Motor, fummel das obere Ende aus dem Hebel und lege die Teile zur Seite.

Hydraulik-Kupplung: Bei einer hydraulischen Kupplung hänge die Armatur samt Vorratsbehälter waagerecht zur Seite, idealerweise an einem Deckenhaken. Achte darauf, dass keine Luft in die Flüssigkeit eindringen kann. Müssen die Leitungen getauscht werden, entleere das hydraulische Kupplungssystem spätestens jetzt und löse die Hohlschraube des Schlauchs.

Bremsarmatur: Löse die Schrauben der Bremspumpenhalterung und hänge die Bremspumpe samt Vorratsbehälter waagerecht zur Seite. Der Bremslichtschalter kann meist angeschlossen bleiben, achte aber darauf, dass das System keine Luft ziehen kann.

Ist der neue Lenker breiter und/oder höher als der alte, wird die originale Bremsleitung aller Voraussicht nach zu kurz ausfallen. Dann entleere vor der Demontage der Armatur das Bremssystem, löse die Hohlschraube und entferne den Schlauch (siehe ab Seite 145).

Hinweise zum Lenkerabbau

Stummellenker-Bikes: Löse die Stummellenkerhalterungen sowie die Klemmschrauben der oberen Gabelbrücke. Entferne ferner die Zentralmutter, falls sie die obere und untere Gabelbrücken zusammenhält (ist nicht bei allen Bikes der Fall) und ziehe die Brücke nach oben weg. Ziehe ferner die Stummellenkerhalterungen nach oben von den Holmen ab und setze die Gabelbrücke wieder auf, bzw. tausche sie aus. (Lässt sich die Brücke nicht per Hand abziehen, checke auf weitere Befestigungen. Unter Umständen halten zusätzliche Schraubbolzen und/oder die Scheinwerferhalterung die Brücke weiterhin an ihrem Platz.)

Hinweis: Achte unbedingt darauf, dass die untere Brücke spannungsfrei bleibt, wenn die obere entfernt werden soll. In Sektion 11 erfährst du ab Seite 162 („*Lenkkopflager freilegen*") und ab Seite 123 („*Radausbau*" weitere Infos zur Vorbereitung.

Rohrlenker-Bikes: Löse die Klemmschrauben der Lenkerklemmböcke und entnehme den alten Lenker.

Vorbereitungen zur Lenkermontage

Zur Montagevorbereitung des neuen Lenkers gehört die Bohrung für mindestens den Gasgriff auf Basis der ergonomisch idealen Lenkerposition.

Der Gasgriff verfügt ebenso wie die Schaltereinheiten über einen Arretierstift, der in ein korrespondierendes Loch im Lenker passt, um ihn gegen Verdrehen zu sichern. Es liegt an dir, dieses und eventuell die anderen Löcher passend zu bohren.

Mit Alulenker sollte umsichtig umgegangen werden, um die Betriebsfestigkeit zu erhalten. Wird die eloxierte Oberfläche beeinträchtigt oder beschädigt, führt dies aufgrund der Kerb- und Rissempfindlichkeit der Werkstofflegierung über kurz oder lang zum Bruch (oft kurz). Alulenker gehören nach einem Sturz ausgetauscht, dürfen weder gebogen noch gerichtet werden und müssen bei Arbeiten sehr vorsichtig behandelt werden .

Einbauvorschriften

Die Anbaulage des neuen Lenkers muss für dich ideal sein, darf aber gleichzeitig über den gesamten Lenkeinschlag keine Bedienelemente funktionell behindern. Außerdem müssen sich Bremsflüssigkeitsbehälter und Hauptbremszylinder in die vom Hersteller vorgegebenen Arbeitslagen befinden. Beachte bei Letzterem, dass oft auch der Stellwinkel vorgeschrieben ist, in dem eine hydraulische Leitung vom Lenker wegführen muss (siehe hierzu auch ab Seite 145).

Ebenfalls zu berücksichtigen:

- Der Lenker muss leicht von Lenkanschlag zu Lenkanschlag bewegbar sowie die Freigängigkeit des Lenkers und die freie Beweglichkeit der Leitungen, Züge und Elektrokabel gegeben sein. Sie dürfen weder bei Lenk- noch Federbewegungen einklemmen.
- Die Funktionsweise des Lenkradschlosses darf nicht behindert werden.
- Ferner müssen Mindest-Lenkeinschläge (in Grad) sowie Mindest-Freiraumlängen (in Millimeter) zwischen Lenkerkomponenten und Fahrzeugteilen eingehalten werden. Die Griffe dürfen nicht an Tank oder Verkleidung anschlagen (konsultiere hierzu den Beipackzettel des Lenkeranbieters).
- Es muss freie Sicht auf Instrumente und Kontrollleuchten bestehen.

Bohrhinweise

Vor der Lokalisation der Bohrlöcher richte den Lenker in der für dich idealen Position aus. Lasse dir ordentlich Zeit dabei und vergleiche die vermutlichen Lochpositionen mit denen des alten Lenkers. Generell gilt: Bohre deinen Lenker erst dann an, wenn du dir sicher bist.

Hinweis: In der ABE des Lenkerherstellers sollte vermerkt sein, ob und wie viele Löcher gebohrt werden dürfen. Informiere dich vor dem Kauf oder spätestens vor der Montage darüber. Du benötigst mindestens ein Bohrloch, um den Gasgriff sicher zu platzieren, sowie eventuell zwei weitere für die beiden Schaltereinheiten.(Die Menge der Löcher eines Originallenkers ist ohne Bedeutung für dessen Stabilität, weil sie bei der Herstellung gestanzt werden und nicht gebohrt. Aus diesem Grund taugt die Anzahl auch nicht als Kriterium für die anstehenden Bohrungen im neuen Lenker.)

Eine Bohrschablone vereinfacht die Arbeiten und macht Körnung und Krepp überflüssig.

Hinweis: Zur Positionsbestimmung der Bohrlöcher (mehrere, falls erlaubt) kannst du dich nur dann an denen im alten Lenker orientieren, wenn keine neuen Griffe und/oder Lenkerendenspiegel verbaut werden sollen. Die neuen Griffe könnten länger oder kürzer als die alten sein und die Breite der Halterung eines Lenkerendenspiegels (sofern er nicht *im* Lenker befestigt wird) muss ebenfalls einkalkuliert werden. In dem Fall musst du umdisponieren und die Abstände neu austüfteln.

Ist vom Lenkerhersteller maximal *ein* Loch erlaubt, behalte dies dem Gasgriff vor und feile die Arretierstifte von den Schaltereinheiten ab. Klebe an ihren jeweiligen Positionen doppelseitiges Klebeband um den Lenker, lege die Einheiten dort an und schraube sie fest.

Zur Bohrweise: Wickle an der Bohrposition Kreppband um den Lenker, lege die anzubauende Komponente an und presse dessen Arretierstift gegen den Krepp. Schlage mit einem Körner eine Mikrodelle, bohre mit einem dünnen Bohrer (1,5 bis 3 mm) durch Krepp und Lenkerwand und arbeite dich schrittweise mit größeren Bohrern bis zum gewünschten Lochdurchmesser vor. Tropfe immer ein wenig Öl auf die Bohrstelle und entgrate das Bohrloch mit einem Senker.

Gasgriffarmatur: Der Abstand des Bohrlochs zum Lenkerende kann für die Gasarmatur, wie gesagt, dem des alten Lenkers entsprechen, muss aber angepasst werden, wenn du neue Griffe mit anderen Dimensionen verbauen willst sowie einer veränderten Spiegelhalterung Rechnung tragen musst. Ferner sollte die Position des Arretierungslochs auf dem Lenkerradius dergestalt ausgerichtet werden, dass die Gaszugführung weitestgehend der originalen entsprechen kann.

Schaltereinheiten: Dürfen und sollen weitere Löcher gebohrt werden, richte jene für die Schalterarmaturen im richtigen Abstand zur Kupplungs- bzw. Gasarmatur aus. Was die Position auf dem Lenkerradius betrifft, entscheide dich für jene, die eine flüssige und intuitive Bedienung erlaubt.

Hinweise zur Stummellenkermontage

Entferne die Gabelbrücke (siehe oben) und schiebe die Halterungen der Lenkerstummel über die Gabelholme. Unter Umständen benötigst du Zwischenhülsen, die zuerst aufgeschoben werden müssen (falls der Gabelholm dünner als der Innendurchmesser ist).

Setze die Gabelbrücke auf und befestige die Stummellenkerhalterungen in der gewünschten Position (Höhe und Winkel), aber ziehe die Schrauben nicht fest, da du die Lage später kontrollieren wirst. Baue Rad und Fender wieder ein, entspanne die Gabel (Details siehe Sektion 07 ab Seite 107) und ziehe Zentralmutter und Gabelklemmschrauben mit den jeweiligen Drehmomenten an.

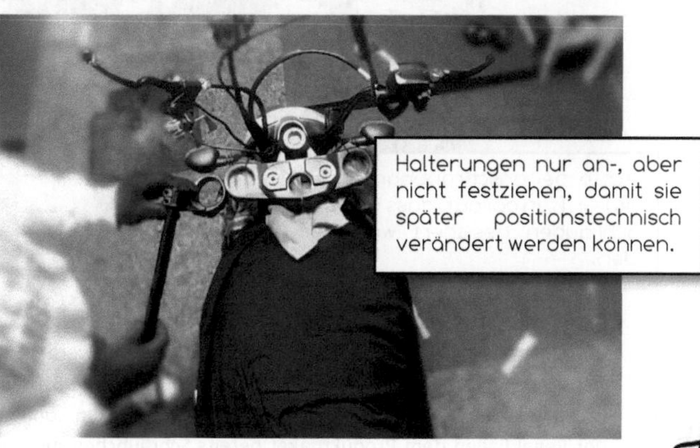

Halterungen nur an-, aber nicht festziehen, damit sie später positionstechnisch verändert werden können.

Schiebe die Lenkerstummel in die Halterungen und montiere Armaturen und Schaltereinheiten lose in den für dich idealen Positionen. Berücksichtige die Länge der Griffe und die Position der Lenkerendenspiegel.

Bestimme den für dich optimalen Griffwinkel und markiere das oder die Bohrlöcher. Achte hierbei darauf, beide Lenkerstummel im gleichen Winkel auszurichten und die Minimalabstände zum Tank einzuhalten. Entnehme die Lenkerstummel, bohre die Löcher und setze sie wieder ein. Ziehe die Schrauben der Halterung an der Gabel (1) und die Verschraubung der Lenkerstummel (2) mit den vorgesehenen Drehmomenten an.

Beim Umbau von einem herkömmlichen Rohrlenker zu einem Stummellenker kann es passieren, dass nichtmehr genügend Platz für alle Bauteile zur Verfügung steht. Mögliche Abhilfen wären dann:

- Belasse die Lenkerklemmböcke auf der Gabelbrücke und setze ein Rohr statt des alten Lenkers ein. Im Beispielfoto ist es eine Fahrrad-Sattelstange als neue Heimat für die Starter-Schalteinheit (rechts) und einen Handyhalter (links). Netter Nebeneffekt: Verwendest du die alte Gabelbrücke weiter, steht keine Neuanschaffung an (weil dir beispielsweise die Löcher der weggefallenen Klemmböcke nicht gefallen oder fest integrierte Lenkerklemmungen das Gesamtbild empfindlich stören).
- Verlege den Starter an einen anderen zugänglichen Ort. Wichtig ist, dass der Motorkillschalter stets gut erreichbar bleib (siehe Bild rechts unterhalb des Cockpits)t.
- Rüste Radial-Hydrauliksysteme nach (siehe Sektion 10 ab Seite 160), sündhaft teuer, aber platzsparender, sensibler ansprechbar und schicker sowieso.

Hier wurden die alten Lenkerklemmböcke für eine Stange genutzt, die zur Aufnahme von Starter und Handyhalter dient.

Beachte die Einbauvorschriften auf Seite 78 und überprüfe Klemmschrauben und Lenker nach den ersten paar hundert Kilometern und dann regelmäßig (mindestens zum Saisonbeginn oder alle 6 Monate) auf festen Sitz und Beschädigungen (Risse, Schnitte, Verformungen), speziell an den Klemmen.

Hinweise zur Rohrlenkermontage

Beim Austausch des Serienlenkers gegen einen anderen Rohrlenker behältst du in der Regel die alten Lenkerklemmböcke – es sei denn, sie sind in Mitleidenschaft gezogen oder die Lenkeranbaulage (Höhe und/oder Nähe zum Fahrer) soll verändert werden. Ist das der Fall, vergewissere dich zunächst, wie die Lenkerklemmung auf deiner Gabelbrücke realisiert wurde:

- **Auf Gabelbrücke geschraubt:** Löse die Schraubbolzen der alten Klemmungen von unterhalb der Gabelbrücke, ziehe die Klemmböcke nach oben ab und setze die neuen ein. Verschraube sie mit dem vorgegebenen Drehmoment.
- **In Gabelbrücke integriert:** Dumm gelaufen, du bist deiner Lenkerklemmung ausgeliefert, kannst sie aber mit Distanz-, Rise-up- oder Adapterböcken anpassen, auch ohne die komplette obere Gabelbrücke austauschen zu müssen.
- **Keine Klemmung vorhanden:** Serienmäßig mit Stummellenker und nackter Gabelbrücke gebaute Bikes benötigen zum Umbau auf Rohrlenker entweder Adapter, die statt der Stummellenker an die Gabel gebaut werden und oben Lenkerklemmböcke besitzen oder Austausch-Gabelbrücken. Beide Lösungen sind als Kits erhältlich, inklusive längerer Bremsleitungen, Züge und Kleinteile (beim Kauf auf ABE bzw. TÜV-Gutachten checken).

Ist für die Klemmböcke gesorgt, setze den Lenker auf die unteren Hälften und die oberen Klemmen auf den Lenker. Drehe die Schrauben weit genug ein, um den Lenker zwar verdrehbar, aber in Position zu halten.

Bestimme den für dich optimalen Griff- und Lenkwinkel und montiere Armaturen und Schaltereinheiten lose in den für dich idealen Positionen. Lasse dir Zeit beim Ausprobieren verschiedener Lenkerstellungen und Positionen der Bedieneinheiten, ziehe dann alle Schrauben provisorisch leicht an und markiere die Bohrlöcher.

Berücksichtige beim Austüfteln der Bohrstellen unbedingt die Länge der Griffe und die Position eventueller Lenkerendenspiegel.

Bei lockerer Verschraubung verstelle den Winkel...

Hast du dich entschieden (beachte hierzu auch den Abschnitt über die Ausrichtung von Bremse und Kupplung weiter unten), entnehme den Lenker, bohre die Löcher und setze ihn wieder ein. Nehme die Verschraubung der Lenkerklemmung unbedingt in der vom Hersteller vorgesehenen Reihenfolge und mit den vorgeschriebenen Drehmomenten vor (siehe den Abschnitt *„Lenker"* ab Seite 75).

Wie beim Stummellenker gilt: Beachte die Einbauvorschriften auf Seite 78 und überprüfe die Klemmschrauben nach den ersten paar hundert Kilometern sowie mindestens alle 6 Monate auf festen Sitz. Inspiziere

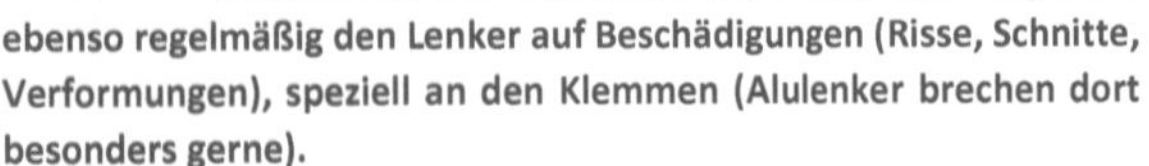

ebenso regelmäßig den Lenker auf Beschädigungen (Risse, Schnitte, Verformungen), speziell an den Klemmen (Alulenker brechen dort besonders gerne).

Rückbau Armaturen

Richte die Brems- und Kupplungsarmaturen aus, so dass die Flüssigkeits-Vorratsbehälter nicht zu schräg stehen und Luft ziehen können (gilt nicht für Bowdenzug-Kupplungen). Beide Hebel sollten sich optimal bedienen lassen. In der Regel ist es der Fall, wenn der Unterarm mit der auf den Hebeln ruhenden Hand eine Linie bildet.

Müssen Leitungen gewechselt werden, verlege sie wie die alten und sorge dafür, dass sie nirgends scheuern, eingeklemmt sind oder die Lenkung behindern.

Berücksichtige insbesondere beim Verlegen des Gaszugs, dass der Leerweg der Radialbewegung mit Hinblick auf die Lenkerposition eingestellt wird. Bringe hierzu den Lenker zunächst in die mittige Neutralstellung, löse die Kontermutter der Zug-Einstellschraube und drehe den Einsteller in die gewünschte Richtung, um das Spiel zu vergrößern (reindrehen) oder zu verkleinern (rausdrehen). Rund 2 bis 5 Millimeter sind gute Werte, dies variiert aber von Modell zu Modell.

Schlage anschließend den Lenker komplett nach links ein und überprüfe das Spiel, ebenso bei einem Kompletteinschlag nach rechts. Stellst du dabei fest, dass das Spiel reduziert wird oder der Zug gar unter Spannung gerät, vergrößere das Spiel. Wird es versäumt, riskierst du, dass dein Mopped ungewollt Gas gibt, wenn du den Lenker einschlägst. Außerdem wird die Rückholung des Gaszugs beeinträchtigt. (Sollen längere Züge eingebaut werden, siehe im Anhang zu weiteren Details[06-7].) Überprüfe später vor Fahrtantritt den Motor und kontrolliere die Gasannahme im Stand. Merkst du, dass die Drehzahl sich mit dem Lenkereinschlag erhöht, justiere unbedingt nach.

Schließe die Kabel für Brems- und Kupplungsschalter wieder an und befestige die Armaturen endgültig.

Rückbau Griffe

Gummigriffe ziehst du direkt auf den Lenker bzw. auf die Gasgrifftülle. Beachte, dass der rechte Griff über einen größeren Innendurchmesser verfügt.

Um die Griffe leichter aufschieben und gleichzeitig einen festeren Sitz geben zu können, sprühe Lenker bzw. Gasgrifftülle und die Innenseite der Griffe mit Haarspray ein. Zügig aufgeschoben, flutschen die Griffe damit in Position – können sich bei Feuchtigkeit allerdings lösen. Alternativ verwende Kleber oder mit Benzin eingestrichenes, doppelseitiges Klebeband. Bei Letzterem bildet sich eine rutschige Oberfläche, die den Spalt zwischen Lenkeroberfläche und Griff füllt und anschließend aushärtet, wobei der Griff fixiert wird.

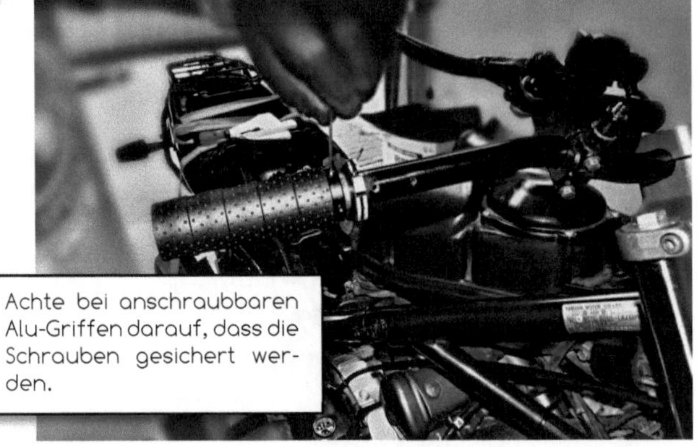

Verbaust du keine Gummi- sondern Aluminiumgriffe, werden diese mit kurzen Inbusschrauben fixiert. Achte darauf, flüssige Schraubsicherung zu verwenden, damit die Griffe sich nicht lösen können (in der Regel liegen dem Produktpaket bereits Schräubchen mit aufgebrachter Schraubsicherung bei).

Übrigens: Ist der rechte Aluminiumgriff eines Zubehör-Griffpaares gleichzeitig ein vollwertiger Gasgriff, sparst du das Geraffel mit dem Aufstecken, weil der Gasgriff in Gänze ersetzt wird (für unterschiedliche Gaszüge liegen Adapter bei).

Rückbau Schaltereinheiten

Sind die Arretierstifte der Schaltergehäuse entfernt, weil du keine Bohrlöcher anlegen konntest oder wolltest, wickle doppelseitiges Klebeband um den Lenker an den Stellen, an denen du die Schaltereinheiten haben möchtest. Presse die Einheiten drauf und ziehe die Schrauben gleichzeitig ein Ticken fester an. Dies sollte reichen, damit beim Schalten nichts verrutscht.

Rückbau Lenkerenden

Unabhängig davon, welche Art Lenkerenden du dir besorgt hast, die Montage bleibt sich im Wesentlichen gleich: Stecke die für den Innendurchmesser deines Lenkers passende Hülse auf den mitgelieferten Innensechskant und führe das Gebilde in den Lenker. Durch Drehen der Schraube spreizt die Mutter die Metallhülse oder die Gummiringe auf und drückt sie gegen die Innenwand des Lenkers.

Die alten Gewindebuchsen deines Serienlenkers wirst du nicht weiterverwenden wollen, da sie für den richtigen Halt zusätzliche Bohrlöcher erfordern. Für den Fall, dass du aber zur Vibrationsvernichtung wortwörtlich schweres Kaliber benötigst, greife auf alternative Lenkerendgewichte aus dem Zubehörhandel zurück. Sie benötigen in der Regel keine weiteren Bohraktionen.

Hinweis: Neigen deine Lenkerenden aus Erfahrung zum Losvibrieren, sichere sie mit flüssiger Schraubsicherung (nur mittelfest).

Rückbau Spiegel 

Werden die Originalspiegel nicht weiterverwendet, hängen die nächsten Schritte davon ab, welche Modelle sie ersetzen sollen:

Herkömmliche Rückspiegel: Stelle sicher, dass die Spiegel deiner Wahl passend zur Gewindegröße an der Lenkerarmatur daherkommen. Beachte ferner, dass die Gewinde links und rechts unterschiedlich ausfallen und du zur Not eine Verlängerung der Halterung benötigst (falls die neuen Schätzchen zwar gut aussehen, aber eigentlich zu kurz sind, um mehr als deine Schultern zu zeigen).

Spiegel für Sportverkleidungen: Lässt sich wenig drüber berichten. Entscheide dich für das Teil deiner Wahl und gut ist.

Lenkerendenspiegel: Lenkerendenspiegel kennen zwei wesentlich verschiedene Ausführungen:

- **Im Lenker verschraubt:** Die Spiegel werden wie Lenkerendengewichte innen im Lenker verschraubt und durch aufspreizendes Gummi oder Metall verankert.
- **Auf dem Lenker verschraubt:** Die Spiegel werden auf den Lenker geschoben und mit einer Schraube festgeklemmt. Hierbei muss darauf geachtet werden, dass bei der Montage der Griffe genügend Freiraum am Lenkerende bestehen bleibt, auf dem ein Spiegel befestigt werden kann. Alternativ lassen sich unter Umständen auch Lenkerenden als Spiegelhalterungen nutzen.

Hast du dich beim Aufbringen der Griffe vertan und ist kein Platz mehr für Aufbau-Rückspiegel vorhanden, kannst du versuchen, sie an breiten Lenkerenden zu befestigen.

Ob du Lenkerendenspiegel nach oben gerichtet einsetzt oder nach unten, ist Geschmackssache. Montierst du sie nach unten, achte darauf, dass links und rechts genügend Platz zum Tank frei bleibt (um die drei bis vier Zentimeter). Der Nachteil: Man muss sich umgewöhnen. Der Vorteil: Die Sicht nach hinten ist besser, weil der Oberkörper nicht den Bildausschnitt verkleinert.

Ebenfalls bei einem Spiegelwechsel zu beachten sind:

- Spiegel müssen über E-Zeichen verfügen (= minimaler Durchmesser), damit sie vom Prüfer bzw. der Rennleitung durchgewunken werden (siehe auch Sektion 14 ab Seite 234).
- Ein Spiegel muss mindestens 28 Zentimeter von der Mitte des Lenkers entfernt angebracht sein.
- Die Klemmung am Lenker muss fest genug sitzen, dass sich das Teil auch bei Windstärke-12 nicht verstellt.

Rückbau Brems- und Kupplungshebel 

Die ellenlangen Kleiderbügel vieler Serienmotorräder gehören nicht zu den visuellen Bringern an einem Motorrad und werden deshalb oft ausgetauscht. Was im Übrigen auch der Vernunft entgegenkommt, da Hebel-Upgrades in der Regel mehr Handling, Präzision und Ergonomie für jene Hände bieten, die mit den üblichen Serienhebeln nicht so recht kompatibel sein wollen.

Die hochwertigen Brems- und Kupplungshebel aus dem Zubehörhandel lassen sich mehrfach verstellen, können optimal der eigenen Handgröße angepasst werden und erlauben exaktere Dosierungen mit Zeige- und Mittelfinger statt grobmotorisch mit der ganzen Hand. Kurz: Sie erhöhen sowohl die Fahrsicherheit als auch den Komfort und kommen in verschiedenen Ausführungen daher, von normal lang bis kurzgehalten, stufenlos verstellbar, umklappbar oder starr. Schnieke aussehen ist dabei nur Bonus. (Der Klappmechanismus dient dem Schutz der (meist teuren) Nachrüstung, indem der Hebel wegklappt, wenn das Motorrad umkippt. Ein echter Mehrwert für Offroader.)

Beachte: Bremshebel müssen geprüft sein und benötigen Teiletypgenehmigungen oder ABEs. Du kannst auch Original-Chinaware bei eBay bestellen und verbauen, der TÜV-Prüfer rutscht dann aber aus den Sommersandalen – und du ebenso, wenn das vermeintlich sichere Teil bei einer Gefahrenbremsung ohne Gewissensbisse wegbricht.

Hydrauliksystem

Um bei hydraulisch betriebenen Bremsen und Kupplungen den Hebel auszutauschen, löse dessen Kontermutter auf der Unterseite und schraube sie ab. Baue ebenso den Bremslicht- bzw. Kupplungsschalter ab, falls er stört. Ansonsten reicht es, den Stecker rauszuziehen oder, da sich der Halter für den Bremslichtschalter oft zwischen Kontermutter und Armatur befindet, das Kabel zur Seite zu hängen. Ziehe oder drehe den Lagerbolzen heraus (je nach Modell wird der Bolzen durchgesteckt oder durch ein Gewinde im Griff gehalten).

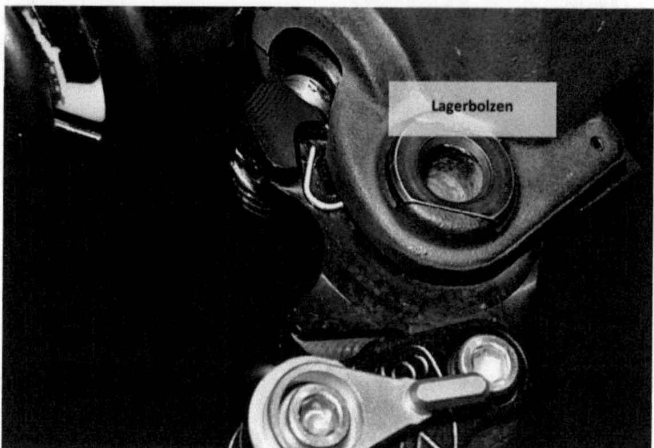

Säubere und fette die Kontaktflächen des neuen Hebels zur Armatur (auch die Erhebung, die den Bremskolben betätigt) und setze ihn ein (unter Umständen mit Distanzscheibe). Eine Einstellschraube sorgt dafür, dass ein geringes Spiel zum Kolben eingestellt werden kann. Beachte, dass immer ein wenig Luft vorhanden ist; das Spiel verhindert, dass der Hebel ständig auf den Kolben drückt (siehe Seite 156).

Wurden Bremslicht- und Kupplungsschalter abgebaut, setze sie wieder ein; vermeide dabei das Abbrechen oder Einklemmen der fragilen Druckstifte. Andernfalls kann der jeweilige Hebel blockiert werden oder das Bremslicht dauerhaft leuchten.

Schraube den Lagerbolzen wieder ein (mit Gefühl, um den Hebel nicht einzuklemmen) und setze die selbstsichernde Kontermutter auf. Ziehe sie mit vorgeschriebenem Drehmoment an. Stelle das Hebelspiel ein (Seite 156) sowie den für dich optimalen Abstand des Hebels zum Lenker bzw. die Länge des Hebels (bei einstellbaren Hebeln).

Bowdenzugsystem

Um den Kupplungszug zu lösen, merke dir das aktuelle Spiel und lockere die Spannung des Seilzugs Richtung null, indem du die Verstellschraube oben an der Armatur möglichst weit in die Griffhalterung drehst. Die Schlitze für Versteller und Griffhalter müssen fluchten, damit sich der Bowdenzug herausführen lässt. (Sollen auch längere Züge eingebaut werden, gehe nach der Beschreibung im Anhang vor[06-7].)

Ziehe den Kupplungshebel, packe den Bowdenzug mit der anderen Hand, ziehe ihn aus dem Versteller und lasse dabei den Hebel langsam los. Fällt es dir schwer, einen Bowdenzug aus der Führung zu bekommen, besteht die Möglichkeit, den jeweiligen Zug am anderen Ende, also am Motor, zu lockern.

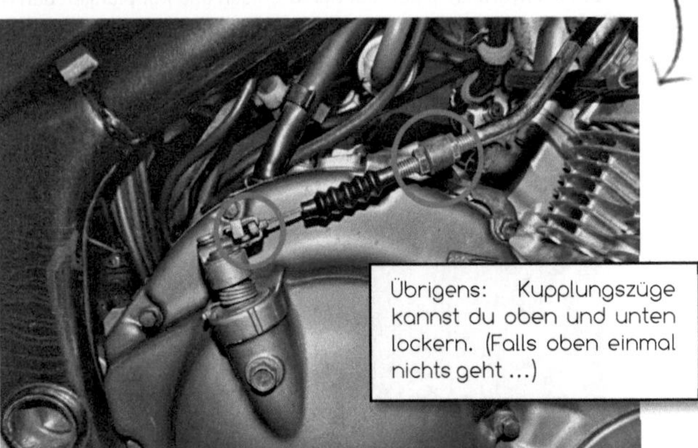

Fädele den Bowdenzug aus dem Hebel, entferne den Kupplungsschalter, löse die Kontermutter des Lagerbolzens und schraube ihn heraus.

Entnehme Hebel und Lagerbuchse sowie unter Umständen (abhängig vom Modell) eine kleinere Distanzscheibe, die das Spiel zwischen Griffhalterung und Hebel ausgleicht. Verliere sie nicht, mglw. wird sie weiterhin benötigt. (Die Scheibe verhindert das Klappern des Hebels, ist aber nicht immer notwendig bzw. nicht immer verbaut.)

Überprüfe, ob der neue Hebel ohne oder mit der alten Lagerbuchse eingebaut werden muss. Falls ja, säubere die Buchse, fette sie frisch ein und platziere sie im neuen Hebel.

Säubere und fette ferner die Kontaktflächen des Hebels zur Armatur sowie das Ende des Bowdenzugs und gönne dem Zug ein wenig Schmierung (siehe Sektion 03 *„Abschmieren"* ab Seite 46).

Hänge den Bowdenzug ein und setze Letzteren in die Griffhalterung. Ist er (unter Umständen mit Distanzscheibe) eingesetzt, kann der Lagerbolzen wieder festgeschraubt werden – mit Gefühl, denn knallst du die Schraube unnötig fest, klemmst du den Hebel ein.

Setze die Kontermutter auf (nutze immer eine selbstsichernde), ziehe sie an und montiere den Kupplungsschalter. Beachte, dass er filigrane Bestandteile enthält und der Druckstift unbeschädigt (nicht eingeklemmt) wieder in seine Position gebracht werden muss.

Kupplungsspiel einstellen

Stelle das ursprüngliche Kupplungsspiel her oder entscheide dich für ein neues, falls dir das alte sowieso nicht gefiel. Übliche Werte sind 2 bis 3 Millimeter zwischen Hebelkante und Griffhalterung.

Bei verstellbaren Griffen richte den für dich optimalen Abstand des Hebels zum Lenker ein bzw. ebenso die Länge des Hebels.

Zur Kupplungsspieleinstellung: Das Kupplungsspiel ist der sicht- und fühlbare Bereich, in dem der Hebel bewegt werden kann, ohne dass an der Kupplung selbst gezogen wird. Der Punkt, an dem die Spannung beginnt, ist der Anfang des Schleifwegs der Kupplung.

Der Leerweg (also der sichtbare Spalt) sollte in dieser Position zwei bis drei mm betragen. Ist er zu groß oder klein, korrigiere das Spiel (abhängig vom Bike) über zwei Schrauben oder eine Rändelmutter.

Schlage den Lenker zunächst in die Richtung ein, in der der Kupplungszug maximal gestrafft ist. Dies wird in den meisten Fällen links sein, checke aber auf jeden Fall die Größe des Spiels auch in mittiger und der gegenüberliegenden Position. Dort, wo das Spiel am geringsten ausfällt, stellst du das von deinem Hersteller vorgesehene Spiel ein. (Stellst du es hingegen in einer Lenkerposition ein, in der der Zug nicht gestrafft ist, kann es passieren, dass das Spiel beim Einschlagen des Lenkers auf null reduziert wird und die Kupplung unnötig belastet.)

Löse zum Einstellen die Kontermutter (1) und drehe die Einstellschraube (2) raus, um den Leerweg (= Spiel) zu verkleinern und rein, um das Spiel zu vergrößern.

Hinweise zur Endkontrolle

Nach dem Umbau steht eine sorgfältige Prüfung von Bremse, Kupplung, Gasgriff, Beleuchtung, aller Schalter und der Hupe an, ebenso eine Sichtprüfung auf ungewollte und unbemerkte Beschädigungen des Lenkers. Gehe alle Schritte im Geiste durch und nehme letzte Einstellungen vor:

- Sind die Schrauben mit korrekten Drehmomenten angezogen und alle Einstellungen vorgenommen?
- Sind die Spiegel eingestellt und verfügt die Bremse über einen klar definierten Druckpunkt?
- Ist die Kupplung leichtgängig (oder zumindest nicht schwergängiger als vorher) und sitzen die Hebel perfekt bzw. klappern, haken oder klemmen sie?
- Bei einem Hydrauliksystem: Ist genügend Spiel zum Kolben vorhanden, so dass ihn der Hebel nicht ständig unter Druck setzt?
- Arbeiten der Kupplung – und der Bremslichtschalter und trennt die Kupplung? Später bei der Probefahrt: Schleift die Kupplung in höheren Gängen?

Sektion 07: Fahrwerk/Federungssystem

Wer etwas vom Fahrverhalten eines Motorrads verstehen möchte, bspw. um Veränderungen vornehmen zu können, muss sich zwangsläufig mit dessen Fahrwerksgeometrie und, damit zusammenhängend, dem Federungssystem auseinandersetzen (und natürlich auch den Reifen, siehe hierzu aber ab Seite 110).

Gemeinsam tragen sie dafür Sorge, dass ein Bike geradeaus läuft, die Räder den Kontakt mit dem Boden selbst beim Knieschleifen nicht verlieren und das Gesamtkunstwerk trotz Unebenheiten fahrstabil bleibt – alles Sicherheitsmerkmale, auf die du garantiert nicht verzichten möchtest.

Mit Motorlayout (und Einbaulage[07-8]), Geometrie, Gewicht und Federung wird die Fahrbasis eines Zweirads festgelegt. Sie besteht auf der einen Seite aus den prinzipiell fest vorgegebenen Konstruktionsmerkmalen wie Schwerpunkt, Lenkkopfwinkel, Achsversatz, Nachlauf, Radstand und Schwingenarmwinkel und auf der anderen aus den veränderbaren Größen, die das Federungssystem mit sich bringt.

Letzteres liefert mit Variablen wie Federhärte, Vorspannung und Dämpfung die gängigen Ansetzpunkte für jene Variationen, die ein Motorrad in der Tendenz handlicher, komfortabler oder fahrstabiler ausgestalten.

Allerdings, und das gilt für alle Änderungen, die über das Federungssystem erzwungen werden können: Ein Plus an einer Eigenschaft (beispielsweise Stabilität) zieht ein Minus an einer anderen (beispielsweise Agilität/Handlichkeit) nach sich. Weshalb der feste Grundsatz gilt, dass jeder Ansatz, die fest vorgegebenen Konstruktionsmerkmale umzubiegen, um individuelle Besonderheiten wie Körperstatur, Fahrstil oder ein präferiertes Einsatzgebiet unterzubringen, in letzter Konsequenz als Kompromiss endet.

Aber der Reihe nach ...

Fahrwerksgeometrie

Von Geburt an ist jedes Zweirad für ein abgestecktes Einsatzgebiet bestimmt (Straße, Rennstrecke, Offroad etc.) bzw. spricht eine bestimmte Zielgruppe an (Tourenfahrer, Landstraßenfan, Rennstreckenjäger usw.). Innerhalb dieser hartverdrahteten Zielsetzung, der Bike-DNA, wird es dann um eine angenommene Fahrer-Normalstatur herumgebaut und als Kompromiss zwischen Handlichkeit, Stabilität und Komfort konstruiert, gebaut und ausgeliefert.

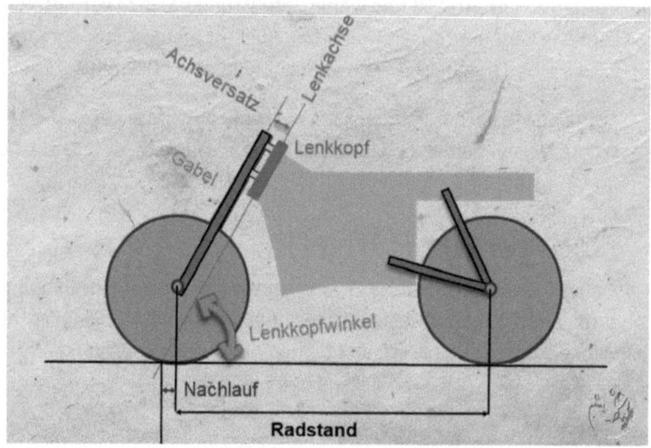

Jede nachträgliche Änderung an dieser Ausrichtung durch den späteren Besitzer verschiebt diese postulierte Konstruktion bzw. diesen Kompromiss tendenziell weiter in die eine oder andere Richtung: Bewegt sich jemand gern im Gelände, wird er oder sie ein handliches Mopped wählen und dessen Grundausstattung weiter Richtung Agilität oder abmildernd Richtung Komfort oder Sicherheit optimieren. Ist jemand lieber sportlich unterwegs, wird er oder sie zum Super- oder Tourensportler greifen und dort seinen/ihren Intentionen oder individuellen körperlichen Voraussetzungen Geltung verleihen, ebenfalls entweder abmildernd oder verschärfend.

Hierbei hilft es, vor eigenen Interventionen von den Eckpfeilern jedes Fahrwerks einmal gehört zu haben: Lenkkopfwinkel, Achsversatz, Nachlauf, Radstand, Schwerpunkt und Schwingenarmwinkel.

Lenkkopfwinkel

Der Winkel zwischen dem verlängert gedachten Lenkrohr (der Lenkachse) und der Horizontalen* wird als Lenkkopfwinkel bezeichnet.

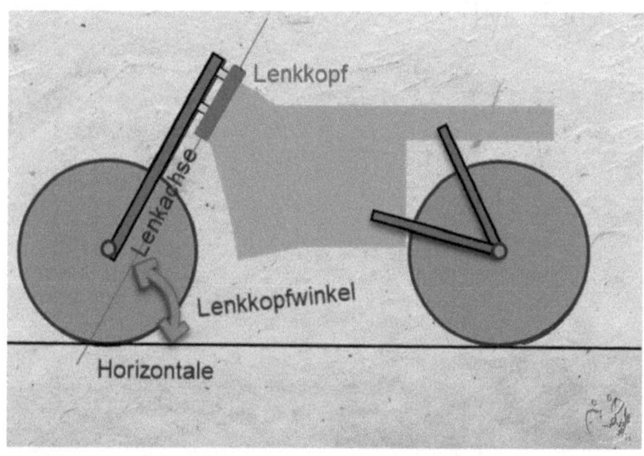

Er beträgt bei Motorrädern zwischen 67 und 53 Grad, wobei gilt: Je steiler der Lenkkopfwinkel aufgestellt ist, desto direkter das Lenkverhalten, was zu einem wendigen, bei zu hohen Werten aber nervösem Mopped führt. Umgekehrt: Flachere Winkel kommen der Fahrstabilität zugute, allerdings reagiert das Bike dann träger auf Lenkimpulse.

Lenkkopfwinkel im oberen Bereich zeichnen Sportmotorräder aus (bis 67°), aber auch Sporttourer (um die 65 °), Naked Bikes und reine Tourer (die, je nach Intention, über Lenkkopfwinkel zwischen 63 und 66 ° verfügen). Ebenso profitieren die agil zu fahrenden Enduros und Motocrosser von steilen Winkeln (um die 62 bis 66 °), während die zur Entspannung neigenden Cruiser und vor allem Chopper sich zwischen 53 und 64 ° ansiedeln.

Oder, etwas praxisnäher: Dein(e) schwergewichtige(r) Freund(in) wuchtet sich auf die Soziusbank und drückt das Bike hinten runter. Damit rutscht der Schwerpunkt nach hinten, der Lenkkopfwinkel wird flacher, Nachlauf sowie Radstand größer und deine gewohnte Fahrgeometrie ist dahin. Pirouetten kannst du jetzt vergessen, weil das Vorderrad entlastet ist und wenig Gefühl für die Straße vermittelt. Die Lenkung wird unpräziser. Immerhin: Rollt ihr erst mal stur geradeaus, wird's schon gutgehen, wenn ihr nicht wild ums Eck wollt.

***Hinweis:** Je nach Hersteller kann ein Lenkkopfwinkel gegen die Senkrechte angegeben sein, das wären dann beispielsweise 23° statt 67° und 26° statt 64°.

Achsversatz (Offset)

Ziehst du auf der Gabelbrücke eine gerade Linie von einem Gabelholm zum anderen, halbierst sie und zeichnest mittig eine Linie im rechten Winkel zum Lenkrohr, erhältst du den Achs- oder Gabelversatz.

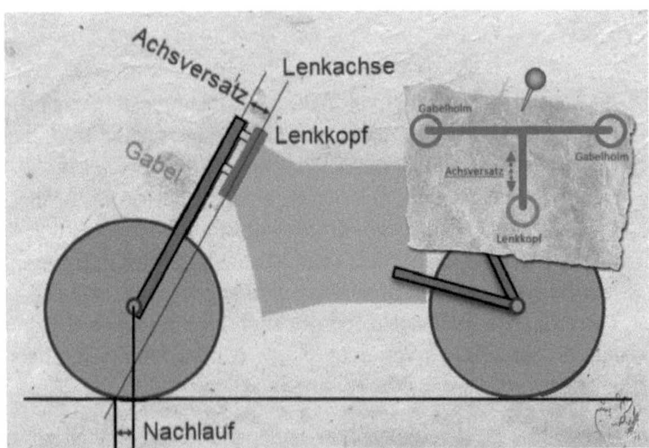

Mit dem Achsversatz veränderst du den Abstand der Gabel zur Lenkachse und vergrößerst bzw. verringerst den Nachlauf. Je kleiner der Achsversatz, desto größer der Nachlauf und stabiler das Fahrwerk (aber geringer die Handlichkeit). Umgekehrt: Je größer der Achsversatz, desto kleiner der Nachlauf und flippiger das Lenkverhalten.

Nachlauf

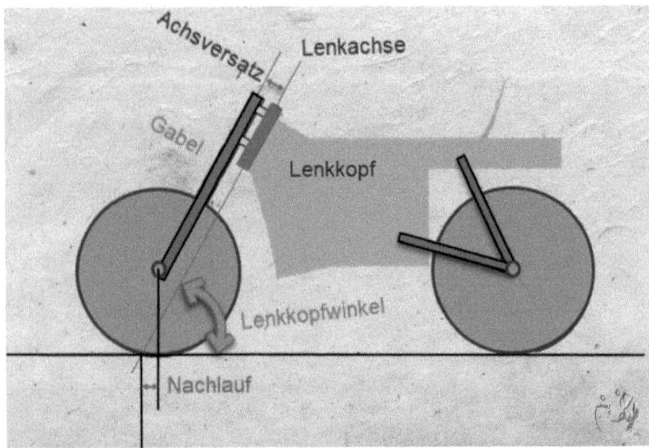

Verlängerst du die Strecken vom Lenkkopf mittig sowie von der Vorderachse senkrecht bis zum Boden und misst den Abstand zwischen beiden Punkten, erhältst du den (positiven) Nachlauf, determiniert durch Lenkkopfwinkel und Achsversatz. Je länger hierbei der Nachlauf ist, desto stabiler wird der Geradeauslauf (weil der gelotete Radmittelpunkt der Lenkachsenlinie hinterherlaufen muss und das Rad so Richtung Geradeaus-Stellung zieht). Beim Beschleunigen verlängert sich der Nachlauf obendrein konstruktionsbedingt.

Je geringer der Nachlauf (runter bis 60 mm bei Off-Roader), desto wendiger/nervöser reagiert das Mopped, während ein längerer Nachlauf (rauf bis 170 mm bei Choppern) für mehr Stabilität bei niedrigen Geschwindigkeiten, aber auch höherer Trägheit beim Lenken sorgt. Mit zunehmender Gewichtsbelastung der Vorderachse (voller Tank, Taschen, etc.) steigt ferner die Flatterneigung (siehe Seite 243).

Radstand

Der Radstand ist der Abstand zwischen Vorder- und Hinterradachse. Je kürzer er ausfällt, desto wendiger/nervöser reagiert das Bike, wird aber bei hohen Geschwindigkeiten instabil. Umgekehrt erhöhen lange Radstände die Stabilität, machen das Fahrverhalten aber träge.

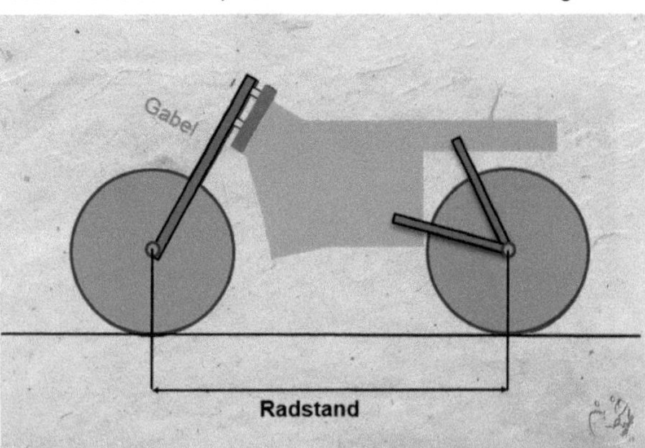

Denkt man von den Extremen her, leuchtet das Prinzip sofort ein: Chopper mit langem Radstand mögen im Geradeauslauf wie auf Schienen laufen, bei Kurven muss der Lenker hingegen mit höherem Kraftaufwand weiter eingeschlagen werden als bei kurzem Radstand. Auch steigt der Fahrkomfort mit dem Radstand, weil Schwingungen um die Querachse besser geschluckt werden.

Übrigens: Der Radstand ist nur im Stand ein fester Wert. Im Fahren variiert er, bedingt durch die Bewegungen der Schwinge, beim Beschleunigen wird er etwas größer und stabilisiert so das Fahrverhalten, beim Bremsen etwas kürzer, so dass sich das Bike tendenziell instabiler verhält. (Im Anhang versteckt sich eine kleine Liste über Umbauten mit Einfluss auf Radstand etc.[07-1])

Schwerpunkt

An irgendeinem Punkt zwischen Hinter- und Vorderradachse und unterhalb des Tanks liegt konstruktionsbedingt der Schwerpunkt. Er wird bestimmt durch seine Lage auf der Horizontalen wie auf der Vertikalen, besitzt großen Einfluss auf Handling und Stabilität und ändert sich durch Fahrhaltung und Gewicht (Fahrer, Zuladung) sowie Beschleunigung und Abbremsen (dynamische Lastverschiebung[07-7]).

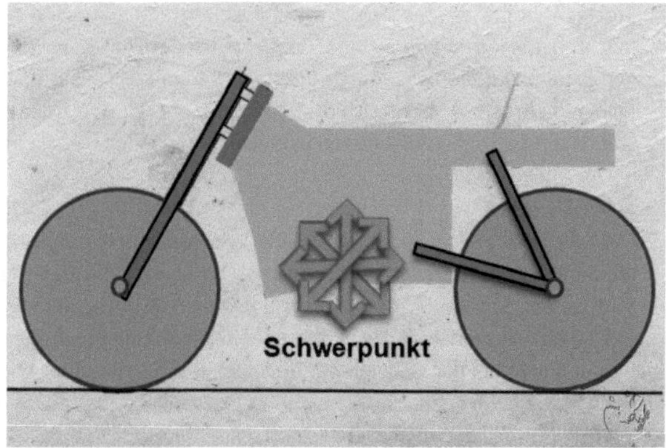

Der *horizontale* Schwerpunkt (zwischen hinten und vorne) ist wichtig zur Stabilisierung des Motorrads beim Beschleunigen und Bremsen. Je weiter vorne er sich befindet (bspw. durch eine längere Schwinge), desto mehr Gewicht liegt auf der Front und verringert Wheelie-, Flatter- und Pendelneigung, aber auch die Handlichkeit. Sportbikes haben bspw. einen tiefen horizontalen Schwerpunkt (der Fahrer sitzt relativ mittig zwischen Vorder- und Hinterradachse).

Der *vertikale* Schwerpunkt beeinflusst Agilität und Handling. Liegt er tief, steigt die Kurvenstabilität (auch wenn eine relativ tief kippende Schräglage bei Kurvenfahrten notwendig wird), liegt er höher (meist um die 650 mm), erleichtert er das Einlenken und macht das Bike agiler. Zwar wird es etwas schwerer, es in Schräglage zu bringen, man muss jedoch nicht so weit runter gehen, um eine Kurve zu bewältigen. Supermotos bspw. haben einen hohen vertikalen Schwerpunkt, wobei der Fahrer zusätzlich auf dem Sitz vor und zurück rutschen kann.

Mit einem Fahrer an Bord verändert sich der Schwerpunkt der Fuhre, ebenso wie mit dessen Sitzposition. Der Schwerpunkt des Fahrers, der höher liegt als der Schwerpunkt des Motorrads, zieht diesen zu sich etwas weiter nach oben und nach hinten - noch stärker, wenn Sozius und Gepäck hinzukommen. Bei Letzterem drohen dann ungewollte Wheelies und unsichere Kurvenfahrten - je nachdem, wie stark der Gesamtschwerpunkt nach oben/hinten verrutscht ist. Ausgleichende Maßnahmen wie eine beladene Front (Tankrucksack) und einen sich vorbeugenden Fahrer können die Auswirkungen etwas abmildern.

Schwingenarmwinkel

Beschleunigst du dein Bike, findet eine Gewichtsverlagerung nach hinten statt (‚hintere Nickbewegung'), die das Federbein zur Kompression zwingt, der sogenannte Squat (die ‚1' im Bild). Squat ist die Eintauchtendenz der Hinterradaufhängung, die zusätzliche Traktion am Hinterrad erzeugt, gleichzeitig aber das Vorderrad entlastet und dort für weniger Bodenhaftung verantwortlich ist.

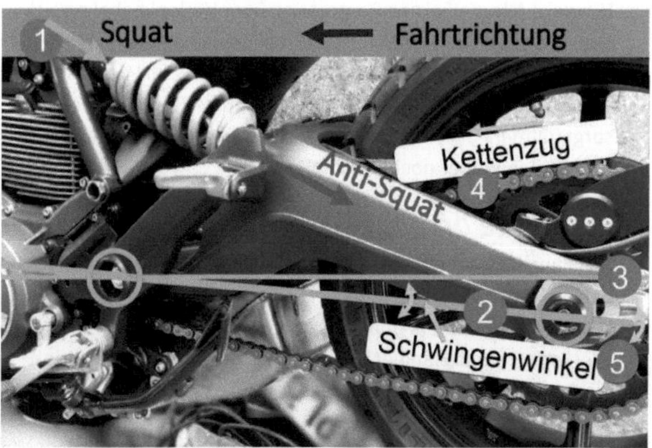

Um der Eintauchtendenz entgegenzuwirken und die Gewichtsverlagerung nach hinten auszugleichen, sind Motorradschwingen in bestimmten Winkeln verbaut, mit denen sich die hinteren Federwege bei Beschleunigung verlängern lassen (Anti-Squat-Effekt). Dieser Schwingenarm- oder Anstellwinkel (5) ist modellabhängig, befindet sich zwischen der Linie Schwingenachse <-> Radachse (2) sowie der Horizontalen (3) und verändert sich im Fahrbetrieb ständig in Abhängigkeit von der Arbeit des Federbeins. Bei den meisten Maschinen nimmt die Anti-Squat-Tendenz des Fahrgestells in dem Maße ab, in dem sich die Federung durch ihren Hub bewegt. Umgekehrt wird der Anti-Squat-Effekt durch die Kette unterstützt, die die Radachse beim Beschleunigen in Richtung des oberen Kettenzugs zieht (4).

Die individuelle Größe des Anti-Squat-Effekts eines Bikes ist ein Kompromiss, der für die meisten Einsatzbereiche ausreichend ist und genügend Hinter- und Vorderradtraktion berücksichtigt. Im Gegensatz zu einer festen Größe wie der Lenkkopfwinkel ist er allerdings nicht in Stein gemeißelt und kann variiert werden. Wobei gilt: Je größer der Schwingenarmwinkel, desto höher der Anti-Squat-Effekt. (So ist es im MotoGP-Bereich nicht unüblich, dass die Schwingenachse im Rahmen verschoben werden kann, um andere Winkel zu realisieren – ein teurer Aufwand, der bei Serienbikes zu wenig Nutzen bringen würde.)

Andere Maßnahmen beinhalten eine Erhöhung der Fahrhöhe hinten (*vergrößert* den Schwingenarmwinkel und damit Anti-Squat) oder das Absenken der Gabel (*verringert* die Fahrhöhe vorne, den Schwingenarmwinkel und in Folge den Anti-Squat-Effekt). Auch Experimente mit Kettenrad und Ritzel besitzen Auswirkungen auf die Anti-Squat-Größe: So erzwingen ein kleineres Ritzel (weniger Zähne) sowie ein größeres Kettenrad (mehr Zähne) einen stärkeren Anti-Squat-Effekt und umgekehrt bewirkt ein größeres Ritzel und ein kleineres Kettenrad einen schwächeren. **Allerdings:** Es empfiehlt sich, nur dann am Schwingenarmwinkel rumzufummeln, wenn genügend Erfahrung vorhanden ist und die Folgen abgeschätzt werden können.

Warnung

Bauartbedingt ist die Basis-Fahrgeometrie eines Bikes vorgegeben. Das mag hartnäckige Bastelnaturen nicht daran hindern, modifizierte Gabelbrücken auszutesten, den Lenkkopf abzuflexen und mit versetztem Winkel wieder anzuschweißen, die Gabel zu kürzen oder den Schwingenarmwinkel zu ändern, aber für den praktischen Einsatz jenseits der Showmeile taugen die Ergebnisse nicht immer und können obendrein Sicherheitsrisiken bergen. Dies gilt umso mehr, wenn versäumt wird, die Auswirkungen einer Fahrwerksänderung mit einer gegenteiligen Maßnahme wieder aufzuheben oder abzumildern.

So kann das Absenken der Fahrhöhe vorne via Durchstoßen der Gabelholme (Gabelüberstand) fatale Folgen zeigen. Zwar mag sich das Bike leichter in Kurven einlenken lassen (u. a. durch den verringerten Anti-Squat-Effekt), die Zunahme an Eintauchtendenz hinten führt aber zu einem Traktionsverlust am Vorderrad und zwingt den Fahrer zu weiten Bögen in den Kurvenausgängen. Man/frau kommt sozusagen prima rein in die Kurve, unter Umständen aber leider nicht mehr heil heraus. Bei Geschossen, die wie Marschflugkörper über Autobahnen schießen, keine angenehme Vorstellung.

Beispiel Gabelreckung

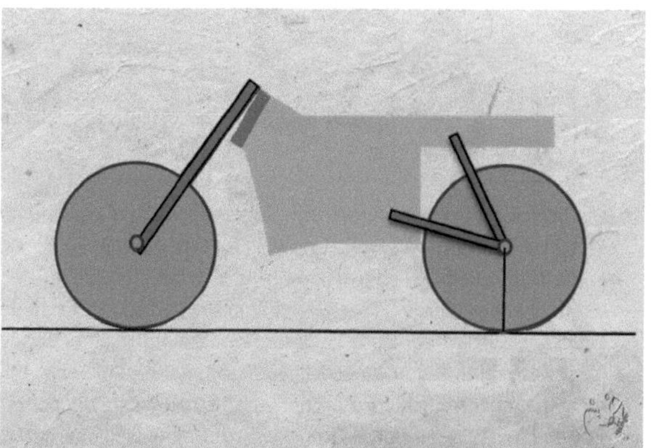

Bei der Gabelreckung wird die Gabel um einige Grad schräger gestellt, als original vorgesehen, so beim Customizing von Serienbikes Richtung Chopper. Dabei kann eine Reckung von nur wenigen Grad die Front so weit absenken, dass der steilere Lenkkopfwinkel zur Horizontalen den Nachlauf nahezu halbiert und das Bike kippelig zurücklässt. Mögliche Folgen sind schlechterer Geradeauslauf und Instabilitäten bei hohen Geschwindigkeiten sowie schlechten Fahrbahnen.

Erfahrene Schrauber können die Verschlechterung im Fahrverhalten mit verschiedenen Maßnahmen mindern oder gar eliminieren, indem sie den Nachlauf wieder vergrößern, bspw. durch das Einsetzen kürzerer Federbeine, einem Felgentausch und/oder größeren Vorderrädern. Es braucht aber viele Extrastunden, da nicht jede Änderung automatisch den erhofften Erfolg bringt und oft erst die richtigen Kombinationen verschiedener Komponenten zum Ziel führen. Selbst die Reifen können Einfluss auf ein aus dem Gleichgewicht geratenes Fahrverhalten haben (so verfügen Niederquerschnittsreifen oft über einen positiven Effekt auf einen zu klein geratenen Nachlauf)

Nun ist aber nicht jede(r) ein Profi, möchte aber trotzdem Einfluss aufs Fahrwerk nehmen, um individuelle Vorlieben zu unterfüttern. Auch ohne dramatische Folgen, die durch direkte Eingriffe in die Basis-Fahrzeuggeometrie entstehen. Geht das? Klar. Geht. Sogar relativ umfassend über das Federungssystem, das dir verschiedene Optionen an die Hand gibt, sowohl individuelle fahrdynamische Eigenschaften (weicherer Federung verbessert Traktion, härtere Federung erlaubt präzisere Streckenführung) als auch Gewichtsausgleiche für Unter- und Übergewichtige zu realisieren.

Bist du bspw. moderat schwerer oder leichter als der vom Hersteller ins Auge gefasste Normalo um die 75 bis 80 Kilo (inkl. Kleidung), lässt sich die durchs Gewicht veränderte Fahrwerksgeometrie ins Lot bringen und ein neutrales Fahrverhalten wiederherstellen, indem du härtere/weichere Federn verbaust oder die Federvorspannung erhöhst bzw. verringerst. Oder du nutzt die Einstellmöglichkeiten des Federungssystems, um das Bike mehr Richtung Handling/Wendigkeit oder Fahrstabilität zu trimmen (je nachdem, wo deine Prioritäten liegen).

Federungssystem

Im Federungssystem bilden Räder, Schwinge und Aufhängung die ungefederte Masse eines Bikes, während der komplette Rest (inklusive Fahrer und Zuladung) die gefederte Masse umfasst. Zwischen der ungefederten und der gefederten Masse verrichten hinten das Federbein und vorne die Gabelfedern ihre Arbeit, die aus Einfederung und Dämpfung (insbesondere beim Ausfedern) besteht.

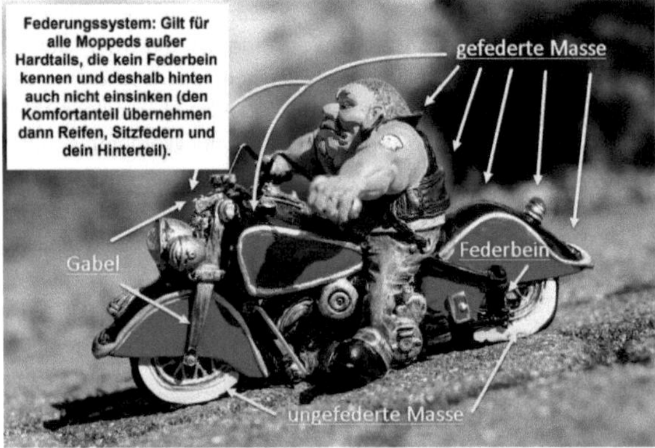

Um gleichzeitig Fahrkomfort und Fahrsicherheit zu gewährleisten, kämpft das Federungssystem an zwei Fronten: Es fängt Stöße auf (in erster Linie durch die Federn) und verhindert, dass sie beim Ausfedern weitergegeben werden. Dies erfolgt über die Dämpfung. Verfügte ein Federungssystem nur über Federn ohne Dämpfungseinheiten, würden zwar Bodenwellen zunächst geschluckt, der größte Teil der Energie jedoch beim Ausfedern nach oben durchgereicht. Unebenheiten kämen dann halt mit Verzögerung an, schüttelten dich aber trotzdem durch, während sie das Bike hochschaukelten und zur Wackelkiste machten. Die Dämpfung verhindert beim Ausfedern das Nachschwingen, indem Öl (oder Gas) durch Bohrungen innerhalb des Dämpferkolbens gedrückt wird und sich die Bewegungsenergie durch den entstehenden Strömungswiderstand in Wärme umwandelt.

Federrate

Die Federrate, angegeben in kg/cm oder Newton/mm (= nötige Kraft, die Feder einen Millimeter zu stauchen), beschreibt die Federhärte und ist bei Serienmotorrädern am bekannten Durchschnittstypen (75/80 Kilo) ausgerichtet. Sie wird in aller Regel im Handbuch angegeben und liegt bei der Gabel in der Regel im ein- bis zweistelligen Bereich sowie beim Federbein im zwei- bis dreistelligen, beispielsweise 9 N/mm (Gabelfedern) und 110 N/mm (Federbein).

Fällt jemand gewichtstechnisch aus dem Rahmen, kann es abhängig von der Stärke der Abweichung notwendig werden, die Federrate anzupassen, um die Niveaulage und das Fahrgefühl zu retten. Leichtgewichtigere Piloten benötigen dann Federn mit niedrigeren Werten und 110-Kilo-Maxe sowie BikerInnen, die mit viel Zuladung durch die Gegend touren, höhere Federraten. Beliebt ist darüber hinaus (auch bei durchschnittlich schweren Normalos), mit verschiedenen Federraten zu experimentieren. Graduell weichere Federn als im Original können den Fahrkomfort (auf Kosten der Agilität) erhöhen, härtere die Fahrstabilität. Allerdings: Extremwerte zur einen oder anderen Seite sind kontraproduktiv; zu weich gefederte Motorräder neigen ebenso wie zu hart gefederte zu Unruhe und Instabilitäten.

Linear vs. progressiv

Eine Feder, die über ihre Gesamtlänge gleichmäßig gewickelt ist und über den kompletten Hub mit gleich starker Federrate arbeitet, wird als lineare Feder bezeichnet. Verengt sich der Abstand der Wicklungen hingegen zum Ende hin, handelt es sich um eine progressiv gewickelte Feder, die am eng gewundenen Ende über eine höhere Federrate verfügt. Diese Feder ist quasi zwei Federn in einer (eine harte und eine weiche) und reagiert bei kleinen Unebenheiten sensibel sowie bei stärkerer Belastung (größere Unebenheiten) stetig härter. Kleine Buppel werden sozusagen zart weggebügelt und größere zunehmend unnachgiebig. Dementsprechend wird die Federrate auch nicht mehr als feste Größe angegeben, sondern als Bereich, bspw. 60 – 72 N/mm.

Welche Technik die bessere ist, kommt auf das Einsatzgebiet an. Alltagsbiker profitieren vom ausgefeilteren Ansprechverhalten progressiver Federn, während Rennsportler oft lineare Federn präferieren, die sich der gleichförmigen Arbeitsweise wegen gut einschätzen lassen. Ferner neigen progressive Federn dazu, das Fahrwerk beim Überfahren von Seitenstreifen in Rennstrecken-Kurvenausgängen zu versteifen und den dort ohnehin geringeren Grip weiter zu schmälern.

Hinweis: Alternativ kann Progression über Umlenkhebel erreicht werden, die das Hebelverhältnis zwischen Schwinge und Federbein beim Einfedern verändern. Das Hinterrad hat besseren Kontakt mit dem Boden (= bessere Traktion) und die zunehmende Härte der Federung sorgt für mehr Stabilität und Kontrolle, während die Federung bei kleinen Stößen immer noch weich bleibt.

Federrate ändern

Ans Fahrergewicht besser angepasste Federn findest du im Fachhandel für (nicht wenig) Geld, beispielsweise bei den bekannten Platzhirschen Öhlins, Wilbers und YSS (unbedingt auf ABE achten!). Manche Werkstätten und Händler haben sich sogar darauf spezialisiert, Fahrwerke präzise auf die jeweiligen Piloten abzustimmen.

Nur, welche Federrate eignet sich? Suchst du eine Fahrwerks-Fachwerkstatt auf, schneidern sie dir das Teil auf den Leib. Willst du hingegen nur wissen, was auf dich zukommt, musst du das Internet bemühen und über Google oder einer anderen Suchmaschine nach Formeln zur Berechnung individueller Federraten suchen. Aber: Meistens decken die Formeln nur Berechnungen für *lineare* Federn ab, für *progressive* lassen sie sich nur bedingt oder gar nicht anwenden.

Beispiel:

- **Gabel:** (0,02 x Fahrergewicht) + (Serienfederrate – 1,5)
- **Federbein:** (0,4 x Fahrergewicht) + (Serienfederrate – 30)

Beispiel aus der Praxis:

- Eine Seriengabelfeder weist eine Federrate von 4,8 N/mm auf, das dazugehörende Federbein 69 N/mm (beide Bauteile gemünzt auf Norm-Otto oder -Frauke mit 75 Kilo).
- Wiegst du 90 Kilo, setze die unbekannten Größen in die Formel ein und ermittele so die geeignete Federrate.
- **Gabel:** (0,02 x 90 Kilo) + (4,8 N/mm – 1,5) = 1,8 + 3,3 = 5,1 N/mm.
- **Federbein:** (0,4 x 90) + (69 N/mm – 30) = 36 + 39 = 75 N/mm.

Anzumerken ist, dass du zur Anwendung der Formel die Serienfederrate in Erfahrung bringen musst, was nicht einfach ist. Hat das Handbuch die Werte parat, prima, falls nicht, viel Spaß beim Suchen.

Ebenfalls zu bedenken: Die Berechnung der optimalen Federrate ist alles andere als banal, ganz besonders bei schräg verbauten Federbeinen mit Umlenkungen – was die Formeln nicht widerspiegeln, weil sie vereinfacht sind. Außerdem gehen sie davon aus, dass die serienmäßig verbauten Federn immer für einen 75/80-Kilo-Piloten ausgelegt sind – was den Durchschnitt zwar abdeckt, aber keine individuellen Abweichungen.

Übrigens: Für Serienfederbeine von Straßenmaschinen lassen sich im Gegensatz zur Offroad-Konkurrenz kaum einzelne Federn auftreiben, so dass man zähneknirschend komplette Federbeine für teuer Geld erwerben muss. Immerhin ist aber die Komplett-Fertigware im Dämpferbereich in der Regel besser abgestimmt als eine nur in Teilen aufgerüstete Kombination.

Einstellmöglichkeiten

Befindest du dich gewichtstechnisch im Normalbereich bzw. streifst die Grenzen nur moderat, stehen dir statt Neuanschaffungen verschiedene Einstellschrauben an Gabel und Federbein zur Verfügung, mit denen du die Niveaulage des Bikes und das Federverhalten in deinem Sinne manipulieren kannst. Zumindest theoretisch, denn in der Praxis ist es oft eine Frage des Kaufpreises, welche Optionen ein Bike in dieser Beziehung bietet und welche nicht:

So erlauben die meisten Moppeds im unteren Preisbereich als einzige Maßnahme die manuelle Anpassung der Federvorspannung des Federbeins, beispielsweise um eine Zuladung zu kompensieren.

Demgegenüber bieten höherpreisige Modelle (oder wenn das vorgesehene Einsatzgebiet des Bikes eine entsprechende Option als notwendig erscheinen lässt) zumindest Verstellmöglichkeiten der Federdämpfung am Federbein sowie in der nächsten Preiskategorie Einsteller für Druck- und Vorstufe der Dämpfung hinten *und* vorne, und, bei krass teuren Maschinen, computergesteuerte, automatische Fahrwerksanpassungen abhängig vom Straßenzustand.

Ebenfalls eine nette (und teure) Sache: automatisch arbeitende Federbeine wie das LDC Nivomat-System von Wilbers[07-4]. Sie stellen sich selbsttätig auf Zuladungen ein und regulieren Vorspannung und Dämpfung autark.

Welche Optionen für dich in Frage kommen, hat dir dein Geldbeutel wahrscheinlich bereits beim Bike-Kauf erzählt; ansonsten ist das Handbuch dafür zuständig, dich aufzuklären, welche Möglichkeiten an deinem Motorrad bestehen, wie die Hersteller-Vorgaben aussehen und wo die einzelnen Stellschrauben angebracht sind.

Ziel aller Einstellaktionen ist, die Voraussetzungen zu schaffen, mit denen sich auch brenzlige Fahrsituationen besser meistern lassen und du dich darauf verlassen kannst, dass dein Bike zu jedem Zeitpunkt den jeweils bestmöglichen Kontakt zur Fahrbahn hat, auch bei Bodenwellen und Unebenheiten, und so gefährdungsfrei wie möglich einlenkt, beschleunigt und abbremst – am besten obendrein noch komfortabel genug.

Fahrwerks-Setup

Das Setup eines Bikes zu individualisieren, ist zwar Feinarbeit, aber kein Hexenwerk – gleichwohl die notwendigen Arbeiten abschrecken können. Mehrere Parameter sind gleichzeitig im Blick zu behalten und auch das schrittweise Herantasten an individuelle Kombinationen ist nicht jedermanns Sache. Es muss Probe gefahren und Buch geführt werden – und beizeiten schlägt man sich obendrein an einem ungünstig platzierten hinteren Zentralfederbein die Handknöchel auf.

Aber die Mühe belohnt dich mit einem Plus an Komfort, Stabilität oder sportlicher Spritzigkeit, je nach individuellen Präferenzen. Oder zumindest mit Erfahrungen in Sachen Handling, Fahrwerk und dem Zusammenspiel der Kräfte am Bike.

Vorbereitungen

Zur Vermeidung von Falscheinstellungen berücksichtige einige Vorbereitungen im Arbeitsplan:

1. Eine Fahrwerksüberprüfung.
2. Eine Sicht- und Funktionsprüfung des Federungssystems.
3. Die Kontrolle wichtiger Bauteile wie Räder, Reifen und Kette.
4. Zusätzliche Maßnahmen wie Schmierung und Warmfahren.

Fahrwerksüberprüfung

Kontrolliere alle Schraubverbindungen mit direktem Bezug zum Fahrwerk (Vorder- und Hinterachse, Motor, Rahmen) und überprüfe alle Lager auf Spiel.

Das Fahrwerkslagerleben eines Moppeds besteht aus Rad-, Schwingen, Federbein-, Umlenkhebel- und Lenkkopflager und sollte regelmäßig überprüft und eventuell auch überholt werden. Ist ein Lager defekt, verfälscht es die Ergebnisse der Probefahrt und macht Fahrwerksänderungen im Prinzip hinfällig. Wie du Lager überprüfst und wechselst, zeigen dir Sektion 04 ab Seite 52 und Sektion 11 ab Seite 161.

Sichtprüfe ferner den Rahmen und die Schwinge auf kapitale Schäden wie Risse.

Sichtprüfung des Federungssystems

Überprüfe alle Federelemente auf Defekte sowie das Federbein und ein eventuelles Umlenksystem auf Höhenspiel. Es darf an keiner Federungskomponente Öl austreten oder ein sichtbarer Schaden existieren. Alle Staubdicht- und Simmerringe sowie alle Dichtringe der Einsteller für Federvorspannung, Zug- und Druckstufe müssen intakt und trocken sein.

Die Gabelstandrohre sollten keine Steinschlagspuren oder Riefen aufweisen. Der komplette obere Bereich des Federbeins, der zur Einstellung der Federvorspannung herangezogen wird, muss formstabil daherkommen und darf nicht korrodiert oder gerissen sein. Das Gleiche gilt für die Feder.

Überhaupt sollte das Federungssystem keinesfalls überaltert oder in der Wartung vernachlässigt sein. Ein Gabelservice mit Wechsel des Öls erfolgt üblicherweise alle 36.000 Kilometer (oder alle drei, vier Jahre), früher bei ungewöhnlicher Belastung (etwa alle 10.000 bis 20.000 Kilometer).

Je nach Verschleiß (oft alle 40.000 Kilometer) kann ferner ein Austausch des Federbeins anliegen. (Konsultiere zu den notwendigen Wartungsarbeiten dein Handbuch. Stehen sie kurz bevor, verbinde sie mit den Einstellungsarbeiten.)

Funktionsprüfung des Federungssystems

Zur Funktionsprüfung der Vordergabel richte die Maschine gerade aus (ohne Seiten-, Haupt- oder Montageständer). Stehe hierbei über der Sitzbank, umfasse die Lenkerenden, drücke den Unterleib gegen den Tank, betätige die Vorderradbremse und drücke den Vorderbau mit stoßenden Bewegungen nach unten.

- Die Einfederung muss bei diesem Test etwa zwei bis drei Mal schneller verlaufen als die Ausfedergeschwindigkeit.
- Die Gabel muss über den gesamten Federweg saugend wieder ausfedern, bis hin zum Trage-Nullpunkt.
- Die Gabel darf zu keinem Zeitpunkt klemmen oder nachschwingen. **Hinweis:** Federt die Gabel schwer und stockend aus, ist das nichts, was du mit Einstellungen am Federungssystem wieder geradegebogen bekommst. Die Gabelbeine können zueinander verspannt und in ihrer Bewegungsfreiheit eingeschränkt sein (wie du eine Gabel entspannst, erfährst du ab Seite 107).

Ähnlich verfährst du bei der hinteren Federung: Stelle dich hinter das Bike mit beiden Händen auf Sitzbank oder Gepäckträger. Federe das Heck mehrmals ein und lasse es los. Es muss wie die Gabel säumig ausfedern und darf nicht nachschwingen.

Sonstiges

Räder und Reifen: Beide Räder müssen leichtgängig, spielfrei und spurgetreu eingebaut sein und dürfen weder Seiten- noch Höhenschlag haben. Die Reifen sollten den empfohlenen Luftdruck sowie genügend Profil aufweisen und dürfen nicht eckig gefahren sein. Auch lose Speichen sind ein No-Go.

Kette: Die Kette muss geschmiert und korrekt gespannt sein. Eine zu straffe Kette ist nicht nur Gift für das Ritzellager, auch das Federbein an der Hinterradschwinge kann nicht mehr sensibel reagieren.

Wartung: Gönne den einzelnen Federelementen nach der Sichtprüfung ein wenig Kriechöl. Dies schmiert bewegliche Teile wie Umlenkhebel und bekommt den O-Ringen in den Dämpfereinstellern.

Warmfahren: Fahre kurz über unebenes Gelände, um die Federung vorzuwärmen. Kaltes Öl arbeitet zäher/träger als warmes und produziert andere Ergebnisse. Außerdem fehlt ihm die dämpfende Eigenschaft der Emulsion, die erst nach einigen Fahrminuten aus der Vermischung des Gabelöls mit der Luft im Luftpolster entsteht.

Tank: Dein Tank wiegt was – aber nicht immer gleich viel. Mit vollem Tank fährst du nur relativ kurze Zeit, mit nahezu leerem auch, ansonsten liegst du irgendwo dazwischen. Deshalb sollte sich der Spritlevel beim Durchspielen der Einstellungen im Mittelbereich befinden.

Hinweis: BMW-Motorräder mit Telelever-Systemen können mit außergewöhnlich weichen Federn daherkommen und sollten nicht auf Grundlage der hier beschriebenen Schritte eingestellt werden. Für sie gelten andere Gesetzmäßigkeiten.

Vorgehensweise

Ab hier geht es ans Eingemachte und Stift sowie Zettel sind ab sofort deine zwei besten Freunde. Notiere die Ausgangslage (die Werkseinstellungen in Sachen Federvorspannung, Druck- und Zugstufe) und dann jede(!) Änderung samt Einschätzung nach einer Probefahrt auf bekannter Strecke.

Was du ferner benötigst:

- Einen dritten besten Freund zur schmerzfreien Ermittlung der Negativfederwege.
- Maßband zur Ermittlung der Federvorspannung.
- Einen vierten Freund, der die Ergebnisse mitschneidet (weil du mit Messen beschäftigt bist).
- Hakenschlüssel zum Einstellen der Federvorspannung des Federbeins (falls ein hydraulisches Handrad fehlt).
- Knarre mit Nuss zum Einstellen der Gabel-Federvorspannung.
- Schlitzschraubendreher zum Einstellen der Dämpfung.
- Das modellspezifische Handbuch zum Mopped, um herauszufinden, wo welche Einstellschrauben sitzen.

Das originale Setting des Bikes ist der vom Hersteller vorgesehene Kompromiss hinsichtlich Käufergruppe und Fahrverhalten, angesiedelt in der Mitte der Verstellbereiche und auf allen normalen Strecken sowie für 75 bis 80 kg schwere Durchschnittsstaturen ausreichend. Erfahre deine Änderungen (wortwörtlich) und trainiere dein Gefühl für Verschiebungen im Fahrverhalten. Ziel: Sich auf dem Motorrad wohlfühlen. Das ist automatisch der Fall, wenn der Kontakt der Reifen zur Fahrbahn beim Bremsen, Lenken und Beschleunigen ideal und unterbrechungsfrei und das Fahrwerk trotzdem möglichst komfortabel ist. Klar läuft es auf einen Kompromiss hinaus (‚So hart wie nötig, so weich wie möglich'), aber einen, der zu deinem Fahrstil, Gewicht, Zuladung und dem bevorzugtem Revier passt.

Vergiss dabei nie: Der Fokus liegt auf deiner Individualität – und nur auf deiner, denn was der eine Fahrer ‚handlich' nennt, nennt der nächste ‚instabil'!

Federbasis

Was ist der Gesamtfederweg?

Suchst du in deinem Motorrad-Nutzerhandbuch nach dem Stichwort ‚Federweg', findest du unter den technischen Angaben die Gesamtfederwege der Gabel und des Federbeins verzeichnet. Sie bestimmen die theoretisch zur Verfügung stehenden Arbeitswege der Räder zwischen ‚Feder entlastet' und ‚Feder gestaucht'[07-3].

Die maximale Länge besitzt eine Feder, wenn das Bike auf einem Zentralständer oder am Rahmen aufgehängt schwebt (es sei denn, das Fahrwerk hat Spiel, was aber ignoriert wird). Andersrum: Komplett gestaucht ist sie, wenn kein Haar mehr zwischen die einzelnen Windungen passt. Dann spricht die Fachfrau davon, dass die Feder „auf Block gegangen ist".

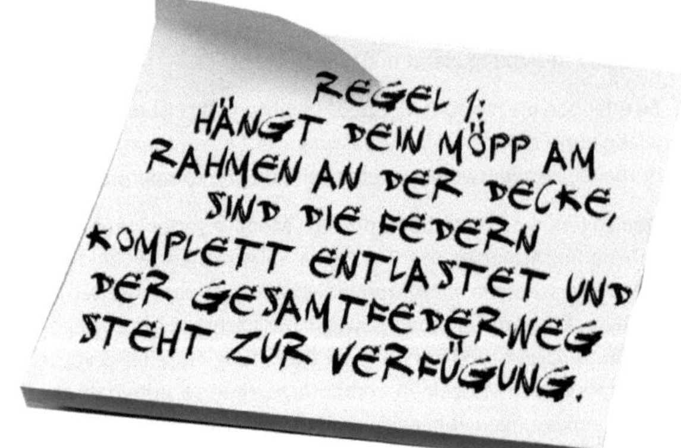

Ein gängiger Gesamtfederweg vieler Straßenmaschinen ist 120 Millimeter, Werte wie 130, 140 und 150 mm oder gar unter 100 sind aber nicht unüblich und Reise-Enduros leben erst auf, wenn sie über Federwege jenseits 200 oder gar 250 Millimeter verfügen. Auch müssen die Werte für hinten (Federbein) und vorne (Gabel) nicht gleich sein, Paarungen wie 125/150 sind durchaus drin – weshalb es wichtig ist, dass du den korrekten Wert für hinten *und* vorne dem Handbuch entnimmst und als Grundlage für die Berechnung zur Einstellung der Federbasis verwendest. (Zur Veranschaulichung dient hier der gängige Wert von 120 mm, liegen deine Werte darüber bzw. darunter, passe die Zahlen an! Im Anhang findest du auf Seite 256 weitere Federwegbeispiele[07-2] und eine Federlängen-Grafik[07-3].)

Was ist der statische Negativfederweg?

Nun hängen Moppeds nicht landauf, landab von Decken, sondern stehen mindestens allein auf dem Boden. In diesem Zustand wirkt das Eigengewicht der Maschine auf die Federn und nimmt einen Teil des Gesamtfederwegs für sich in Anspruch, bezeichnet als **statischer Negativfederweg** oder **Negativfederweg 1 (N1)**.

Gemessen wird N1 simpel mit einem Maßband (wie, steht weiter unten). Gängige Beispielwerte(!).sind 20 mm vorne, 5 mm hinten (Rennmaschinen), 25 mm vorne, 10 mm hinten (Tourenböcke) sowie 35 mm vorne und hinten (Crossmaschinen/Enduros).

Der statische Negativfederweg wird im Anschluss im Verhältnis zum Gesamtfederweg gesetzt. Faustregel: Ein Mopped darf im Stand vorne etwa 25 % des Gesamtfederwegs einsinken und hinten 10 %. Die gemessene N1-Strecke sollte diesen Wert nicht oder maximal 10 % (Toleranzbereich) über- oder unterschreiten.

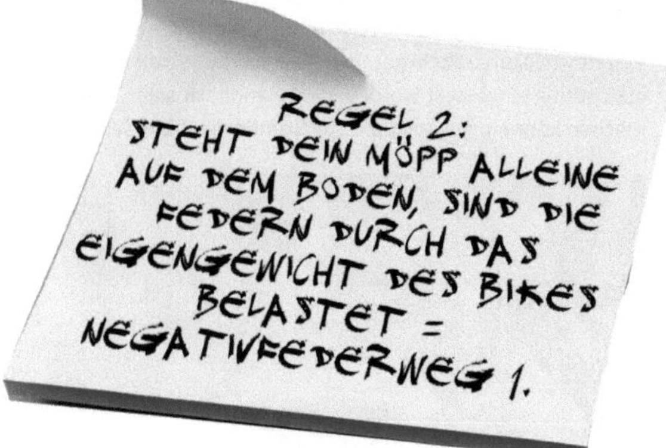

Ein Beispiel: Bei 120 mm Gesamtfederweg darf der N1 der Gabel rechnerisch 30 mm betragen und sollte real im Bereich von 27 bis 33 mm angesiedelt sein; am Federbein rechnerisch 12, real zwischen 11 und 13. (Zum Rechenweg siehe Anhang[07-5].)

Was ist der dynamische Negativfederweg?

Da Bikes nur selten von Decken hängen, sondern gefahren werden, kommt zum Eigengewicht das Gewicht des Fahrers (in voller Montur und evtl. mit Zuladung) hinzu. Zusammen (Eigengewicht plus Traggewicht) bilden sie jenen Teil des Gesamtfederwegs, der als **dynamischer Negativfederweg** oder **Negativfederweg 2** bezeichnet wird.

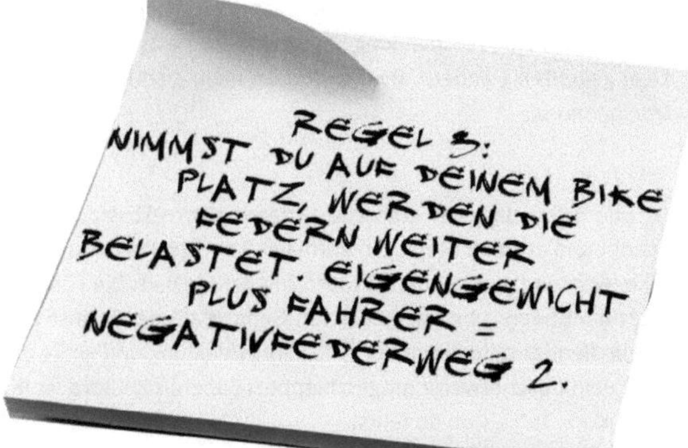

Wie der statische wird auch der dynamische Negativfederweg vom Gesamtfederweg abgezogen und sollte einen bestimmten Wert (plus/minus 10 % Toleranz) nicht über- oder unterschreiten. **Faustregel:** Das Mopped darf vorne rund ein Drittel (33,3 %) des Gesamtfederwegs einsinken, hinten ein Viertel (25 %), bei 120 mm rechnerisch 40 mm (real 32 bis 44 mm) vorne und 30 mm (real 27 bis 33 mm) am Federbein.

Federbasis variieren

Aus dem Verhältnis von statischem Negativfederweg 1 (Motorrad allein) und dynamischem N2 (Motorrad plus Fahrer) lässt sich ablesen, ob die verbauten Federn zum Fahrergewicht passen.

Beispiel: Bei einem Gesamtfederweg von 120 mm an der Gabel sollte der *statische Negativfederweg N1* bei 30 liegen und der *dynamische Negativfederweg N2* bei 40 mm. Liegt der dynamische Federweg bei korrektem statischen Federweg *deutlich* darunter, beispielsweise 25 mm (du hast 10 Prozent Toleranz in beide Richtungen), ist die Feder zu hart (oder der Pilot zu leicht, wie immer du das siehst).

Um auf die im Beispiel gewünschten 27 bis 33 mm mit Fahrer zu kommen, reduzierst du die Federvorspannung (wie, erfährst du weiter unten) oder, wenn die Differenz zu hoch ist, verbaust weichere Federn. Ein zu hartes Federsystem ist unbequem und kann auf schlechten Straßen zu ungenügendem Fahrbahnkontakt des Hinterrads und zu Lenkerschlagen führen.

Liegt bei gleicher Ausgangslage der dynamische Federweg deutlich *über* dem erwarteten Wert, beispielsweise 42 mm, ist die verbaute Feder zu weich (oder du zu schwer). Um in den Bereich von 27 bis 33 mm zu kommen, erhöhe die Federvorspannung – oder schaffe dir härtere Federn an, wenn die Abweichung zu drastisch ist. Ein zu weiches Federsystem kann auf schlechten Straßen schnell an seine Grenzen gelangen und auf Block gehen.

Daumenregel: Erreichst du bei korrektem N1 nach dem Aufsitzen N2 *nicht* oder berührst nur notdürftig den unteren Bereich, benötigst du weichere Federn, *überschreitest* du N2, sollten es härtere sein (als Toleranzwerte gelten maximal 10 % nach oben oder unten).

Die über die Vorspannung vorgenommene Anpassung des FahrerInnengewichts an das Federungssystem darf nicht darüber hinwegtäuschen, dass damit keine weiche Feder ‚härter' oder eine zu harte ‚weicher' gemacht wird. Die originale Federrate bleibt immer dieselbe, man/frau korrigiert auf diesem Weg ‚nur' die Fahrzeughöhe/Niveaulage und darüber die Fahrwerksgeometrie.

Der negative Input, den bspw. ein echtes Schwergewicht über verändertem Lenkkopfwinkel und Nachlauf auf das Fahrverhalten hat, lässt sich damit aber nur in gewissen Grenzen auffangen. Hier sind höhere Feder-raten gefragt – die übrigens auch deshalb die bessere Alternative sind, weil die Ausfederstrecke umso kleiner wird, je stärker vorgespannt ist, und die Blockneigung zunimmt. (Optimale Ein- zu Ausfederweg-Verhältnisse liegen für Straßenbikes im Bereich zwischen 75:25 und 70:30.)

Hinweise zur Einstellung der Gabel-Federbasis

Zur Ermittlung der Negativwege der Gabelfedern nutzt du die sichtbare Länge des Gabelinnenrohrs zwischen unterer Gabelbrücke und Staubkappe als Messstrecke.

Messstrecke bei herkömmlicher Gabel.

Bei Upside-Down-Gabeln verwendest du die Strecke zwischen dem Gabelfuß und der Staubkappe (die hier nach unten zeigt). Mit einem Maßband oder Zollstock wird die Strecke zwischen beiden Punkten abgenommen.

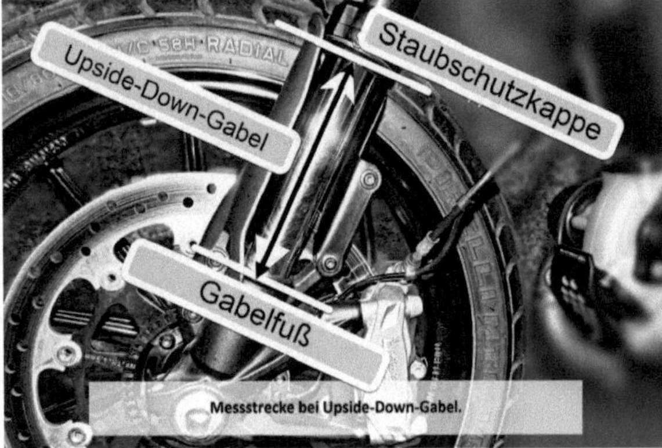

Schritt 1

Federe zunächst die Gabel komplett aus: Ist ein Hauptständer vorhanden, lasse das Heck von einem Freund über den Ständer herunterdrücken, damit das Rad frei wird (ist es frei, sind die Federn entspannt). Alternativ benötigst du einen Lenkrohrständer oder eine Person, die das Bike über den Seitenständer in die Luft hebelt, während du misst.

Messe den Abstand zwischen unterer Gabelbrücke und Staubkappe (bei normalen Gabeln) bzw. zwischen Gabelfuß und Staubkappe (bei Upside-Down-Gabeln) und notiere den Wert. Stelle das Bike zurück auf die Füße.

Schritt 2

Lasse das Mopped von einem Freund gerade halten und tauche die Gabel mehrmals ein, damit sich die Federn setzen. Messe den Abstand erneut und notiere den Wert. Er wird niedriger liegen als vorher, da das Eigengewicht des Motorrads die Gabel eindrückt.

Maßband ist flexibler, Zollstock geht aber auch.

Zur Erinnerung: Der Abstand im unbelasteten Zustand minus des Abstands bei Wirken des Eigengewichts ergibt als Differenz den statischen N 1, der bei einem Beispiel-Gesamtfederweg von 120 Millimetern im Bereich 27 bis 33 mm liegen darf (Faustregel: 25 % des Gesamtfederwegs plus/minus 10 %). Meistens wird es der Fall sein, wenn nicht in der Vergangenheit Änderungen vorgenommen wurden. Falls aber nicht, sollte N1 über die Vorspannung korrigiert werden.

Telegabeln ohne Einstellmöglichkeit (leicht erkennbar an den glatten Gabelstopfen), die keine Ad-Hoc-Änderung der Vorspannung erlauben, sind übrigens nur dann betroffen, wenn die Federung defekt ist. Da hier niemand im Vorfeld etwas verstellt haben kann, sollte N1 in etwa dem Auslieferungswert/ Werkseinstellungen entsprechen.

Keine Einstellmöglichkeiten an Board ...

Bei einstellbaren Gabeln lässt sich die Federvorspannung bspw. durch Gewindespindeln mit Sechskantköpfen oben im rechten und linken Gabelstopfen einstellen, je nach Modell evtl. *unten* am Gabelfuß. Vereinzelt verfügen Gabeln gar über *eine* Schraube, mit der beide Federn gleichzeitig eingestellt werden; dein Handbuch sollte hierzu Angaben machen können, genauso wie zur Grundeinstellung selbst.

Den Sechskantkopf zur Einstellung der Vorspannung nehmen, nicht die innenliegende Schlitzschraube.

In der Regel drehst du mit einer Knarre die linke und rechte Außensechskantschraube der Gabelfedervorspannung *gleich weit* heraus- bzw. hinein. Im Uhrzeigersinn erhöhst du die Vorspannung, gegen den Uhrzeigersinn verringerst du sie. Je mehr Gewinderinge zu sehen sind, desto geringer ist die Vorspannung. **Aber Achtung:** Gabeln mit umgekehrter Vorspannung haben Hülsen, die beim Einstellen ihre Lage gegenteilig ändern. Dort bedeuten mehr sichtbare Ringe *mehr* Vorspannung.

Schritt 3

Ist überprüft, dass der statische Federweg korrekt ist, nehme entspannt und in voller Montur in normaler Fahrerposition Platz auf dem Bike, während ein Freund die Maschine gerade hält. Die Füße dürfen *nicht* am Boden ruhen und Schalter, Gangschaltung, Bremse müssen gut bedienbar sein! Trage normale Fahrbekleidung und achte darauf, dass dein üblicherweise mitgeschlepptes Zubehör an Bord ist (Koffer etc.). Kurz: Tu', als ob du fährst.

Während du auf dem Bike sitzt und eine zweite Person die Balance hält, misst und notiert eine dritte den Abstand zwischen der unteren Gabelbrücke und der Staubkappe am Standrohr (bei herkömmlichen Gabeln) bzw. zwischen Gabelfuß und Staubkappe bei Upside-Down-Gabeln. **Tipp:** Fehlt die dritte Person, ziehe einen Kabelbinder um den Holm und schiebe ihn bis zum Anschlag an die Staubschutzkappe. Der Kabelbinder wird beim Aufsitzen um die Strecke verschoben, die die Gabel unter Belastung eintaucht.

Nutzt du einen Kabelbinder, messe die Strecke von dort aus (vergiss nicht die Breite des Kabelbinders!).

Zur Erinnerung: Die Strecke im unbelasteten (ausgefederten) Zustand minus des Streckenwertes bei normaler Traglast (du plus Eigengewicht plus Ausrüstung und Normalgepäck) ergibt den dynamischen Negativfederweg 2, der bei einem beispielhaften Gesamtfederweg von 120 Millimetern zwischen 32 (sportlich) und 44 mm (komfortabel) liegen darf (Faustregel: ein Drittel Gesamtfederweg plus/minus 10 %).

Sinkt die Gabel tiefer ein, sind die Federn zu ‚weich'; kommt sie nicht in den Toleranzbereich, sind sie für dich zu ‚hart'. Im ersten Fall sollte die Federvorspannung *erhöht* werden, bspw. um einen schweren Fahrer oder Zuladung ins Bike zu integrieren, im anderen verringert.

Bei Telegabeln ohne Einstellmöglichkeit ist jetzt guter Rat teuer, da kaum oder nur arbeitsaufwändige Maßnahmen wie das Einsetzen von Abstandshülsen, Experimente mit dem Gabelöl oder der Einbau neuer Federn Abhilfe schaffen können (mehr hierzu unten ab Seite 97).

Bei einstellbaren Gabeln arbeitest du dich *zur Erhöhung* der Vorspannung von der aktuellen Einstellung im Uhrzeigersinn jeweils eine Stufe vorwärts und misst erneut – bis N2 im angestrebten Referenzbereich liegt. Soll die Federvorspannung *verringert* werden, weil du eher eine Leichtpilotin bist, entspanne hingegen zunächst beide Gabelfedern *komplett* (Gewindespindel gegen Uhrzeigersinn drehen). Ziehe dann jeweils eine Stufe an, (im Uhrzeigersinn), pumpe die Gabel durch, nehme eine Neumessung vor und wiederhole die Aktion. Auf diese Weise erhöhst du schrittweise die Federvorspannung – bis in den korrekten Bereich.

Übrigens: Die Vorgehensweise, von komplett entspannten Federn auszugehen, empfiehlt sich auch bei gebrauchten Bikes mit unbekanntem Wartungsstatus und/oder um generell sicherzugehen, dass beide Gabelholme identische Werte erhalten.

Beachte: Je stärker die Gabelfedern vorgespannt sind, desto höher steht die Frontpartie. Soll aktuell die grundlegende Federbasis eingestellt werden, justiere Gabel und Federbein gleichzeitig, denn setzt du einzig den vorderen Teil höher (weil, hey, das Federbein ist neu!), ändern sich Lenkkopfwinkel, Nachlauf, Bike-Handling und Lenkverhalten möglicherweise in eine Richtung, die du nicht willst.

Schritt 4

Kontrolliere N1, korrigiere bei Bedarf und wiederhole anschließend die Messung für N2. Ist es unmöglich, N1 und N2 auch bei Ausschöpfen der 10 % Toleranz *gleichzeitig* einzuhalten, bist du definitiv zu leicht bzw. zu schwer und es bleibt nur der Tausch der Federn durch weichere oder härtere Vertreter. Keine Vorspannung dieser Welt kann etwas an der eigentlichen Federrate ändern und das Material härter oder weicher machen, damit es zum Gewicht des Piloten passt.

Temporär mag es helfen, über Abstandsbuchsen oder Gabelöl Einfluss auf den Negativfederweg zu nehmen, beispielsweise eine andere Viskosität auszuprobieren oder den Füllstand in die eine oder die andere Richtung zu verändern (und damit das Luftvolumen), aber auch das kostet Geld – und erfordert Fachkönnen, weil sorgfältig und konzentriert gearbeitet werden muss, um keine blockende Gabel zu riskieren.

Hinweise zur Einstellung der Federbeinbasis

Um die Negativfederwege des Hecks zu ermitteln, nutze den Achsmittelpunkt des Hinterrads als Referenzpunkt (ungefederte Masse) und setze mit einem Klebestreifen senkrecht darüber (oder um etwa 15 Grad versetzt) am Rahmen oder der Verkleidung (gefederte Masse) einen zweiten, temporären Referenzpunkt.

Schritt 1

Entlaste das Federbein komplett durch Aufbocken auf einen Hauptständer. Ist keiner vorhanden, muss ein Zentralständer her oder das Bike von einer zweiten Person über den Seitenständer ausbalanciert werden. Erst wenn das Hinterrad frei am Federbein baumelt, ist die Feder entlastet. Messe dann die Strecke vom Achsmittelpunkt zum Referenzpunkt und notiere den Wert. Er dient als Bezugsrahmen für die folgenden Messungen.

Schritt 2

Stelle das Mopped aufrecht hin und lasse es vorne an der Gabel gerade halten. Presse das Heck von hinten einige Male nach unten, damit das Federbein sich setzt und das Eigengewicht der Maschine wirken kann.

Anschließend messe die Strecke vom Achsmittelpunkt zum Referenzpunkt und notiere den Wert.

Zur Erinnerung: Die gemessene Strecke im unbelasteten Zustand ist höher als die Strecke, bei der das Eigengewicht der ungefederten Masse zum Tragen kommt. also der statische Negativfederweg 1. Er sollte bei einem beispielhaften Gesamtfederweg von 120 Millimeter im Bereich 11 bis 14 mm liegen (Faustregel: 10 % des Gesamtfederwegs plus/minus 10 % Toleranz). Tut er das nicht, muss die Vorspannung korrigiert werden.

Bei Federbeinen mit hydraulisch verstellbarer Federvorspannung geschieht dies über ein manuell zu betätigendes Handrad oder einem Elektromotor in zwei Richtungen. ‚S' steht dabei für ‚soft', also weich und ‚H' für ‚hard'). Fehlt so etwas, musst du dich mit dem ominösen Hakenschlüssel aus dem Bordwerkzeug abmühen: Setze ihn in eine Nut des Verstellerrings und drehe den Ring herum – am besten mithilfe einer Verlängerung und in Handschuhen, da es manchmal viel Kraft benötigt und der Schlüssel zum Abrutschen neigt.

Wird die Feder durch eine Drehbewegung im Uhrzeigersinn ‚zusammengedrückt' (kann richtig anstrengend sein), erhöhst du die Vorspannung. Das Heck hebt und der Negativfederweg verringert sich. Entspannst du umgekehrt die Feder, sinkt Vorspannung sowie Heck und der Negativfederweg steigt an.

Nicht immer unkompliziert: Hakenschlüssel.

Hinweis: Bei einigen Federbeinen erfolgt die Verstellung der Vorspannung in Sprüngen, wobei man sich von Rastpunkt zu Rastpunkt vor- oder zurückarbeitet. Bei anderen erfolgt die Einstellung nahtlos. Dort löst du zunächst eine Konter-Nutmutter, die nach den Einstellungen (eine Drehung im Uhrzeigersinn erhöht die Vorspannung, gegen den Uhrzeigersinn verringert sie) mit einem vorgeschriebenen Drehmoment abzusichern ist. Da hier jeder handelsübliche Drehmomentschlüssel das Handtuch wirft, sollte man eine Werkstatt zur Kontrolle ansteuern, wenn man sich mit ‚sehr gut handfest' (normal starke Bikerhände) nicht begnügen mag.

Übrigens: Vergiss bei zwei hinteren Federbeinen nicht, die Einstellungen an beiden gleich vorzunehmen.

Schritt 3

Ist N1 überprüft und in der Norm, nehme entspannt in normaler Fahrerposition Platz, während ein Freund die Maschine gerade hält. Die Füße gehören auf die Fußrasten, Schalt- und Bremshebel müssen ohne Verrenkungen bedienbar, Schalter und Hebel griffbereit sein! Idealerweise trägst du deine normale Fahrbekleidung und lässt üblicherweise genutztes Zubehör am Bike (Koffer etc.) – es sei denn, du nutzt es nur bei Bedarf.

Seid ihr zu zweit, ärgere dich, weil einer fehlt, die aktuelle Strecke vom Achsmittelpunkt zum Referenzpunkt zu messen und zu notieren. (Du bist damit beschäftigt, auf der Kiste zu sitzen, und dein Freund hat damit zu tun, dich in gerader Position zu halten.) Hast du das Problem gelöst (Radständer? Spaziergänger?), lasse N2 messen und notieren. **Zur Erinnerung:** Die gemessene Strecke im unbelasteten Zustand minus des Abstandwertes bei normaler Traglast (Eigengewicht, du + Zubehör) sollte bei einem beispielhaften Gesamtfederweg von 120 mm im Bereich zwischen 27 (sportlich) bis 33 mm (komfortabel) liegen. Faustregel: 25 % des Gesamtfederwegs plus/minus 10 % Toleranz.

Schritt 4

Fällt der dynamische Negativfederweg zu niedrig oder zu hoch aus, steuere durch Anpassung der Vorspannung in die eine oder andere Richtung gegen. Damit bringst du den Lenkkopfwinkel wieder in die vom Hersteller vorgesehene Position und gleichst die veränderte Fahrwerksgeometrie aus:

- Liegt N2 im oberen Bereich oder drüber, drücke die Feder durch eine Drehbewegung im Uhrzeigersinn zusammen (bspw. um eine Zuladung auszugleichen oder einen moderat schweren Fahrer ins Bike zu integrieren). Dadurch erhöht sich Vorspannung und Heck, der Negativfederweg wird geringer (< 33 mm bei 120 mm Gesamtfederweg) und die Federung gefühlt ‚härter'.
- Liegt N2 im unteren Bereich oder darunter, entspannst du umgekehrt die Feder durch eine Drehbewegung gegen den Uhrzeigersinn. Dadurch sinkt das Heck, der Negativfederweg steigt (> 27 mm bei 120 mm Gesamtfederweg) und die Federung wird gefühlt ‚weicher'. Damit bringst du die Fahrwerksgeometrie wieder ins Lot, wenn du beispielsweise generell zu leicht bist oder das Gewicht des Bikes durch Abbau von Zubehör spürbar verringert hast.

Schritt 5

Kontrolliere N1, um sicherzugehen, dass die Änderungen nicht den statischen Negativfederweg beeinträchtigt haben, korrigiere bei Bedarf und wiederhole anschließend die Messung für N2. Lassen sich N1 und N2 trotz 10 % Toleranz nicht gleichzeitig einhalten, ist die Federrate über- oder unterschritten und die Federn sollten durch weichere oder härtere Varianten ersetzt werden.

Klugscheißer-Bonusinfo: Gewichtige Fahrer deutlich außerhalb des Normbereichs sollten keinesfalls versuchen, durch Erhöhung der Federvorspannung oder Gabel-Experimente ihr Gewicht auszugleichen, weil der Negativfederweg gleichzeitig eine Reserve für das Fahren auf schlechten Straßen sowie Zuladung (Gepäck, Sozius) ist.

Erhöhst du die Vorspannung bereits im Vorfeld zu stark, kann der Reifen bei aufeinanderfolgenden Bodenwellen dann eventuell nicht mehr effektiv genug ausfedern und beginnt zu springen. Demgegenüber reichen bei härteren Grundfederraten geringere Vorspannungen, um dieselbe Höhe zu erhalten (es ist mehr Federreserve übrig als bei weicheren, stärker vorgespannten Federn).

Mögliche Ergebnisse und Folgen

Gabel: Erhöhst du mit der Vorspannung der Gabelfedern die Front des Motorrads, fühlt sich die Federung ‚härter' an, der Nachlauf wird länger und der Geradeauslauf verbessert sich. Übertreibst du es, verändert sich der Lenkkopfwinkel zu stark und die Handlichkeit leidet (weite Kurvenbögen). Die Feder arbeiten auf holprigem Untergrund anfangs unsensibel und wegen des zu geringen Negativfederwegs kann dieser Zustand Lenkerschlagen begünstigen.

Umgekehrt: *Senkst* du die Front des Motorrads, fühlt sich die Federung ‚weicher' an und die Handlichkeit profitiert. Kurvenfahrten werden präziser und für wellige Untergründe zu harte Gabelfedern im Anfangsbereich entschärft. Übertreiben kannst du es aber auch hier. Dann steht das Motorrad vorne zu tief und wird tendenziell instabil; es wirkt nervös und der Geradeauslauf verschlechtert sich. Außerdem kann die Gabel bei harten Bremsmanövern früher auf Block gehen und eine Blockierung des Vorderrads provozieren.

Federbein: Erhöhst du über die Vorspannung am Federbein das Heck des Motorrads, fühlt sich die Federung ‚härter' an, gleichzeitig wird mehr Druck auf das Vorderrad ausgeübt. Dein Sichtfeld rutscht Richtung Straße, der Bodenkontakt wird direkter und die Handlichkeit des Bikes in Kurven profitiert.

Schießt du übers Ziel hinaus, steht die Maschine hinten ***zu hoch*** und die Stabilität verschlechtert sich. Mögliche Folgen sind schlechterer Geradeauslauf und eine geringere Kurvenstabilität. Auf holprigem Untergrund kann sich ferner unsensibles Federverhalten manifestieren und der Hinterreifen wegen des zu geringen Negativfederwegs den Bodenkontakt verlieren.

Senkst du demgegenüber die Vorspannung am Federbein, senkst du umgekehrt den Gegendruck der Feder, das Heck des Motorrads wandert nach unten, fühlt sich weicher an und der Druck aufs Vorderrad wird gemindert. Das Mopped läuft besser geradeaus und eine zu geringe Anfangssensibilität auf holprigem Untergrund wird zumindest begrenzt entschärft. Übertreibst du es und steht das Heck *zu* tief, handelst du dir weniger Kurven-Handlichkeit ein sowie ein Verlust an Rückmeldung durch die Straßenoberfläche. Das Mopped fährt sich unhandlich und steif und das Federbein kann bei tiefen Bodenwellen (oder hoher Zuladung) auf Block gehen.

Hinweis: Eine veränderte Fahrwerkshöhe besitzt auch Auswirkungen auf den Auslenkwinkel der Schwinge, der sich in einem werksseitig fixierten Bereich befinden muss und der, falls zu flach (= Federvorspannung zu gering), ebenfalls nachteilig für Handling und Kurvenstabilität sein kann.

Konsequenzen

Wichtig ist, zu verstehen, dass mit der Federvorspannung keine Feder physisch verändert wird (‚weicher' oder ‚härter'), sondern die Fahrhöhe vorne bzw. hinten (und damit die Lenk- und Rahmengeometrie). Hast du das verinnerlicht, kannst du die Toleranzen der Negativfederwege nutzen, dein Bike tendenziell Richtung Wendigkeit oder Stabilität zu trimmen, bspw., um individuellen Vorlieben hinsichtlich des Fahrstils und der Lieblingsstrecken Rechnung zu tragen.

Je stärker du dich dabei den *unteren* Grenzwerten der Negativfederwege annäherst, desto höher steigt die jeweilige Vorspannung, desto geringer wird die Eintauchstrecke und desto direkter der Kontakt zur Straße. Demgegenüber: Je stärker du dich den *oberen* Zahlenwerten der Negativfederwege annäherst, desto geringer fällt die jeweilige Vorspannung aus, desto länger wird die Eintauchstrecke und desto gemächlicher das Ansprechverhalten.

Beispiele: Eine höhere Federbasis mit dem kleineren Grenzwert des *statischen Negativfederwegs 1* an Gabel und Federbein macht eine Maschine bereits in der Tendenz handlicher, während es die Ausrichtung am höheren Grenzwert (= tiefere Federbasis) Richtung Stabilität trimmt. Ähnlich die gegenteilige Variation des *dynamischen Federwegs 2*: Mit der Ausrichtung am kleineren Grenzwert von N2 an der Gabel und am größeren N2-Wert am Federbein kippt die Maschine gradweise nach hinten und erhält durch den veränderten Lenkkopfwinkel und dem längeren Nachlauf tendenziell mehr Stabilität. Umgekehrt: Richtest du die Gabelfedern in der Vorspannung am größeren Grenzwert von N2 und das Federbein am kleineren aus, kippt das Bike um die entsprechenden Millimeter nach vorne und erlangt tendenziell mehr Handlichkeit.

Weitere Beispiele:

N2 an Gabel *und* Federbein Richtung Minimum verändert (= ansteigende Vorspannung):

- Höherer Schwerpunkt.
- Agileres Fahrverhalten.
- Mehr Schräglagenfreiheit, aber Kurvenverhalten ändert sich.

Gut für sportliches Fahren, schwere Piloten und hohe Zuladung. Nachteilig: mögliche Instabilitäten, Geradeauslauf leidet.

N2 an Gabel *und* Federbein Richtung Maximum verändert (= sinkende Vorspannung):

- Niedrigerer Schwerpunkt.
- Weniger Bodenfreiheit in Schräglage.
- Stabileres Fahrverhalten.

Gut fürs Tourenfahren und leichte Piloten. Nachteilig: geringere Handlichkeit, geringere Bodenfreiheit.

N2 *gegenteilig* an Gabel Richtung Maximum, am Federbein Richtung Minimum verändert:

- Gute Handlichkeit und Agilität.
- Leichtere Richtungswechsel.
- Höherer Anti-Squat-Effekt.

Gut für sehr sportliches Fahren auf Landstraßen (schnelle Wechselkurven). Nachteilig: mögliche Instabilitäten.

N2 *gegenteilig* an Gabel Richtung Minimum, am Federbein Richtung Maximum verändert:

- Hohe Stabilität.
- Stabiles Lenken.

Gut für: Cruisen. Nachteilig: Handling leidet.

Wichtig: Gehe bei allen Änderungen an der Fahrzeuggeometrie konzentriert und überlegt vor: Nehme immer nur eine einzelne Änderung vor, bzw. limitiere dich auf eine einzelne Kombination zurzeit, notiere sie, erfahre sie praktisch (wortwörtlich) und halte deine Einschätzungen ebenfalls schriftlich fest.

Werde zu keinem Zeitpunkt unvorsichtig. Zwar macht ein Klick rauf oder runter kein Bike zur unbeherrschbaren Höllenkiste, kann aber ein wendiges Motorrad in ein nervöses bzw. ein stabiles in ein stures verwandeln. Senkst du beispielsweise dein Motorrad hinten um 20 Millimeter, steht (bei unveränderter Gabel-Vorspannung) der Lenkkopf um rund 0,8 Grad flacher da, der Nachlauf verlängert sich um fast 5 Millimeter und der Schwerpunkt verrutscht – mit möglichen Folgen wie diffuseres Lenkverhalten, schlechteres Handling und verändertem Kurvenradius.

Hast du dich verfranst, den Überblick verloren oder bist nicht glücklich mit deinen Einstellungen, kehre umgehend zu den Werkseinstellungen zurück oder nerve den Mechaniker deines Vertrauens, dein Bike wieder vom Kopf auf die Füße zu stellen.

Und dann ist da ja auch noch der Schwerpunkt: Vergiss nicht, ihn mit in deine Überlegungen und Versuche einzubeziehen. Dadurch, dass der Motor unter Tank und Fahrer sitzt, entsteht ein Gesamtschwerpunkt mit Einfluss auf das Fahrverhalten, der, wenn er wie oben erwähnt, einseitig nach hinten verrutscht, die Front entlastet und das Bike eventuell kippelig zurücklässt. Umgekehrt: Wandert er einseitig nach vorne, kann das Motorrad mit Sturheit im Lenkverhalten reagieren.

Hilfreich ist, statt jeweils eine einzelne Änderung vorne *oder* hinten vorzunehmen, zwei entgegengesetzte Schritte gleichzeitig zu realisieren, also beispielsweise ‚vorn 1 Klick tiefer, hinten 1 Klick höher' bzw. umgekehrt. In dem Fall brauchst du dir keine Gedanken um den Gesamtschwerpunkt machen, da er auf gleicher Höhe bleibt und das Fahrverhalten nicht zusätzlich beeinflusst. Hast du auf diese Weise eine passende Einstellung gefunden, kannst du anschließend versuchen, durch einen Einzelklick vorne oder hinten eine noch bessere durch Verschiebung des Gesamtschwerpunkts zu finden.

Und ein letzter Hinweis:

Es soll nicht verheimlicht werden, dass viele Biker über das Herumfuhrwerken am Negativfederweg die Nase rümpfen und es für den Alltagsbetrieb als weder relevant noch sinnvoll erachten, aber ebenso viele, die es eben doch praktizieren. Bisweilen scheint es zur Glaubensfrage auszuarten, aber sei es, wie es sei, es soll zumindest erwähnt werden und deinen Erfahrungen überlassen bleiben, zu welcher Gruppe du gehören willst.

Dämpfung

Mit der korrekten Einstellung der Federvorspannung verfügst du über eine gute Basis für das Dämpfungs-Setup des Federungssystems, das getrennt nach Dämpfung des Einfederungsverhaltens (die Feder wird zusammengedrückt, Druckstufe) und Dämpfung des Ausfederungsverhalten (Feder zieht sich auseinander, Zugstufe) erfolgt. In beiden Fällen (Druck- wie Zugstufe) werden durch Ventile regulierte Ölmengen durch Bohrungen innerhalb der jeweiligen Federkomponente (Gabel oder Federbein) gepumpt, um die Federbewegungen abzumildern.

Grundsätzlich gilt: Während die Druckstufendämpfung federunterstützend wirkt und dafür sorgt, dass ein Bike bei Bodenwellen, Kurvenwechseln und Bremsvorgängen nicht zu tief eintaucht bzw. die Federn auf Block gehen, bremst die Zugstufendämpfung den Ausfedervorgang ab und verhindert das Nachschwingen der gefederten Fahrzeugmasse. Allerdings: Mit einer Erhöhung der Dämpfereigenschaften sinkt gleichzeitig der Federungskomfort. Stöße werden schlechter absorbiert und Erschütterungen vermehrt ins Fahrwerk eingeleitet – was auf der anderen Seite wiederum die Rückmeldung über die Räder verbessert und einen intensiveren Kontakt zwischen Fahrer und Straße ermöglicht. Sportliche Fahrer präferieren deshalb oft eine Dämpfung, die tendenziell härter eingestellt ist – während entspannungsorientierte Cruiser eine tendenziell weichere bevorzugen.

Dämpfungs-Setup

In der Praxis verfügen alle Motorräder über individuelle, modellspezifische Kombinationen zum Einstellen der Druck- und Zugstufe an Front und Heck. Die Bandbreite reicht von ‚Zug- *und* Druckstufe hinten und vorne einstellbar' (hurra) über ‚*nur* Zugstufe oder ‚*nur* Druckstufe einstellbar' oder ‚nur hinten' oder ‚nur vorne' bis hin zu ‚überhaupt nichts'. Unter Umständen ist auch einzig eine Stellschraube für die Zugstufe vorhanden, über der die Druckstufe mit verändert wird (Verhältnis ca. 80 % in der Zugstufe zu 20 % in der Druckstufe).

Ferner existieren Gabeln, die links und rechts gleich aufgebaut sind, und solche, die unsymmetrisch daherkommen. Bei einigen regelt man dann links die Druck- und rechts die Zugstufe der Dämpfung, bei anderen nimmst du linksseitig über verschiedene Schrauben beide Faktoren in Angriff. Ebenso kann es sein, dass statt zwei Einsteller oben am Gabelholm nur einer oben (in der Regel die Zugstufe) und einer unten (meistens die Druckstufe) verbaut sind. Und dank der unerschöpflichen Kreativität der Ingenieure verhält es sich beim Federbein oft umgekehrt (Zugstufe unten, Druckstufe oben). Kurz: Ohne offizielles Handbuch kommst du nicht weit, weil praktisch nur dort die Einstelldetails und die werksseitig voreingestellten Grundwerte zu finden sind.

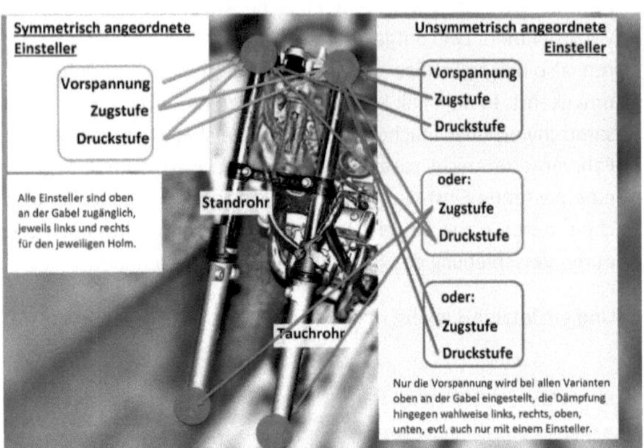

Konsultiere dein Handbuch, um in Erfahrung zu bringen, wo an deinem Bike welche Einsteller zu finden sind (hinten wie vorne).

Bei praktisch allen gleich sind die Einstellungsmechanismen über Stellschrauben mit Ventilfunktionen: Je weiter sie hineingedreht werden, desto enger wird der Durchmesser der Bohrungen, in denen das Dämpfungsöl fließt (und desto härter wird die Dämpfung). Je weiter du sie herausdrehst, desto weiter wird der Durchmesser der Bohrungen (und desto weicher die Dämpfung). Bei jedem neuen Wert rasten die Schrauben mit einem Klick ein.

Was ist die Telegabel-Druckstufe?

Beim *Einfedern* regelst du den hydraulischen Widerstand und damit die Einfedergeschwindigkeit über das Druckstufenventil, oft mit dem Schriftzug ‚com' gekennzeichnet, englisch für ‚compression'.

Die Druckstufe unterstützt die Federkraft der Gabelfedern, damit die Gabel beim Abbremsen oder schnellen Richtungswechseln zu schnell und zu weit eintaucht. Sie besitzt ebenso Einfluss auf die Stärke der Rückmeldung, die das Vorderrad von der Straße vermittelt.

Druckstufe erhöhen

Verkleinerst du den offenen Querschnitt des Druckstufenventils durch Hineindrehen der Schraube, verlangsamt sich die Einfedergeschwindigkeit, man spricht von einer langsamen (harten, geschlossenen) Druckstufe. Sie bewirkt, dass die Gabel weniger sensibel auf Bodenunebenheiten anspricht und sich ‚hart' anfühlt. Flotte Kurvenfahrten bspw. verlangen nach strafferen Werten. Die härtere Einfederung harmoniert mit höherer Vorspannung, stabilisiert in Schräglagen und gibt eindeutigere Rückmeldungen, gut für sportliche Fahrweisen sowie schwere FahrerInnen und fettes Gepäck.

Zu starke Dämpfwerte auf der anderen Seite lassen das Mopped auf schlechten, holprigen Fahrbahnen bockig wirken. Es federt Schlaglöcher, Bodenwellen, Querrillen ungenügend ab und reicht Stöße durch.

Im Extremfall (maximale Dämpfung) reagiert das Bike unsensibel, die Reifen neigen zum Rutschen oder Springen auf schlechten Straßen und es kann zum Lenkerschlagen kommen. Insgesamt verhält sich das Bike frontseitig unruhig und neigt in welligen Kurven zum Pendeln.

Druckstufe verringern

Erweiterst du den offenen Querschnitt des Druckstufenventils, beschleunigt dies die Einfedergeschwindigkeit. Die Gabel reagiert dann auch auf geringere Bodenunebenheiten und fühlt sich ‚weich' an. Je weiter du die Schraube herausdrehst, desto softer reagiert das Fahrwerk und steckt Bodenunebenheiten besser weg. Wird es *zu* weich, verliert die Gabel den Fahrbahnkontakt bei eng liegenden Bodenwellen und reagiert beim Ausfedern mit zu viel und zu schnellen Bewegungen. Insgesamt fehlt Rückmeldung *vom* und Gefühl *fürs* Vorderrad; hierzu gehört ebenso, dass Lastwechsel zu viel Federhub an der Gabel produzieren. In Kurven fühlt sich das Bike ‚schwammig' an.

Was ist die Telegabel-Zugstufe?

Die Zugstufendämpfung bremst das Ausfedern (= Ziehen) des Dämpfers und verhindert, dass die nach einem Stoß in der Feder gespeicherte Energie schlagartig weitergereicht wird und die Front nach oben reißt. Die Gabel würde unkontrolliert nachschwingen und das Vorderrad den Bodenkontakt verlieren.

Zugstufe erhöhen

Die Regulierung der Zugstufe erfolgt über das Zugstufenventil. Verengst du dessen Querschnitt durch Hineindrehen der Schraube, verlangsamt sich die Ausfedergeschwindigkeit, gut bei weit auseinanderliegenden Bodenwellen und wenn du vermeiden möchtest, dass die Ausfederenergie die Gabel unnötig nachschwingen lässt.

Die Schlitzschraube (evtl. Innensechskant) ist für die Zugstufe zuständig, der Außensechskant für die Vorspannung.

Wird die Zugstufe *zu hart* eingestellt, kann es bei mehreren aufeinanderfolgenden Bodenwellen passieren, dass die Federung in einer Position verharrt, unwillig reagiert und weitere Wellen nicht mehr absorbieren mag. Das Mopped wird unruhig, springt im Extremfall unkontrolliert von Kante zu Kante, neigt in welligen Kurven zum Pendeln und kann beim Bremsen auf schlechtem Fahrbahnbelag holpern.

Zugstufe verringern

Auf der anderen Seite: Öffnest du das Ventil, bewirkt dies ein schnelleres Ausfedern, womit die oben angesprochenen kurz aufeinander folgenden Unebenheiten ihren Schrecken verlieren, weil der jeweils folgenden Welle der volle Federweg wieder zur Verfügung stehen sollte. Fährst du häufig auf sehr schlechten Straßen, bietet es sich an, die Zugstufe vom Auslieferungszustand aus etwas weiter zu öffnen.

Übertreibst du es und stellst die Zugstufe *zu* weich ein, federt die Gabel zu weit aus, mit der Folge, dass der vordere Teil des Moppeds auf holprigen Straßen zu viel und zu schnell schwingt und Unruhe ins Bike bringt. Das Mopped wird instabil, fährt sich in Wechselkurven schwammig, produziert zu viel Federhub bei Lastwechsel und stört insgesamt die Rückmeldung vom Vorderrad.

Was ist die Federbein-Druckstufe?

Wie bei der Gabel unterstützt die Druckstufe beim Heck die Federkraft und verhindert, dass das Federbein beim kräftigen Anfahren, schnellen Richtungsänderungen oder Bodenwellen zu schnell und zu weit eintaucht. Sie besitzt ebenso Einfluss auf die Stärke der Rückmeldung, die der Hinterreifen dem Fahrer von der Straße vermittelt und erhöht die Haftung des Reifens in Kurven und beim Beschleunigen.

Die Druckstufe des hinteren Federung wird oft am Vorratsbehälter eingestellt, die Zugstufe an der unteren Aufnahme des Federbeins.

Druckstufe erhöhen

Verkleinerst du den offenen Querschnitt der Druckstufe durch Hineindrehen der Schraube, verlangsamt sich die Einfedergeschwindigkeit und bewirkt, dass das Federbein weniger sensibel auf Bodenunebenheiten anspricht und sich hart anfühlt. Gut für flotte Kurvenfahrten beispielsweise, da die härtere Einfederung in Schräglagen stabilisiert, das Durchschlagen des Hecks verhindert und eindeutigere Rückmeldungen erlaubt. Auch bei hoher Zuladung benötigst du eine straffere Druckstufe.

Zu hohe Dämpfwerte provozieren auf schlechten, holprigen Fahrbahnen ein unwilliges, bockiges Fahrverhalten. Das Federbein federt Schlaglöcher, Bodenwellen und Querrillen ungenügend ab und reicht Stöße durch. Das Heck wird unkomfortabel, im Extremfall kann das Bike auf schlechten Straßen mit Lenkerschlagen und springenden Reifen reagieren, in welligen Kurven mit Pendelbewegungen (auch abhängig von der Lowspeed-Dämpfung, siehe unten).

Druckstufe verringern

Erweiterst du den offenen Querschnitt des Druckstufenventils (bzw. der Ventile), beschleunigt dies die Einfedergeschwindigkeit. Das Federbein reagiert sensibler und fühlt sich weicher an.

Setzt du die Druckstufe am Federbein hingegen *zu* gering an, taucht das Bike bei langgezogenen sanften Bodenwellen und in Kurven hinten zu tief und zu schnell ab und du verlierst die Rückmeldung vom Rad (auch abhängig von der Lowspeed-Dämpfung, siehe unten). Ebenso vermindert sich dann die Hinterradhaftung beim Beschleunigen aus Kurven.

Was ist die Federbein-Zugstufe?

Die Zugstufendämpfung am Federbein bremst das Ausfedern und verhindert, dass die in der Feder gespeicherte Energie schlagartig weitergereicht wird und das Heck nachschwingt. Das Hinterrad bleibt am Boden. Wie bei der Druckstufe gilt aber, dass eine Veränderung oft anteilige Änderungen an der Druckstufe zur Folge hat, so dass bei starken Änderungen der Zugstufe die Druckstufe nachreguliert werden muss.

Zugstufe erhöhen

Ziehst du die Zugstufe durch Hineindrehen der Schraube an, verlangsamst du die Ausfedergeschwindigkeit und das Heck fühlt sich härter an. Übertreibst du es, kann das Bike auf schlechten, holprigen Fahrbahnen bockig reagieren, weil das Federbein kaum dazu kommt, den harten Bereich zu verlassen und vollständig auszufedern. Bodenwellen, Schlaglöcher und Querrillen werden aufdringlich wahrgenommen und das Fahrgefühl unkomfortabel. Im Extremfall springt das Hinterrad oder versetzt sich, das Motorrad wird unhandlich und neigt in welligen Kurven zum Pendeln.

Zugstufe verringern

Öffnest du das Ventil, bewirkt dies schnelleres Ausfedern und entschärft die genannten Fahrwerksprobleme bei aufeinander folgenden Unebenheiten. Das Federbein bekommt mehr Zeit, den vollen Federweg zurück zu erlangen. Bei zu wenig Zugstufe (= wenig Dämpfkraft beim Ausfederverhalten), können zu viele und zu schnelle Bewegungen hingegen das Heck unruhig machen und das Bike bei aufeinander folgenden Bodenwellen aufschaukeln. Die Rückmeldung vom Hinterrad lässt nach und in Wechselkurven kann das Fahrverhalten instabil und schwammig werden.

Zu beachten: Lässt sich die Federbeindämpfung über nur *eine* Schraube vornehmen, geht mit einer Erhöhung der Druckstufe auch eine Erhöhung der Zugstufe einher. Wird hier mehr Dämpfung benötigt (um beispielsweise Gewicht auszugleichen), bekommt man mit dem Zudrehen zwar mehr Druckstufe (was sie will), aber auch mehr Zugstufe. Im Extremfall federt das Federbein dann nicht mehr genügend aus und die Feder schlägt auf schlechten Straßen durch.

Was ist die High-/Low-Speed-Dämpfung?

Ein bislang vernachlässigtes Grundprinzip jeder Dämpfung ist, dass sie sich dynamisch verhält und umso stärker ansteigen muss, je schneller die Räder ein- oder ausfedern, weshalb die Schöpfer hochwertiger Federungssysteme darauf verfielen, sie getrennt in einem Low- und Highspeed-Bereich einstellbar zu machen. Hierbei regelt Lowspeed Federgeschwindigkeiten bis 80 mm/Sekunde (beispielsweise beim Anfahren, bei langen Sandwellen und sanften Sprüngen) und Highspeed den Rest bis etwa 450 mm/Sekunde (beispielsweise beherzt-aggressives Bremsen vor einer Kurve).

Hinweise: High-/Lowspeed sollte nicht in entgegengesetzte Richtungen geändert werden. Außerdem lässt sich der Dynamik wegen hier (auch von erfahrenen Monteuren) kaum eine Grundeinstellung einzig durch Drücken im Stand festlegen, sondern jede Änderung erfordert intensive Überprüfungen im Fahrbetrieb.

Generell lässt sich festhalten: *Zu* hohe Dämpfwerte im High- *oder* Lowspeedbereich begünstigen ein bockiges Fahrverhalten auf schlechten welligen, holprigen Fahrbahnen mit einem unangenehmen Heck. Im Extremfall erzwingt eine zu hohe Lowspeeddämpfung *hinten* gar Lenkerschlagen *vorne* sowie Pendeln, während die Reifen unter Umständen den Bodenkontakt verlieren.

Hinweise zum Dämpfungs-Setup

Möchtest du ein neues Dämpfungs-Setup für dein Bike zurechtbasteln, fahre die Federn zunächst über ein paar holprige Meter ein. Sie sollten für die Arbeiten warm und das Öl in der Gabel aufgeschäumt sein (dafür sorgt die Luftkammer).

Um ein Gefühl für die Dämpfung zu bekommen, steige mit folgenden Schritten in die Materie ein:

- Sorge für eine korrekte Federbasis.
- Stelle die Werkseinstellungen her, bzw. überprüfe, ob sie eingestellt sind, und bewerte ihre Dämpfungscharakteristiken. Hierzu drücke kräftig auf den Tank und analysiere die Einfedergeschwindigkeiten vorne und hinten.

Schritt 1: Federungsverhalten analysieren

- Federt die Maschine vorne und hinten gleich schnell ein und aus? Dann sind Druck- und Zugstufe hinten und vorne zumindest stimmig. Ob zu hart oder zu weich, ist eine andere Frage.
- Federt das Bike vorne schneller ein als hinten, ist die Druckstufendämpfung hinten stärker als vorne. Federt es *hinten* schneller ein, ist die Druckstufendämpfung vorne stärker als hinten.
- Federt das Motorrad vorne schneller aus als hinten, ist die Zugstufendämpfung hinten straffer als vorne. Umgekehrt: Federt es *hinten* schneller aus als vorne, ist die Zugstufendämpfung vorne straffer als hinten.
- Federt die Maschine an der Front oder dem Heck widerwillig aus, ist die jeweilige Zugstufendämpfung zu straff.
- Federt die Maschine an der Front oder dem Heck nach, ist die Dämpfung generell zu schwach ausgelegt.

Schritt 2: Dämpfung maximieren

Schließe Zug- und Druckstufe vorne und hinten komplett. Gehe hierbei von den Werkseinstellungen aus und drehe die Ventile Klick für Klick bis zum Anschlag zu (bei stufenlosen Einstellern zähle halbe Umdrehungen).

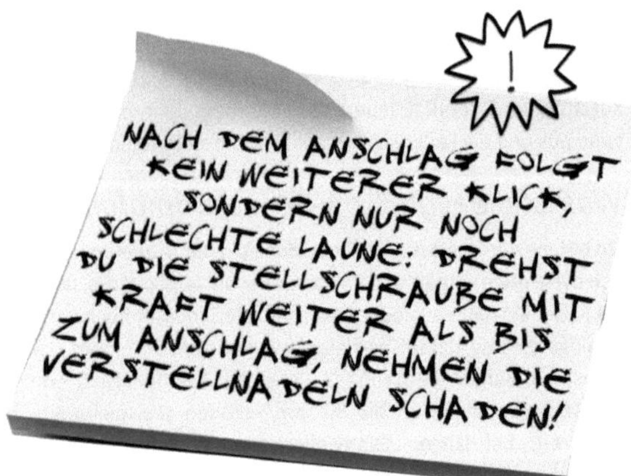

Merke dir die Anzahl der Klicks bzw. der halben Umdrehungen, damit du später im Notfall die originalen Einstellungen wieder herstellen kannst.

Drücke kräftig auf den Tank und bewerte die Ein- und Ausfedergeschwindigkeit. Wie fühlt sich das Bike jetzt an? Notieren!

Schritt 3: Dämpfung minimieren

Öffne Zug- und Druckstufe vorne und hinten maximal. Gehe wie vorher von den Werkseinstellungen aus und drehe die Schrauben Klick für Klick bis zum Anschlag auf.

Drücke erneut kräftig auf den Tank und bewerte wiederholt die Ein- und Ausfedergeschwindigkeit. Wie fühlt sich das Bike an? Ebenfalls notieren!

Schritt 4: Dämpfung variieren

Hast du deine Erfahrungen gemacht und niedergelegt, gehe zum Ernstfall über, zunächst trocken und im Stand:

1) Öffne das jeweilige Ventil komplett.
2) Schließe das Ventil einen Klick.
3) Zähle alle Klicks bis zum Anschlag (Ventil komplett geschlossen).
4) Stelle das jeweilige Ventil auf die Hälfte der Gesamtklicks ein (bei bspw. 30 Klicks also 15) und variiere von dort aus in die eine oder andere Richtung.

Notiere die Ergebnisse im Ein- und Ausfederverhalten, die ein Klick in die jeweilige Richtung bringt, und vergleiche sie. Lasse dir Zeit dabei, konzentriere dich zunächst auf eine Komponente (Gabel oder Federbein) und dann auf die andere.

Druckstufe Gabel: Stell' dich über oder neben dein Bike, ziehe die Handbremse und drücke die Gabel kräftig runter.

- Taucht sie für dein Gefühl zu weich und zu tief ein oder schlägt beim Fahren bis zum Anschlag durch, ist die Druckstufe zu weich eingestellt (Unterdämpfung). Greife zum Schraubendreher, stelle einen Klick mehr ein und teste erneut. Wiederhole die Prozedur bei Bedarf.
- Taucht die Gabel kaum ein, ist die Druckstufe überdämpft (zu stark ausgeprägt). Drehe die Schraube einen Klick zurück, teste erneut und wiederhole die Prozedur, falls notwendig.

Hinweis: Die Druckstufeneinstellung der Gabel ist im Stand nur mit Erfahrung einschätzbar. Fehlt Letztere, taste dich vorsichtig mit Fahrversuchen vorwärts. Hierzu wähle die Werkseinstellung, schaue, ob die Gabel bei harten Bremsmanövern zu tief eintaucht und erhöhe die Druckstufe, falls ja. Teste VORSICHTIG, da die Gabel auf Block gehen oder das Vorderrad springen kann, je nach Einstellung.

Druckstufe Federbein: Stell' dich hinter das Heck und drücke es kräftig runter.

- Taucht das Federbein für dein Gefühl zu weich und zu tief ein oder schlägt beim Fahren bis zum Anschlag durch, ist die Druckstufe zu weich eingestellt (Unterdämpfung). Stelle einen Klick mehr ein und teste erneut. Wiederhole die Prozedur bei Bedarf.
- Wird das Federbein nur marginal zusammengedrückt, ist die Druckstufe zu stark ausgeprägt (Überdämpfung). Greife zum Schraubendreher, öffne das Ventil einen Klick und teste erneut. Wiederhole die Prozedur bei Bedarf und achte bei zwei Federbeinen auf identische Werte.

Hinweis: Wie bei der Gabel kann die Druckstufenprüfung am Heck (insbesondere für Anfänger) schwierig werden, weil die Unterscheidung zwischen Federkraft, progressiv wirkenden Umlenkhebeln und straffer Druckstufendämpfung nicht allen leichtfällt. Dann sind mehrere Fahrversuche mit unterschiedlich angezogener Druckstufe notwendig.

Zugstufe Gabel: Stell' dich über/neben das Bike, ziehe die Handbremse an und drücke die Gabel kräftig runter.

- Federt sie sämig und ohne Verzögerung zurück, geht sie ein Ticken (nur einen) über die Ruhelage hinaus und kehrt ohne Nachschwingen in die Ausgangslage zurück? Dann Daumen hoch.

- Schwingt die Gabel hingegen mehrmals nach, ist die Zugstufe zu weich eingestellt (Unterdämpfung). Greife zum Schraubendreher, stelle die Schrauben (beide Holme gleich!) einen Klick vor und teste erneut. Wiederhole die Prozedur bei Bedarf.
- Umgekehrt: Federt die Gabel gelangweilt und träge aus, ist die Zugstufe zu stark angezogen (Überdämpfung). Stelle die Schrauben (beide Holme gleich!) einen Klick zurück und teste erneut. Wiederhole die Prozedur bei Bedarf.

Hinweis: Eine leicht unterdämpfte Gabel kann den Fahrkomfort erhöhen, ohne gleichzeitig große Stabilitätseinbußen zu provozieren.

Zugstufe Federbein: Stell' dich hinter das Heck und drücke es kräftig runter.

- Im Gegensatz zur Gabel muss das Federbein nicht unverzüglich zurückfedern und darf sich etwas Zeit lassen (nicht mehr als eine Sekunde). Federt es sämig zurück und knallt NICHT deutlich an den Anschlag, ist alles im grünen Bereich.
- Demgegenüber: Kehrt das Federbein verzögerungsfrei in die Ausgangsstellung zurück und prallt schlagartig nach oben, ist die Zugstufe zu weich eingestellt (Unterdämpfung). Greife zum Schraubendreher, stelle die Schraube einen Klick vor und teste erneut. Wiederhole die Prozedur bei Bedarf und vergiss nicht, bei zwei Federbeinen identische Werte einzustellen.
- Umgekehrt: Arbeitet das Federbein eher träge und benötigt mehr als eine Sekunde zum Ausfedern, steckt also in der Dämpfung fest, ist die Zugstufe zu stark angezogen (Überdämpfung). Greife zum Schraubendreher, stelle die Schraube (Schrauben bei zwei Federbeinen) einen Klick zurück und teste erneut. Wiederhole die Prozedur bei Bedarf.

Letzter Schliff

Die endgültige Feinabstimmung erfolgt auf jeden Fall auf der Straße. Drehe ein paar Runden mit üblicher Belastung und auf deinen Lieblingsstraßen und passe bislang trocken vorgenommene Einstellungen eventuell ein weiteres Mal an. Hast du das Gefühl, die Dämpfung der Federelemente ist jeweils optimal ausgerichtet, notiere dir die einzelnen Werte und/oder markiere die finale Position der Einsteller.

Zukunftsmusik

Ist deine Ersteinstellung stimmig, kannst du darauf aufbauend *unterschiedliche* Kombinationen von Druck- und Zugstufenwerten bei Gabel und Federbein ausprobieren. Wer weiß, vielleicht legt deine persönliche Ausstattung und Sitzposition es nahe, vorne einen Klick mehr oder weniger Druck- oder Zugstufendämpfung anzusetzen.

Mit viel Lust, Zeit und Interesse kannst du die gesamte Bandbreite durchexperimentieren, die Zug- und Druckstufen zur Verfügung stellen. Das schult das Gefühl für das Machbare! **Aber:** Nehme immer nur eine Änderung zurzeit und mit anschließender Probefahrt vor! Und haste weder Lust noch Zeit noch Geduld, lass' es lieber.

Gabeltuning

Gabelüberstand

Wie bereits angemerkt, lässt die Änderung der Fahrwerksgeometrie über die Vorspannung so manche Biker das Blut gefrieren, weil sie es für nicht zielführend halten. Erstaunlicherweise weichen viele dann aber kritiklos auf ein Verfahren aus, dass bei vielen Sportmotorrädern angewendet wird: dem Gabelüberstand. Hierbei werden die Gabelholme über eine gewisse Strecke (zuerst nicht mehr als 5 und nie mehr als 10 mm) *nach oben durchgestoßen*, um das Fahrzeugniveau zu beeinflussen, ohne dass sich die Anteile der Positiv- und Negativfederwege ändern. Dadurch senken sich die Front, die Fahrhöhe und der Gesamtschwerpunkt, der Lenkkopfwinkel wird steiler und Nachlauf sowie Radstand verringern sich; das Bike wird handlicher. Zieht man sie *nach unten durch* (nur bis auf Oberkante obere Gabelbrücke!), erhöhen sich Front, Höhe und Gesamtschwerpunkt, der Lenkkopfwinkel wird flacher und Nachlauf sowie Radstand erhöhen sich; das Bike wird tendenziell fahrstabiler.

Durchgesteckt sieht die Gabel nicht mehr so bieder aus – sollte man aber trotzdem nur mit Bedacht machen.

***Vorsicht:* Ein veränderter Gabelüberstand birgt Gefahren, weil die Fahrwerksgeometrie empfindlich gestört wird. Erhöhst du ihn bspw., lenkst du zwar agiler und handlicher in Kurven ein, benötigst aber weite Bögen im Kurvenausgang, unter Umständen zu weite ☹.**

Außerdem zu beachten: Ziehst du die Holme nach unten, können Brems- und andere Leitungen bei ausgefederter Gabel über Gebühr gestreckt werden und/oder den Lenkeinschlag blockieren (abhängig vom Lenker); der Federweg von Top-out-Federn verschärft das Problem. Stößt du die Holme über den erlaubten Wert hinaus zu weit nach oben, können Vorderrad oder Fender bei Vollbremsung gegen den Motor, den Kühler oder die Verkleidung schlagen, die Lenkung blockieren und Stürze hervorrufen. Auch die Bodenfreiheit wird geringer!

Hinweise zum Gabelüberstand

Mancher Landstraßenräuber im Kurvenfieber steht auf handliche Bikes mit kurzem Radstand und erhöht hierzu den Gabelüberstand, Geländefreaks ebenso (auf harten Böden mehr Überstand, auf weichen Böden und auf Schlammtouren weniger).

Unterstützt werden kann die Maßnahme durch Erhöhung der Federbein-Vorspannung und bzw. oder Senkung der Federvorspannung an der Gabel. In beiden Fällen ändert sich allerdings das Ansprechverhalten auf welliger Fahrbahn negativ.

Fürs Gasgeben auf schnellen Strecken feilt man umgekehrt am Geradeauslauf. Hierzu senkst du den Gabelüberstand, unter Umständen ergänzt durch Senkung der Federbein-Vorspannung und/oder Erhöhung der Federvorspannung an der Gabel.

Zum Verschieben der Holme nimmst du dir jede Seite separat vor und demontierst zunächst Vorderrad und Fender. Nur die Klemmungen der Gabelbrücken und Lenkerstummel zu öffnen, ist zu wenig, da das Gewicht des Bikes Druck auf die Gabelbrücken ausübt und dort Spannung aufbaut.

Im Einzelnen:

1. Gabelbrücken/Holme penibel säubern (fett- und ölfrei!). Lage und Positionen der Standrohre markieren (Überstand und Ausrichtung nach vorne).
2. Rad und Fender abbauen.
3. Eventuelle Lenkerstummel-Klemmungen lockern.
4. Klemmungen der oberen und unteren Gabelbrücken spannungsfrei lockern; die Holme dürfen nicht durchrutschen.

5. Klemmungen *eines* Holms öffnen, Holm verschieben, Klemmungen anziehen.
6. Klemmungen des zweiten Holms öffnen und Holm identisch zum ersten verschieben; Klemmungen anziehen.
7. Klemmungen der oberen und unteren Gabelbrücke nach Herstellerangaben anziehen. Hierzu gehört die Reihenfolge des Anziehens sowie das vorgeschriebene Drehmoment. (Ist das Drehmoment zu hoch gewählt, können sich die Gabelrohre verformen, die obere Gabelbrücke reißen und das Feder- und Ansprechverhalten verfälscht werden.)
8. Klemmungen der Lenkerstummel (falls vorhanden) mit empfohlenem Drehmoment anziehen.

Gabelöl

Einen kleinen Rettungsanker für die Besitzer von Bikes mit einfachen Gabeln bietet der Wechsel des verwendeten Gabelöls (siehe Seite 102), eine Maßnahme, die in gewissen Grenzen durchaus den einen oder anderen Upgradewunsch erfüllen kann. Mögliche Variationen sind hierbei Änderungen der Öl*viskosität* (höhere Dicke = mehr Dämpfung, geringere Dicke = weniger Dämpfung) und/oder Änderungen der Öl*menge* (mehr Öl = härtere Federung, weniger Öl = weichere Federung).

Ölviskosität

Über die Viskosität des Gabelöls gewinnst du Einfluss auf das Dämpfungsverhalten der Gabel. Ein eher dickflüssiges Öl (= hohe Viskosität) wie bspw. SAE 15 strafft die Dämpfung und bremst das Ein- sowie Ausfederungsverhalten, verlangsamt also die Gabel. Eine niedrige Viskosität wie SAE 5 beschreibt demgegenüber ein dünnflüssiges Öl für eine weichere Dämpfung und eine sensiblere Gabel.

Ist das Öl hingegen *zu* dickflüssig, bspw. SAE 30, riskierst du, dass die Fahrzeugfront bei heftigen Bodenwellen springt und trampelt. Tiefe Temperaturen verschärfen das Problem, da sich Gabelöl nur langsam erwärmt.

Was dickflüssigeres Öl hingegen NICHT bewirkt, ist eine Erhöhung der Federwirkung. Hierauf besitzt es keinerlei Auswirkungen – auch wenn dies oft behauptet wird. Schlägt die Gabel bei starken Bremsmanövern durch, bringt der Wechsel auf eine andere Viskositätsklasse deshalb meistens nichts, wenn die Ursache in einer zu weichen Feder liegt und nicht im Öl, das nur die Dämpfung beeinflusst.

Gabelöl ist erhältlich in Viskositätsstufen von SAE 2,5 bis SAE 30, wobei sich der untere Bereich gut im Winter macht (aber schwammig in Kurven sein kann). SAE 2,5, 5, 7,5 und 9 weist ein weiches Dämpfungsverhalten (ansteigend härter) auf, SAE 15 ein hartes und SAE 30 ein sehr hartes (eher für den Rennsport). **Allerdings:** SAE 10 bei Castrol ist nicht automatisch SAE 10 bei Liqui Moli, da es keinen gemeinsamen SAE-Standard wie beim Motoröl gibt. Womit sich auch die Winterempfehlungen relativieren, weil die Eignung von Hersteller zu Hersteller schwankt.

Am Ende des Tages schaffen nur individuelle Tests aussagekräftige Ergebnisse. Wer unsicher ist, hält sich an die Empfehlungen des Bike-Herstellers oder versucht, ein Öl zu finden, das dem nahe kommt (wenn das empfohlene Produkt nicht mehr hergestellt wird).

Ölmenge

Die Menge des Öls im Gabelholm bestimmt die Höhe der Luftkammer im Raum darüber, das sogenannte Luftpolster (zum Gabelölwechsel siehe Seite 102).

Im Gegensatz zum Öl, das nicht komprimierbar ist, unterstützt das Luftvolumen beim Einfedern die Federwirkung im letzten Drittel des Federwegs, wenn es zunehmend zusammengedrückt wird, und wirkt dem Durchschlagen der Federung (‚auf Block gehen') entgegen. Diese als Gasfeder bezeichnete Technik macht sich zunutze, dass die Federwirkung der Luft mit steigender Kompression zunimmt und vor dem Anschlag der Federwindungen bereits ihr Maximum erreicht hat.

Ändern lässt sich das Luftvolumen und damit die Gasfederwirkung durch einen höheren oder niedrigeren Ölstand. Einige Bikes verfügen auch über Schrauben am Gabelstopfen, mit denen die Luftkammerhöhe und so (in engen Grenzen) die Federkennlinie bei voller Einfederung verändert werden kann.

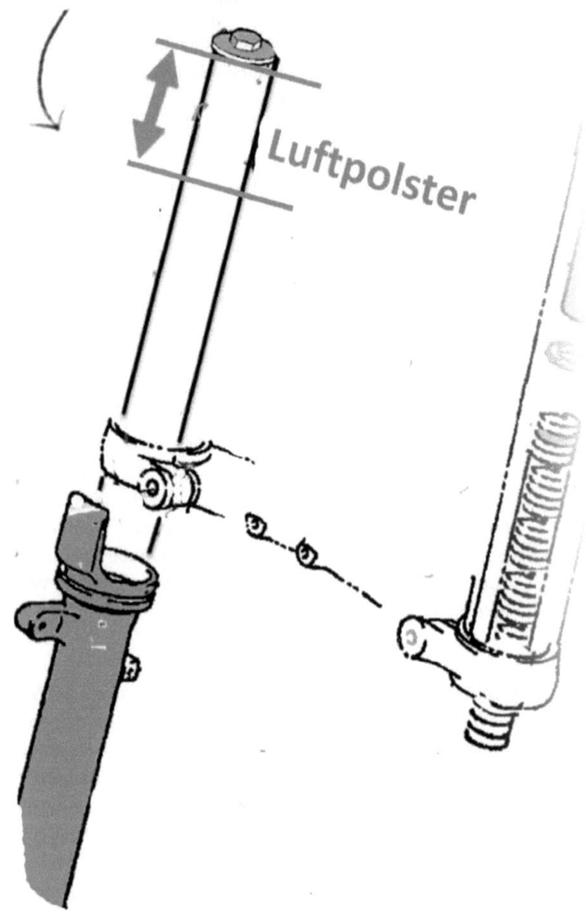

Hinweis: Das eingezeichnete Luftpolster besitzt nur Symbolcharakter und ist keine Blaupause! Die korrekte Angabe der pro Holm einzufüllenden Ölmenge findest du im Handbuch, entweder in Kubikzentimeter oder indirekt als Größe des Luftpolsters, gemessen in Zentimeter.

Füllst du mehr Öl ein als vorgeschrieben (= geringeres Luftpolster), wird die Federung im letzten Drittel härter und progressiver; umgekehrt wird sie weicher, wenn das Luftpolster größer wird (man also weniger Öl als empfohlen einfüllt). Ein hohes Luftvolumen von 130 Millimeter liefert beispielsweise wenig, ein geringes Luftpolster wie 80 Millimeter viel Federunterstützung.

Sind Gabelfedern zu hart, lässt sich das Ansprechverhalten abmildern, indem das Luftpolster vergrößert, also Öl entnommen wird. Dadurch ziehst du dem progressiven Verhalten im letzten Drittel ein wenig die Zähne (weil sich große Luftpolster leichter verdichten lassen als kleine), allerdings solltest du dich auf nicht mehr als 5 bis 10 Prozent Veränderung der originalen Federhärte einlassen.

Umgekehrt: Sind Gabelfedern zu weich und taucht die Gabel damit zu tief ein oder schlägt durch, wirkt ein kleineres Luftpolster (Ölstanderhöhung) dem entgegen. Ist das Luftpolster hingegen *zu klein*, verschlechtert sich das Fahrverhalten, weil die Federung gefährlich abblockt und die Front bei heftigen Bodenwellen springt. Auch kann ein zu hoher Druck beim Einfedern zu Undichtigkeiten am Holm führen.

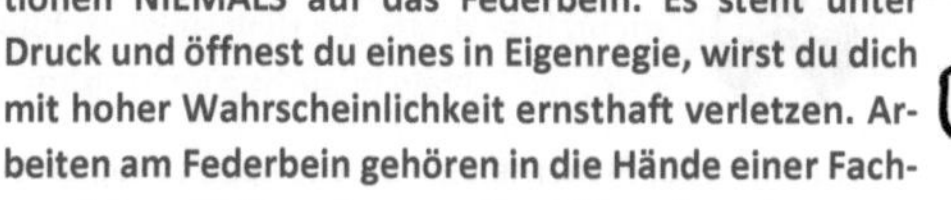

Übertrage die für die Gabel möglichen Manipulationen via Ölvariationen NIEMALS auf das Federbein. Es steht unter Druck und öffnest du eines in Eigenregie, wirst du dich mit hoher Wahrscheinlichkeit ernsthaft verletzen. Arbeiten am Federbein gehören in die Hände einer Fachwerkstatt oder erfahrenen Experten aus dem Offroadsport.

Nachrüstfedern 

Moderne Gabelfedern können durchaus als langlebig bezeichnet werden und genügsamen Naturen auch nach Überschreiten der 100.000-er Marke noch ausreichend funktionabel erscheinen.

Für andere zwingt sich ein Austausch allerdings regelrecht auf. Und der liegt nicht nur bei Altersmüdigkeit: Eine bereits ab Werk lasche Federung beispielsweise oder eine geringe Federhärte reichen, die Originalfedern durch progressive Ersatzfedern mit bis zu 30 % härteren Federraten aus dem Zubehörhandel ersetzen zu wollen (zum Federtausch siehe auch Seite 102).

Achte aber darauf, dass Nachrüstfedern explizit für dein Mopped ausgewiesen sind und mit ABE ausgeliefert werden, da die neuen Federn in etwa den Längen der originalen inklusive der Abstandshülsen entsprechen müssen. Erlaubt ist eine Toleranzabweichung bis maximal ein, zwei Zentimeter. Ist eine Austauschfeder hingegen zu lang, erhöht sich die Vorspannung entsprechend und die Gabel kann im Ansprechverhalten so hart werden, dass dich die erste Bodenwelle von der Straße holt. STURZGEFAHR!

Zur Überprüfung vor dem Einbau legst du die ausgebaute Originalfeder *inklusive* Originalhülse neben die neue. Ist Letztere so lang wie die alte Feder *samt* Hülse, wird sie *alleine* (ohne Hülse!) verbaut. Ist sie gleich lang wie die alte Feder, kommt die Abstandshülse wieder zum Einsatz.

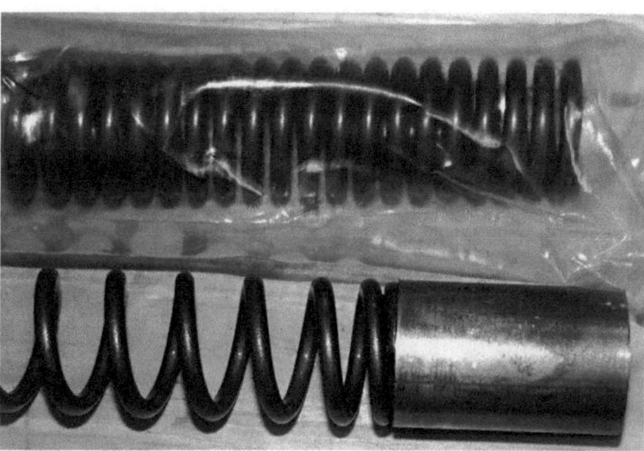

Die neue Feder (oben) ist länger als die Originalfeder, aber ca. 1 cm kürzer, wenn dessen Hülse aufgesetzt ist. Der Wert befindet sich aber innerhalb der Toleranz, und die neue Feder kann *ohne Hülse* verbaut werden.

Vorspannhülsen

Ein eher schlechter Versuch, weichen Federn mehr Härte abzugewinnen, ist die Verwendung von Vorspannhülsen an Bikes, die nicht dafür vorgesehen sind, seien sie selbstgedreht, von einem Rohr abgeschnitten oder von anderen Bikes geborgt. Manch verzweifelter Zweiradpilot setzt darauf in der Hoffnung, für Umme ähnliche Ergebnisse zu erzielen wie mit 100.- Euro teuren Nachrüstfedern.

Kannste versuchen, ist aber kacke. Die Fahrwerksgeometrie kann sich dramatisch zum Negativen ändern, die Gabel zum Durchschlagen neigen und der Betriebserlaubnis tut die Aktion auch nicht gut, da sie hierdurch erlischt.

Prinzipiell ist deshalb von derartigen Experimenten abzuraten, sie sind fragwürdig, wenig konstruktiv und nicht ungefährlich.

Verlängerte Federbeine 

In eine ähnliche Kategorie wie ein Paar durchgestoßener Gabelholme gehört die Vergrößerung des Federwegs hinten durch den Einbau verlängerter Federbeine. Vorausgesetzt, die Geometrien der Hinterradschwinge und der Federbeinumlenkung (falls vorhanden) lassen es zu, kannst du auf diese Weise das Heck ohne Änderung der Vorspannung anheben. Dadurch vergrößert sich die Schräglagenfreiheit, während die höhere Frontlastigkeit für eine veränderte Schwerpunktlage sorgt. Das Bike kann agiler bewegbar werden und einen aktiveren, sportlicheren Fahrstil erlauben.

Lenkungsdämpfer

Ein Lenkungsdämpfer dient der Unterdrückung von Shimmy-, Kickback- und Pendeltendenzen, die zu Fahrwerksunruhen und gefährlichen Situationen führen könnten.

Allerdings: Wirklich notwendig sind Lenkungsdämpfer im Prinzip nur, wenn sie bereits herstellerseitig verbaut worden sind oder empfohlen werden – was meistens nur bei sehr starken Maschinen der Fall ist. Zum Nachrüsten bei Fahrwerksproblemen bei normalen Alltagsbikes ist der Einsatz jedoch nicht von vornherein sinnführend.

Ja, sie können auskeilende Fahrwerke in den Griff bekommen und sowohl bei Lenkerflattern (Shimmy) als auch bei Lenkerschlagen (Kickback) Erleichterung bringen. Nein, sie verdecken in vielen Fällen nur die Ursache, denn besitzt ein Bike Probleme mit Lenkerschlagen, wird es Gründe dafür geben, meistens etwas, das sich mit einem Lenkungsdämpfer nur bedingt bändigen lässt (wie bspw. rettungslos verstellte oder defekte Fahrwerke). **Hinweis:** Im ‚Problemlöser Fahrwerk' erfährst du ab Seite 242 mehr über Shimmy, Hochgeschwindigkeitspendeln und Lenkerschlagen.

So oder so: Willst oder musst du einen Lenkungsdämpfer verbauen, achte darauf, dass du ihn nicht verspannt montierst und bei der Einstellung den Spagat schaffst, eventuelles Kickback effektiv unter

Kontrolle zu bringen, ohne die Dämpfkraft des Bauteils unnötig hoch zu schrauben.

Wie so oft, erkaufst du dir auch beim Lenkungsdämpfer einen Vorteil, indem du mit einem Nachteil an anderer Stelle bezahlst. Hier mit Handlichkeit und Lenkvermögen in langsamen, engen Kurven, die umso schlechter werden, je schneller du unterwegs bist und je straffer du zu diesem Zweck die Dämpfkraft justiert hast.

Zur korrekten Einstellung eines Lenkungsdämpfers gilt deshalb generell, damit die Maschine nicht (zu) schwergängig wird: So wenig Dämpfkraft wie möglich, so viel wie nötig.

Die Einstellung der Dämpfkraft des Lenkungsdämpfers erfolgt im Stand und NIEMALS während der Fahrt. Prüfe ferner immer *vor* dem Fahren, ob sich die Lenkung flüssig, blockierungsfrei und mit gleichmäßiger Dämpfkraft von Anschlag zu Anschlag bewegen lässt.

GABELARBEITEN

Hinweis: Die folgenden Hinweise können aufgrund der Vielfalt modellspezifischer Gabeltypen nur grundlegenden Dingen Rechnung tragen und keine bedenkenlos übertragbaren Blaupausen zur Reparatur und Wartung aller Gabeltypen liefern. Für dein Bike benötigst du ein modellspezifisches Werkstatthandbuch, das über alle notwendigen Schritte und Werkzeuge aufklärt und obendrein die richtigen Drehmomentwerte parat hält.

Zur Gabelwartung gehört eine regelmäßige Kontrolle auf Ölaustritt und Spiel des Lenkkopflagers (siehe Seite 161) sowie alle 24.000 Kilometer ein gründlicher Check des Lagers (Spiel einstellen und neu fetten). Meist alle 36.000 km oder alle drei Jahre wird darüber hinaus das Gabelöl gewechselt, zumindest bei normalem Gebrauch. Stehen häufige Kurzstrecken auf dem Programm, ein Ganzjahreseinsatz des Motorrads und/oder extreme Belastungen, solltest du entsprechend früher tätig werden. Bei gleicher Gelegenheit (oder bei Bedarf) können Simmerringe, Staubschutzkappen und evtl. die Gleitlager gewechselt werden, die Gabelfedern selbst hingegen nur bei Altersmüdigkeit oder Defekte. Wie bei Simmerringen, Staubschutzkappen und Gleitlager müssen dann die Holme zerlegt werden.

Hinweise zur Gabeldemontage

Bereite die Arbeiten vor:

Schütze den Tank mit einer Decke vor Beschädigungen und notiere, wie weit die Gabelholme oben aus der Gabelbrücke herausschauen (die ‚1' im Bild). Markiere ferner die Position der Standrohre (2), damit sie beim Wiedereinbau die gleiche Position zu den Tauchrohren einnehmen (viele Kilometer, Kantsteine etc. können Verformungen hinterlassen haben[07-6]).

Löse die taffsten Muttern im Vorfeld, belasse sie aber leicht unter Spannung: Vorderradachse (3), die oberen Gabelklemmschrauben (4) und (danach erst!) die Gabeldeckel (5). Letztere nur, falls die Holme ausgebaut und demontiert werden sollen.

Bocke das Motorrad so auf, dass Vorderrad und Gabel entlastet sind. Hast du nur einen Hauptständer, drücke die Maschine am Heck runter, bspw. mit am Boden oder der Hebebühne fixierten Zurrgurten, um die Gabel zu entlasten.

Mögliche Komponenten, die vor dem Ausbau der Gabel entfernt werden müssen, sind Standrohrschützer (falls vorhanden), Fender, Tachowelle und Scheinwerferhalterung (falls unverkleidet). Verkleidungen können in aller Regel montiert bleiben.

Lokalisiere und löse ferner die Bremsschlauchhalter an Gabel, Fender und/oder untere Lenkbrücke, löse ABS-Sensor (falls vorhanden) und Bremssättel und hänge sie gewichtsentlastet zur Seite.

Lasse einen Bremssattel NICHT an der Bremsleitung baumeln, löse NICHT die Hydraulikanschlüsse und achte darauf, die Schläuche nicht zu verdrehen oder zu knicken.

Quetsche zur Sicherheit ein Stück Pappe zwischen äußerem und innerem Bremsbelag und/oder blockiere den Bremshebel mit um den Griff gewickelte Lappen.

Der Lenker kann in der Regel wie der Bremssattel im Ganzen zur Seite gehängt werden, wenn er denn überhaupt demontiert werden muss. Zum Abbau löse die Lenkerklemmschrauben, befestige Seile an beiden Griffen und lasse den Lenker außer Reichweite von der Decke baumeln. Achte darauf, dass der Bremsflüssigkeitsbehälter waagerecht bleibt. Steht er zu schräg, kann Luft ins Bremssystem gelangen und die Bremse muss später entlüftet werden.

Sollen später die Gabelholme zerlegt werden, löse im Vorfeld die Gabel-Klemmschrauben (4) an der oberen Gabelbrücke mit zwei, drei Umdrehungen.

Anschließend löst du die Gabeldeckel (5), drehst sie aber nicht raus. (Später ist es kaum noch möglich, die Holmverschlüsse ohne dicke Backen zu lösen, während du jetzt entspannt die Gabelanschläge nutzen kannst, um die notwendige Kraft aufzubringen.)

Aufpassen: Verwechsle bei Gabeln mit Federvorspannern NICHT den *kleinen* Sechskant des Federvorspanners mit dem *großen* Sechskant des Gabeldeckels.

Zu guter Letzt baue das Vorderrad aus. Verliere keine Distanzstücke und lege das entnommene Rad NICHT auf die Bremsscheibe (Details zum *Radausbau* findest du in Sektion 08 ab Seite 123). Zur Holmentnahme löse die Klemmschraube (6) der unteren Gabelbrücke *eines* Gabelholms und lockere sie zwei, drei Umdrehungen. Halte hierbei das auszubauende Gabelbein mit einer Hand fest, so dass es nicht unkontrolliert wegrutschen kann. Ziehe das Gabelbein mit leichten Drehbewegungen nach unten heraus und wiederhole die Schritte am anderen Holm.

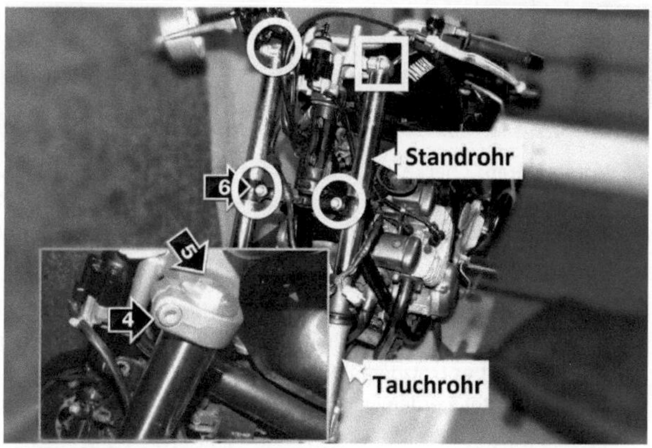

Sichtprüfe die Gabelholme auf Rostpickel im Eintauchbereich.

Rostpickel (wie krustige Dreckreste) schädigen auf Dauer die Simmerringe.

Checke ebenso auf Undichtigkeiten und Schäden an den Staubschutzkappen sowie an den unter den Kappen liegenden Simmerringen (dort, wo das innere Stand- in das äußere Tauchrohr gleitet). Hebele hierzu die Staubschutzkappe mit einem kleinen Schlitzschraubendreher vorsichtig aus dem Tauchrohr und schiebe ihn hoch.

Säubere die Holme und achte dabei auf feine Rostpickel und Materialausbrüche im Eintauchbereich, die die Simmerringe zerstören können. Rostpickel entfernst du mit feinem Schleifpapier.

Ob die Standrohre gerade sind, lässt sich mit einem nachweislich glatten Gegenstand überprüfen, beispielsweise einem Spiegel oder – besser – mit einer Messuhr.

Hinweise zur Gabelmontage

Reinige und entfette die Innenflächen der Führungsbuchsen der oberen und der unteren Gabelbrücke gründlich mit Spiritus oder Bremsenreiniger, ebenso die Gabelholme selbst (Achtung: Bremsenreiniger kann Flecken im Lack hervorrufen und Kunststoffe angreifen).

Stecke den linken Gabelholm unter leichten Drehbewegungen durch die untere und obere Gabelbrücke und ziehe die untere(n) Klemmschraube(n) handfest an. Die oberen bleiben locker. Wiederhole die Schritte mit dem rechten Gabelholm.

Achte darauf, dass beide Holme so hoch aus der Gabelbrücke herausschauen wie vor dem Ausbau und die Lageposition der Holme wie vorher ausfällt (dafür hast Abstand und Lage gemessen bzw. markiert). Hintergrund ist, dass Standrohre meist viele Kilometer mit vielen Remplern, Bodenwellen und Kantsteinen hinter sich haben und dabei minimale Verformungen als Anpassung vornahmen. Zeigen diese Anpassungen plötzlich in andere Richtungen, können sich daraus Änderungen im Fahrverhalten ergeben.

Zum Zusammenbau halte dich ferner an die Empfehlungen zur Gabelentspannung (siehe Seite 107). Ziehe dabei die Verbindungen mit den jeweils vorgeschriebenen Drehmomenten der Reihe nach und in kleinen Newtonmeter-Schritten fest. (Dein modellspezifisches Werkstatthandbuch kennt die notwendigen Drehmomente und eine eventuelle Anziehreihenfolge.)

In Kürze: Die unteren Gabelbrückenklemmschrauben (im Bild unten die ‚6') werden zuerst angezogen. Gehe hierbei in Schritten von etwa 5 Newton pro Schraube vor (also nicht auf Schlag mit dem vorgegebenen Drehmoment). Bis der Soll-Drehmoment erreicht ist.

Montiere Rad, Kotflügel und sonstige abgebauten Elemente an (nicht festziehen), entferne die Pappe aus dem Bremssattel, befestige ihn und achte darauf, dass alle Züge und Leitungen wie vorher verlaufen und nicht beim Lenken stören. **Wichtig:** Ziehe die Gabeldeckel bereits jetzt, also *vor* den oberen Gabelbrücken-Klemmschrauben fest, da Letztere die Gabeldeckel einklemmen. Entspanne die Gabel (S. 107).

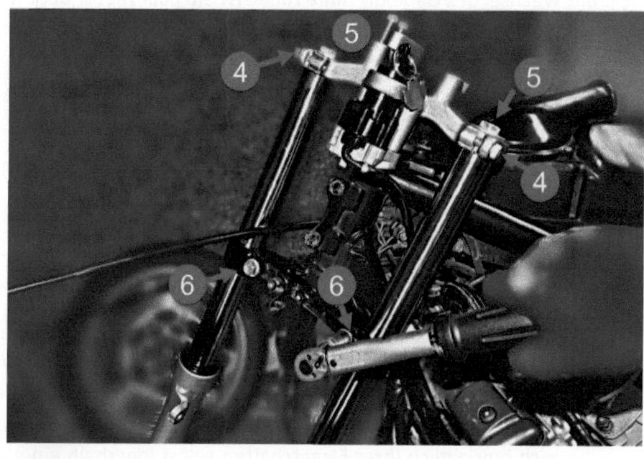

Beachte unbedingt das Maximaldrehmoment! Zu stark angezogene Schrauben können die Gabelbrücke reißen lassen .

Ziehe in der bei der Gabelentspannung angegeben Reihenfolge Achsschraube, Achsklemmschrauben sowie alle anderen gelösten Schrauben mit den jeweiligen vorgegebenen Drehmomenten fest.

Zur Gabelentspannung siehe ab Seite 107. bzw. ein entsprechendes Video (Verlinkung auf Seite 260).

Hinweis: Es wird ziemlich sicher eine Anziehreihenfolge auch für die Radachs-Klemmschrauben an beiden Holmen geben. Konsultiere dein Handbuch!

Entferne die Bremsgriffblockade und pumpe die Bremsbeläge wieder an die Bremsscheibe. Stelle sicher, dass während der Arbeiten keine Luft ins Bremssystem gelangt ist. Falls doch, muss die Bremse entlüftet werden.

Überprüfe alle Schraubverbindungen und die einwandfreie Verlegung von Kabeln, Schläuchen und Bowdenzügen. Reinige Reifen und Bremsscheibe sorgfältig, bevor du auf Probefahrt gehst, und mache während der Fahrt vorsichtig einige gezielte Bremstests.

Gabelöl- und Federwechsel

Das Gabelöl dient der Schmierung von inneren Führungen und Federn sowie als Arbeitsfluid für die Dämpfung (außer bei *Closed-Cartridge*-Gabeln, die über separierte Dämpfereinsätze mit abgeschlossenen eigenen Ölfüllungen verfügen und Gabelöl ausschließlich für Schmierfunktionen benötigen).

Wenig überraschend dabei: Gabelöl altert. Es wird mit der Zeit dünnflüssiger, verliert schleichend an Schmiereigenschaften und Dämpfungsleistung und lässt die ineinandergleitenden Gabelbauteile verschleißen. Um zu vermeiden, dass sich das Fahrverhalten verschlechtert, sollte das Öl deshalb in regelmäßigen Abständen erneuert werden.

Zum Wechsel des Gabelöls fahre zunächst ein paar Meter über holpriges Gelände, um die Gabel anzuwärmen. Zurück in der Garage bereite das Bike vor (siehe weiter vorne den Abschnitt zum Ausbau der Gabelholme) und vergiss nicht, den Tank mit einer Decke oder Schaumstoff abzudecken, um Beschädigungen vorzubeugen.

Hinweis: Achte auf einen sauberen Arbeitsplatz. Es darf auf keinen Fall beim Leeren und Neubefüllen Schmutz in die Holme gelangen, der die feinen Ölkanäle verstopfen könnte. STURZGEFAHR!

Beachte ferner folgende Regeln:

- Stehen keine Experimente hinsichtlich Viskosität und Ölmarke auf dem Plan, sollte das vom Hersteller vorgeschriebene Gabelöl verwendet werden. Konkurrierende Produkte unterscheiden sich hinsichtlich ihrer Eigenschaften selbst innerhalb einer Viskositätsklasse von Anbieter zu Anbieter.
- Stehen ebenso keine Experimente hinsichtlich des Luftpolsters an, halte dich bei der Neubefüllung an die angegebene Menge.
- Das alte Öl sollte restlos ablaufen können; idealerweise lässt du die Holme über Nacht austropfen.
- Kontrolliere zum Abschluss der Arbeiten die Höhe des Luftpolsters. Selbst wenn du beide Holme exakt gleich befüllt hast, kann der Ölstand pro Holm unterschiedlich hoch ausfallen, weil sich trotz aller Sorgfalt ungleich viel Restöl in den Holmen befand.
- Reinige die inneren Teile und Wände nur dann, wenn sie ausgebaut vorliegen – und auch nur mit fusselfreien Lappen. Groben Verschmutzungen außen kannst du mit Vielzwecköl und maximal sehr feinem Schleifvlies beikommen.

Je nach Motorrad und Baujahr stehen dir verschiedene Wege zur Verfügung, das alte Gabelöl abzulassen: über eine Ablassschraube, via Abpumpen (nicht so gründlich) oder durch Ausschütten. Der Federwechsel kann quasi nebenbei erfolgen, da der Holm eh geöffnet ist.

Ölwechsel über Ablassschraube

An Vintage-Bikes bis in die 90-er des letzten Jahrtausends lassen sich Ölwechsel und/oder der Austausch der Gabelfedern relativ zügig vornehmen, da die bis zu diesem Zeitpunkt verbauten Holme über Ölablassschrauben verfügen. Sie können also am Bike dranbleiben, wenn man das so will.

Vorab klären: Checke, ob der Abstand zwischen Gabeldeckel und Lenker ausreicht, die Deckel auszuschrauben. Bedenke, dass du die Deckel später gegen den Federdruck auch wieder reindrehen musst.

Stört der Lenker, löse die Lenkerklemmen und hänge ihn im Ist-Zustand an die Decke. Achte darauf, dass der Bremsflüssigkeitsbehälter dabei gerade bleibt, damit keine Luft ins Bremssystem eindringen kann. Passiert es trotzdem, muss die Bremse nach Abschluss der Arbeiten entlüftet werden.

Mache dich ferner im Werkstatthandbuch über die Art der verbauten Gabel schlau, damit es keine Überraschungen gibt, wenn du nach dem Öffnen Teile entnimmst.

Hinweise zur Vorbereitung

Sind die Voraussetzungen geklärt und für OK befunden, löse die Vorderrad-Achsmutter, die Klemmschrauben der oberen Gabelbrücke und danach die Gabeldeckel, drehe die Schrauben aber nicht raus.

Der Gabelölwechsel über eine Ablassschraube ist der schmerzfreieste, aber auch der unpräziseste Weg.

Bocke das Mopped auf, so dass Vorderrad und Gabel entlastet sind. Entferne Fender und (falls notwendig) die Tachowelle sowie sonstige Bauteile, die stören könnten (bspw. Scheinwerferhalterungen).

Baue das Rad aus (siehe hierzu Sektion 08 ab Seite 123), um die Holme beim Ölablassen und Öleinfüllen vernünftig durchpumpen zu können.

Hinweise zu den Holmen

Schraube den Gabeldeckel mit leichtem Gegendruck aus (verwechsle ihn nicht mit dem kleinen Sechskant der Federvorspannung). Nehme bei herkömmlichen Gabeln eine Nuss zur Hilfe, wenn der Verschluss durch die darunter liegende Gabelfeder unter Spannung steht.

Da sind jetzt keine dramatischen Kriegsszenen mit brutalen Verletzungen zu erwarten, wenn du die Gabeldeckel mit einem einfachen Maulschlüssel öffnest, es kann aber durchaus sehr unangenehm im Handteller werden und/oder Bauteile in alle möglichen Richtungen

davonschießen lassen, wenn du nicht aufpasst. (Bei moderneren Gabeln schraubst du in vielen Fällen den Verschluss einfach nur ab.)

Ist der Deckel entfernt, entnehme die zugänglichen Bauteile wie Dichtring, Distanzstück oder Federvorspannhülse, Federsitz, Scheiben und Gabelfeder.

Inspiziere die Teile und merke dir die Entnahmereihenfolge sowie die ursprünglichen Einbaulagen. Zeigt eine Rundung beispielsweise nach innen oder außen und liegt die enge Windung der Feder unten oder oben, müssen die Komponenten genauso wieder eingebaut werden.

Lege die Teile auf saugfähiges Papier, saubere, fusselfreie Lappen oder in eine gereinigte Schüssel und lasse sie abtropfen. Achte darauf, dass wieder einzubauende Teile auf keinen Fall verschmutzt werden und dass du jeden Holm separat für sich behandelst, damit später keine Teile des einen Holms aus Versehen beim jeweils anderen verbaut werden.

Sauberkeit ist oberstes Gebot, weil du nicht möchtest, dass Restdreck die feinen Kanäle des Dämpfers verstopft.

Hinweise zum Ölwechsel

Öffne die Ablassschraube und lasse das Öl ab. Pumpe mit dem Tauchrohr so lange, bis sich kein hydraulischer Widerstand mehr aufbaut und kein Öl mehr austritt.

Schraube die Ablassschraube temporär ein, opfere etwas frisches Gabelöl und pumpe mithilfe des Tauchrohrs erneut durch, um Ablagerungen und Schwebereste zu erfassen. Öffne die Ablassschraube und lasse auch das Reinigungs-Öl ablaufen.

Reinige die entnommenen Teile mit fusselfreiem Tuch und inspiziere sie auf Ablagerungen und Beschädigungen. Wiederhole die vorgenommenen Schritte am anderen Gabelholm. Zum Öleinfüllen selbst siehe Seite 104; die Rückmontage erfolgt umgekehrt zu vorher.

Ölwechsel durch Auspumpen

Fehlt die Ablassschraube, kann das Öl einer einfachen Gabel mit Dämpferkolben mittels einer handelsüblichen Vakuumpumpe (oder einer großen Spritze) und einem Schlauch von oben abgesaugt werden. Der Schlauch darf nur nicht zu kurz sein, um auch an das Öl am Grund des Tauchrohrs ranzukommen.

Zur Vorgehensweise hältst du dich an die Beschreibungen zum Entleeren via Ablassschraube. Der einzige Unterschied besteht darin, dass du, statt das Öl unten abzulassen, es von oben über den geöffneten Gabeldeckel absaugst. Vergiss nicht, ein paar Pumpbewegungen mit dem Tauchrohr auszuführen, um zu verhindern, dass altes Öl im Holm verbleibt, und opfere auch hier etwas frisches Öl, um die Schwebereste zu erfassen. Zum Öleinfüllen siehe Seite 104; der Rückbau der entnommenen Teile erfolgt umgekehrt zur Demontage.

Ölwechsel bei Holmdemontage

Ist eine Ablassschraube nicht vorhanden, dir das Abpumpen von oben nicht sorgfältig genug oder konstruktionsbedingt nicht möglich, baue die Holme aus und zerlege sie teilweise (oder bringe sie komplett in eine Werkstatt, damit sie überarbeitet werden können).

Hinweis: Während die Teilzerlegung bei einfachen Gabeln noch relativ easy von der Hand geht, spielt bei komplizierteren auch genügend Talent und Erfahrung eine Rolle. On top benötigst du Spezialwerkzeug (Eintreiber, Gabelfederspannner, Anschlagplatten und eine spezifische Reparaturanleitung sowieso.

Insbesondere Gabeln mit Einstellern für Federvorspannung und Dämpfung lassen eine Demontage ohne spezielle Hilfsmittel schnell zur Murksveranstaltung verkommen, mit Fehlern, die fatale Folgen haben können. Selbst winzige Scharten im Bereich der Dichtringe reichen, das Standrohr in den Müll zu befördern; du würdest die Stelle schlichtweg nicht mehr dicht bekommen. Ebenso können kleinste Schmutzpartikel beim Arbeiten am offenen Holm ins System gelangen, dort die feinen Bohrungen verstopfen und die Dämpfung lahmlegen.

Auf jeden Fall benötigst du ein modell-spezifisches Reparaturhandbuch, wenn du den Eingriff wagen willst.

Beherzige aber auch dann die folgenden Ratschläge:

- Nehme dir jeden Holm einzeln vor, um Verwechselungen beim Rückbau auszuschließen. Eine links ausgebaute Federvorspannhülse sollte auch wieder links verbaut werden.
- Behandele die Einzelteile einer zerlegten Gabel wie rohe Eier, insbesondere das innere Standrohr und den Sitzbereich des Simmerrings im Tauchrohr.
- Klemmst du den Holm in einem Schraubstock, dann nur an Achsfaust oder Bremshalterung und durch Alubacken geschützt, idealerweise mit Lappen umwickelt zur besseren Druckverteilung. Klemme den Holm nicht direkt am Stand- oder Tauchrohr ein! Das zerstört das jeweilige Bauteil!
- Drehe bei Holmen mit Federvorspannern die Einstellschraube *bis zum Anschlag* heraus, aber NICHT darüber hinaus. Merke die Klicks, wenn du die alte Einstellung wiederherstellen möchtest.
- Sei beim Kippen des offenen Gabelbeins vorsichtig, da innere Teile herausfallen können (abhängig vom Modell). Setze das Gabelbein möglichst horizontal an und erhöhe die Schrägung langsam.
- Merke dir Reihenfolge *und* Einbaulage entnommener Teile und lege sie nach der Reinigung abgedeckt auf eine *saubere* Unterlage.
- Pumpe mit den Rohren, um alles Öl herauszubekommen, und spüle mit frischem Gabelöl, um Schwebereste zu erfassen. Wenn sich kein hydraulischer Widerstand mehr aufbaut, ist das System größtenteils geleert. Steht genügend Zeit zur Verfügung, lasse das Öl über Nacht austropfen, damit das stärker verschmutzte Öl am Boden abfließt.

- Inspiziere das alte Öl. Ist starker Abrieb erkennbar und/oder hast du beim Pumpen zähen Ölschlamm mit hinausgedrückt, müssen die Gabelbeine komplett zerlegt und gereinigt sowie verschlissene Teile ersetzt werden (siehe nächste Seite).
- Verzichte auf blindes Durchspülen eines Holms mit Waschbenzin, Dieselöl oder Bremsenreiniger, um die Komplettdemontage und Reinigung zu sparen. Selbst nach zwei Tagen Auslüften und trotz Ausblasens mit Druckluft verbleiben in aller Regel Rückstände des verwendeten Mittels im Gehäuse und können sich mit dem frischen Öl vermischen. Zum anderen erlaubt die Spülung keine Einschätzung der Simmerringe und Gleitbuchsen.
- Inspiziere alle Teile auf Beschädigungen, auch den O-Ring des Gabeldeckels, der nicht porös, gerissen oder anders beschädigt sein darf.

Hinweise zum Öleinfüllen

Sind Teile wie Standrohr, Gleitlager und Dämpferelemente aus dem Tauchrohr entnommen worden, setze alles wieder ein – je nach Hersteller *mit oder ohne Gabelfeder und Elemente*, die oberhalb der Feder liegen.

Drücke das Standrohr bis zum Boden des Tauchrohrs ein (meistens bis Stahl auf Stahl fühlbar wird) und halte Öl, Messbecher, Zollstock und Feder bereit. Richte den Holm (beispielsweise in einer Schraubzwinge) senkrecht aus und fülle etwas weniger als die vorgeschriebene Menge frisches Öl ein, wie gesagt *ohne* eingesetzte Feder.

Um Lufteinschüsse aus dem System zu bekommen, pumpe mehrmals mit Standrohr und/oder Dämpferstange (abhängig vom Modell) langsam das Öl über den gesamten Hub – bis beim Herausziehen ein deutlicher Widerstand spürbar wird. Dies sollte nach 20 – 30 vollständigen Pumpaktionen der Fall sein. (Gehe hierbei langsam vor, weil das Öl sonst zu stark aus den Dämpferbohrungen herausgepresst wird und sich unkontrolliert in der Gegend verteilt.)

Unabhängig davon, wie exakt du die Mengenangabe beim Befüllen eingehalten hast, ist das vom Hersteller vorgeschriebene Luftkammervolumen (ohne Feder) die eigentlich maßgebliche Größe (weil sich beispielsweise unterschiedlich große Restmengen Öl in beiden Holmen befinden können). Um das verbliebene Luftvolumen zu überprüfen, führe einen Zollstock oder ein Messgerät in das eingetauchte und fixierte Standrohr. (Solch ein Messröhrchen samt Absaugschlauch erhältst du relativ günstig bei den üblichen Verdächtigen.)

Beispiel: Ein Luftpolster soll laut Hersteller bei 142 Millimeter liegen. Stelle das Messgerät auf diesen Wert ein, schiebe es in das Standrohr und sauge überflüssiges Öl ab.

Hast du nur einen Zollstock, verfährst du ähnlich: Führe ihn exakt 150 Millimeter tief ein (gemessen von der Oberkante des Standrohrs) und lese anschließend die Stärke der Ölmarkierung ab. Beträgt sie beispielsweise 10 mm, muss die Öloberkante bei 140 mm liegen und es fehlen 2 mm (dies ist immer noch das Beispiel von oben mit 142 mm!). Fülle Öl in kleinen Schritten nach (am besten mit Spritze) und messe erneut. Aber Achtung: Befinden sich die Gabelbeine in Schräglage, bedenke, dass der Ölstand ebenfalls einen schrägen Winkel aufweist, den du in deine Messung einbeziehen musst.

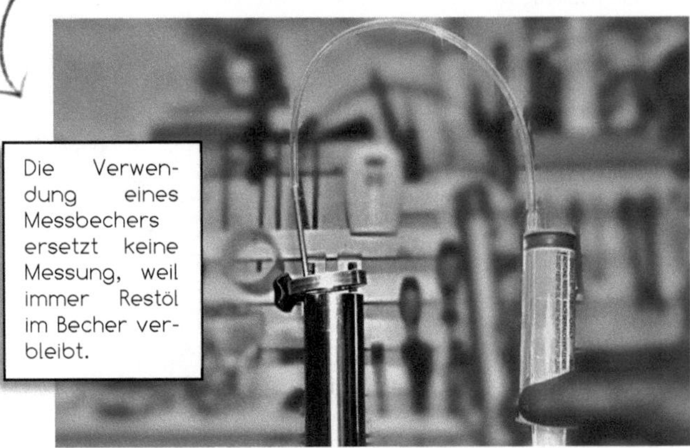

Die Verwendung eines Messbechers ersetzt keine Messung, weil immer Restöl im Becher verbleibt.

Hinweise zum Rückbau

Stimmt der Ölstand, setze die (neue) Feder ein und baue den Holm wieder zusammen (Reparaturhandbuch konsultieren!). Achte dabei auf Folgendes:

- Setze Feder, Federsitze, Vorspannhülsen und Scheiben in richtiger Reihenfolge und Einbaulage in den jeweiligen Holm ein.
- Beachte beim Einsetzen, dass die originale Feder mit der engen Windung in die Richtung zeigen muss, die der *Motorrad*-Hersteller, eine progressiv gewickelte Nachrüstfeder hingegen in die Richtung, die der *Feder*-Hersteller vorgesehen hat.

Um bei einfachen Gabeln den Gabeldeckel gegen den Federdruck anzusetzen, ist Fingerspitzengefühl gefragt.

Setze eine Nuss oben auf den Gabeldeckel und drücke das Konstrukt so runter, dass das Gewinde möglichst umgehend fasst.

Die Verschlussschraube muss gerade aufgesetzt und der richtige Punkt im Standrohrgewinde gefunden werden, damit sie fasst und nicht verkantet (und so das leicht zerstörbare Aluminiumgewinde beschädigt). Eine aufgesetzte Nuss kann die Aktion einfacher gestalten.

Schiebe die fertigen Gabelholme durch die Gabelbrücken, ziehe die unteren Gabelbrückenklemmschrauben handfest an und anschließend den Gabeldeckel mit dem vorgegebenen Drehmoment. Bevor du aber die restlichen Verbindungen anziehst, entspanne die Gabel (siehe Seite 107). Erst danach komplettiere den Rückbau und ziehe alle Verbindungen mit den vorgegebenen Drehmomenten an (zu den Details siehe Seite 101).

Überprüfe die Gabelfunktion bei maximaler und minimaler Dämpfkraft und stelle bei jenen mit Einstellern die ursprünglichen Werte der Dämpfung und Federvorspannung wieder her oder erneuere dein Setup (siehe Seite 87).

Simmerringe

Alle Simmerringe verfügen über dichtende Gummilippen und Federn, die das Gummi auf die gegenüberliegende Seite pressen. Die Federn ermüden, das Gummi härtet aus und das Zeug, das drinnen gehalten werden soll, tritt aus. Im Fall der Gabel macht sich das zunächst als dünner Ölfilm auf dem Gabelholm bemerkbar und später als nicht mehr ignorierbare Tropfen.

Hinzu kommt, dass Gabelholme unter Dauerbeschuss von Insekten und Schmutz stehen, die als Ablagerungen beim Eintauchen der Gabel wie Schmirgelpapier an den Gummilippen arbeiten und für ein vorzeitiges Verfalldatum sorgen. Rostpickel und Materialausbrüche an den Holmen besitzen den gleichen Effekt. Die möglichen Folgen: Das Fahrverhalten leidet, austretendes Öl kann auf die Bremsscheibe tropfen und der Austausch der Simmerringe wird fällig – an beiden Holmen gleichzeitig, auch wenn nur einer betroffen ist.

Nicht notgedrungen leckgeschlagen: Ringe aus Dreck und Reinigungsmitteln können falschen Alarm auslösen ....

Simmerringe schützen und säubern

Willst du nicht die Holme nach jeder Ausfahrt putzen müssen, bieten sich Faltenbälge an, die Eintauchbereiche sauber zu halten und Simmeringe gegen vorzeitigem Verschleiß zu schützen. Und für jene, die Faltenbälge aus visuellen und arbeitstechnischen Gründen (müssen am freigelegten Holm angebracht werden) ablehnen, hält der Handel kleine Windabweiser aus Plastik bereit. Diese können auf die Schnelle mit Kabelbindern am Tauchrohr befestigt werden und schützen die Stand-rohre effektiv vor Dreck von vorne, was zumindest auf der Straße bekanntlich auch die häufigste Richtung ist, aus der er kommt.

Wie Faltenbälge nicht zwingend optische Highlights, aber wirkungsvoll: Schmutzfänger für die Standrohre

Ab und an die Simmerringe an den äußeren Rändern zu säubern, hilft ebenfalls, denn nicht jede vermeintlich leckende Gabel verlangt gleich nach einem Austausch. Oft handelt es sich nur um einen leichten Ölfilm, der eher auf wenig Pflege denn auf defekte Dichtungen beruht.

Staub, Straßenschmutz und Insektenreste, die sich auf dem Holm absetzen, werden mit der Zeit durch die Auf- und Ab-Bewegungen der Gabel in den Bereich hinter den Staub- und vor den Simmerringen befördert und sammeln sich dort an. Ab einer bestimmten Menge dringt der Dreck weiter nach innen vor und lagert sich zwischen der Gummilippe des Simmerrings und der Holmwand an, wo er mikroskopische Unebenheiten provoziert, durch die minimale Mengen Öl nach außen dringen können. Meistens bleibt es bei einem dünnen Ölnebel, in der Summe nimmt die Verschmutzung aber zu.

Abhilfe: Hebele Staubkappe und Sicherungsring ab, säubere den Bereich und presse einen Dichtringreiniger in den Raum zwischen Simmerring und Gabelholm. Dies ist ein dünnes Plastikteil, bspw. von *sealmate.net*. Alternativ können dünne Plastikkarten herhalten. Zur Anwendung: Drücke die (dünn eingeölte) hakenförmige Seite in den Raum zwischen Simmering und Metall und führe sie so um den Holm herum, dass der Haken den Dreck nach außen befördert. Achte darauf, dass die Hakenschrägung den Schmutz *nicht* in den Innenraum presst (dann drehst du falsch herum).

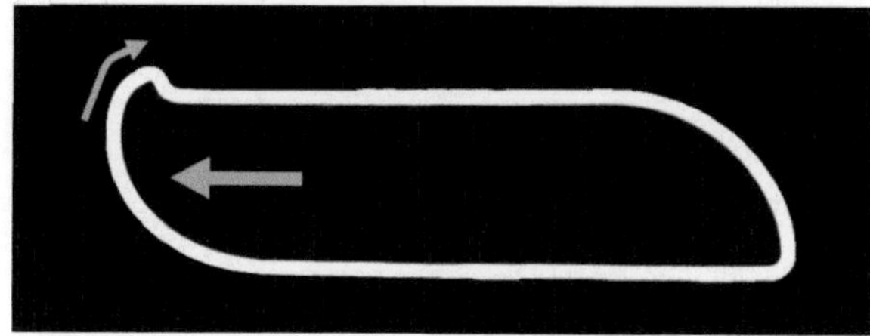

Hinweis: Die Aktion wird unter Umständen nicht viel Dreck herausholen, aber die Wände des Dichtrings glätten und so für eine gewisse Zeit wieder abdichten.

Die Staubkappe lässt sich mit einem dünnen Gegenstand abhebeln und leicht nach oben ziehen.

Der Sicherungsring wird mit einem Schraubendreher ausgehebelt. Sei vorsichtig, das Rohrmaterial ist relativ weich und Kratzer sind übel für die Lebensdauer des Dichtrings.

Hinweise zum Wechsel der Simmerringe

Zum Austausch der Simmerringe musst du die Holme ausbauen und das Öl abkippen (siehe ab Seite 100). Ist das geschehen, kommt dein Reparaturhandbuch erneut zum Einsatz, weil es dir erklären muss, wie du deine Holme *komplett* zerlegst.

Bei einfachen Gabeln beginnst du mit Staubschutzkappe und Sicherungsring ...

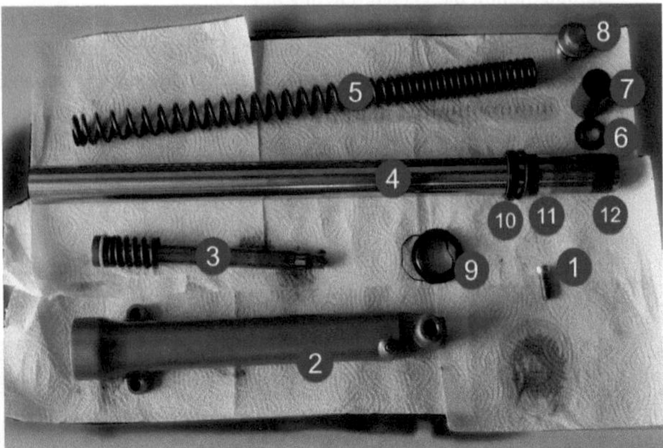

Dämpferschraube (1), Tauchrohr (2), Dämpferkolben (3), Standrohr (4), Feder (5), Federsitz (6), Distanzhülse (7), Gabeldeckel (8), Staubschutzkappe/Sicherungsring (9), Simmerring (10), innerer Gleitring (11), äußerer Gleitring (12).

... und fährst fort mit der Trennung des inneren Stand- aus dem äußeren Tauchrohr – die aber tricky werden kann, wenn sich die Innensechskantschraube, die Dämpferstange (oder Dämpferkolben) und Tauchrohr von unten her zusammenhält, beim Lösen mitdreht.

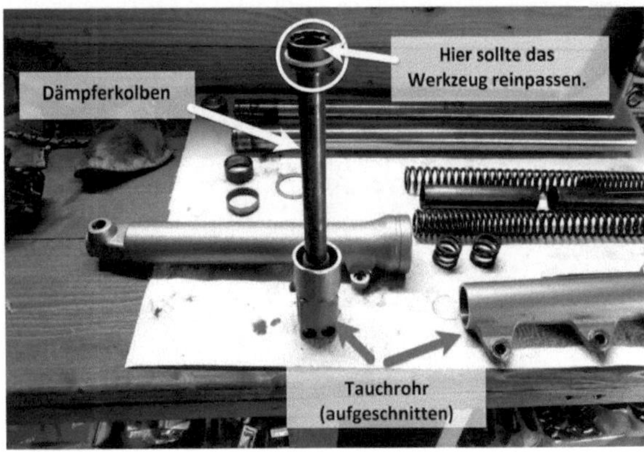

Der Dämpfer sitzt im Tauchrohr; die Schraube hält von unten gegen.

In dem Fall versuche Folgendes:

Tipp 1: Sei gleich schlau und löse die Schraube bereits *vor* der Demontage, also am noch angebauten Holm. Drehe sie nur nicht komplett raus, da Öl austreten wird.

Tipp 2: Ist der Holm bereits ausgebaut und teilzerlegt, finde einen passenden Aufsatz, der von oben in das Standrohr und dort direkt in den Kopf des Dämpfers eingeführt werden kann.

Bei einigen Modellen reicht ein langer Gewindebolzen mit zwei aufgeschraubten 24-er Muttern, in den Foren zu deinem Modell solltest du ähnliche Hinweise finden. Wichtig ist, dass der Aufsatz möglichst gut sitzt und der Bolzen lang genug ist (sehr wahrscheinlich mehr als 40 cm). Damit kannst du dann den Dämpfer am Mitdrehen hindern.

Tipp 3: Hast du nicht genügend Verlängerungen oder keinen passenden Aufsatz, baue den Holm trocken wieder zusammen und hoffe, dass die gespannte Gabelfeder den Dämpferkolben bzw. die Dämpferstange am Mitdrehen hindert. Kann klappen, muss aber nicht.

Tipp 4: Oft ist Geschwindigkeit die Rettung. Druckluft-Schlagschrauber kommen ordentlich auf Touren und wenn du einen solchen kurz hintereinander an- und ausschaltest, wird die Schraube schon rauskommen. Zur Not füttere die Kaffeetasse einer Werkstatt, die dir in dieser Hinsicht sicher gerne aushilft, wenn du selbst keinen besitzt.

Hinweis: Bei sehr viel Pech kann die Ursache ein defektes Gewinde im Dämpferelement sein. Dann heißt es, den Dämpfer entweder auszutauschen oder das Gewinde wiederherzurichten.

Ohne weitere Hilfsmittel nahezu unmöglich zu lösen: mitdrehende Dämpferschrauben.

Ist der Bolzen entfernt, ziehe das Stand- mit Schmackes vom Tauchrohr ab. Merke dir Reihenfolge und Einbaulage und reinige die entnommenen Teile. Inspiziere dabei die Komponenten (Bild vorige Seite), bei einer herkömmlichen einfachen Gabel bspw. den Dämpferkolben mit Feder (3) und das Standrohr mit Gleitlagern (4).

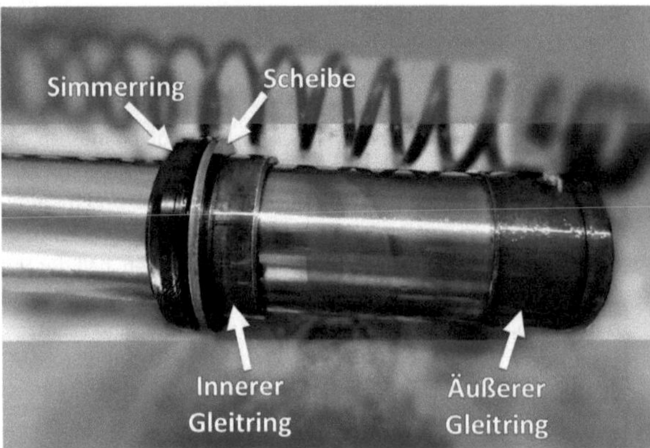

Gabel-Führungsbuchsen (Gleitlager): Die obere Gabelbuchse (innerer Gleitring), gleitet bei herkömmlichen Gabeln *auf* dem Standrohr und verfügt über eine *innere* Teflonschicht. Die untere Gabelbuchse, aka äußerer Gleitring, sitzt in einer Nut des Standrohres, gleitet *im* Tauchrohr und verfügt über eine *äußere* Teflonschicht.

Prüfe beide Teflonschichten auf Verschleiß, sie dürfen nicht (oder nur minimal) abgenutzt und nicht riefig oder angekratzt sein. Um den in einer Nut des Standrohrs sitzenden Gleitring zu lösen, ziehe ihn mit den Fingernägeln etwas auseinander (der Ring hat einen Spalt) und schiebe ihn nach unten ab (dein Handbuch sollte wissen, wie der äußere Gleitring bei deinem Bike gelagert und auf welche Weise er auszubauen ist).

Hinweis: Bei einem notwendigen Austausch werden immer beide Gleitringe gleichzeitig erneuert.

Stand- und Tauchrohr: So nahe wie jetzt kommst du den innen liegenden Bereichen der beiden Komponenten so schnell nicht wieder. Prüfe sie deshalb sorgfältig auf Riefen, Kratzer, Druckstellen, Verschleiß und Korrosion. Eine Vermessung des Standrohrs auf Schlag ist mit einer entsprechenden Messuhr möglich; das Anlegen eines (vermeintlich) planen Holzstücks oder einer Alu-Winkelleiste reicht leider nur für oberflächliche Ergebnisse. (Hinweis: Verbogene Standrohre können nur bis zu einem gewissen Grad wieder gerichtet werden und dann auch nur in Spezialwerkstätten.)

Federn: Die Federn beider Holme müssen gleich lang sein, tolerierbar sind je nach Modell 1 - 2 mm Differenz.

Beim Zusammenbau beachte Folgendes:

- Trage auf alle innen liegenden Komponenten, die aneinander reiben, frisches Gabelöl zur Schmierung auf. NICHTS anderes!
- Stelle sicher, dass die Gleitringe sitzen und störungsfrei drehbar sind. Der innere Gleitring muss meist mit einem speziellen Dichtringtreiber ins Tauchrohr eingetrieben werden (alternativ ein passendes Rohr). Verwende die Stützscheibe als Puffer (die geschliffene Seite der Stützscheibe zeigt meist zum Simmerring). Verursache KEINE Kratzer *im* Tauch- oder *auf* dem Standrohr.
- Beim Einsetzen der Dämpferschraube muss ein neuer Kupfer-Dichtring verwendet werden.
- Dreht die Dämpfereinheit beim Anziehen mit oder rutscht der Dämpfer weg, verwende das zum Ausbau angeschaffte Hilfswerkzeug. Zur Not setze Gabelfeder, Federsitzscheibe und Distanzhülse temporär ein und drehe den Gabeldeckel ein paar Windungen in das Standrohr. Der Federdruck kann (muss aber nicht) die Dämpferstange an ihrem Platz halten, so dass die Schraube festgezogen werden kann. Beachte das Drehmoment!
- Vor Einsetzen des Simmerrings wickele ein wenig Tesafilm um die scharfe obere Kante des Standrohres. Das Rohr darunter sollte peinlich sauber und etwas geölt sein.
- Fette Staubdicht- und Simmerring *innen* mit Gabelöl und an den *äußeren Rändern* mit Silikonpaste oder leichtem Wälzlagerfett ein, damit sie besser ins Tauchrohr rutschen. Die Aktion hält sie obendrein eine Zeitlang geschmeidig und soll sogar das Ansprechverhalten der Gabel verbessern können.
- Beachte beim Aufsetzen der Simmer-, Sicherungs- und Staubschutzdichtringe Einbaurichtung und Reihenfolge. Simmerringe sind unsymmetrisch aufgebaut und lecken, wenn sie verkehrt herum eingesetzt werden. Vergleiche alten (Foto) und neuen Simmerring und baue den neuen identisch ein.
- In der Regel benötigst du zum korrekten Platzieren des Simmerrings in das Tauchrohr einen Eintreiber. Als Puffer (oder zur Druckverteilung, wenn du dich provisorisch mit Hammer und Holzkeil behilfst) nutze für die ersten Schläge den alten Dichtring als Unterlage. Viel Kraft braucht es ohnehin nicht, die Simmerringe flutschen im Allgemeinen gut an ihren Platz, manchmal lassen sie sich den größten Teil des Weges sogar mit der Hand reindrücken.
- Fette den Sicherungsring ein, damit er im Laufe der Zeit nicht in der Nut angammelt. Achte darauf, dass er rundum komplett sitzt; etwa die Hälfte der Materialstärke muss in der Nut verschwunden sein.
- Überprüfe, ob unterhalb des Staubrings ein Kanal zur Luftentweichung berücksichtigt werden muss.

Achte darauf, den Ring und dessen Dichtlippen nicht einzudrücken oder zu beschädigen. Und Vorsicht mit Metallwerkzeugen in der Nähe des Standrohrs. Selbst allerkleinste Kratzer sollten umgehend wegpoliert werden.

Ist alles erledigt, fülle Öl auf (siehe Seite 104) und baue den Holm zurück ans Bike (Seite 104).

Gabel entspannen

Zur Entspannung einer Motorradgabel (unbedingt auch das Werkstatthandbuch checken!) bocke das Bike auf (Radständer vorne und hinten empfohlen) und löse die Radachse. Abhängig vom Gabelmodell (mit Einzel- oder Doppelklemmung an der Achse) wird entweder zuerst die Klemmung oder die Achse selbst gelöst:

- **Einzelklemmung:** Bei einem im gegenüberliegenden Gabelfuß eingedrehten Achs*bolzen* lockere *zuerst* die Achsklemmschrauben am (oft linken) Gabelfuß und dann die Achse selbst. Was Sinn macht, da die Klemmung den Achsbolzen daran hindert, sich lösen zu können.
- **Doppelklemmung:** Demgegenüber wird bei Modellen mit Steckachse und Achs*mutter* die Mutter zuerst gelöst und anschließend die Klemmschrauben an *beiden* Gabelfüßen.

Weitere zu lösende Komponenten

Löse die Klemmschrauben an der *oberen* Gabelbrücke und drehe sie ein, zwei Umdrehungen heraus. Die Klemmschrauben der *unteren* Gabelbrücke bleiben angezogen. Die Gabel weist dort dank der breiteren Klemmungen die größere Stabilität auf.

Anschließend löse die Verschraubungen des Fenders und des Scheinwerfers sowie die anderer Bauteile, die evtl. einen Holm fest mit dem anderen verbinden (bspw. Stabilisatoren). Löse auch die Bremssattelbefestigungsbolzen und drehe sie mit der Hand wieder hinein, so dass der Sattel leicht locker bleibt.

Achse mit Einzelklemmung

Ziehe den Achsbolzen wieder mit dem vom Hersteller vorgegebenen Drehmoment an. Dadurch, dass die Achse im gegenüberliegenden Gabelfuß eingedreht wird, presst sie dort das Tauchrohr fest gegen den Spacer und fixiert damit diese Seite der Gabel.

Drehe das Rad einige Male frei durch und bremse es ab, damit die Bremsbeläge sich legen. (Ist das Motorrad vorne nicht auf einem Montageständer aufgebockt, bitte einen Freund, es für diese Aktion hinten herunterzudrücken, so dass das Vorderrad frei wird. Hierzu muss das Bike zumindest über einen Mittelständer verfügen.)

Stelle das Bike auf und dich breitbeinig darüber. Drücke mit den Handballen die Gabelbrücke kräftig um die 10-mal runter, so dass die Federung einsackt. *Verwende hierzu nicht die Bremse!* Halte das Bike gerade (oder lasse es halten), bewege es so wenig wie möglich und befestige die oberen Gabelklemmschrauben in Schritten von 5 Nm pro Bolzen bis zum Soll-Drehmoment (bei Bolzenpaaren abwechselnd).

Ziehe anschließend die Klemmschrauben am Gabelfuß fest. Beachte das Drehmoment. Die Anziehreihenfolge bei zwei Klemmschrauben lautet meist ‚außen – innen – außen': Erst wird der äußere Drehbolzen mit Drehmoment angezogen, dann der innere und dann wiederholt der äußere, der nachgezogen werden muss.

Abschluss

Bocke das Bike wieder auf, drehe das Vorderrad einmal kräftig, betätige die Bremse und halte sie mit einer Hand fest, bis die Arbeiten abgeschlossen sind:

Ziehe die Sattelbolzen fest, zunächst nur leicht (um die 2 Nm), dann mit dem vom Hersteller vorgesehenen Drehmoment. Bei zwei Bremsscheiben achte darauf, dass du die Bremse auch dann nicht freigibst, wenn du zur anderen Seite wechselst.

Zuletzt schraube Fender, Scheinwerfer und eventuell weitere gelöste Komponenten wieder fest.

Achse mit Doppelklemmung

Ziehe die Achsmutter zunächst nur gut handfest an, damit sie die Achse in Position bringt. Dadurch, dass die Mutter den Gabelfuß an den Spacer presst, ist das Gabelbein auf Seite der Achsmutter fixiert und du kannst die Klemmschrauben an diesem Gabelfuß endgültig festziehen. Beachte hierbei die Herstellerangaben zum Drehmoment. Die Reihenfolge lautet ‚außen – innen – außen', also erst die äußere Klemmschraube festziehen, dann die innere und dann wiederholt die äußere, die nachgezogen werden muss.

Ziehe danach die Achsmutter mit Drehmoment fest. Die Klemmschrauben am gegenüberliegenden Gabelbein (dem ausrichtbaren) verbleiben noch locker.

Drehe das Vorderrad einige Male frei durch und bremse es ab, damit die Bremsbeläge sich legen. Danach stelle das Bike auf die Räder und drücke mit den Handballen die Gabelbrücke kräftig runter (um die 10-mal), so dass die Federung einsackt. *Verwende hierzu nicht die Bremse (und presse das Vorderrad auch nicht gegen eine Wand), um es leichter zu haben.*

Halte das Motorrad ruhig und gerade und ziehe die obere Gabelklemmung an, idealerweise in Schritten von jeweils 5 Nm Erhöhung bis zum maximalen Drehmoment (Herstellerangaben beachten). Danach ziehe die Klemmschrauben am noch freien Gabelfuß fest (Drehmoment beachten). Die Regel lautet wie zuvor ‚außen – innen – außen' (siehe oben).

Die Restarbeiten entsprechen den Abschnitt „*Abschluss*" bei den Ausführungen zur Einzelklemmung weiter oben.

Alternative Vorgehensweise: 1) Steuerkopfmutter, Radachse, Radklemmungen und Fender ordentlich lockern. 2) Motorrad aufbocken, sodass das Vorderrad und Gabel frei beweglich sind, also ‚schweben'. 3) Untere Gabelbrückenklemmung lockern. 4) Eventuell an den Holmen angebrachte Komponenten lockern (Scheinwerfer, Lenkungsdämpfer). 5) Keine Gabelholmverbindung vergessen? Alle Verbindungen ordentlich locker? 6) Untere Gabelbrückenklemmung mit Drehmoment festziehen. 7) Bei einseitiger Radklemmung (Einzelklemmung): Achsbolzen mit Drehmoment festziehen, dann Radklemmung mit Drehmoment festziehen. Bei zweiseitiger Radklemmung (Doppelklemmung): Achsmutter handfest anziehen, Klemmschrauben auf der Seite mit der Achsmutter mit Drehmoment anziehen, Achsmutter mit Drehmoment festziehen und Gabelfußklemmung auf der Gegenseite anziehen. 8) Steuerkopfmutter mit Drehmoment festziehen. 9) Fender mit Drehmoment festziehen. 10) Eventuelle weitere gelöste Komponenten mit Drehmoment festziehen.

Losbrechmoment

Im Wesentlichen beschreibt das Losbrechmoment die Kraft, die notwendig ist, um die Gabel aus der Ruhe- oder Stillstandposition heraus zur Arbeit zu bewegen. Wichtig hierbei: Der Übergang von Stillstand zur Bewegung sollte zum Vorteil einer besseren Fahrstabilität weder beim Ein- noch Ausfedern bemerkbar sein – wobei der gemeine Biker ein hohes Losbrechmoment beim Einfedern naturgemäß eher diagnostizieren kann als beim Ausfedern.

Kurz zum Hintergrund: Befindet sich die Gabel in Ruhe, muss beim Verlassen der Stillstandposition zunächst die Reibkraft diverser Komponenten wie Dichtungen, Dämpfungseinheiten und Federn überwunden werden, damit das innere Standrohr ins äußere Tauchrohr einfahren kann. Ähnlich beim Ausfedern: Bei maximaler Einfederung wird eine Stillstandsposition erreicht, in der die Gabelfeder eine Kraft nach oben ausübt, während die Dichtungen und Dämpfungskomponenten noch mit einer gewisse Reibung gegenhalten.

Verspannte oder schlecht zusammengebaute Gabeln (bspw. durch zu straffe Simmerringe) können ein hohes Losbrechmoment haben, das heißt, dass die zu überwindende Reibung ist zu stark ist, um flüssige Bewegungen zu erlauben. Dann muss der Druck erst einen gewissen Wert erreichen, bevor die Gabel mit einem kleinen Sprung einsinkt bzw. ausfedert.

Im Ergebnis kann sich die Gabel nicht sanft und gleichmäßig bewegen und sowohl Fahrkomfort als auch Fahrqualität, die Fahrstabilität und die Fahrzeugkontrolle eines Motorrads leiden. Die Gabel arbeitet bei Unebenheiten der Fahrbahnoberfläche nicht mehr effektiv und reicht die Stöße direkt ins Fahrgestell durch. Vereinzelte kleinere Stöße können noch vom Reifen aufgefangen werden, die Gabel selbst aber tritt weder durch Ein- noch Ausfedern in Aktion, so dass in der Folge der Reifen den Bodenkontakt verlieren kann und zu ‚springen' beginnt.

Demgegenüber sorgt ein ausbalanciertes Losbrechmoment in beiden Holmen der Gabel dafür, dass sie gleichmäßig arbeiten und sich beim Ein- und Ausfedern nicht ruckartig in Bewegung setzen.

Losbrechmoment verbessern

Simmerringe: Sprühe etwas Silikonöl auf die Standrohre. Bei zu festen Simmerringen gleiten die Rohre dann besser im Tauchrohr. (Einsprühen, Gabel mehrmals eintauchen, einwirken lassen, abwischen.) Im Handel erhältlich sind ferner dünne Plastikspatel, mit denen sich die Simmerringe säubern lassen (siehe Seite 105).

Gabel entspannen: Sind die Standrohre durch unvorsichtiges Zusammenbauen oder im Lauf der Zeit gegeneinander verspannt, hilft es oft, die Gabel einmal komplett zu entspannen (siehe oben).

Fahrwerks-Setup: Bei einer einstellbaren Gabeldämpfung verringere sie testweise (evtl. muss das Setup des Federbeins angepasst werden). Alternativ probiere Gabelöl mit niedrigerer Viskosität aus siehe (Seite 98).

Standrohr verdrehen: Nach vielen Tausend Kilometern haben sich die Standrohre minimal verformt. Wird die Gabel demontiert und wieder zusammengebaut, befinden sich die Standrohre in vielen Fällen nicht mehr in der ‚eingefahrenen' Stellung.

Dann kann man versuchen, bei aufgebockter Gabel jedes Rohr für sich (also immer nur einzeln!) an der oberen und unteren Gabelbrücke zu lockern und mit der Hand zu drehen. Drehe immer eine Viertelstunde und überprüfe das Ergebnis durch Eintauchen (Festziehen nicht vergessen!) **Hinweis:** Lockere nie beide Standrohre gleichzeitig, da dann die Gabel durchrutscht!! Achte auch darauf, dass beide Standrohre nach getaner Arbeit an beiden Holmen oben wieder gleich viel aus der Gabelbrücke herausragen.

Federbeinarbeiten

Bei Federbeinen ist es meist die Dämpfung, die Probleme bereitet, weil die Dichtungen versagen. Zunächst nur als feiner Ölnebel an der Dämpferstange sichtbar, tritt das Dämpferöl bald unübersehbar aus. Ebenfalls möglich: Obwohl es sich in einem geschlossenen System befindet, altert das Öl und leistet immer weniger, was letztlich auf Kosten des Fahrverhaltens geht.

In beiden Fällen muss das betroffene Federbein ersetzt oder repariert werden. Bei einer Doppelbestückung beide Federbeinen gleichzeitig, auch wenn nur eines defekt ist.

Oft steht dann der Gang zum Händler für eine Neuanschaffung an – oder zumindest der Besuch eines Wiederaufbereitungs-Spezialisten, was angesichts satter Preise für Neuware günstiger sein kann. Angenehmerweise lässt sich bei der Gelegenheit eine Anpassung an individuelle Anforderungen (hohes Lebendgewicht, Dauer-Sozius, immer volle Koffer) vornehmen.

Oder du gehst den preislich ebenfalls schmerzhaften Weg Richtung Racingzubehör und redest dir die Investition dadurch schön, dass du jetzt endlich was Nettes und komplett Einstellbares von Wilbers, Öhlins etc. dein Eigen nennen darfst.

Hinweise zur Federbeinwartung

'Federbeine warten' ist im Prinzip stark übertrieben, denn im Prinzip kannst du nur Pflegearbeiten leisten, darauf achten, dass die Dichtungen nicht mit dem Dampfstrahler malträtiert werden und ansonsten hoffen, dass die Kollegen möglichst lange halten.

Immerhin: Um Korrosion vorzubeugen, greifst du zu Saisonbeginn und -ende zur Ölkanne, schmierst die Federbeinbasis und gehst einmal per Hakenschlüssel durch alle Stufen durch, um sie beweglich zu halten. Kommst du zu spät und Ist der Verstellmechanismus bereits festgegammelt, versuche, ihn mit Rostlöser wieder gängig zu bekommen.

Kontrolliere ferner die Befestigungsschrauben auf festen Sitz und korrektes Drehmoment und sichtprüfe auf Dichtigkeit.

Bei Zentralfederbeinen bedenkst du obendrein das Umlenkhebelsystem und die dortigen Lager mit Schmierstoff (Reparaturen fallen hier eher selten an und wenn, dann an den Lagern).

Hinweise zum Federbeintausch 

Besitzer von Mopeds mit Federbeindoppelbestückung sind beim Ausbau klar im Vorteil, weil die Bauteile bequem zugänglich und somit schnell demontiert sind. Bei Bikes mit einem tief innen versteckten Zentralfederbein kann es hingegen ungemütlich werden, weil der Arbeitsraum beengt ist und/oder andere Bauteile aus dem Weg geräumt werden müssen. So oder so, zunächst löse die Frage, wie du deine Maschine so aufbockst, dass das Hinterrad freischwebt:

Ist ein Mittelständer vorhanden, ist alles bestens. Hier ist nach dem Aufbocken automatisch Hinterrad und Schwinge entlastet und du benötigst nur einen Wagenheber und ein paar Bretter, um die Schwinge beim Entfernen des Federbeins zu stützen.

Denk dran: Schwinge und Rad hängen am Federbein. Löst du es, ohne den Rahmen zu sichern, kracht das Rad nach oben weg!

Alternative 1: Verfügst du über einen Flaschenzug an der Decke, sichere den Vorderbau mit Zurrgurten und führe einen Riemen unter den Rahmen durch, an dem du das Bike nach oben ziehst. Achte darauf, dass der Riemen keine elektrischen Bauteile ein- oder zerdrückt und halte einen Wagenheber und ein paar Bretter zum Stützen der Schwinge bereit.

Alternative 2: Ein Zentralständer greift die Maschine seitlich an und pumpt sie nach oben, so dass Vorder- *und* Hinterrad in der Luft schweben. Einen Wagenheber und ein Brett zum Unterlegen benötigst du in dem Fall voraussichtlich nicht, da die Höhe variiert werden kann. Zur Sicherheit solltest du aber einen bereitlegen.

Alternative 3: Bocke das Motorrad vorne mit einem Radständer auf und sichere es mit Zurrgurten. Unter den Rahmen platzierst du einen Wagenheber, legst ein Holzbrett drauf und pumpst das Mopped hoch, bis das Hinterrad um die 10 cm frei über dem Boden schwebt. Achte darauf, das Bike nicht auf den Motor zu stützen und zu beschädigen. Ein leichtgewichtiges Motocross könnte vielleicht gestemmt werden, schwere Maschinen überlasten aber das empfindliche Motorgehäuse. Einen zweiten Wagenheber benötigst du ebenfalls.

Federbein aus- und einbauen

Entferne die Sitzbank und andere eventuell störende Bauteile. Das Rad braucht oftmals nur demontiert werden, wenn du bei dieser Gelegenheit die Schwingenlager überprüfen möchtest. Ist das Federbein allerdings wenig zugänglich verbaut, empfiehlt sich eine Demontage, um zeitraubende Fummelarbeiten zu vermeiden. Auch sinkt das Verletzungsrisiko.

Verschaffe dir einen Überblick über die Befestigungskonstruktion des Federbeins. Eventuell müssen neben den Befestigungsschrauben oben und unten am Federbein auch Umlenkhebel gelöst werden.

Lege alte Lappen auf die Schwinge, um sie nicht zu zerkratzen.

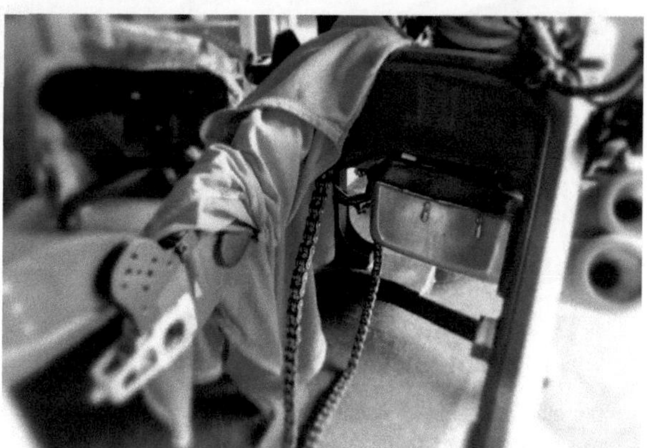

Abdecken hilft: Auch Schwingen können zerkratzen ...

Je nach Aufbockkonstruktion setze den Wagenheber unter der Schwinge an und pumpe die Schwinge samt Rad nach oben, bis das Federbein nicht mehr unter Spannung steht.

Löse den obere Schraubbolzen und ziehe ihn raus. Löse dann die unteren Befestigung, halte das Federbein mit einer Hand und drehe den Schraubbolzen mit der anderen heraus. Entnehme das Federbein.

Reinige die Gewinde von Schraubsicherungsresten, die äußeren mit einer Messingbürste, die inneren mit einem Gewindeschneider. **Beachte:** Die Schrauben und Muttern dürfen nicht angerostet sein und keine vermurksten Gewinde aufweisen. Im Zweifel wegwerfen und erneuern.

Checke bei der Gelegenheit die Dreh- und Umlenkhebellager des Federbeins (siehe hierzu Sektion 11 ab Seite 171).

Überprüfe/ warte die Federbeinlager (siehe Seite 171).

Die Montage des Federbeins erfolgt in umgekehrter Reihenfolge. Hierbei wird die Befestigung oben und unten mit einem Tropfen mittelfester Schraubsicherung versehen und mit vorgegebenem Drehmoment festgezogen.

-> Siehe auch *gÖrage vooks: Federbeinwechsel,* eine Verlinkung findest du auf Seite 260.

Sektion 08: Reifen/Räder

Deine Reifen begleiten dich je nach Fahrlust und/oder Show-Einsätze unterschiedlich lange. Viel- und Krassfahrer nuckeln dabei lässig ein Paar in einer Saison ab, andere überkleben verschämt den Rentenbescheid an der Seitenflanke, der das Mindesthaltbarkeitsdatum preisgibt. So oder so, alle Piloten sind gleichermaßen gehalten, ein Auge auf die wesentlichen Dinge zu haben, die einen Reifen erst zu einem Verschleißteil machen, das, falls abgenutzt, ausgetauscht gehört: Luftdruck, Profiltiefe, Reifenalter und Allgemeinzustand.

Ebenfalls einen Blick wert, insbesondere wenn ein Wechsel ins Haus steht: die Reifenlegende. Jeder Reifen kommt mit einem halben Buch auf seinen Flanken daher, einvulkanisiert für die Ewigkeit, darunter Angaben zum Hersteller, zur Lage des Auswuchtpunkts, zum Verschleiß, zur Laufrichtung sowie eine wilde Zeichenfolge aus Buchstaben und Zahlen, beispielsweise: *180/55 ZR17 M/C (73W) TL.*

Infozentrale Reifenflanke …

Dieselbe Zeichenfolge findet sich im Fahrzeugschein und stellt klar, welcher Reifentyp für ein Bike zugelassen ist. Warum? Weil spezifisch zugelassene Reifen Sicherheitsmerkmale eines Motorrads sind.

110/80R18M/C 58H
180/55R17M/C 73H

Reifenmerkmale 

180/55 R17 M/C (73H) TL: Reifenbreite und Reifenquerschnittsverhältnis. Die Reifenbreite wird in mm angegeben (hier: 180 mm), das Verhältnis der Seitenwandhöhe zur Reifenbreite in Prozent (hier: 55 %). ‚180/55' bedeutet also 55 % von 180 = 99 mm Seitenwandhöhe.

180/55 R17 M/C (73H) TL: Bauart der Karkasse, hier ‚R' für Radialbauweise und Felgendurchmesser in Zoll (hier ‚17'). Findet sich an gleicher Stelle statt des ‚R' ein ‚B', handelt es sich um einen Gürtelreifen, steht dort ein Strich, um einen Diagonalreifen.

180/55 ZR17 M/C (73H) TL: ‚M/C' steht für ‚Motorcycle', es handelt sich also simpel um einen ‚Reifen für Moppeds'.

180/55 ZR17 M/C (73H) TL: Geschwindigkeits- und Tragfähigkeitsklassen. So darf ein 73H-Reifen maximal mit 210 km/h gefahren werden (73), während die Traglast auf 365 kg begrenzt ist (H). Allerdings: Ein Reifen muss die in den Papieren eingetragene Höchstgeschwindigkeit plus 10 % aushalten können. Steht dort 170 km/h, benötigt man also ‚T' oder höher.

Tabellen zu den Klassen finden sich im Internet[08-1]. Hier die gängigsten Werte, links der Geschwindigkeits-, rechts der Tragfähigkeitsindex:

	Geschwindigkeit (max.)	Tragfähigkeit (max.)	
K	100 km/h	345 kg	71
O	140 km/h	355 kg	72
P	150 km/h	365 kg	73
Q	160 km/h	375 kg	74
R	170 km/h	385 kg	75
S	180 km/h	400 kg	76
T	190 km/h	412 kg	77
U	200 km/h	425 kg	78
H	210 km/h	437 kg	79
VR	>210 km/h	450 kg	80
V	240 km/h	462 kg	81
ZR	>240 km/h	475 kg	82
W	270 km/h	487 kg	83
Y	300 km/h	500 kg	84

Liegt der auf dem Reifen eingeprägte Geschwindigkeitsindex *über* der im Fahrzeugschein eingetragenen Höchstgeschwindigkeit, hat der Gesetzgeber keine grundsätzlichen Einwände gegen den Gebrauch vorzubringen. Liegt der Geschwindigkeitsindex *unterhalb* der fürs Bike angegebenen Höchstgeschwindigkeit, muss ein für den Fahrer deutlich sichtbarer Warnhinweis ans Bike gepappt werden, der daran erinnert, die maximal zulässige Höchstgeschwindigkeit des Reifens nicht zu überschreiten. Geschieht es trotzdem, riskiert man, dass er platzt!

Hinsichtlich des *Tragfähigkeits*indexes gelten rigorosere Regeln. Kann eine Pelle mehr verkraften, als im Fahrzeugschein vermerkt, ist alles tutti, erreicht sie diesen Wert jedoch nicht, ist es ein totales No-Go und sie darf gar nicht erst aufgezogen werden.

Zusätzlich aufgeprägt ist die maximale Tragfähigkeit oftmals unkodiert und meistens in Kilogramm …

... sowie einem Belastungsbereich, gekennzeichnet durch einen Buchstaben.

180/55 ZR17 M/C (73H) **TL:** Tubeless = schlauchloser Reifen. ‚TT' bedeutet ‚Tube Type' (Reifen für Räder mit Schläuchen).

Ebenfalls auf einem Reifen vermerkt sind die sogenannten **UTCQ-Daten zur Reifenqualität**: *Tradewear, Traction* und *Temperature*.

- *Tradewear* erteilt Auskunft darüber, um wie viel langsamer die Reifenlauffläche im Vergleich zu einem ominösem Normreifen verschleißt. Steht dort ‚300', nutzt der Reifen 3 x langsamer ab als dieser (übliche Werte liegen zwischen 250 und 400).
- *Traction* erlaubt eine Einschätzung der Bodenhaftung auf nassem Untergrund. Hierzulande üblich sind Werte von AA, A, B und C – wobei ‚AA' für die höchste und ‚C' für die niedrigste Qualitätsstufe – und den längsten Bremsweg – steht.
- *Temperature* beinhaltet Informationen zum Erwärmungswiderstand des Reifens während des Fahrens, absteigend in den Kategorien A, B und C. Führt ein Reifen schlecht Wärme ab (C), kann dies zu Schäden am Mantel führen.

Rotationspfeil: Der Rotationspfeil ist ein Reifenmontagehinweis, sinnigerweise in Pfeilform und dem Wort ‚Rotation'.

Nicht mit einem länglichen TWI-Dreieck verwechseln: die Laufrichtung.

Abhängig vom jeweiligen Profil sind viele Motorradreifen laufrichtungsgebunden und sollten unbedingt unter Berücksichtigung dieser Vorgabe eingebaut werden, damit sie sich optimal im Untergrund verzahnen und effektiv Wasser verdrängen können.

Fehlt der Rotationspfeil, ist ein Reifen nicht zwangsläufig laufrichtungsgebunden, man sollte aber im Nachhinein, wenn einige Kilometer abgerissen wurden, die verwendete Laufrichtung beibehalten, um Beschädigungen am Gummi zu vermeiden.

TWI: Ebenfalls auf der Reifenflanke zu finden ist der TWI-Anzeiger (*Tread Wear Indicator*, Hinweis auf die Verschleißanzeige), oftmals ein Dreieck oder ein Herstellerlogo.

Das Zeichen signalisiert dem Fahrer, wo die Hauptprofilrille über eine eingearbeitete Erhebung verfügt, die je nach Herkunft des Reifens 0,8 Millimeter oder 1,6 mm hoch ist. 0,8 mm ist die in den USA geltende Mindestprofiltiefe, 1,6 die unsere hier in Europa.

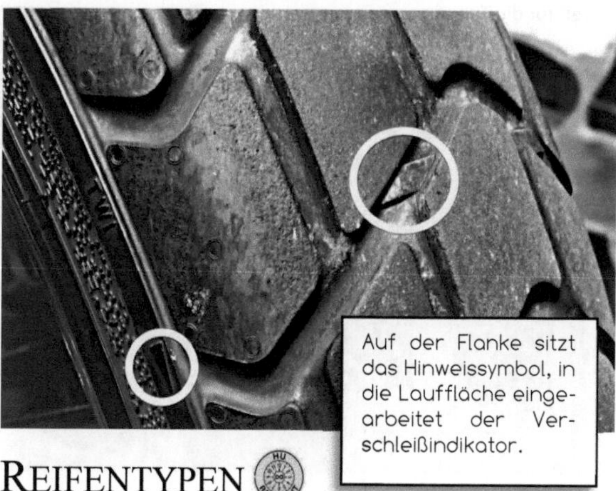

Auf der Flanke sitzt das Hinweissymbol, in die Lauffläche eingearbeitet der Verschleißindikator.

Reifentypen

Die drei Basisgruppen Radial-, Diagonal- und Diagonal-Gürtelreifen unterscheiden sich in Bauart, Profildesign und Gummimischungen:

Diagonalreifen: Diagonalreifen verfügen über schräg zur Laufrichtung angeordnete Gewebelagen sowie Karkassen aus Ryan oder Nylon, die sie zu pannensicheren und langlebigen Socken machen; die Flanken sind stabiler und schlaggeschützter als bei Radialreifen. Außerdem verfügen die Reifen über Geländetauglichkeit und setzen Lenkimpulse sehr schnell um.

Nachteile: Diagonalreifen dehnen sich bei Wärme aus (= höherer Rollwiderstand) und sind nicht oder kaum geeignet für Geschwindigkeiten über 200 km/h (weil sie sich ausdehnen).

Radialreifen: Radialreifen sind Reifen für Geschwindigkeitsjunkies im Tiefflugfieber, weil sie über einen zusätzlichen Gürtel unter der Lauffläche verfügen, der die Ausdehnung des Gummis bei Hochgeschwindigkeiten auf wenige Millimeter limitiert (= bessere Haftung und Lenkverhalten bei hohem Speed). Ferner sind sie an den Flanken dünnwandiger als Diagonalreifen, um die Wärmeentwicklung abzumildern. Nachteilig sind die niedrigere Pannensicherheit und Traglast.

Diagonal-Gürtelreifen: Um die Welten der Diagonal- und Radialreifen zu vereinen, ersann die Industrie den Diagonal-Gürtelreifen. Er verfügt sowohl über einen Gürtel unter der Lauffläche als auch diagonal angeordnete Gewebelagen.

Mischtypen: Neben den oben genannten Grundformen und auf deren Basis existieren verschiedene Variationen für unterschiedliche Einsatzgebiete, vom Rennsport über Motocross bis hin zu puren Schönwetterfahrten.

Einsatzgebiete

Rennsportreifen: Sportler, Supersportler und wer sich hierzu zählt, bevorzugen Rennsportreifen mit weichem Gummi, geringer Schulterhöhe und flachem Profil, zugeschnitten auf hohe Geschwindigkeiten. Für Kurzstreckenfetischisten und Regenfans sind sie hingegen nicht die beste Wahl.

Bei Regen droht der relativ geringen Profilierung wegen Haftverlust und kurze Fahrten zum Bäcker reichen nicht, optimale Betriebstemperaturen aufzubauen, so dass die ansonsten hohe Haftung auf trockener Straße ungenutzt bleibt. Auch ist die Lebensdauer gering.

Als Overkill in diesem Segment gelten spezielle Rennreifen aus sehr weichem Gummi. Sie vertragen starke mechanische Belastungen bei hohen Geschwindigkeiten, starkem Abbremsen, drastischem Beschleunigen und hohen Seitenkräften besonders gut, verfügen jedoch über keine Straßenzulassung oder nur, wenn zumindest eine minimale Profilierung drauf ist. In dem Fall lassen sie sich kaum vom normalen Sportreifen unterscheiden. Außer, dass sie schneller verschleißen. Sie können – je nach Fahrweise – bereits nach 1.000 Kilometern reif für die Tonne sein.

Bei Sportlern schlägt bei so wenig Profil für so viel Geld das Herz höher, bei allen anderen rutscht es ins Portemonnaie.

Straßenreifen: Straßenreifen decken den weitgesteckten Einsatzbereich zwischen simplen Stadtfahrten und ausgedehnten Motorradreisen ab. Hierbei hast du die Wahl zwischen verschiedenen Varianten:

- **Sport-/Touring-Pelle:** Der aus mittelweichem Gummi gefertigte Reifen erreicht seine vergleichsweise niedrige Betriebstemperatur schnell und ist früher haftfreudig als der zu diesem Zeitpunkt noch um Grip ringende, kalte Sportreifen. Ausgeprägte Profilierungen minimieren obendrein das Aquaplaningrisiko und machen den Reifen fit für Kurzstrecken in der Stadt sowie Touren, Wochenendtrips und forsch genommene Landstraßen.
- **Routen-/Touring-Pelle:** Die aus relativ hartem Gummi bestehende Schwestervariante erreicht ihre (niedrige) Betriebstemperatur noch schneller. Die Haftung ist gut und die ausgeprägten Profilierungen sichern den nassen Ausflug in regenverseuchte Gebiete. Obendrein ist dank des härteren Gummis die Lebenserwartung sehr hoch – Sportfetischisten dürften die Haftungsgrenzen jedoch zügig ausgelotet haben.

Frisch aufgezogener Sporttourer.

Motocrossreifen: Je nach Einsatzgebiet aus hartem oder weichem Gummi bestehend, kommt der Motocrossreifen daher. Je weicher das Gummi, desto besser haftet der Reifen auf lockerem Untergrund, je härter, desto geeigneter ist die Socke für steinige, harte Böden. Die hohen und groben Profile machen ihn ferner zum natürlichen Bewohner von Sandgruben und Feldwegen, während er beim Einsatz auf Straßen nur geringe Leistung zeigt. Oder besser zeigen würden, denn für den öffentlichen Verkehrsraum ist er nicht zugelassen.

Enduroreifen: Der Enduroreifen ist im Vergleich zum Motocrossreifen vielseitiger und sowohl fürs Gelände als auch für den Straßenverkehr geeignet.

Solch ein Reifen verfügt über breite und kopfsteinartige Profile, die sich im losen Untergrund verzahnen und Dreck umgehend abschleudern, aber gleichzeitig genügend Asphalthaftung aufweisen – gleichwohl die Grenzen eher erreicht werden als mit einem üblichen Reifen, da die Kontaktfläche mit der Fahrbahn geringer ist.

Chopper und Cruiserreifen: Für Chopperreifen musst du ein gemütliches Herz haben. Sie sind in erster Linie gebaut, um maximalen Fahrkomfort zu bieten und sollten/dürfen einzig bei niedrigeren Geschwindigkeiten verwendet werden. Wer auf beides steht, Cruisen und Gasen, greift auf spezielle **Cruiserreifen** zurück, deren Eigenschaften eine Mischung aus Chopper- und Straßenreifen darstellen.

Ebenfalls eine Variante verschiedener Ausstattungsmerkmale: **grobstollige Straßenreifen**. Auch hier handelt es sich um einen Kompromiss, der verschiedene Welten zugänglich machen sollen – nur halt in Grenzen und keine davon in letzter Konsequenz. Im Offroad-Milieu lassen sich damit durchaus Feld- und Sandwege erschließen, Motocrossrouten und Gebirgswege hingegen eher nicht. Umgekehrt reicht die Straßenhaftung für flotte Kurvenfahrten, an Straßenreifen kommt sie aber nicht zwingend heran, zumindest nicht bei Grobstollern.

Wichtig: Enduros und Scrambler mit grobstolligen Reifenprofilen dürfen ihre Ställe nur dann verlassen, wenn der Speedindex von Maschine und Reifen übereinstimmt (gültig ab DOT 2018).

Winterreifen: Spielen die Jahreszeiten eine Rolle beim Reifenkauf? Ja und nein. Nein, weil es in Deutschland keine Winterreifenpflicht für Motorräder gibt und die meisten Biker eh saisonal unterwegs sind. Ja, weil ‚die meisten Biker' nun mal nicht alle sind und der harte Rest auch bei miesem Wind und Wetter fährt und hierfür Reifen benötigt, deren Materialien auch bei Kälte elastisch bleiben. Winter- oder Ganzjahresreifen halt, bestehend aus sehr weichen Mischungen, die viel walken und auf diese Weise die Temperaturen für einen besseren Grip auch bei schlechten Witterungsverhältnissen aufbauen.

Vorne/hinten unterschiedlich bestücken? Planst du, am Vorder- und Hinterrad unterschiedliche Reifentypen aufzuziehen, beachte:

- Sehr wahrscheinlich ist die Verwendung des gleichen Reifentyps vom gleichen Hersteller vorne und hinten vorgeschrieben (steht im Fahrzeugschein). Dann fallen alle Überlegungen diesbezüglich flach.
- Bestehen keine grundsätzlichen gesetzlichen Einwände, sollte man bedenken, dass Hersteller viel Mühe aufwenden, damit ein Vorder- zum Hinterreifen passt und Profil, Karkasseneigenschaften und Steifheit übereinstimmen. Das Ergebnis ist ein Plus an Sicherheit und positiven Fahreigenschaften, das verloren geht.

Kann dich weder das eine noch das andere abschrecken, achte darauf, wenigstens ein Vorderrad mit einem weichen Gummi zu verwenden. Je mehr Haftung vorne realisiert wird, desto besser. Ein wegrutschendes Hinterrad kann gemeistert werden, mangelnde Haftung vorne bringt man nicht unter Kontrolle ...

Reifenluftdruck

Reifen mit zu niedrigem Luftdruck nutzen sich schneller (und oft unregelmäßig) ab, weisen geringeren Grip auf, kosten Benzin sowie wertvolle Sekundenbruchteile beim Ampelstart und beeinträchtigen das Fahrverhalten negativ.

Dann zeigt sich die Lenkung schwergängig, das Bike wird instabil und schwammig und stellt sich beim Gaswegnehmen in Kurven auf. Darüber hinaus beschädigen die Deformierungen auf Dauer die Karkasse und überhitzen den Reifen – umso mehr, je geringer der Druck ist und je höhere Lasten das Bike zu bewältigen hat. Im Extremfall platzt das gute Stück.

Ganz klar ein Hingucker, für tiefe Wälder aber eher ungeeignet.

Ebenfalls nicht so der Bringer: Reifen mit zu hohem Luftdruck. Auch hier ist übermäßiger Verschleiß die Folge, in erster Linie auf der zentralen Lauffläche (wegen der verkleinerten Auflagefläche). Weitere Folgen sind Gripverlust, Instabilitäten und Komforteinbußen durch die verringerte Federunterstützung. Übertreibst du es noch mehr, liegt ein Platzen der Pelle drin.

Luftdruck prüfen

Ein Luftdruck um 0,4 Bar unterhalb des jeweils empfohlenen Wertes kann insbesondere bei hohen Geschwindigkeiten lebensgefährlich werden. Grund genug, Selbigen regelmäßig zu kontrollieren, etwa alle 1.000 km, alle 2 Wochen, vor einer Highspeedfahrt oder bei Verdacht, dass du Luft verlierst. Prüfung und Korrektur erfolgt bei kaltem Reifen. Kalt ist ein Reifen, wenn er einige Stunden nicht oder maximal drei Kilometer bei moderater Fahrweise bewegt wurde.

Ereilt dich das Schicksal unterwegs und musst du an der nächsten Tanke den Luftdruck prüfen, teste zunächst mit der Hand die Reifentemperatur. ‚Handwarm' entspricht grob 30 Grad Celsius und ist akzeptabel. Ist die Pelle heißer, rechne bis zu 0,5 Bar hinzu, um denselben Reifendruck wie im kalten Zustand zu erhalten.

Wer aufpasst, kann richtig gute Schnäppchen bei mobilen Kompressoren mit Powerbanks machen, gut für 10 bis 20 Pumpaktionen.

Zeigt nicht nur an, pumpt auch auf – braucht aber Strom (vom Auto oder Powerbank): Luftkompressor für die Hosentasche.

Ideal sind ein Luftkompressor für die Garage (gibt's auch in Günstig für den Zigarettenanzünder und als Akkuvariante[08-6]) und ein wertiger(!) Reifendruckprüfer. Dann kann man direkt bei kaltem Reifen messen, bei Bedarf aufpumpen, spart den Weg zur Tanke und umgeht deren Luftstationen, die ohnehin oft ungenau sind. Netter Bonus: Viele mobile Kompressoren haben Powerbanks und Taschenlampen an Bord - ideal für Reisen und größere Tagestouren.

Luftdruckwerte

Übliche Luftdruckwerte für Straßenreifen liegen zwischen 2,3 bis 2,5 bar vorne und 2,5 bis 2,9 bar hinten, für Enduros in der Regel zwischen 1,7 bis 2,1 bar vorne und 1,8 bis 2,3 bar hinten. Oft sind es 2,9 bar hinten und 2,5 bar vorne, weil diese Werte oft sowohl Tragfähigkeit als auch Höchstgeschwindigkeit absichern – aber eben nicht immer. Weshalb diese Angaben zunächst auch nicht mehr als Richtwerte sind, an die man sich halten kann, bis die echten ermittelt sind.

Wo schaust du nach?

1. **Betriebsanleitung:** Existiert eine Vorgabe des Bike-Herstellers, findest du die Werte für Vorder- und Hinterrad im Handbuch und den Werkstattangaben. Halte dich dran. Nur wenn mittlerweile Reifen aufgezogen sind, die es zum Zeitpunkt der Motorradgeburt nicht gab, betrachte diese Werte auch nur als weitere Richtlinie und siehe dich weiter um.
2. **Reifenhersteller:** Neben dem Mopped-Produzenten kommt der verlässlichste Wert vom Reifenhersteller selbst. Konsultiere deshalb bei jedem neuen Reifen den Hersteller (Datenblätter finden sich im Internet) und nehme dessen Luftdruckempfehlungen.

Luftdruckbasis

Bei Anpassungen des Luftdrucks sind Grundannahmen zu beachten:

1. Die Reifenaufstandsfläche: Jeder Reifen verfügt werksseitig über eine ideale Reifenaufstandsfläche, die den empfohlenen Luftdruck benötigt.

- Ist der Luftdruck zu hoch, erhöht sich die Reifenwölbung. Die Aufstandsfläche wird kleiner und der Reifen in diesem Bereich zu heiß.
- Ist der Luftdruck zu gering, klappt die Aufstandsfläche in der Mitte nach innen und zerfällt in zwei kleinere Flächen, die ebenfalls zu heiß werden.

2. Die Reifentemperatur: Der Reifeninnendruck ändert sich in Abhängigkeit von der Reifentemperatur (siehe auch Seite 117) und die wiederum hängt ab von der Umgebungs- und Straßentemperatur sowie der bislang stattgefundenen Fahrbewegung. Im Winter und bei kaltem Asphalt benötigst du mehr Fahrkilometer, um den Reifeninnendruck (er steigt mit den Temperaturen) auf den gewünschten, idealen Wert zu bekommen. (Auch das von Reifenherstellern ihren Produkten beigegebene Silica sorgt für eine schnellere Erwärmung des Gummis.)

3. Grip: Ebenfalls abhängig von der Reifentemperatur ist die Fähigkeit des Reifengummis, sich mit dem Untergrund zu verzahnen. Je wärmer das Gummi, desto besser die Haftung auf Asphalt.

Ist das Temperaturfenster eines Reifens erreicht (je nach Fabrikat zwischen 30 °C und 60 °C oder zwischen 60 °C und 90 °C), entspricht der Reifeninnendruck den Herstellervorgaben für die ideale Aufstandsfläche und das Gummi ist maximal leistungsfähig.

Luftdruckvariationen

Die ideale Reifenaufstandsfläche ist Ergebnis einer Kompromissformel, weil sich schlicht nie alle Variablen erfassen lassen. Vielleicht unter Laborbedingungen, aber nicht im Fahralltag, zu unterschiedlich sind Fahrzeuge, Fahrgewichte, Straßenbeläge, eingeleitete Stöße und Temperaturen. Auf der anderen Seite besteht damit Spielraum für Anpassungen an das reale Einsatzgebiet. Beispielsweise kann man überlegen, bei hohen Traglasten und niedrigen Temperaturen den Luftdruck zu erhöhen, bzw. bei geringem Fahrgewicht und niedrigen Temperaturen zu verringern. Entscheidend ist die Reifentemperatur!

Wiegst du weniger als ein Normbiker oder bist du generell ohne Zuladung (Sozius, Gepäck) unterwegs, verringere testweise den Reifendruck moderat(!). Die Senkung erhöht Stoßdämpfung sowie Auflagefläche und entschärft das Springen der Reifen auf holprigem Untergrund. Nachteilig sind mögliche Farinstabilitäten (rückgängig machen!), höherer Verschleiß und mögliche Profilauswaschungen sowie Sägezahnbildung an den Seiten der Laufflächen (insbesondere vorne).

Sportlich ausgerichtete Landstraßenjünger und Rennstreckenenthusiasten lassen vereinzelt temporär etwas Luft ab, um während ihres Ausflugs auf mehr Grip zurückgreifen zu können, beispielsweise durch eine Reduzierung des *Kalt*-Luftdrucks von 2,5 auf 2,3 (vorne) und von 2,9 auf 2,4 (hinten). Allerdings wird dann das Gummi ordentlich durchgewalkt und der Reifen oft zu heiß – bis hin zu Reifenschäden. Weitere Nachteile sind ein höheres Aufstellmoment beim Bremsen in Kurven und mehr Lenkaufwand, da die erhöhte Reifen-Auflagefläche schwerer ums Eck zu bekommen ist.

Wichtig: Reduzierst du den Kaltluftdruck bspw. von 2,5 auf 2,3 (vorne) und von 2,9 auf 2,4 (hinten), bleibt es nicht dabei, denn im warm gefahrenen Reifen steigt der Luftdruck um ca. 0,3 bis 0,4 bar vorne und 0,4 bis 0,6 bar hinten. Denke an diesen Unterschied, wenn du die *jetzt warmen Reifen* vor der Rückfahrt an der Tanke wieder auf den Normalwert bringen willst, und packe die Kalt-Warm-Differenz zusätzlich drauf. Beim Spontanwechsel von Landstraße auf Autobahn, musst du es sogar, denn dort benötigen die Reifen unbedingt den vom Hersteller vorgesehenen Luftdruck im kalten Zustand.

Verringere den Luftdruck immer in kleinen Schritten und teste aus Sicherheitsgründen jede Änderung vorsichtig im Fahrbetrieb aus. Generell gilt: Fahren mit zu hohem Luftdruck ist weniger gefährlich als mit zu niedrigem. Ab 0,4 Bar weniger (insbesondere vorne) besteht im Extremfall Sturz- und bei großen Maschinen eventuell Reifenbrandgefahr, abhängig von Dauer und Geschwindigkeit)!

Luftverlust

Verliert ein Reifen Luft, überprüfe Ventil und Pelle:

Reifenprüfung: Checke den Reifen auf eingedrungene Fremdkörper. Nägel, Schrauben und Ähnliches bohren sich gerne in die Reifendecke, ohne sie gleich zu zerstören, und produzieren einen schleichenden Plattfuß, der nervt (weil du laufend zur Tanke musst) und obendrein ein Risiko ist (weil der Eindringling bei Speed rausgeschleudert werden kann).

Beachte, dass Schlauchlosreifen in der Lage sind, sich in engen Grenzen selbst abzudichten, so dass kleinere Löcher Zeit benötigen, bevor sich Luftverluste zeigen. Hier gilt es, besonders wachsam zu sein und bereits bei leichten Druckverlusten auf Schäden zu kontrollieren.

Ventilkörperprüfung: Zunächst einmal: Fahr nie ohne Ventilkappen und achte darauf, dass sie dicht bleiben. Ohne Kappe kann Schmutz ins Ventil gelangen und dort Undichtigkeiten bewirken. Außerdem verhindern fest aufsitzende Kappen, dass bei hohen Geschwindigkeiten Luft entweicht, wenn sich ein Ventil aufgrund der starken Fliehkräfte leicht öffnet.

Zur Ventilprüfung spuckste dir selbst auf'n Finger und platzierst die Bescherung oben auf die Ventilöffnung (die Ventilkappe ist dabei abgeschraubt). Wölbt sich die Speicheloberfläche, ist das Ventil undicht und du solltest es ersetzen (mehr zu Ventilen ab Seite 119).

Ventilkörper-Einmaleins:

- **Setze kurze Ventilkörper ein**, auch bei alten Bikes. Lange und halblange Kandidaten neigen bei hohen Geschwindigkeiten zum Umknicken (langsamer Luftaustritt) oder Abreißen (plötzlicher Luftverlust).
- **Bevorzuge Stahlventilkappen.** Plastikkappen reißen ein, wenn Grobmotoriker sie aufschrauben.
- Prüfe die Ventilkappen beim Lufttanken auf unbeschädigte Dichtringe.

Reifendruck-Kontrollsystem

Wem stete Kontrollen zu aufwändig sind, der oder die greift zu einem elektronischen Reifendruck-Kontrollsystem (RDKS). So ein Set besteht aus zwei Sendern und einem Display, wobei die beiden Drucksensoren auf die Ventile am Hinter- und Vorderrad geschraubt werden und die Ventilkappen ersetzen. Die Kommunikation mit dem Display am Lenker oder Cockpit erfolgt via NFC (wie kontaktloses Zahlen), zeigt automatisch den aktuellen Luftdruck in den Reifen an und warnt vor schrittweisem Druckverlust. Gespeist werden die Komponenten von Batterien in Sendern und Empfänger.

Reifenprofil und -Zustand 

Simpel: Ein Motorradreifen ohne Profil war mal einer, ist aber keiner mehr. Gutes Profil ist essenziell für ausreichend Grip und Sicherheit auf nasser Fahrbahn sowie für verlässliche Übertragung der Lenkkräfte (Vorderreifen), für kraftvolle Traktion beim Gasgeben (Hinterreifen) und für sattes, griffiges Bremsen (beide Pellen).

Und was ist ‚gutes Profil'? Hierzulande alles oberhalb des minimal erlaubten Grenzwerts von 1,6 mm für das Hauptprofil am ganzen Umfang. (Als ‚Hauptprofil ' versteht man die breiten Rillen im mittleren Bereich der Lauffläche, die Ränder bleiben unberücksichtigt.) Manche Motorradhersteller toppen diese Vorschrift noch und empfehlen 2 mm als Mindestmaß sowie Sicherheitspuffer bei Regen – während alteingefahrene Biker sogar bereits bei 3 mm wechseln. Nur bei Mofas und Kleinkrafträdern hat sich die Erkenntnis noch nicht herumgesprochen, unterstützt durch die herabgesetzte gesetzliche Mindestprofiltiefe von einem Millimeter.

Bleibt die Frage, wie behältst du die Profiltiefe im Blick? Nachschauen halt – wobei die im Reifen integrierten Verschleißanzeiger allerdings oft eher Verwirrung stiften als Nutzen bringen. Sie sind bei den meisten Pellen auf die US-amerikanische Norm von 0,8 mm Restprofil ausgelegt und somit bestenfalls als generelle Anzeiger für wichtige Meldungen wie *‚zu spät'* zu gebrauchen.

Die meisten Biker verwenden deshalb zur Überprüfung des Restprofils einen gewöhnlichen Messstift, den man unter anderem an Tankstellen bekommt. Oder, günstiger als der Messstift, du steckst ein 1-Euro-Stück ins Hauptprofil der Lauffläche. Der Goldrand kommt einem Wert von 3 mm nahe und erlaubt eine einigermaßen realistische Einschätzung, etwa in der Art *‚passt noch'* oder *‚passt längst nicht mehr'*. Für die wohlhabenderen Piloten hält der Handel auch Profiltiefenmesser mit digitaler Anzeige und automatischer Kalibrierung bereit.

Zustand: Neben dem Verschleiß (hierzu gehören auch ausgewaschene Profile) hängt der Allgemeinzustand eines Reifens von vorhandenen physikalischen Schäden ab, hervorgerufen durch Stiche (Schrauben, Nägel, etc.), Schnitte (Glas, Metall, etc.), Stöße (Kantsteine), Risse (Witterung, Ozon), zu wenig Luftdruck (Durchwalken der Karkasse), Beulen (ja, auch möglich) und Überlastung. Sichtprüfe deine Reifen deshalb regelmäßig und ziehe im Zweifelsfall einen Fachmann zu Rate.

Hinweis: Dünne, längliche Risse in den Profilrillen (bis 0,5 mm) sind in der Regel oberflächlicher Natur und laut TÜV nicht ausschlaggebend für die Betriebssicherheit.

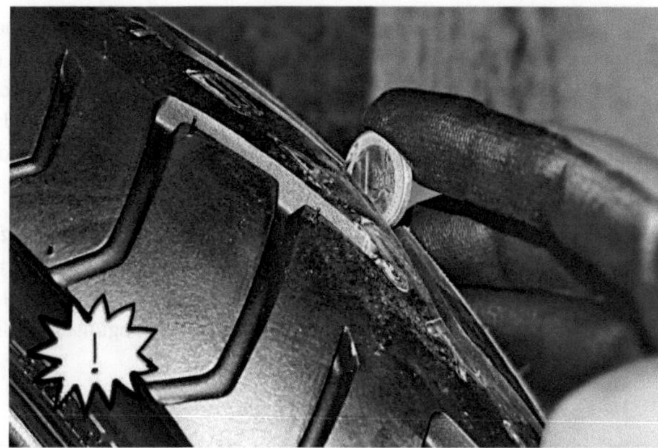

Sitzt das Gold in der Rille, sind reifenmäßig noch gute Zeiten drin. Gemessen wird im mittleren Laufflächenbereich.

Reifenalter

Egal, ob ein Reifen bewegt wird oder nicht, er verliert Jahr um Jahr alleine durch passiv ertragene Umwelteinflüsse an Dämpfungs- und Haftfähigkeit. Die Gummimischung altert und härtet aus, so dass Motorradpiloten ab einem gewissen Zeitpunkt mit schleichend gestiegenen Sicherheitsrisiken durch die Gegend fliegen. Risse im Gummi lassen Wasser eintreten und Stahleinlagen rosten, während aus porösen Stellen Luft entweicht – und spätestens, wenn die Pelle einem Hula-Hoop-Reifen ähnelt, droht Gefahr, beim Bremsen oder in der Kurve (oder beim Bremsen in der Kurve) abzuschmieren.

Pi mal Daumen behalten Sportreifen rund zwei Jahre ihre ursprünglichen Qualitäten, während Tourer- und Cruiserreifen bis zu vier Jahre länger durchhalten. Auf der anderen Seite: Pi mal eigenem Daumen glauben die meisten Gelegenheitsbiker, die auch nach dem vierten TÜV-Besuch weiter mit sattem, aber altem Profil umhergeistern, dass mindestens zehn Jahre Qualitätsgarantien durchaus drin liegen sollten. Im Gegensatz zu den meisten Reifenhändlern und -herstellern, die fünf Jahre Alltagseinsatz als Maximum sehen. Die berechtigten Interessen beider Fraktionen liegen dabei klar auf dem Tisch – und wie so oft liegt die Wahrheit natürlich NICHT in der Mitte, sondern im individuellen Fall:

Um eine Entscheidung für dich treffen zu können, ziehst du zunächst die DOT-Nummer als Orientierungshilfe zur Einschätzung heran, einen auf jeder Pelle aufgeprägten vierstelligen Zahlencode, der die Herstellungswoche und das Herstellungsjahr des Pneus beinhaltet.

Die DOT-Nummer zeigt die Herstellungszeit an, hier 3814.

‚3814' bedeutet bspw. ‚38. Kalenderwoche in 2014'. Laut Reifenindustrie hätte die Pelle 2019 runtergemusst, gemäß Bauer Karl, der auch seine Treckerreifen ewig fährt, erst 2033 – mit der Option auf weitere Jahre. Ganz im Einklang mit der Straßenverkehrsordnung übrigens, denn entgegen landläufiger Annahmen existieren keine gesetzlichen Laufzeitregeln (es sei denn, es sind Schäden erkennbar).

Anschließend überprüfst du den physischen Reifenzustand via sorgfältiger Sichtprüfung, idealerweise mit oder bei einem Reifenspezialisten, um herauszufinden, was Karl sonst noch nicht weiß:

- Risse, Beschädigungen, poröse Stellen und abgeschleuderte Auswuchtgewichte sind aus sicherheitstechnischen Erwägungen No-Gos, selbst für Geradeausfahrer, die nur in trockenen Tunneln unterwegs sind.
- Ist das Gummi so hart, dass es wie verglast wirkt, ist definitiv das Ende der Fahnenstange erreicht. Die Pelle muss runter – möglichst sofort, denn hartes Gummi kann fatale Folgen haben. So ein Reifen ist selbst bei Schönwetter und idealer, trockener Fahrbahn ein sicherer Garant für Gänsehaut. Auf nasser Straßendecke, in Schräglagen und beim Bremsen ist es schlicht irre, damit zu fahren.

Lagerung

Wie dargestellt, ist die Alterung von Reifen zwar unvermeidlich, auf die Schnelligkeit, in der sie stattfindet, lässt sich aber einwirken. So besitzt UV-Strahlung (entfernt die Weichmacher im Gummi) ebenso großen Einfluss wie Chemikalien in der Nähe der Reifen sowie ständig mit dem falschen Luftdruck fahren – und diese Dinge meiden, hilft, die Reifen in Würde und vor allem langsamer altern zu lassen. Obendrein bringt ein Verzicht auf scharfe Reifenreinigungsmittel nicht nur der Umwelt mehr Gutes als Schlechtes, sondern auch den Reifen, da die Substanzen auf Dauer jedes Gummi porös werden lassen.

Übrigöns: Die Laufzeitregelung, die sich die Reifenindustrie ausgedacht hat, gilt nur für dich und dein Bike. Für sich selbst gelten andere, die besagen, dass Reifen bei ‚sachgerechter Lagerung' bis zu einem Alter von fünf Jahren als Neureifen, bis zu einem Alter von drei Jahren gar als ‚Fabrikneu' gelten. Das bedeutet, dass ein beim Kauf vier Jahre und elf Monate Jahre alter Reifen per Definition zwar ein „Neureifen" und „unbeeinträchtigt in seiner Verwendungstauglichkeit und Qualität" sein soll (offizielle Erklärung der Reifenindustrie), im ersten Jahr nach dem Aufziehen aber nicht seinen ersten, sondern den sechsten Geburtstag feiert. Lasse dir keine Sohle andrehen, die seit Jahren auf Lager liegt. Insbesondere, wenn du eher wenige Kilometer pro Saison fährst. (Die Gewährleistungsfrist gilt ab Kaufdatum!)

Bleibt die Frage, was ‚sachgerechte Lagerung ist. Sachgerecht gelagert werden Reifen, wenn sie kühl (-20 bis +25 Grad, Rennreifen 1 bis 25 Grad) und trocken untergebracht und weder Ozon, Sonnenlicht noch Chemikalien ausgesetzt sind, idealerweise in geschlossenen Räumen. Müssen Reifen draußen gelagert werden, schütze sie durch eine licht- und wasserdichte Folie. Bereits auf Felge aufgezogene Reifen füllst du mit 1 bar Luftdruck und hängst sie auf; Soloreifen stellst du vertikal auf die Lauffläche und drehst sie jeden Monat in eine andere Position. Flanke auf Flanke stapeln (horizontal hinlegen) solltest du die Gummis hingegen nicht, es sei denn, sie sind bereits aufgezogen – aber dann gilt, dass die Räder einmal im Monat umgestapelt werden müssen.

Reifengrip

Groß, klein, dick, dünn, stollig, platt – wie immer ein Reifen gebaut ist, eine Eigenschaft ist über alle Typen hinweg gleich wichtig: die Haftung (der Grip), hervorgerufen durch Mikroverzahnung mit dem Untergrund. Sie hält die Fuhre stabil, wenn du bremst, beschleunigst oder in Schräglage durch Kurven rauschst, immer im Konflikt mit ihrem Gegenspieler, den Schlupf. Erreicht Letzterer 100 %, blockiert der Reifen (beim starken Bremsen), rutscht beim Beschleunigen weg oder lässt dich in einer Kurve abschmieren.

Unterschieden werden Reifen in solche mit weichen und harten Gummis. Harte Reifen haften schlechter und halten länger, während weiches Gummi von Haus aus besser haftet, aber schneller verschleißt. Gute Dienste leistet ferner das wasserabweisende Silica, das einer Reifenmischung beigemengt für höhere Haftreserven sorgt, insbesondere beim Bremsen bei Nässe[08-2].

Neben der Art des Gummis sind die Größe der Kontaktfläche mit der Fahrbahn und die Fahrbahnoberfläche selbst für die Haftung von Bedeutung. Hierbei gilt: Je größer die Kontaktfläche, desto höher die Haftung – was auch heißt, dass Reifen ohne oder mit geringem Profil besser auf *trockenen* (nur dort!) Oberflächen haften als Reifen mit ausgeprägtem Profil (bei gleicher Reifenbreite). Anders bei Regen: Dort sind Reifen mit Profil im Vorteil. Das Profil scheidet das Wasser ab und verhindert die Wellenbildung vor dem Reifen (Aquaplaning), während Reifen ohne Profil die Haftung verlieren.

Schlupf

Wer über die Traktion von Reifen (Grip) redet, sollte über Schlupf (engl. *Slip*) auch mal was gehört haben - weil er halt überall dort zu finden ist, wo Ersteres verloren geht. Während Traktion für die Haftung eines Reifens auf dem jeweiligen Untergrund steht (bspw. Asphalt, Beton, Sand, Geröll, Matsch etc.), ist Schlupf das natürliche Gegenteil: der Grip*verlust*. Leuchtet auch sofort ein, wenn man seine eigenen Erfahrungen ins Spiel bringt: Auf Asphalt ist der Grip größer und der Slip kleiner als bspw. im Matsch, wo demgegenüber der Slip stärker ausgeprägt ist und der Grip geringer.

Grob umrissen, sorgt die eine Kraft dafür, dass du auf der Straße (dem Sand, Geröll etc.) bleibst, während die andere für Rutschpartien verantwortlich ist. Akkurater formuliert, bezeichnet der Schlupf die Abweichung der Geschwindigkeiten von Reifen (Umdrehungsgeschwindigkeit) und Fahrbahn (tatsächliche Fahrgeschwindigkeit), die miteinander über Reibung in Kontakt stehen. Gibst du beispielsweise Gas beim Anfahren, dreht sich das Rad ein Ticken schneller, als die tatsächliche Fahrgeschwindigkeit beträgt. Dieser Ticken ist der Schlupf.

Angegeben wird Schlupf in Prozent. Beim Auskuppeln während der Fahrt rollt das Motorrad unbehelligt von Antrieb und Bremse und die Umdrehungsgeschwindigkeit der Räder beträgt annähernd die tatsächliche Fahrgeschwindigkeit. Der Schlupf liegt in diesem Fall bei 0 %. Demgegenüber beträgt bei einem Burnout (Gas geben bei angezogener Handbremse) die tatsächliche Geschwindigkeit 0 km/h, während die Umdrehungsgeschwindigkeit des Hinterrads sehr hoch ist. Der Schlupf beträgt in diesem Fall 100 %.

Gripverlust und Schlupfarten

Gripverlust entsteht immer dann, wenn der Schlupf die Haftfähigkeit der Reifen auf dem jeweiligen Untergrund übersteigt, und kann sich jederzeit ereignen: bei rutschiger Fahrbahn (Regen, Schnee, nasse Blätter, Eis, Rollsplit, nasses Kopfsteinpflaster, Matsch etc.) und bei unangemessener Fahrweise (zu kalte Reifen, überalterte Reifen etc.) ebenso wie bei gewollt Slip-provozierender Fahrweise (Ampelstart, Burnout, Offroadsport).

Unterschieden wird Schlupf in Beschleunigungs-, Brems- und Querschlupf. Beim oben angesprochenen Burnout handelt es sich um einen *Beschleunigungsschlupf*, weil das Motorrad stillsteht, obwohl das Rad sich dreht. Blockieren hingegen bei einer Bremsung die Räder, handelt es sich um einen *Bremsschlupf*, weil das Rad still steht, das Motorrad sich aber immer noch fortbewegt.

Querschlupf kann auftreten, wenn du in Schräglage in der Kurve bzw. beim Herausbeschleunigen aus einer Kurve zu viel Gas gibst. Hierbei steigt der Schlupf an, im Extremfall bis zum Komplettverlust der Haftung mit anschließender Rutschpartei – die unter ungünstigen Umständen zu einem Highsider führen kann.

Highsider

Bei einem Highsider steigt der Schlupf beim Beschleunigen in Schräglage an und zwingt das Bike in eine stärkere Querlage zur Fahrbahn. Verliert das Hinterrad in dieser Situation temporär die Haftung und rutscht seitlich weg (beispielsweise auf einer regennassen Fahrbahn), kann es passieren, dass durch die Querlage (und/oder erschrockenes Gaswegnehmen) genügend Last reduziert wird, so dass sich der Grip wieder aufbaut. Resultat: Das in Querlage rutschende Fahrzeug stellt sich urplötzlich quer zur Rutschrichtung auf und schleudert den Fahrer durch die Luft.

Lowsider

Ein Lowsider ist im Vergleich zum Highsider ein weniger fataler Sturz, der über das Vorderrad passiert. Hierbei wird die Front in der Schräglage zu stark belastet, das Vorderrad klappt ein und das Bike fällt auf die Seite der Schräglage.

Im Vergleich zum Highsider bleibt es oft bei einer verhältnismäßig ‚harmlosen' Rutschpartie, dies gilt aber oft nur für Unfälle auf Rennstrecken mit Auslaufflächen. Im Alltag kommt es hingegen nicht nur darauf an, wie schnell man unterwegs war, sondern auch darauf, wie die Umgebung gestaltet ist (Bäume, Leitplanken, Gräben, Gegenverkehr, etc.).

Chattering

Chattering ist die Bezeichnung für ein Grip-Problem, das im Zuge der Reifenentwicklung entstanden ist. Mit dem Bestreben, immer haftfähigere Gummis in immer steiferen Karkassen anzubieten, nahm und nimmt man in Kauf, dass (auch gerade dank des hohen Gripvermögens) ein Rad nicht mehr konstant wegrutscht, wenn die Haftfähigkeitsgrenze erreicht ist. Im Gegenteil rutscht der Reifen beim Chattering nicht mehr gleichmäßig über den Untergrund, sondern geht in eine wenig kontrollierbare, pulsierende Bewegung über, springt sozusagen punktuell über die Fahrbahnoberfläche.

Hopping

Wer beim Wort ‚Hopping' jetzt ans Hoppeln denkt, liegt gar nicht so verkehrt. Hopping entsteht, wenn beim Anbremsen frühzeitig in einen Gang heruntergeschaltet wird, der der aktuellen Geschwindigkeit nicht angemessen ist.

Hierbei kommen zwei Dinge zum Tragen: Zum einen wird durch den Bremsvorgang das Hinterrad entlastet und verliert Traktion. Zum anderen liegt beim schnellen Auskuppeln in einen zu kleinen Gang abrupt die Drehzahl des Motors am Hinterrad an, das daraufhin durch die Motor-Bremswirkung einen erhöhten Schlupf erzeugt. Meist so hoch, dass das Hinterrad blockiert. Geschieht dies beispielsweise beim Anbremsen vor einer Kurve, sind durchaus ein paar dieser Hüpfer möglich – sofern der Fahrbelag trocken ist.

Schlupfregulierung

Als grobe Richtlinie für einen erstrebenswerten Schlupf gelten um die 20 %. Hier hat der Reifen eine maximale Bodenhaftung, die er sowohl bei einer Gefahrenbremsung als auch beim Anfahren auf schlüpfrigen Fahrbahnoberflächen oder mit zu viel Gas verlieren kann. Bis zur

Einführung verschiedener Technologien zur Schlupfregulierung war es in weiten Teilen dem Fahrkönnen und der Fahrerfahrung geschuldet, ob Gripverluste auftraten bzw. dem Glück/Pech bzw. dem Zufall, wenn verschiedene Faktoren aufeinandertrafen (Regen, Eis etc.). Seit Einführung von Fahrassistenten wie ABS (Antiblockiersystem) und ASR (Antriebsschlupfregelung) springen elektronische Schlupfregulierungen den Fahrern helfend zur Seite, beim ABS durch Bremsdruckreduzierung auf Vorder- und Hinterrad, beim ASR durch Antriebsreduzierung am Hinterrad.

Bei beiden Systemen messen Sensoren ständig die Raddrehzahlen, vergleichen sie miteinander und errechnen so den aktuellen Schlupf für jedes Rad zu jedem Zeitpunkt. Wird eine kritische Grenze erreicht (Blockieren beim Bremsen, Durchrutschen beim Anfahren), greift der jeweilige Assistent ein. Beim ABS bedeutet dies eine Reduzierung des Bremsdrucks, wenn der Schlupf hoch, sowie eine Steigerung des Bremsdrucks, wenn er wieder abgefallen ist. Dies ist der Regelbereich des ABS, den du als Fahrer als Stottern der Bremse wahrnimmst. Bei der ASR ist das Prinzip ganz ähnlich, nur dass in die Leistungs*abgabe* eingegriffen wird. Droht ein Gripverlust, reduziert der Assistent die Kraftübertragung zum Hinterrad, damit es nicht durchdreht.

Grenzen von Assistenzsystemen

Fahrassistenten bergen starke Sicherheitsvorteile, wo Fahrer vorher auf Erfahrung, Können oder Glück angewiesen waren, gänzlich verhindern lassen sich Unfälle aufgrund von Gripverlust hingegen nicht - weshalb selbst die Anbieter eher von ‚positiver Beeinflussung' als von ‚Verhinderung' reden.

Kein Kurven-ABS kann in Situationen helfend eingreifen, in denen Räder auch ohne Bremsung wegrutschen würden, und jede Traktionskontrolle ist nur so gut, wie FahrerIn und Bike es zulassen. Erstere (Piloten) benötigen allen Hilfestellungen zum Trotz immer noch Fahrgefühl und antrainierte Erfahrung, Letztere (Bikes) ein gut abgestimmtes Fahrwerk. Die Fahrassistenten sind dann die willkommenen ‚Little Helper', die (meist in verschiedenen, individuell bestimmbaren Ausprägungsstufen) unauffällig im Hintergrund auf ihren Einsatz warten und ansonsten dazu dienen, dass sich die Piloten ohne Angst an ihre persönlichen Limits herantasten können. Am Ende können sie dann als fahrdynamische Ansätze genutzt werden, um die Leistungsabgabe zu perfektionieren und auf den Untergrund zu bringen.

Betriebstemperatur

Jede Pelle entfaltet ihre spezifische Befähigung zur Mikroverzahnung nur, wenn sie auf Betriebstemperatur gebracht wird. Wodurch? Fahren, wobei die ersten Kilometer wie die Aufwärmphase beim Sport zu sehen sind: Man/frau hält sich zurück, steigert sich überlegt und gibt Gas, wenn die Reifen warm sind. Erst jetzt bewegt sich das Bike im optimalen Bereich hinsichtlich Bremsverhalten, Traktion, Agilität, Kurvenstabilität, Rollwiderstand, Fahrkonstanz und Lenkpräzision. Die Haftung hat sich mit der Reifentemperatur erhöht und einen Bereich maximaler Leistungsfähigkeit erreicht. Die Kunst ist, in diesem Bereich zu bleiben, denn sollte die Reifentemperatur über diesen Punkt getrieben werden, verringert sich das Haftvermögen wieder.

Oft gibt der jeweilige Reifenhersteller an, wie lange es dauert, bis die ideale Betriebstemperatur (meist um die 60 Grad) erreicht ist. Aber nur als Richtwert, da es immer darauf ankommt, wie du den kalten Reifen rannimmst (Rollen, Beschleunigen, Bremsen, Kurvenfahren), wie warm (oder kalt) Umgebung und Fahrbahnoberfläche sind und ob der Luftdruck stimmt. Auch werden weiche Gummis langsamer warm als harte und weisen danach eine dauerhaft höhere Betriebstemperatur auf.(Generalisiert lässt sich immerhin sagen, dass Tourenreifen bei 10 Grad Außentemperatur effektiv beginnen (Sportler bei 15 Grad) Betriebstemperatur aufzubauen und bis 30 Grad Außentemperatur gut arbeiten (Sportler bis 40 Grad).

Reifenpanne

Bei einer Reifenpanne in der Pampa bist du im Prinzip geliefert, wenn du ein Bike mit Schlauchreifen fährst. Rein theoretisch kannst du zwar einem des Weges kommenden Fahrradfahrer sein Flickzeug abschwatzen, aber du wirst den Reifen nicht so ohne Weiteres von der Felge bekommen, wenn du werkzeugtechnisch unzureichend aufgestellt bist. Ist das Loch noch relativ klein, kann Pannenspray oder Pannenmilch helfen. Ist es größer (ab 6 Millimeter) oder hast du kein Dichtmittel zur Hand, bleibt nur die Inanspruchnahme des Schutzbriefs oder des einen Kumpels, der immerzu sagt, dass du ihn jederzeit anrufen darfst.

Besser dran sind Biker mit schlauchlosen Reifen. Für sie gibt es Reparatursets, die recht zuverlässig funktionieren, wenn ein Loch sich nicht gerade an der Flanke befindet und man ein wenig Erfahrung mit dem Behelf hat (bei Gelegenheit mal an einem alten Reifen austesten). So ein Set besteht aus länglichen Kunststoffstangen, ähnlich der Dingsbums-Salami aus der Werbung, von denen du ein Stück abreißt und ins Loch stopfst. Die beigelegte CO_2-Kartusche liefert den Druck zum Aufpumpen – und bis zu einem Reifentausch sollte das Provisorium halten (erhältlich bei den üblichen Verdächtigen).

Die Prozedur laut beiliegender Beschreibung (unbedingt beachten):

1. Fremdkörper finden, Eintauchlage merken und entfernen. Reparatursets helfen bei Löchern bis maximal 4 Millimeter (durch kleinere Nägel, Schrauben und Ähnliches), nicht aber größeren.
2. Mit dem korkenzieherartigen Werkzeug im Lieferumfang das Loch im gleichen Winkel, in dem der Fremdkörper drinsaß, säubern und schleifen.
3. Lochumgebung reinigen und etwas Vulkanisierflüssigkeit um und in das Loch schmieren.
4. Eine der Kunststoffstangen in die Ahle des zweiten beiliegenden Werkzeugs einfädeln und ebenfalls mit der Vulkanisierflüssigkeit bestreichen.
5. Die Kunststoffstange mit der Ahle zu etwa 2/3 kräftig in das Loch drehen (nur in eine Richtung).
6. Werkzeug herausziehen (der Stopfen bleibt drinnen), rund 30 Minuten warten und dann den überstehenden Kunststoff parallel zur Lauffläche abschneiden.
7. Reifen aufpumpen. Glücklich die, die über einen Kompressor verfügen. Alle anderen versuchen es mit den beigelegten CO_2-Kapseln (Handschuhe anziehen, das Zeugs ist eisig).

Alternativ: Ebenfalls hilfreich bei Luftverlust kann die sogenannte Pannenmilch sein, ein flüssiges Vulkanisierungsmittel, das über das Ventil in den Reifen bzw. Schlauch eingeleitet wird, beispielsweise mit einem 12-Volt-Reifenkompressor. Der Luftschlauch vom Kompressor wird mit der Dichtmittelflasche und diese wiederum mit dem Reifenventil verbunden. Schaltest du die Pumpe ein, drückt die Luft das Dichtungsmittel in den Reifen. Allerdings: Das Zeugs kann eine stattliche Sauerei anrichten, unter Umständen beim Einleiten auf der Felge, ganz sicher aber im Reifeninneren. Der Reifenmonteur wird dich hassen dafür, weil er das Dichtmittel auswaschen muss. (Das Ventil muss zum Einfüllen ausgeschraubt werden, es ist folglich hilfreich, dir nicht nur die Pannenmilch, sondern auch einen Ventilausdreher ins Notfalltäschchen zu legen.)

Für und wider Reifenreparatur

Kannst du deinen Reifen *nach* einer Panne reparieren (lassen) und weiternutzen? Kannst du.

Macht es Sinn? Wenn du im Urlaub bist und nach Hause willst (nur nicht sofort), kann es das. Wenn es für immer sein soll, nicht. So ein Loch beschädigt den Reifen und auch, wenn es heutzutage Möglichkeiten gibt, das Teil professionell zu stopfen, ist es a) nicht erlaubt (weil zu unsicher bei hohen Geschwindigkeiten) und b) nur gut, wenn du in der Lage bist, dein Gehirn erfolgreich abzuschalten. Wer mit 200 Sachen über die Autobahn fliegt, wird das ungute Gefühl im Nacken verfluchen, das höflich darauf hinweist, dass die Flickstelle bei Beanspruchung platzen kann.

Flankenreparaturen verbieten sich instant, selbst Notreparaturen. Ist der Reifen an der Seite defekt, muss er ohne Wenn und Aber ausgetauscht werden.

REIFENWECHSEL

Sitzt du nicht gerade in der Wüste fest und kannst dir aussuchen, wer deinen Reifen wechseln soll, halte nach einer Motorradwerkstatt Ausschau. Die Vorteile liegen auf der Hand: Der Reifenwechsel erfolgt mit Profigeräten und elektronischen Auswuchtmaschinen und manche sind sich nicht zu schade, Schlauchlosreifen statt des üblichen Gummiventils ein Stahlventil für hohe Geschwindigkeiten zu spendieren.

Reifenwechsel in der Fachwerkstatt

Die autorisierte Vertragswerkstatt in der Großstadt dürfte vermutlich die schlechteste Lösung darstellen, wenn Geld eingespart werden soll oder muss. Zum einen steigt sie mit hohen Arbeitskosten in die Preisverhandlungen ein, zum anderen ist sie bestrebt, ein profitables Komplettpaket an den Mann oder die Frau zu bringen, statt in gewöhnliche Zulieferarbeiten einzuwilligen, die nur Personal binden, aber kaum etwas in die Kasse spülen.

Das Dilemma: Will man beim Reifenwechsel sparen, erreicht man das beste Ergebnis, wenn die zeitintensiven Arbeiten wie Raddemontage und Rückbau selbst erledigt und die Reifen günstig im Internet bezogen werden. Vertragswerkstätten auf der anderen Seite sind oft verwöhnt von zahlungskräftigen Kunden, die bislang noch jede Rechnung schluckten, und rümpfen bei ausgebauten Rädern und mitgebrachten Neureifen die Nase. Verbleibt ihnen nur das Auf- und Abziehen der Reifen, der Ventiltausch und das Auswuchten (plus die Ahnung, bei Gewährleistungsfällen Probleme zu bekommen), ist eine Ablehnung des Auftrags wahrscheinlich.

Reifenwechsel in freier Werkstatt

Toleranter verhalten sich oft die freien und Hinterhof-Motorrad-Werkstätten, wenn es darum geht, selbst ausgebauten Rädern die günstig erworbenen Reifen aufzuziehen.

Für die Arbeit an sich werden in der Regel faire Preise berechnet, etwa um die 20.- Euro pro Rad, all inclusive. Selbst wenn man ihnen ein Bike komplett vor die Tür stellt, bewegen sich die Kosten meist im erträglichen Rahmen, weil die Stundenlöhne geringer ausfallen als in einer Vertragswerkstatt.

Reifenwechsel in einer Reifenbude

Möglicherweise noch preisgünstiger sind spezielle Reifenbuden, die einen Großteil ihrer Existenz damit verbringen, einfach nur Reifen aufzuziehen. Ihnen ist es meist ebenfalls egal, wo du deine Reifen gekauft hast, allerdings solltest du die folgenden Dinge im Hinterkopf behalten und nach Möglichkeit im Vorfeld klären:

Planst du, der Reifenbude das Bike komplett zu überlassen, hole Infos ein, ob eine auf Autos spezialisierte Werkstatt weiß, wie mit Motorrädern umzugehen ist, bspw. welche Anzugswerte für Achsen, Klemmschrauben und andere Komponenten gelten und wie sie es vermeiden, dir so nebenbei die Felgen zu ramponieren. So kann es passieren, dass zu fest angezogene Achsen die Achslager ruinieren oder das Fehlen motorradspezifischer Ausrüstungen zu urigen Improvisationen führt, wenn bei Moppeds ohne Hauptständer ein Reifen (oder beide gleichzeitig) gewechselt werden sollen. Oder die Felge nicht auf die Auswuchtmaschine passen will.

Allzu oft wird auch der Auswuchtpunkt ignoriert. Dies ist eine von Reifenherstellern (nicht allen) angebrachte farbige Markierung, die anzeigt, wo in der Pelle Material eingespart wurde, um das Ventilgewicht auszugleichen und den viele auf Autos geeichte Reifenmonteure schlichtweg nicht kennen oder ignorieren.

Überraschung: Es gibt ihn tatsächlich, den Auswuchtpunkt - auch wenn er nicht brutal wichtig ist, weil man ohne Berücksichtigung oft ebenfalls zu Rande kommt.

Logischerweise sollte sich dieser Punkt über dem Ventil befinden. Ist es nicht der Fall, muss die Felge unter Umständen mit mehr Auswuchtgewichten als notwendig beglückt werden.

Hinweis: Die Missachtung des Auswuchtpunkts ist zwar nicht zwangsläufig dramatisch, wenn ein Bike nach einem Reifenwechsel aber moderat bis unangenehm unruhig läuft, sollte man doch checken, wie es um den Auswuchtpunkt, den Gewichten und (bei der Gelegenheit) auch um den Rotationspfeil steht.

Um keine Verluste beklagen zu müssen, entferne vor der Radübergabe das Kettenrad, alle Spacer und die Tachowelle (falls vorhanden). Die Bremsscheiben können meist drauf bleiben, wer auf Nummer sicher gehen will, baut aber auch diese ab.

Reifenwechsel in Eigenregie

Einen Reifenwechsel selbst machen, ist die finanztechnisch beste Lösung, für Unerfahrene hält sie aber Fallstricke bereit – immer auch abhängig von der Größe der Reifen. Ein dünner Mopedreifen ist halt einfacher zu tauschen als die fetten Puschen moderner Muscle Bikes. Ebenso bedarf es eines gewissen finanziellen Erstaufwandes für gutes Werkzeug, ohne das ein Wechsel und anschließendes Auswuchten kaum anständig zu bewerkstelligen sein wird.

Wer es trotzdem versuchen möchte, hier eine Anleitung. Beherzige aber Folgendes:

- Existieren spezifische Montageanleitungen für Radausbau und Reifenmontage, die dem hier Gesagten widersprechen, halte dich an jene. Nicht alle Reifen werden auf gleiche Weise aufgezogen.
- Die Reifen sind dein Direktkontakt zur Straße und sollten auf keinen Fall falsch montiert werden. Im Zweifel suche einen Spezialisten auf. Nicht immer ist es sinnvoll, eine Arbeit selbst zu erledigen.
- Fährst du nur wenige Kilometer pro Saison, amortisiert sich der Aufwand für vernünftiges Werkzeug nur sehr schleppend. Unter Umständen fährst du günstiger, wenn du dich darauf beschränkst, die Räder auszubauen, einen Reifen im Netz zu ordern und eine freie Motorrad-Werkstatt mit dem Wechsel zu beauftragen.

Was du benötigst

Zunächst die Reifen, ganz klar. Schlage im Fahrzeugschein nach, welche Größe vorgeschrieben ist (siehe auch den Abschnitt „Reifenfreigabe" auf Seite 123) und besorge dir deinen Wunschreifen dort, wo er am günstigsten angeboten wird. Hast du dein Motorrad gebraucht gekauft, richte dich nicht danach, welche Pellen aufgezogen sind; der Vorbesitzer kann andere verbaut haben als vorgeschrieben. (Welches Werkzeug du zum Ausbau der Räder deines Bikes benötigst und welche Schritte notwendig sind, erzählt dir dein spezielles Werkstatthandbuch. Es hält auch die notwendigen Drehmomentwerte für den späteren Rückbau bereit.)

Montierhebel/Montiereisen (3 Stück) und **Reifenlöffel** (ein bis zwei) zum Aus-/Einhebeln der Reifenkanten über die Felgenränder. Besorge dir mindestens zwei, besser drei stabile Montiereisen plus einen oder zwei Reifenlöffel. Die Löffel sind ein wenig kleiner und eignen sich gut, wenn der Reifen bereits ein Stück weit mit den größeren Montiereisen über die Kante gehebelt worden ist. Alternativen schlage in den Wind; sie werden dir nur die Felge verhunzen und/oder den Reifen zerstören.

Felgenschützer aus Hartplastik (vier Stück), die du unter die Reifenlöffel legst, um – wer hätte das gedacht? – die Felge zu schützen. Je nach Beschaffenheit, Material und Einsatzhäufigkeit kann es passieren, dass die (immerhin meist preisgünstigen) Teile schnell verschleißen. Dann besorge neue. Das ist besser, als auf Panzertape oder mehrere Lagen Putzlappen zurückzugreifen, die sich noch schneller aufscheuern.

Montage-Schmiermittel: Dieses Zeugs ist speziell für den Reifenwechsel entwickelt und lufttrocknend. Als Alternative verwendet der eine oder andere DIY-Schrauber Seifenwasser (Gemisch aus Wasser mit Seife oder Spülmittel), das ebenfalls an der Luft wegtrocknet. Fette hingegen solltest du nicht in Betracht ziehen. Du riskierst, dass sich der Reifen später in der Felge dreht.

Reifenmontagegerät: Erleichtert das Eindrücken und Abziehen der alten sowie das Aufziehen der neuen Pelle, weil du nicht auf dem Boden herumkriechen musst und vielleicht sogar Montiereisen einsparst; außerdem entfällt selbst bei unerfahrenen Neu-Schraubern das Demontieren der Bremsscheiben. Alternativ kann ein hoher Plastikeimer oder zwei untergelegte Holzblöcke zum Einsatz kommen sowie ein Schraubstock zum Eindrücken des Reifens, wenn er von der Felge gelöst werden soll.

Auswuchtbock zum Austarieren der Räder.

Plastikschaber oder Cuttermesser sowie **Bremsenreiniger** zum Lösen der alten Gewichte und der Klebreste.

Ventilmontagewerkzeug (Einziehwerkzeug) für Gummiventile. Kräftige Hände können das Einziehen mglw. bei Verwendung einer Montagepaste (oder von Seifenwasser) auch ohne Hilfsmittel bewerkstelligen.

Kabelbinder: Kommen gut, wenn Reifenlöffel fixiert oder Reifen zum besseren Aufziehen zusammengebunden werden müssen.

Kraftaufwand: Was dir an Werkzeug und Geschick fehlt, kann unter Umständen mit erhöhtem Kraftaufwand ausgeglichen werden. Insbesondere das Auf- und Abziehen des Reifens von der Felge wird dir einiges abverlangen, entweder in Form von Investitionen, cleverem Improvisationstalent oder halt kräftigen Händen.

Auswuchtgewichte zum Ausgleichen des Radgewichts. Die Gewichte sind meist als 5-Gramm-Elemente in 12er-Riegeln mit insgesamt 60 g verfügbar.

Neues Reifenventil bei schlauchlosen Reifen aus Gummi (sehr preisgünstig) oder Metall (relativ günstig) oder als Winkelventil (teuer). Überprüfe beim Ausbau die Ventilbezeichnung und beschaffe dir ein gleichwertiges (nach Möglichkeit als Metalvariante).

Neue Ventilkappen, idealerweise Metallkappen mit Dichtring. Kosten sind abhängig von der Ausführung: zwischen ein paar Cent bis mehrere Euro pro Stück.

Kompressor bzw. Reifenfüllmessgerät: Alternativ bringe deine Reifen zur nächsten Tanke zum Luftfüllen.

Ventile

Bei schlauchlosen Reifen achte darauf, Gummiventile (oder besser: Ventile mit Gummifüßen) aus Sicherheitsgründen bei jedem Reifenwechsel zu erneuern oder durch Metallventile zu ersetzen. Gummiventile bewegen sich immer ein klein wenig im Felgensitz, so dass die Abdichtung mit der Zeit abnimmt. Je länger dabei der Ventilschaft, desto stärker die Bewegungen und desto höher die Wahrscheinlichkeit, dass am Sitz gezerrt wird bzw. dass das Gummi spröde/rissig wird. Sie halten folglich auf Dauer weniger dicht, altern sowieso schneller und können den starken Fliehkräften bei höheren Geschwindigkeiten nicht so viel entgegenhalten wie ihre Kollegen aus Metall.

Metallkappe: gut. Gummiventil: so lala.

Gummiventil mit Metallkappe.

Ab welchen Geschwindigkeiten Metallventile sowieso eingesetzt werden *müssen*, ist zwar gesetzlich nirgends geregelt, Hersteller sprechen aber meist von 210 km/h als Grenzwert für Gummiventile oder schreiben bereits in Bereichen darunter Metallventile vor.

Ein weiterer Vorteil von Metall- gegenüber Gummiventilen: Sie sehen besser aus und können in unterschiedlichen Farben erworben werden. Demgegenüber sind Gummiventile flexibler und günstiger.

Upgrades: Wer bislang mit Gummi gefahren ist, aber der Sicherheit wegen aufrüsten möchte, kann dies meist problemlos tun, da es kaum Felgen gibt, die sich nicht für Metallventile eignen. Achte aber darauf, dass sowohl die Ventilbohrung als auch die Felgenkontur passen.

Downgrades: Umgekehrt wird leider kein Schuh draus. Soll heißen: Wer bei der Auswahl des Ventils dem Sparschwein nachgeben will, sollte im Vorfeld der Umrüstung den Hersteller befragen, wie dieser das Anliegen sieht, denn nicht jede Felge mit Metallventil darf auch mit einem Gummiventil betrieben werden.

Metallventil mit Plastikkappe

Ventiltypen

Achte beim Ausbau darauf, um welchen Ventiltyp es sich handelt und bleibe dabei. Übliche Typen sind Schrader-, Dunlop- (bei Oldtimern) und metrische Ventile mit unterschiedlichen Bezeichnungen (TR4, TR412, TR13 usw.). Einige davon sind dünner bzw. dicker als die anderen und passen dann nicht in das Ventilloch. Im Zweifel hole dir Rat bei einem Fachmann.

Bei einigen Ventiltypen lässt sich ferner zwischen langen, kurzen und Winkel-Ventilen wählen:

- **Lange Ventile** können hinderlich beim Befüllen sein und die Reifendruckkontrolle erschweren. Am Vorderrad stören die Bremsscheiben, am Hinterrad ist es entweder die Bremsscheibe, das Kettenrad oder die Felge selbst, die ein Anlegen des Steckadapters des Luftbefüllers behindert. Manchmal so stark, dass er sich auch nach etlichen Verrenkungen nicht korrekt aufsetzen lässt und mehr Luft entweicht, als man hineinbekommt. Außerdem neigen lange Ventile zum Wegknicken bei hohen Geschwindigkeiten und können so am Sitz undicht werden.
- **Kurze Ventile** empfehlen sich demgegenüber für schnelle Motorräder, da sie sich weniger im Sitz bewegen. Außerdem sind sie besser erreichbar, wenn Luft nachgefüllt oder der Druck kontrolliert werden muss.
- **Winkelventile aus Metall** lassen sich von allen Ventilarten am bequemsten bedienen, da der seitliche Zugang praktisch immer erreichbar ist. Allerdings sind sie deutlich teurer als übliche Metallventile. Immerhin müssen sie nicht bei jedem Reifenwechsel erneuert werden. **Hinweis:** Winkelventile müssen zur Ventilbohrung und der Felgenkontur passen und benötigen unter Umständen mehr Auswuchtgewichte.

Wer bei einem Schlauchreifen kürzere Ventilschäfte haben möchte, wird übrigens enttäuscht werden, da dort nahezu immer lange Ventile verbaut sind und man naturgemäß wenig dran ändern kann. Allerdings lassen sich in allen langen Ventilschäften zumindest kurze Ventileinsätze eindrehen.

Vorbereitungen

Entferne das Verpackungsmaterial vom Reifen und lasse ihn einen Tag herumliegen, damit er seine natürliche Form annimmt. Stehen kurze Holzblöcke oder Leisten zur Verfügung, die so breit wie das Felgenbett sind, stecke sie in regelmäßigen Abständen zwischen die Reifenwülste, um den Reifen zu spreizen. Dies erleichtert den späteren Einbau und das Einfinden des Reifens im Felgenbett. Damit vermeidest du auch, dass sich eventuell keine Luft einfüllen lässt, weil die Reifenkante zu tief in der Felge liegt.

Sind an der Reifenwulst Nippel oder andere Produktionsüberschüsse zu erkennen, die beim Aufziehen eventuell zwischen Reifen und Felgenbett gelangen können, kürze sie im Vorfeld oder rasiere sie ab. Schneide hierbei aber nicht in den Reifen hinein.

Baue das Rad aus (siehe Seite 123 und entferne Kettenrad und Bremsscheiben, Letztere zumindest dann, wenn du nicht erfahren genug bist und keine Schäden an den Komponenten riskieren möchtest.

Sind die Bremsscheiben entfernt, kann es sein, dass beide Radseiten mehr oder weniger gleich aussehen. Markiere deshalb im Vorfeld auf der linken Seite das Rad mit einem Klebestreifen in Laufrichtung und stelle sicher, dass auch der Laufrichtungspfeil auf dem alten Reifenmantel in diese Richtung zeigt.

Wärme die neuen Reifen vor dem Wechsel an, entweder, indem du sie in der Sonne oder an der Heizung liegen lässt oder mit einem Haarfön aufwärmst.

Altreifen abziehen

Karkasse aus dem Felgenbett lösen: Entferne Ventilkappe und Reifenhalter (falls vorhanden) und lasse die Luft *komplett* aus Reifen bzw. Schlauch, indem du das Ventil öffnest oder aus dem Ventilschaft herausschraubst. Ist das Lösen der Reifenkarkasse aus dem Felgenbett nicht ohne weiteres möglich, stelle dich breitbeinig auf das Gummi und versuche, das Gummi aus dem Felgenbett zu pressen. Alternativ spanne den Reifen in einen Schraubstock (nicht die Felge aus Versehen mit einspannen), um die Seitenwände auf beiden Seiten aus dem Felgenbett zu pressen.

Reifenkante über Felgenkante stülpen: Lege das Rad auf ein Polster oder dicken Tüchern auf dem Boden, stecke einen Felgenschützer auf den Felgenrand und hebele die erste Seitenwand des Reifens mit einem Montiereisen über die Felgenkante. Achte darauf, dass du am Ventil startest und sich die gegenüberliegende Seite der Reifenkante im Felgenzentrum befindet. Ist es der Fall, hast du den maximalen Freiraum zum Überstülpen der Kante.

Lässt du das Montiereisen los, wird der Reifen sofort ins Felgenbett zurück schnappen. Fixiere das Eisen deshalb mit einem Kabelbinder an der Felge (wenn du alleine arbeitest).

Setze ein zweites Eisen am zweiten Felgenschützer an und hebele die Reifenkante auch dort über den Felgenrand, dito mit dem dritten und einen eventuellen vierten Montierhebel. Entferne die erste Reifenseite über den gesamten Umfang von der Felge; achte dabei darauf, die Felge nicht zu zerkratzen und einen eventuell vorhandenen Schlauch nicht zu beschädigen.

Der Abstand, in denen die Montiereisen angesetzt werden, hängt von Größe und Beschaffenheit des Reifens ab, bei normal großen und gut angewärmten Gummis sind um die 12 bis 15 Zentimeter (ca. 1/6 bis

1/5 des Radumfangs) oft eine gute Wahl. Alternativ lege die Felgenschützer eng nebeneinander und orientiere dich an ihnen.

Verfügst du nur über zwei Montiereisen, halte das erste nach dem Überstülpen fest und hebele die Reifenkante mit dem zweiten um die 15 Zentimeter daneben heraus (auf dem zweiten Schützer). Halte jetzt das zweite Eisen fest, löse das erste und setze es um die 15 Zentimeter neben dem zweiten und auf dem dritten Schützer wieder an. Fahre auf diese Weise abwechselnd fort, bis die Reifenkante rundum über die Felge gezogen ist.

Löse das Ventil und ziehe den Schlauch von der gegenüberliegenden Seite aus vollständig heraus (falls vorhanden). Bei schlauchlosen Reifen schneide das alte Gummiventil ab und ziehe es aus der Felge (schneide NICHT ins Felgenmetall). Ein Metallventil wird ausgeschraubt. Soll ein Metallventil ein weiteres Mal verwendet werden, prüfe es penibel auf Beschädigungen und verwende bei Bedarf einen neuen Ventileinsatz mit neuen Dichtungen. Prüfe den Ventilsitz. Er darf keine Beschädigungen aufweisen und muss schmutzfrei sein.

Zweite Reifenkante überstülpen: Schmiere bei Bedarf Montagepaste auf den Rand des Reifens, der sich noch innerhalb der Felge befindet und hebele die zweite Reifenseite auf die gleiche Weise über die Felge wie die erste. Meist wird es schneller gehen als vorher und kann ab einem gewissen Punkt sogar mit der Hand erfolgen.

Mit WD-40 einweichen und einem Holz- oder Plastikspatel abkratzen.

Nacharbeiten: Reinige die Innenseite der Felge mit einem feuchten Tuch und überprüfe Felgenboden und Felgenbett auf Beschädigungen. Ist bei einem Schlauchreifen die Folie eingerissen oder sonstwie beschädigt, tausche sie aus, um zu vermeiden, dass der Schlauch später in Mitleidenschaft gezogen wird.

Entferne die alten Auswuchtgewichte vorsichtig mit einem Plastik- oder Cuttermesser. Beschädige auf keinen Fall das Metall der Felge und entferne die Klebreste mit Bremsenreiniger oder WD-40.

Neureifen aufziehen

Lege den Reifen so auf das Rad, dass der Laufrichtungspfeil in Fahrtrichtung zeigt. Hast du linksseitig eine Markierung vorgenommen, sollte der Pfeil auf der Reifenflanke nach vorne zeigen (wenn er oben liegt).

Bei schlauchlosen Reifen drücke jetzt das Gummiventil von der Innenseite der Felge in den Ventilsitz und ziehe es mit Hilfe eines Ventilmontagewerkzeugs in die Felge ein. Metallventile werden verschraubt; beachte hierbei das vom Hersteller angegebene Drehmoment. Überprüfe den korrekten Sitz des Ventils in der Felge, bevor du fortfährst.

Schmiere Reifen- und Felgenkanten rundum mit Montagemittel ein und stülpe die erste Reifenkante über den Felgenrand. Je nach Reifen kann es rundum mit der Hand gelingen, falls aber nicht, nehme Reifenlöffel und Felgenschoner zur Hilfe.

Bei Schlauchreifen: Pumpe den neuen Schlauch ein klein wenig auf, so dass er sich nicht so leicht verdrehen kann, und führe das Ventil durch die Ventilöffnung in der Felge. Verschraube es, richte den Schlauch penibel unverdreht innerhalb des Reifens aus und achte darauf, dass das Ventil absolut gerade herausschaut.

Beachte den Auswuchtpunkt (falls vorhanden). Drehe den Reifen so auf der Felge, dass der Auswuchtpunkt über dem Ventil steht. Wie weiter oben bereits beschrieben, ist der Reifen am Auswuchtpunkt herstellerseitig minimal im Gewicht reduziert, um das Gewicht des Ventils auszugleichen.

Drücke die bereits in der Felge liegende Reifenkante an einer Position gegenüber des Ventils in die Felgenmitte. Das Felgenzentrum ist, wie gesagt, der tiefste Punkt, so dass du den maximalen Freiraum zum Drüberstülpen der zweiten Reifenseite hast.

Drücke die zweite Reifenkante gegenüber des Ventils über die Felgenkante und verfahre bei ‚fügsamen' Reifen rundum, bis du mit der Hand nicht mehr weiterkommst. Spätestens dann verwende Reifenlöffel und Felgenschützer und stülpe den Rest in die Felge.

Die zweite Reifenkante ist allgemein schwerer über die Felgenkante zu bewegen, ganz besonders im letzten Abschnitt. Aber mit Geduld und in kleinen Schritten wird es gehen. Zur Not erwärme den Reifen ein weiteres Mal.

Bei schlauchlosen Reifen achte darauf, dass die Reifenkanten perfekt im Felgenbett liegen und sich der Reifen am Felgenhorn einhängt, damit beim Aufpumpen keine Luft entweicht.

Bei Schlauchreifen ziehe das Ventil fest. Allerdings mit Gefühl; bei bombenfesten Ventilen riskierst du, dass sie sich unter Belastung verdrehen und abreißen.

Fülle Luft ein und pumpe den Reifen auf, bei härteren, schlauchlosen Reifen zunächst mit etwa 1 bar mehr als empfohlen, damit er sich gut in die Felge einpasst. Der Reifen muss zwei Mal hörbar ploppen. Tut er das nicht, muss die Luft abgelassen und der Reifen neu ausgerichtet werden. Bei einem Schlauchreifen muss nicht auf perfektem Sitz des Reifens in der Felge geachtet werden, da der Schlauch ihn beim Aufpumpen ausrichtet und an die richtigen Stellen drückt.

Lasse den Reifen mehrmals auf den Boden fallen (also vertikal natürlich, damit er hüpft). Dadurch passt er sich weiter in die Felge ein.

Senke den Luftdruck auf den vorgeschriebenen Wert und sprühe die Reifenseiten und das Ventil mit Seifenwasser ein, um Lecks zu entdecken, an denen Luft entweicht. Kontrolliere ferner den Ventilsitz. Das Ventil muss zweifelsfrei gerade in der Ventilbohrung der Felge sitzen. Falls vorhanden, ziehe den Reifenhalter fest, damit sich der Reifen unter Belastung nicht verdrehen kann und das Ventil abreißt.

Schraube die Ventilkappe auf, um das Ventil vor Schmutz zu schützen und den Reifen besser abzudichten und entferne überschüssige Montagepaste mit einem Tuch.

Über Ventilkappen und Dichtringe

Je höher die Geschwindigkeit, desto höher die Fliehkraft der Räder und desto höher die Belastung für die Ventile. Fehlen dann die Dichtringe, können die Ventile sich öffnen und Luft aus dem Reifen entweichen lassen. Ist dies lange genug der Fall, überhitzt der Reifen und kann platzen. Bei langen Ventilen geschieht dies eher als bei kurzen, allerdings können generell ein zu geringer Reifendruck, intensive Brems- und Beschleunigungsaktionen und erschlaffte Ventilfedern die Grenze für einen Luftverlust deutlich unter 200 km/h drücken.

Ventilkappen mit Dichtringen wirken diesem schleichenden Verlust entgegen. Außerdem verhindern sie, dass der Ventilschaft verschmutzt oder korrodiert. (Die Verschmutzungen können beim Befüllen des Reifens zwischen die Ventildichtungen gedrückt werden, wodurch das Ventil nicht mehr zuverlässig schließt und Luft ebenfalls schleichend entweichen kann.)

Metall-Ventilkappen eignen sich am besten, da sie praktisch immer über innere Dichtringe verfügen, während Plastikkappen eine Dichtung *haben können* (nicht sicher) und Zier- oder Gummikappen nur dem Schutz vor Wasser und Verschmutzungen dienen.

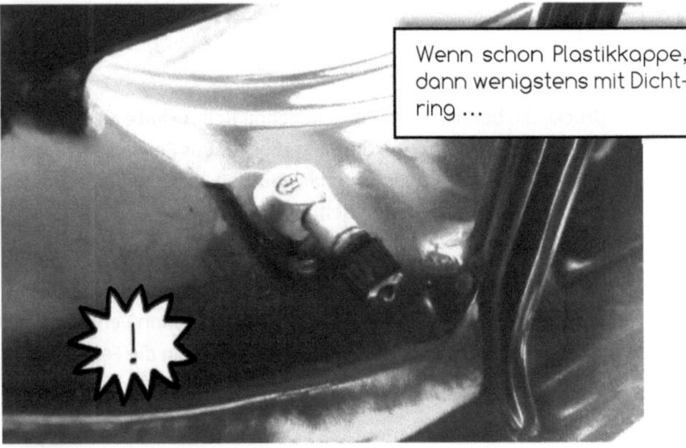

Plastikkappen immer vorsichtig aufschrauben, da sie dazu neigen, einzureißen.

Auswuchten

Auswuchten ist keine Raketenwissenschaft, selbst wenn du über kein entsprechendes Gerät verfügst. In dem Fall befestige die Radachse so zwischen zwei beliebigen Bauelementen, dass sie stabil in der Waage steht und sich das Rad frei drehen kann.

Gibst du dem Rad einen Schubs in eine beliebige Richtung, wird es an seinem schwersten Ende automatisch der Schwerkraft folgen und dort zur Ruhe kommen (also bei 6:00 Uhr). Ist es geschehen, klebe auf dem gegenüberliegenden obersten Punkt (12:00 Uhr) provisorisch mit Gaffa ein Auswuchtgewicht an. Drehe dann das Rad auf 3:00 Uhr und schaue, wie es reagiert, wenn du es loslässt.

Tendiert es wieder in die Ausgangstellung zurück, erhöhe das Gewicht und wiederhole den Test.

Bleibt das Rad auf 3:00 Uhr, überprüfe, ob es rundum in verschiedene Positionen gebracht werden kann, ohne dass es sich von alleine wieder in Bewegung setzt. Bleibt es in allen Fällen stabil stehen, verklebe das oder die jeweiligen Gewicht(e) permanent.

Lässt sich auch aus zwei Holzlatten realisieren. Hauptsache, das Gebilde steht nicht schräge und die Achse befindet sich in der Waage.

Maximal sollten übrigens nicht mehr als 100 Gramm Auswuchtgewichte verklebt werden, so 40 am Vorder-, 60 am Hinterrad. Nicht nur, weil es unschön aussieht, sondern auch, weil eszu einer neuen Unwicht führen kann, die sich mit starken Vivbrationen und sogar Lenkerschlagen bemerkbar machen kann. Das Motorrad kann sich schwammig oder instabil anfühlen – besonders in Kurven oder bei schneller Fahrt - und Reifen und Lager nutzen sich zügiger ab.

Können schon mal mehr werden ...

Wenn viele Gewichte nötig sind, kann dies auch ein Hinweis auf einen fehlerhaft gefertigten Reifen oder eine verzogene Felge sein (zur Felgenprüfung siehe Seite 127).

RDKS-Sensoren

Verwendest du RDKS-Sensoren, befestige sie *vor* dem Auswuchten.

Es empfiehlt sich generell, die Räder bei nachgerüsteten RDKS-Sensoren neu auszuwuchten.

RDKS-Sensoren dienen der Reifendruckkontrolle von außen. Sie signalisieren dem Fahrer via Bluetooth auf einer Smartphone-App oder einem Extra-Display die Temperatur und den aktuellen Luftdruck des Reifens und werden statt der Ventilkappen auf die Ventile geschraubt.

Beim Nachrüsten solcher Kontrollsysteme ist darauf zu achten, nach Möglichkeit gerade Stahlventile zu verwenden. Snap-in-Gummiventile verformen sich bei höheren Geschwindigkeiten bereits von Natur aus und können durch das höhere Gewicht der Sensoren zusätzlich belastet werden, wodurch das Risiko einer Ventil-Undichtigkeit steigt. Bei abgewinkelten Ventilen besteht zusätzlich das Problem einer dynamischen Unwucht, insbesondere in Schräglage.

Es empfiehlt sich folglich, RDKS-Sensoren nur mittig über gerade, kurze Metallventil zu montieren, während bei Winkelventilen, wie gesagt, Unwuchten drohen.

Reifen einfahren

Die Oberflächen neuer Reifen sind glatt und mit Trennmitteln, Schutzschichten und Verpackungskleberesten gesegnet und die Polymere im nagelneuen Gummi noch nicht optimal vernetzt, so dass der Grip nicht optimal ist. Neue Reifen müssen eingefahren werden und man sollte sich in den ersten 200 bis 300 Kilometern vorsichtig verhalten. Der Bremsweg verlängert sich, heftige Beschleunigungsmanöver können den Hinterreifen zum Durchrutschen bringen und wie die Pelle in Schräglage reagiert, kann sich jetzt jeder denken. Auch benötigt die Montagepaste mehrere Stunden zum Trocknen. In dieser Zeit kann sich der Reifen bei starker Beanspruchung auf der Felge verschieben.

Fahre die Reifen überwiegend auf relativ geraden Strecken ein. Nehme dabei einfach an, du fährst auf rutschigem Untergrund und vermeide heftige Brems- und Beschleunigungsaktionen.

Danach traue dich an Kurven heran, bleibe aber aufmerksam und steigere nur gemächlich die Schräglage. Nach rund 300 Kilometern sollte die Oberfläche aufgeraut sein, gut sichtbar an einer Farbveränderung der Reifendecke, die statt glatt und dunkel zusehends heller und ‚griffiger' daherkommt.

Es kann lohnen, nach einem Reifenwechsel das Fahrwerk neu einzujustieren. Ist es bspw. zu weich, müssen die Reifen mehr Dämpferarbeit leisten. Ein wenig Härte mehr schadet in dem Fall daher nicht und erlaubt dem Fahrwerk insgesamt, mehr Unruhe zu schlucken.

REIFENFREIGABE

Grundsätzlich muss jede aktuelle Bereifung typgenehmigt laut UN/ECE Regelung 75 sein. Eine auf der Reifenflanke befindliche ECE- oder E-Nummer belegt, dass sie für den Straßenverkehr zugelassen ist. Fehlt sie oder steht die Zeichenfolge ‚NHS' auf dem Reifen (*Not for Highway Service*), existiert keine Zulassung (Rennslicks bspw.).

Darüber hinaus bestehen zur Verwendung eines Reifens mit bestimmten Modellen weitere Vorgaben, unterschieden darin, ob es sich um ‚alte' oder ‚neue' Motorräder handelt. Als ‚älter' gelten Bikes ohne EU-Typgenehmigung, aber mit Reifenbindung in den Papieren (alternativ mit Reifen mit ABE oder mit Reifen aus einer in der Vergangenheit bestandenen Einzelabnahme). ‚Neue' Fahrzeuge sind jene mit EU-Typgenehmigung (in der Regel ab Ende 1999 zugelassen, im Fahrzeugschein steht dann im Feld ‚K eine Kennung mit einem ‚E').

Die Alten (ohne EU-Typgenehmigung)

Besteht eine Reifenfabrikatsbindung (steht in der Zulassungsbescheinigung oder ist beim KBA hinterlegt), ist die Verwendung von nicht aufgeführten Reifen unzulässig, die Betriebserlaubnis erlischt und der Ersatz muss von einer Prüforganisation abgesegnet werden. Dies verläuft am unproblematischsten, wenn ein Neureifen in Größe, Bauart, Geschwindigkeitsindex und Traglast dem nicht mehr erhältlichen Original entspricht und vom gleichen Hersteller kommt (*Produkt-Nachfolger!*); eine Begutachtung kann dann entfallen.

Nicht so bei der Verwendung vergleichbarer Reifen eines *anderen* Herstellers sowie bei gleichzeitiger Änderung der Dimensionen oder der Bauart. Dann wird eine Prüfung fällig sowie die Eintragung des neuen Fabrikats in die Papiere. Das ist teuer und hat obendrein einen Haken, denn wird dieser Reifen irgendwann auch nicht mehr produziert, beginnt das Spiel von vorne. Tipp: Lasse die Fabrikatsbindung in Schein und Brief austragen (§19, Absatz 2 StVZO), dann entfallen die nächsten Prüfungen (wenn du die Dimensionen nicht änderst).

Die Neuen (mit EU-Typgenehmigung)

Eine Neubereifung, die den in den Fahrzeugpapieren eingetragenen Größen entspricht (oder eingetragenen *variablen* Werten), ist ohne Abnahme zulässig. Auch, wenn es sich um Reifen anderer Hersteller und anderem Profil handelt. Voraussetzung ist, dass weitere technische Parameter wie Traglast, Geschwindigkeitsindex und Abrollumfang ebenso mindestens der Originalbereifung entsprechen (eventuelle Reifenfabrikatsbindungen besitzen keine Gültigkeit mehr).

Heikel wird es, wenn Reifen mit anderen Dimensionen oder anderer Bauart aufgezogen werden sollen, als in den Fahrzeugpapieren vermerkt. In dem Fall ist eine separate Begutachtung erforderlich, die sich auf die Reifenänderung bezieht und, falls bestanden, in die Papiere eingetragen wird.

Die früher üblichen Unbedenklichkeitsbescheinigungen der jeweiligen Reifenhersteller können als unterstützende Prüfgrundlagen vorgelegt werden, eine automatische Anerkennung der Dokumente durch die Prüforganisation erfolgt aber nicht. **Hinweis:** Wie in allen Fällen ist darauf zu achten, dass Geschwindigkeitsindex und Traglast der neuen Reifen mindestens der Originalbereifung entsprechen[08-3].

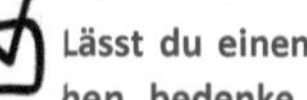

Lässt du einen neuen Reifentyp auf deine Felgen ziehen, bedenke, dass sich die Fahreigenschaften deines Motorrads rapide ändern können.

RADAUS- UND -EINBAU

Hinweis: Im Folgenden findest du einige generelle Beschreibungen und Tipps zur Vorgehensweise beim Vorder- bzw. Hinterradausbau, aber keine vollständigen Beschreibungen. Dafür hast du dein spezifisches Reparaturhandbuch.

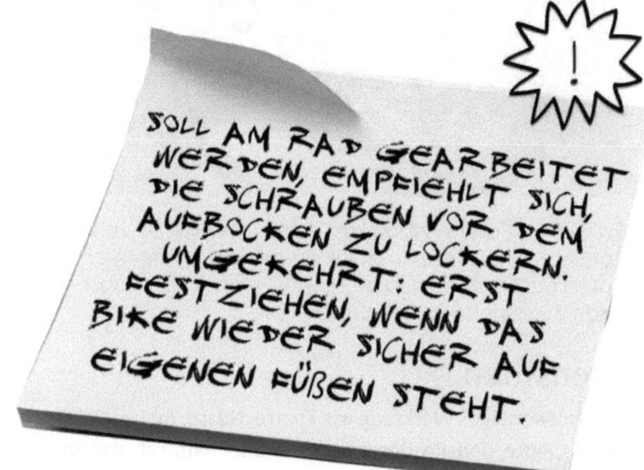

Vorarbeiten

Schütze Tank und Seitenteile mit einer Decke vor Beschädigungen und bocke das Bike so auf, dass das auszubauende Rad entlastet und frei zugänglich wird. Sorge dafür, dass dein Bike stabil steht, idealerweise auf einem Hauptständer, vielleicht mit ein, zwei Holzbretter darunter, die die Maschine höher positionieren.

Das Hinterrad ist beim Aufbocken auf einen Mittelständer automatisch frei. Soll das Vorderrad ausgebaut werden, drückst du die Maschine hinten herunter, so dass der Vorderbau angehoben wird. Zur Fixierung kannst du eine Holzlatte unter den Lenkkopf klemmen, das Hinterteil mit Zurrgurten runterziehen oder eine Holzlatte zwischen Decke und Gepäckträger quetschen, um das Hinterrad so nach unten zu drücken (aber Vorsicht bei allen Provisorien!).

Ein Wagenheber unter dem Rahmen in Höhe des Motors leistet ebenfalls nützliche Dienste (NICHT am Ölfilter, Krümmer, Auspuff oder Motor ansetzen) – aber welche Konstruktion du letztendlich bevorzugst oder dir ausdenkst, sichere die Maschine mit Zurrgurten, damit sie dir beim Fummeln an den Rädern nicht abseilt.

Spannriemen rule: zum Aufbocken, zur Stabilisierung, zur Sicherung (am besten vorne, hinten und beide Seiten).

Kein Mittelständer vorhanden? Verfügt dein Bike nur über einen Seitenständer, benötigst du einen Montageständer für hinten bzw. vorne oder einen Zentralständer (siehe auch Sektion 01: *„Werk- und anderes Zeugs"* ab Seite 22).

Um den Ein- und Ausbau der Achse deutlich zu vereinfachen, platziere einen Holzklotz relativ passend unter Vorder- bzw. Hinterrad. Ein zusätzlicher Holzkeil eignet sich dabei gut, fehlende Zentimeter auszugleichen

Utensilien

Lege notwendiges Werkzeug wie Knarre, Nüsse, Inbus sowie Hilfsmittel wie Fette und Rostlöser bereit – plus natürlich das spezifische Werkstatthandbuch. Weiterhin gern gesehen sind:

- Bänder, Kabelbinder und/oder Gepäckgummis zum Weghängen abgeschraubter Teile wie Bremssättel.
- Flüssige Schraubensicherung (falls erforderlich) und eventuell Molybdänsulfid- oder ein anderes leichtes Fett für Achsen, Schrauben und Muttern (beachte die Herstellervorgaben).
- Blockiere bei Bedarf ferner die jeweils gegenteilige Bremse, also die Handbremse, wenn du am Hinterrad arbeitest und die Fußbremse, wenn das Vorderrad ausgebaut werden soll.

Hinweise ...

... zur Bremse

Wird ein Bremssattel demontiert, stecke ein Stück Pappe oder Holz zwischen die Bremsbeläge und hänge ihn gewichtsentlastet zur Seite, um Beschädigungen an der Bremsleitung zu vermeiden. Achte darauf, hierbei weder die Bremsschläuche zu verdrehen noch die Leitungen zu knicken.

ABS-Sensor: Oft befinden sich unter einem ABS-Sensor Distanzscheiben in unterschiedlicher Zahl. Entferne sie bewusst, so dass sie nicht aus Versehen abfallen und baue sie bei der Sensormontage ALLE wieder mit ein. Fehlt eine Scheibe, ist der Abstand des Sensors vom ABS-Radkranz nicht mehr korrekt.

Ist ein Sattel demontiert, betätige ab diesem Zeitpunkt NICHT MEHR die Bremse. Zur Sicherheit blockiere sie, bspw. durch um den Griff gewickelte Lappen (Handbremse) oder Holzstücke zwischen Hebel und Boden (Fußbremse).

Bei Rädern mit zwei Bremsscheiben markiere eine Seite mit Klebestreifen an Rad und Gabel, um beim Wiedereinbau ohne Umschweife die richtige Seite und die richtigen Laufrichtung zu erkennen.

... zur Achse

Achte auf die Art der Achse (im Bild die ‚1'). Handelt es sich um einen Achsbolzen müssen zuerst die Achsklemmschrauben (im Bild die ‚2') gelockert werden, damit der Bolzen überhaupt herausgeschraubt werden kann.

Überprüfe, ob der Achskopf eine Lagemarkierung (beispielsweise einen Ausschnitt) besitzt. Falls ja, merke ihn dir für den Wiedereinbau!

Andere Achsen verfügen über zwei Muttern (links und rechts) oder eine Mutter plus einen festen Schraubkopf oder etwas in der Art. Hier bleiben die Achsklemmschrauben vorerst angezogen, weil die Mutter(n) so einfacher zu lösen sind.

Ist die Achse festgerottet und lässt sich nicht problemfrei herausziehen, schlage sie von der anderen Seite mit dem Handballen oder maximal einem Gummi-/Plastikhammer ein Stück weit heraus. Verwende hierzu KEINEN Metallhammer und dosiere die Schläge sorgsam, da sie Gift für die Radlager sind. Lässt sich der Achskopf packen, ziehe ihn unter Drehbewegungen heraus. Steht dein Rad auf keinem Holzklotz, hebe es beim Ziehen der Achse an, damit die Achse nicht verkantet

... zum Rad

Distanzstücke: Achte auf Rad-Abstandshalter und Tachoschnecken, die abfallen, wenn du Achse und Rad entfernst. Merke dir Reihenfolge und Lageposition der Teile und lege sie zur Seite.

Als Gedächtnisstütze für Reihenfolge und Einbaulage der einzelnen Achsteile montiere sie ohne Rad zurück in die Gabelfüße.

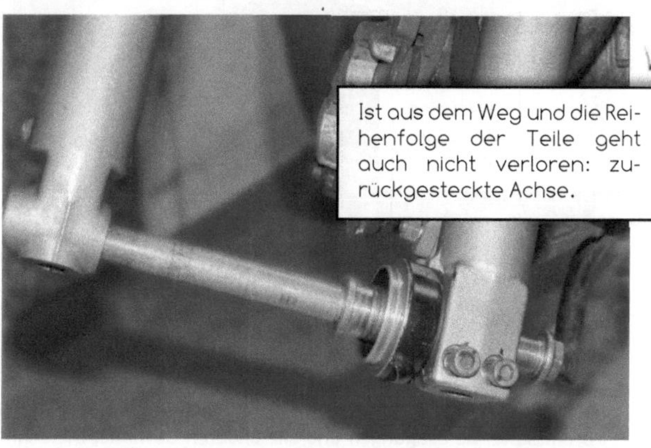

Ist aus dem Weg und die Reihenfolge der Teile geht auch nicht verloren: zurückgesteckte Achse.

Lehne das ausgebaute Rad schräge an eine Wand oder lege es auf zwei Holzlatten auf den Boden, so dass die Bremsscheibe (bzw. das Kettenblatt) Luft nach unten hat. Inspiziere ferner das entnommene Rad auf Schäden und Defekte (siehe weiter unten den Abschnitt *„Inspektion und Reinigung"*). Lege ein ausgebautes Rad *nicht* auf eine Bremsscheibe. Sie könnte verziehen.

... zum Radeinbau

Auch beim Einbau findet der Holzklotz wieder gute Verwendung.

Verschiedentlich schreiben Hersteller vor, etwas Fett wie Retinax HDX2 auf das eine oder andere Gewinde zu schmieren. Informiere dich diesbezüglich – auch darüber, ob zwingend eine Schraubsicherung verwendet werden muss und, wenn ja, wo.

Laufrichtung: Bei Rädern mit einer Bremsscheibe ist die Ausrichtung klar, bei Rädern mit zwei Bremsscheiben achte auf die Rotationspfeile, die auf Rad und Scheibe in Fahrtrichtung zeigen müssen.

Tachoschnecken verfügen meist über eine Nut, die beim Wiedereinbau berücksichtigt werden muss.

Oft existieren Anbauvorschriften, die eingehalten werden sollten, um Verspannungen der Gabel zu neutralisieren. In erster Linie handelt es sich dabei um die Reihenfolgen, in denen die jeweiligen Komponenten festgezogen werden, damit sich die Achse ohne Verspannungen in die Gabelfäuste setzt (Hinweise hierzu im Abschnitt zur Gabelentspannung auf Seite 107).

Achte auch darauf, dass bei zwei Achsmuttern links und rechts in etwa gleich viel Gewinde übersteht und ersetze einen entnommenen Sicherungssplint durch einen neuen, ungebrauchten Splint.

... zum Abschluss der Arbeiten

Säubere die Bremsscheibe mit Bremsenreiniger, insbesondere, wenn mit Rostlöser, Fetten und Ähnlichem hantiert wurde. Inspiziere die Reifen auf Öl- und Fettreste und eliminiere sie rückstandsfrei.

Nach Arbeiten am Hinterrad nicht vergessen, die Kette wieder zu spannen (siehe ab Seite 131).

Drehe das eingebaute Rad und überprüfe, ob es leichtgängig ist und ohne Widerstand oder Geräusche in den Lagern läuft. Betätige die Bremse wiederholt und stelle sicher, dass die Scheibe nicht schleift.

Gehe alle Arbeiten im Geiste durch und vergewissere dich, dass alle Verbindungen mit den richtigen Drehmomenten angezogen wurden.

Hinweis: Zum Radausbau siehe auch das entsprechende *gÖrage vook: Hinterradausbau* auf YouTube, S. 260.

Inspektion und Reinigung

In der Zeit zwischen Radaus- und -einbau nutze die Gelegenheit zur Säuberung und Inspektion wichtiger Bauteile:

Radlager prüfen und einfetten: In den Rädern befinden sich jeweils zwei bis drei Lager in den Radmittelpunkten sowie im Falle des Hinterrads ein weiteres Lager im Kettenblattträger.

Bewege alle Innenringe mit dem Finger. Die Lager dürfen kein Spiel aufweisen, müssen leicht laufen, nicht haken und weder knacken noch rubbeln. Säubere sie und befreie sie von altem Fett. Inspiziere auf Schäden und Rost und verteile frisches Lagerfett um die Lager herum.

Knirscht es im Gebälk, knackt es oder wackelt es, ist das Lager hinüber (mehr hierzu ab Seite 165).

Kleinteile säubern: Säubere Achse, Distanzstücke und Tachoschnecke und sichtprüfe auf Schäden, Rost und angelaufene Stellen. Zur Korrosionsvorbeugung fette die Teile und schmiere die Schnecke mit Lagerfett ein (Bild oben rechts).

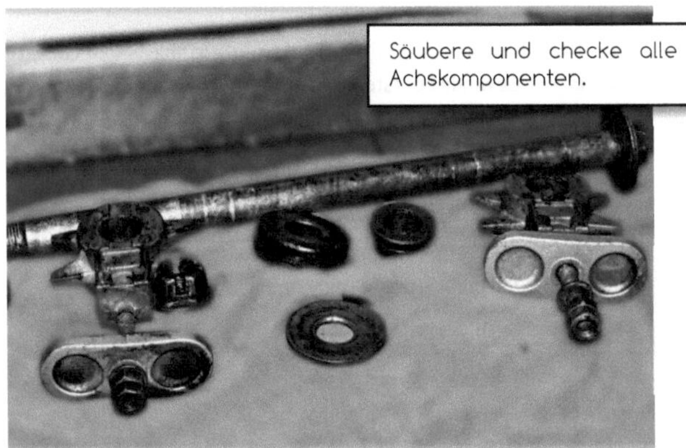

Säubere und checke alle Achskomponenten.

Lege die Achse auf eine ebene Oberfläche (Glasplatte), rolle sie und prüfe so auf Verzug. Eiert eine Achse oder ist sie korrodiert, tausche sie aus; angelaufene Stellen können wegpoliert werden (nehme aber kein Material ab). Bei Rost sind meist auch Lager und Achsflächen im Radinneren betroffen. Überprüfen und evtl. wechseln.

Bremsklötze: Überprüfe die Stärke der Bremsbeläge (im Bild oben rechts am Hinterrad). Abgefahrene Beläge gehören ersetzt, nahezu verschlissene im Prinzip auch, da sie demnächst sowieso gewechselt werden müssen.

Säubere die Sättel mit Bremsenreiniger. Penible Naturen untersuchen bei der Gelegenheit die Schrauben, mit denen die Sättel befestigt werden, da sie sich gedehnt haben könnten. (Du erkennst eine Dehnung, indem du das Gewinde mit einem passenden Gewindeschneider reinigst. Stockt das Werkzeug auf der Strecke und lässt sich die Schraube nicht weiter säubern, ist sie gedehnt. Verwende einen gleichwertigen Ersatz, NICHT irgendeine Schraube aus der Grabbeldose.)

Zum Säubern von Schraubgewinden, bspw. von Sicherungsresten, verwende eine Messingbürste.

Schraubgewinde: Überprüfe Achsen, Achsmuttern, Achsfäuste, Bremssattel-Befestigungen und alle anderen Gewinde. Die Schraubköpfe sowie Innen- und Außengewinde müssen technisch akkurat sein. Reinige die inspizierten Gewinde mit Messingbürste, Ölspray/Entroster und fusselfreie Lappen.

Säubere außerdem die Distanzscheiben der ABS-Sensoren und das Tachowellen-Gehäuse. Innengewinde reinigst du mit einem passenden Gewindeschneider (achte nur darauf, keinen größeren Durchmesser zu nehmen und damit ein neues Gewinde zu schneiden).

Kettenradträger und Ruckdämpfer: Überprüfe die Ruckdämpfer auf Formstabilität und Elastizität. Sie dürfen keine Risse, Brüche oder poröse Stellen aufweisen. Meist werden sie nach zwei, drei Kettensatzwechsel getauscht. Um sie fit zu halten, schmiere die gereinigten Teile mit Silikonpaste ein. Damit bleiben sie elastisch und verspröden nicht.

Die Distanzbuchse im Lager des Kettenblattträgers muss sicher sitzen, aber nicht festgebacken sein. Bei Bedarf Einbaulage merken, rausziehen (evtl. austreiben) und reinigen (siehe auch ab Seite 166).

Die Bolzen im Kettenblattträger müssen fest verankert sein. Überprüfe, ob sie mit dem vorgeschriebenen Drehmoment angezogen sind (Achtung: Linksgewinde möglich, unbedingt Handbuch konsultieren!). Ist ein Bolzen lose, ersetze ihn durch einen neuen wegen Bruchgefahr, ebenso die Mutter. Sichere das gereinigte Gewinde der Verbindung mit Loctite ‚mittelfest'.

ABS: Die Sensoren deines ABS sind an den Spitzen magnetisch und ziehen den mikroskopisch kleinen Materialabrieb von Scheibe und Belag an, unter Umständen so stark, dass sich der bis zu 1 Millimeter große Spalt zwischen Sensor und ABS-Ring zusetzt und das Signal stört – bis hin zum Totalausfall.

Säubere deshalb bei Radarbeiten, Bremsbelag- oder Scheibenwechsel auch die Sensorspitze und den ABS-Ring mit Bremsenreiniger. Versäumst du es, riskierst du blockierende Räder bei Gefahrenbremsungen.

FELGEN 

Die Abmessungsmerkmale der Felge sind die entscheidenden Kriterien, welche Reifen du aufziehen (lassen) kannst. Zu den Kenndaten gehören Durchmesser, Felgenhörner (die Seiten, die den Reifen umklammern), Maulweite (der Abstand der beiden Felgenhörner voneinander) sowie die Art der Abdichtung und Ausführung des Felgenbetts.

Erlaubt die Maulbreite statt einer bestimmten Reifenbreite einen umgrenzten Bereich, kannst du für dein Bike breitere Reifen aufziehen (beachte hierbei unbedingt die neuen Regelungen zur Reifenfreigabe, siehe Seite 123). Ist es nicht der Fall, kann man zwar auf neue Felgen aufrüsten, muss dafür aber tief in die Tasche greifen, auch für Folgearbeiten: So wollen neben Bremsscheibe(n) und Kettenradträger auch die Distanzbuchsen berücksichtigt sein, so dass man ohne Rat von Umbauprofis schnell auf der Strecke[08-4] bleibt.

Unumgänglich ist auch die Eintragung in die Papiere.

Der Austausch von Serienrädern ohne sicherheitstechnische Begleitung ist nicht sinnvoll. Nehme den Papierkram bereits *vor dem Kauf* in Angriff, um wichtige Fragen mit Hersteller und/oder Verkäufer zu klären und binde TÜV/DEKRA/GTÜ/was/immer von Anfang an in den Prozess ein. Mindestens vorhanden sollten hierbei Teile-, Traglast- oder Festigkeitsgutachten sein, eine ABE wäre top.

Andere Gründe für einen Felgenumbau sind ästhetischer Natur (bei Custombikes) oder leistungsorientiert (Rennstrecke). Angehende Rossis greifen dabei gerne auf Schmiede- oder Karbonräder zurück. Sie sind zwar teurer als die Guss- oder Speichenräder für Showzwecke, die bis zu einem Fünftel geringere Masse lässt das Fahrwerk aber schneller reagieren und bringt das Bike besser durch die Kurven.

Apropos Speichenrad: Stehen für ein bestimmtes Motorradmodell verschiedene Felgen zur Wahl, handelt es hierbei meist um die Wahl zwischen einem Guss- und einem Speichenrad.

- Gussräder kommen mit geringeren Gewichten daher und sind wartungsarm, pflegeleicht sowie stabil. Sie müssen allerdings im Ganzen ausgetauscht werden, wenn sie verzogen sind.
- Speichenfelgen auf der anderen Seite sind Hingucker für Retrofans, lassen sich leicht reparieren und liefern zusätzlichen Federungskomfort. Auf der Sollseite stehen erhöhter Pflegeaufwand und regelmäßige Überprüfung der Speichen auf Spannung.

Felgenprüfung

Aus Sicherheitsgründen sollten ab und an auch die Felgen überprüft werden. Ernsthafte Beschädigungen und abgeschleuderte Auswuchtgewichte (auf Klebereste am Felgenbett achten) können zu lästigen Vibrationen führen, (kannste vielleicht noch mit leben), Lenkerflattern (schon weniger) und bedenklichen Unruhen im Fahrwerk (will keiner). Mehr hierzu findest du auf Seite 122 (Auswuchten) und auf Seite 127(Felgen nach Unfall prüfen).

Felgenpflege

Reinige Felgen mit Spezialreinigern, die für Motorradfelgen (Aluminium, lackiert, eloxiert, Chrom) freigegeben sind[08-5]. Achte darauf, dass sie säurefrei sind, da säurehaltige Reiniger die Felgen dauerhaft beschädigen können. Milde Allzweckreiniger oder ein Gemisch aus warmem Wasser und etwas Shampoo/Spülmittel können ebenfalls verwendet werden. Bei eingebranntem Bremsstaub oder anderen hartnäckigen Verschmutzungen kannst du eine Paste aus Backpulver und Wasser verwenden. Für Kettenfettreste nutze Kettenreiniger.

Sektion 09: Kette & Kollegen

Am Trio Kettenrad-Kette-Ritzel hat sich wenig getan in den Jahren, seit sich frühe Motorradgangs das Kettenteil als Zeichen der Anerkennung gegenseitig über die Schädel zogen. Es ist meist wartungsintensiv, benötigt regelmäßige Kontrolle, Reinigung und Schmierung sowie am Ende aller Mühen den Austausch der Komponenten.

Warum? Fliehkraft, Regen, Trockenheit und Dreck fordern ihren Tribut. Sie bauen gnadenlos die Schmierung ab, woraufhin Bolzen und Buchsen einlaufen (Pitting) und dafür sorgen, dass spätestens nach 30.000 bis 40.000 km Schluss mit Lustig ist. Bei guter Pflege. Bei schlechter werden kaum mehr als 10.000 drin sein.

OK, also pflegen. Aber wann? Wann genau geschmiert werden muss, lässt sich nicht haargenau festlegen. Übliche Wartungspläne gehen von alle 300 bis 1.000 Kilometer aus, wobei der Fahrstil (ruppig oder gesetzt), das bevorzugte Revier (staubige Straßen, Salz vom Winter, matschiges Gelände) und das Wetter (Schnee, Regen) eigene Wegmarken setzen, die vorgezogene Überprüfungen nahelegen.

Der Check erfolgt via Blick von hinterm Bike auf die Rollen. Sind sie blank, ist es höchste Eisenbahn, zu schmieren. Alternativ wische mit einem Papiertuch über die Innenseite der Kette. Bleibt genügend Fett dran kleben, gerne auch schwarz, ist alles tutti. Mit dem gleichen Tuch prüfst du anschließend den Durchhang. Ergibt der Check, dass die Kette locker hängt, trocken ist und/oder stark verschmutzt, dann sollte sie 1) gereinigt, 2) überprüft, 3) nachgeschmiert und, nach getaner Arbeit, 4) gespannt werden, ganz klar in dieser Reihenfolge.

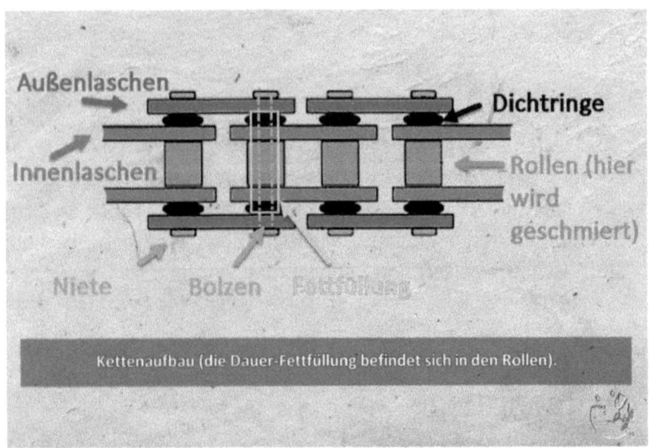

Ketten ähneln sich wie ein Ei dem anderen, unterscheiden sich aber im Material, Verschlussart und Anzahl der Dichtpunkte.

Kette reinigen

Bocke dein Mopped auf Mittel-, Zentral- oder Montageständer auf, so dass sich das Hinterrad frei drehen lässt. Entferne störende Bauteile wie Kettenschutz, Verkleidungen, Packtaschen, etc., um mehr Platz zum Arbeiten zu haben. Ist der Endtopf unglücklich verlegt, lohnt es, auch jenen temporär abzumontieren .Entferne die Ritzelabdeckung, kratze den angesammelten Schmodder aus abgeschleudertem Kettenfett und Straßendreck mit einem Holzstück heraus und säubere den Bereich mit Kettenreiniger.

Befürchtest du, dass Reinigungsmittel, altes Fett, Kettenspray oder Dreck auf die Reifen gelangen könnten, decke das Rad im Bereich des unteren Kettenstrangs mit Pappe oder einem Bettlaken ab.

Ist die Kette unglücklich positioniert, nehme Mehrarbeit in Kauf und entferne störende Komponenten.

Muss vor dem Abbau der Schalthebel entfernt werden, markiere dessen Position auf der Welle mit einem abwaschbaren Filzstift. So lässt sich die Pedalstellung wiederherstellen. Achte im Ritzelbereich auf Sensoren, Kabel, Regler, Kupplungsstangen etc. und überprüfe die Ritzelschraube und deren Blech- oder Schraubsicherung auf festen Sitz.

Rubbel das alte Fett grob von der Kette, bspw. mit einem Lappen, einer Ketten- oder einer alten Zahnbürste.

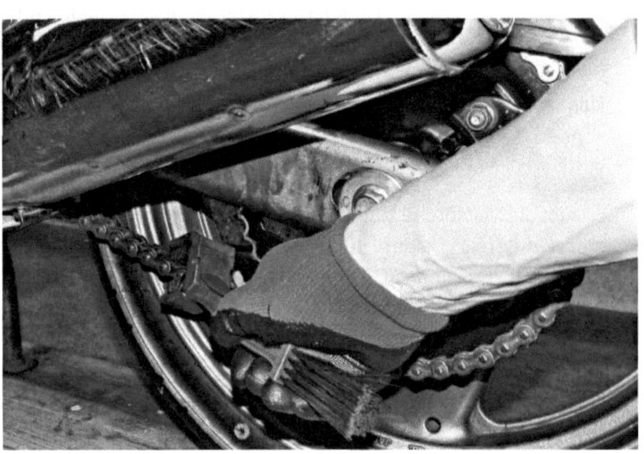

Anschließend wird das gute Stück mithilfe von Kettenreiniger, dünnes Öl, WD-40, Diesel oder Petroleum sowie einer Kettenbürste oder hartem Pinsel vom Restschmutz befreit und mit einem nicht fusselnden Lappen abgeputzt und trockengerieben. Alternativ dienen sich Hilfssysteme wie der KettenMax[09-1] an.

Wichtig: Verwende KEIN Benzin, KEINE anderen Lösungsmittel, KEINEN Hochdruckreiniger und fuhrwerke nicht mit einer Drahtbürste über die Glieder. All diese Dinge beschädigen die Dichtringe zwischen den Kettengliedern, die anschließend ihre Fettfüllungen verlieren. Meinst du es hingegen besonders gut mit deiner Kette, entferne zusätzlich den Schmutz aus den Zwischenräumen der einzelnen Glieder.

Ebenfalls gereinigt werden sollten alle Teile, die von abgeschleudertem Kettenfett betroffen sind, bspw. die Ritzelabdeckung, der Kettenschutz, die Kettenführung auf der Schwinge und das Kettenblatt. Hierfür musst du nicht zwangsläufig teuren Kettenreiniger opfern, günstiger Bremsen- oder Kaltreiniger (muss extra entsorgt werden!) reicht, sprühe nur keine Dichtungen direkt an.

Hinweis: Ketten mit Schraubschloss oder Clip können aufgetrennt, abgezogen und separat vom Bike intensiv gereinigt werden. Bei Endlosketten muss für diesen Extraservice die Schwinge ausgebaut werden – was sich aber nur rentiert, wenn es sich um eine (nahezu) neue und qualitativ hochwertige, teure Kette handelt.

NICHT auf die Idee kommen, den Motor anzuwerfen, das Rad im ersten Gang laufen zu lassen und mit Lappen und/oder Bürste die Kette on the fly säubern. Hierbei wurde bereits so manche Bürste, mancher Lappen und mancher Finger durchs Kettenblatt gezogen. Verzichte auch auf Dampfstrahler, sie spülen die Dauerfettfüllung aus.

Kette überprüfen

Kettenzustand: Überprüfe mit einer Taschenlampe jedes einzelne(!) Glied der sauberen Kette auf Abnutzung und fehlende Dichtringe zwischen Außen- und Innenlaschen. Achte auf beschädigte Rollen, aus den Rollen austretendes Fett, lockere Nieten und trockene, verrostete oder feste Glieder, die sich im Gelenk nur schwer bewegen lassen. Bis auf das schwergängige Gelenk, das sich eventuell mit Kettenreiniger und Kettenfett wieder auf Vordermann bringen lässt, sprechen alle Defekte für einen Kettentausch.

Kettenlängung: Jede Kette wird im Laufe der Zeit unweigerlich gedehnt und verliert damit an Stabilität – ungepflegte um einiges schneller. Musst du den Durchhang häufig nachjustieren und hast Lastwechselreaktionen sowie Kettenschlagen zu beklagen, ist es allerdings bereits zu spät und deine Kette übermäßig gelängt. Zur ersten Überprüfung ziehst du die Kette bei aufgebocktem Motorrad mit der Hand vom Kettenrad weg (aber Mühe geben, leicht Ziehen reicht nicht).

Rund zwei Millimeter sind noch im grünen Bereich ...

Die Größenordnung der Längung verrät sich mit dem Abstand, den die Kette vom Kettenrad weggezogen werden kann: je verschlissener, desto mehr. Der halbe Weg der Zahnlänge ist bereits zu viel und legt nahe, die Kette bereits letzten Monat ausgetauscht zu haben.

Überprüfe ferner den *Durchhang* von oben nach unten, idealerweise *an unterschiedlichen Stellen der Kette*, da sie in einzelnen Bereichen unterschiedlich gelängt sein kann. Checke dabei auch die seitliche Bewegung, also horizontal von links nach rechts, wobei die Kette weder das Rad noch den Ständer oder andere Komponenten berühren darf.

Ist die Länge einer bestimmten Anzahl Kettenglieder bekannt (Wert steht meist auf der Verpackung), messe diesen direkt auf der Kette und vergleiche. Die Abweichung darf in der Regel nur 1 % betragen.

Zahnräder: Checke Kettenrad und Ritzel auf spitz zulaufende oder einseitig abgenutzte, abgebrochene oder beschädigte Zähne. Verschlissene Zahnräder erfordern wie ausgelutschte Ketten einen Komplettaustausch aller Komponenten, also Kettenrad, Ritzel und Kette, auch wenn nur ein Bauteil ernsthaft betroffen ist.

Unverschlissene oder wenig abgenutzte Zahnradzähne sind an den Spitzen deutlich abgeflacht (1), während die Flanken in einer gespiegelten Bogenform (2) symmetrisch nach unten verlaufen.

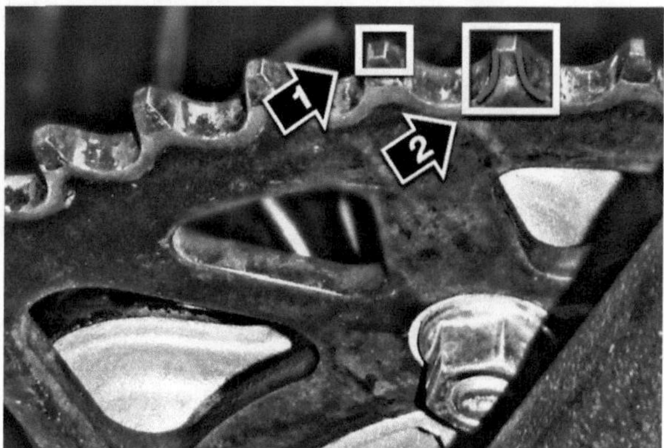

Gut erhaltenes Kettenrad.

Bei beanspruchten, verschlissenen Zähnen weisen die Flanken eine deutliche Asymmetrie auf jener Seite auf, an der jahrein, jahraus die Kette gezogen hat (1). Weiteres Merkmal: spitz zulaufende Zähne (2).

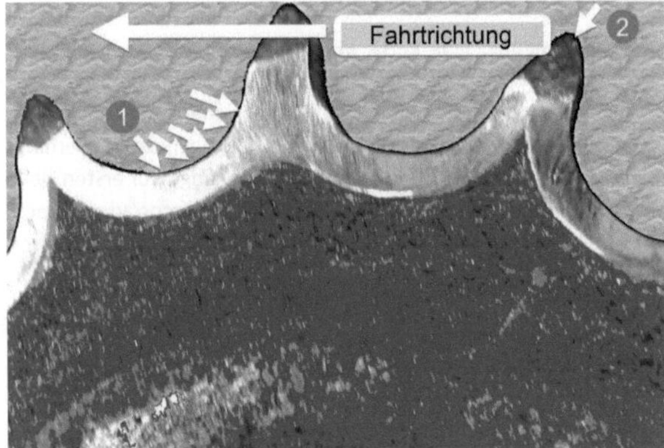

Verschlissenes Ritzel.

Überprüfe während des Zahnradchecks auch die Kettenradmuttern auf festen Sitz. Keiner der Bolzen im Kettenblattträger darf lose sein; ist es der Fall, muss der betroffene Bolzen ebenso wie die Mutter durch neue Bauteile ersetzt werden, da hinsichtlich des Bolzens Bruchgefahr besteht.

Alle Muttern/Bolzen überprüfen ...

Checke bei dieser Gelegenheit die Sicherung des Kettenritzels, die je nach Bauart anders ausfällt. Bei Schrauben checke auf festen Sitz (das richtige Drehmoment entnimmst du deinem Handbuch).

Ritzel befestigt mit zwei Schrauben und Sicherungsblech.

Anders bei Einzelmuttern, die direkt auf der Welle sitzen. Dort verhindert eine seitlich hochgeschlagene Unterlegscheibe, dass sich das Ritzel lockern kann. Überprüfe dies und behalte im Hinterkopf, dass, solltest du einmal so ein Ritzel wechseln und keine neue Scheibe zur Hand haben, du nicht die alte Lasche erneut verwendest, sondern die Scheibe an einer bislang nicht genutzten Seite hochschlägst.

Ritzel befestigt mit Mutter, Sicherung durch hochgeschlagene Scheibe.

Je nach Maschine befinden sich hinter der Ritzelabdeckung weitere Bauteile wie Sensoren, Kabel (Leerlaufanzeige), Kupplungsstangen und Regler. Säubere die Teile sorgfältig (und vorsichtig) und überprüfe sie auf sichtbare Beschädigungen.

Schalter und Kabel für die Leerlaufanzeige.

Sonstiges: Kontrolliere, ob der Kettenschleifschutz nirgends durchgeschliffen ist. Er sitzt im vorderen Kettenlaufbereich oben auf der Schwinge und bewahrt sie vor Schleifschäden durch die Kette.

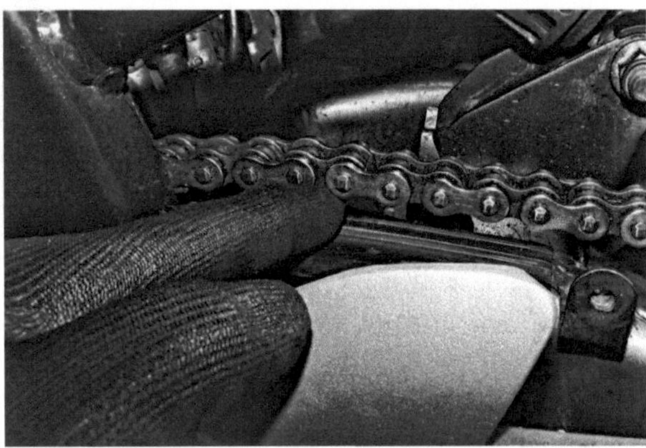

Der Schleifschutz befindet sich oben auf der Schwinge.

Kette schmieren

Um die Kette zu schmieren, hast du die Wahl zwischen fetthaltigen Sprays, ‚trockenen Kettensprays', die weniger Rückstände hinterlassen, und einfachem Öl.

Fetthaltige Sprays schmieren gut, halten lange vor (800 bis 1.000 Kilometer bei normalem Fahrverhalten), wirken korrosionshemmend und dämpfen das Abrollgeräusch der Kette. Zur Negativliste gehört, dass trotz allgemein guter Ketten-Haftfähigkeit andere Bauteile wie Felge und Schwinge eingesaut und Ritzelgehäuse sowie innerer Kettenschutz mit einer Mischung aus Fett und Straßendreck zugekleistert werden. Auch bindet das Fett Staub und Schmutz auf der Kette und fördert so den Verschleiß.

Trockene Sprays werden zu geringeren Anteilen abgeschleudert, binden keinen Schmutz und erfreuen das Auge durch saubere Bauteile. Dafür musst du alle 500 Kilometer ran und nachschmieren, bei Regen sogar stehenden Fußes, da sich das Spray sofort abwäscht und die Kette korrodiert, wenn niemand gegensteuert. Ebenso ist das Abrollgeräusch lauter.

Wer überhaupt kein Kettenspray verwenden mag, weil das zähe Fett und der dran klebende Dreck Leistung kosten, greift auf dickes Motoröl (SAE 80 oder 90) oder Kettenfett aus der Dose zurück. Allerdings muss das Zeug wenig alltagstauglich Rolle für Rolle aufgetragen und die Prozedur in kurzen Abständen wiederholt werden.

Dauerschmierung durch Kettenöler

Entspannt einfach haben es die Besitzer eines Kettenöler-Schmiersystems. Hier wird die Kette automatisch (bei einigen Produkte auch manuell) mit einem Spezialöl während der Fahrt beträufelt, so dass sie a) nicht trockenläuft und b) nichts verschmutzt (weil zu wenig auftropft). Obendrein: Die Haltbarkeit einer Kette kann sich aufgrund eines solchen Schmiersystems verdoppeln und es kommt mehr Leistung am Hinterrad an.

Einmal per Unterdruck oder via Bordnetz elektrisch aktiviert, sondert das System kontinuierlich direkt nach Start des Motors jeweils ein paar Tropfen pro Minute ab. Leider, und dies sind die Nachteile herkömmlicher Lösungen auch im Stand und bei niedrigen Geschwindigkeiten, während bei hohen möglicherweise zu wenig ankommt.

Wem dies nicht zusagt, der muss aufrüsten. Mit prozessorgesteuerten Systemen bspw., die automatisch (oder zumindest semi-automatisch) nachjustieren und so die Fließmengen an Regen- und Autobahnfahrten sowie Außentemperaturen anpassen (die Fließfähigkeit des Öls ist temperaturabhängig, so dass an warmen Tagen mehr, an kalten weniger fließt). Wer gerne bastelt, kann sich auch einen belastungsab- und temperaturunabhängigen Microprozessor-gesteuerten Daueröler selbst anfertigen, während alle anderen zu den Angeboten greifen, die der Zubehörhandel für uns bereithält[09-2].

Schmierregeln

Kettenzustand: Die Kette muss sauber und trocken sein, bevor das Schmiermittel aufgetragen wird. Altes Fett und Dreck machen es dem neuen Fett erfolgreich schwer, zwischen Rolle und Hülse vorzudringen. Planst du, von fettes auf trockenes Spray umzustellen, reinige die Kette besonders penibel und entfette sie vollständig. Je intensiver du hierbei vorgehst, desto besser kann das trockene Spray seine Vorteile ausspielen.

Zeitpunkt: Die Kette sollte idealerweise *nach* einer Fahrt gereinigt und geschmiert werden, denn legst du erst kurz vorm Start los, verteilt sich das Zeug nicht nur auf der Kette (was ja gewünscht ist), sondern ebenso auf alles, was sich hinter dem Kettenrad befindet, so auf die Felge, das Nummernschild, den Spritzschutz und mit Pech sogar auf die Reifen. Zwar sind die meisten Produkte im Fahrbetrieb sehr haftfähig und verteilen sich optimal, benötigen aber einige Zeit (ca. ½ Stunde), bis der Hafteffekt zur Wirkung kommt. Außerdem ist eine warme Kette williger, das aufgesprühte Fett aufzunehmen und auf die Oberflächen zu verteilen, da die Abstände zwischen den Bauteilen größer sind.

Zielgebiet: Das Kettenspray wird generell auf die *Innen*seite der Kette (also auf den unteren Strang) und dort direkt auf die Hülsen (also die Mitte des jeweiligen Kennenglieds) gesprüht und das Rad dabei *von Hand* gedreht. Klar kannst du das Fett auch von oben auftragen, aber zum einen liegt es dort nur auf den Hülsen und schmiert nicht zwischen Hülse und Zahnrad, und zum anderen wird es zu großen Teilen abgeschleudert.

Zwei Durchläufe sind Standard.

Sprühe auf dem unteren Kettenstrang direkt auf die Rollen; die Verteilung nach außen übernimmt die Fliehkraft.

Sauberkeit: Wische Schmiermittel, das sich oben auf der Kette und an den Seiten befindet, mit einem Tuch ab, da es eh nur abgeschleudert wird. Hast du Angst, dass die Kette dort korrodiert, trage mit einem Lappen etwas Kettenfett von Hand auf.

Kontrolle: Überprüfe nach dem Einschmieren, ob alle Reste der Reinigungsmittel, des Kettensprays sowie sonstiger Schmier- und Pflegemittel vom Reifen, den Fußrasten, Griffgummis und Bremsscheiben entfernt wurden.

Goldene Regel: Besser häufig und sparsam auftragen als selten und dick, nach einer Regenfahrt möglichst sofort.

Kettendurchhang

Zunächst nichts anderes als die logische Folge normalen Fahrbetriebs, verschleißen die Bolzen einer Kette in Abhängigkeit vom Pflegeaufwand, Fahrstil und Belastung mal mehr, mal weniger schnell, Die Kette weitet sich mit der Zeit und je weniger Fett sie dabei zu sehen bekommt, je mehr Wheelies sie durchstehen muss und je heftiger sie beim Beschleunigen rangenommen wird, desto länger kommt sie daher. Und hängt sie erst einmal zu stark Richtung Boden, beginnt sie, beim Gaswegnehmen zu schlagen oder zu peitschen und kann im Extremfall überspringen, also vom Kettenrad oder Ritzel laufen.

Die Gründe, eine Kette zu straffen, sind folglich einleuchtend. Allerdings sollte man nicht in Versuchung geraten, den umgekehrten Zustand herzustellen, in der irrigen Überzeugung, eine *richtig stramme*

Kette mache den nächsten Wartungstermin überflüssig. Denn wird die Kette *zu straff* gespannt, dehnt sie sich im Fahrbetrieb bis an die Grenzen des Erträglichen, beeinträchtigt die Hinterradfederung, verschleißt stärker, längt sich im Schnelldurchgang und richtet mit der Zeit weitere Schäden an, so am Getriebeausgangs- und Kettenblattlager. Letztere können den Zug durch eine zu straffe Kette auf Dauer nur bedingt standhalten und werden defekt. Mit Pech reißt die Kette gar durch die zu starke Beanspruchung, zerschlägt den Motorblock, verletzt Fahrer/Sozius/nachfolgendem Verkehr oder führt zum Sturz.

Das Geheimnis ist folglich der *richtige* Durchhang.

Durchhang-Infos

Der im Handbuch vermerkte Ketten-Durchhangswert ist keine individuell anpassbare Größe wie beispielsweise die Federvorspannung, sondern ein festes technisches Konstruktionsmerkmal eines Motorrads (wie das Ventilspiel). Es gibt daher nur einen richtigen Wertebereich und der ist vom Hersteller vorgeschrieben – genauso wie die Art, in der die Messung vorgenommen werden soll, also ob auf Seiten-, Mittel- oder Montageständer.

Zum Hintergrund: Das Hinterrad läuft fest verankert in der Schwinge, welche wiederum an einem fixen Punkt im Rahmen gelagert ist. Die Länge der Schwinge ist baulich vorgegeben – und damit die Bewegung des Rads in einem Bogen um die Schwingenachse herum. Das Ritzel liegt *vor* dem Schwingenlager auf der Getriebewelle und ist über die Kette mit dem Kettenrad verbunden. Federt das Hinterrad durch das Gewicht des Fahrers ein, bewegt sich die Hinterachse von Getriebewelle und Ritzel weg und die Kette strafft sich. Bei Zuladung noch mehr.

Überhaupt ändert sich Im Fahrbetrieb die Entfernung Getriebeabtriebswelle <-> Hinterachse laufend mit den Bewegungen des Federbeins, und während sich das Rad durch den verfügbaren Hub bewegt, wird die Kette mit unterschiedlichen Längen konfrontiert. Dabei existiert aber nur ein Punkt, an dem sie maximal lang sein muss. Das ist der Punkt, an dem sich Ritzel, Schwingendrehpunkt und Radachse auf einer Linie befinden. Wird dieser im Fahrbetrieb passiert und ist die Kette hier zu kurz gehalten, wird sie gedehnt

Das musste dir jetzt nicht so vorstellen, dass dein Hinterrad wild wie der Zeiger einer Uhr zwischen 11:00 und 19:00 Uhr herumwirbelt, aber das Prinzip sollte klar sein: Es gibt einen Punkt maximaler Beanspruchung.

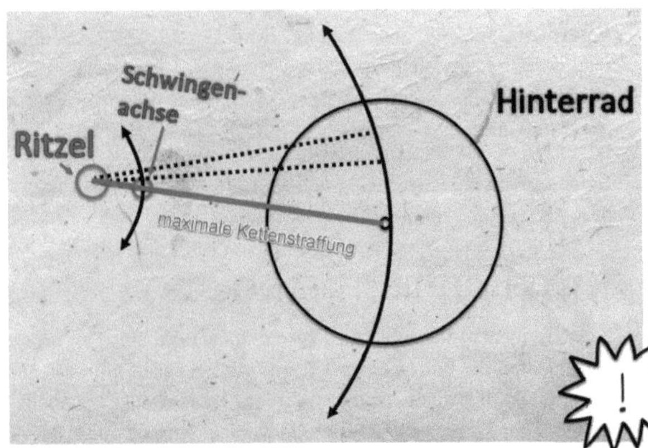

Konstruktionsbedingt liegt die Linie Ritzel-Schwingendrehpunkt-Radachse von Motorradmodell zu Motorradmodell an anderer Stelle, weshalb die vom Hersteller genannten Einstellwerte *und* -methoden (stehen in der Betriebsanleitung) von zentraler Bedeutung für Einstellung und Korrektur des Kettendurchhangs sind – und man sich dran orientieren sollte. Will der Hersteller, dass der Durchhang auf dem Seitenständer stehend mit 30 bis 40 Millimeter eingestellt wird, dann nimmt man keinen Montageständer und auch nicht 60 Millimeter.

Durchhang prüfen

Schlage im Handbuch nach, welcher Durchhangswert vom Hersteller vorgeschrieben ist und wie er ermittelt wird, also auf Seiten- oder Mittelständer. Achte ferner darauf, dass das Bike nicht warmgefahren ist, Messung und Einstellung erfolgen bei kaltem Motor.

Drehe das Rad, um den oberen Kettenstrang zu straffen. Drücke den unteren Kettenstrang mit einem Lappen nach oben und fahre mit dem Lappen über die gesamte Strecke von links nach rechts und zurück nach links. An einem Punkt ist der Abstand *Kette <-> Schwinge* am geringsten. Das ist dein Hilfspunkt. Markiere ihn mit einem Klebestreifen an Schwinge oder Rahmen.

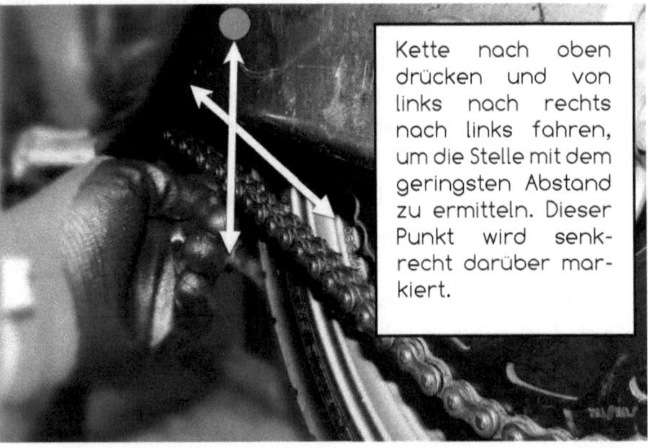

Drücke nun die Kette in Höhe des Hilfspunktes leicht (nicht brachial) nach unten, lasse sie los und messe den Wert zwischen Kettenoberseite und Fußboden:

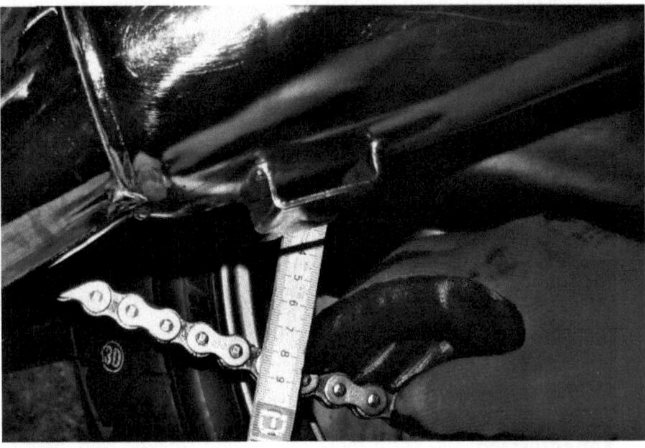

Drücke anschließend die Kette nach oben (nicht strecken).

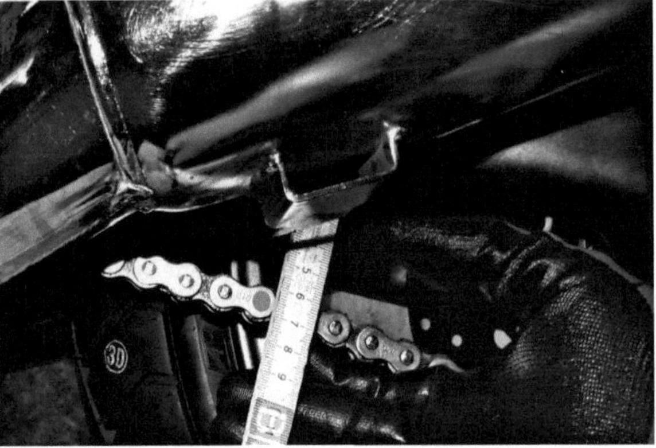

Halte die Kette und wiederhole die Messung. Die lange Strecke minus der kurzen ist der Kettendurchhang an *dieser* Stelle der Kette. Notiere den Wert und merke dir den Punkt *auf der Kette* (bspw. mit einem Farbklecks).

Drehe das Rad und wiederhole die gleiche Messung mehrere Male an verschiedenen Stellen der Kette, um bei ungleichmäßig gelängten Ketten (bei denen der Kettendurchhang unterschiedlich stark ausfällt) jenen Punkt zu identifizieren, an dem der *geringste* Durchhangswert auftritt (und folglich die Kette am straffsten anliegt). Dieser Punkt wird dann maßgeblich für die Einstellung des Kettendurchhangs sein und eindeutig auf der Kette markiert.

Weichen Durchhangswerte stark voneinander ab, ist die Kette zu ungleichmäßig gelängt und gehört ausgetauscht (Reißgefahr). Bedenkliche Werte sind bspw. Abweichungen von mehr als 2 cm zwischen zwei Messpunkten.

Durchhang korrigieren

Zur Korrektur des Durchhangs löse die Achsmutter und drehe sie zwei bis drei Umdrehungen heraus, so dass sich die Hinterachse mit wenig Druck verschieben lässt, der Radstand sich aber nicht von alleine ändern kann. Bei älteren Moppeds mit Trommelbremse löse auch die Drehmomentabstützung.

Bringe die Markierung mit dem geringsten Durchhangswert auf Linie mit dem Hilfspunkt auf der Schwinge (siehe oben *„Durchhang prüfen"*). Hier besitzt deine Kette den geringsten Durchhang, bei Verwendung eines anderen Punktes würde sie zu straff gespannt werden.

Schraube mithilfe *beider* Kettenspanner an der Achse das Rad nach hinten, um den Durchhang zu verringern. Hierzu löst du zunächst die Kontermuttern der Spannschrauben (nicht bei allen Modellen) und ziehst dann die Spannschrauben nach links bzw. rechts an (unbedingt Handbuch konsultieren), um den Durchhang zu verringern. Nehme bei jedem Schritt nicht mehr als eine Achteldrehung pro Seite vor.

Wichtig: Die eingestanzten Markierungen auf den Kettenspannern müssen beidseitig die gleiche Position aufweisen, andernfalls läuft das Rad schief. (Der bei einigen Bikes zusätzlich angebrachte farbige Verschleißanzeiger hat damit nichts zu tun; er dient einzig der Anzeige der Kettenlängung.)

Hast du den Bogen überspannt und ist die Kette zu straff, drehst du beide Schrauben des Kettenspanners gleich weit zurück und schlägst gegen das Hinterrad. Alternativ falte einen Lappen, lege ihn zwischen Kettenrad und Kette und drehe das Rad, so dass der Lappen eingeklemmt und das Rad auf diese Weise nach vorne gezogen wird.

Gängige Durchhangswerte liegen zwischen 20 und 40 mm (zwei Finger breit) und 30 bis 50 mm, allerdings nur beispielhaft. Dein Handbuch kennt auf jeden Fall den für dein Bike richtigen Wert. Schlag nach! Bei einigen Maschinen befinden sich auch Aufkleber an der Schwinge, die Auskunft geben.

Beachte: Scheinen dir die Markierungen der Kettenspanner als nicht verlässlich genug (es sind bereits Unterschiede von 1 bis 2 Millimeter gemessen worden), und/oder hast du den Verdacht, dass Vorder- und Hinterrad trotz identischer Ausrichtung nicht fluchten, verwende einen im Fachhandel erhältlichen Laser. Das Teil wird plan an das Kettenblatt gedrückt (mit dem Lichtstrahl Richtung Ritzel) und zeigt per Lichtpunkt an, ob eine Kette schnurgerade verläuft oder nicht. Tut sie es, steht auch das Hinterrad gerade und befindet sich somit in Flucht zum Vorderrad.

So ein Kettenfluchttester gehört nicht zu den billigsten Werkzeugen, rentiert sich aber, weil schräg gespannte Ketten schneller abnutzen. (Läuft das Hinterrad schief in der Schwinge, fräsen sich Einlaufspuren in die Innenseiten der Kettenlaschen und sorgen für einen vorzeitigen Austausch der Kette.)

Hast du die Einstellungen abgeschlossen, drehe die Kettenspannschrauben sachte ein wenig auf Spannung (ohne dass sich am Durchhang etwas ändert) und ziehe die Kontermuttern leicht handfest an.

Drehe die Achsmutter mit dem vorgeschriebenen Drehmoment an, überprüfe den Durchhang (ja, ätzend, aber notwendig, falls das Anziehen die Kette gestrafft hat) und gebe zu guter Letzt auch den Kontermuttern der Spannschrauben das richtige Drehmoment. Erneuere den Sicherungsstift (falls vorgesehen).

Hinweis: Bei manchen Bikes verhält sich der Durchhang penetrant änderungsresistent und egal, wie oft du die Achse erneut löst und deine Einstellungen wiederholst, irgendwie gerät die Kette immer zu straff. In dem Fall agiere großzügiger und gebe dich mit einer eher lockeren Kette zufrieden. Daumenregel: Besser etwas zu viel Durchhang als zu wenig.

Achtung: Abhängig von der Bauart ändert sich der Durchhang bei Beladung konstruktionsbedingt mehr oder weniger stark. In dem Fall mache mithilfe eines Freundes eine Kontrollmessung und korrigiere den Durchhang, bevor du mit Riesenkoffern/Sozius in den Urlaub düst.

Keine Durchhangswerte verfügbar?

Wenn du keine Angaben zum Durchhangswert auftreiben kannst (Herstelleranfrage, Foren, Handbücher etc.), kannst du versuchen, ihn zu ermitteln. Hierzu lockere zunächst die Achs- und Federbeinbolzen und bocke das Mopped auf, sodass sich das Hinterrad frei drehen lässt.

Konsultiere die Ausführungen zum Federbeinausbau ab Seite 109 und achte unbedingt (!) auf ein gut gesichertes Bike. Pumpe die Schwinge mit einem Wagenheber hoch und/oder ziehe Rad und Schwinge mit Zurrgurten an den Rahmen heran (kannste auch mit verbautem Federbein versuchen, ist aber nicht sicher genug). Ziel ist, Ritzel, Schwingenlager und Radachse ohne Druck des Eigengewichts auf eine Linie zu bekommen (= maximaler Abstand). In dieser Position stellst du einen Durchhang zwischen 20 und 40 mm ein. (Komme nicht in Versuchung, null Millimeter zu nehmen, da sich im Fahrbetrieb eine Paste aus Dreck und Fett auf den Kettenrollen und Zahnrädern ansammelt, die die Kette strafft und Radlager und Getriebewelle belastet.)

Baue das Mopped wieder zusammen, stelle es auf die Räder und messe den verbliebenen Kettendurchhang *im Stand* auf einem Seiten- *oder* Hauptständer nur bei Eigengewicht des Bikes. Überprüfe den Durchhang mithilfe eines Freundes, während du auf dem Motorrad sitzt und achte bei Probefahrten auf ungewöhnliche Kettengeräusche wie Peitschen, Schlagen oder Mahlen. Bist du zufrieden mit dem Ergebnis, wende den ermittelten Wert bei zukünftigen Durchhangskorrekturen an. Die Nummer mit Wagenheber und/oder Zurrgurt brauchst du nur einmalig absolvieren.

KETTENANTRIEB WECHSELN

Ist eine Kette stark gelängt, ungleichmäßig gelängt oder anders verschlissen oder sind die Zähne des Kettenrads und Ritzels übermäßig spitz, gehören die jeweiligen Komponenten ausgetauscht (Anbieterauswahl im Anhang[09-3]). Dabei aus Kostengründen nur die abgerockteste Komponente zu ersetzen, bringt wenig, wenn die anderen ebenfalls nicht mehr die besten sind. Da sich die Kette dem Ritzel und Kettenrad anpasst und umgekehrt, nutzen die alten Teile die neuen rapide ab.

Weitere Indizes, dass eine Kette im Dutt ist:

- Knacken beim Rückwärtsschieben.
- Der Kettenspanner befindet sich am Ende des Verstellbereichs.
- Seitenspiel der Kettenglieder.
- Beschädigte Bolzen und Rollen.
- Schwergängige Kettenglieder.

Zur Kette

Gängige Motorräder verfügen in der Regel über abgedichtete Rollenketten in den Größen 520, 525 und 530, bei denen eine Fettfüllung zwischen Rolle, Bolzen und Hülse vor innerem Verschleiß schützt. Die Zahlenfolge codiert Werte wie Zugfestigkeit, Kettenbreite, Stärke, etc. Je nach Form der Dichtringe, die das Fett drinnen und den Dreck draußen halten, werden die Ketten ferner als O-, X- W-, Z-, XW-, RZ- oder Quad-Ring-Ketten bezeichnet. O-Ringe haben zwei Dichtpunkte, die anderen unterschiedlich viele mehr.

Weitere Merkmale:

- **Ketten*typ*:** Beginnend bei 415 bis hoch zu 632 bestimmt der Typ der Kette den Einsatzbereich. Niedrige Zahlen gelten für hubraumschwache Bikes, hohe Zahlen für Boliden. Je schwerer ein Bike und je mehr PS sowie Drehmoment, desto kräftiger muss die Kette sein. Die Kette eines bestimmten Typs passt exakt auf Kettenrad und Ritzel desselben Typs (die Einzelteile müssen also nicht zwingend vom selben Hersteller stammen).
- **Ketten*art*:** Die Kettenart wird über die Anzahl der Dichtpunkte der Dichtringe definiert (X, W, Z etc.).
- **Ketten*länge*:** Anzahl der Kettenglieder.
- **Zugfestigkeit:** Die Zugfestigkeit einer Kette (Wert, an dem die Kette reißt) sollte auf Motorleistung und Drehmoment des Bikes abgestimmt sein. Billigketten haben erwartungsgemäß geringere Zugfestigkeiten, teure die höheren, angegeben in kg oder Newton. 415er-Ketten siedeln sich bei 1850 kg an, 520er bei 4.000 kg, 525 bei 6.000 kg und 530er bei 6.200 kg.
- **Einsatzgebiet:** Abhängig vom Biotop (Straße, Rennstrecke, Gelände, Touren) unterscheiden sich Merkmale wie Kettenlaschen, Bolzendurchmesser, verwendetes Material, Zugfestigkeit und Haltbarkeit. Offroadketten verzichten obendrein auf Dichtringe.
- **Farbe:** Auch ein Thema: Ketten gibt es u. a. in rot, gelb, golden, schwarz, blaugrün, chrom-silber und gold-schwarz.

Dichtringe

Zero, null, Nada: Basisketten besitzen zwischen Außen- und Innenlasche keine Abdichtung und werden in erster Linie im Offroadsport eingesetzt. Wie du dir denken kannst, sind sie Dreck und Wasser besonders ausgesetzt (dafür besitzen die Kettenblätter spitze Zähne und Abflusskanäle) und benötigen intensive Pflege – sind aber preisgünstig und liefern wegen geringeren Reibwerten mehr Leistung ans Hinterrad. Lebensdauer: kurz (2.000 bis 3.000 Kilometer). Preis: gering.

O-Ring: O-Ring-Ketten sind innen mit einer Dauerfettfüllung und Dichtringen versehen. Lebensdauer: 15.000 Kilometer und drüber (abhängig von Pflege und Beanspruchung). O-Dichtringe liegen an zwei Punkten am sie umgebenden Material an. Preis: moderat höher als eine Standardkette.

X-Ring: Der Unterschied zwischen O- und X-Ring-Ketten liegt in der Anzahl der Auflageflächen, mit denen die Dichtringe anliegen (= bessere Abdichtung); bei der X-Ring-Kette sind es vier. Lebensdauer: Stimmt die Pflege und wird das Teil nicht über Gebühr beansprucht, sind 25.000 Kilometer und mehr drin. Preis: hoch.

Sonst-was-Ring: Neben den verbreiteten O- und X-Ring-Ketten existieren noch weitere Varianten, die allesamt über weitere Dichtpunkte und/oder besondere Formen der Auflageflächen verfügen. Beispiele sind W-, XW-, RX-, Z-, RZ- und Quad-Ring-Ketten. Im Prinzip kommt beinahe jeder Kettenhersteller mit eigenen Variationen daher, die nicht zwangsläufig besser oder schlechter sein müssen, aber alle unterschiedliche Querschnittsformen aufweisen, die das Fett nach außen abschirmen.

Normal- oder High-Performance?

Der aktuelle heiße Scheiß in Sachen Antriebsketten ist die vom italienischen Kettenhersteller Regina zusammen mit BMW entwickelte hochpreisige *'High Performance Endurance'*-Kette (*HPE*), die dank Industriediamant-harter Beschichtung praktisch wartungsfrei daherkommen soll. Zwar steht auch hier bei rund 20.000 Kilometern ein Austausch ins Haus, aber in der Zwischenzeit braucht das gute HPE-Stück wegen Nahe-Null Abnutzung und extrem geringem Reibwert keine Schmierung, keine Durchhangskontrollen und, wenn es nicht unbedingt sein muss, auch keine Reinigung. Spezielle Ritzel und Kettenblätter sollen dabei nicht erforderlich sein.

Endlos- oder Schlosskette?

Entscheide dich, ob du eine Endloskette verbauen willst oder eine mit Kettenschloss. Erstere sind sicherer (beim Verschließen einer Kette können Fehler auftreten), allerdings muss zum Einbau die Schwinge ausgebaut werden. Für Letztere benötigst du Spezialwerkzeug, um die üblicherweise verwendeten Hohlniet- oder Vollnietschlösser verschließen zu können. Solche Teile kosten um die 50.- Euro (für Hohlnieten) und bis zu 150.- Euro (für Vollnieten). Ob du tatsächlich so viel investieren willst, sei dahingestellt. Du kannst auch nur ein Clipschloss anbringen und damit vorsichtig und im Schritttempo zur nächsten Werkstatt rollen, die dann die Kette professionell vernietet.

No-name-Ketten (leicht erkennbar am Preis und in vielen Fällen halt daran, dass sie tatsächlich keinen aufgeprägten Namen an den Außenlaschen aufweisen) sind schneller gelängt als angebaut. Das Geld, das du hier sparst, geht dann für vorzeitige Neuanschaffungen drauf.

Kettenschlossvarianten

Clip- oder Federschlösser (kennst du vom Fahrrad her) sind leistungsarmen Bikes vorbehalten, beispielsweise im Cross- und Endurobereich, sowie Leichtkrafträdern bis 125 cm³ und wenig Drehmoment. Sie werden simpel mit einer Zange oder einer speziellen Clipschlosszange geöffnet bzw. eingeclippt; beim Verschließen solltest du unbedingt auf die Laufrichtung achten: Das geschlossene runde Ende der Clipspange zeigt *in*, die Öffnung zeigt *gegen* die Kettenlaufrichtung.

Ist das Clipschloss verkehrt verbaut, kann es sich während der Fahrt öffnen. Ebenso bei hohen Belastungen, Steinschlägen oder unglücklichen Berührungen – weshalb Clipschlösser keinesfalls auf stärkeren Maschinen zum Einsatz kommen sollten.

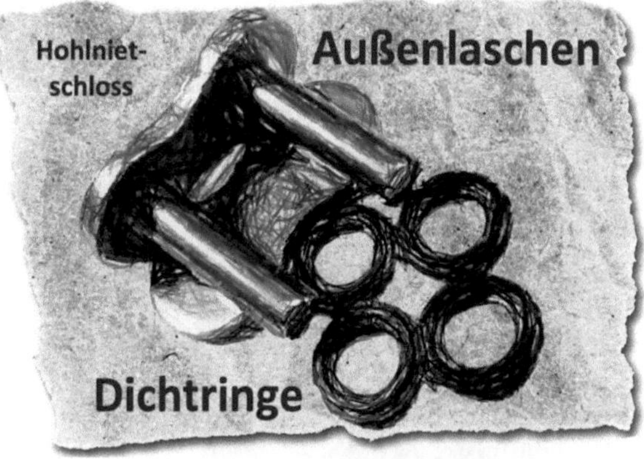

Hohlnietschloss: Bei den an vielen Straßenmaschinen üblichen Hohlnietschlössern sind die Bolzenenden offen und werden zum Verschließen mit dem Dorn eines Trenn- und Nietwerkzeugs[09-4] aufgespreizt. Die Zuverlässigkeit der Nietung kommt der eines werksseitig geschlossenen Gliedes recht nahe, wenn korrekt gearbeitet wird. Zum Auftrennen eines Hohlnietschlosses benötigst du ebenfalls besagtes Werkzeug – oder rückst mit der Flex an.

Vollnietschloss: Bei Vollnietschlössern sind die Bolzenenden geschlossen und werden zum Verschließen mit speziellen Nietwerkzeugen gedrückt. Wie Hohlnietschlösser sind Vollnietschlösser in Sachen Zuverlässigkeit nahe dran an regulären Endlosketten, kommen aber eher im Rennsport und Profi-Werkstätten zum Einsatz. Zum Auftrennen nimmt man wie oben ein spezielles Trennwerkzeug oder die Flex.
Schraubschloss: Blitzartig zu öffnen und anzubringen, sollen Schraubschlösser laut Anbieter Enuma bei korrekter Montage auch sehr zuverlässig sein. Vorausgesetzt, du verfügst über eine Enuma-Kette, denn die Produkte anderer Hersteller sind nicht kompatibel. Außerdem, was nicht verschwiegen werden darf: Ketten für leistungskräftige Motorräder werden wegen des Schwingenüber- bzw. -unterzugs ausschließlich mit Nietschlössern ausgeliefert.

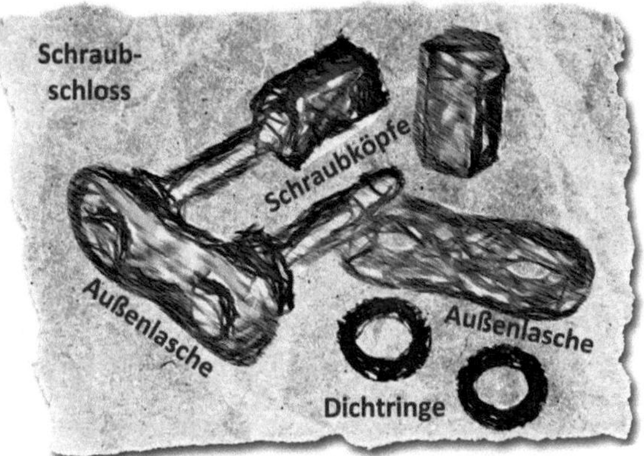

Zu Ritzel und Kettenrad

Der Verkäufer bei Bodo oder wo immer du deine Ersatzteile orderst, weiß in aller Regel zuverlässig, welcher Kettensatz zu deinem Bike passt. Meistens gehören dann Ritzel und Kettenrad mit zum Lieferumfang. Ob alle Komponenten vom gleichen Hersteller stammen, ist dabei unwichtig; achte aber darauf, ob sie über das Qualitätssiegel ‚Erstausrüsterqualität' verfügen[09-5].

Möchtest du die Einzelteile selbst auswählen, sorgt die Normung dafür, dass alle Komponenten einer bestimmten Kettengröße zueinander passen. Entscheiden musst du dich nur, ob du herkömmliche Stahl-Zahnräder oder spezielle Sonderbauformen wünschst. Stahl-Zahnräder sind haltbarer und nutzen nicht so schnell ab wie ihre Kollegen aus Aluminium. Letztere wiederum sind leichter, bringen ein paar Quäntchen mehr Leistung auf die Straße und verbessern die Reaktionszeiten der Hinterradfederung ein wenig – halten sich aber, wie gesagt, nicht so lange. Beliebter sind daher Kettenräder, die beide Welten vereinigen und aus beiden Materialien bestehen: einem Kernring aus Aluminium und einem aufgesetzten langlebigen Zahnradring.

Für Sportler kommen eventuell STEALTH-Bauteile in Betracht, leichtgewichtige Kettenräder aus Stahl (STE), Aluminium (AL) und Titan (T). (Das ‚H' hat Anbieter Supersprox zusätzlich an den Namen gepappt. Es steht für ‚High-Performance' und sichert die Namensrechte.) STEALTH-Produkte sind im Vergleich teurer als herkömmliche Zahnräder, sparen aber Gewicht ein und sind sehr lange haltbar.

Eine weitere Besonderheit sind gummierte Ritzel und Kettenräder. Diese Produkte firmieren unter dem sinnigen Namen ‚Silent' und zeichnen sich durch geringere Ablaufgeräusche aus.

Änderung der Sekundärübersetzung 

In der Regel wird beim Wechsel eines Kettensets auf die Angaben des Herstellers gehört und die serienmäßige Anzahl der Zähne von Kettenrad und Ritzel beibehalten. Für Manche ist der Zeitpunkt aber auch Anlass, die aktuelle Leistungsabgabe durch eine Änderung der Zähnezahl zu modifizieren – ganz ähnlich wie es bei Mofa-, Moped- und Rollerfahrer ohne Direktantrieb oder Riemen Tradition ist, um zusätzliche 4,3 km/h aus dem Tretfahrrad herauszubekommen.

Unterschieden wird hierbei zwischen eine längeren und einer kürzeren Übersetzung von der Antriebswelle des Motors zum Hinterrad[09-6].

- Ein Zahn mehr auf dem *Ritzel* steigert die Endgeschwindigkeit bei gleicher Drehzahl (= längere Übersetzung), ein Zahn weniger verringert sie, beschert aber einen kräftigeren Durchzug, der sich insbesondere beim Einsatz im Gelände bemerkbar macht (= kürzere Übersetzung).
- Umgekehrt beim *Kettenrad*: Mehr Zähne verringern die Geschwindigkeit (= kürzere Übersetzung), weniger erhöhen sie (= längere Übersetzung) – wobei Änderungen am Ritzel stärkere Auswirkungen haben als Änderungen am Kettenblatt.

Eine kürzere Übersetzung (Ritzel verkleinert, Kettenrad vergrößert) erhöht folglich den Durchzug (Beschleunigung), während eine lange Übersetzung den Verbrauch senkt (der Durchzug aber abnimmt).

FETTES ALLERDINGS: Mit einer Änderung der Übersetzung erlischt die Betriebserlaubnis. Was bei reinen Geländemaschinen, die ohnehin nicht die Straßen bevölkern, egal ist, kann bei für den Straßenverkehr zugelassenen Bikes zum Problem werden.

Zum einen mag eine Änderung vom Hersteller nicht erlaubt sein, da das Fahrzeug für eine maximale Endgeschwindigkeit vorgesehen ist. Zum anderen ist die Manipulation auf jeden Fall eintragungspflichtig. Das Mopped muss folglich beim TÜV vorgeführt werden – der dann sehr wahrscheinlich auch Fragen hat zur Rahmenfestigkeit, dem Geräuschverhalten, der Reifenfreigabe, der Tachoanzeige (bei Abgriff über die Getriebeausgangswelle) und möglicherweise zu einem Gutachten bezüglich der Höchstgeschwindigkeit.

Außerdem können die Einstellmöglichkeiten für den Durchhang maximal Differenzen von 1 oder 2 Zähne tolerieren, so dass bei extremen Änderungen zusätzlich längere Ketten geordert werden müssen.

Hinweise zum Kettensatzwechsel

Zum Kettensatzwechsel bocke dein Mopped auf, sichere es mit Gurten und entferne Kettenschutz, Ritzelabdeckung sowie, falls notwendig, Fußraste, Schalthebel und andere störende Bauteile. Spraye angerostete Schrauben und Bolzen mit Rostlöser und löse alle Verbindungen, die Kraftaufwand erfordern bereits im Vorfeld am noch sicher stehenden Bike: Bremssattelbolzen, Achsmutter, Kettenradbolzen, Federbeinbolzen, Ritzelmutter(n) und evtl. die Schwingenachse.

Tipp: Eine Ritzelmutter, die direkt auf der Welle sitzt und mit einer umgeschlagenen Unterlegscheibe gesichert ist (muss zum Lösen umgeschlagen werden), kann bombenfest sitzen. Dann wird es nötig sein, einen Druckluft-Schlagschrauber mit ordentlich Nm zu benutzen und/oder zu versuchen, mit viel Kriechöl zwischen Motorwelle und Mutter (idealerweise mit langer Einwirkzeit), Heißluftföhn und einem verlängerten Hebel zum Ziel zu kommen.

Ebenso wird es vermutlich notwendig werden, das Hinterrad effektiv zu blockieren, bspw. über eine Sperrung der Fußbremse. Bei Zweiarmschwingen und stabilen Gussrädern kann eine eingeschobene kräftige Holzlatte helfen (Achtung, nicht das Ventil einklemmen!).

Durchgesteckte Holzlatte zur Hinterradblockade ...

Hinweis: Lege KEINEN Gang zur Blockade des Hinterrads ein, um Getriebeschäden zu vermeiden. Auch können übermäßig hohe Kräfte am Bremspedal Schäden an der Bremse anrichten (reicht moderater Druck nicht, verzichte besser drauf).

Belasse das gelöste Ritzel zunächst auf der Getriebewelle, lockere alle Kettenradmuttern (idealerweise über Kreuz) und baue das Hinterrad aus (Details hierzu findest du in Sektion 08 ab Seite 123).

Trenne eine alte Endloskette mit der Flex auf, wenn sie durch eine Schlosskette ersetzt werden soll, bzw. baue die Schwinge aus (Infos hierzu hat Sektion 11 ab Seite 168), wenn du weiterhin eine Endloskette verwenden willst. Die Flex-Aktion entfällt dann.

Entferne das verschlissene Ritzel samt Sicherungsblech oder Halteschrauben (je nach Modell) und merke dir die Einbaulage. Weist ein Ritzel eine dicke und eine flache Flanke auf, muss diese nach einem Tausch in die gleiche Richtung zeigen wie vorher. Andernfalls besteht Reißgefahr, weil die Kette nicht korrekt fluchtet!

Schraube die Kettenblattmuttern ab und entferne das alte Kettenblatt vom Träger. Vergleiche zur Sicherheit die Anzahl der Zähne des neuen und alten Ritzels, des neuen und alten Kettenrads sowie die Gliederzahl der neuen und alten Kette.

Hinweise zum Ritzel- und Kettenradeinbau

Reinige den Ritzelkasten und montiere das neue Ritzel mit frischem Sicherungsblech auf die Antriebswelle, bzw. schraube die Haltemuttern mit der Hand ein (festgezogen wird später) Beachte die Einbaulage und lege die neue Kette auf das Ritzel.

Reinige Kettenradträger und Schraubbolzen. Setze die Ruckdämpfer ein und lege das Kettenrad auf den Kettenradträger (Beschriftung weist in aller Regel nach außen). Trage mittelfeste Schraubsicherung auf und ziehe die Muttern handfest über Kreuz an.

Baue die Schwinge (falls abgebaut) und das Rad ein. Lege die Kette auf das Kettenrad, setze das Rad an (Distanzhülsen!) und schiebe die Radachse durch. Schraube die Achsmutter auf, ziehe sie aber nicht fest.

Verschließe eine Nicht-Endlos-Kette mit dem Niet-Werkzeug. Beachte die Angaben des Werkzeugherstellers. Ist dir die Tatsache, ein Schloss (egal, welches) zu verwenden, nicht geheuer, markiere das Schlossglied farblich, so dass es jederzeit schnell auffind- und überprüfbar ist.

Blockiere das Rad und ziehe sowohl Ritzelverschraubung als auch Kettenblattmuttern mit vorgegebenem Drehmoment fest (über Kreuz!). Je nach Herstellerangabe (aber nur dann) verwende eine mittelfeste Schraubsicherung (unbedingt die Dokumentation konsultieren!).

Montiere Bremse, Bremsankerstange, Kettenschutz, Fußraste, Ritzelabdeckung und Schalthebel sowie weitere abgebaute Teile. Stelle den Kettendurchhang ein (Seite 130) und schmiere die Kette (Seite 131). Ziehe Achsmutter und Ketteneinsteller mit Drehmoment an, überprüfe den Durchhang und setze neue Splinte ein, falls notwendig.

Gehe alle gelösten Schraubverbindungen und Befestigungen im Geiste durch und kontrolliere ggf. auf korrekte Anzugdrehmomente.

Säubere alle betroffenen Bauteile penibel und befreie sie vom Fett, insbesondere Rad, Bremsscheibe, Fußrasten und Fußpedale.

-> Siehe auch *gÖrage vook: Kettenantriebswechsel,* Seite 260.

Kontrolliere den Kettendurchhang erstmals nach 300 km. Neue Ketten längen zunächst schnell (Ausnahmen sind werksseitig vorgelängte Ketten; sie müssen meist auch nur selten gespannt werden).

Kardanantrieb

Beim Kardan steht alle 2 Jahre oder alle 12.000 Kilometer (Herstellervorgaben beachten!) ein Ölwechsel an.

Ansonsten sollte man sich ab und an mal bücken, um den Füllstand zu überprüfen und Undichtigkeiten frühzeitig zu erkennen. Insbesondere am Endstück können defekte Dichtringe unangenehme Folgen zeigen, wenn Öl auf Reifen oder Bremse gelangt.

Worauf du ferner achten solltest:

- Bike vor dem Ölwechsel warmfahren.
- Beim Ölwechsel die vom Hersteller geforderte Spezifikation beachten und Dichtringe für Ein-/Ablassschrauben erneuern.
- Die Kardanwelle selbst läuft ohne Öl, wird aber mit Fett geschmiert. Ist ein Schmiernippel vorhanden, presse nach Herstelleranweisung/bei Bedarf 2 bis 3 Hübe frisches MoS2-Fett ein.

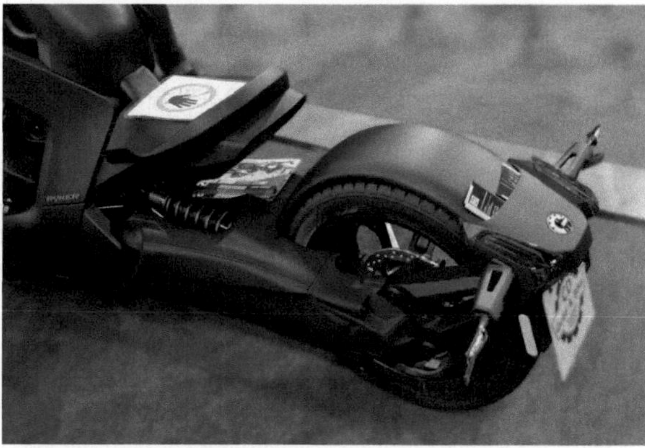

Zahnriemenantrieb

Zahnriemengläubige trifft es ebenfalls recht gut: Ab und an Riemenspannung und Material auf Beschädigungen kontrollieren, alle paar tausend Kilometer nachspannen und alle zig-tausend Kilometer wechseln. Hierbei gilt:

- Das Riemengummi altert, härtet aus und wird spröde. Werden Wechselintervalle nicht eingehalten, besteht Gefahr, dass der Riemen reißt.
- Zur Spannungskontrolle benötigst du einen speziellen Riemenspannungsmesser, der nach Herstellervorgaben angelegt werden muss.
- Das Korrekturspannen des Riemens erfolgt abhängig vom Modell auf unterschiedliche Weise. Sind es zwei an der Schwinge befindliche Spanner, ist noch sorgfältiger als bei Ketten darauf zu achten, dass das Hinterrad perfekt fluchtet. Der Riemen läuft mit einem sehr geringen Seitenabstand in den Riemenrädern und kann links oder rechts aus der Führung rutschen, wenn die Flucht nicht stimmt. Ergebnis: Beschädigte und im Extremfall überspringende oder reißende Riemen.
- Ein Riementausch steht so alle 40.000 Kilometer ins Haus. Das ist selten, erfordert aber einen Schwingenausbau.

Hinweis: Das Nachspannen kann kompliziert ausfallen und sollte einer Fachwerkstatt vorbehalten bleiben. Es besteht Gefahr, dass bei einer fehlerhaften Ausführung der Riemen im Fahrbetrieb von der hinteren Riemenscheibe quasi angesaugt wird und einen Totalausfall provoziert. Auch kann ein zu straff gespannter Riemen reißen oder das Getriebeausgangslager unter Druck setzen und schädigen.

Ebenfalls erwähnenswert: Zahnriemen sind allergisch gegen Dreck der groben Art wie Rollsplit und sandigen Schmutz, die fatale Folgen zeitigen können – vom erhöhten Verschleiß bis hin zum Antriebsausfall. Customfreunde, die den Zahnriemenschutz aus optischen Gründen entsorgen, sollten dies im Auge behalten.

Sektion 10: Bremsen

Spätestens, wenn man wieder im Stall einrollt, wird sie auch für jene wichtig, die zur Geschwindigkeitsreduzierung sonst nur Gas wegnehmen: die Bremse. Und natürlich, wenn jemandem der Arsch auf Grundeis geht.

Dass sie dafür gut gerüstet ist und ordentlich zupacken kann, dafür sorgen die Komponenten Bremszylinder, Bremsleitung, Bremssattel und Bremsscheibe – sowie selbstverständlich der- oder diejenige, die/der die Wartung übernimmt und alle Teile immer top in Schuss hält.

Kurz zum Prinzip: Betätigst du den Bremshebel, drückt dieser im Hauptbremszylinder über einen Kolben die Bremsflüssigkeit durch die Leitungen in den Bremssattel. Dort nehmen ein oder mehrere Kolben den Druck auf und geben ihn weiter an die Bremsklötze, die ihrerseits die Bremsbeläge an die Bremsscheibe drücken. So wird aus Bewegungsenergie Wärmeenergie an Scheiben und Belägen und als Nebenprodukt entsteht Abriebsdreck, der sich unverschämterweise überall ringsum absetzt.

Anti-Dummbeutel-Tipps

Bevor du beginnst, deinen Bremsen zu Leibe zu rücken, beherzige folgende Empfehlungen:

Schutzkleidung anziehen, Hirn einschalten: Bremsflüssigkeit, Bremsenreiniger und Bremsstaub bestehen aus unterschiedlich vielen ungesunden Bestandteilen, die man nicht wirklich auf der Haut, in den Augen, den Atemwegen oder auf den Schleimhäuten wissen möchte. Das heißt: Schütze dich mit Brille, Mundschutz und Gummihandschuhe.

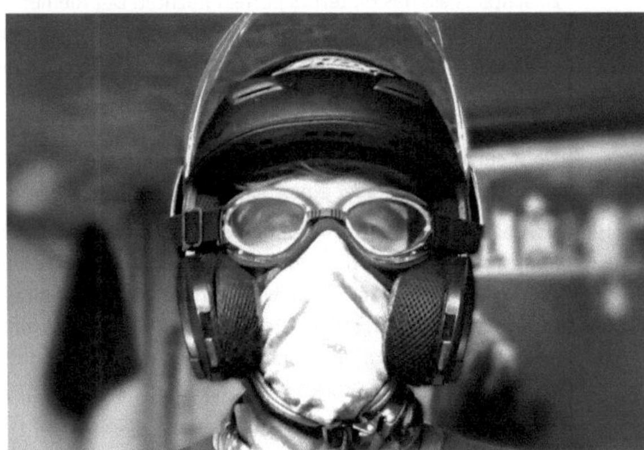

Widerstand ist zwecklos; du wirst assimiliert ...

Außerdem: *Nicht trinken* oder die Stoffe mit kontaminierten Handschuhen über die Pausenstulle in den Körper drücken. Jede Bremsflüssigkeit ist giftig, DOT 5 gar *hoch*giftig. Bei Hautkontakt wasche den Bereich sofort mit viel Wasser ab, bei Augenkontakt ebenfalls, suche aber zusätzlich den Arzt auf, und bei Verschlucken herrscht Rot-Alarm und Lebensgefahr. Setze umgehend einen Notruf ab.

Vorsicht walten solltest du auch beim Bremsenreiniger. Das Zeug ist kein Duftbaum und wenig förderlich für die Atemwegsorgane. Sorge deshalb für gute Lüftung beim Gebrauch oder arbeite im Freien.

Den feinen Bremsstaub, der beim Reinigen unweigerlich in der Gegend verteilt wird, hältst du mit einer Schutzmaske auf Abstand. Besondere Vorsicht ist geboten, wenn Bremsbeläge mit Asbest produziert wurden – oder die Materialzusammensetzung nicht so recht bekannt ist. Was bei gebraucht gekauften Bikes praktisch immer der Fall ist.

Ernsthaft: Verzichte nicht auf rudimentäre Schutzmaßnahmen wie Brille, Mundschutz und Gummihandschuhe.

Wasser bereithalten: Bremsflüssigkeit ist auch in anderer Hinsicht ein schlimmer Finger. Tropft sie auf den Lack, ist zunächst nichts zu sehen, sie löst ihn aber zusehends und zielsicher auf. Sprühe deshalb beim Arbeiten verteilte Spritzer sofort mit Bremsenreiniger ein, spüle das Zeug mit reichlich klarem Wasser ab und wische mit einem Lappen nach.

Das Fiese an dem Zeug. Zunächst siehst du überhaupt nichts. Der Auflösungsprozess beginnt erst nach einiger Zeit.

Giftig ist Bremsflüssigkeit auch für andere, kein Witz, weshalb die Flüssigkeit fachgerecht entsorgt und weder in den Garten gekippt noch bis zum jüngsten Gericht in irgendwelchen Behältern zwischengelagert gehört.

Nicht verbrauchte Bremsflüssigkeit verbleibt als Nachfüllreserve im verschlossenen Originalbehälter. Allerdings zieht sie dort ebenso Wasser und sollte deshalb beim nächsten Wechsel mit entsorgt oder zumindest mit einem Bremsflüssigkeitstester überprüft werden. Über den Daumen gepeilt, kannst du 1,5 % Wassergehalt noch als ‚leichten Mangel' sehen, ab 2 % muss allerdings ein schwerer diagnostiziert werden[10-1].

Lasse KEINE Verunreinigungen, Schmutz oder Wasser in den Bremskreislauf gelangen, bspw. über den Vorratsbehälter oder bei Arbeiten an den Leitungen oder anderen Komponenten (kann die Kanäle verstopfen).

Verwende KEIN Motoröl, Benzin, Dieselöl, Ölspray oder andere ölhaltige Mittel zum Säubern von Bremsteilen und Bremsscheiben. Druckluft sollte mit Bedacht eingesetzt und mit Bremsenreiniger eingesprühte Teile umgehend mit fusselfreien Lappen geputzt werden, bevor du andere Stellen reinigst.

Kontrolle! Wer an Bremsen arbeitet, kontrolliert spätestens vor Fahrtantritt alle Schrauben und Muttern. Profis arbeiten mit Drehmoment und setzen nach dem Anziehen Farbmarkierungen. Das erleichtert End- ebenso wie gelegentliche Zwischenkontrollen.

Drehmoment: Das leidige Drehmomentthema, ja, aber unerlässlich. Verfügst du über keinen Drehmomentschlüssel und keine verlässliche Drehmomentangaben, verzichte auf Arbeiten am Bremssystem.

Werden Schrauben überdreht, besteht Gefahr, das Gewinde zu beschädigen – was lebensgefährlich enden kann, beispielsweise dann, wenn die Bremse zu 100 % gefordert wird und dafür alle Bauteile unter Druck setzt.

Keine Ulk-Nummern: Jede(r) darf an seinen Bremsen rumschrauben, wie er/sie Lust hat. Man darf sich aber auch die Sitze aus dem Auto reißen und durch Apfelsinenkartons von Aldi ersetzen. Einzig der Impuls, die Innovationen auf öffentlichen Straßen zu nutzen, sollte dann besser unterdrückt werden. Warum, sagt dir dein gesunder Menschenverstand (Speiseöl ist bspw. keine preisgünstige Alternative zu Bremsflüssigkeit). Fällt er aber gerade einmal aus, übernehmen Rennleitung und TÜV gerne den Rest. Was allgemein machbar und unter welchen Bedingungen es erlaubt ist, erfährst du u. a. in Sektion 14 „Hauptuntersuchung" ab Seite 226.

Nicht überschätzen: Bei Wartungs- und Reparaturarbeiten am Bremssystem schraubst du wortwörtlich auf eigene Gefahr. Ob dabei ein Erfolgserlebnis wie *„Menschenskind, letztes Wochenende habe ich die komplette Bremsanlage auf Stahlflex umgestellt, AUF STAHLFLEX!"* höher zu bewerten ist, als das gute Gefühl der Sicherheit im Kurvenräubern, das Fachleute bieten, ist fraglich. *Also: Besser nicht überheben und lieber 1 x zu viel kompetente Hilfe annehmen als 1 x zu wenig!*

Auch gut zu wissen

Brems- und Kupplungspumpe: Während die Arbeiten am Bremssystem immer auch deine Sicherheit tangieren, verletzen Fehler bei Arbeiten am hydraulischen Kupplungssystem eher deinen Stolz. Da liegt es nahe, den Austausch von Komponenten und Reparaturen am Kupplungssystem zu üben, bevor man sich ans Bremssystem wagt.

Neuteile: Geld ist ein knappes Gut und Motorradteile oft teuer, beim Bremssystem solltest du aber keine Kompromisse eingehen und auch jene Teile austauschen, bei denen du versucht bist, sie zu recyclen, um dir einen Döner zu gönnen. Hierzu gehören bspw. Hohlschrauben, Dichtungen, Staubschutz-Manschetten, Sicherungsstifte, Bleche, Scheiben und angegriffene Schrauben.

Schraubsicherungen: Bei sportlich Orientierten werden Bremsen abgesichert, indem die Haltebolzen durchbohrt und mit Draht vor dem selbstständigen Lösen bewahrt werden. Andere Schrauber verwenden flüssige Schraubsicherung ‚mittelfest', die definitiv einfacher aufzubringen, oft aber nicht erwünscht ist. Ähnlich Öl oder Aluminium-Spezialfett, das zwar Korrosion vorbeugt, obendrein aber Risiken birgt. Wirklich sichergehen, was bei deinem Bike angebracht ist, kannst du nur, wenn du weißt, was der jeweilige Hersteller für die Bremsen eines Modells als Vorgabe definiert hat. Halte dich dran! (Siehe zum Thema auch *„Schraubverbindungen sichern"* und *„Korrosionsschutz"* ab Seite 18.)

Apropos Absicherung: Das Anziehen der Bremssattelschrauben sollte penibel erfolgen. Ziehe sie im ersten Durchgang nur leicht an (ca. 2 Nm) und im zweiten dann mit dem richtigen, vom Hersteller vorgesehenen Drehmoment. Überprüfe diesen zwei Mal, das erste Mal direkt nach dem Anziehen, ein zweites Mal nach Abschluss der Arbeiten und vor der ersten Ausfahrt.

Reinigung: Sowohl die Innengewinde im Bremssattel als auch die Außengewinde der Bremssattelbolzen müssen einwandfrei in Ordnung sein, dürfen keine Macken aufweisen und sollten vor Gebrauch sorgfältig von Rost, Schmutz und Schraubsicherungsresten gereinigt werden. Für die Außengewinde nutzt du eine Messingbürste (um das Gewinde zu schonen) und für die Innengewinde einen passenden Gewindeschneider.

Sauereien vermeiden: Ohne Scheiben zwischen den Backen warten Bremsen nur darauf, dass ein unvorsichtiger Zeitgenosse den Bremshebel betätigt, damit die Kolben rausdrückt und eine wirklich üble Sauerei auf dem Garagenboden anrichtet.

Bremsen-Bauarten

Die gute alte Trommelbremse, bei der innen im Rad zwei Bremsbacken gegen den äußeren Ring der Bremstrommel drücken und das Rad abbremsen, findet kaum noch Verwendung. Außer bei Oldtimern, Choppern, Enduros und Scootern wurde sie nahezu komplett von Scheibenbremsen verdrängt, die hinten ein- und vorne wahlweise zweiseitig sowie in unterschiedlichen Bauarten daherkommen: Schwimm- und Festsattelbremsen.

Schwimmsattelbremse

Die Schwimmsattelbremse verfügt auf der Außenseite über Bremskolben, die beim Betätigen der Bremse den äußeren Bremsbelag an die Bremsscheibe pressen, während auf der anderen Seite zeitgleich ein auf Bolzen gleitender Bremssattel den inneren Belag gegenläufig an die Scheibe drückt.

Hier liegt auch der Grund, warum der Bremssattel ein wenig kippelt, wenn du ihn mit der ganzen Hand umfasst und hin und her bewegst. Unerfahrene können dabei schon mal auf den Gedanken kommen, die Halteschrauben nachzuziehen oder Vati anzurufen, weil die Bremse wackelt. Es ist aber alles im grünen Bereich.

Schwimmsattelbremse mit zwei Bremskolben.

Andersrum: Sitzt die Bremszange fest, dann oft, weil die Gleitbolzen des Sattels korrodiert sind.

Sollten immer gut geschmiert sein: die Gleitbolzen

Die Bremse funktioniert dann nur auf der Seite mit den Bremskolben vernünftig. In dem Fall kannst du mit einseitig abgefahrenen Belägen rechnen sowie einer schlechteren Bremsleistung – sowie Arbeitseinheiten, die du in Zerlegung der Bremse und Reinigung/Schmierung der Gleitbolzen investieren musst.

Schwimmsattelbremsen haben ihr Hoheitsgebiet häufig im Bereich kleiner bis mittelstarker Bikes, ergänzt durch eine feste Bremsscheibe, ein Prinzip, das die ständige Anpassung von Scheiben und Belägen ermöglicht.

Festsattelbremse

Nach dem gleichen Grundsatz (flexible Komponente in Kombination mit starrer) verfährt auch die Festsattelbremse, zu finden an starken/schweren Maschinen. Nur halt umgekehrt: eine in (radiales und axiales Spiel erlaubenden) Hohlnieten gelagerte Scheibe arbeitet mit einer starren Bremszange zusammen.

Monoblockbremse (Mono, weil aus einem Stück).

Ferner verfügt die Festsattelbremse auf Außen- *und* Innenseite über Bremskolben, die beide Beläge gleichmäßig auf die Bremsscheibe drücken.

Und der letzte Unterschied zur Schwimmsattelbremse: Die Festsattelbremse darf *nicht* wackeln, wenn man sie umfasst und hin und her bewegt. Tut sie es ... ruf Vati an. Oder werde selbst tätig, weil in der Regel die Halteschrauben locker sind: Löse und entferne nacheinander jede Schraube, untersuche die Gewinde, säubere sie mit einer Messingbürste von Fett, Schmutz und Sicherungsklebresten und ziehe sie an, je nach Herstellervorgaben mit Klebsicherung (*oder* vereinzelt Fett) versehen, in einer bestimmten Reihenfolge und mit den richtigen Drehmomenten. Konsultiere hierzu dein Handbuch!

Hinweis: An Hinterrädern finden sich oft Bremsen, bei denen sowohl der Sattel als auch die Scheibe starr gehalten und Bremskolben auf beiden Seiten sind.

Trommelbremse

Bei der Trommelbremse (das Teil, mit dem bereits Marlon Brando in die Eisen stieg) drücken ein oder zwei Nocken zwei halbkreisförmig angeordnete Bremsbelagträger auseinander – und damit von innen gegen die Bremstrommel. Die im Übrigen im Gegensatz zur aufgesetzten Bremsscheibe modernerer Motorräder ein integraler Bestandteil des Rades ist.

Bei Oldtimern sind Trommelbremsen selbst am Vorderrad zu finden, hier mit zwei Nocken, die beide Seiten der Bremsbacken gleichzeitig auseinander drücken.

Bremst sowas ausreichend? Kleinere Motorräder und Chopper ja, da sie selten mehr Biss benötigen – und schon gar nicht am Hinterrad, dass bremsentechnisch eh weniger belastet wird.

Und noch ein Vorteil: 20.000 bis 30.000 wartungsfreie Kilometer sind durchaus drin, nicht einmal die Bremsflüssigkeit muss gewechselt werden, da die Dinger über Bowdenzüge bedient werden.

ABS-Bremse

Seit 2017 gesetzlich vorgeschrieben (vorher optional erhältlich), verfügen moderne Bikes über Antiblockiersystem-Bremsanlagen (ABS). Die Vorteile liegen auf der Hand: In Gefahrensituationen sind mit ABS ausgestattete Motorräder kontrollierbarer und Kollisionen lassen sich besser verhindern oder abmindern.

ABS-Steuergerät für vorderen und hinteren Bremskreislauf.

Die schlechte Nachricht: Antiblockiersysteme kommen für gemeine Schrauber kompliziert und undurchsichtig daher und können selbst den ‚einfachen' Wechsel der Bremsflüssigkeit zur Wissenschaft machen, so dass sich auch ansonsten plietsche Hobbymonteure lieber zurückhalten. Auch eine aussagekräftige Fehlersuche ist praktisch nur mit Diagnosegeräten möglich.

Gleichwohl das Prinzip bei allen Bremsen gleich ist (von einer Seite rein, bei der anderen raus), machen ABS- (und CBS-) typische Komponenten engagierten Schraubern das Leben schwer. Vorderradbremse, ABS/CBS-Einheit und Hinterradbremse sind wenig Heimwerkerfreundlich voneinander getrennt und beherbergen Steuerkreise aus Ventilen und Sensoren, die die Arbeit von Bremspumpe und Bremskolben beeinflussen. Auch können Vakuumpumpen notwendig werden, weil mit Über- und Unterdruck gearbeitet werden muss.

Willst du solche Systeme *richtig* entlüften (und das willst du, echt jetzt), benötigst du einen Computer samt spezieller Software zum Öffnen der Ventile, damit die Flüssigkeit *komplett* ausgetauscht und das System korrekt entlüftet werden kann. Haste Selbiges nicht, verbleibt alte Bremsflüssigkeit (und damit Wasser) und wohl auch Luft im System, deren Beseitigung nahezu unmöglich ist[10-2].

ABS defekt?

Bei einer Fehlfunktion des ABS leuchtet die entsprechende Warn-LED dauerhaft. Das tut sie zwar auch, wenn du Schrittgeschwindigkeit fährst, aber nicht, weil sie defekt ist, sondern weil das Steuergerät bei niedriger Geschwindigkeit keine Fehlfunktion identifizieren kann.

Leuchtet die ABS-LED hingegen dauerhaft im normalen Fahrmodus, fahre zunächst rechts ran, stelle die Zündung aus (Zündschlüssel abziehen), warte ein, zwei Minuten und starte den Motor erneut. Geht die LED beim Fahren weiterhin nicht aus, checke die folgenden Komponenten vor dem Besuch einer Werkstatt, die ärgere Fehler als im Folgenden auslesen und reparieren kann.

- Überprüfe die zum ABS gehörenden Sicherungen wie ‚ABS-Steuergerät' und ‚ABS-Druckmodulator'. Im Zweifel tausche die Sicherung(en) aus.
- Checke die Kontakte der Sicherungen auf Korrosion und beseitige Rost mit feinem Schleifpapier und Kontaktspray.
- Prüfe die Steckverbindungen der entsprechenden Schaltkreise auf Korrosion, auch jene am Sensor.
- Reinige die ABS-Sensorringe und Sensoren am Vorder- und Hinterrad mit Bremsenreiniger. Der Luftspalt kann sich mit der Zeit signalstörend zusetzen.
- Checke den Zentralstecker des ABS im Steuergerät auf korrekten Sitz und säubere die Anschlüsse mit Kontaktspray.
- Überprüfe die Batterie auf zu niedrige Spannung (mindestens 12,2 Volt sollten es sein).

Hinweis: Fällt das ABS aus, kannst du meist vorsichtig weiterfahren, weil die Bremsanlage selbst OK ist, musst aber bei Notbremsungen und/oder rutschigem Untergrund mit Gripverlust rechnen.

Kombi-/Integralbremsen

CBS (Combined Brake System aka Linked Brake System) ist ein kombiniertes Bremssystem, bei dem Vorder- und Hinterradbremse gleichzeitig angesprochen werden, egal, ob Hand- oder Fuß- oder beide Bremshebel gleichzeitig betätigt werden. Ist ein CBS mit einem ABS kombiniert, erhöht dies die Fahrsicherheit, allerdings (und das kann sich durchaus als Pferdefuß erweisen) schreibt der Gesetzgeber nicht vor, wie die Art der Verteilung auf beide Bremsen zu erfolgen hat. Insbesondere bei Bikes bis 125 cm^3 wird deshalb nicht immer ein Blockieren der Räder bei Schreckbremsungen effektiv verhindert.

Auch eine Erwähnung wert: Wenn bei einem Integral-ABS die Bremsflüssigkeit im Modulator altert, korrodieren die feinen Ventile. Regelmäßige Wechsel sparen dann den Austausch defekter Modulatoren ...

Bremsflüssigkeit

Die Komponente, mit der du es am ehesten beim Bremssystem zu tun bekommst, ist die Bremsflüssigkeit. Deren Check ist wesentlicher Bestandteil aller regelmäßigen Inspektions- und Wartungsarbeiten.

Warum? Weil die Leistungsfähigkeit deiner Bremse mit dem Zustand der Bremsflüssigkeit einhergeht. Sie altert und zieht vom Tag 0 an Wasser, selbst in geschlossenen Systemen. Das Wasser reagiert (anders als die Bremsflüssigkeit selbst) mit Blasenbildung auf die beim Bremsen entstehende Hitze und die Blasen wiederum lassen den Druck im System rapide abfallen. Das Ergebnis ist Bremsversagen, bspw. bei einer Gefahrenbremsung.

Tokyoer Telefonbuch, DOT-Angabe inklusive.

Je älter die Bremsflüssigkeit ist, desto mehr Wasser hat sie sich bereits einverleibt – weshalb Hersteller empfehlen, spätestens alle 2 Jahre (früher bei ABS-Bremsen) die Flüssigkeit zu wechseln.

Wie oft genau, steht im Werkstatthandbuch, welche Spezifikation es sein soll, ebenfalls. Letztere ist auch auf dem Deckel des Vorratsbehälters eingeprägt: DOT 3, 4, 5 oder 5.1. Im Zweifel überprüfe den Wassergehalt mit einem Bremsflüssigkeitstester[10-1].

Nebenbei-Infos ...

Für Rossis: Schnellfahrer profitieren sicherheitstechnisch von kürzeren Wechselabständen (alle 6 bis 12 Monate). Grund ist die höhere thermische Belastung durch ständiges Anheizen und Abbremsen.

Für visuell Begabte: Je *älter* die Bremsflüssigkeit, desto *dunkler* kommt sie daher. Wobei ‚dunkel' aber relativ zu sehen ist, denn Bremsflüssigkeit wird nicht nur als gelbe Flüssigkeit ausgeliefert, sondern ebenso als beige, blaue, purpurne und rote. Hellblau hieße dann nicht *„Alarm, meine gelbe Bremsflüssigkeit ist versifft"*, sondern *„Alles gut"*. *‚Dunkler als vorher'* bezieht sich auf den farblichen Anfangszustand einer bestimmten Sorte.

Für Neugierige: Die Farbveränderung der Bremsflüssigkeit beruht nicht auf dem zunehmenden Wasseranteil, sondern auf der Ablösung der inneren Gummischicht. Diese gibt im Laufe der Zeit Moleküle in die Bremsflüssigkeit ab; übrigens auch ein Grund, warum Gummileitungen mit der Zeit weicher werden.

Für Experimentierfreudige: DOT 3 (Nasssiedepunkt ca. 140° Grad C), DOT 4 (Nasssiedepunkt ca. 160° Grad C) und DOT 5.1 (*die Betonung liegt auf ‚Punkt 1'*) mit einem Nasssiedepunkt bei ca. 180° Grad C sollten nur im Notfall untereinander gemischt werden (falls du bspw. kein DOT 3 zur Hand hast, kann es DOT 4 sein).

Ansonsten: Bleib bei deinen Leisten, insbesondere bei Oldtimern (eigentlich DOT 3) verhalten sich die anderen Spezifikationen (4 und 5.1) Gummiteilen gegenüber aggressiver.

Für Lebensmüde: NICHT mischbar mit irgendeiner anderen Spezifikation ist DOT 5. Es darf mit *keiner* anderen Flüssigkeit zusammengewürfelt werden, weil es auf Silikon basiert und eine Mischung mit einer der Spezifikationen 3, 4 oder 5.1 (auch bei nur geringen Restbeständen) zu Flockenbildung und einer Verstopfung des Systems führt.

Willst du ein Bremssystem von DOT 5 auf DOT 3, 4 oder 5.1 (oder umgekehrt) umrüsten, muss es sorgfältig durchgespült werden, bevor die jeweils andere Spezifikation eingefüllt werden darf.

Für pathologische Schüttler: Lass es sein! Bremsflüssigkeit kommt nicht in vakuumverschlossenen Behältern daher; es befindet sich folglich Luft oben im Behälter. Kommt jemand auf die Idee und schüttelt den Behälter mit der neuen Bremsflüssigkeit vor Gebrauch, produziert er oder sie Unmengen von Mikroluftbläschen in der Flüssigkeit, die sich später im Bremssystem zu größeren Luftblasen vereinen und nur mit Zeit und Mühe wieder aus dem System zu bekommen sind.

Für Sparfüchse: Für wenig Geld bietet der Handel Bremsflüssigkeitstester, die den Wassergehalt messen. Damit kann ein vorzeitiger Wechsel bzw. die zu frühe Entsorgung älterer Bestände vermieden werden.

Bremsflüssigkeitswechsel

Um bei einfachen Systemen einen Bremsflüssigkeitswechsel vornehmen zu können, musste nicht studiert haben – bei CBS- und ABS-Bremsen solltest du hingegen einen Profi mit entsprechender Ausrüstung bitten, die Sache anzugehen. So oder so: Konsultiere dein modellspezifisches Werkstatthandbuch, um sicher zu gehen.

Vorbereitung

Stelle bei einstellbaren Bremshebeln auf maximalen Abstand und platziere hinter dem Hebel ein Lineal oder ein dünnes Stück Holz mit Gaffa am Griff. Dadurch erhältst du beim Durchpumpen einen geringfügig früheren Anschlag und vermeidest, dass sich der Hebel bis zum Anschlag durchdrücken lässt und so unter Umständen die Dichtung des Bremspumpenkolbens beschädigt.

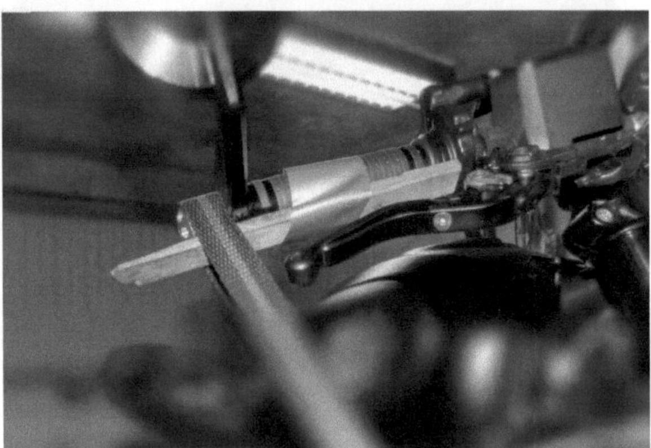

Stück Holz, Gaffa, fertig: Abstandshalter für Bremshebel.

Bocke dein Bike auf und sorge dafür, dass der Bremsflüssigkeitsvorratsbehälter möglichst waagerecht steht. Decke alle Bereiche rund um den Behälter sowie um die Entlüftungsschrauben großzügig mit Lappen ab. Gelingt es dir trotzdem, dein Bike (oder deiner Haut) mit Bremsflüssigkeit zu bekleckern, habe Bremsenreiniger und klares Wasser zum Abspülen bereit.

Entferne die Gummikappe vom Entlüftungsventil und ersetze sie durch einen Bremsflüssigkeits-resistenten *Klarsicht*schlauch (bspw. aus Silikon).

Beachte dabei, dass der Schlauch passend sein muss. Sitzt er zu locker auf dem Ventil, fixiere ihn mit einer Schlauchschelle oder Kabelbinder. *Es darf kein Einstrom von Luft am Ventil vorbei in den Schlauch möglich sein.*

Das andere Ende des Schlauchs führe in einen säurefesten Behälter, dessen Boden mit Bremsflüssigkeit gefüllt sein muss, so dass das Schlauchende dort eintauchen kann. Achte darauf, dass der Schlauch nicht aus der Flüssigkeit hochrutschen kann. Alternativ bietet sich ein Schlauch mit integriertem Rückschlagventil an (gibt's im Motorradzubehörhandel).

Schraube den Deckel vom Bremsflüssigkeitsbehälter ab (sei vorsichtig mit den empfindlichen Kreuzschlitzschrauben) und lege Deckel und Gummimembrane auf eine saubere, fusselfreie Unterlage.

Unter Umständen benötigst du die Membrane später beim Pumpen zur Abdeckung, um Bremsflüssigkeitsspritzer zu vermeiden.

Bremsflüssigkeit ersetzen

Sauge mit einer Spritze die alte Bremsflüssigkeit im Vorratsbehälter ab. Wenn du willst, drücke zusätzlich die Bremskolben im Sattel bis zum Anschlag rein und wiederhole die Aktion. Nötig ist es aber nicht.

Muss der Behälter gesäubert werden, verwende einen fusselfreien Lappen. Unabhängig von einer Reinigung achte darauf, dass der Behälterboden minimal mit Bremsflüssigkeit bedeckt bleibt, um zu vermeiden, dass das System unnötig Luft zieht.

Kippe frische Bremsflüssigkeit in den Behälter, öffne das Entlüftungsventil unten am Bremssattel und pumpe (langsam!) mit dem Bremshebel frische Bremsflüssigkeit in den Bremsschlauch – und damit unten die alte aus dem System. Spritzt Bremsflüssigkeit aus dem Behälter, bedecke ihn während des Pumpens mit der Gummimembrane oder einem fusselfreien Lappen. (Achte trotzdem auf die Flüssigkeitsmenge im Vorratsbehälter. Bei Leerlauf wird Luft gezogen.)

Wiederhole Pumpen und Nachfüllen, bis unten im Schlauch die hellere (frische) Bremsflüssigkeit die dunkle (ältere) ablöst. Damit ist der Austausch abgeschlossen. Schließe das Ventil und leere den Behälter.

Alternative: Verwende eine der einfach zu bedienenden Vakuumpumpen (Bild unten links), die es auch in preisgünstigen Varianten wie Faltenbälge gibt und die zumindest für einfache Systeme mit nicht zu engen Kanälen reichen. Die Pumpen saugen Bremsflüssigkeit durch Unterdruck in den Ablassschlauch. Droht dabei der Flüssigkeitsstand im Bremsbehälter leerzulaufen, unterbreche die Arbeit der Vakuumpumpe, indem du das Entlüfterventil schließt, und fülle nach.

Hinweise zur Bremssystementlüftung

Auch zur Entlüftung sollten die Bereiche mit Lappen abgedeckt, der Abstandshalter für den Bremshebel befestigt und der Ablassschlauch aufgesteckt bleiben. Halte ferner frische Bremsflüssigkeit zum Nachfüllen bereit, weil je nach Luftmenge viel in den Auffangbehälter fließen wird. Spritzer beim Pumpen verhinderst du wie gewohnt mit der Gummimembrane, die auf den geöffneten Bremsflüssigkeitsbehälter gelegt wird.

Der Entlüftungsvorgang selbst hängt von der die Art und Weise ab, welches Werkzeug dir zur Verfügung steht. Besitzt du nur zwei Maulschlüssel, brauchst du Geduld und ein gesundes Nervenkostüm, weil du dich mit üblen Verrenkungen beim Pumpen und gleichzeitigen Ventilöffnen/schließen-Aktionen zum Ziel kämpfen musst. Demgegenüber sind eine Vakuumpumpe oder ein Schlauch bzw. eine Entlüfterschraube mit Rückschlagventil sichere Garanten für mehr Lebensfreude (s. u.).

Bei *herkömmlichen* Systemen mit Axial-Bremspumpen beginnst du die Entlüftung am unteren Bremssattelventil. Handelt es sich um ein Mehrventil- und/oder Doppelscheibensystem startest du bei jenem, das am weitesten vom Behälter entfernt ist.

Bei *Radial-Bremspumpen* beginnst *und* beendest du das Entlüften am Ventil *oben* am Hebel, bevor du dich dem oder den unteren zuwendest. **Ausnahme:** War das System komplett leer (bspw. nach einem Leitungswechsel), sauge zunächst von unten ein wenig Flüssigkeit aus dem Behälter in den Schlauch, bevor du am oberen Ventil mit dem Entlüften beginnst.

Tipps: Klopfe vor und während des Entlüftens (bei geschlossenen Ventilen) alle Leitungen mit einem Kunststoffhammer ab, um hartnäckige Luftbläschen in Bewegung zu setzen.

2-Maulschlüssel-Methode

Ziehe den Bremshebel langsam an, bis Widerstand spürbar wird und beginne, ebenfalls laaaangsam, einige Male zu pumpen. Lasse den Bremshebel zwischendurch kurz in der Ausgangsstellung verharren. In der Zeit kann die Bremsflüssigkeit ohne Lufteinschüsse nachlaufen.

Halte nach ca. fünf Pumpvorgängen den Hebel am Widerstandspunkt, öffne das Entlüftungsventil etwa 1/3 Umdrehung, ziehe den Hebel langsam ganz durch und schließe das Entlüftungsventil. (Mit einigen krassen Moves kannst du die Arbeit alleine bewerkstelligen, schmerzfreier wird es, wenn dich eine zweite Person unterstützt.)

Aus der Ausgangstellung beginnst du erneut, einige Male zu pumpen und wiederholst die Aktion gefühlt 5.000-mal, bis im Ablassschlauch KEINE, auch nicht kleinste Luftbläschen mehr am Auge vorbeiziehen. Behalte dabei den Flüssigkeitsstand im Vorratsbehälter immer im Auge und fülle rechtzeitig nach (läuft er leer, strömt Luft ins System und alles war für die Katz').

Mache ein paar letzte Pumpaktionen, um sicherzugehen, dass auch tatsächlich keine Luft mehr eingeschlossen ist und schließe die Entlüfterschraube, während der Bremshebel noch gezogen ist.

Pumpe erneut, bis ein klarer Druckpunkt zu fühlen ist. Der Druckpunkt darf nicht nachgeben, sondern muss klar definiert sein. Andernfalls befindet sich noch Luft im System. Dies ist ebenso der Fall, wenn du den Hebel mit schwammigem Widerstand bis an den Lenkergriff heranziehen kannst. Dann heißt es, das System erneut über alle Ventile zu entlüften (siehe auch weiter unten auf Seite 145 die Tipps zum fehlenden Druckpunkt).

Vakuumpumpen-Methode

Arbeitest du mit einer Vakuumpumpe, öffne nur die jeweilige Entlüfterschraube und ziehe die Flüssigkeit durch, bis keine Luftblasen mehr erscheinen (Flüssigkeitsstand im Auge behalten!). Ist es der Fall, schließe die Einstellschraube bei angeschlossener Pumpe. **Hinweis:** Sind die feinen Bremssattelkanäle so eng konstruiert, dass die Saugkraft der Pumpe nicht ausreicht, musst du sie mit vorsichtigem Pumpen unterstützen.

Rückschlagventile

Bremsen von Hand zu entlüften, ist eine Herausforderung für sich und verlangt Verrenkungen von Körperteilen, die man vorher nicht einmal kannte. Auch mit einer Vakuumpumpe, wenn diese nicht genügend Unterdruck aufbauen kann. Dann sind Schläuche mit Rückschlagventilen oder Speed-Bleeder gute Ergänzungen.

Beide Komponenten arbeiten nach dem gleichen Prinzip, indem sie einen Rücklauf der Bremsflüssigkeit (und damit der Luft) nach dem Pumpen durch ein integriertes Ventil unterbinden. Beim Speed-Bleeder kommt hinzu, dass er aus zwei Teilen besteht und beim Entlüften nur das Oberteil mit O-Ring-Dichtung eine Rolle spielt. Dadurch wird das empfindliche Aluminiumgewinde im Bremssattel geschont und davor bewahrt, sich zu weiten und undicht zu werden.

Schlauch wie Bleeder erhältst du auf diversen Onlineshops oder bei den üblichen Verdächtigen, Erstere auch als Billig-China-Ausführung. Bei Letzterem handelt es sich meist um ein Stahlbusventil[10-3] (gängige Größen siehe Anhang[10-4]).

Was den Ventilschlauch betrifft, ist nur auf die Ein- bzw. Austrittsrichtung zu achten, wenn du den alten Schlauch durch den Ventilschlauch ersetzt. Das Rückschlagventil funktioniert halt nur in eine Richtung.

Das Stahlbusventil muss hingegen in einer gesonderten Aktion statt des Originalventils eingebaut werden. Hierzu gehst du zunächst vor wie im Abschnitt *‚Vorbereitung'* unter *‚Bremsflüssigkeit wechseln'* auf Seite 142 beschrieben. Decke insbesondere den Arbeitsbereich um den Bremssattel sorgfältig ab, da Flüssigkeit entweichen wird.

Löse und entferne die Hohlschraube der Bremsleitung (Bremsflüssigkeit wird austreten!) und drehe die originale Entlüfterschraube aus. Montiere das Stahlbusventil in den Bremssattel und schließe die Leitung wieder an. Beachte das vom Hersteller des Ventils angegebene Drehmoment und verwende neue Unterlegscheiben.

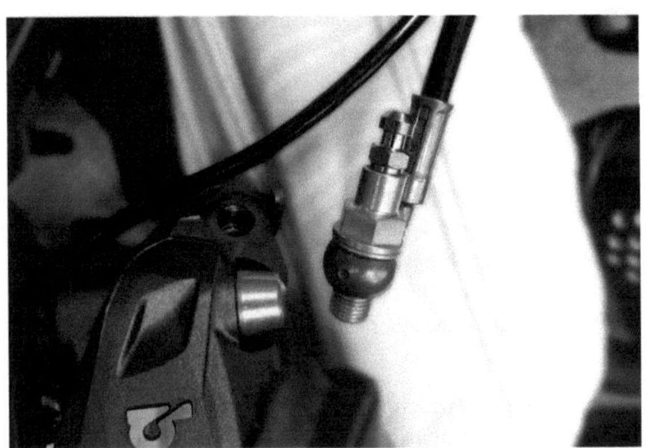

Zum *Austausch* der Bremsflüssigkeit drehe das Ventil gemäß Anleitung auf (oft 2 volle Umdrehungen). Kontere hierbei die untere Schraube mit einem Maulschlüssel. Pumpe die durchströmende Bremsflüssigkeit raus oder sauge sie mit einer Pumpe ab. Halte dabei den Vorratsbehälter im Auge und fülle zeitig nach. Strömt einzig frische Flüssigkeit durch den Ablassschlauch, schließe die Entlüfterschraube (handfest reicht) und ziehe den Schlauch ab. Beachte, dass beim Abziehen Bremsflüssigkeit auslaufen oder verspritzt werden kann.

Zum Entlüften pumpe bei geschlossenem Ventil solange mit dem Bremshebel, bis du Gegendruck verspürst. Halte den Hebel unter leichten Druck, öffne das Entlüftungsventil ca. ¼ bis ½ Umdrehung (Anleitung beachten, der Wert kann anders ausfallen) und ziehe den Hebel bis zum Anschlag durch. Pumpe anschließend so lange, bis keine Luftbläschen mehr auftauchen (Nachfüllen nie vergessen, sonst tritt Luft von oben ein). Zur Vorsicht kannst du noch weitere Flüssigkeit durch das System pumpen. Danach schließe das Ventil endgültig bei angezogenem Bremshebel.

Abschluss

Ziehe das Entlüfterventil mit Drehmoment oder sehr viel Gefühl an, weil es in einem empfindlichen Gewinde sitzt. Weitet sich der Sitz durch dauerhaft zu starkem Anziehen, wird das Bremssystem undicht. Tausche die Gummi- durch eine Stahlkappe aus (separat erhältlich) und setze sie auf das Ventil. Die alte Gummikappe ist hierfür zu weich.

Setze eine Metallkappe auf das Stahlbusventil.

Kontrolliere den Flüssigkeitsstand im Behälter. Fülle bei Bedarf nach und achte darauf, knapp unter der Maximalmarke zu bleiben. Das System benötigt ein kleines Luftpolster, um korrekt funktionieren zu können (die Bremsflüssigkeit dehnt sich bei Erwärmung aus und drückt dann oben gegen die Membrane).

Lege die gesäuberte und getrocknete Gummimembrane in den Flüssigkeitsbehälter und schraube ihn zu. Vorsicht mit den kleinen, weichen Kreuzschlitzschrauben, sie können nicht viel vertragen.

Pumpe erneut, bis die Bremse einen klar definierten Druckpunkt aufweist. Reinige alle eventuell mit Bremsflüssigkeit verunreinigte Bauteile gründlich mit Wasser und Bremsenreiniger, insbesondere die Bremsscheibe. Checke die Bremse erneut vor der ersten Ausfahrt!

Kein klarer Druckpunkt? 

Stellt sich auch nach längerem Pumpen kein klarer Druckpunkt ein, versuche, der eingeschlossenen Luft irgendwie Herr zu werden:

Sichtprüfe das System auf Undichtigkeiten und beseitige sie: Bremszylinder, Bremsflüssigkeitsbehälter, Leitungen und Anschlüsse (Hohlschauben), Sitze der Ventilschrauben und Bremskolben. Alles muss knochentrocken sein, darf also auch nicht leicht ‚schwitzen'.

Ziehe den Bremshebel mit einem Kabelbinder an und lasse ihn über Nacht stehen. Dies kann Luftbläschen nach oben in den Behälter drücken und erleichtert eine Überprüfung auf Undichtigkeiten.

Allerdings: Ist die Aktion erfolgreich, verschwimmt der Druckpunkt nach kurzer Zeit aber wieder, krallt sich eingeschlossene Luft hartnäckig fest – oder strömt neu ein, auch ohne Flüssigkeitsaustritt.

Baue den Bremssattel ab, hänge ihn an die Decke oberhalb des Vorratsbehälters und der Bremspumpe und klopfe die Leitungen ab. Bedenke, dass dies eine eher heikle Aktion ist, in der Hoffnung, dass, wenn nun oben entlüftet wird, die eingeschlossene Luft nach oben wandert. *Wichtig: Vergiss nicht, die Bremskolben zu blockieren, indem du etwas zwischen die Bremsbeläge steckst. Andernfalls wirst du die Kolben auspumpen und eine Riesensauerei anrichten.*

Vice-versa-Wechsel: Einige Biker wechseln die Bremsflüssigkeit von unten nach oben, wenn kein Speed-Bleeder zur Verfügung steht (der es wegen des Rückschlagventils auch nicht erlauben würde), drücken also mittels einer Spritze über den Bremssattel die Flüssigkeit ins System und entnehmen oben den Überschuss.

Diese Idee kann auch als Behelfsmaßnahme dienen, wenn sich trotz endlosen Entlüftens kein sauberer Druckpunkt einstellen will. Die Hoffnung ist, dass mit dem Einpressen frischer Bremsflüssigkeit von unten die eingeschlossene Luft mit nach oben transportiert wird. Achte darauf, dass Spritze und Schlauch zu 100 % dicht sind, damit du keine zusätzliche Luft einführst.

BREMSLEITUNGEN 

Herkömmliche Bremsleitungen sind aus Gummi und mit den Jahren sorgen Alterungsprozesse für eine schwammigere Bremswirkung und einem diffuseren Druckpunkt. Vom Hersteller empfohlen ist deshalb ein Austausch der Leitungen vier bis sechs Jahre nach Fertigung bei durchschnittlichen Kilometerleistungen, je nach Zustand kann es aber früher oder später fällig werden.

Auskunft über das Produktionsdatum einer Bremsleitung aus Gummi liefert eine aufgeprägte DOT-Nummer, ähnlich wie bei Reifen. Ein früherer Handlungsbedarf besteht allerdings, wenn das Material bereits porös ist oder Beschädigungen aufweist, beispielsweise durch Reibung an anderen Bauteilen.

Alte Gummileitung, mittelfingerdick.

Steht ein Austausch an, müssen es keine Originalteile sein. Im Gegenteil, viele Biker nutzen die Gelegenheit, auf Stahlflexleitungen aufzurüsten, die wertiger, haltbarer und in der Regel günstiger sind als der Originalersatz aus Gummi[10-5]. Stahlflexleitungen bestehen aus Teflon und einer Drahtummantelung, altern nicht wie Gummileitungen, werden nicht porös und müssen nicht regelmäßig erneuert werden.

Stahlflex-Bremsleitung: kleinfingerdick.

Hinweise zum Bremsleitungstausch

Entferne zunächst die Bremsflüssigkeit, wie ab Seite 142 beschrieben. Fotografiere dann Anschlusswinkel und Verlauf der alten Bremsleitung, öffne das Entlüftungsventil und pumpe die Bremsflüssigkeit mit dem Handbremshebel komplett aus dem System (oder sauge sie mit der Pumpe raus). Bei einem Doppelscheibensystem widme dich anschließend dem zweiten Bremssattel und wiederhole die Schritte.

Hinweis: Halte Lappen, Wasser und Bremsenreiniger bereit, weil die verbliebene Restflüssigkeit beim Ausbau der alten Leitungen für Sauereien sorgen wird.

Löse die Hohlschraubverbindung der Bremsleitung am Sattel und lasse die Restflüssigkeit in ein Gefäß abfließen. Bei Doppelscheibenbremsen wiederhole den Schritt am zweiten Sattel sowie am Verteiler. Willst du gleichzeitig auf Speed-Bleeder aufrüsten, entferne jetzt auch die Entlüftungsventile und setze die neuen ein.

Anschließend löst du den Anschluss oben am Vorratsbehälter und entfernst die alten Leitungen. Achte auf die ursprüngliche Verlegung, merke dir Führungen und Befestigungen und überprüfe gleichzeitig auf Knick- und Scheuerstellen. Reinige die Anschlussflächen mit Bremsenreiniger und Druckluft sowie, falls dem Bremsleitungsset keine neuen Schrauben beiliegen, ebenso die alten Hohlschrauben. Verwende zum Abwischen fusselfreie Lappen, um keine Fremdkörper einzutragen.

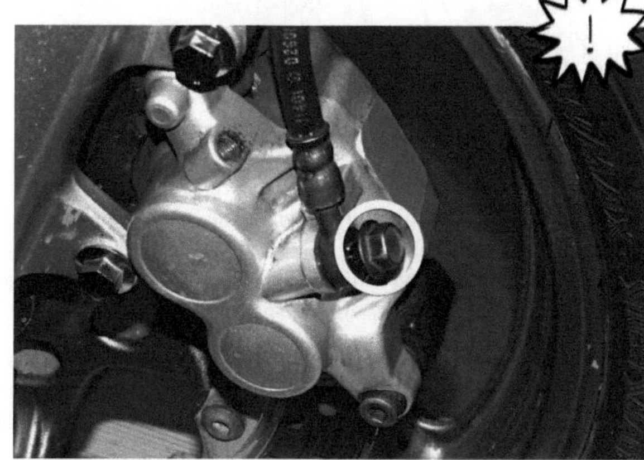

Vorsicht beim Abschrauben. Keine Leitung ist so entleert, dass nicht Restflüssigkeit austreten wird.

Vergleiche die neuen mit den ausgebauten alten Leitungen hinsichtlich Länge, Dicke der Ringanschlüsse, Länge der Hohlschrauben und Winkel der Anschlussstücke. Fuchtele hierbei möglichst wenig mit den alten Schläuchen herum, um zu vermeiden, dass Bremsflüssigkeitsreste durch die Gegend geschleudert werden. Bei einigen Produkten lassen sich die Winkel der Anschlüsse übrigens anpassen, bei anderen sind sie starr (siehe unten ‚*Hinweise zu den Fittings*').

Lege die Stahlflexleitung lose am Vorratsbehälter an. Die Ringanschlüsse müssen auf Anhieb und ohne viel Wirbel passen.

Lege die erste Dichtscheibe auf die Hohlschraube, stecke die Schraube durch, lege die zweite Scheibe auf und befestige den Schlauch am Vorratsbehälter. Ziehe die Schraube noch nicht fest, sondern verlege die Leitung unverdreht sowie knick- und spannungsfrei bis zum Bremssattel bzw. bei Doppelscheiben bis zum Verteiler und von dort zu beiden Sätteln.

Nutze zur Verlegung die für die serienmäßigen Gummischläuche vorgesehenen Halter und Aufnahmen. Kommen Kabelbinder zum Einsatz, ziehe sie nicht fest zu, denn auch Stahlflexleitungen können gequetscht werden. Außerdem müssen sie sich frei bewegen dürfen.

Verlege die Leitungen so, dass sie frei beweglich bleiben.

Hinweise zu den Fittings

Da Stahlflexschläuche modell-spezifisch verkauft werden, stimmen die gebogenen Enden (Fittings) der Anschlüsse an Vorratsbehälter und Bremssattel in aller Regel mit denen der Serien-Bremsleitungen überein. Die Verlegung kann identisch zur ursprünglichen erfolgen. Ein Verdrillen der Leitungen ist unwahrscheinlich.

Steht hingegen ein umfangreicheres Projekt an, bspw. ein anderer Lenker und/oder die Umrüstung auf Radial-Bremspumpe, werden sich meist auch die Anschlusswinkel ändern. Um dort ein Verdrillen der Leitungen zu vermeiden, achte beim Einkauf darauf, dass sich die Fittings der neuen Stahlflexleitungen verdrehen und veränderten Winkeln anpassen lassen.

Beachte ebenfalls:

- Die Winkel, in denen Bremsleitungen oben am Lenker zur Horizontalen *und* zur Vertikalen stehen dürfen, sind bei vielen Motorrädern vorgegeben. Ebenso feste Werte können der Winkel der Leitung zur Horizontalen am Bremssattel sowie die originale Verlegung sein.
- Oft ist bei verdrehbaren Leitungen maximal eine Drehung bis 90 Grad erlaubt. Danach droht Undichtigkeit des Systems. Der Winkel sollte also bereits im Vorfeld gut überlegt sein. Wer öfter hin und her probiert, riskiert ein unsicheres Bremssystem.

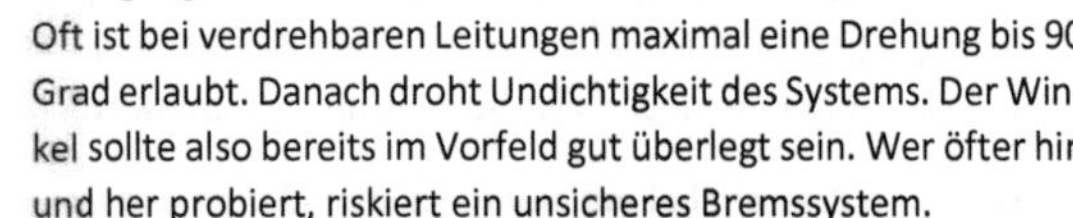

Bei modellspezifischen Austauschschläuchen entsprechen die Fittings in der Regel jenen des Originals, für den richtigen Einbauwinkel musst du hingegen selbst sorgen.

Überprüfe den Verlauf der Leitungen auf klemm- und scheuerfreien Betrieb. Feder die Gabel kräftig durch und schlage den Lenker zu beiden Seiten ein. Die Schläuche dürfen nirgends scheuern, klemmen, abgeknickt sein oder unter Spannung stehen.

Schraube zum Abschluss die Hohlschrauben und die Leitungshalterungen mit den vorgegebenen Drehmomenten fest. Halte dabei den Ringanschluss in der vom Hersteller vorgesehenen Position, damit er sich beim Anziehen nicht verdreht.

Befülle das System mit neuer Bremsflüssigkeit und entlüfte es (Details siehe oben ab Seite 143). Kontrolliere den Bremsflüssigkeitsstand und fülle bis knapp unter der Maximalmarke nach. Lege die Gummimembran zurück in den Behälter und verschließe ihn. Überprüfe die Drehmomente der Ablassschraube und des Ventils und stecke die Ventilkappe auf.

Stahlflexleitungen lassen sich in Handarbeit nur mühsam entlüften, unter Umständen überhaupt nicht, wenn sich irgendwo Restluft hartnäckig festkrallt – oder eine Leitung nicht dicht ist. Überprüfe dann alle Leitungen zunächst auf Undichtigkeiten und investiere in ein Entlüftungsgerät wie eine Vakuumpumpe (falls noch nicht geschehen). Die Dinger sind zu billig, um geizig zu sein.

Kontrolliere die Bremse im Stand vor der ersten Ausfahrt. Der Druckpunkt sollte wohl definiert und klar fühlbar hart sein.

Bedenke, dass eine komplett geleerte Bremsanlage eine Menge Luft ins System lässt und praktisch jede Ecke ausfüllt. Musst du nach einem Wechsel ständig mit dem Bremshebel pumpen, um Druck aufzubauen oder ist der Druckpunkt generell schwammig, ist so einiges davon unentdeckt geblieben.

Dann klopfe alle Leitungen mit einem Kunststoffhammer ab, auch die Bremspumpe, und entlüfte ein zweites und drittes Mal. Halte dich an die Tipps, die weiter oben auf Seite 145 für diese Fälle aufgeführt werden. (Will es auf Teufel komm raus nicht klappen, trete den Gang zur Werkstatt an. Fahre nur nicht mit unsicheren Bremsen!)

Offizieller Segen: Verfügt dein Stahlflexprodukt über eine ABE, sollte sie beim Fahren mitgeführt werden. Liegt stattdessen nur eine

Teiletypgenehmigung bei, muss das Mopped beim TÜV vorgeführt werden, um den fachgerechten Anbau bestätigt und die Änderung in die Fahrzeugpapiere eingetragen zu bekommen. Achte am besten bereits beim Kauf darauf.

BREMSSCHEIBEN 

Motorrad-Bremsscheiben bestehen zum überwiegenden Teil aus Chromstahl, geringere Stückzahlen werden aus Graugusslegierungen, Kohlefasern oder Keramik (nur für den Rennsport) hergestellt.

Die ‚Verzierungen', mit denen die Scheiben gesegnet sind (die runden Konfettilöcher oder welche Formen auch immer eingearbeitet wurden), sparen Gewicht, erhöhen Reibung und Ansprechverhalten und leiten die Wärme ab – übrigens auch Wasser, das sich sonst bei Regen über die Scheibe verteilen und die Bremsleistung vermindern würde.

Zweiteilige Bremsscheibe mit innerem und äußerem Ring.

Eine einfache Bremsscheibe ist ‚aus einem Guss' und durchgehend starr gehalten, während die teureren mehrteiligen Varianten aus einem Innen- und einen auf Hohlnieten schwimmend gelagerten Außenring bestehen, der sich bei starker Belastung/Erhitzung leichter ausdehnen und wieder zusammenziehen kann. Dadurch wird erschwert, dass sich die Scheibe bei Überhitzung verzieht oder Risse bekommt.

Bremsscheibe kontrollieren

Ausgetauscht werden Bremsscheiben, wenn sie verschlissen, verzogen oder starke Oberflächenschäden erkennbar sind.

Auf Verschleiß checken

Die Dicke der Bremsscheibe wird mit einer Bügelmessschraube geprüft, Schieblehren liefern aufgrund des Randgrats keinen verlässlichen Wert. Die Verschleißgrenze sollte im Reparaturhandbuch verzeichnet sein, ist oft aber auch auf der Scheibenbasis eingestempelt (in der Regel zwischen 4 und 4,5 Millimeter).

Auf Oberflächenschäden checken

Oberflächenschäden sind bereits mit bloßem Auge gut erkennbar, wenngleich nicht allen sichtbaren Veränderungen die gleiche Bedeutung zukommt:

Laufspuren (Riefen, Rillen): Rillen auf der Reibringfläche (und gespiegelt auf den Bremsbelägen) entstehen durch Schmutzpartikel und andere Fremdkörper. Riefen sind auf jeder Bremsscheibe vorhanden und nur von Interesse, wenn sie deutlich fühlbare Tiefe aufweisen.

Zur Überprüfung gleite mit einem Fingernagel über die Scheibe. Bleibt er hängen (der Fingernagel), ist die Rille zu tief (ab ca. 0,3 mm) und legt Handlungsbedarf nahe. Die Bremsscheibe sollte dann ausgebaut und getauscht oder zumindest eingehender geprüft werden.

Geringfügige Riefen sind normal und unbedenklich. Bei tieferen muss nachgehakt und die Ursache ermittelt werden.

Grat: Da sich eine Scheibe nur dort abnutzt, wo Bremsbeläge anliegen, bildet sich am Rand der Scheibe ein sicht- und fühlbarer Grat. Je höher dieser Grat ist, desto verschlissener ist die Scheibe; daneben besitzt er aber keinerlei Auswirkungen – außer einem ästhetischen Fail, da er anfällig für Rostspuren ist und empfindlichen Naturen dann sauer aufstößt.

Der Randgrat steht umso weiter vor, je stärker die Scheibe dort abgenutzt ist, wo die Bremsbeläge zupacken.

Ist noch genügend Restdicke vorhanden und sind die Riefen nicht zu tief, kann es lohnen, die Scheibe von einem Spezialbetrieb nachschleifen zu lassen, zu ca. einem oder zwei Zehntel des Preises einer neuen. Bei flachen und marginalen Riefen in einer ansonsten noch dicken Bremsscheibe besteht obendrein generell die Möglichkeit, die Scheibe stückweise wieder zu glätten, indem simpel neue Bremsbeläge eingesetzt werden.

Als Auswirkungen bei riefigen Scheiben sind Bremsgeräusche, eine verminderte Bremsleistung sowie Rubbeln beim Bremsen zu erwarten.

Ungleich verteilte Riefen: Weist eine Scheibe nur in einem bestimmten Bereich Riefen auf, arbeitet entweder der Bremssattel nicht gleichmäßig oder die Bremsscheibe hat Rundlaufabweichungen. In beiden Fällen muss die Bremse überprüft werden. Mögliche Auswirkungen sind Schwingungen im Lenkrad, Pulsieren beim Bremsen sowie schlechte und/oder unregelmäßige Bremswirkung.

Farblich veränderte Oberfläche: Regenbogenartig gefärbte Bereiche und blaue oder braune Flecken sind Resultate überhitzter Scheiben, die, falls nicht durch extreme Belastung entstanden (Passabfahrten etc.), evtl. auf klemmende/festsitzende Bremsbeläge oder festgefressene Bremskolben zurückgeführt werden können.

Mögliche Auswirkungen: Verschwinden die durch Überhitzung entstandenen Flecken nach einiger Zeit nicht durch Wegbremsen, wird es über kurz oder lang beim Bremsen vibrieren. Dieses hochfrequente Rubbeln, hervorgerufen durch Reibwertsprünge, basiert auf

Gefügeveränderungen in den Hitzeflecken. Manchmal hilft es, neue Beläge einzusetzen (VORSICHTIG einfahren), oft muss aber die Bremsanlage überprüft werden, zumal die Scheibe verzogen sein kann.

Rost: Wer Bremsen als Störung beim Gasgeben sieht, kann bei Graugussscheiben durch Rost auf der Reibringfläche überrascht werden. Andere Ursachen neben geringer Beanspruchung sind Stand- oder Wasserschäden, scharfe Reinigungsmittel und Streusalz.

Mögliche Auswirkungen sind Bremsgeräusche und unregelmäßige Bremswirkung. Abhilfe: Reinigung und Schleifen der Scheibe sowie ein Belagwechsel (wenn durch abgebremsten Rost bereits in Mitleidenschaft gezogen). Meist muss die Scheibe aber ersetzt werden.

Auf Verzug checken

Ursachen für verzogene Bremsscheiben können neben Überhitzung (siehe oben den Abschnitt *„Farblich veränderte Oberfläche"*) klemmende Bremskolben, eine verzogene Gabel, fehlerhaft montierte Bremszangen, fehlerhafter Reifendruck oder defekte Radlager sein.

Um den Scheibenschlag zu messen, benötigst du eine Messuhr, die allerhöchstens 0,1 Millimeter Abweichung über den gesamten Messbereich anzeigen darf. Alles darüber ist nicht tolerierbar.

Mögliche Auswirkungen: Für spürbar verzogene Scheiben benötigst du keine Messuhr; das Rubbeln bzw. Pulsieren am Bremshebel ist unverkennbar und beruht auf dem Seitenschlag der Scheibe. Abhilfe schafft nur ein Austausch.

Auf Floaterspiel checken

Die Floater (aka Hohlnieten, Bobbins) als Lagerungen zwischen dem inneren und äußeren Ring einer mehrteiligen Bremsscheibe sind Verschleißteile und sorgen bei zu großem Spiel für ungenaues Bremsverhalten und Klackern beim Bremsen. Als Maximalwert gilt 1 mm Radialspiel (längs zur Fahrtrichtung), gemessen dort, wo die Floater die Bremsscheibe und den Träger verbinden. Bei mehr winkt der TÜV ab.

Mögliche Auswirkungen bei zu viel Spiel: Floaterkonstruktionen sollen den Verzug von Bremsscheiben bei extremer Erwärmung verhindern, können es aber nicht, wenn es überall klackert und rasselt. Abhilfe gibt es keine. Floater sind Verschleißteile und der Austausch der Bremsscheibe steht ins Haus, wenn sie auf sind.

Umgekehrt: Sind Floater verdreckt und stecken fest, sitzt die äußere Scheibe starr auf dem Träger. Dann stecke einen passenden Gegenstand in die Hohlniete, sprühe den Spalt gleichzeitig mit Rost- und Schmutzlöser ein und kippel und drehe den Floater frei.

Scheibe säubern nicht vergessen. Auch später noch mal nachschauen, für den Fall, dass die Fliehkraft verbliebene Reinigungsflüssigkeit rausgepresst hat.

Anlagefläche checken

Jede Bremsscheibe muss an ihrer Kontaktfläche zum Rad komplett plan aufliegen, weshalb Druckstellen zu vermeiden sind und bei allen Arbeiten an der Bremse die Anlageflächen auf Rad- und Bremsscheibenseite penibel sauber gehalten werden müssen. Verbleiben bspw. Reste von Schraubsicherungskleber oder Schmutz auf der Oberfläche, reicht es, dass die Scheibe nicht mehr plan auf dem Rad liegt. Mögliche Folgen sind erhöhter Seitenschlag, Lenkerflattern und Rubbeleffekte. In jedem Fall muss dann die Bremse überprüft werden.

Hinweise zum Bremsscheibenwechsel

Hinweis: Im Folgenden findest du allgemein gehaltene Hinweise und Tipps zum Bremsscheibenwechsel, aber keine vollständigen Handlungsanweisungen. Das liefert dein spezifisches Reparaturhandbuch.

Vor dem Kauf einer Bremsscheibe beachte:

- Originalscheiben sind oft teurer als After-Market-Ersatz.
- Online-Müll ist Online-Müll und besteht aus minderwertigem Material, das schnell verzieht.
- Eine Nachrüst-Bremsscheibe *muss* eine ABE haben *und* für dein Bike freigegeben sein.
- Mit der Scheibe gehören die Bremsbeläge ausgetauscht, weil sie bereits dem Verschleißbild der alten Scheibe angepasst sind und mit der neuen nicht effektiv zusammenarbeiten würden.
- Bei Doppelscheibensystemen sollten beide Scheiben ausgetauscht werden, selbst wenn nur eine defekt ist.
- Sind Halteschraubenköpfe rund und/oder das Gewinde nicht mehr zu reinigen, verwende neue Schrauben (gleichwertige!).

Stimmen die Voraussetzungen, baue zunächst das Rad aus (siehe ab Seite 123 und löse die Halteschrauben der Bremsscheibe über Kreuz.

Sitzen sie fest, halte dich an die Demontagetipps ab Seite 19, setze jedoch *keinen* Schlagschrauber ein. Die Schraubgewinde sind relativ klein und die starken Drehkräfte können die Schrauben reißen lassen.

Entferne Bremsscheibe und ABS-Ring von der Radnabe und sortiere angegriffene, angegnaddelte, stark verdreckte und angerostete Halteschrauben aus.

Säubere ABS-Ring sowie Sensorspitze, die noch am Mopped hängt. Reinige ferner die Anlageflächen auf Rad- und Bremsscheibenseite sorgfältig. Es dürfen sich beim späteren Einbau der neuen Scheibe keinerlei Lackreste, Dreck, Loctitekrümel oder andere Verschmutzungen auf der Fläche zwischen Scheibe und Rad befinden.

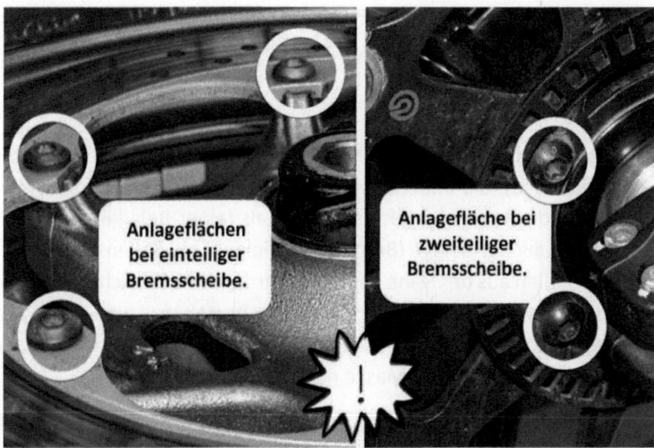

Auch wenn nur Materialnasen als Kontaktflächen zwischen Rad und Bremsscheibe dienen, müssen sie plan sein.

Säubere die Halteschrauben mit einer Messingbürste und die Schraublöcher mit einem genau passenden Gewindeschneider, um Reste der alten Gewindesicherungsflüssigkeit zu entfernen.

Setze die neue Bremsscheibe auf und achte dabei auf die Laufrichtung. Muss eine eingehalten werden, verfügt die Scheibe über einen Pfeil in Rotationsrichtung.

Drehe die Befestigungsschrauben ein. Oft werden Schrauben mit blauer oder grüner Schraubsicherung auf dem Gewinde beim Kauf einer Scheibe mitgeliefert. Falls nicht, sichere die Verbindungen mit einem Tropfen mittelfester Schraubsicherung. Achte aber auf Menge und Auftragsstelle, so dass beim Anziehen der Schrauben keine überschüssige Sicherungsflüssigkeit zwischen Bremsscheibe und Auflagefläche gepresst wird. Andernfalls kann es zum Rubbeln beim Bremsen kommen sowie mit der Zeit zum Verzug der neuen Scheibe. Angezogen werden die Schrauben über Kreuz mit dem vorgeschriebenen Drehmoment (Handbuch konsultieren!).

Bei Doppelscheibensystemen wiederhole alle Schritte auf der anderen Seite. Achte darauf, dass ein vorhandenes Bremsscheibenträger-Lochbild fluchtet, sich also auf beiden Seiten entspricht.

Nehme die alte Bremsscheibe, führe sie zwischen die Bremsbeläge und hebele die Kolben auseinander. Die neue Scheibe wird ein wenig breiter sein als die zuvor verbaute und du erleichterst dir so das Einsetzen des Rades. Hast du in der Vergangenheit Bremsflüssigkeit nachgefüllt, achte darauf, dass beim Auseinanderdrücken der Bremsflüssigkeitsbehälter nicht überläuft oder die Maximalmarke überschritten wird.

Rückbau

Setze das Rad ein, führe die Scheibe(n) zwischen die Bremsbeläge und montiere Rad, Fender und was sonst noch für die Aktion abgebaut wurde (siehe hierzu auch ab Seite 123).

Kontrolliere abschließend den Bremsflüssigkeitsstand und drehe das Rad, um den Freilauf zu prüfen. Schleift die Bremse übermäßig stark, liegt unter Umständen ein Montagefehler vor (nicht zwingend). Möglich sind auch klemmende Bremskolben. Überprüfen!

Säubere die neue Bremsscheibe ausgiebig mit Bremsenreiniger und fahre sie die ersten 200 Kilometer gefühlvoll ein – sofern die Verkehrslage es zulässt. Sind zusätzlich die Beläge gewechselt worden, was meistens der Fall ist, beachte auch die Hinweise zum Einfahren neuer Bremsbeläge am Ende des Abschnitts zum Thema Bremsbeläge ab Seite 154.

Beachte!

Insbesondere bei einem Bremsscheibenaustausch wegen Verzugs achte beim Einbau auf die folgenden Punkte, um eine baldige Wiederholung zu vermeiden:

- Ziehen sich alle Bremskolben einwandfrei nach Betätigen der Bremse zurück und stehen sie perfekt gerade zur Scheibe? Überprüfe dies nach dem Festziehen aller Schrauben und vor der Probefahrt.
- Wiederholung: Sind alle Auflageflächen sauber, so dass die Bremsscheibe flach auf der Nabe aufliegt? Prüfe sorgfältig auf Dreck, Korrosion, Lack-, und Schraubsicherungsreste, die evtl. bei früheren Arbeiten beim Anziehen eingedrückt wurden.
- Stimmt der Reifenluftdruck? Check' vor Probefahrt.
- Ist das Vorderrad mittig eingesetzt? Achte beim Einbau auf Anzahl und Lage von Distanzstücken.
- Sind die Radlager in Ordnung? Überprüfe bei ausgebautem Rad vor Montage der neuen Scheibe.
- Stimmen die Einstellungen der Vorderradgabel? Überprüfe die Federvorspannung sowie die Dämpfung an beiden Holmen (soweit möglich).
- Ist die Gabel verzugsfrei eingebaut? Verzogene Gabeln sind weniger fein ansprechbar, achte deshalb beim Radrückbau darauf, die Gabel zu entspannen (Hinweise hierzu im Abschnitt zur Gabelentspannung auf Seite 107).

BREMSBELÄGE 

Über den Daumen gepeilt, lassen sich Bremsbeläge generell drei, praktisch vier unterschiedlichen Kategorien zuordnen, je nach Zusammensetzung.

- **Organische Beläge:** Kohlenstoffverbindungen aus Gummi, Carbon, Harz, Glas, Kevlar. Gut im Fahralltag, schlecht in der Lebensdauer.
- **Sintermetallbeläge** aus bis zu 15 metallischen Bestandteilen. Sehr gut im Fahralltag, robust, hohe Bremsleistung, gute Lebensdauer (dafür nutzt die Scheibe schneller ab).
- **Keramikbeläge:** Mischung aus organischen und anorganischen Stoffen. Langlebig, geräuschärmer als die Kollegen, aber sehr teuer.
- **Carbonbeläge:** Organische Beläge mit hohem Kohlefaseranteil. Sehr gut bei hohen Temperaturen (Rennstrecke, Passabfahrten, schwere Maschinen), weniger gut bei niedrigen Temperaturen.

Organische Beläge sind die preisgünstigsten Varianten und tun sich außer im Geldbeutel beim sanfteren Dosieren hervor, verschleißen aber auch recht schnell. Die härteren Sintermetall- sowie Carbon- und Keramik-Beläge erfreuen demgegenüber die sportlichen Naturen, weil sie temperaturbeständiger und bissiger sind und kompromissloser zur Sache gehen.

Für welchen Typ du dich dabei entscheidest, hängt von verschiedenen Faktoren ab, darunter der Maschine (leichtes oder schweres Motorrad), der Bremsscheibe, der ABS-Abstimmung und der präferierten Fahrweise. Nur, und das ist die schlechte Nachricht, kannst du in vielen Fällen leider nicht herausfinden, welche Mischung mit deinem Motorrad besonders harmoniert, wenn du sie nicht ausprobierst. Und tust du es, um den für dich idealen Belag herauszufiltern, kannst du einmal verbaute und genutzte Teile nicht mehr umtauschen. Unter Umständen musst du deshalb halt Lehrgeld einkalkulieren.

Organische Beläge

Organische Beläge bestehen aus unterschiedlichen Nichtmetallen wie Kohlefasern, Glasfasern, Kevlar und Harzen, die unter hohem Druck verpresst werden. Ihre Vorteile liegen außer im geringeren Preis (im Vergleich zu den anorganischen Kollegen) im schonenden Umgang mit den Bremsscheiben. Da sie weicher sind als die Scheiben, verschleißen sie halt eher.

Wo dann auch ein Nachteil liegt (im relativ schnellen Verschleiß). Ein weiterer ist, dass die Bremskraft im normalen Fahralltag vergleichsweise niedriger sein kann. Insbesondere bei hoher Hitzeentwicklung (Rennstrecke, Passabfahrten) und Feuchtigkeit verlieren die organischen Beläge an Bremsleistung.

Sintermetallbeläge

Sinterbeläge bestehen aus verschmolzenen Metallen wie Kupfer, Bronze und Eisen. Die Vorteile liegen in der hohen Bremsleistung, großer Temperaturbeständigkeit und einem langsameren Verschleiß im Vergleich zu organischen Bremsbelägen. Das härtere Material nutzt dafür die Bremsscheiben stärker ab, außerdem können Sinterbeläge mehr Lärm produzieren (falls dies für jemanden relevant ist) und sind generell teurer.

Keramikbeläge

Keramikbremsbeläge vereinen die Welten organischer und Sinterbeläge und bestehen aus einer Mischung aus Keramikfasern, Metallpartikeln und einigen Füllstoffen. Ihre Vorteile liegen im geringen Verschleiß und damit auch einer geringeren Bremsstaubproduktion, die Nachteile in höheren Fertigungskosten und einer schlechteren Bremsleistung bei extremer Belastung.

Carbonbeläge

Carbonbeläge verzichten wie übliche organische Beläge auf Metalle, setzen aber in erster Linie auf Kohlefasern. Ihre Vorteile liegen in einer sehr guten Wärmeableitung und Hitzebeständigkeit (ideal für Passabfahrten mit schweren Maschinen und Rennstrecken-Dauerbelastung). Dazu passend besitzen Carbonbeläge eine lange Lebensdauer. Die Nachteile bestehen in einer geringeren Bremsleistung bei niedrigen Temperaturen, den sehr hohen Fertigungskosten und dem feinen Bremsstaub, der schwer zu entfernen ist, hat man ihn erst einmal eine Zeit lang geduldet.

Angeboten werden Carbon-Beläge für unterschiedliche Einsatzbereiche: Für schwere Motorräder, um lange Bremsphasen erfolgreich handhaben zu können (Stichwort Passabfahrten) sowie für Rennstreckenfahrten, um Fading zu vermeiden.

Bremsstaub

Bremsstaub produzieren alle Beläge gleichermaßen, die einen mehr (organische), die anderen weniger. Was davon nicht in die Umwelt, also in die Atemluft, geht, setzt sich als feiner Belag in der näheren Umgebung der Beläge (Bremssattel, Felgen) ab. Sollen die betreffenden Stellen aus der Nähe gereinigt werde, muss folglich bedacht werden, dass gewisse Gesundheitsrisiken bestehen - wobei mit Atemwegsreizungen bei allen Produkten zu rechnen ist, ein Umstand, der die Verwendung einer Maske nahelegt.

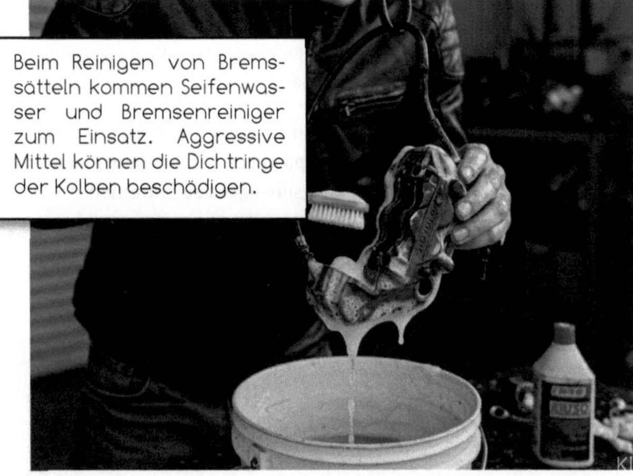

Beim Reinigen von Bremssätteln kommen Seifenwasser und Bremsenreiniger zum Einsatz. Aggressive Mittel können die Dichtringe der Kolben beschädigen.

Organische Beläge produzieren Staub, der aus den verwendeten Materialien wie Kevlar und Glasfasern besteht, bei Sinterbelägen befinden sich gar Metallpartikel darin. Keramik- und Carbonbeläge auf der anderen Seite produzieren feineren Staub aus Keramikfasern und Nichtmetallpartikeln. Dieser soll weniger gesundheitsschädlich, zumindest Carbon aber auch hartnäckiger zu entfernen sein.

Bei in die Jahre gekommenen Motorradmodellen und nachgebauten Belägen aus dem Aftermarket ist überdies Asbest als Verdachtsfall anzunehmen. Wer an älteren Motorrädern bastelt, No-Name-Beläge drin hat oder sich ein gebrauchtes Bike anschafft, sollte es im Hinterkopf behalten und zur Sicherheit einfach davon ausgehen, dass es sich um Asbestbeläge handelt.

Scheibenbremsbeläge warten

Bremsbeläge kontrolliert man regelmäßig auf Stärke des Restbelags, auch dann, wenn Rennstrecken, staubige Straßen und Passabfahrten nicht zum täglichen Fahrpensum gehören.

Hierzu musst du dich nicht einmal immer bücken, denn ein Blick auf den Bremsflüssigkeitsstand im Bremsbehälter vermittelt dir bereits einen ersten Eindruck:

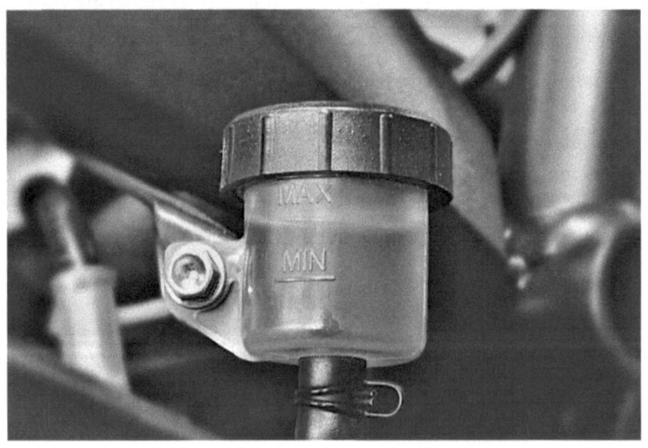

Hat sich dort nichts oder kaum etwas getan seit letztem Monat, fand aller Wahrscheinlichkeit nach auch kaum Verschleiß statt und die Beläge sind nicht oder nicht viel dünner geworden.

Kurz zum Hintergrund: Je stärker ein Belag abgefahren ist, desto länger ragen die Bremskolben aus dem Bremssattel heraus. Diese Strecke wird in den Hohlkanälen des Bremssattels mit Bremsflüssigkeit gefüllt, die dem Pegel im Vorratsbehälter dann fehlt. Der Stand der Bremsflüssigkeit spiegelt folglich die Belagstärke der Bremsbeläge (wenn nicht zwischendurch Bremsflüssigkeit aufgefüllt wurde). Werden sie dünner, sinkt der Stand, werden sie erneuert, erreicht er wieder seine alte Marke.

Dies bedeutet auch: Geht alles seinen normalen Gang, besteht im Prinzip keine Veranlassung, den Vorratsbehälter aus einem anderen Grund außer dem Wechsel der Bremsflüssigkeit zu öffnen.

Wird das Verhältnis schief, nähert sich also die Flüssigkeit der Minimalmarke, obwohl die Beläge kaum abgefahren sind, ist Gefahr im Verzug, weil die Bremsflüssigkeit irgendwo im System entweicht.

Ausnahme: Hat deine Bremsflüssigkeit bereits sehr viel Wasser gezogen, kann dessen Menge die Messung verfälschen. Allerdings sollte sich dann deine Bremse auch schwammig und weich anfühlen und einen klaren Druckpunkt vermissen lassen!

Verschleißanzeige

Die Bremsbeläge verfügen über Querrillen in der Belagsoberfläche, die als Verschleißanzeiger dienen *können* (nicht müssen), oft aber leider nur dann gut sichtbar sind, wenn man sich die Nase am Rad wundscheuert oder die Teile zur Überprüfung ausbaut.

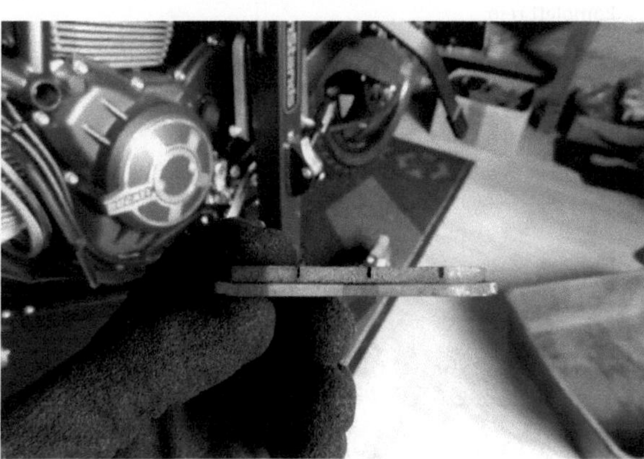

Lobenswert sind Bremssättel, bei denen sich Kunststoffkappen zur Überprüfung abgnubbeln lassen oder die man direkt von oben inspizieren kann – die Regel ist es jedoch leider nicht. Aber so oder so: Kannst du einen Blick erhaschen, darf kein Belag weniger als 2 Millimeter aufweisen. Das ist die geltende Verschleißgrenze.

Auf Oberflächenschäden checken

Weitere wichtige Belageigenschaften werden sichtbar, wenn die Teile ausgebaut vorliegen:

Laufspuren (Riefen, Rillen): Ist ein Belag gleichmäßig abgeschliffen (auch mit Riefen), befindet er sich in gutem Zustand. Fallen einzelne Riefen jedoch extrem aus dem Muster der anderen, checke, ob die Bremsscheibe ebenfalls auffällig ist. Tiefe Rillen ab ca. 0,3 mm legen einen Austausch und eine gründliche Prüfung nahe.

Ungleicher Verschleiß: Ist der Belag einer Seite dicker als jener der anderen, klemmt möglicherweise der Bremssattel einer Schwimmsattelbremse oder ein Bremskolben arbeitet nicht mit, weil er festsitzt. Wirst du hier nicht zügig aktiv (säubern und freigängig machen), stehen über kurz oder lang Folgekosten wie der Austausch der Bremsscheibe ins Haus.

Ist der Verschleißanzeiger eines Belags auf einer Seite tiefer, wird er schief angedrückt, evtl. weil ein Bremskolben schlechter arbeitet als der Kollege nebenan. Achte deshalb darauf, ob beide Beläge gleich abgenutzt sind.

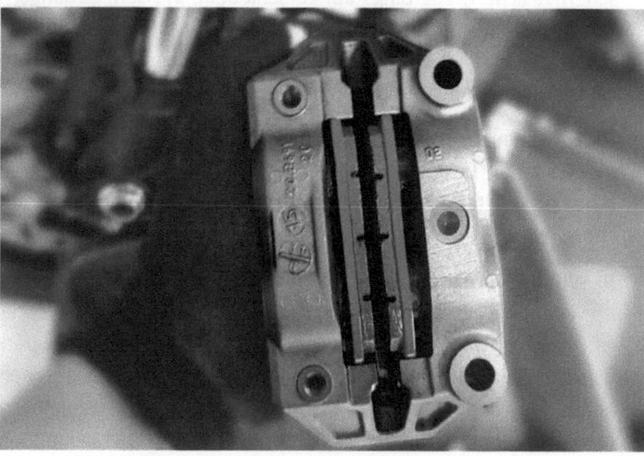

Extremverschleiß: Sind auf der Bremsbelagseite zwei dunkle Punkte zu erkennen und/oder glänzendes Metall, hast du zu spät vorbeigeschaut. Das war es für den jeweiligen Belag (und sehr wahrscheinlich für die Bremsscheibe). Er ist bis auf die Hosen runter und offenbart nacktes Elend.

Verglast: Wirkt der Belag verglast, ist er es auch, entweder als Alterserscheinung oder weil er öfter heißgebremst wurde. Austauschen!

Scheibenbremsbeläge erneuern

Motorradbremsen sind unterschiedlich gebaut. Während bei einigen mit wenigen Handgriffen die alten Bremsklötze durch neue ersetzbar sind, muss bei anderen die Bremszange demontiert werden. Mache dich deshalb bereits *vor* dem Ausbau mit dem Aufbau deiner Bremse vertraut; dein Reparaturhandbuch sollte die Details zur verbauten Bremse aufweisen können.

Überhaupt: Selbst, wenn zum Belagwechsel keine Komplettdemontage erforderlich ist, sollte in regelmäßigen Abständen eine (Teil-) Demontage in Erwägung gezogen werden, um die Bremse zu warten. Inspiziere sie dabei gründlich auf Undichtigkeiten und rücke ebenso der Dreckspaste aus Belagabrieb, Regenwasser, Staub und Schmutz mit Bremsenreiniger und Zahnbürste zu Leibe. Verwende aber KEIN Öl(haltiges)spray wie WD-40.

Überprüfe ebenso die Funktion der Kolbenrückstellung und säubere den ABS-Ring sowie die Sensorspitze.

Hinweise zum Vorderrad-Bremsbelagwechsel

Bewaffne dich mit deinem modellspezifischen Reparaturhandbuch und checke, wie der Wechsel an deinem Bike erfolgt. Im Nachfolgenden handelt es nur um *ein* Beispiel. Manchmal reicht es, simpel eine Sperre zu entfernen, die Beläge zu entfernen und durch neue zu ersetzen.

In anderen Fällen musst du weiter ausholen, oft beginnend mit dem Ausbau des Bremssattels. Dann breite zunächst ein altes Handtuch unterhalb des Sattels aus, damit fallende Teile liegenbleiben können, und mache Fotos des Ist-Zustands vor der Demontage und zwischendurch. (Manche Teile bestehen auf ihre Einbaulagen und dann ist es von Vorteil, zu wissen, welche genau es sind.)

Blockiere den Bremshebel mit um den Griff gewickelten Lappen, damit er nicht aus Versehen betätigt wird, die Bremskolben rausdrückt und eine Riesensauerei anrichtet. Löse dann die Bremssattelbefestigung an der Gabel.

Hebe den Sattel von der Scheibe ab und sichere ihn mit einem Spanngurt oder einen Kabelbinder, für den Fall, dass er dir beim Rumfummeln, dem Belagausbau oder beim Säubern aus den Händen rutscht.

Entnehme die Bremsbeläge. Achte dabei auf Folgendes:

A) Halterungen: Bremsklötze sind gegen Herausfallen und Verrutschen gesichert, allerdings auf verschiedene Weisen, abhängig von Typ (Schwimm- oder Festsattelbremse) und Motorradmodell. Manche Klötze sind mit *einem* Schraubbolzen gesichert, andere mit mehreren, wieder andere mit Splinten, Federn, Verschraubungen usw.

Verliere keine der Sicherungen, auch keine der Kleinteile, die zusammen mit den Belägen erneuert werden sollten, bspw. Sicherungsscheiben, Halteklammern, Bremsbelagfedern und Antiquietschbleche.

B) Whopp, verdammt, weg: Finde Antworten auf die wichtige Frage im Leben, wo die Dinge bleiben, die man hat fallen gehört, nicht aber gesehen hat, wohin. Und *wo sie rausgefallen sind.* Bremsbelagfedern bspw. neigen zu spontanem Eigenleben, fallen dann ungesehen irgendwo hin und sollten beim Einbau nicht vergessen werden, nur weil man überhaupt nicht wusste, dass sie existierten. (Jetzt bekommst du eine Vorstellung davon, wozu Handtuch und Smartphone gut sind.)

Schwimmsattelbremse zerlegt.

Reinigung

Sprühe den gesamten Komplex mit Bremsenreiniger ab, gehe groben Schmutz mit einer Zahnbürste, Spiritus oder Wasser (KEIN Ölspray) an und poliere mit fusselfreien Lappen nach. Richte den Bremsenreiniger *nicht direkt* auf Gummis und Dichtungen.

Säubere *bei Schwimmsattelbremsen* auch Gleitbolzen, Bohrungen und Manschetten mit Bremsenreiniger und fette die Gleitbolzen neu ein. Stellst du hierbei fest, dass die Gummimanschetten, in denen die Bolzen laufen, porös oder beschädigt sind, tausche sie aus. Silikonpaste hält sie länger fit, gönne ihnen bei der Bremsenüberholung also etwas.

Inspiziere die Funktionalität der Bremskolben. Sie treten im Laufe der Zeit immer weiter heraus, verbleiben dort und sind Korrosion und Schmutz ausgesetzt. Wechselst du die Beläge, musst du die Kolben anschließend zurückpressen, damit der Sattel wieder über die Bremsscheibe passt. Verpeilst du hierbei die Reinigung der Kolben, drückst du die Kruste aus Rost, Dreck und anderen Ablagerungen ins Bremskolbengehäuse und schädigst die Dichtringe, die sonst dafür sorgen, dass die Bremsflüssigkeit bleibt, wo sie hingehört: drinnen.

Zum Nachpolieren der Kolben pumpe Selbige ein wenig aus dem Gehäuse. Nicht viel, gerade genug, um einen minimal schmalen Ring glänzenden Metalls zu sehen. Anschließend reinigst du die Kolben mit Bremsenreiniger, Zahnbürste und einem weichen, fusselfreien Tuch, um Kratzer zu vermeiden. Trage ebenso etwas Bremszylinderpaste auf.

Ausgebauter Bremskolben.

Zum Drehen des Kolbens verwende eine spezielle Bremskolbenzange. (Sitzen die Kolben fest, steht ein Totalausbau an, um sorgfältiger arbeiten bzw. die Teile besser überholen und austauschen zu können. Neue Bremskolben sind als Set samt Dichtringen und spezieller Paste erhältlich.)

Achte darauf, die Gummiteile und empfindlichen Dichtungen zu schonen und nicht direkt mit Bremsenreiniger anzusprühen. Prüfe auch die Staubmanschetten im Bremskolbengehäuse, sofern einsehbar. Sie sollten weder spröde noch löchrig sein.

Einbau

Ist alles sauber, drücke die Kolben nacheinander zurück in die Bremszylinder, zunächst um die Hälfte. Checke, ob Bremsflüssigkeit entnommen werden muss, weil Überlauf droht, und drücke die Kolben komplett rein.

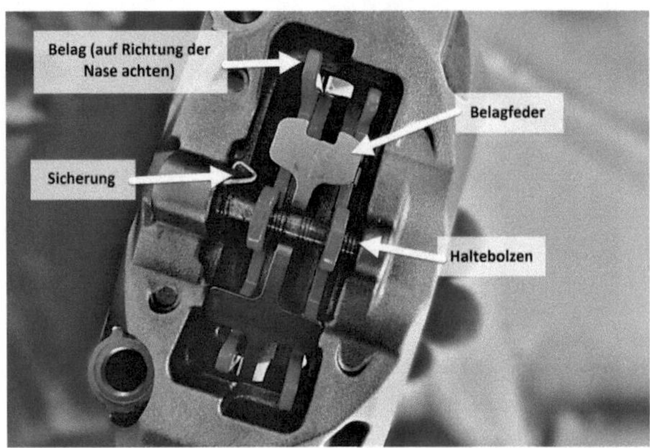

Zum Zurückpressen nutzt du eine Metall-Tischlerschraubzwinge, wenn du keinen Rücksteller hast, oft reicht aber bereits Handkraft. Es empfiehlt sich, ein dünnes Stück Plastik als Schutz zwischen Kolbenoberfläche und dem zu nutzenden Press-Werkzeug zu legen; Harleyfahrer nutzen traditionell Platinum-Kreditkarten, bei BMW-Fahrern reicht der ADAC-Ausweis.

Achte darauf, benachbarte Kolben gleichzeitig einzudrücken, damit der eine nicht den anderen rausdrückt. Vermeide ferner, zu weit rausstehende Kolben beim Zurückdrücken im Gehäuse zu verkanten oder die gleitenden Oberflächen zu zerkratzen.

Versehe die Gleitbolzen einer Schwimmsattelbremse mit Lithiumfett und *die Rückseiten* der Bremsbeläge mit hitzebeständiger Keramikpaste (weil die früher aufgetragene Kupferpaste a) leitet und b) bei asbestfreien Belägen verklumpt). Manche Anbieter legen ihren Belägen eine kleine Tube Fett bei. Falls ja, nutze es. Eingeschmiert werden können ebenso die Bereiche, an denen die Bremsklötze im Bremssattel anliegen, wie bspw. die Oberseite der Kolben und die Gleitflächen.

Lege dir alle Kleinteile zurecht (vergesse nicht die Bremsbelagfedern) und lege die Klötze mit den Innenseiten zueinander in die Bremszange. Um zu vermeiden, dass sie in der Zange hin und her kippeln, stecke am Rand ein Stück Holz oder Pappe dazwischen, so breit wie oder etwas breiter als die Bremsscheibe.

Montiere die vorher entnommenen Einzelteile zurück. Es gilt: Eingeprägte Pfeile müssen in Drehrichtung des Rads zeigen, einzudrehende Bolzen werden mit dem richtigen Drehmoment angezogen und entnommene Sicherungsclips durch Neuteile ersetzt.

Setze den Bremssattel auf die Bremsscheibe und ziehe gleichzeitig die Pappe hinaus, damit der Sattel ungehindert in die ursprüngliche Lage gleiten kann.

Ist der Sattel in Position, kann er befestigt werden. Falls vom Hersteller vorgegeben (und nur dann) gebe etwas Fett auf die Gewinde der gereinigten Schrauben der Sattelbefestigungen und ziehe sie zunächst mit 2 Nm an, damit sich der Sattel setzt. Anschließend erhalten die Schrauben das vorgesehene Drehmoment.

Bei einem System mit Doppelscheibenbremse kümmerst du dich anschließend um die andere Seite. Ist das erledigt oder hast du nur eine Scheibe, kontrolliere den Bremsflüssigkeitsstand und fülle gegebenenfalls nach oder sauge ab, je nachdem.

Achte darauf, dass die Anlegbleche, in denen die Nasen der Bremsklötze eingelegt werden (falls vorhanden), sowie das Federblech im Bremssattel sitzen. Andernfalls riskierst du, dass die Bremse blockiert!

Hinweise zum Hinterrad-Bremsbelagwechsel

Der Wechsel der Hinterradbremsbeläge verlangt meist keine Bremsendemontage, *eine* mögliche Vorgehensweise ist nachfolgend beschrieben. **Wichtig:** Konsultiere auf jeden Fall dein Reparaturhandbuch, hier folgt nur ein Illustrationsbeispiel, und dein Modell wird nur durch Zufall damit übereinstimmen. Besitzt du kein Handbuch und bist auch nicht sicher, wie du die Beschreibung für dein Bike umsetzen sollst, wende dich an eine Werkstatt!

Entferne den Sicherungssplint vom Haltebolzen und schraube oder treibe ihn mit einem Dorn aus dem Sattel. Falls Letzteres: Verwende einen dünnen Dorn und setze sanfte Schläge an – nur nicht mit Kanonen auf Spatzen schießen.

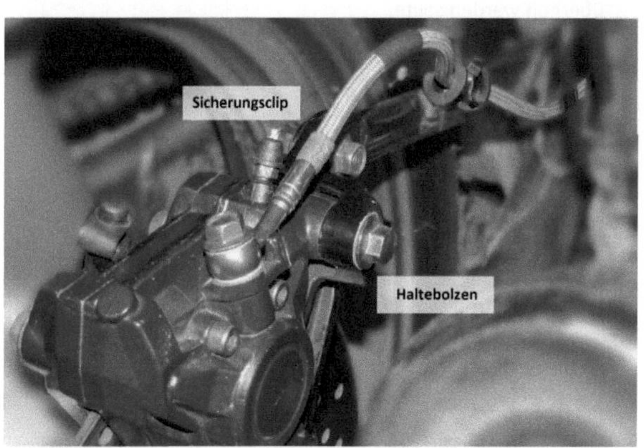

Ziehe die Bremsklötze an der Bremsscheibe entlang heraus. Achte auf Federbleche oder andere Kleinteile, die verrutschen oder herausfallen könnten!

Reinigung

Säubere den Bremssattel und inspiziere die Bremskolben. Falls notwendig, reinige sie, trage Bremszylinderpaste auf und drücke sie langsam und gleichmäßig zurück. Behalte dabei den Flüssigkeitsstand im Vorratsbehälter im Auge. Lassen sich die Kolben nur schwer bewegen, lege die alten Bremsklötze ein und hebele die Kolben mit einem Schlitzschraubendreher in die Gleitbuchsen. Sitzen sie fest, muss der Sattel überholt werden. Weitere Hinweise zur Reinigung der Bremse und Wartung der Bremskolben findest du weiter oben.

Einbau

Bestreiche die neuen Bremsklötze an allen Auflageflächen (NICHT den Bremsflächen, ganz klar!) leicht mit Keramikpaste oder hitzebeständigem Spezialfett und lege sie in den Bremssattel. Achte penibel auf die genaue Lage und darauf, dass eventuell entnommene Kleinteile wie Federbleche korrekt eingelegt sind. Drücke die Bremsklötze gegen den Federdruck rein und schiebe den Haltebolzen in die Bohrungen des Sattels und der Klötze. Er muss gut und satt sitzen!

Setze einen neuen Sicherungssplint ein. Bei einzudrehenden Bolzen konsultiere das Handbuch, ob du spezielles Fett auf die Gewinde geben musst.

Trommelbremsbeläge warten

Einen ersten Eindruck, wie es um den Verschleiß deiner Trommelbremse steht, liefert dir der Bremshebel- bzw. Bremspedalweg: Nimmt die Belagstärke ab, nimmt automatisch der Hebelweg zu und muss von dir korrigiert werden. Weißt du, wie oft du in letzter Zeit tätig werden musstest, hast du einen groben Überblick.

Stellst du den Bremspedalweg am Bremsnocken nach, weißt du darüber hinaus, was die Stunde geschlagen hat. Der Bremsnocken verfügt über einen Marker auf der Bremstrommel, der mit abnehmender Belagstärke wie eine Sonnenuhr Richtung ‚Abgewetzt' wandert.

Manche Trommelbremse verfügt ferner über ein Inspektionsguckloch, das mit einem Gummistopfen verschlossen ist. Hast du den abgepult, lässt sich ein Blick auf zumindest eine bestimmte Stelle erhaschen. **Allerdings:** Wirklich wissen, wie es um deine Trommelbremsbeläge steht, wirst du erst, wenn du das Rad ausbaust und die Bremstrommel abnimmst. Details über unterschiedlich abgenutzte, verschmutzte, gerissene oder verglaste Beläge lassen die Gucklöcher nicht zu.

Hinweise zum Klotzwechsel

Um die Bremsklötze einer Trommelbremse zu wechseln (die Mindestbelagstärke ist im Handbuch vermerkt, in der Regel 2 mm), demontiere zunächst Rad, Bremsanker sowie Bremsstange und entferne die Bremstrommelabdeckung. Sie kann einfach herausgezogen werden. (Vergiss nicht die Dummbeutel-Tipps weiter vorne und trage Handschuhe und Atemmaske. Ersteres, weil die Bremsbacken die Haut einklemmen können. Letzteres, weil du nicht weißt, ob die alten Beläge mit Asbest verarbeitet wurden, gerade bei Oldtimern eine berechtigte Annahme). Davon abgesehen gilt der übliche Hinweis auf ein spezielles Reparaturhandbuch, das dir die notwendigen Details liefern muss.

Mit einem breiten Schraubendreher ziehst du die Bremsklötze von den Nocken ab; halte dabei die Backen mit der Hand.

Hänge die Federn aus, die die Bremsklötze in der Ruheposition halten, reinige sie und tausche verrostete oder gelängte aus (Maximallänge ist im Handbuch vermerkt).

Teste die Bremswelle auf Gängigkeit. Dreht sie sich schwer, baue den Bremshebel ab, drücke die Welle durch, reinige sie und fette sie mit Keramikpaste. Markiere unbedingt vor dem Ausbau die aktuelle Stellung des Bremshebels auf der Welle mittels Körnerschlag.

Inspiziere die Bremstrommel auf Schäden und reinige sie sowie die Bremsträgerplatte mit Bremsenreiniger. Rostansätze und glasige Abriebflächen reinige mit feinem Schmirgelpapier. Ist die Trommel zerfurcht oder anders verschlissen, kann sie mit Glück ausgedreht

werden. Oft bleibt jedoch nur der Kauf einer neuen Radnabe (bei Speichenrädern) oder einer neuen Felge.

Schmiere die neuen Bremsklötze an den Kontaktflächen dünn mit Keramikpaste ein (aber NICHT auf den Bremsflächen) und verbinde die neuen Bremsklötze mit den Federn. Halte sie leicht abgeschrägt unter Zug (wie ein ‚V') und setze sie an den Nocken und feststehenden Zapfen an. Drücke die äußeren Kanten herunter und lasse sie einschnappen. Verfügten die alten Klötze über Hitzebleche, müssen diese exakt wie vorher an den neuen Belägen montiert werden.

Überprüfe Federn und Backen auf richtigen Sitz und setze die Bremsträgerplatte in die Trommel. Montiere Bremsanker und Bremsstange, montiere das Rad ein, spanne die Kette, ziehe alle Schraubverbindungen mit den vorgegebenen Drehmomenten an und setze eventuelle Sicherungssplinte ein bzw. ersetze Einmalsplinte.

Stelle für das Bremspedal über die Einstellmutter am Ende der Bremsstange einen Leerweg zwischen 5 und 10 mm ein (konsultiere das Handbuch für den exakten Wert!). Arbeite sorgsam: Stimmt das Spiel nicht, kann die Bremse zu spät ansprechen oder blockieren. Drehe das Rad mit der Hand mehrmals durch. Es muss frei und ohne Schleifgeräusche der Bremse laufen.

Bremsbelag-No-Gos

Nicht puzzeln: Bremsklötze werden prinzipiell nie einzeln ausgetauscht, sondern immer in Sets, also als Paar pro Bremssattel und als Doppelpaar pro Rad (wenn zwei Scheibenbremsen verbaut sind). Auch wenn ein Sattel mit mehreren Bremskolben mit je einem Einzelbelag pro Bremskolben daherkommt, müssen alle gleichzeitig ausgewechselt werden.

Nicht geizig werden: Verbaue keine unterschiedlich alten bzw. unterschiedlich abgenutzten Beläge, um neue für später aufbewahren zu können (weil das Geld ja nicht auf Bäumen wächst). Ebenso müssen beide Beläge eines Paars oder Doppelpaars vom gleichen Hersteller und gleicher Art (organisch, Sinter) sein.

Nicht luschig werden: Auch wenn Bremsbeläge ohne Zubehör verkauft werden, ist das kein Grund, ausgebaute Kleinteile wie Lochscheiben oder Bleche nicht wieder mit einzubauen. Säubere die Teile und setze sie in alter Position ein, defekte und/oder verschlissene werden natürlich ausgetauscht. Kannst du dich nicht mehr an die Anbaulage erinnern, greife auf Fotos zurück. Haste keine gemacht, können Ersatzteilkataloge im Internet Auskunft geben. So dienen Scheiben oder Bleche bspw. der Wärmeabgabe und schirmen die Beläge vom Rest des Bremssystems ab.

Nicht unvorsichtig werden: Öl oder Ölsprays wie WD-40 haben bei Reinigungsarbeiten an der Bremse nichts verloren. Selbst geringe Spuren mineralölhaltiger Reinigungsmittel (dazu gehören auch Rostlöser) bringen Dichtungen zum Aufquellen und zerstören sie. Erlaubt sind einzig Wasser, Spiritus und Bremsenreiniger.

Nicht uninteressiert werden: Werfe alte Bremsbeläge nicht einfach weg, sondern inspiziere und analysiere ihr Aussehen. Sind sie einseitig abgenutzt? Dann klemmt möglicherweise ein Bremskolben und/oder ein Gleitbolzen (bei Schwimmsattelbremsen). Sind Beläge gebrochen? Probiere beim nächsten Wechsel eine andere Marke. Sind Beläge verglast? Überdenke deine Fahr- und Bremsweise bzw. checke auf schleifende Bremsen.

Nicht gegen den Motor einfahren: So mancher meint, die Einfahrzeit (siehe unten) abkürzen zu können, indem die neuen Beläge einfach während der Fahrt dauernd leicht angepresst werden.

Das bringt nichts, außer dass du Gefahr läufst, die Beläge zu überhitzen – was wiederum der Scheibe schaden kann und die Beläge verglasen lässt. Je nachdem, wie krass du es treibst.

Bremsen einfahren

Fahr' nicht sofort nach dem Wechsel der Beläge los. Unter Umständen ist die Bremse zu diesem Zeitpunkt noch nicht betriebsbereit, weil die Beläge noch nicht anliegen. Überprüfe es zumindest und pumpe den Bremshebel im Stand, bis die Bremse greift (der Druckpunkt muss deutlich fühlbar sein).

Danach folgt eine aufmerksame Probefahrt und anschließend mindestens 50 Kilometer Einfahrzeit (Sinterbeläge weniger). Neue Bremsbeläge benötigen diese ersten Kilometer, um sich ‚einzubremsen' und an die Bremsscheibe anzupassen. Beginne mit Bremsmanövern mit wenig Druck und von kurzer Dauer und steigere beides konstant, wobei zwischen den Bremsaktionen genügend Zeit zum Abkühlen liegen sollte.

Bremse die ersten 200 Kilometer mit Bedacht (wenn die Verkehrslage nicht anders darüber denkt) und nach Möglichkeit lieber kurz und knackig als lange und schleifend. Bei zu hoher Anfangsbelastung besteht die Gefahr, dass organische Beläge verglasen. Nach dem Einfahren führe mehrere gewollte Vollbremsungen auf sicherer Strecke durch (mit genügend Zeit dazwischen zum Abkühlen).

Bremssattel

Jeder Bremssattel setzt sich im Laufe der Zeit mit Ablagerungen (Abrieb, Dreck, Korrosion) zu – und je intensiver eine Bremse belastet wird, beispielsweise bei Passabfahrten oder auf der Rennstrecke, desto kürzer wird der Zeitraum, nach der ein Sattel gereinigt und/oder überholt werden sollte.

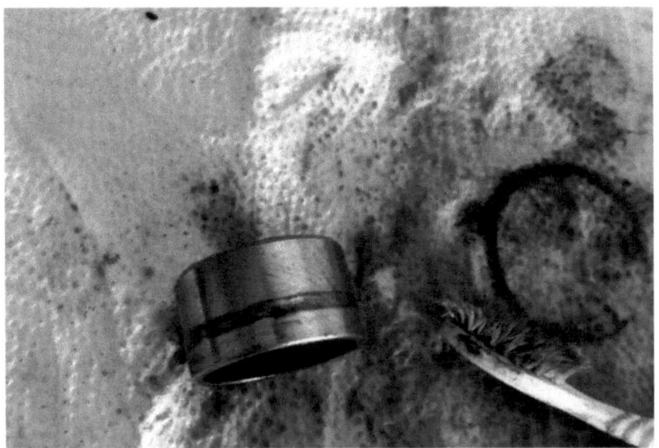

Angelaufener Kolben.

Die Ablagerungen sorgen (ebenso wie lange Standzeiten) für klemmende Bremsen durch festgebackene Bremskolben, feststellbar, indem du das entlastete Rad mit Schmackes drehst. Nach dem Einbau neuer Beläge rauscht es durch. Sind die Beläge aber erst einmal wieder an die Scheibe herangepumpt, macht sich ein gewisser Laufwiderstand bemerkbar und stoppt das ansonsten frei drehende Rad vorzeitig, weil die Kolben festsitzen oder mindestens schwergängig sind und nicht durch die Spannung in den Dichtringen in die Bohrungen zurückgezogen werden.

Bleibt die Frage: Was ist ein gewisser Widerstand? Antwort: Schubst du dein Rad kräftig Richtung Fahrrichtung und geht ihm bereits nach einer halben Umdrehung die Puste aus, liegen vermutlich die Beläge zu straff an der Bremsscheibe an und leisten zu viel Reibwiderstand.

Immerhin: Dem lässt sich vorbeugend entgegentreten, indem der Bremssattel samt Belägen und Kolben regelmäßig mit Bremsenreiniger gesäubert wird, um die schmierige Schicht aus Straßenschmutz und Belagabrieb abzuspülen. Und irgendwann der Bremssattel professionell überholt wird[10-6].

Bedenke: Ein schwer drehendes Rad kann ebenso Folge einer verzogenen Bremsscheibe oder eines Leitungsüberdrucks sein.

Hinweise zur Sattel-Restaurierung

Die Zerlegung einer Bremse sollte erfahrenen Schraubern vorbehalten bleiben. Unerfahrene setzen auf Werkstätten und verzichten auf Überholungen in Eigenregie. Denk' also noch einmal drüber nach ...

Bist du unerschrocken, mache dich *vor* dem Ausbau mit dem Aufbau deiner Bremse vertraut; dein modellspezifisches Reparaturhandbuch sollte die Details zur verbauten Bremse aufweisen können.

Lasse die Bremsflüssigkeit ab (siehe ab Seite 142) und löse alle wichtigen Schrauben, so lange das Motorrad noch sicher geerdet vor dir steht, darunter die Bremssattelbefestigung, Bremsleitungshalterungen, die Hohlschrauben und evtl. die Radachse, da sich bei einigen Bikes empfiehlt, das Rad zum Ausbau des Bremssattels zu entfernen (siehe Sektion 08 ab Seite 123).

Demontage des Bremssattels

Lege den abgebauten Bremssattel auf eine saubere Unterlage und halte Lappen bereit, um auslaufende Restflüssigkeit aus den feinen Kanälen des Bremssattels aufzufangen.

Inspiziere und reinige Sattel, Gleitmetall, Bremsbelagfedern und andere Einzelbauteile und überprüfe Dichtungen und Gummimanschetten auf Risse und andere Beschädigungen (bei Defekten austauschen).

Säubere ferner alle Halte- und Verbindungsschrauben äußerst penibel. Lassen sich Verschmutzungen nicht mehr abschrubbeln oder ist ein Gewinde angegriffen, tausche die jeweilige Schraube aus. Manche Hersteller schreiben gar prinzipiell einen Austausch bei jeder Demontage vor.

Sitzen die Kolben so fest, dass sie sich selbst mit einer speziellen Bremskolbenzange (gibt's günstig im Handel) nicht drehen und rausziehen lassen, setze einen Kompressor ans Schraubloch der Entlüfterschraube, um die Kolben mit Druckluft herauszudrücken. **Vorsicht!** So ein Kolben wird mit Schmackes austreten und dir die Woche mit einem dicken Finger versauen, wenn du deine Griffel im Sattel lässt.

Entferne die Staubdichtungen und Kolbenmanschetten mit einem dünnen Plastikspatel (sowas gibt es zum Öffnen von Handys) oder (sehr vorsichtig) mit einem kleinen Schlitzschraubendreher. Gehe aber sehr behutsam zu Werke, denn scharfkantige Gegenstände haben in den Gleitflächen der Bremskolben nichts zu suchen, ebenso wenig wie Schmirgelpapier. Achte also penibel darauf, keine Kratzer in den Gleitbuchsen oder auf den Kolben zu verursachen.

Reinige den Bremssattel und das Kolbengehäuse gründlich mit Bremsenreiniger und Zahnbürste, ebenso die Kolben selbst und die Ringnuten. Angelaufene Kolben bringst du mit Chromputzmittel wieder zum Glänzen, festsitzenden Dreck sprühst du wiederholt mit Bremsenreiniger ein und rubbelst ihn mit Zahnbürste und rauem Lappen runter.

Inspiziere die Bremskolben und deren Laufflächen im Bremssattel sorgfältig. Sie dürfen weder Riefen, Rostnarben noch andere Beschädigungen aufweisen und müssen über glatte Oberflächen verfügen. Sollten beim Reinigen Beschädigungen erkennbar werden oder sind Dreck und Rost tiefer in die Kolbenoberflächen eingedrungen, als weggewischt werden kann, müssen die Kolben ausgetauscht werden. Ist die Gleitbuchse im Bremssattel in Mitleidenschaft gezogen, wird sogar ein neuer Bremssattel fällig.

Sprühe alle Bohrungen mit Bremsenreiniger frei und puste Sattel, Bohrungen und Nuten mit Druckluft trocken. Verwende KEIN Ölspray wie WD-40 oder andere ölhaltige Mittel zur Reinigung! Erlaubt sind Wasser, Spiritus und Bremsenreiniger.

Rückbau des Bremssattels

Achte auf Sauberkeit und schmiere (die neuen!) Kolbenmanschetten und Dichtringe mit Spezialfett ein (gehört mit zum Bremsenkit), bevor sie in den Bremssattel eingebracht werden. Alternativ kannst du Bremsflüssigkeit verwenden – jedoch KEINE Silikonpaste, WD-40 oder ein anderes Multifunktionsöl.

Setze neue Dichtringe und Staubmanschetten sorgfältig in die (penibel gesäuberten) Nuten ein und drücke die mit Bremszylinderpaste eingeschmierten Kolben mit der geschlossenen Seite nach innen tief in die Gleitbuchsen (mit der Hand und ohne Gewalt). Achte darauf, dass die Dichtlippen sich nicht in sich selbst verdrehen. Trage KEINE Bremszylinderpaste auf die Köpfe oder in Ausbuchtungen der Kolben auf, um zu verhindern, dass etwas von der Substanz in die Bremsflüssigkeit migriert und die Kanäle verstopft.

Entferne überschüssiges Fett und verwende beim Zusammenschrauben einzelner Blöcke (meist Schwimmsattelbremsen) nach Herstellervorgaben Schraubsicherung und Drehmoment (2 x prüfen), eventuelle O-Ringe werden erneuert. Die Halteschrauben werden erst leicht, dann mit Drehmoment angezogen. Säubere abschließend die Bremsscheibe und umliegende Bauteile mit Bremsenreiniger, checke auf präzisen Druckpunkt und freien Radlauf, sichtprüfe auf Undichtigkeiten und überprüfe die Drehmomente.

Bremshebel 

Am Bremshebel kannst du wartungstechnisch nix Dolles machen, außer ihm ab und an ein wenig Gleitmittel an den beweglichen Stellen zu gönnen und ansonsten sauber zu halten.

Anders sieht es aus, wenn du die Sache vom Umrüst-Standpunkt aus betrachtest. Hier hat nahezu jedes Bike Luft nach oben, da Kleiderbügel am Motorrad nicht jedermanns Geschmack treffen. Soll heißen, die Hebel vieler Serienmotorräder werden oft und gerne ausgetauscht, bei Vielen aus visuellen Gründen, bei nicht Wenigen aber auch aus technischen. Der Aftermarket hält in dieser Beziehung dementsprechend viele Produkte bereit, die ein Plus an Präzision und Ergonomie ins Spiel bringen.

Das Wichtigste hierbei: Bremshebel müssen geprüft sein und benötigen eine Teiletypgenehmigung oder eine ABE (siehe auch Seite 81).

Bremshebelspiel einstellen

Unabhängig davon, ob der alte Hebel einer Axialbremspumpe (die mit dem Brotkasten-Flüssigkeitsbehälter) ab- und wieder an- oder ein Zubehörhebel neu eingebaut werden soll, überprüfe nach dem Anbau das Spiel, das der Hebel besitzen muss, bevor Druck auf die Bremspumpe ausgeübt wird.

⇒ **Sicherung lösen:** Löse die Konterung bzw. die Fixierung der Einstellschraube an der Druckstange vorsichtig (falls vorhanden).

⇒ **Nullpunkt finden:** Drehe die Einstellschraube vorsichtig hinein oder heraus, bis die Druckstange komplett spielfrei am Kolben anliegt. Du spürst hier dann einen ersten, ganz minimalen Widerstand.

⇒ **Spiel einstellen:** Drehe die Einstellschraube von hier aus ein Stückweit zurück. **Richtwert an der Druckstange:** Zwischen dem Kopf der Druckstange und dem Kolben sollte mechanisch etwa 0,5 mm bis 2,0 mm freies Spiel fühlbar sein (Handbuch checken!). **Richtwert am Hebelende:** Am äußeren Ende des Bremshebels sollte sich dadurch ein spürbarer Leerweg (bevor der eigentliche Widerstand des Kolbens einsetzt) von etwa 3 mm bis 5 mm ergeben.

⇒ **Kontern:** Besteht eine Konterung, ziehe die Fixierung bzw. Kontermutter wieder vorsichtig fest.

Hinweis: Bei einer **Radialbremspumpe** ist das mechanische Mindestspiel oft bereits konstruktiv durch Anschläge vorgegeben und die Madenschraube ab Werk mit Sicherungslack fixiert. Hier solltest du ohne triftigen Grund die Werkseinstellung nicht verändern.

Nach dem Einstellen des Spiels mache einen **Freigängigkeits-Test**, nur zur Sicherheit: Bocke das Vorderrad auf und drehe es von Hand. Betätige die Bremse mehrmals kräftig. Sobald du den Hebel loslässt, muss sich das Rad wie vorher völlig frei und ohne nennenswerten Widerstand drehen lassen.

BREMSPUMPE 

Bei Handbremszylindern unterscheidet man grob zwischen axialen und radialen Bauformen, die jeweils eine unterschiedliche Hebelmechanik und Steifigkeit aufweisen.

Bei der klassischen **Axialbremspumpe** (erkennbar am leicht klobig wirkenden, eckigen Flüssigkeitsbehälter mit Schauglas) sitzt der Bremskolben parallel zum Lenker. Die Betätigungskraft wird über einen Hebel direkt nach vorne in Richtung Fahrzeugachse auf den Kolben übertragen.

Wesentliche Eigenschaften sind der einfache Aufbau, die günstige Herstellung, die ausreichende Funktion für Alltag und Touren sowie ein etwas weich wirkender Druckpunkt.

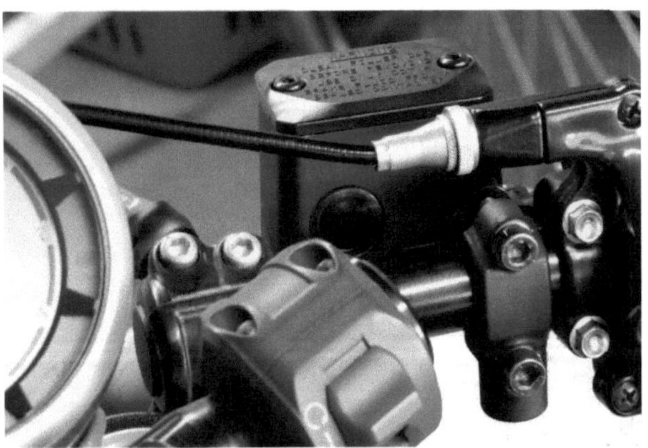

Bei der moderneren Radialbremspumpe (erkennbar am separaten, meist runden Flüssigkeitsbehälter) sitzt der Kolben senkrecht zum Lenker. Der Hebel drückt den Bremskolben radial von oben nach unten bzw. quer zur Lenkerachse. Damit wird die Kraft direkter und effizienter übertragen.

Wesentliche Eigenschaften sind hier die höhere Systemsteifigkeit, der besser dosierbare Druckpunkt, die konstantere Bremsleistung bei hoher Belastung und die oft präzisere Modulation.

Unterschiede in der Brems*leistung* bestehen hingegen nicht. Sie leitet sich im Wesentlichen von den Bremsscheiben und -belägen sowie den Bremssätteln und – last but not least –Reifen ab.

Bremspumpe inspizieren

Eine Bremspumpe muss vor allem eines: funktionieren. Und zwar richtig. Ist es nicht mehr der Fall, kann das fatale Folgen haben. Anzeichen dafür, dass genau dies vor der Tür steht und nach einer Generalüberholung oder einem Austausch der Pumpe schreit, sind:

❖ **Schleichender Druckpunktverlust:** Ziehe den Bremshebel im Stand mit konstanter, mittlerer Kraft (nicht mit Gewalt) und halte ihn für ca. 30 bis 60 Sekunden fest. Wandert der Hebel ganz langsam, fast unmerklich, immer näher zum Griff, ist die Primärmanschette ziemlich sicher undicht. Die Bremsflüssigkeit drückt sich dann an der Lippe der Manschette vorbei Richtung Hebel. Das System verliert keinen Druck nach außen (es tropft nichts), aber der Bremsdruck im Inneren kollabiert. (Zum Aufbau der Bremspumpe siehe unten ab dem Abschnitt ‚*...zur Vorgehensweise*'.)

❖ **Schwarze Wolke** (Abrieb): Schau' dir die Bremsflüssigkeit im Behälter genau an, während du den Hebel ziehst. Siehst du feine, dunkle oder schwarze Schlieren aus der Ausgleichsbohrung aufsteigen, ist das Gummiabrieb. Die Manschette reibt sich an der Zylinderwand auf – entweder durch Alterung, Korrosion im Zylinder oder weil die Bohrungen scharfe Grate haben. Wird neue Flüssigkeit schon kurz nach einem Wechsel wieder grau oder schwarz, ist auch dies ein Hinweis darauf, dass sich die Manschette auflöst.

❖ **Feuchtigkeit an der Sekundärmanschette**: Die Sekundärmanschette dichtet das System nach außen hin ab. Zur Überprüfung schiebe die Staubschutzmanschette außen am Gehäuse am Kolbeneingang vorsichtig beiseite. Wenn es dahinter feucht oder ölig ist, ist die Sekundärmanschette defekt. In diesem Fall tritt Bremsflüssigkeit aus dem Gehäuse aus – nicht ungefährlich für die Bremsleistung und den Zustand des umgebenden Lackes.

Tritt nur eines der obigen Anzeichen auf, solltest du deine Bremspumpe überholen oder austauschen:

- Überholen kann ausreichen, wenn der Bremszylinder unversehrt ist, das heißt, er muss innen spiegelglatt sein. Hat er Riefen oder Lochfraß (Korrosion), nützen neue Einzelkomponenten nichts – sie wären sofort wieder kaputt. Besorge dir zur Restaurierung ein passendes Reparaturset (bspw. bei eBay). Es enthält meist die Manschetten, den Bremskolben und die Feder, vereinzelt auch Seegering, Kupferringe, Hohlschraube und Muttern.

- Wenn die Pumpe schon sehr alt ist oder das Gehäuse innen Korrosionsspuren zeigt, tausche die komplette Bremspumpe aus. Dies ist dann die sicherere Wahl,

Hinweise ...

... zur Bremspumpenwartung

Gleich vorweg: Die Wartung der Bremspumpe erfordert handwerkliches Geschick und Erfahrung und sollte Werkstätten vorbehalten bleiben. Willst du es trotzdem versuchen, halte dich zumindest eng an dein modellspezifische Reparaturhandbuch und die bekannten Sicherheitsvorkehrungen (siehe auch Seite 141).

Achte auf einen penibel sauberen Arbeitsplatz und darauf, dass alle abdichtenden Komponenten wie die Manschetten nur mit Bremsflüssigkeit in Berührung kommen. Herkömmliche Reinigungsmittel, auch Bremsenreiniger, lassen sie aufquellen, wodurch im Betrieb die Bohrungen verdeckt werden und die bei Hitze ausdehnende Bremsflüssigkeit nicht mehr in den Ausgleichsbehälter entweichen kann. In der Folge drückt sie die Bremskolben an die Scheibe. Die Bremse wird heiß, die Flüssigkeit dehnt sich noch weiter aus – bis das Vorderrad während der Fahrt blockiert.

... zur Vorgehensweise

Fuß- und Handbremspumpe sind zwar an unterschiedlichen Stellen im Motorrad integriert, vom Prinzip her aber ähnlich aufgebaut, so dass an dieser Stelle nur die Handbremse (axial) die Grundlage zur Illustration bildet. Die Übertragung sollte leichtfallen ...

⇒ Leere das Bremssystem, achte aber bei den späteren Arbeiten darauf, dass Reste der Bremsflüssigkeit jederzeit auslaufen können (siehe auch Seite 143).

⇒ Löse den Leitungsanschluss (Hohlschraube), entferne den Bremshebel, die Bremslichtkabel und den Bremslichtschalter und nehme die Bremsarmatur vom Lenker ab. Spätestens ab hier kommt dann dein spezifisches Reparaturhandbuch zum Zuge, das die nächsten Schritte abdecken sollte:

⇒ Halte die Armatur in einer Hand und ziehe vorsichtig den Staubbalg, der den Bremskolben außen umgibt, aus dem Gehäuse.

⇒ Baue mit einer Innen-Seegerringzange den meist tief liegenden Seegerring aus (beim Zusammenbau erneuern). Drücke hierbei gefühlvoll mit dem Daumen den Kolben gegen die anliegende Innenfeder. Danach kannst du Kolben und Feder sowie eventuelle Scheiben entnehmen. Merke dir die Reihenfolge!

⇒ Lege alle Teile in der gleichen Reihenfolge ab, in der sie verbaut sind und mache ein Foto der Sammlung.

Lege alle Teile in der gleichen Reihenfolge ab, in der sie verbaut sind und mache ein Foto der Sammlung. Es sollten im Wesentlichen die folgenden sein: Hauptbremszylinder mit Flüssigkeitsbehälter, Prallblech (Axialpumpe) und Membran. Ferner die Feder aus dem Kolbengehäuse, der Kolben selbst mit seinen Gummimanschetten sowie diverse Kleinteile auf dem Weg vom Kolben zum Hebel.

Die Membrane

Die Membrane übt verschiedene Funktionen aus:

Volumenausgleich: Wenn sich Bremsbeläge abnutzen, rücken die Bremskolben weiter nach außen. Dadurch sinkt der Flüssigkeitsstand im Behälter. Die Membran dehnt sich nach unten aus (sie ‚faltet' sich quasi auf), um den frei werdenden Raum auszufüllen.

Feuchtigkeitsbarriere: Bremsflüssigkeit zieht bekannterweise Wasser an. Um dem einen gewissen Riegel vorzuschieben, versiegelt die Membran die Flüssigkeit luftdicht gegenüber der Außenwelt.

Dichtung: Die Membran sorgt dafür, dass beim Bremsen oder bei Schräglage keine Flüssigkeit unter dem Deckel heraustritt.

Worauf du achten solltest

Achte darauf, dass die Membran sauber und trocken abgelegt wird und auch bleibt. Bevor du sie wieder einsetzt, solltest du sie vorsichtig in ihre flache Ursprungsform zurückdrücken, falls sie sich durch einen niedrigen Flüssigkeitsstand nach unten ausgebeult hat.

Checke das Teil auf:

- **Rissbildung und Porosität:** Wenn du die Membran gegen das Licht hältst und sie leicht biegst, dürfen keine feinen Risse (ähnlich wie bei alten Reifen) zu sehen sein. Unter Umständen musst du hierfür auch die Falze (Knickstellen) auseinander ziehen.
- **Aufquellen oder Verformung:** Wenn die Membran ‚labberig' wirkt oder deutlich größer erscheint, als sie eigentlich sein sollte, ist sie oft aufgequollen. Das passiert meist, wenn sie zu alt ist, die falsche Bremsflüssigkeit verwendet wurde oder unangebrachte Reinigungsmittel (wie Bremsenreiniger) direkt auf das Gummi gelangt sind.
- **‚Schwitzen' am Behälterdeckel:** Wenn du am Außenrand des Ausgleichsbehälters einen feuchten Film bemerkst, dichtet die Membran nicht mehr sauber ab.
- **Verfärbungen und Ablagerungen:** Eine gesunde Membran ist tiefschwarz und geschmeidig. Wenn sie gräulich-weißliche Beläge aufweist, die sich nicht leicht abwischen lassen, oder wenn das Gummi klebrig wird, hat sich die Materialstruktur verändert.

Das Prallblech

Das Prall- oder Spritzschutzblech ist das kleine Metallplättchen am Boden eines Axial-Bremsflüssigkeitsbehälters. Seine Aufgaben sind:

1. Spritzschutz beim Betätigen der Bremse: Ziehst du den Bremshebel und lässt ihn wieder los, entsteht eine kurze Rückströmung der

Flüssigkeit durch die sogenannte Ausgleichsbohrung (dies ist das kleinere der beiden Löcher am Boden). Ohne dieses Blech würde die Bremsflüssigkeit wie eine kleine Fontäne nach oben schießen – eine üble Geschichte beim Entlüften ...

Außerdem verhindert das Blech, dass der harte Strahl der zurückströmenden Flüssigkeit direkt gegen die Membran prallt, was diese auf Dauer beschädigen könnte.

2. Vermeidung von Luftblasen (Beruhigung der Flüssigkeit): Durch die Erschütterungen während der Fahrt und die Rückströmung beim Bremsen kann die Flüssigkeit im Behälter in Wallung geraten. Das Blech wirkt beruhigend und sorgt dafür, dass keine Luftblasen in das System gesaugt werden – was zu einem ‚schwammigen' Bremspunkt oder gar Bremsversagen führen könnte.

Hinweis: Solltest du das Blech beim Reinigen entfernt haben, achte darauf, es wieder in der richtigen Position einzusetzen. Es wird meist nur eingeklemmt oder durch eine kleine Lasche gehalten. Wenn es lose im Behälter herumschwimmt, kann es die Ausgleichsbohrung verstopfen oder die Funktion der Bremse beeinträchtigen.

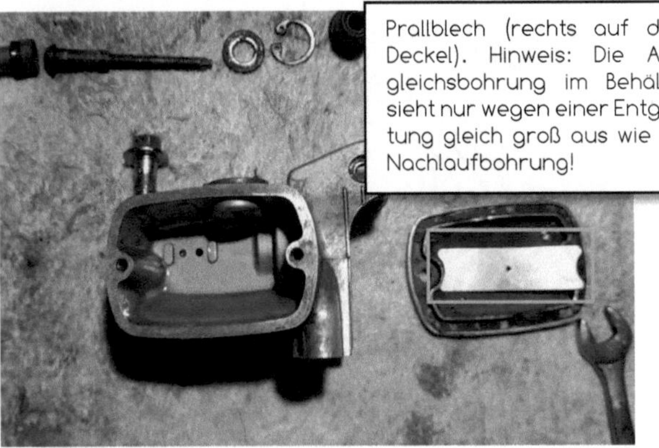

Prallblech (rechts auf dem Deckel). Hinweis: Die Ausgleichsbohrung im Behälter sieht nur wegen einer Entgratung gleich groß aus wie die Nachlaufbohrung!

Die Bohrungen

Im Bremsflüssigkeitsbehälter einer axialen Bremspumpe befinden sich zwei Bohrungen (siehe oben links im Bild):

- **Die Nachlaufbohrung (groß):** Das Nachfüllloch speist permanent den Raum zwischen den beiden Manschetten des Bremskolbens mit Bremsflüssigkeit, die von dort aus in die Leitung migrieren kann. Es liegt zwischen der inneren Manschette des Bremskolbens (Primärmanschette) und der äußeren Manschette, die nach außen abdichtet (auf der Hebelseite).
- **Die Ausgleichsbohrung (winzig):** Diese Bohrung (auch Schnüffelbohrung genannt) liegt unmittelbar vor der Lippe der Primärmanschette in Richtung Druckaufbau/Bremsleitung. Sobald du den Bremshebel nur minimal betätigst, fährt die Manschette über das winzige Loch und dichtet das System ab, damit Druck aufgebaut werden kann. Achte darauf, dass dieses sehr(!) winzige Loch im Ruhemodus stets frei ist.

Zum Test auf Durchfluss kannst du einen einzelnen Draht einer Messingbürste oder ein ähnlich weiches Material vorsichtig von oben durch die kleine Ausgleichsbohrung führen. Stößt der Draht auf Metall, ist der Kolben physikalisch im Weg, spürst du einen ‚gummiartigen' Widerstand, ist die Manschette auf dem Kolben falsch aufgesetzt, der Hebel ist falsch eingestellt oder die Manschette gequollen. Falls nur die Lage falsch ist, achte darauf, beim Test nicht in das Gummi zu stechen!

So oder so: Wenn die Primärmanschette das Ausgleichsloch in Ruhestellung nicht komplett freigibt, kann die Bremsflüssigkeit bei Erwärmung nicht in den Behälter expandieren – die Bremse schleift dann permanent oder ‚macht zu', das heißt, sie blockiert!

Inspiziere bei der Gelegenheit den Boden des Bremsflüssigkeitsbehälters. Sind am winzigen Ausgleichsloch Ablagerungen durch Verschmutzungen zu sehen, ist das oft ein Zeichen für Schlammbildung durch zu alte Bremsflüssigkeit oder für kristallisierte Bremsflüssigkeit.

Exkurs: Ausgleichsbohrung säubern

Das Reinigen der winzigen Ausgleichsbohrung ist nicht ohne, da Millimeterarbeit. Bei einem Durchmesser von ca. 0,3 mm bis 0,5 mm ist es kritisch, das richtige Werkzeug dafür zu finden. Verwende hierfür auf keinen Fall harten Metalle, sie hinterlassen am unteren Ende der Bohrung scharfe Grate, die die Primärmanschette ruinieren würden.

Nehme stattdessen wie zuvor zum Testen die einzelne Borste einer Messingbürste oder eine einzelne Litze aus einem Kupferkabel. Kupfer und Messing sind weicher als der Stahl oder das Aluminium des Zylinders und beschädigen die Bohrungskanten nicht. Achte ferner darauf, dass der Kolben ausgebaut ist, damit du nicht aus Versehen die Manschette triffst.

Alternativ verwende Druckluft (wenn die Pumpe demontiert und flüssigkeitsfrei ist) oder ausnahmsweise geeigneten Bremsenreiniger, um hartnäckige Verharzungen aufzuweichen und aufzulösen. Säubere die Oberflächen danach aber mit Bremsflüssigkeit. Ideal zur Reinigung ist ein Ultraschallbad, dass die die Kanäle porentief reinigt.

Bremskolben, Laufgehäuse und Behälter 

Der Bremskolben baut mit Hilfe der rundum laufenden Primärmanschette den Bremsdruck auf. Die äußere Manschette auf der gegenüberliegenden Seite dichtet hingegen das System ‚nur' nach außen Richtung Hebel ab.

Die Größe des Kolben ist ein unveränderliches Konstruktionsmerkmal eines Motorrads. Soll eine größere oder kleinere Pumpe verbaut werden, muss diese abgenommen werden. Andernfalls erlischt die Betriebserlaubnis.

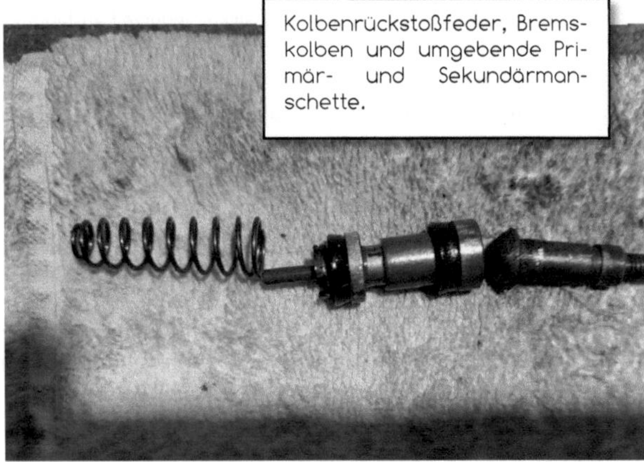

Kolbenrückstoßfeder, Bremskolben und umgebende Primär- und Sekundärmanschette.

Bei einem Ausbau untersuche die Manschetten um den Kolben herum auf Beschädigungen wie Risse, poröse Stellen oder aufgedunsenes Material. Im Zweifelsfall austauschen! Dies gilt auch, wenn du das Gefühl hast, dass sie ‚lapperig' am Kolben anliegen.

Bremskolben und Laufgehäuse dürfen ebenfalls keine Beschädigungen aufweisen. (Du kannst versuchen, angelaufene Stellen und festsitzenden Dreck mit Zahnbürste und Bremsenreiniger zu entfernen (verwende KEIN Schmirgelpapier), aber Riefen, Kratzer, Rost und eine wegen Unzugänglichkeit nicht mögliche Reinigung sind Befehle zum Neukauf.) Muss der Kolben ersetzt werden, gilt dies auch für die Manschetten und den Rest.

Checke die Kolbenrückstoßfeder. Ist sie gebrochen oder zu schwach, arbeitet sie nicht richtig und der Kolben bleibt verfrüht stecken (= versperrtes Schnüffelloch).

Typische Wartungsfehler

- **Falsche Reinigung:** Die Manschetten quellen auf, wenn sie mit WD-40, Bremsenreiniger oder anderen Mitteln ‚gereinigt' werden. Dann fährt der Kolben der Bremspumpe in Ruheposition nicht ausreichend zurück und die Schnüffelbohrung bleibt verschlossen. Verwende deshalb *nur* frische Bremsflüssigkeit, spezielle Bremszylinderpaste oder Red Rubber Grease, ein Fett, das bei Systemen mit EPDM-Dichtungen häufig verwendet (in Motorradbremssystemen sind EPDM-Gummidichtungen weit verbreitet).
- **Falsches Hebelspiel:** Wird ein neuer Zubehör- oder der alte, demontierte Originalhebel verkehrt eingestellt und sitzt die Einstellschraube deshalb zu stramm, drückt der Hebel den Kolben bereits im ‚unbetätigten' Zustand ein Stück weit rein. Da die Lippe der Primärmanschette im Normalfall nur Millimeterbruchteile vom Schnüffelloch entfernt sitzt, reicht dies bereit, die Bohrung zu verschließen.
- **Korrosion/Ablagerungen:** Kristallisierte Bremsflüssigkeit oder Schmutz direkt vor der winzigen Ausgleichsbohrung werden schnell übersehen und verhindern den Rückfluss.

Hinweise zum Rückbau

Für den Rückbau nach Reinigung bzw. Austausch der Bremspumpe schmiere zunächst etwas Bremsflüssigkeit auf Kolben und Dichtungen und spüle den Behälter gründlich mit frischer Bremsflüssigkeit aus.

Müssen die Manschetten auf den Kolben gestülpt werden, benutze nach Möglichkeit etwas Bremszylinder-Paste oder frische Bremsflüssigkeit – aber, wie bereits gesagt, kein Mineralöl oder Fett, da dies die Gummis aufquellen lässt und zerstört!

Achte unbedingt auf die Richtung der Dichtlippen. Orientiere dich dabei an den alten Manschetten, wenn dir keine Daten dafür vorliegen, wie die Manschetten aufgesetzt werden. Meistens zeigen beide Dichtlippen (Primär und Sekundär) in Richtung des Druckbereichs, aber leider nicht immer!

⇒ Lege nacheinander Feder und Kolben mit montierten Manschetten in die Pumpe und drücke beides soweit hinein, dass du den Seegerring in die Nut springen lassen kannst. Achte streng darauf, dass keine Fremdstoffe ins Gehäuse eingetragen werden, dass die scharfe Kante des Seegerrings nach außen zeigt und der Ring ringsum in der Nut sitzt.

⇒ Da der Staubbalg außerhalb des geschlossenen Pumpensystems liegt, ist es gefahrlos, ihn mit etwas Silikonpaste zu verwöhnen, bevor du ihn in seine ursprüngliche Lage drückst. Das hält ihn geschmeidig.

⇒ Schraube die Bremspumpe zurück an den Lenker und ziehe die obere Schraube zuerst mit dem angegebenen Drehmoment fest.

⇒ Montiere anschließend die restlichen Bauteile wie bspw. Scheiben, weitere Federn, Bremshebel, Bremsleitung (siehe Seite 80) und Bremslichtschalter (nicht vergessen, das Kabel wieder aufzustecken).

⇒ Befülle das System mit Bremsflüssigkeit und entlüfte (siehe ab Seite 141).

⇒ Prüfe, ob der Hebel genügend Spiel hat, bevor er auf den Kolben drückt (ca. 1–2 mm am Hebelende). Ist das System sauber und sind die Manschetten intakt, sollte damit sichergestellt sein, dass Kolben und Primärmanschette das Loch freigeben.

Und zack, noch ein Satz für den Chor: *„Überprüfe die Bremsfunktion vor der ersten Ausfahrt, gehe sämtliche Schritte im Geiste durch und kontrolliere alle Schrauben und Muttern auf festen Sitz.*

✓ **Dichtigkeit:** Drücke den Hebel mehrmals kräftig. Trockne die Anschlüsse mit einem Tuch ab und schaue nach 5 Minuten, ob sie absolut trocken bleiben.

✓ **Freigängigkeit:** Dreht sich das Vorderrad frei, wenn du den Hebel loslässt? Falls nicht, ziehe in Betracht, dass die Ausgleichsbohrung nicht offen arbeitet (siehe nächsten Abschnitt).

✓ **Lenkeinschlag:** Achte darauf, dass die Bremsleitung beim Einschlagen des Lenkers nirgends spannt oder knickt.

Spritzbild prüfen (axiale Bremspumpe)

Um zu überprüfen, ob die Ausgleichsbohrung korrekt arbeitet, beobachte die beiden Löcher, während du den Bremshebel ganz leicht und kontrolliert betätigst. Hierzu öffnest du zunächst den Deckel des Bremsflüssigkeitsbehälters und entnimmst die Membrane sowie das Prallblech.

Vorsicht: Bremsflüssigkeit greift Lack an! Decke alles gut mit Tüchern ab! Achte ferner darauf, keine Verschmutzungen in den Behälter einzutragen.

- **Die kleine Fontäne:** Im Behälter sollte beim Ziehen des Hebels eine winzige Flüssigkeitsfontäne am Ausgleichsloch (dem winzigen Loch) aufsteigen. Damit ist klar, dass die Primärmanschette in Ruhestellung hinter dem Ausgleichsloch sitzt. In dem Moment, in dem die Manschette das Loch überfährt, wird ein kleiner Teil der Flüssigkeit nach oben weggedrückt, bevor das System dicht ist und Druck aufgebaut wird. Das ist die winzige Fontäne, die du siehst.
- **Keine Fontäne:** Wenn keine Fontäne erscheint, ist das Ausgleichsloch entweder verstopft oder die Manschette steht bereits darüber (Hebel falsch eingestellt oder Kolben klemmt). Das ist gefährlich, da die Bremse festgehen kann.
- **Das Nachsaugen:** Wenn du den Hebel loslässt, solltest du eine leichte Bewegung am größeren Nachfüllloch sehen. Hier wird sichergestellt, dass der Raum hinter der Manschette immer ‚voll' ist.

Hinweis: Bei einer Radialpumpe sitzt der Ausgleichsbehälter separat und ist über einen flexiblen Schlauch mit dem Zylindergehäuse verbunden. Eine Fontäne oder andere Bewegungen suchst du hier vergebens, weil die Ausgleichsbohrung tief im Inneren des Alugehäuses der Pumpe sitzt und der Weg zu lang ist.

Dann bist du primär auf das mechanisch fühlbare Minimalspiel (0,5 bis 1 oder 2mm) direkt an der Druckstange als Check angewiesen, bevor diese den Kolben berührt. Absichern kannst du das Ganze mit einem Test auf Freigängigkeit der Bremsscheibe und auf einen schleichenden Druckpunktverlust (siehe Seite 156).

Bremspumpenwechsel 

Ein häufiger Grund für den Tausch einer Bremspumpe ist der Wunsch nach einem runden Bremsflüssigkeitsbehälter – meist ohne zunächst zu wissen, dass damit eine Änderung der originalen Pumpe verbunden ist: Die serienmäßigen Vierkanthölzer mit MZ-Charme als funktionelle Einheiten aus Axialbremspumpen und Vorratsbehälter sind nicht jedermanns Sache, die visuell ansprechenderen Behälter aber schon. Nur, leider, sind sie eben auch nur das: Vorratsbehälter für separat zu montierende Radialbremspumpen. Schnieke anzusehen, ganz klar, aber alleine völlig nutzlos.

Das eigentliche Upgrade ist somit die Radialbremspumpe an sich, mit der dank direkterer Anlenkung feinfühligere Bremsaktionen möglich werden – ein echter Mehrwert bei Nässe und in brenzligen Kurvensituationen. Die Umlenkung, die bei Axialbremspumpen Bremsgefühl raubt, fällt hier flach und den hübschen Vorratsbehälter gibt's on top.

Allerdings: Eine Bremspumpe umzurüsten, schiebst du nicht mal so eben zwischen Abendbrot und Feierabendtour ein. Die Aktion mag schnell beschrieben sein, ist aber nur zeit- und arbeitsaufwändig umsetzbar. Für unerfahrene Schrauber könnte sie sogar zum Risikofaktor werden und bei ABS-Bremssystemen ist sie nahezu ein No-Go, wenn sie komplett in Eigenregie erfolgen soll.

Hinweise:

1) Für viele Bikes gibt es modellspezifische Austauschbremspumpen, bei denen sowohl die Größe des Hauptbremszylinders als auch der Drehungswinkel der Leitungen mit den Originalmaßen übereinstimmen. Gibt es für dein Motorrad kein entsprechendes Produkt, musst du auf diese Punkte selbst achten: So verfügt der originale Bremskolben deiner Bremspumpe über einen bestimmten Durchmesser, meist 12, 14 oder 16 mm bzw. 1/2 oder 5/8 Zoll. Diese Größe sollte nicht verändert werden; geschieht es trotzdem, wird für den größeren oder kleineren Bremszylinder (für gröbere bzw. feinfühligere Ansprechbarkeit) eine Einzelabnahme fällig.

2) Ebenso kann der Drehwinkel eines Bremsleitungsanschlusses vorgeschrieben sein und besitzt die neue Bremspumpe den Anschluss an anderer Stelle als das Original, wird es notwendig, die Leitung entsprechend zu verdrehen, damit die Hohlschrauben eingedreht und der Winkel eingehalten werden können. Achte deshalb darauf, eine verdrehbare Bremsleitung zu verbauen.

Hinweise zum Bremspumpenwechsel

Stecke einen Schlauch auf die Entlüfterschraube am Bremssattel, öffne das Ventil und pumpe die Bremsflüssigkeit aus dem System. Oben sauge den Inhalt mit einer Spritze aus dem Flüssigkeitsbehälter ab (Details hierzu findest du ab Seite 143).

Löse die Hohlschraube, die den Bremsschlauch am Bremsflüssigkeitsbehälter anschließt, und hänge den Schlauch mit der Öffnung nach oben zur Seite weg. Verursache keine Bremsflüssigkeitsspritzer.

Ziehe den Stecker des Bremsschalters ab und löse die Schrauben, die die Armatur am Lenker halten. Achte auch hier darauf, keine Restflüssigkeit zu verspritzen.

Entferne die alte Bremspumpe samt Ausgleichsbehälter und schraube die neue Armatur an. Bei einem Wechsel von Axial auf Radial befestige den neuen Ausgleichsbehälter am Lenker.

Befestige die vom Bremssattel kommende Bremsleitung am Ausgleichsbehälter. Beim Umbau von axial auf radial verlege jetzt auch die Leitung vom runden Ausgleichsbehälter zur Bremspumpe. Verwende neue Hohlschrauben und Kupfer- oder Aluscheiben:

- **Kupferringe** härten mit der Zeit aus (Kaltverfestigung). Wenn sie einmal gequetscht wurden, passen sie sich kein zweites Mal perfekt an die Oberflächen an. Verwende deshalb immer neue Dichtringe.
- **Aluminium-Ringe:** Wenn deine Bremspumpe aus Aluminium ist, sind Alu-Dichtringe oft die bessere Wahl, da sie bei geringerem Drehmoment abdichten und keine elektrochemische Korrosion (wie Kupfer auf Alu) begünstigen.
- **Die Hohlschraube** (Vorsicht, zerbrechlich!): Die Hohlschraube ist – Überraschung! – innen hohl. Sie hält weniger Drehmoment aus als eine normale Schraube. Sei folglich einfühlsam. Reißt du sie ab, bleibt der Rest in der Pumpe und ist nur schwer wieder rauszubekommen.

Achte ferner beim Befestigen darauf, dass der Vorratsbehälter geradesteht sowie bei Radialbremsen höher als der Bremszylinder liegt, damit die selbsttätige Entlüftung funktionieren kann.

Fülle neue Bremsflüssigkeit ein (siehe ab Seite 143) und entlüfte die Bremse (siehe ab Seite 143).

Bremspumpen-Abstimmung prüfen

Ob eine Bremspumpe ‚gut' oder ‚schlecht' abgestimmt ist, offenbart sich logischerweise im Fahrmodus. Hier gilt der Grundsatz, dass du gute Bremsen daran erkennst, wie exakt sie sich dosieren lassen.

Punkt 1 ist hierbei der **Druckpunkt**, also der Moment, in dem die Bremsen ihr Arbeit aufnehmen (‚greifen'): Bei gut abgestimmten Bremsen ist der Druckpunkt klar definiert, der Hebelweg kurz bis mittel, aber konstant und das Gefühl für die Stärke der aufgebauten Bremskraft stimmig. Keinesfalls auftreten darf ein ‚Gummi'-Gefühl beim Ziehen des Hebels.

Bei schlecht abgestimmten Bremsen wandert hingegen der Druckpunkt oder fühlt sich schwammig an. Der Hebelweg wird länger, je stärker du bremst, und allgemein dominiert ein Gefühl von „Ich weiß nicht genau, was gleich passiert".

Punkt 2 betrifft Situationen mit **hoher Bremslast**. Hier zeigt sich der Unterschied noch gravierender: Bei gut abgestimmten Bremsen bleibt der Druckpunkt stabil und die Bremskraft dosierbar. Das Hebelgefühl verändert sich kaum. Bei schlecht abgestimmten Bremsen wird der Hebel weich oder wandert Richtung Lenker und das Gefühl von Präzision lässt nach.

Punkt 3 betrifft die **Dosierbarkeit**, dem wesentlichsten Merkmal einer guten Bremskontrolle. Bei gut abgestimmten Bremsen benötigst du nur kleine Hebelbewegungen (= fein kontrollierbare Bremswirkung) und kannst sauber zwischen leicht und stark abstufen (ideal für Kurven oder nasse Fahrbahnen). Bei schlecht abgestimmten Bremsen kommt die Bremswirkung sprunghaft und die richtige Verzögerung lässt sich nur schwer zielgenau treffen.

Punkt 4 ist die **‚Härte' des Hebels**. Gut abgestimmt, fühlt sich der Hebel fest, aber nicht hart wie ein Block an, und gibt Feedback leicht zurück. Bei schlecht abgestimmten Bremsen fühlt sich der Hebel entweder zu weich (schwammig) an oder zu hart und ohne Feedback (= unangenehm, wenig Vertrauen).

Schlussfolgerungen

Musst du eine schlecht abgestimmte Bremse diagnostizieren, versuche die Ursachen einzugrenzen:

Typische Ursachen sind meist Luft im System (häufigster Grund, siehe Seite 143), alte oder aufgequollene Gummileitungen (siehe Seite 145), minderwertige Bremsbeläge (siehe Seite 149), Verformung der Bremsscheibe (siehe Seite 147), einer falschen Hebelübersetzung und oft erst zuletzt eine zu weiche axialen Bremspumpe, die bei sportlicher Fahrweise an Präzision zu wünschen lässt.

Ist Letzteres der Fall, lässt sich mit einer guten Radialbremse ein stabilerer Druckpunkt, eine direktere Kraftübertragung, ein besseres Feedback bei starkem Bremsen und ein konstanteres Gefühl über Temperaturbereiche hinweg erreichen.

... wenn denn der Rest des Systems in Ordnung gebracht wurde ...

Sektion 11: Lager

Das Lagerleben eines Bikers besteht aus Zelten, Getränkebuden, Herstellerstände, Musikbühnen und Posen. Das nur für den Fall, dass man dir Anderes erzählt hat. Das Lagerleben eines Motorrads (mit Auswirkungen aufs Fahrverhalten) findet demgegenüber gut versteckt in Rädern, Schwinge, Lenkkopf sowie Federbein und Gabel statt. Hierbei gilt: Defekte sind zu erwarten, wenn einige Jahre im Leben eines Motorrads verstrichen sind, sie sind zu sehen, wenn du bei einer Sichtprüfung Verschleißanzeichen entdeckst, zu fühlen, wenn sich die Kiste unsicher und wackelig fährt, und nicht länger zu ignorieren, wenn der TÜV-Praktikant bei der Vorführung des Bikes gelb wird im Gesicht.

Abhilfe:

Zum Saisonbeginn schiebst du eine fixe Sichtprüfung der Lager ein. Nutze dafür die üblichen Handgriffe, die du bei Inspektionen anwendest (siehe ab Seite 47). **Alle zwei Jahre** (oder alle 24.000 Kilometer) fasst du eine nähere Inspektion ins Auge, bei der die Lager freigelegt, begutachtet und (soweit möglich) nachgeschmiert werden. **Alle fünf Jahre** (oder alle 50.000 Kilometer) steht je nach Modell ein Austausch der Lager ins Haus (Handbuch checken). Wenn eines defekt ist, auch eher. Früher tätig werden musst du auch bei einem Lager mit Einmalschmierung, bei dem die Schmierfähigkeit des eingeschlossenen Fetts erschöpft ist[11-1].

Hinweis: *Vor* einem Lagerwechsel erwärme den Lagersitz langsam mit einem Heißluftfön auf um die 80 Grad. Kalt auspressen kann (muss nicht) ein-, zwei Mal gut gehen, ruiniert aber die Sitze, ganz besonders wenn diese aus Aluminium bestehen.

Lenkkopflager

Die Lenkung besteht aus dem oberen (1) und unterem (2) Lenklager (Kugeln oder Rollen), dem Lenkkopf (3), der Teil des Rahmens ist, und dem Lenkschaftrohr (4), das fest auf der unteren Gabelbrücke (5) sitzt.

Diese Bauteile sind es, von denen sowohl der Geradeauslauf als auch die Lenkgenauigkeit und die generelle Fahrsicherheit abhängen – weshalb Lager mit zu viel oder gegenteilig zu wenig Spiel korrigiert gehören. Dies gilt so natürlich auch für defekte oder verschlissene Lager, nur dass Korrektur hier Austausch bedeutet.

Anzeichen für Lagerprobleme sind:

1. **Hakende Lenkung:** Die Lenkung muss über den gesamten Lenkweg von einer Seite zur anderen störungsfrei erfolgen und darf nirgends wegen durch Verschleiß entstandenen Rastpunkten haken (auch nicht leicht).
2. **Knacken beim Bremsen:** Ist ein Knacken beim Bremsen spür- und/oder hörbar, deutet dies auf zu viel Spiel oder ein defektes Lager hin.
3. **Fallender Fun-Level in Kurvenfahrten:** Bei *zu viel Spiel* im Lenkkopflager sind saubere Kurvenlinien kaum zu halten. Ebenfalls auf zu großes Spiel im Lenkkopflager deuten ein **instabiles Fahrverhalten** *bei niedrigen Geschwindigkeiten* sowie Lenkerschlagen und ein flatterndes Vorderrad *bei höheren Geschwindigkeiten* hin. In die gleiche Kategorie können ungleichmäßige Schwenkbewegungen der Lenkung eingeordnet werden.

- Umgekehrt löst eine zu straffe Einstellung **Pendelbewegungen** bei niedrigen wie hohen Geschwindigkeiten aus, ist ursächlich für eine schwergängige Lenkung sowie ein Kippeln des Bikes. Außerdem lassen sich Kurven nur noch ungenau ansteuern.

Nicht immer lassen *eindeut*ige Hinweise auch tatsächlich nur *eine Deut*ung zu. Unsaubere Kurvenlinien können ebenso auf falschen Luftdruck oder abgefahrenes Reifenprofil zurückzuführen sein. Auch neigen Bremsscheibenfloater sowie generell Bremsbeläge dazu, das gleichen Knacken beim Bremsen hervorzurufen wie ein defektes oder mit zu viel Spiel eingestelltes Lenkkopflager. Überprüfe nach Möglichkeit also immer auch alternative Lösungsansätze, soweit bekannt.

Lenkkopflager prüfen

Bocke die Maschine auf und lasse sie hinten runterdrücken, so dass sich das Vorderrad frei drehen lässt. Alternativ beauftrage jemand, das Bike über den Seitenständer zu hebeln.

Prüfung auf Spiel

Umfasse beide Gabelfüße mit den Händen und ziehe die Gabel abwechselnd zu dir hin und stoße sie wieder zurück. Knackt es, ist Spiel im Lenkkopflager vorhanden oder die Lager sind defekt – oder beides.

Steht keine helfende Hand zur Verfügung, presse das Vorderrad an eine Mauer und drücke den Lenker ohne Bremse mehrmals kurz und kräftig Richtung Wand. Zu hören sein darf nur das Eintauchen der Gabel. Knackt es im Lenkkopf, ist Spiel vorhanden oder das Lenkkopflager defekt. Im Zweifelsfall lege den Zeigefinger an das untere Lager und drücke das Bike dann beherzt gegen die Wand. Was du vorher nicht gehört hast, spürst du.

Prüfung auf Verschleiß

Drehe den Lenker bei freiem Vorderrad nach rechts und links, jeweils bis zum Anschlag. Die Lenkbewegungen müssen leichtgängig erfolgen, ohne dass die Gabel an irgendeiner Stelle stockt oder hakt. Widme dabei dem Bereich um die Mittelstellung herum (jeweils ca. 30 mm Weg am Lenkerende nach vorne und hinten) besondere Aufmerksamkeit.

Rastpunkte sind eindeutig zu fühlen und lassen sich gut von klemmenden Zügen oder Leitungen unterscheiden. Sie weisen das Lager ohne Zweifel als defekt aus und machen einen Austausch notwendig.

Fühlt sich der Lenkweg beim Drehen nur schwergängig an (und sind keine Kabel, Bowdenzüge oder Leitungen dafür verantwortlich), ist das Lager zu fest angezogen.

Pendeln: Neigt das Bike zum Pendeln, können die Lagersitze unrund sein und die (meist Kegel-) Lager in eine ovale Form zwingen. Abhilfe schafft dann nur eine Nachbearbeitung der Sitze und des Lenkdorns, wahlweise (aber fraglich) das Einkleben eines Untermaßlagers.

Wieso verschleißen Lenklager? Der komplette Lenkweg wird am Bike selten genutzt, meistens ist es im Geradeausmodus unterwegs und auch in Kurven wird der Lenker nur minimal eingeschlagen. Die Lager-Wälzkörper belegen deshalb bevorzugt wenige Positionen auf der Lagerschale und haben alle Zeit der Welt, sich dort einzuarbeiten. Große Lenkkopfwinkel und Gabelreckung verstärken den Effekt.

Ist das geschehen, hakt die Lenkung an diesen Stellen, kann sich nicht mehr auspendeln und macht ständige Richtungskorrekturen via Lenker erforderlich. Das Fiese daran: Der Prozess schreitet langsam voran und ist im Fahrbetrieb nicht als hakend wahrnehmbar. Man merkt ‚nur', dass das Bike aus der eingeschlagenen Richtung abwandert.

Um auf Rastpunkte zu prüfen, muss ein vorhandener Lenkungsdämpfer ausgehängt werden! (Danach wieder einhängen, denn fährst du mit ausgehängtem Dämpfer, blockiert die Lenkung. STURZGEFAHR!

Hinweise zum Freilegen & Einstellen

Um das Spiel des Lenkkopflagers korrekt einstellen zu können (korrekt heißt *spielfrei* **und** *leichtgängig*), musst du zunächst rankommen. Die Glückskekse besitzen zentrale ‚Gabelbrückenmuttern', die nur zur Einstellung dienen, alle anderen verfügen über ‚echte' Zentralmuttern, die zumindest teilgeliftet werden müssen, damit die Einstellmuttern des Lenkkopflagers zugänglich werden. Reicht es nicht, muss die Brücke komplett abgebaut werden. (Es ist dringend angeraten, dein modellspezifisches Reparaturhandbuch zur Bestimmung der zu lösenden Bauteile sowie der Drehmomente zu konsultieren.)

Aufbocken: Bocke dein Bike so auf, dass es sicher steht und sich das Vorderrad frei drehen lässt.

Lenkrohrmutter: Bei vielen (älteren) Bikes hält die dicke Zentralmutter (1) zusätzlich zu den Klemmschrauben an den Gabelholmen die obere und untere Brücken zusammen. Löse sie, solange nichts weiter demontiert ist, weil du jetzt noch den Lenkanschlag als Gegendruck nutzen kannst; entferne sie aber nicht.

In anderen Fällen dient die zentrale Mutter einzig dem Einstellen des Lagerspiels (2 im Bild oben rechts), während eine zusätzliche Klemmschraube sie vor Verstellung bewahrt (3). In dem Fall löst du nur die Klemmung und drehst die Einstellschraube (meistens mit einem Spezialwerkzeug) rein-, bzw. raus, um das Spiel zu korrigieren.

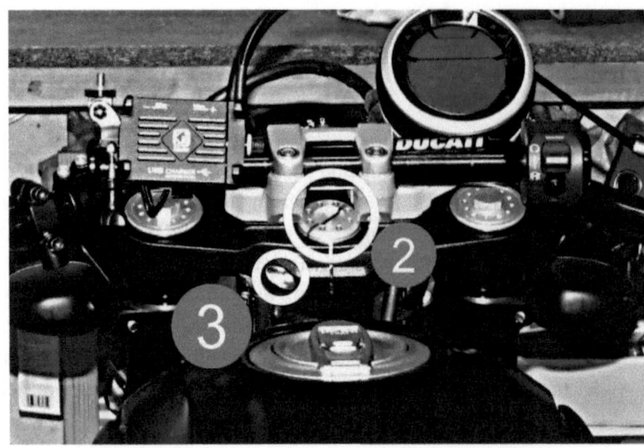

Lenker: Verdeckt der Lenker die Lenkrohrmutter oder stört er aus anderen Gründen, demontiere ihn und hänge ihn seitlich weg an einen Deckenhaken.

Lasse Gasgriff, Kupplung, Schalter, Hebel etc. am Lenker, achte aber darauf, dass der Flüssigkeitsbehälter möglichst waagerecht bleibt. Es läuft zwar nichts aus, wenn einer schräg positioniert wird, je nach Schräglage kann aber Luft in den Hydraulikkreislauf gelangen und später eine Entlüftung des Bremssystems notwendig machen.

Obere Klemmschrauben: Löse die Klemmschrauben der oberen Gabelbrücke und drehe sie zwei, drei Umdrehungen auf.

Überraschung! Bei einigen Naked Bikes sind an der oberen Gabelbrücke Halterungen für Scheinwerfer angebracht, die ebenfalls gelöst werden müssen, um die Brücke abnehmen zu können. Obendrein ist so manche Gabelbrücke mit zusätzlichen Bolzen gesichert. Zeit, im Handbuch zu blättern.

Sind alle Verbindungen gelöst, ziehe die Gabelbrücke nach oben, bis die Mutter sichtbar wird, mit dem das Lenkschaftrohr fixiert und das Lager eingestellt wird.

Reicht der Platz nicht, die Lager-Einstellmutter zu verstellen, muss die Brücke runter. Das Problem hierbei: Das Rad und die Holme setzen bei fehlender oberer Gabelbrücke die untere Brücke unter Spannung. Belasse deshalb die obere Gabelbrücke zunächst am Bike, beiße in den sauren Apfel und demontiere Rad, Gabelholme und, falls nötig, Scheinwerfer, Armaturen, Verkleidung und Kotflügel:

- Entferne ABS-Sensor, Bremssattel, Bremsschlauchhalter und hänge den Bremssattel gewichtsentlastet zur Seite. Löse NICHT die Hydraulikanschlüsse. Trenne Tachowelle oder -geber vom Rad und baue es aus (siehe Sektion 08 ab Seite 123).
- Merke dir, wie weit die Holme aus der oberen Gabelbrücke schauen und markiere die aktuelle Lage. Löse die Klemmschrauben der Gabelbrücken und ziehe die Holme raus (siehe hierzu auch ab Seite 100). Schraube dann die Lenkrohrmutter ab und entnehme die obere Gabelbrücke, so dass sich nur noch das Lenkschaftrohr samt unterer Brücke am Bike befindet.

Lenkkopflagerspiel einstellen

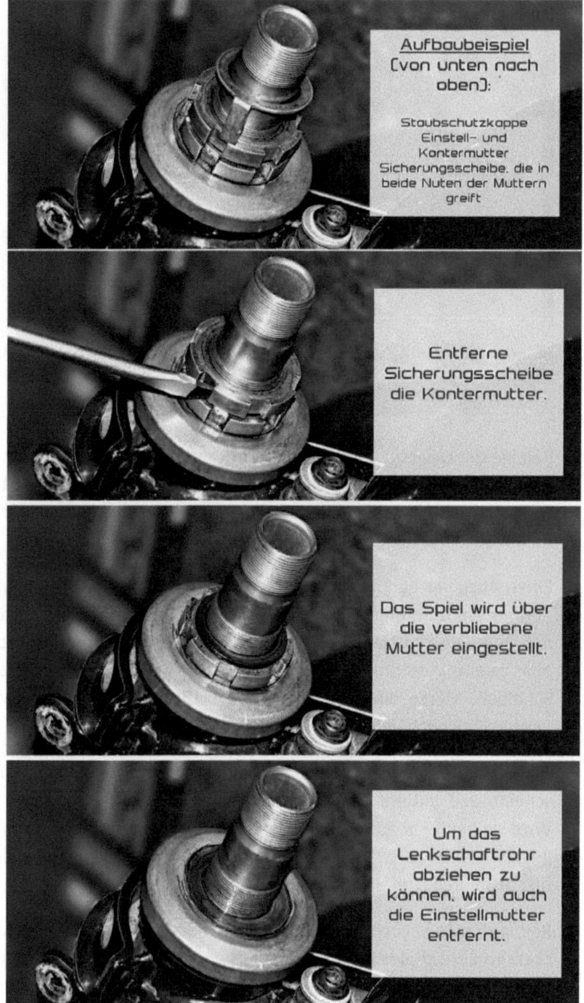

Entferne (falls vorhanden) Sicherungsring, Kontermutter, Einstellmutter, Gummiring und Staubschutz und entnehme das obere Lager, um sicherzustellen, welcher Rollentyp vorliegt: Kugel- oder Kegellager.

Halte die untere Gabelbrücke beim Abdrehen der Haltemutter mit der anderen Hand fest, damit sie nicht rausrutscht.

Handelt es sich um ein Kegelrollenlager, setze das Lenkschaftrohr mit der unteren Gabelbrücke wieder ein und schraube die Nutmutter auf. Ist hingegen ein Kugelrollenlager verbaut, fluche deftig, denn sie können nicht eingestellt werden und gehören ausgetauscht.

Um ein Kegelrollen-Lagerspiel zu korrigieren, drehe die Nut-Einstellmutter mit einem Hakenschlüssel fester (= Spiel verringern) oder lockerer (= Spiel erhöhen). Ziel ist, das Lager spielfrei und *gleichzeitig* leichtgängig zu bekommen. Idealerweise stehen dir hierfür Drehmomentschlüssel und Drehmomentangabe des Herstellers zur Verfügung. Ansonsten benötigst du gutes Fingerspitzengefühl ...

Kettenschlingen-Werkzeug, das durch die ungewöhnliche Übersetzung zwar das Drehmoment verfälscht, aber nicht dramatisch (wer hat schon eine Nuss für Hakenmuttern?).

Lenkkopflager inspizieren

Arbeite dich bis zum nackten Lenkkopf vor, löse (soweit vorhanden) Sicherungsring, Nut-Kontermutter, Nut-Einstellmutter, Gummiring und Staubschutz und ziehe die untere Brücke nach unten aus dem Lenkschaft (siehe hierzu auch ab Seite 100.)

Nehme das obere Lager heraus ... und säubere es zusammen mit den Lagerschalen und dem unteren Lager, das sich auf dem entnommenen Lenkschaftrohr befindet.

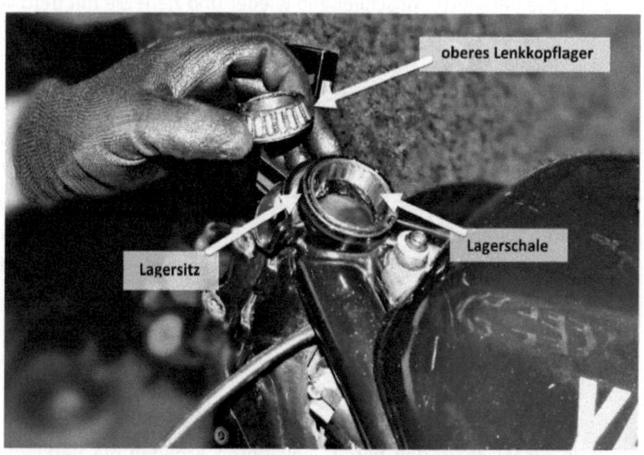

Entferne das alte Fett komplett und überprüfe die sauberen Komponenten (Lager und Lagerschalen) penibel auf Materialdefekte.

Umfassende Lenkkopflagerarbeiten (Lager und Lagerschalenwechsel) müssen ausgeführt werden, wenn:

- Die **Lagerschalen** oben und unten im Rahmen **nicht fest und spielfrei** sitzen. → Lager einkleben lassen oder Lager in Übergröße verbauen.
- Die **Lagerschalen nicht mehr glänzen**, sondern angelaufen sind oder matt aussehen (Indikatoren für verschlissene Hartschichten). → Lager ersetzen.
- Kaum ignorierbare Zeichen von **Lagerschäden** erkennbar sind wie fehlende Kugeln/Rollen, verrostete Schalen und Metallsplitter). → Lager ersetzen.
- Einzelne Kugeln oder Rollen **nicht rund sind**. Sie dürfen punktuell nicht abgeflacht sein und keine Vertiefungen, Materialausbrüche oder eingelaufene Stellen aufweisen. → Lager ersetzen.
- Das Kugel- bzw. Rollengehäuse **gerissen oder angebrochen** ist. → Lager ersetzen.
- Die Kugeln oder Rollen sich **nur schwer bewegen lassen** oder herausfallen. → Lager ersetzen.
- Der Lagersitz auf dem Lenkschaftrohr darf ebenso kein Spiel aufweisen. → Lager in Untergröße verbauen.

Lenkkopflager warten

Müssen die Lager nur gewartet werden, verteile neues Fett. Hierzu wird die obere und untere Lagerschale großzügig mit schwerem Wälzlagerfett bedeckt (Schmiermittelempfehlungen des Herstellers beachten). Ebenso die Lager selbst, in denen aber zusätzlich das Fett satt ins Gehäuse gedrückt wird, damit sich der Rollenkäfig vollständig (‚matschig') füllt.

Anschließend baue die Lenkkopfkomponenten wieder zusammen (ein eventuell vorhandener Dichtring wird sich ebenfalls über eine Fettschicht freuen) und stelle das Lagerspiel ein. Ziehe hierzu die Einstellmutter zunächst mit etwa 10 bis 15 Nm an, damit die Lager sich setzen. Löse die Mutter anschließend wieder und ziehe sie mit dem vom Hersteller vorgesehenen Drehmoment an.

Lenkkopflager ersetzen

Ein Lagerwechsel gehört zu den anspruchsvolleren Arbeiten am Motorrad. Traust du es dir nicht zu, ist das keine Schande, sondern Vernunft. Die Lager haben direkten Einfluss auf die Fahrsicherheit und Arbeiten daran sind folglich nicht ohne Risiko. Willst du es trotzdem versuchen, richte dich mindestens an deinem modellspezifischen Reparaturhandbuch aus.

Hinweise ...

... zur Vorbereitung

Baue zusätzlich zu den bereits bekannten Arbeiten die Verkleidung (falls vorhanden) und den Tank ab, um unschöne Kratzer und Dellen zu vermeiden. Oder schütze sie zumindest durch Decken.

Finden sich in deinem Lenkkopf noch Kugellager, nutze den Anlass, auf wertigere Schulter- oder Kegelrollenlager aufzurüsten. Sie bedeuten a) einen Qualitätssprung und sind b) günstiger als die runden Originallager (in jedem Satz enthalten sind Lager und Lagerschalen).

... zum Wechsel

Das obere Lager lässt sich einfach aus der Lagerschale entnehmen. Prüfe zusätzlich, ob die zurückbleibende Schale spielfrei im Lenkkopf sitzt. Hat sich der Lagersitz geweitet, spürst du dies, wenn du versuchst, die Schale zu bewegen. In dem Fall benötigst du neue Lager in Übergröße – und/oder einen Profi, der die Lager passend mit Lagerkleber einklebt.

Erwärme die jeweils auszutreibende Lagerschale oben oder unten mit einem Heißluftfön. Zum Austreiben selbst greifst du in einer idealen Welt auf einen Lagerabzieher zurück, bei einem Aluminiumrahmen *musst* du es sogar. Hast du keinen, mache deine Welt ideal, verschaffe dir einen und ziehe nacheinander die untere und die obere Lagerschale aus dem Lenkkopf.

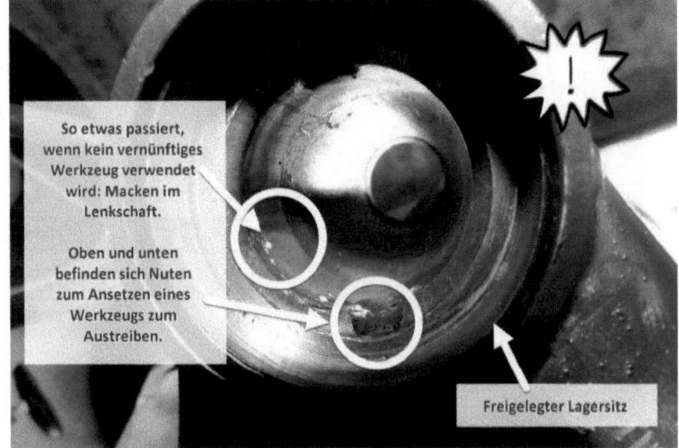

Reinige die Lagersitze penibel und entferne eventuelle Grate punktgenau mit feinem Schmirgelpapier. Achte auf Risse im Lenkschaft (= Holland in Not, weil Bike Schrott) und entferne Dreck und Schmodder. Rost *wische* mit feinem Schmirgelpapier weg (nicht schleifen!).

Einen Abzieher benötigst du ebenso für den aufgepressten Lagerinnenring am unteren Gabeljoch. Erwärme auch hier den Bereich kurz mit einem Heißluftföhn. Ziehe das Lager ab (eventuell zusätzlich über eine zweite Verdickung am Lenkschaftrohr) und entferne mögliche Scheiben. Merke dir Reihenfolge und Einbaulagen aller Teile (wie *‚glatte Seite nach unten'*).

Bedenke: Die plan geschliffene Spezialscheibe zwischen Staubschutzscheibe und unterer Gabelbrücke ist empfindlich wie ein rohes Ei. Wird sie beim Abbau beschädigt, ersetze sie. (Sie mit feinem Schmirgelpapier plan zu schleifen, kann funktionieren, ist aber bedenklich und absoluten Notfällen (temporär) vorbehalten.

Reinige das Gabeljoch sorgfältig und behandle kleinere Grate und Macken im Bereich des Lagersitzes auf dem Lenkschaftrohr (möglicherweise beim Entfernen des Lagers entstanden) mit feinem Schmirgelpapier punktgenau (nur wischen!).

Sorge dafür, dass Lagersitz und neues Lager penibel sauber sind, erwärme den Lagersitz, lege die neue (kühle) Schale plan auf ihren Sitz im Lenkkopf und presse sie mit einem Eintreiber ein.

Checke dabei: Sollten die Schalen ohne Widerstand und/oder mit Luft in den Rahmenkopf flutschen, ist der Lagersitz ausgeweitet und guter Rat teuer – wortwörtlich, denn du benötigst jemanden, der deinen Rahmen unter die Lupe nimmt und Gegenmaßnahmen ergreifen kann, beispielsweise die Schalen belastbar einklebt oder Lager in Übergröße auftreibt.

Exkurs: Eintreiber im Eigenbau

- Besorge dir im Bauhaus eine 20 mm starke Gewindestange, die rund anderthalbmal so lang ist wie der Lenkkopf deines Bikes.
- Setze auf einer Seite eine Scheibe in der Größe der einzutreibenden Lagerschale ein, schraube eine Mutter auf und fixiere das Konstrukt mit einer Kontermutter.
- Lege die untere Lagerschale auf die Scheibe und führe die Gewindestange durch den Lenkkopf.
- Platziere die untere Lagerschale plan auf den unteren Lagersitz, führe die obere Lagerschale durch die Gewindestange und lege sie plan auf den oberen Lagersitz.
- Lege eine Scheibe in Lagergröße auf die obere Lagerschale, schraube eine Mutter auf und ziehe mit Hand soweit an, dass beide Lager absolut plan aufliegen und nichts von alleine verrutschen kann.
- Überprüfe erneut, dass beide Lagerschalen plan auf den Sitzen liegen und ziehe die obere Schraube mit Maulschlüssel oder Ratsche vorsichtig an, um beide Lager gleichzeitig in ihre Sitze zu pressen.

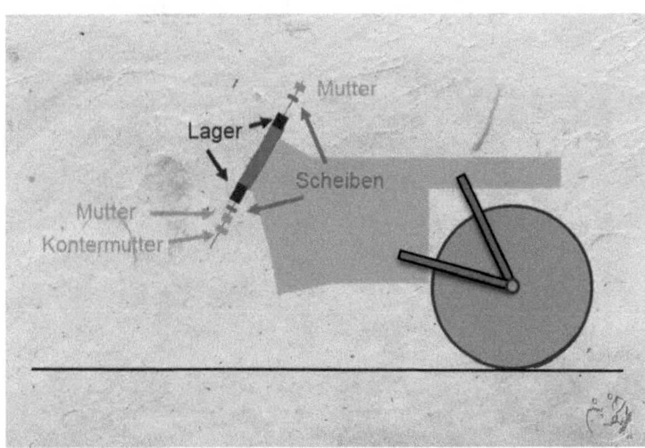

Sind die Schalen drinnen, überzeuge dich davon, dass sie zweifelsohne *fest* im Lenkkopf sitzen und kein Spalt zwischen Lagerschale und Lagersitz fühlbar ist. Hierzu überprüfe die Ansatzstelle mit dem Fingernagel.

Verschiedentlich raten Mechaniker, die neuen Schalen für ca. 3 Stunden ins Gefrierfach zu legen (oder Kältespray zu nutzen) sowie die Lenkkopfbereiche in Höhe der jeweiligen Lagersitze kurz und heftig mit einem Heißluftfön zu erwärmen. Diese Kombination soll den Einbau erleichtern, da Kälte die Lagerschalen zusammenzieht und Hitze den Lagersitz weitet. Allerdings gibt es auch Gegenstimmen, die davor warnen, die beteiligten Materialien auf diese Weise zu belasten. (Die dann auf Spezialwerkzeuge mit Gewindespindeln setzen, die einen Kalt-Wechsel erlauben – für teuer Geld.)

Um das *untere* Lenkkopflager auf dem Gabeljoch einzubauen, schiebe zunächst die entnommenen Scheiben auf das Lenkschaftrohr und drücke sie nach unten. Beachte Reihenfolge und Einbaulagen, verteile Fett und schmiere den Lenkschaft ein!

Anschließend schiebe das erwärmte und mit Fett gefüllte untere Lenkkopflager auf das kühlere Rohr und zwinge es mit einem Eintreiber in seinen Sitz. Alternativ versuche, es mit einem exakt passenden Rohr oder der *umgedrehten* alten Lagerschale aufzuschlagen. Schlage über Kreuz und nur auf den inneren Rand, NICHT auf den Lagerkäfig. Bereits kleinste Beschädigungen reichen, um das neue Lager zu zerstören.

... zum Rückbau

Fette alle Lager und Schalen satt ein, falls noch nicht geschehen.

Beachte beim Einbau entnommener Kleinteile wie Staubschutzkappe, Nutmuttern und Sicherungsscheiben die Ausbaureihenfolge und gehe umgekehrt vor.

Ziehe die Nutmutter zunächst mit etwa 10 bis 15 Nanometer an, damit die Lager sich setzen. Löse die Mutter und stelle das Lagerspiel (siehe oben ab Seite 164) mit dem vom Hersteller vorgegebenen Drehmoment ein.

Montiere die obere Gabelbrücke, stecke die Gabelholme durch (Höhe und Lage beachten) und ziehe Kopfmutter und *untere* Gabelklemmschrauben zunächst nur handfest an. Überprüfe das Lager auf Spiel und den Lenkeinschlag auf Leichtgängigkeit. Läuft das Lager glatt und ohne Rastpunkte, ist alles OK (andernfalls wurden Lager oder Lenkschaftrohr beim Einbau beschädigt).

Ziehe dann die Zentralmutter sowie die *unteren* Gabelbrücken-Klemmschrauben mit den richtigen Drehmomenten fest. Setze das Rad ein (siehe hierzu die entsprechenden Abschnitte in Sektion 08 *„Reifen/Räder"* ab Seite 123) und überprüfe das Lagerspiel nach dem Zusammenbau, um sicher zu gehen, dass sich durch das Anziehen der Zentralmutter nichts geändert hat. Korrigiere bei Bedarf.

Entspanne die Gabel (siehe Seite 107) und achte beim Festziehen der oberen Gabelklemmschrauben darauf, die richtigen Anzugdrehmomente zu verwenden. Die Klemmschrauben können eine Gabelbrücke reißen lassen, wenn sie zu stark angezogen werden.

Säubere alle Bauteile und entferne sorgfältig eventuelle Fettreste, insbesondere von der Bremsscheibe und den Reifen. Kontrolliere alle Schraubverbindungen und Befestigungen und unternehme eine Probefahrt. Absolviere hierbei ein paar (vorsichtige) harte Bremsmanöver und überprüfe anschließend ein weiteres Mal Lagerspiel und Freigängigkeit der Lenkung. Achte insbesondere auf eventuelle Verspannungen der Gabel und Änderungen im Lenkgefühl (bspw. Flattern oder Klackern) sowie (weil der Lenker ab war) Luft im Bremssystem.

Die Verlegung der Kabel und Leitungen kann zur Herausforderung werden. Mache dir bei einem Lenkerabbau deshalb Fotos von den originalen Streckenführungen.

Radlager

Auch defekte Radlager können zu Fahrwerksproblemen führen und gehören ausgetauscht, und zwar als Satz pro Rad. Für das Vorderrad bedeutet dies (abhängig vom Motorradmodell) zwei durch eine Distanzbuchse getrennte Lager (je eines auf der linken und rechten Seite), für das Hinterrad eines links, eine Distanzbuchse und eines (oder zwei) Lager rechts plus ein Extralager im Kettenblattträger (also bis zu vier Lager insgesamt).

Radlager prüfen

Vorderrad: Bocke das Mopped auf und lasse es von einem Helfer hinten runterdrücken (Mittelständer) oder über den Seitenständer hochhebeln. Umfasse das Vorderrad mit zwei Händen von der Seite (beispielsweise fünf vor Fünf auf der Uhr oder fünf nach Sieben) und versuche, die Seiten abwechselnd mit einer Hand zu dir zu ziehen, bzw.

von dir wegzustoßen. Ist Spiel fühlbar, ist das Lager verschlissen, unter Umständen kannst du es auch hören, wenn du das Rad drehst.

Am ausgebauten Rad prüfst du das Lager mit dem Finger auf Leichtgängigkeit und Spiel. Für Ersteres drehst du das Lager (darf nicht schwergängig sein). Zur Kontrolle auf Spiel versuchst du, es zu kippeln.

Hinterrad: Beim Hinterrad greifst du mit einer Hand den Reifen oben und mit der anderen die Fußraste. Versuche auch hier, das Rad wegzudrücken und heranzuziehen; mögliches Lagerspiel ist dabei spürbar.

Radlager tauschen

Werden defekte Radlager diagnostiziert, tausche sie im Satz aus[11-2]. Da es keine modellspezifischen Normteile sind, kannst du beliebige Lagerspezialisten aufsuchen. Lege einfach die originalen Radlager vor, damit du passende bekommst, nur vergesse die alten nicht auf dem Tresen. Du benötigst sie evtl. zum Eintreiben. Ebenfalls auf der Einkaufsliste: neue Staubdichtungen. (Es ist übrigens nicht notwendig, beide Räder zu reparieren, wenn nur eines betroffen ist. Das jeweils andere Rad kann mit den noch klaglos laufenden Lagern weitermachen wie bisher. Einzig beim Hinterrad empfiehlt sich, mit den beiden Radlagern auch das meist langlebigere Kettenblattlager auszutauschen.)

Hinweise ...

... zur Vorbereitung

Der Wechsel von Radlagern erfolgt bei Vorder- wie Hinterrad prinzipiell auf gleiche Weise und ist mit dem richtigen Werkzeug kein Hexenwerk, für unerfahrene Schrauber aber auch kein Lappalie. Konsultiere deshalb mindestens dein modellspezifisches Reparaturhandbuch und beginne mit dem Ausbau des Vorder- bzw. Hinterrads (siehe auch Sektion 08 *„Reifen/Räder"* ab Seite 123).

Ist das geschehen, baue die Bremsscheibe ab, da die Radnabe erwärmt wird, und lege das ausgebaute Rad auf zwei Holzstücke links und rechts unter dem Reifen

... zum Kettenblattlagerwechsel

Ziehe den Kettenblattträger samt Ruckdämpfer vom Hinterrad ab, entnehme die Ruckdämpfer und überprüfe die Dämpfergummis sowie das Kettenrad auf Beschädigungen und Verschleiß (siehe Sektion 08 ab Seite 123 und Sektion 09 ab Seite 137).

Entferne die Distanzbuchse aus dem Lagerinnenring des Kettenblattträgers, indem du sie auf der Ruckdämpferseite aus dem Lager herausziehst. Sollte sie festsitzen, schlage sie von der anderen Seite mit einer passenden Nuss (kleiner als das umgebende Lager!) und einem Gummihammer heraus.

Reinige und inspiziere die Buchse: Ablagerungen und Flugrost wische mit feinem Sandpapier ab, wenn Reinigungslösungen nicht ausreichen, aber trage dabei kein Material ab. Die Buchse muss beim Wiedereinbau leicht schwergängig in den inneren Ring des neuen Lagers einführbar sein; sie darf weder Spiel haben noch sich sperren

Lege anschließend den Kettenblattträger auf die Ruckdämpferzapfen und hebele die Staubdichtung vor dem Kettenblattlager mit einem mittelgroßen Schlitzschraubendreher ab. Entsorge das Teil; im Radlagersatz sind neue Dichtungen enthalten.

Treibe ein paar Vierkanthölzer auf und platziere den Kettenblattträger so auf den Hölzern, dass die Seite, zu der du das Lager austreibst, unten liegt und genügend Luft aufweist, damit das Lager beim Austreiben nirgendwo blockiert wird. Achte darauf, dass der Träger *nicht* mit den Schraubbolzen oder dem Kettenblatt auf dem Holz liegt. Alternativ demontiere das Kettenblatt im Vorfeld (siehe Seite 137), aber auch dann lege den Träger nicht auf die Bolzen.

Die Staubschutzkappen lassen sich mit einem Schraubendreher problemlos abhebeln.

Entferne den Sicherungsring vor dem Lager mit einer Spitzzange. Erwärme den Lagersitz mit einem Heißluftfön auf rund 80 Grad[11-3], um Lagersitzschäden zu vermeiden, und verwende einen Lageraustreiber. Ist keiner vorhanden, lege eine passende Nuss auf den Außenrand des Lagers und schlage es heraus. Beschädige hierbei nicht den Lagersitz.

Ist das Lager draußen, säubere und inspiziere den Lagersitz. Er darf keine Risse haben oder anders beschädigt sein. Angelaufene Stellen, Schmutz und leichte Grate können mit feinem Schleifpapier ohne viel Druck abgewischt werden (NICHT schleifen, um kein Metall abzutragen). Auch darf das Lager nicht quasi von alleine rausfallen. Dann ist der Sitz geweitet :-(.

Zum Einbau erwärme den Lagersitz rundum, platziere das neue Lager plan auf den Lagersitz und treibe es mit einer passender Nuss oder dem alten Lager mit leichten, versetzten Hammerschlägen ein, bis es den Lagersitz vollständig eingenommen hat. Ob es der Fall ist, hörst du am Schlagklang, der sich hörbar ändert, wenn das Lager am unteren Rand angekommen ist und sitzt.

Überprüfe, ob die Nut für den Sicherungsring im Kettenblatt gleichmäßig frei ist (falls nicht, sitzt das Lager nicht richtig) und setze den (neuen) Ring ein. Er muss ringsum gleich stark in die Nut einrasten. Abschließend verschmiere Fett auf die Seitenwände, presse den Dichtungsring mit dem Daumen rein und platziere die Distanzbuchse von der Ruckdämpferseite aus wieder im Lagerinnenring. Sie muss leicht schwergängig mit ein wenig Druck hineingleiten und darf kein Spiel haben.

... zum Radlagerwechsel

Baue die Bremsscheibe ab (falls noch nicht geschehen) und entferne eventuell vor dem Lager sitzende Dichtungs- und Sicherungsringe (ist nicht bei jedem Lager der Fall). Baue sie aus und erwärme den Lagersitz. Aluminium erwärmt sich schneller als Stahl, womit sich der Lagersitz schneller ausdehnt als das Lager und so Spannung wegnimmt. Setze den Lageraustreiber an und ziehe das Lager heraus. Handelt es sich um zwei Lager, die hintereinander verbaut wurden, wiederhole die Aktion mit dem zweiten Lager, bevor du das Rad umdrehst und das gegenüberliegende Lager ausziehst oder mit einer passenden Nuss ausschlägst. Nutzt du eine Nuss, wähle eine Größe, die auf dem äußeren Lagerring aufliegt. (Mit dem Umdrehen fällt eine Distanzhülse heraus, die als Abstandshalter zwischen den Lagern dient.)

Säubere und inspiziere die Lagersitze. Sie dürfen keine Risse haben, verformt, verdreckt oder beschädigt sein. Entdeckst du bei deinen Arbeiten einen Riss im Felgenmaterial, ist die komplette Felge reif für die Mülltonne. Sry. Angelaufene Stellen und leichte Grate behandelst du mit feinem Schleifpapier (nur abwischen, kein Material abtragen); schmodderige Stellen reinigst du mit Vielzwecköl. Ziel ist, eine glatte, saubere Oberfläche zur Aufnahme des neuen Lagers bereit zu stellen. Überprüfe ebenso die obere und untere Auflagefläche der Distanzhülse auf Unregelmäßigkeiten und säubere sie. Die Lager liegen dort an und hat bspw. ein verrostetes Lager zu Materialveränderungen geführt, liegt das neue Lager nicht plan auf der Hülse und verschleißt in Windeseile. Kann ein Lager nicht plan anliegen, ersetze die Hülse.

Zum Radlagerwechsel siehe auch gÖrage vooks, Seite260)

Überprüfe, ob die neuen Lager in Größe und Dicke den alten entsprechen. Checke auch, ob die Lager an einer Seite abgeflacht sind und, falls ja, welche Seite innen liegen muss (in der Regel sind Lager oben und unten identisch, aber halt nicht immer). Bist du dir nicht sicher, welche Seite eines Lagers nach innen gehört, untersuche das alte Lager auf Austriebspuren, die anzeigen können, wie es verbaut war.

Setze zunächst das Lager auf der Seite mit dem Dicht- und eventuellen Sicherungsring ein: Erwärme den Lagersitz, lege das neue Lager plan auf den Lagersitz und presse es ein oder treibe es mit dem alten Lager als Schlagpuffer und gleichmäßig leichten, versetzten, gegenüberliegenden Hammerschlägen ein.

Setze einen neuen Sicherungsring ein (er muss ringsum in gleicher Stärke in die Nut einrasten), verteile ein wenig Fett und setze den Dichtungsring auf. Wie beim Kettenblattlager presst du den Schutz einfach mit den Daumen rein. Anschließend drehst du das Rad um und positionierst die innere Distanzhülse in der Radachse. Achte genau auf die Lage der Hülse. Sie muss exakt in der Mitte liegen, also genau auf dem inneren Lagerring der Gegenseite aufsetzen. Passe das zweite Lager an und treibe oder presse es ebenfalls ein. Handelt es sich an dieser Stelle um ein Lagerpaar, treibe danach das zweite Lager ein. Gehe behutsam vor, denn dieses Lager (oder Lagerpaar) besitzt keinen abgegrenzten Lagersitz und wird beim Eintreiben erst durch die Hülse gestoppt. Übereilst du die Sache, wird die Hülse zu stark eingeklemmt und sitzt zu fest. Die Kunst ist, das Lager so feinfühlig einzutreiben, dass die Distanzhülse weder locker zwischen den Lagern rumklappert noch bombenfest eingeklemmt ist; beide Lager müssen so aufliegen, dass die Hülse sich, wenn auch nicht leichtgängig, aber doch verschieben lässt.

... zum Rückbau

Bei einem Hinterrad setze die Ruckdämpfer ein und platziere den Kettenblattträger auf der Felge. Will er nicht so recht reinflutschen, helfe mit dem Gummihammer nach, schlage aber nicht auf das Kettenrad selbst, um es nicht zu verformen (siehe auch ab Seite 137).

Baue das Rad ein (siehe Seite 123), spanne beim Hinterrad die Kette (siehe ab Seite 133) und ziehe alle Verbindungen wie Achse, Bremse, Fender, Kettenschutz etc. mit den vorgegebenen Drehmomenten an. Achte auf einen spannungsfreien Sitz der Lager und eine korrekte

Distanzhülsenmontage. Zu guter Letzt: Säubere alle Teile penibel (besonders die Reifen) und entferne überschüssiges Fett. Die Bremsscheibe wird mit Bremsenreiniger von Verunreinigungen befreit.

SCHWINGENLAGER

Die Schwingenlager führen die Hinterradschwinge. Sind sie defekt oder hat sich aus anderen Gründen Schwingenspiel entwickelt, kann es auch von hier aus zu Fahrwerkseinschränkungen kommen.

Die Liste möglicher Probleme reicht von aus der Linie geratenen Rädern in Kurvenfahrten bis hin zum Bruch oder Verlust des Zugankers, also des Bauteils, der die Schwinge im Rahmen hält.

Hinweis: Schwingen kommen nicht nur in deutlich sichtbaren unterschiedlichen Ausführungen daher wie Ein- und Zweiarmschwingen, sondern auch in weniger offensichtlichen Merkmalen wie der Art und Weise der Lagerung. Letztere kann aus einfachen Buchsen ebenso wie aus radialen Nadellagern bestehen – die obendrein durch zusätzliche Komponenten wie axialen Lagern ergänzt sein können.

Dein Werkstatthandbuch ist folglich wichtig, um den genauen Bauplan deiner Schwinge in Erfahrung zu bringen, damit klar wird, wie du die Lager prüfst und ob sich der Lageraustrieb relativ gut managen lässt oder ob er reines Hexenwerk ist. Unabdingbar ist ferner ein regulärer Austreiber (bspw. Innen-Lagerabzieher mit Gleithammer), ohne den es kaum möglich sein wird, einen vernünftigen Lagerwechsel hinzubekommen. Beim Versuch, ein Lager mit einem Durchschlag rauszubekommen, besteht im Prinzip ein zu großes Risiko, die Innenwand zu beschädigen. Aber immerhin: Solch ein Abzieher ist relativ günstig zu bekommen (um die 30.- Euro).

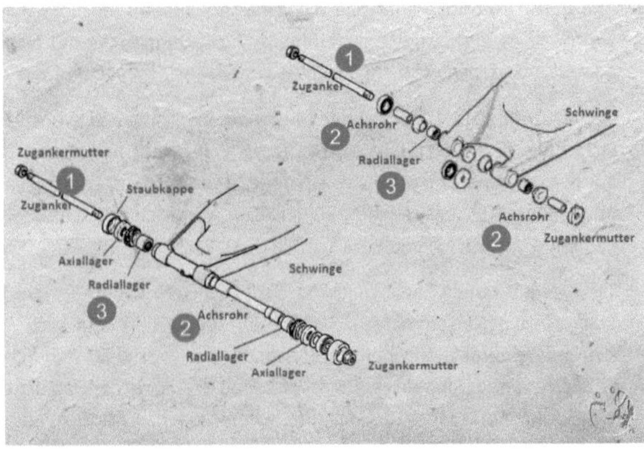

Schwingenlagerung

Das gängige Lagerprinzip bei marktüblichen Motorrädern besteht aus einem Zuganker (1), der in einem Achsrohr (2) steckt, welches in radialen Lagern (3) läuft, die wiederum in der Schwinge stecken.

Diese Art Lager bestehen meist aus Nadellagern auf beiden Seiten, in verschiedenen Fällen können aber auf der dem Antrieb gegenüberliegenden Seite auch Kugellager verbaut sein.

Bei besonders preisgünstigen Konstruktionen kommen oft nur Gleitlager in Kunststoff- bzw. Müllmetallbuchsen zum Einsatz. Letztere halten selbst bei guter und regelmäßiger Schmierung kaum einige tausend Kilometer durch und müssen stetig erneuert werden – ganz im Gegensatz zu den ebenfalls vorkommenden, aber haltbareren Bronzebuchsen.

Die üblicherweise verwendeten Nadellager sind bei regelmäßiger Schmierung sehr zuverlässig, besitzen aber den Nachteil, dass sie axial durch Distanzscheiben am Rahmen geführt werden müssen und dort mit der Zeit seitliches Spiel entwickeln. Dieses Axialspiel, bei dem die Schwinge seitlich auf der Schwingenachse verrutscht, kommt häufiger vor, als das durch Verschleiß entstehende Radialspiel, bei dem die Achshülse in den Lagern kippelt. Es kann aber elegant mit neuen oder zusätzlichen Distanzscheiben ausgeglichen werden. Was im Umkehrschluss bedeutet, dass bei Schwingenspiel nicht zwangsläufig die verbauten Lager gewechselt werden müssen, sondern es oft reicht, das relativ einfach zu korrigierende Axialspiel neu auszutarieren.

Für Biker mit höheren Ansprüchen, meistens Sportlern, besteht die Möglichkeit, die originale Lagerung durch wertigere Kegelrollenlager und Achsrohre zu ersetzen, wie sie bspw. der Lagerspezialist Emil Schwarz[11-4] passgenau anbietet. Hier sitzt die Hülse mit null Spiel in der Schwinge, die Ausdistanzierung durch Scheiben entfällt und Ärger entsteht praktisch nur, wenn das Lager durch eintretendes Wasser zerstört wird, weil die Schmierung vernachlässigt wurde.

Überhaupt ist mangelnde Pflege die Schwachstelle schlechthin bei der Schwingenlagerung – selbst bei gutem Willen und vorhandenen Schmiernippeln, über die sich bei einigen Modellen die Radiallager mit Fett versorgen lassen.

Nicht versorgt wird dabei nämlich der Zuganker, der durchs Achsrohr verläuft und dort mit der Zeit schlicht festgammelt. Die Passung des Zugankers in der Achshülse ist sehr eng, so dass bereits wenig Korrosion reicht, die beiden Bauteile aneinander zu binden. Und ist das erst einmal geschehen, bekommst du den Zuganker nur noch sehr oder *sehr, sehr* schwer heraus – was aber sein muss, willst du die Lager schmieren oder austauschen. In der Folge breitet sich der Rost aus und zerstört letztendlich auch die Lager.

Immerhin, Vorbeugung ist möglich durch:

Regelmäßige Wartungsintervalle, in denen du den Zuganker mit einem passenden Messingdorn raustreibst, ohne die Schwinge selbst auszubauen (sie sitzt dann auf dem Dorn – weshalb dieser so passend wie möglich sein sollte). Es versteht sich, dass bei einer solchen Aktion dem Radausbau und der sorgfältigen Abstützung der Schwinge durch einen Wagenheber eine hohe Bedeutung zukommt, damit kein oder nur sehr wenig Gewicht auf Zuganker bzw. Messingdorn lastet.

Säubere den ausgetriebenen Zuganker und fette ihn satt ein. Das Fett sorgt in diesem Fall nicht für Schmierung, sondern dient der Korrosionsvorbeugung. Wenn du weißt, dass dein Zuganker zum Festgehen neigt, integriere die Arbeit in deine regelmäßigen Inspektionsintervalle.

Einbau von hohlgebohrten Zugankern mit Schmiernippeln, die sich von außen füllen lassen und für einen Fettfilm zwischen Zuganker und Achsrohr sorgen (sofern für ein Modell verfügbar). Checke die Internetforen hinsichtlich deines Modells. In den meisten Fällen wirst du dort hinsichtlich Bezugsquellen eher fündig als beim Händler.

Austausch durch verzinkte Zuganker, die dauerhaft korrosionsgeschützt sind (sofern für ein Bike verfügbar).

Nachrüstung eines Schmiernippels im unteren Bereich der Schwinge (erhältlich im Industriehandel), über den sich Fett im Achsrohr bis zu den Lagern verteilen lässt. Allerdings muss hierfür die Schwinge überlegt angebohrt werden, was eigentlich ein übles No-Go ist und einzig Fachleuten vorbehalten sein sollte.

Schwingenlager prüfen

Stelle das Mopped so ab, dass keine Last auf der Schwinge ruht und das Hinterrad am Federbein baumelt, bspw. mit einem Mittel- oder Zentralständer. Sichere den Stand ab, insbesondere, wenn sich das Bike auf einer Hebebühne befindet.

Seitenspiel (Axialspiel)

Erfasse das Hinterrad im hinteren Bereich und versuche, die Schwinge quer zur Fahrtrichtung nach rechts oder links zu drücken. Knackt es, ist Axialspiel vorhanden, hervorgerufen durch die Achshülse oder der Schwinge an sich, die Luft zum Rahmen aufweist.

Zur Prüfung des Schwingenlagers quer am Rad rütteln.

Werte um 0,1 mm sind hierbei nicht selten und auch nicht dramatisch. Allzu oft verlassen Motorräder mit spürbarem Axial- (und Radialspiel, siehe unten) das Laufband und kommen trotzdem fix und sicher ums Eck. Insbesondere im unteren und mittleren Preissegment reizen die Hersteller gerne die Fertigungstoleranzen aus, um den Einbau zu erleichtern und damit zu beschleunigen.

Über den Daumen gepeilt gilt: Bis 0,3 mm Spiel sind Fahreinbußen eher Ausnahmen.

Höhenspiel (Radialspiel)

Beim Höhenspiel kippt die Hohlwelle (Achsrohr) in den Lagern. Wie beim Axialspiel sind Werte um 0,1 mm durchaus normal und oftmals auch werksseitig unvermeidlich. Während jedoch hohe Axialspielwerte über 0,3 mm auch Alltagsbikern unangenehm auffallen, kann es beim Radialspiel länger dauern, bis sie einem bewusst werden. Zumal die Auswirkungen bei Zuladung, also Sozius und Gepäck, weniger stark merkbar sind, weil die Schwinge nach hinten gezogen wird und damit das Spiel durch den Zug kontrolliert.

Hinweis: Hast du bei einem Check im verbauten Zustand Zweifel hinsichtlich des Spiels, baue Rad und Federbein aus für eindeutigere Ergebnisse. Die frei gelegte Schwinge muss sich dann ohne Kraftaufwand spiel- und hakelfrei auf und ab bewegen lassen. Legst du obendrein den Daumen auf die Schwingenachse (bei abgebauter Ritzelabdeckung) und rüttelst mit der anderen Hand am Ende des Schwingenarms, lässt sich axiales Spiel relativ eindeutig identifizieren.

Noch präzisere Aussagen lassen sich darüber hinaus nur noch gewinnen, wenn du die Schwinge komplett demontierst, Lager, Achsrohr und Zuganker inspizierst und ohne bzw. mit Distanzscheiben wieder zusammenbaust (siehe hierzu den Abschnitt *„Ausdistanzieren"*).

Schwingenausbau

Ein Ausbau der Schwinge wird notwendig, wenn die Lagerung defekt ist oder zu viel axiales Spiel besteht.

Hinweise ...

... zur Vorbereitung

Um die Schwinge zu demontieren, entferne zunächst das Rad (siehe ab Seite 123) sowie die Ritzelabdeckung und generell alle im Weg stehenden Bauteile wie Nummernschildhalter, Verkleidungsteile oder was dich sonst stören könnte.

Löse auch den Bremssattel, wickle ihn in Lappen und hänge ihn außer Reichweite ans Bike. Achte darauf, dass die Bremsleitung nicht verdreht oder geknickt wird.

Bewaffne dich mit dem nötigen Werkzeug und deinem modellspezifischen Reparaturhandbuch und sichere das Motorrad mit Gurten und Montageständern, um die Schwinge gefahrlos ausbauen zu können (siehe auch ab Seite 109).

Löse das oder die entspannten Federbein(e) von der Schwinge. In der Regel sind nur die Befestigungen an der Schwinge abzuschrauben, bei verschiedenen Mono-Shocks müssen unter Umständen aber zusätzlich Umlenkhebel gelöst werden. Generell gilt: Schieße Fotos des Originalzustands, um Fehler bei der Rückmontage zu vermeiden.

... zur Axialspielkorrektur durch Nachziehen

Hängt die Schwinge frei am Rahmen, kann seitliches Spiel unter Umständen bereits durch Nachziehen einer gelockerten Zugankermutter verringert werden (**nicht!** bei Alu-Rahmen). Konsultiere hierzu unbedingt dein Werkstatthandbuch, weil du nicht über das vom Hersteller vorgegebene Drehmoment gehen darfst.

Ursächlich kann eine versehentlich nicht angezogene Zugankermutter sein, aber auch ein schrittweiser Austritt des Zugankers durch eine schlecht ausdistanzierte Schwinge, die eine ungleiche Belastung und dadurch Verschleiß der seitlichen Lager provoziert (wenn eine Schwinge zusätzlich über vertikale Axiallager verfügt). Hierbei verringert sich die Bolzenspannung des Zugankers, eine Mutter kann sich lösen und der Zuganker wandert im Fahrbetrieb nach außen. (Entgeht dir die lockere Mutter, bemerkst du mit etwas Glück vielleicht den wandernden Bolzen an der Ferse oder interpretierst das auftretende schwammige Fahrgefühl richtig (das sich ähnlich dramatisch wie ein platter Reifen anfühlt), um die Fuhre noch rechtzeitig zum Stehen zu bringen.

Ziehe die Zugankermutter *auf keinen Fall* über dem Hersteller-Drehmomentwert an. Sollte dieser nicht ausreichen, das Spiel zu beseitigen, kann es nicht auf einer gelockerten Mutter beruhen und du wirst den Rahmen gegen die Schwinge verspannen (weil die fehlerhafte Ausdistanzierung ja weiterhin besteht). Mit möglicherweise fatalen Folgen, denn der Zuganker kann nach einiger Zeit unter der übermäßigen Spannung brechen.

Zur Logik: Knallst du die Zugankermutter brutal an, wird der Rahmen zusammengezogen und versucht von diesem Moment an, wieder in seine Originallage zu kommen. Was keine der beiden Komponenten auf Dauer ertragen kann und irgendwann eine bricht.

... zur Axialspielkorrektur durch Ausdistanzieren

Greife den linken Schwingenarm und drücke ihn nach rechts.

Prüfe das Axialspiel rechts an der Schwingenachse zwischen Schwinge und Rahmen (oder Motor, wenn sie im Motor gelagert ist). Ist es größer als 0,1 bis 0,3 mm (je nach Motorradmodell können Axialspiele bis 0,3 mm toleriert werden), gleiche die Differenz mit dünnen Scheiben aus. Solche Scheiben sind original beim Hersteller (alternativ Industriebedarf oder Landmaschinenhandel) als Pass- oder Stützscheiben in den Stärken 0,1, 0,2, 0,3, 1,5, 2 und 3 mm erhältlich.

An dieser Stelle ist es wichtig, darauf hinzuweisen, dass die Schwinge an zwei Stellen Spiel aufweisen kann, das sich jeweils mit Distanzscheiben unterschiedlicher Bohrungen ausgleichen lässt:

Spiel zwischen Achsrohr und Rahmen: Überschreitet das Spiel hier einen bestimmten Wert, ist das Schwingenachsrohr (möglicherweise wegen Längentoleranzen) zu kurz und verursacht eine ungenaue, labberige Fahrweise. Es lässt sich durch im Handel erhältlichen normierten Distanzscheiben *in den Staubkappen* ausgleichen. Sie haben eine größere Bohrung als die Distanzscheiben zwischen Schwinge und Rahmen.

Spiel zwischen Schwinge und Rahmen: Ist die Achs*hülse* der Schwinge (oft wegen Fertigungsungenauigkeiten) kürzer als das Achsrohr, lässt die Schwinge sich im eingebauten Zustand axial bewegen, was sich durch zwischengelegte Distanzscheiben mit kleinerer Bohrung ausgleichen lässt. Du positionierst diese Distanzscheiben *außerhalb der Staubkappe* zwischen Staubkappe und Rahmen. Oft wirst du dort bereits eine werksseitig eingefügte Distanzscheibe antreffen, mit der der Hersteller die Lücke zwischen Achshülse und Rahmen zum Produktionszeitpunkt auszugleichen trachtete.

Wichtig: Kaufst du Distanzscheiben im Industriehandel, achte darauf, dass der Außendurchmesser nicht zu groß ist und sie dadurch außen am Rahmen aufliegen. In dem Fall verspannst du beim Festziehen der Zugankermutter den Rahmen gegen die Schwinge.

... zum Zugankerausbau

Baue den Kettenschleifschutz ab, drehe eine eventuell darunter liegende Klemmschraube auf und löse die Zugankermutter. Ist der Zuganker nicht verschraubt, ist er wahrscheinlich mit Seegerringen gesichert. Entferne sie mit einer Seegerringzange

Treibe den Zuganker vorsichtig mit einem Kupfer- oder Messingdorn und eher leichtem Hammer zur anderen Seite aus. Lege einen Lappen auf den Boden, damit das (vielleicht noch gut) gefettete Bauteil nicht in den Dreck fällt. Stütze bei dieser Arbeit die Schwinge mit einer Hand ab (wenn du mehrere Arme zur Verfügung hast) oder platziere einen Wagenheber darunter, der sie auf gleicher Höhe hält, bis du sie vom Rahmen trennst.

Schiebe das Achsrohr raus. Achte auf Lage und Anzahl bereits vorhandener Distanzscheiben, Buchsen, Hülsen und Scheiben. Sitzt die Achshülse fest, weiche den Bereich weiträumig mit Rostlöser ein und klopfe sie mit einem Holzstiel oder ähnlich weichem Material aus.

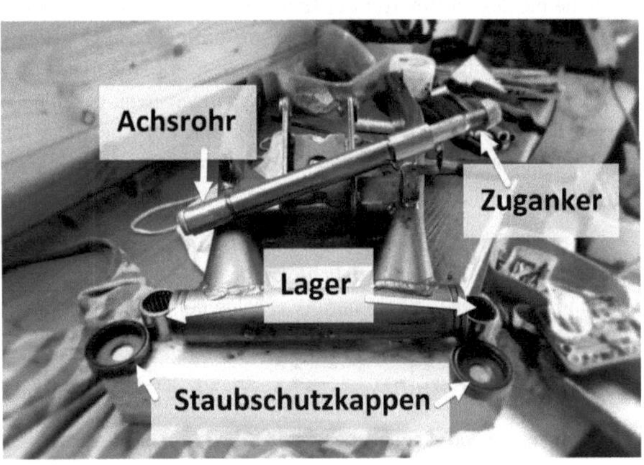

Reinige Schwinge und Schwingenlagerung mit Petroleum oder Dieselöl und weichen, fusselfreien Lappen (keinen Bremsenreiniger verwenden). Untersuche die Schwinge auf Risse und Verzug, kontrolliere Zuganker und Achshülse auf Fressstellen und Schlag sowie die Bohrung der Ablenkung des Federbeins auf Rundung. Reinige auch das Innenrohr der Schwinge.

... zum Ausdistanzieren

Um die Stärke der eventuell einzubauenden Distanzscheiben zu bestimmen, baue Achsrohr mit Zuganker und Staubkappen sowie eventuell weitere vorher entfernte Komponenten (aber ohne Schwinge) in den Rahmen ein. Die Zugankermutter wird handfest aufgeschraubt. Stellst du in diesem Bauzustand Spiel fest, distanziere es mit Scheiben außerhalb der Staubkappe aus, meist bremspedalseitig, also rechts (Reparaturhandbuch checken).

Entnehme die Teile und baue sie zusammen mit Schwinge und den ermittelten äußeren Distanzscheiben final wieder ein. Ziehe den Zuganker mit dem vorgeschriebenen Drehmoment fest und prüfe auf Spiel. Lässt sich die Schwinge axial auf der Lagerhülse verschieben, messe die Lücke und gleiche das Spiel mit in den Staubkappen liegenden Distanzscheiben auf einer oder beiden Seiten aus (Handbuch konsultieren). Hierzu musst du den Zuganker wieder lösen.

Wird beim Ausdistanzieren mehr als eine Scheibe benötigt, setze eine Scheibe links an der Schwinge und eine gleichwertige rechts ein. Ist eine Ausdistanzierung nur so zu bewerkstelligen, dass eine Scheibe (oder ein Scheibenpaket) dicker sein muss als das andere, sollte sich das dickere Paket rechts befinden (Handbuch!).

Liegt das Spiel bspw. zwischen 0,5 und 0,6 mm, setze eine Ausgleichsscheibe mit 0,2 mm links und eine mit 0,3 mm (oder ein Pärchen aus 0,2 mm und 0,1 mm) rechts ein. Oder das Spiel liegt zwischen 0,1 und 0,2 mm: Setze nur eine Scheibe mit 0,1 mm rechts ein. Achte ferner darauf, bei mittleren Werten (Spiel liegt bspw. zwischen 0,2 und 0,3 mm) immer den kleineren zu nehmen, damit ein wenig Luft bleibt. Das erleichtert den Zusammenbau und sorgt dafür, dass die Axiallager nicht unter Druck stehen.

... zum Schwingenlager

Müssen Schwingenlager[11-5] getauscht werden, hebele an der ausgebauten Schwinge die Simmerringe vor den Lagern ab (falls vorhanden). Sind außerdem Seegerringe eingesetzt, entferne mit einer Zange auch diese. Steckt noch eine festsitzende Achshülse in den Lagern, versuche, sie mit einem passenden Holzstiel oder einen ähnlich weichen Material auszutreiben.

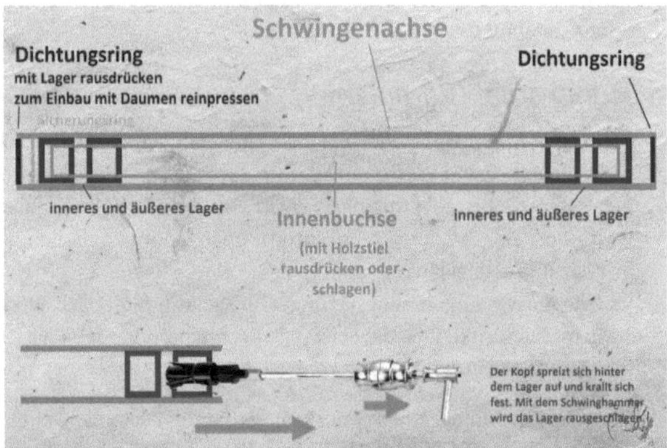

Sind Kunststoffbuchsen als Lager verbaut, lassen sich diese oft mit Hauswerkzeug herauspuhlen, bei Metallbuchsen sowie Nadellagern & Co. benötigst du Lagerabzieher und Heißluftfön (nicht kalt ausziehen!). Sie mit einem provisorischen Durchschlag auszutreiben, ist ein riskantes Unterfangen und braucht viel Erfahrung.

Achte beim Ausziehen darauf, welches Lager wo liegt und wie es verbaut wurde, bspw. ob eine Seite abgeflacht ist und in welche Richtung sie zeigt. Säubere nach dem Ausbau die Innenwände der Schwinge und inspiziere sie. Versorge außerdem die neuen Lager ausgiebig mit Fett, indem du es regelrecht in die Käfige drückst.

Zum Einsetzen der Schwingenlager nutze einen Eintreiber (Bild letzte Seite unten) und erwärme den Lagersitz (aber nicht das neue Lager). Konsultiere unbedingt dein Werkstatthandbuch, da je nach Anzahl und Lage der Lager überlegt vorgegangen werden muss, um sie nicht zu zerstören oder nur zum Teil einzutreiben.

... zum Rückbau

Verbaue (neue) Sicherungs- und Dichtungsringe und verteile jede Menge Fett ins Innere der Schwingenachse, bevor du die – ebenfalls gefettete – Achshülse wieder einführst.

Montiere Schwinge und Distanzscheiben, schiebe den (gefetteten) Zuganker durch und ziehe die Zugankermutter mit dem vorgegebenen Drehmoment an.

Kontrolliere während und nach dem Anziehen, ob die Schwinge widerstandsfrei auf und ab bewegbar ist. Ist der Zuganker mit Klemmschraube und Sicherungsblech versehen? Anziehen, bzw. erneuern.

Dreht die Mutter des Zugankers mit, muss sie gekontert werden, wobei das notwendige Werkzeug leicht abrutschen kann – ganz besonders, wenn es sich um einen Zapfenschlüssel handelt. Bei Aluminiumrahmen hinterlässt dies bleibende Schäden; arbeite deshalb besser zu zweit und klebe den im Schadenfall zu treffenden Bereich im Vorfeld gut mit dickem Klebeband ab.

Überprüfe ferner, ob der Kettenschleifschutz, der die Schwinge davor bewahrt, von der Kette beschädigt zu werden, intakt ist. Bei Bedarf austauschen (auch bereits dünne Laufschienen gehören in den Müll).

Abschließend säubere alle Teile (besonders den Reifen) penibel und entferne überschüssiges Fett. Die Bremsscheibe wird zusätzlich mit Bremsenreiniger von eventuellen Verunreinigungen befreit.

Hinweise:

- Verwende beim Einbau von Schwinge, Rad und Federbeine ausschließlich originale Schrauben, Muttern und Scheiben und beachte die Schmieranweisungen des Herstellers.
- Fehlende Teile dürfen nicht durch willkürlich ausgesuchte ersetzt werden. Besorge dir Originale!
- Gehe nach dem Zusammenbau alle vorgenommenen Schritte im Geiste durch und überprüfe Schraubverbindungen und Befestigungen.
- Eigenwerbung: Zum Schwingenlagerwechsel einer Yamaha XJ 600 siehe *gÖrage vook: Schwingenlagerwechsel*, Seite 260.)

FEDERBEINE

Federbeine verfügen über Drehlager im oberen Federbeinauge und Nadellager im Umlenksystem oder (wenn es nicht umgelenkt angesteuert wird) über zwei Drehlager oben und unten.

Drehlager

Federbeine müssen an den Enden drehbar gelagert sein, um den während der Arbeit entstehenden Verdrehwinkel auszugleichen. Hierbei reicht bei einfachen Stereo-Federbeinen ein Gummilager, während bei Mono-Shocks größere Winkel ausgeglichen werden müssen, wofür in der Regel Gleitlager verantwortlich sind. Versagen sie, wirken die starken Seitenkräfte auf die Kolbenstange und die Freigängigkeit der Gelenke ist nicht mehr gegeben.

Eine Überprüfung auf Spiel erfolgt bei aufgebocktem Motorrad und freiem Rad, indem du das Rad in der Schwinge auf und ab bewegst. Spiel sollte dabei gut identifizierbar sein.

Die Beeinträchtigung der Freigängigkeit hingegen ist ein verborgenes Übel, das nur enttarnt wird, wenn du die Lager am ausgebauten Federbein von Hand bewegst!

Drehlager sind in aller Regel Teflon-Gleitlager und kommen als Set mit Spacern (um ins jeweilige Mopped eingepasst werden zu können), Sprengringen und Staubkappen ins Haus.

Beachte: Teflon-Gleitlager gehören zu der Sorte Lager, die nicht mit Fett geschmiert werden sollten, da sie sich sehr schnell zusetzen und die nächsten paar Kilometer dann kaum überleben werden.

Lager NICHT einfetten, wenn es Teflon-Gleitlager sind.

Hinweise zum Drehlagerwechsel

Ist ein Drehlager hinüber, bewaffne dich wie üblich mit dem nötigen Werkzeug und deiner spezifischen Reparaturanleitung, bocke das Bike auf, sichere es und hebe die Schwinge mit einem Wagenheber an, bis kein Druck mehr aufs Federbein lastet.

Ausgebaut werden Federbeine meist durch Lösen von jeweils einem Bolzen oben am Rahmen und unten an der Schwinge oder dem Umlenkknochen. Federbeine mit hydraulischer Vorspannung schraube am Rahmen ab und führe sie knickfrei raus.

Lagerausbau

Drücke beide Spacer des Federbeinaugenlagers mit einem Schlitzschraubendreher zur jeweils anderen Seite aus. Setze hierzu den Durchschlag an dem Falz des Spacers innen an und schiebe das Bauteil über Kreuz raus.

Hebele die Staubkappen mit einem kleinen Schraubendreher aus dem Auge, säubere das Lagergehäuse und puhle einen der beiden Sprengringe aus seiner Nut. Da das Teil eher filigran ist, verwende eine Pinzette oder einen kleinen Schraubendreher.

Drehe das Federbein um, erwärme den Sitz und treibe das Lager aus.

Hinweis: Verwendest du eine Nuss, achte darauf, dass sie plan auf dem äußeren Lagerring sitzt und *nicht* auf dem verbliebenen Sprengring. Im Zweifel demontiere auch den zweiten Ring. Lege das Federbein für diese Arbeit zwischen zwei Holzlatten, damit es nicht bei jedem Schlag wegrutscht.

Säubere den Lagersitz, erneuere einen entfernten zweiten Sprengring und treibe das Lager mit einer passenden Nuss (muss auf dem äußeren Lagerring aufsetzen) von der anderen Seite ein. Es sitzt, wenn es am Sprengring anliegt (hörst du am Schlagklang).

Setze den anderen Sprengring und beide Staubkappen ein (geschlossene Seiten nach außen). Die Spacer kommen nach ganz außen und werden mittig mit den Daumen in die Staubkappen gepresst.

Umlenkhebellager

Ist ein Mono-Shock-Federbein über eine wie auch immer gestaltete Umlenkung mit der Schwinge verbunden, sind auch dort über kurz oder lang die Lager fällig.

Überprüfung der Umlenkhebel

Zu Überprüfung auf Höhenspiel (Seitenspiel ist oft tolerierbar) bewege die entlastete Schwinge bei aufgebocktem Motorrad mit freiem Hinterrad schwungvoll auf und ab und achte auf leichtes Knacken.

Alternativ ziehe das frei hängende Hinterrad nach oben. Lässt es sich ein wenig bewegen, bevor Druck am Federbein anliegt, hat das Umlenksystem Radialspiel, das an der Hinterachse einen x-fach höheren Wert annehmen kann. Es macht sich im Fahrmodus unangenehm bemerkbar, wenn kaum noch Last auf dem Hinterrad liegt, also in Extremsituationen wie sehr harten Bremsungen. Unter Umständen stempelt dann das Hinterrad, wenn sich die Schwinge an dem Punkt befindet und bewegt, in dem das Federbein nicht arbeitet (je schneller du unterwegs bist und je härter du bremst, desto höher die Wahrscheinlichkeit). Neben Hinterradstempeln kommt es abhängig vom Ausmaß auch zu Vibrationen im Fahrzeugchassis, Lenkerschlagen und Vorderradstempeln in Schräglage.

Hinweise ...

... zur Lagerprüfung

Willst du wissen, welches Lager im Umlenksystem betroffen ist, baue das Rad ab, bewege die Schwinge mit der rechten Hand auf und ab und lege einen Finger der linken an jedes einzelne Lager, um jenes mit Spiel zu identifizieren. Es empfiehlt sich, neben dem defekten auch die anderen Lager zu ersetzen. Fehlt das Geld, sollten die noch intakten aber zumindest gründlich gereinigt und gefettet werden.

... zum Umlenkhebellagerwechsel

Soll ein Umlenkhebellager gewechselt werden, checke dein modellspezifisches Reparaturhandbuch auf die exakte Vorgehensweise, hier ein Abriss: Löse am gut gesicherten Bike (siehe hierzu Seite 109) die Bolzen an Federbein und Schwinge sowie die Verbindung zwischen Umlenkgabel und Umlenkknochen. Merke dir die Einbaulage und markiere die Bolzen und/oder mache eine Skizze oder Fotos. Danach demontiere die Lager, zunächst jene der Umlenkgabel:

Hebel die Buchsen auf jeder Seite mit einem Schlitzschraubendreher ab, drücke den innen liegenden Laufbolzen raus und hebele die beiden Simmerringe ebenfalls mit einem Schlitzschraubendreher ab.

Um die beiden Lager auszutreiben, erwärme den Bereich zunächst. Anschließend schlägst du jedes einzelne Lager mit einem Durchschlag über Kreuz zur jeweils anderen Seite heraus. Übrigens: Die einzelnen Nadeln sind dir wahrscheinlich bereits entgegengefallen. Sie liegen locker in den Schalen.

In den neuen Lagern werden die Nadeln durch einen Plastikring in Position gehalten. Entferne Ring und Nadeln (Anzahl merken) und treibe die Lagerbasis auf folgende Weise ein: erwärmen, Nuss drauf, reinschlagen.

Fette die Lager satt ein und drücke die einzelnen Nadeln rein, sie werden durch das Fett in Position gehalten. Fette die Simmerringe und setze sie ebenfalls ein. Fette den Laufbolzen und drücke ihn zurück in die Umlenkgabel. Verteile weiter großzügig Fett (hält Wasser und Dreck draußen) und drücke neue Buchsen rein.

Beim Umlenkknochen gehst du ähnlich vor: Buchsen abhebeln (6 an der Zahl), Simmerringe abhebeln (6 an der Zahl), Bolzen rausdrücken (3), Lager austreiben (3), Lager eintreiben, fetten, fetten, fetten. Hast du kein richtiges Werkzeug, um die Lager im richtigen Winkel einzutreiben, nutze einen Schraubstock (Teile sind ja klein genug) oder spanne deine Werkstatt ein. Danach montiere den Bolzen rein, fette, setze neue Simmerringe ein, fette und setze die Buchsen ein.

Gabelholme

Ohne Kugeln oder andere rollende Bauteile kommen die Gleitlager zwischen Stand- und Tauchrohr aus, die innen in den Gabelholmen verbaut sind. Sie sind mit Teflon beschichtet und werden durch das Gabelöl ständig geschmiert. Ist die Teflonschicht am Ende eines Lagerlebens verschlissen oder weist sie sichtbare Beschädigungen aus, gehört das jeweilige Lager ausgetauscht (siehe Sektion 07 *„Fahrwerk und Federungssystem“* ab Seite 106).

Lenkungsdämpfer

Lenkungsdämpfer verfügen über zwei sensitiv reagierende, bewegliche Kugelköpfe, die hin und wieder mit etwas Silikonöl beglückt werden sollten. Hast du den Verdacht, dass der Lenkungsdämpfer unregelmäßig arbeitet, befindet sich möglicherweise Luft im System. Um dies zu überprüfen, muss das Teil abgebaut und manuell bewegt werden. Wechselnde Dämpfkraft lässt sich dann leicht diagnostizieren.

Sektion 12: Motorradelektrik

Je älter ein Mopped, desto sicherer lässt sich damit die Apokalypse überleben; je moderner, desto leichter fällt es einem EMP-Angriff zum Opfer. Die digital-elektronische Umwälzung ging halt auch am Motorradbau nicht vorbei. Im Gegenteil: Fahrmodi, Kurven-ABS, Traktionskontrollen, Smartphone-Anbindung, Notrufsysteme und anderes E-Zeugs machen Moppedfahren so sicher und komfortabel wie nie.

Die Kehrseite: Viel elektronisches Brimborium gestaltet Wartung und Reparatur eines Bikes nicht unkomplizierter und schreit obendrein nach immer leistungsfähigeren Lichtmaschinen, Batterien und der konstantesten Stromversorgung ever. Gibt's die nicht, mault das System, schaltet sich im Zweifel ab und überlässt alle Strom-Laien ohne Physikstudium und Analysegeräten ihren Schicksalen.

Immerhin: Konzentrierst du dich wissenstechnisch auf wesentliche Bauteile, grundlegende Messmethoden und Fehler, die dir quasi ins Gesicht springen, besteht Spielraum für Eigeninitiative, ohne dass die Maschine beim großen Bruder Werkstatt am Computer angeschlossen werden muss. Möglicherweise benötigtes Werkzeug: Gute Crimpzange, Lötkolben, Isolierband, Schrumpfschläuche und Kabelbinder.

Des Weiteren:

- Bereitschaft, bei Arbeiten an der Elektrik planvoll und vorsichtig vorzugehen, nach Möglichkeit aufwändige Änderungen zu dokumentieren und bei allen Arbeiten vorher die Batterie abzuklemmen, um Sicherungen (nicht so wild) und Steuergerät (richtig wild) nicht zu gefährden. (Siehe Safety-Hinweise auf Seite 194!)
- Widerwillen, elektrische Zubehörteile wahllos anzuklatschen und zugehörige Leitungen irgendwie zu verlegen bzw. um vorhandene rumzuwickeln.
- Rudimentäre Fähigkeiten rund um den Einsatz von Lötkolben, Steckverbindungen, Schalter, Schrumpfschläuchen und Kabeldimensionen.
- Spezifisches Reparaturhandbuch mit elektrischen Schaltplänen für dein Bike.

Stromkreise/Spannungsnetze

An Motorrädern finden sich unterschiedliche Stromkreise, darunter:

- **Der Ladestromkreis:** Von der Lichtmaschine ausgehend versorgt der Ladekreis über Gleich- und Spannungsregler die Batterie (siehe ab Seite 176).
- Im **Zündstromkreis** finden sich die Zündeinheit, die Zündspulen, Zündkabel und Zündkerzen (siehe ab Seite 213).
- Der **Lichtstromkreis** bringt den Frontscheinwerfer, die Instrumente und das Rücklicht zum Leuchten (siehe ab Seite 196).
- Weitere kleine, separate Stromkreise versorgen das Bremslicht über den vorderen und hinteren Bremslichtschalter, die Hupe, die Blinker, die Kontrollleuchten, die Wasserkühlung, die Einspritzelektronik und das ABS.
- **Antriebsspannungsnetz:** E-Motorräder besitzen zwei Spannungsnetze, eines mit hoher Spannung (bis >100 V) für Akku und Motor, eines mit 12 V für übliche Verbraucher wie Licht.

Was sie alle vereint? Der Kabelbaum, wortwörtlich.

Kabelbaum

Der Kabelbaum sorgt dafür, dass alle Einzelkabel möglichst platzsparend und gut organisiert untergebracht sind und nur an ihren Bestimmungsorten die Verpackung verlassen. Führte nicht eine kleine Strecke davon sichtbar fett am Lenkrohr vorbei, würde man davon kaum etwas mitbekommen. Zumindest nicht in jungen Jahren.

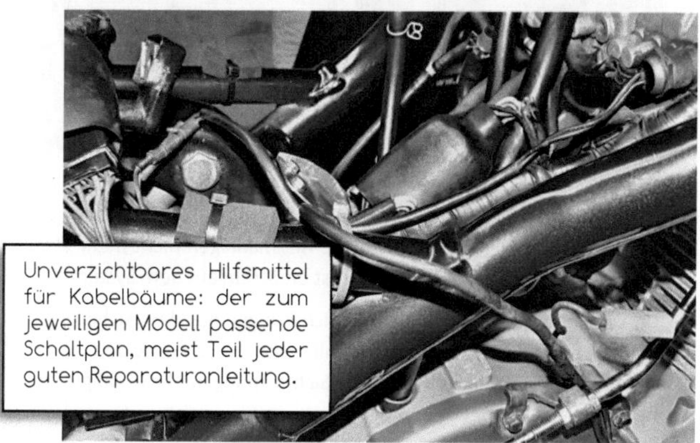

Unverzichtbares Hilfsmittel für Kabelbäume: der zum jeweiligen Modell passende Schaltplan, meist Teil jeder guten Reparaturanleitung.

Später hingegen können Alterungsprozesse der Isolierung (gerne im Verbund mit Scheuerstellen, insbesondere im Lenkkopfbereich) durch Materialbrüche, ansteigende Widerstände und Kriechströme unangenehm auf sich aufmerksam machen. Mit an Magie grenzenden Symptomen wie mysteriösen Zündaussetzern an allen oder einigen Zylindern, aber auch offensichtlicheren Dingen wie leergesaugte Batterien.

Kriech-/Leckströme messen

Kriech- oder Leckströme (aka Stromdiebe) entstehen (wie Kurzschlüsse) im Gefolge defekter, eingeklemmter Kabel mit gerissener Isolierung und/oder lockerer Steckverbindungen.

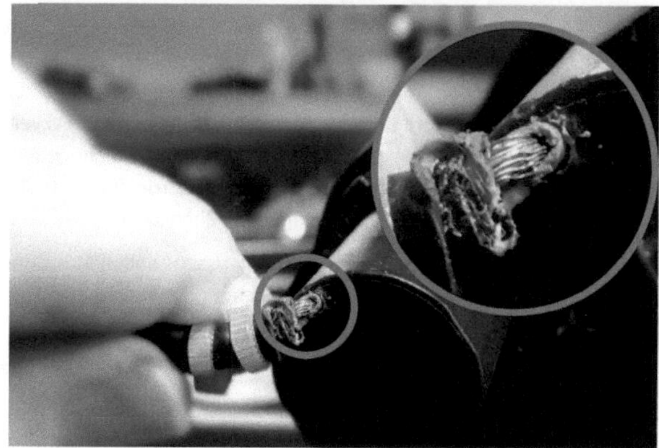

Prinzipiell begünstigt werden sie durch Feuchtigkeit in Steckern und Korrosion an beliebigen Stellen im Stromkreis, bspw. verschraubten Anschlüssen.

Um Kriechströme aufzudecken, nutzt du entweder ein spezielles Stromkreis-Testgerät oder ein Multimeter. Das Testgerät wird über einen Adapter statt einer Sicherung in deren Steckplatz eingesetzt und diagnostiziert dann für diesen Stromkreis einen Kriechstrom.

Ein Multimeter misst den Ruhestrom zwischen dem Minuspol der Batterie und dem Masseanschluss, nachdem zuvor alle direkt an die

Batterie angeschlossenen Verbraucher wie Navis entfernt und der Zündschlüssel abgezogen wurden. Stelle es zur Messung der Stromstärke auf 200 Milliampere (bei älteren Bikes) oder 10 A (bei neueren), klemme bei ausgeschalteter Zündung das Massekabel von der Batterie ab und halte es an die rote Prüfspitze des Messgeräts. Die schwarze wird mit dem nun freien Minuspol der Batterie verbunden.

Misst du jetzt Strom, liegt meist Kriechstrom vor. Daumenregel: Bei älteren Bikes sollte so gut wie nichts (bis 5 mA sind tolerierbar), bei neueren mit Dauerverbrauchern wie Alarmanlagen nicht mehr als 6 mA (0,06 A) fließen. Falls doch, büchst oft Strom aus dem System aus.

Durch schrittweises Entfernen der Sicherungen aus dem Sicherungskasten kannst du versuchen, den Fehler einzugrenzen und den fehlerhaften Stromkreis zu isolieren. Eine Sichtprüfung auf beschädigte Kabel ist zusätzlich angeraten.

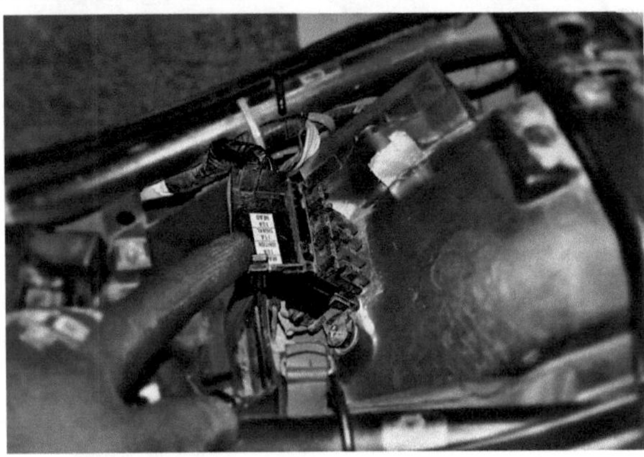

Mögliche Ursachen können sein: Falsch angeschlossener Verbraucher, der ständig Strom zieht, nasser oder verschmutzter Steckverbinder oder Schalter, defekter Laderegler und/oder Gleichrichter, beschädigtes Kabel bei Verbindungen, die immer Strom führen (Batterie zu Anlasser, Laderegler/Lichtmaschine und Zündschloss).

Entsteht der Kriechstrom durch eine aufgerissene Kabelleitung und ist die Stelle lokalisiert (sind also nicht feuchte oder korrodierte Stecker bzw. Anschlüsse ursächlich), hast du folgende Möglichkeiten:

- Ist die im Inneren liegende Metalllitze des Kabels noch intakt, klebe Isolierband um den beschädigten Mantel, sowohl im Schadbereich als auch zwei, drei Zentimeter davor und danach.
- Ist der Draht angegriffen, trenne die Stelle aus dem Kabel heraus. Ziehe einen Schrumpfschlauch auf, verlöte die getrennten Enden und isoliere die Reparaturstelle mit dem Schlauch. Muss verlängert werden, setze ein Kabel gleicher Dicke ein.
- Ist die schadhafte Leitung tief im Kabelbaum versteckt, kappe Selbige im Anfangs- und Endbereich und lege einen Bypass (studiere hierzu den Schaltplan zur Maschine).
- Kann die beschädigte Leitung nicht identifiziert werden, führt mglw. kein Weg an einer Kompletterneuerung des Kabelbaums vorbei. Ziehe vorher aber einen Spezialisten zu Rate.

Hinweis: Mache die Ursache der Beschädigung (wie Scheuerstellen) ausfindig und beseitige sie, um nicht erneut tätig werden zu müssen.

So geht's: Schrumpfschlauch aufziehen, Kabelenden ineinanderstecken, evtl. mit einem freien Einzeldraht umwickeln, von unten mit Lötkolben erhitzen, Lötzinn von oben auftragen, Schlauch über Lötstelle ziehen und föhnen.

Anschlüsse und Stecker

Verschraubte Anschlüsse wie der Masseanschluss und Stecker aller Art (einfache Verlängerungen ebenso wie x-polige Kastenschalter mit verschiedenen Verschlüssen) sind anfällig für Feuchtigkeit und im Gefolge Korrosion. Dann sind mindestens erhöhte Übergangswiderstände zu erwarten, oft auch Totalausfälle.

Sichtprüfe regelmäßig Kabel, Verbindungen, Stecker und Schalter auf Korrosion (Grünspan, Kupferwurm, Rost, Nässe) und reinige befallene Kabel, grüne Steckerzungen, dunkle Batteriepole und angegammelte Schalterkontakte. Besser: Werde gleich bei Verdacht tätig, denn lose oder keinen Kontakt haltende Anschlüsse/Steckverbindungen können völlig unscheinbar daherkommen und trotzdem dünn korrodiert sein.

Zur Wiederherrichtung kannst du alle Register ziehen, solange du sicherstellst, dass die Batterie abgeklemmt ist und du keine Kurzschlüsse produzierst: Mit Messer abschaben, mit Schleifpapier schmirgeln, mit Metallteilen abkratzen und mit Kontaktspray veredeln. Nur Grünspan-verseuchte Kabel *müssen* ausgetauscht werden:

- **Stecker:** Trenne beide Komponenten und checke beide Enden auf Korrosion, Nässe und – bei exponierten Bauteilen, beispielsweise dem Seitenständerschalter – Schmutz. Zur Wiederherstellung korrodierter Oberflächen verwende eine Messingbürste, für Härtefälle eine kleine Feile. Um Feuchtigkeit zu verbannen, gehe vorsichtig mit Druckluft rüber und sprühe die Seitenhälften innen mit Kontaktspray ein, hartnäckige Fälle auch mit WD-40.
- **Anschlüsse:** Aufgeschraubte Anschlüsse löse vom Bauteil und schmirgele die Kontaktflächen beider Seiten ab, bis sie glänzen.

Tipps: 1) Beim Trennen von Steckern nicht an den Kabeln ziehen, könnte übel ausgehen. 2) Bei Einzelsteckern, die in Gummihüllen stecken, drücke direkt auf die Kabelschuhe oberhalb der jeweiligen Löt- oder Klemmstellen und ziehe dann. 2) Bei mehrpoligen Steckern ist vor dem Trennen oft eine Denksportaufgabe zu meistern. Sie verfügen über Zapfen, Bügel oder andere Sicherungen, die eingedrückt, verdreht oder anders entriegelt werden müssen, bevor die Gehäusehälften getrennt werden können.

Übrigens: Bei Hauptleitungen muss nicht einmal Korrosion eine Rolle spielen, wenn Leistungsverluste (wie bspw. schwächelnde Instrumentenlichter) auftreten. Es kann simpel an einem Massefehler aufgrund eines zu locker angebrachten Anschlusses liegen, der mit dem passenden Werkzeug schnell behoben ist.

Leitfähigkeit messen

Sollen Steckverbindungen, Schalter und Kabel auf Leitfähigkeit geprüft werden, nehme eine Widerstandsmessung vor. Beachte dabei, dass die Prüfspitzen des Multimeters nicht in die offenen Enden eines getrennten Steckers gehören, sondern auf die andere Seite, also dort, wo auch das oder die Kabel Eingang finden.

Vor der Messung klemmst du die Batterie ab, stellst das Multimeter auf 200 Ohm ein und hältst die Prüfspitzen an die Kabelzugänge des zu prüfenden Schalters (auf ‚On' stellen) oder Steckers. Der Wert sollte bei annähernd 0 Ohm liegen, darüberliegende Werte deuten auf Defekte, Korrosion oder Verschmutzungen hin.

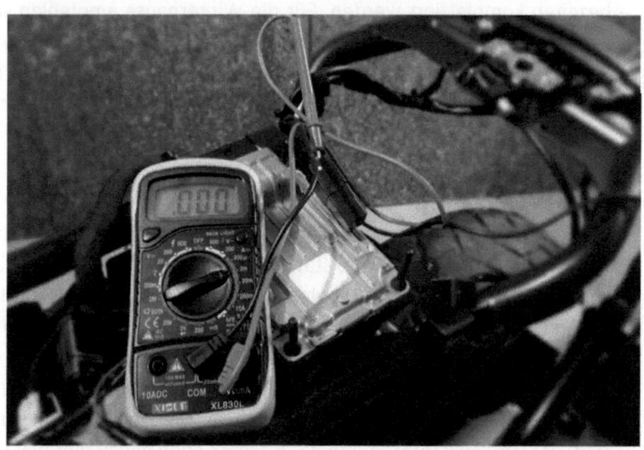

Alternativ mache bei angeschlossener Batterie eine Spannungsabfallmessung. Schalte das Multimeter um auf den Messbereich 20 Volt Gleichspannung, löse Plus- und Minuskabel vom jeweiligen Verbraucher, und lege die schwarze Prüfspitze an das Massekabel sowie die rote an die Plus-Zuleitung. Es sollte eine Spannung von um und bei 12,5 Volt anliegen. Bei Werten darunter: nachhaken.

Sicherungen

Krass einfach: mit Sicherungen hantieren. Fällt irgendwo am Bike irgendetwas aus, führt der erste Weg zum Sicherungskasten, einem kleinen Plastikbehälter mit der Aufschrift ‚Fuse'. Vorausgesetzt, man weiß, wo sich das Kästchen befindet (meistens unter der Sitzbank) und ob Werkzeug benötigt wird, um heranzukommen (meistens nicht).

Im genannten Kästchen finden sich Sicherungen für nahezu alle elektronischen Komponenten sowie Reservesicherungen (gekennzeichnet als ‚Spare'). Funktioniert ein Bauteil nicht, schaust du im Handbuch nach, welche Sicherung dafür zuständig ist und überprüfst deren Status im Sicherungskasten.

Ist die jeweilige Sicherung durchgebrannt, erkennst du dies am getrennten Schmelzdraht, der bei Überschreiten einer bestimmten Stromstärke (2, 3, 4, 5, 7.5, 10, 15, 20, 25 oder 30 Ampere) schmilzt und den Stromkreis unterbricht. So führt ein Kurzschluss oder ein anderer Defekt bei einem Bauteil nicht zu weiteren Schäden, beispielsweise Kabelbrand. (Achtung: Sicherungen können heil erscheinen, aber einen Wackelkontakt haben. Im Zweifel daher austauschen!)

Sicherung mit Multimeter checken: Stelle dein Multimeter auf Piepton im Widerstandsbereich (Ω) und halte die Polstecker an die beiden oberen freien Metallflächen im Plastikgehäuse. Piept es, ist die Sicherung in Ordnung.

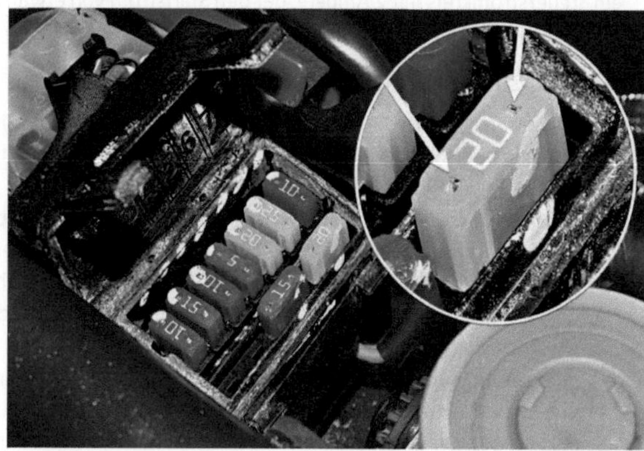

Soll eine Sicherung ersetzt werden, ziehe zunächst den Zündschlüssel ab, bevor du eine Reservesicherung gleicher Stärke einsetzt. Fülle danach zeitnah den Reservepool wieder auf, um im Notfall nicht dumm dazustehen. Brennt eine bestimmte Sicherung wiederholt durch, kläre die Ursache (NICHT überbrücken!).

Neben den Sicherungen im Sicherungskasten finden sich unter Umständen weitere an anderer Stelle, mindestens eine starke Hauptsicherung (30 Ampere) direkt am Anlassermagnetschalter. Um sie ausfindig zu machen, verfolgst du das dicke rote Kabel vom Pluspol der Batterie, welches dich direkt zum Anlassermagnetschalter führt. Die Sicherung befindet sich meistens oberhalb des Steckers, eine Reservesicherung irgendwo in der Gummikappe.

Hinweis: Überbrücke NIEMALS, NICHT, NÖ, NEVER defekte Sicherungen mit Draht, ersetze sie NIE durch Büroklammern und umwickele sie NIE mit Alufolie. Es gibt einen Ausfallgrund und wenn der noch besteht, riskierst du, dein Bike kurzerhand abzufackeln.

Fliegende Sicherungen

Als ‚fliegende Sicherungen' werden Einzelsicherungen bezeichnet, die sich irgendwo nahe der Stromquelle in einer Leitung befinden können, um einen Stromkreis für einen einzelnen Verbraucher abzusichern.

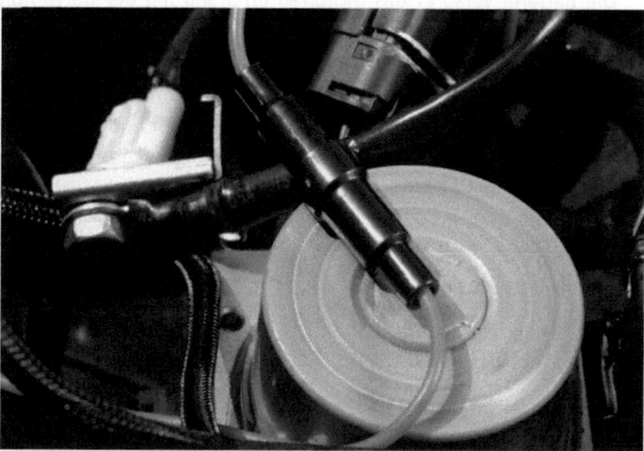

Oft handelt es sich dabei um schmale, runde Gehäuse mit runden Sicherungen und zwei abgehenden Kabeln, an die die unterbrochene Leitung angelötet wird. Ebenfalls vorkommen können Flachsicherungen, die in Clip-Sicherungsboxen untergebracht sind und bei denen das Löten entfällt. Allerdings können hier die Kontaktstellen eher korrodieren oder sich lockern.

Relais

Ein Relais im Stromkreis eines Motorrads ist ein elektromagnetischer Schalter, der einen zweiten Stromkreis schalten kann, in aller Regel einen stärkeren Arbeitsstrom. Beim Anlasserrelais ist es zum Beispiel ein Steuerstromkreis mit 2 Ampere, der den Startstrom von etwa 100 Ampere initiiert.

Die wichtigsten Relais sind:

- **Anlasserrelais.** Das Anlasserrelais ist meistens unter der Sitzbank in der Nähe der Batterie und der Hauptsicherung zu finden (siehe Seite 184).
- **Hauptrelais.** Das Hauptrelais ist zuständig für die Zündung, bei moderneren Maschinen auch für Einspritzung und Hauptscheinwerfer. Es befindet sich in der Regel ebenfalls unter der Sitzbank, wie das Anlasserrelais oft in der Nähe der Batterie und des Motorsteuergeräts (ECU).
- **Benzinpumpenrelais.** Das Benzinpumpenrelais regelt wenig überraschend die Benzinpumpe. Es findet sich meist ebenso unter der Sitzbank an, oft neben dem Hauptrelais, und schaltet die Pumpe automatisch ab, wenn der Motor nicht innerhalb weniger Sekunden nach Einschalten der Zündung gestartet wird.

Mit einem defekten Relais bricht auch der dem Relais zugehörige Stromkreis zusammen und die komplette Baugruppe funktioniert nicht mehr. Beim Anlasserrelais sorgt ein Ausfall beispielsweise dafür, dass das Motorrad nicht mehr anspringt.

Benzinpumpenrelais (vom Anschluss getrennt) und Hauptrelais.

Die Batterie

Die Batterie versorgt das Motorrad im Stand mit der notwendigen Energie für verschiedene Stand-By-Aufgaben, bspw. eine Alarmanlage, die gespeicherten Fahrmodi oder simpel eine Uhr. Aktivierst du die Zündung, versorgt sie den Bordcomputer zum Hochfahren, initiiert die Benzinpumpe und liefert den Strom zum Start des Motors. Danach übernimmt die Lichtmaschine die Versorgung des Bordnetzes – es sei denn, die angeforderte Leistung durch alle Verbraucher überfordert die Lichtmaschine. Dann wird ebenfalls auf die Batterie zurückgegriffen. Besteht umgekehrt ein Leistungsüberschuss, wird damit die Batterie aufgeladen.

Funktionsweise

Zunächst ist ein Motorradakku nichts anderes als ein Behälter, in dem zugeführter Strom mithilfe chemischer Prozesse für eine gewisse Zeit gespeichert werden kann. Geladen wird bei laufendem Motor durch die Lichtmaschine (bzw. DC/DC-Wandler bei E-Motorrädern) oder stationär durch ein externes Ladegerät. Voraussetzungen: Der Akku ist picobello in Schuss, die Pole nicht oxydiert, der Säurestand ausreichend und man fährt lange genug (Kurzstrecken reichen nicht).

Entlädt sich eine Batterie, bilden sich Bleisulfat und Kristalle (Sulfatierung), die, wenn ihre Entstehung nicht in Schach gehalten wird, auf lange Sicht die Batterie schrotten. Die Gegenmaßnahme lautet Laden. Hiermit wird die Sulfatierung rückgängig gemacht und die Kristalle lösen sich wieder auf. Allerdings muss 1) regelmäßig und 2) ausgiebig (idealerweise komplett) geladen werden.

Sprachlich korrekt ist die Motorradbatterie eigentlich ein Akku, da sie Strom nicht nur abgibt (wie das Teil im Reisewecker), sondern auch aufnehmen kann.

Lange Standzeiten, häufige Kurzstreckenfahrten und Tiefenentladungen lassen Kristallschichten dicker werden, als Fahrt-Ladungen sie wieder reduzieren könnten. Dann sollte der Fahrladevorgang über die Lichtmaschine durch regelmäßiges Anschließen an Ladegeräte in Ruhezeiten komplettiert werden. Für die Winterpause empfehlen sich Ladevorrichtungen mit Erhaltungsfunktionen, um die Batterie automatisch auf dem richtigen Ladeniveau zu halten. Alternativ und für alle, denen Dauerstromfresser ein Graus sind, schiebt der sparsame Biker zeitlich begrenzte Ladevorgänge alle 10 bis 12 Wochen an.

Batterietypen

Werksseitig werden heutzutage meist wartungsfreie MF-Säurebatterien (MF = Maintenance Free) statt die früher üblichen Standard-Säurebatterien verbaut. Beide Typen bestehen aus mehreren Bleiplatten unterschiedlicher Polung, die sich in einem Bad aus verdünnter Schwefelsäure befinden, unterscheiden sich aber darin, dass Standardbatterien gelegentlich mit destilliertem Wasser aufgefüllt werden müssen. Demgegenüber bezieht sich das Merkmal ‚Wartungsfreiheit' der Geschwisterprodukte darauf, dass eben genau dies wegfällt (nicht aber regelmäßiges Laden). Zu den wartungsfreien Kollegen zählen auch die moderneren Gel-Batterien, bei denen das Säurebad entfällt und durch ein Gel oder ein Vlies zwischen den Bleiplatten ersetzt wird, in dem sich die Säure gebunden befindet. Ausgelegt sind Bordnetze heutzutage auf 12 Volt, bei älteren Maschinen sind es oft nur 6 Volt.

Standard-Säurebatterien

Standard-Säurebatterien müssen bei Inbetriebnahme erstmalig mit Schwefelsäure aufgefüllt werden (jede Zelle gleich hoch), was seit 2021 allerdings nur noch im Fachhandel erfolgen darf[12-1]. Die Säure verbleibt in flüssiger Form in den einzelnen Zellen der Batterie.

Beim Umgang zu beachten ist:

- Beim Laden und im Betrieb entstehen Gase, die über einen knickfrei unters Bike verlegten Entlüftungsschlauch abgeführt werden müssen.
- Das Nachladen über ein Ladegerät muss bei geöffneten Zellen erfolgen (hierzu Zellenverschlussstopfen entfernen). Was wiederum nahelegt, zum Laden besser die Batterie auszubauen, um zu vermeiden, dass sich in der näheren Umgebung der offenen Zellen ein Säurenebel auf das Motorrad legt.
- Die Gase sind entzündlich (Knallgas). Offenes Feuer, Funkenflug und Rauchen solltest du folglich vermeiden, wenn eine Standard-Batterie am Ladegerät hängt und sowieso kein Feuerlöscher in der Nähe ist. Gute Belüftung ist ebenfalls von Vorteil.

- Standard-Säurebatterien müssen stehend verbaut werden, andernfalls läuft die Säure aus.
- Müssen die Zellen nachgefüllt werden (ca. alle 4 Wochen kontrollieren), erfolgt dies mit demineralisiertem Wasser (KEINE Säure nachgießen!). Darüber hinaus sollten alle Zellen den gleichen Flüssigkeitsstand aufweisen.
- Batteriesäure ist ätzend. Gerät sie auf die Haut, umgehend mit viel Wasser abwaschen. Gerät sie in die Augen, abwaschen, was das Zeugs hält und ab zum Arzt. Gerät sie auf den Lack, ebenfalls gründlich abwaschen, um Rost und Säurepilzbildung zu vermeiden. Kleckert die Säure hingegen auf Kleidungsstücke, bspw. auf die Hose, sind Löcher die Folge, ob du dich nun sofort in die Regentonne stellst oder nicht. Es dauert, aber es wird passieren.

Wartungsfreie Batterien

Wartungsfreie Säurebatterien kennen die aufgeführten Schwachstellen nicht. Sie sind meist mit Säure vorbefüllt (Ausnahmen sind AGM-Batterien) und dauerverschlossen, wobei die Säure in Filzeinlagen gebunden ist (bei den wartungsfreien Batterien) oder durch Zusätze eingedickt in Gelform daherkommt (bei Blei-Gel-Batterien). Die bei flüssiger Säure notwendige Füllstandskontrolle und das Nachfüllen destillierten Wassers erübrigen sich, ein Entlüftungsschlauch ist nicht vorhanden und da die Zellen weder beim Nachladen noch sonst geöffnet werden können, lassen sie sich auch im verbauten Zustand laden.

AGM: AGM-Batterien werden bei Inbetriebnahme einmalig mit der im Lieferumfang enthaltenen Säure befüllt und danach dauerverschlossen. Gebunden ist die Säure in einem Mikrovlies aus Glasfasermatten, daher der Name: **A**bsorbant **G**lass **M**at. Sie können bei leidlich modernen Motorrädern Standardbatterien ersetzen, auch wenn sie eine höhere Ladeschlussspannung aufweisen (siehe Seite 179). (Bei Überlastung durch zu hohe Ladeströme treten entstehende Gase über ein Überdruckventil aus und bewahren die Batterie vor dem Platzen.) Weitere Vorteile gegenüber Blei-Säure-Akkus: unempfindlicher gegen Tiefenentladung, höhere Lebensdauer, stabilere Leistung bei niedrigeren Temperaturen.

Reinblei: Ebenfalls zur Mikrovliesfamilie gehören die höherpreisigen Reinblei-Batterien, die geringere Selbst- und Tiefentladungstendenzen sowie hohe Startströme besitzen - aber schwerer sind als AGMs.

Fünf Jahre sollte eine Batterie durchhalten können, danach wird es eng, auch bei sonst guter Pflege.

Gel: Ähnlich aufgebaut wie AGMs sind Gel-Batterien. Der Unterschied liegt in der Säurebindung: Gel-Batterien verzichten auf das Mikrovlies und dicken die Batteriesäure mit Kieselsäure zu einem Gel ein.

Wie AGMs heben sie sich durch geringere Selbstentladung und höhere Kaltstartleistung von den älteren Kollegen ab, sind dauerbefüllt und verschlossen. Im Unterschied zur AGM ist die Gel-Batterie aber haltbarer und auf Dauer kräftiger. Auf der Sollseite steht eine höhere Empfindlichkeit hinsichtlich Überladungen sowie die Angewohnheit, am Lebensende die Arbeit ohne Vorwarnung einzustellen.

Lithium-Ionen: Lithium-Ionen-Batterien zeichnen sich durch eine geringere Selbstentladung, höheren Lebensdauer und Startleistung sowie einer kompakten, lageunabhängigen Verbauung und geringem Gewicht aus. Insbesondere die Custom-Szene weiß die vielfältigen Einbaumöglichkeiten zu schätzen – auch wenn das verlässliche Temperaturfenster der kälteempfindlichen Akkus geringer, der Preis höher als normal ausfällt und Lithium-Ionen-Batterien spezielle Ladegeräte benötigen, die mit ihnen umgehen können (siehe Seite 182).

Batterien sind wetterfühlige Kollegen. Rutscht die Umgebungstemperatur aus den üblichen Komfortzonen für Akkus (zwischen -10° und +40°C), sinkt die Leistung (bei Kälte) und es drohen Selbstentzündungen (bei Hitze). Nur die Vintage-Blei-Säure-Batterien besitzen eine gewisse Resistenz gegenüber höheren Temperaturen, leiden dafür dann aber unter erhöhtem Flüssigkeitsverlust, so dass laufend destilliertes Wasser nachgefüllt werden muss.

Neuanschaffung

Planst du, deine jetzige Motorradbatterie gegen eine neue einzutauschen solltest du neben den Dimensionen (Länge, Breite *und* Höhe) auch die Kenngrößen kennen. Dies sind die Nennspannung in Volt (12 V oder 6 V), die Nennkapazität in Amperestunden (Ah) und der Kaltstartstrom in Ampere (A).

Ebenfalls wichtig: Die Nennleistung des Ladereglers muss zum Batterietyp passen, sonst wird die neue Batterie nicht genug geladen oder permanent *über*laden. Dies gilt insbesondere für ältere Motorräder (älter als Baujahr 2000), wenn eine alte Säurebatterie einer wartungsfreien neuen weichen soll. Bei ihnen sind die Lichtmaschinenregler meist auf konventionelle Standard-Säure-Batterien abgestimmt und arbeiten oft unpräzise mit vereinzelten Ladespannungen von bis zu 15 V. Zu viel für wartungsfreie Batterien (insbesondere den Gel-Kollegen), die spezielle Lade- bzw. Abschaltspannungen benötigen, und zu wenig für Li-Io-Batterien, die eine höhere *konstante* Ladespannung erwarten. Überprüfe deshalb bereits vor einem Wechsel, ob die Ladespannung bei schwankender Motordrehzahl (konstant) im passenden Bereich gehalten wird. (Zu diesem Thema siehe auch unten den Abschnitt *‚Das Ladesystem‘*.)

Kaltstartstrom und Kapazität

Der Kaltstartstrom (CCA, **C**old **C**ranking **A**mps) einer neuen Batterie sollte dem der alten entsprechen oder überlegen sowie die Kapazität (Ah, Amperestunden) in etwa gleich hoch sein. Ausnahme: Lithiumbatterien dürfen wegen ihren höheren Startleistungen geringere Kapazitäten aufweisen. Beide Werte sind auf der Batterie aufgedruckt und sollten sich auch im Handbuch finden.

Der CCA ist wichtig für den Startvorgang (bei dem die Batterie am stärksten gefordert ist) und gibt an, wie viel Strom (in Ampere) eine volle Batterie bei -18° C für 30 Sekunden liefern kann, bevor die Spannung unter einen kritischen Wert fällt. Hier kommen hubraumschwache und Mehrzylindermaschinen noch mit relativ kleinen CCA (10 oder 12 A) aus, während hubraumstarke Zweizylinder bis zu 19 A benötigen können. 125er genügen sich meist sogar mit nur 6 A.

Was die Kapazität betrifft, sind ein bis zwei Amperestunden mehr oder weniger, als die alte Batterie ausweist, nicht dramatisch, solange Volt und CCA stimmen. Allerdings sinkt das Leistungsvermögen bei einer zu geringen Kapazität, weil die Batterie weniger Reserven hat: Sie entlädt sich schneller, erlaubt nicht so viele Startversuche (besonders bei Kälte) und fällt schneller einer Tiefenentladung anheim. Umgekehrt besitzt eine Batterie mit leicht höherer Kapazität größere Stromreserven mit allen Vorteilen. Einzig die längere Ladedauer könnte zum Nachteil gereichen, wenn sie bei häufigem Kurzstreckenbetrieb nie vollständig geladen werden kann und Sulfatierungen einsetzen.

Ein- und Ausbau / Austausch

Standard-Säurebatterien müssen stehend verbaut werden, was ihre Verwendbarkeit bei Umbauten entsprechend limitiert. Bei den meisten wartungsfreien kommt es hingegen auf den jeweiligen Typ an, wie sie verbaut werden können: So werden Mikrovliesbatterien mit Sicherheitsventilen wie übliche Säurebatterien stehend oder bestenfalls leicht geneigt eingebaut (das Ventil befindet sich oben), während Gel-Batterien fast immer über eine Lizenz zum Seiteneinbau verfügen – und Lithium-Ionen-Akkus sowieso.

Bei einem Austausch ist darauf zu achten, dass die Maße der neuen Batterie möglichst denen der alten entsprechen, damit Staufach und Befestigung weiterhin passen. Zu groß ist dabei als deutlich übler anzusehen, weil du dir was einfallen lassen musst. Bei zu kleinen Batterien können die Freiplätze genutzt oder mit Styropor oder Vergleichbarem ausgepolstert werden.

Die Lage der Anschlüsse der neuen Batterie sollten ferner jenen der alten entsprechen, um Hauptleitung und Masseanschluss nicht neu verlegen zu müssen. Eine aufwändige Sache, wenn hierfür Kabelverlängerungen notwendig werden. (Wegen der hohen Strombelastung ziehe Spezialisten hinzu, die Kabel anständig vercrimpen können. Andernfalls drohen Kabelbrände.)

Schritt 1: Nehme die Sitzbank ab, demontiere die Abdeckungen und entferne das Haltegummi (bei Scootern kann die Batterie auch hinter der Frontverkleidung oder im Tunnelbereich verbaut sein). Soll die Batterie ersetzt werden, checke, ob die neue passt, sich die Pole an der richtigen Seite befinden und die Lage der Entlüftungsöffnung praktikabel ist – bei einer Standard-Säurebatterie möglichst noch vor dem Befüllen.

Schritt 2: Ziehe den Zündschlüssel ab und löse die Anschlüsse. Hierbei gilt: Den Minuspol (das schwarze Massekabel) zuerst abklemmen, danach den Pluspol (rotes Kabel). Löst du das rote Kabel zuerst, riskierst du einen Kurzschluss, wenn das Werkzeugmetall bei den Arbeiten Kontakt zu Rahmenteilen (= Masse) herstellt.

Immer eine Wiederholung wert:

Soll die Batterie *abgeklemmt* werden, löse das schwarze Massekabel (-) *zuerst*.

Soll die Batterie *angeschlossen* werden, ist das Massekabel *zuletzt* dran.

Schritt 3: Säubere die ausgebaute Batterie äußerlich mit Motorradreiniger und Wasser und reinige anschließend die Pole und die am Mopped verbliebenen Kontaktklemmen der Anschlusskabel mit einer Messingbürste und/oder feinem Schmirgelpapier. Sofern notwendig, fülle die einzelnen Zellen einer Standard-Bleibatterie mit destilliertem (demineralisiertem) Wasser auf. Bei wartungsfreien Batterien entfällt dieser Schritt.

Schritt 4: Gelagert werden Batterien trocken im Keller oder, wenn sie an automatischen Ladegeräten hängen, in der Garage. Grund sind über Entlüftungsöffnungen austretende Dämpfe beim Ladevorgang, die du nicht wirklich in der Wohnung haben willst.

Batterien mit flüssiger Säure sollten auf einer säurefesten Unterlage und auf dem Boden oder höchstens in Arbeitshöhe gelagert werden. **Achtung:** Bei der Aufladung von Standard-Säurebatterien entsteht Knallgas, das bei unvorsichtigen Naturen, die gerne mit den Polen des Ladegeräts rumspielen oder auf keine Kippe verzichten können, zu Explosionen führen kann. Außerdem musst du selbst bei automatischen Ladegeräten regelmäßig vorbeischauen, um den Flüssigkeitsstand zu kontrollieren und destilliertes Wasser nachzufüllen. Es ist dringend geraten, beim Aufladen die Einfüllstopfen zu öffnen und den Vorgang in einem gut belüfteten Bereich vorzunehmen, damit die entstehenden explosiven Gase entweichen können.

Schließe auch immer zuerst das Ladegerät an die Batterie an und schalte es erst danach ein (umgekehrt beim Trennen), um keine Funkenbildung zu riskieren. Außerdem: Batteriesäure ist stark ätzend, Schutzbrille und Handschuhe sind angebracht.

Schritt 5: Wird die Batterie wieder eingebaut, sorge dafür, dass sie komplett aufgeladen ist und bereite sie vor: *Neue* Standard-Säurebatterien werden einmalig mit der mitgelieferten Batteriesäure bis zur Maximalmarke befüllt[12-1] (KEIN destilliertes Wasser zur Erstbefüllung verwenden).

Vorsicht: Während der Befüllung und der anschließenden Vollaufladung entstehen Gase! Lasse die Batterie ca. zwei Stunden nach dem Aufladen ablüften, bevor der Füllstand abschließend überprüft und die gefüllten Batteriezellen mit Stopfen verschlossen werden. Nach dem Laden benötigen übrigens auch alte Batterien ein wenig Zeit, damit die restlichen Gase entweichen können.

Beim Einbau einer neuen Batterie mit anderen Dimensionen, bspw. einer Lithium-Ionen-Batterie, die von Natur aus kleiner als die original verbaute ist, verwende die dem Produkt (hoffentlich) beiliegenden unterschiedlich großen Schaumstoffpakete. Sie werden auf die Batterieseiten geklebt, um Lücken auszufüllen. Versäumst du es, wird die neue Batterie in der alten Halterung umherwackeln. Lege ferner bei Säurebatterien eine säurefeste Gummiunterlage in den Batteriekasten (falls nicht bereits vorhanden).

Schritt 6: Der Anschluss der Kabel erfolgt umgekehrt zum Ausbau, also erst Plus (rot), dann Minus (schwarz). Danach schmierst du Polfett (Säureschutzfett) auf die Anschlüsse, um sie vor Säurepilz und Oxydation zu schützen. (Korrosion an Batteriepolen ist nicht immer sichtbar, verteile das Polfett aber *nicht* zwischen Kabelanschluss und Batteriepol, weil es nicht leitet.)

Sorge ferner für einen festen Sitz beider Anschlusskabel (Plus- und Minus). Fehlerhaft angeschlossene Massekabel an Batterie oder Fahrzeug beeinträchtigen die Leistung der elektrischen Funktionen. Dann blinkt beispielsweise das Rücklicht sacht im Rhythmus des Blinkers.

Achte darauf, dass bei Batterien mit Entlüftungsschlauch dieser knickfrei nach unten verlegt ist, damit die beim internen Laden durch die Lichtmaschine entstehenden Gase ungehindert abziehen können.

Ein paar nützliche Hinweise ...

Nachfüllen: Verwende *kein* Leitungswasser oder Säure zum Nachfüllen einer Standard-Säurebatterie, sondern *immer* destilliertes (demineralisiertes) Wasser. Nur zur *Erstbefüllung* einer Standard-Säurebatterie nutzt du die mitgelieferte Batteriesäure (und KEIN destilliertes Wasser).

Fülle eine Standard-Säurebatterie nicht vor, sondern immer *nach* dem Laden auf. Batteriesäure dehnt sich beim Laden aus und abhängig vom Füllstand läuft sie dann eventuell über.

Nicht aufbrechen: Reiße bei wartungsfreien Batterien NIE Zellverschlüsse auf. Wartungsfrei heißt wartungsfrei und jeder Versuch, trotzdem etwas nachzufüllen, wird im Desaster enden.

Lieber ausbauen: Lade Standard-Säurebatterien NIE im eingebauten Zustand auf, 1) wegen Knallgasentwicklung, 2) wegen Säurenebel (weil die Zellen geöffnet sind!) und weil du 3) den Füllstand der Zellen schlecht kontrollieren kannst. Viele Biker verzichten aus Sicherheitsbedenken übrigens generell auf Ladevorgänge im verbauten Zustand, auch bei wartungsfreien Batterien.

Das Ladesystem

Das Ladesystem eines Verbrenner-Motorrads besteht neben der Batterie aus der Lichtmaschine, dem Gleichrichter und dem Spannungsregler (Laderegler), wobei die Lichtmaschine die Versorgung des Bordnetzes während der Fahrt leistet und die Aufladung der Batterie übernimmt, während ihr der Gleichrichter und der Spannungsregler dabei zur Seite stehen, um aus Dreh- bzw. Wechselstrom Gleichstrom (Gleichrichter) zu konvertieren und die Stromspannung auszugleichen (Spannungsregler).

Hinweis: Die folgende Ausführungen zum Ladesystem sind vereinfacht gehalten. Wer elektrotechnisch tiefer in die Materie einsteigen möchte, greift zu Dirks PDF zur Motorradelektrik[12-2].

Lichtmaschine

Lichtmaschinen am Motorrad bestehen aus Magneten, die sich um feststehende Wicklungen drehen und so Dreh- bzw. Wechselstrom erzeugen. Meist handelt es sich dabei um kostengünstige und zuverlässige Permanentmagneten, die, weil sie dauernd magnetisch sind, ohne weiteres Zutun Strom erzeugen, sowie sie in Bewegung gesetzt werden. Alternativ kommen Elektromagnete zum Einsatz, die nur dann magnetisch werden, wenn Gleichstrom durch ihre Wicklungen fließt (der von der Batterie stammt und dessen Zufluss vom Regler gesteuert wird).

Permanentmagnet: Angetrieben vom Motor läuft ein permanent aktiver Magnet ständig unter Volllast und produziert umso mehr Spannung, je höher der Motor dreht, beginnend bei 14,2 Volt, die bereits im Leerlauf anliegen. Da mit steigender Drehzahl aber auch die produzierte Spannung steigt, könnte die Leistung ab einer bestimmten Drehzahl jeden Verbraucher inklusive Zündbox vernichten, was durch den Spannungs- oder Laderegler verhindert wird. Er hält die Bordspannung bei schwankender Motordrehzahl konstant auf Batterieniveau und schützt damit die elektrischen Verbraucher vor Überspannung und die Batterie vor Überladung.

Elektromagnet: Bei der sogenannten feldgeregelten Lichtmaschine wird nicht die von der Lichtmaschine kommende Spannung geregelt, sondern die von der Batterie zur Lichtmaschine fließende, die den Magneten anregt, ein Feld zu erzeugen. Hat der von der Lichtmaschine produzierte Strom die maximal gewollte Spannung erreicht (meist 14,4, vereinzelt 14,8 Volt), wird die Verbindung zur Batterie unterbrochen, das Magnetfeld bricht zusammen, die Lichtmaschine liefert keinen Strom mehr und die Bordspannung sinkt. Fällt die Spannung unter 14,2 Volt, schaltet der Regler den Batteriestrom wieder ein, so dass sich das Feld erneut aufbaut. Hierzu wird die Spannung ständig gemessen und innerhalb von Sekundenbruchteilen angepasst.

Der Vorteil bei Elektromagneten ist die leichtere Regelbarkeit (da nur die Erregerleistung geregelt werden muss), der Nachteil die zusätzlichen Kohlebürsten, die nicht ewig leben und irgendwann verschleißen.

Spannungsregler

Der Sollwert der Bordnetzspannung beruht auf der Ladespannung der Batterie und beträgt in der Regel 14 bis 14,5 Volt (bzw. 6 bis 6,5 Volt).

Die Kunst ist, die aus der Lichtmaschine kommende überschüssige Energie (also alles über 14,1 bis 14,6 Volt) irgendwie loszuwerden, bspw. indem sie vom Laderegler Richtung Masse geleitet wird (man die Lichtmaschine also quasi kurzschließt und so deren Leistung in Wärme umsetzt) oder die Lichtmaschine bei Erreichen des Sollwerts vom Gleichrichter trennt, was schaltungstechnisch allerdings etwas aufwändiger ist. (Die Wärmeentwicklung ist übrigens der Grund, warum ein Spannungsregler über Kühlrippen verfügt und meist luftstromgünstig verbaut wird.)

Gleichrichter und Spannungsregler produzieren Abwärme. Die Kühlrippen sollen sie vor dem Hitzetod bewahren.

Gleichrichter

Das Bordnetz eines Motorrads basiert auf Gleichstrom, die Lichtmaschinen hingegen liefern Dreh- oder Wechselstrom, sodass Gleichrichter notwendig werden, die mithilfe von Dioden die notwendige Umwandlung zum benötigten Gleichstrom bewerkstelligen. In vielen Fällen sind Gleichrichter in einem Gehäuse mit Ladereglern verbaut – was praktisch ist, da auch beim Gleichrichten als Nebenprodukt Wärme entsteht, die über die Kühlrippen abgeleitet wird.

Ladestromverkabelung

Die Ladestromverkabelung besteht in der Regel aus den Verbindungen von der Lichtmaschine zur kombinierten Gleichrichter/Laderegler-Komponente und von dort zur Batterie. Eine weitere Verbindung ist die Masseverbindung des Ladereglers/Gleichrichters. Sind Gleichrichter und Laderegler getrennt vorhanden, besteht ferner eine Verbindung vom Laderegler zur Lichtmaschinen-Feldwicklung sowie eventuell zu einer Ladekontrollleuchte.

Der Ladevorgang

Damit eine Batterie richtig *und* vollständig geladen wird, müssen sowohl der von der Lichtmaschine oder einem Ladegerät stammende Ausgangsstrom als auch die Ladecharakteristik auf den Typ der zu ladenden Batterie abgestimmt sein. Die hierfür nötigen Werte (Strom, Spannung und Ladezeit) sind den beiliegenden Spezifikationen des Batterieherstellers zu entnehmen.

So ist die Ladeschluss- oder schlicht Ladespannung die festgesetzte Maximalspannung, die weder vom Lichtmaschinenregler (beim internen Laden) noch vom Ladegerät (beim externen Laden) überschritten werden sollte. Zwar kommen einfache Standard-Blei-Säure-Batterien noch mit Ladespannungen bis zu 14,3 Volt problemlos klar, aber bei wartungsfreien GEL-Batterien (die eine *konstante* Ladespannung von 14,2 bis maximal 14,4 Volt bedürfen), AGM-Batterien (maximal 14,8 Volt) und Lithium-Ionen-Batterien (meist 14,4 - 14,8 Volt) droht Ungemach. Liegen dauerhaft zu hohe Spannungen an, überhitzen übliche Blei-Säure-Batterien und nehmen Schaden durch Austrocknung (vom Ausgasen nicht zu reden), bei Li-Ionen-Akkus droht im schlimmsten Fall gar neben dem Austritt gesundheitsschädlicher Gase ein Brand oder eine Explosion. Wer dabei nur mit einem Kapazitätsverlust davonkommt, hat schlicht Glück gehabt.

Relativ unbeschadet überleben nur die alten Standard-Blei-Säure-Batterien eine Überladung, weil man dort durch fleißiges Nachkippen destillierten Wassers den Wasserverlust ausgleichen und Gnadenfristen rausschlagen kann. Die fest verschlossenen, wartungsfreien und die Blei-Gel-Batterien auf der anderen Seite altern rapide, verlieren schnell an Leistung, trocknen mit der Zeit komplett aus und geben auf.

Umgekehrt zur Überladung verhält sich die Unterladung. Reicht die Ladespannung nicht (bspw. bei wartungsfreien Batterien, die in älteren Motorrädern verbaut werden), werden die Akkus nie voll aufgeladen, mit dem Ergebnis, dass sie ihre Sulfatierungen nicht so richtig loswerden. Startschwierigkeiten treten dann gehäuft auf, weil die Batterie nicht genügend Kraft für mehrere oder längere Startversuche hat.

Achte deshalb streng auf die Herstellerangaben deiner Batterie und tausche im Zweifel den Lichtmaschinenregler aus, wenn er nicht (mehr) die richtige Spannung produziert (siehe auch Seite 180) bzw. motte dein Ladegerät ein und schaffe dir ein passendes mit Spannungsregulierung an.

Li-Ionen-Batterien sind zwar mit einem Batterie-Management-System (BMS) ausgerüstet, das sie vor Überladung und Tiefenentladung schützen soll, du solltest dich aber trotzdem vergewissern, dass die vom Hersteller angegebene Ladeschlussspannung weder von der Bordelektronik (Lichtmaschine/Regler) noch vom externen Ladegerät nicht überschritten wird. Letzteres muss ausdrücklich einen speziellen Lademodus aufweisen, auch als Lithium- oder 12,8V-Modus bekannt (siehe Seite 182).

Selbstentladung

Stehen die Räder still, wie in der Saisonpause, und kümmert sich niemand um die Batterie, beginnt die Selbstentladung. Wie stark, hängt dabei von Batterietyp, Alter und Umgebungstemperatur ab (die ideale Lagerungstemperatur liegt bei ca. 10°C). Anführer ist hierbei ganz klar die Standard-Säurebatterie, die pro Tag ein Prozent Leistung verliert. Wartungsfreie und Blei-Gel-Batterien können demgegenüber mehrere Monate gelagert werden, bevor sie ans Ladekabel sollten. Zu lange warten sollte man bei Bleibatterien aber auf keinen Fall, da mit jedem Tag die Sulfatierung der Zellen zunimmt, bis sich auf den Platten eine undurchdringliche Schicht aus Bleisulfat gebildet hat, welche die nutzbare Kapazität der Batterie stark verringert. Auch sollte die Batterie vor der Einlagerung vollständig aufgeladen sein.

Wie stark eine eingelagerte Batterie entladen ist, lässt sich an der Spannung ablesen: Bei mehr als 12,7 Volt beträgt der Ladezustand 100 %, bei 12,5 V sind es 75 %, bei 12,2 V sind es 50 %, bei 12 Volt sind es 25 % und bei 11,8 Volt und darunter ist das Teil im Grunde klinisch tot (0 %).

Bei Fahrpausen ab 10 Wochen sollte die Batterie aus dem Bike entnommen werden, um eine Tiefenentladung durch Dauerstrom ziehende Verbraucher wie Alarmanlagen und Uhren zu vermeiden. Der Nachteil: Im Speicher angelegte Einstellungen von elektronischen Helfern wie Fahrassistenten, Navi, Uhr, Alarm etc. gehen vermutlich verloren und sind bei Wiederinbetriebnahme neu einzustellen.

Wer das nicht möchte und über eine wartungsfreie, verschlossene Batterie verfügt, kann sie angeschlossen im Bike belassen und dort sporadisch aufladen oder am Ladegerät zum Erhalt hängen lassen. Allerdings sollte man auf Desulfatierungen verzichten, da die Möglichkeit besteht, dass die dabei auftretenden Spannungsspitzen der Elektrik des Bikes schaden. Dann doch lieber die Pole vom Fahrzeug lösen und auf den Erhalt der Einstellungen verzichten ...

Ladesystem prüfen

Auskunft über den aktuellen Ladezustand deiner Batterie liefert dir das Leben frei Haus:

Der Starter quält sich über die Runden, der Anlasser bringt nur ein paar armselige Klacks zustande, der Scheinwerfer schwächelt und – offensichtlicher geht's nicht – die Ladekontrollleuchte sendet erkennbar Hilferufe aus.

Benötigst du darüber hinaus belastbarere Infos über den Batteriezustand, schließe ein Multimeter oder Ladeprüfer an:

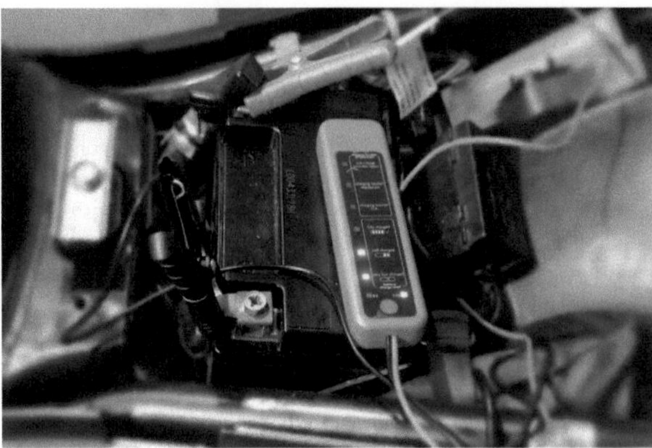

Einfache Ladeprüfer zeigen durch drei LEDs an, in welchem Zustand sich eine Batterie befindet: Voll, halbvoll, leer. Für genauere Angaben benötigst du ein Multimeter.

Schalte die Zündung aus, klemme direkt an die Batterie angeschlossene Verbraucher wie USB-Buchsen und Heizgriffe für die Dauer der Messung ab und mache die Batteriepole zugänglich, um dein Multimeter anzuschließen; meistens muss nur eine Abdeckung entfernt werden. Stelle das Gerät bei einer 12-Volt-Maschine auf den Messbereich 20 Volt/Gleichspannung und halte die Prüfspitzen direkt an die Pole der Batterie, die schwarze an Masse (-), die rote an Plus.

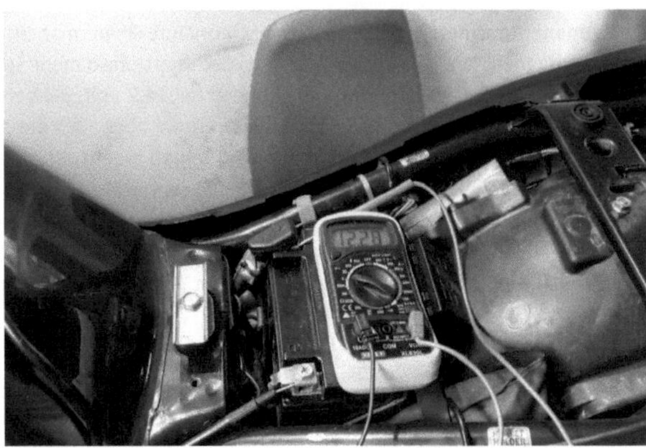

Rot an den Pluspol, Schwarz an Minus, Einstellbereich auf 20 V Gleichspannung.

Beträgt die Ladespannung in Ruhe um die 12,5 V bis 12,8 V (Li-Io 13,6 V), scheint alles im Lot und die Batterie fit zu sein. Schalte jetzt Zündung und Fahrlicht ein. Fällt die Spannung unter 12 Volt? Das ist übel. Wahrscheinlich ist die Batterie defekt oder überaltert (= austauschen oder revitalisieren), hat sich selbst entladen (= meist austauschen) oder wird nicht anständig geladen (= Fehlerdiagnose). Bei einer Überalterung schmeiße die Batterie aber nicht gleich in den Sondermüll, sondern überprüfe, ob sie sich an einem Ladegerät mit Revitalisierungsfunktion wieder zum Leben erwecken lässt. (Falls ja, überprüfe Spannungsregler, Gleichrichter und Lichtmaschine auf Defekte.)

Hinweis: Startet das Motorrad bei täglichen Fahrten problemlos, ist die Batterie aber nach längerer Standzeit zu schwach, den Motor zu drehen, stelle vor einer arbeitsaufwändigen Fehlerdiagnose sicher, dass keine simplen Ursachen in Frage kommen:

- Möglicherweise ziehen Verbraucher wie Alarmanlagen ständig zu viel Strom oder sind nicht ausgeschaltet (bspw. Heizgriffe, die nicht über die Zündung laufen).
- Denkbar sind auch Leckströme, die über Masse abfließen (siehe Seite 173), Leitungsfehler, Kabelbrüche oder lockere Kontakte.
- Ist die Batterie überaltert, liegt die Sache ebenfalls auf dem Tisch. Offenbar ist die innere Sulfatierung weit fortgeschritten und die Spannung bricht unter Last zusammen. Dies kannst du durch eine intensive Aufladung über ein externes Ladegerät

zwar temporär in den Griff bekommen, es wird aber keine Dauerlösung sein. Eher ein Zeitgewinn, da eine alte Batterie über die Jahre viel Ladekapazität verloren hat und der Neukauf auf diese Weise nur kurzfristig aufgeschoben werden kann.

Demgegenüber: Handelt es sich um eine noch frische Batterie (weil kürzlich eingebaut), die sich auch genügend auflädt, aber trotzdem sehr schnell wieder müde wird, müssen Schäden an Lichtmaschine, Spannungsregler oder Gleichrichter vermutet werden.

Fehlerdiagnose

Zur Messvorbereitung lädst du die Batterie zunächst vollständig über ein externes Ladegerät auf, dies gilt ganz besonders für Kurzstrecken-Enthusiasten, die ihr Bike wenig bewegen (die paar Meter zum Bäcker oder zum Kiosk zehren mehr am Stromspeicher durch die häufige Nutzung des Starters als während einer kurzen Fahrt an Ladung nachproduziert werden kann).

Gehe vor wie oben im Abschnitt „Ladezustand prüfen" und messe die Spannung in Ruhe (ausgeschaltete Zündung, keine direkt angeschlossenen Verbraucher). Werden 12,5 Volt erreicht, schalte Zündung und Fahrlicht ein. Sinkt die Spannung auf unter 12 Volt, obwohl sie kurz vorher voll aufgeladen wurde, ist die Batterie hinüber.

Als nächsten Schritt starte den Motor. Während der Anlasser dreht, darf die Spannung bis auf Werte um 11 Volt herum abfallen, zur Not auch auf etwas über 10. Nur *unter* 10 Volt am liebsten nicht. Lasse das Messgerät angeschlossen, deaktiviere das Fahrlicht (sofern möglich) und erhöhe die Leerlaufdrehzahl auf rund 3.000 bis 4.000 U/min. Gleichzeitig messe die Spannung, die bei einem funktionierenden Ladekreis auf bis zu einem für jedes Motorradmodell individuell festgelegten Grenzwert steigen sollte, in der Regel irgendwo zwischen 13,5 Volt und 15 Volt. Welcher genau, sollte dir das Werkstatthandbuch zu deinem Bike sagen können.

Fehlt trotz Drehzahlerhöhungen der Ladespannungsanstieg oder treten kurzfristig Spannungsspitzen auf, muss die Lichtmaschine (bei elektrisch erregten auch die Kohlebürsten) näher ins Auge gefasst werden (siehe unten), bei Spannungsspitzen ferner der Gleichrichter. Wird der für dein Motorrad geltende Grenzwert überschritten, arbeitet der Spannungsregler fehlerhaft und regelt die Ladespannung nicht mehr ab. Dann wird die Batterie permanent überladen und quittiert dies irgendwann mit einem Totalausfall (siehe den nächsten Abschnitt *‚Überladung'*).

Wird der Spannungsbereich hingegen erreicht, schalte das Fahrlicht und einen anderen Verbraucher hinzu, bspw. das Bremslicht. Jetzt sollten mindestens 14 V gehalten werden. Ist es nicht der Fall, kann die Wurzel des Übels bei einer gealterten Lichtmaschine liegen, die nicht mehr genügend Leistung erbringt, wenn gleichzeitig zur Batterieladung Verbraucher eingeschaltet werden. Ein Austausch (oder zumindest ein Austausch des Rotors bei einem Permanentmagneten) kann dann ins Haus stehen. Untersuche aber zunächst die Verkabelung auf Schäden, Korrosion, festen Sitz und zu hohe Übergangswiderstände an Steck- und Schraubverbindungen. Letzteres bietet sich auch an, wenn der Fehler nur zeitweise bzw. während der Fahrt auftritt.

Ladestromverkabelung prüfen

Starte den Motor und messe die Spannungsdifferenz zwischen dem Batterie-Minuspol und dem Minuspol am Spannungsregler sowie zwischen dem Pluspol der Batterie und dem Pluspol am Regler. Differenzen von mehr als ein paar zehntel Volt lassen auf schlechte oder unterbrochene Verbindungen schließen. Auf der Gleichrichter-Eingangsseite sollte zwischen den eingehenden Leitungen eine Wechselspannung von 15 bis 20 Volt auftreten. Hierbei haben Wechselstrom-Lichtmaschinen zwei Leitungen und Drehstromlichtmaschinen drei.

Sichtprüfe ferner alle visuell direkt zugänglichen Bauteile des Ladestromkreises auf mechanische Mängel, checke die Verbindungen, Stecker und Kabelklemmen von der Batterie über Spannungsregler und Gleichrichter bis hin zur Lichtmaschine und fahnde gezielt nach Bruchspuren, aufgescheuerte Kabel und Brandindizien. Alle Elektrokomponenten sollten frei von Rost und Grünspan sein, auch der Batterieanschluss selbst. Sichtbar defekte Teile gehören ausgetauscht, oxydierte gesäubert.

Überladung

Überschreitet die an der Batterie gemessene Spannung bei Erhöhung der Motordrehzahl den erwünschten Wert, wird sie permanent überladen. Eine Überladung lässt sich, wie bereits gesagt, daran erkennen, dass Standard-Säurebatterien ständig neu befüllt werden müssen und die anderen Blei-Säurekollegen austrocknen. Bei stark überhöhten Ladespannungen brennen ferner vermehrt alle möglichen Glühlampen durch, insbesondere der Scheinwerfer (meist H4).

Da die Batteriekapazität bei Überladungen ständig abnimmt, geht der eine oder andere irrtümlich davon aus, dass die Batterie zu alt ist, der wahre Grund liegt aber beim Laderegler oder einem alten Kabelbaum (kommen Kabelbäume in die Jahre, steigen die Widerstände der Kabel und Steckverbindungen und der Lichtmaschinenregler gleicht diese Veränderungen mit einer Erhöhung der Ladespannung aus).

Abhilfe:

- **Kabelbaum:** Bei Fehlern durch alte Kabelbäume prüfe die Verkabelung des Ladesystems von der Lichtmaschine zu Regler/Gleichrichter und der Batterie (Kabel, Stecker, Anschlüsse), vor allem die Masseverbindungen (siehe unten den Abschnitt *‚Ladestromverkabelung prüfen'*.
- **Spannungsregler:** Wenn die an der Batterie gemessene Spannung bei Erhöhung der Motordrehzahl den erwünschten Wert überschreitet und ist am Kabelbaum kein Fehler zu finden, arbeitet der Regler fehlerhaft und eine separate Überprüfung wird im Prinzip hinfällig. Das Teil gehört ausgetauscht oder (bei älteren Bikes und Oldtimern möglich) neu einjustiert. Liegt der Laderegler als Einheit mit dem Gleichrichter vor, muss die komplette Komponente ersetzt werden.

Hinweis: Bei preisgünstigen Spannungsreglern wird die Bordspannung statt am eigenen Ausgang über ein Referenzkabel gemessen, das irgendwo im Bordnetz angeschlossen ist. Dann muss die Untersuchung des Kabelbaums erweitert werden – gleichwohl es in vielen Fällen einfacher ist, den Regler testweise durch einen Regler ohne Referenzkabel zu ersetzen. Alternativ kann der komplette Kabelbaum ersetzt werden, aber das werden wohl nur Wenige in Betracht ziehen.

Gleichrichter prüfen

Zur Überprüfung des Gleichrichters ziehe die Stecker ab, stelle das Multimeter auf Widerstandsmessung (Ω) im Messbereich 200 Ohm und messe den Widerstand zwischen dem Massekabel des Gleichrichters und allen weiteren Anschlüssen zur Lichtmaschine (schwarze Prüfspitze an Masse, rote Prüfspitze nacheinander an die einzelnen Kabelenden). Hierbei sollte ein niedriger Widerstand ermittelt werden (beispielsweise ‚1').

Anschließend wechselst du die Polarität und misst den Widerstand zwischen dem Plus-Ausgangskabel und allen weiteren Anschlüssen. Werden nicht zumindest 10-fach höhere Werte bzw. wird der gleiche Wert wie vorher gemessen, ist der Gleichrichter defekt.

Lichtmaschine prüfen

Ziehe den Zündschlüssel ab und trenne die Lichtmaschine von allen Verbindungen zur Restelektrik. Immerhin, sie kann eingebaut bleiben. Danach werden sämtliche Wicklungen auf Durchgang und Isolation nach Masse geprüft. Hierbei gilt:

- Bei Drehstrom-Lichtmaschinen sollen die Durchgangswiderstände für jeweils zwei der drei Ausgänge identisch sein (die Sollwerte sind im Werkstatthandbuch vermerkt).

- Bei elektrisch erregten Lichtmaschinen wird zusätzlich die Feldwicklung auf Durchgang und Isolation gegen Masse geprüft.
- Tritt bei der Messung der Isolation nach Masse ein Durchgang auf, ist die Wicklung defekt.

Drehstromlichtmaschine (Sternlichtmaschine)
Stelle auf dem Multimeter den Messbereich bis 200 Volt Wechselspannung ein und halte die Prüfspitzen in zwei beliebige Kontakte des Lichtmaschinensteckers. Stecke den Zündschlüssel wieder ein, starte den Motor und halte ihn im Bereich zwischen 3000 und 4000 U/min. Messe die Voltzahl und schalte den Motor ab.

Wähle eine andere Kontakte-Kombination, starte den Motor, halte ihn im Bereich zwischen 3000 und 4000 U/min und messe die Voltzahl. Schalte den Motor ab, ändere die Anschlusskombination erneut und wiederhole die Schritte ... bis alle möglichen Kombinationen auf dieselbe Weise durchgetestet sind.

Bleiben bei deinen Messungen alle Werte mehr oder weniger gleich (bspw. um 50 Volt herum), ist die Lichtmaschine fit, weist nur ein Wert deutlich weniger auf als die anderen, ist sie defekt. (Wie viel Volt deine Lichtmaschine liefern sollte, steht im Werkstatthandbuch, meistens liegt der Wert irgendwo zwischen 50 – 70 Volt.)

Um der Ursache einer defekten Lichtmaschine auf den Grund zu gehen, machst du eine Widerstandsmessung. Schalte hierzu die Zündung aus, stelle das Multimeter auf Widerstandsmessung (Ω) im Messbereich 200 Ohm und halte die schwarze Prüfspitze an Masse sowie die rote an einem Kontakt des Steckers und dann nacheinander an alle anderen Kontakte. Hierbei darf kein Durchgang messbar sein. Falls doch, hat der Stator einen Masseschluss.

Um zusätzlich den Durchgang zwischen den Wicklungen zu messen, nehme die schwarze Prüfspitze von der Masse und teste alle möglichen Anschlusskombinationen der Kontakte untereinander durch. Der Widerstand sollte bei allen Kombinationen gleich gering sein, meistens unter 1 Ohm (dein Werkstatthandbuch sollte den exakten Wert für dein Modell kennen). Hohe Werte bescheinigen dem Stator keinen ausreichenden Durchgang zwischen den Wicklungen, bei 0 Ohm ist ein Kurzschluss zu diagnostizieren.

Kollektorlichtmaschine
Kollektorlichtmaschinen sind fest im Motor verbaut oder als separate Einheiten ans Mopped gepappt und verfügen über diverse Verschleißteile, die neben einer Überprüfung via Multimeter einer Sichtprüfung unterzogen werden sollten. Als ersten Schritt klemmst du die Batterie ab und öffnest den Lichtmaschinendeckel bei einer auf der Kurbelwelle fest verbauten Lima bzw. demontierst eine separat verbaute Lichtmaschine, um sie außerhalb des Bikes zu checken.

Separate Lima: Checke die Andruckkraft der Bürstenfedern sowie die Kohlebürsten auf Verschleiß. Den Kollektor säuberst du mit Bremsenreiniger und maximal mit sehr feinem Schleifpapier. Die Kollektornuten sollten mindestens 0,5 Millimeter tief sein. Bei Bedarf können sie mit Sägeblättern nachgeschnitten werden, falls es noch Sinn ergibt. Ist der Schleifring hingegen verschlissen, ersetzt du den Rotor.

Wie bei der Sternlichtmaschine stelle das Multimeter auf Widerstandsmessung (Ω) im Messbereich 200 Ohm und überprüfe die *Statorwicklung* auf Durchgang, dann auf Masseschluss. Halte eine Prüfspitze vor, die andere hinter eine Feldwicklung (welche Spitze wo, ist egal). Ein geringer Widerstand ist normal (in der Regel unter 1 Ohm, dein Werkstatthandbuch sollte den exakten Wert für dein Modell kennen). Ein hoher Wert deutet auf eine Unterbrechung hin.

Stelle einen hohen Ohm-Messbereich ein, um einen Masseschluss zu enttarnen. Halte die schwarze Prüfspitze an Masse sowie die rote an die Statorwicklung. Hierbei darf kein Durchgang messbar sein (= unendlicher Widerstand). Falls doch, hat der Stator einen Masseschluss.

Zur Überprüfung der Rotorwicklungen schalte das Multimeter zurück auf 200 Ohm und messe die Widerstände zwischen jeweils zwei Kollektorlamellen in allen möglichen Kombinationen. Die gemessenen Werte dürfen zwischen 2 und 4 Ohm liegen (der genaue Wert für dein Modell ist im Werkstattbuch verzeichnet). Liegt der Messwert über dem Herstellerwert, besteht kein Durchgang. Ist er gleich Null, liegt ein Kurzschluss vor. In beiden Fällen ist der Rotor defekt.

Danach wechselst du erneut in den hohen Ohm-Messbereich zur Masseschlussdiagnose. Halte die schwarze Prüfspitze an Masse sowie die rote an je eine Kollektorlamelle. Hierbei darf kein Durchgang messbar sein (unendlicher Widerstand). Falls doch, besteht ein Masseschluss.

Verbaute Lima: Überprüfe den Kollektor (der hier übrigens keine Nuten hat) auf Öl oder Wasser, reinige ihn bei Bedarf und tausche defekte Dichtungen aus, die Öl aus dem Motorraum bzw. Regenwasser von außen eindringen lassen. Checke ferner die Kohlebürsten auf Verschleiß und die Andruckfedern auf Funktionalität.

Die Statorwicklung prüfst du wie oben beschrieben an den jeweiligen Kabelanschlüssen. Die Rotorwicklung misst du zwischen den beiden Kupferbahnen des Kollektors (Messbereich 200 Ohm). Der gemessene Wert darf zwischen 2 und 6 Ohm liegen (der genaue Wert für dein Modell ist im Werkstattbuch verzeichnet). Liegt der Messwert über dem vom Hersteller angegebenen, besteht kein Durchgang. Ist er gleich Null, liegt ein Kurzschluss vor. Einen Masseschluss enttarnst du, indem du die schwarze Prüfspitze an Masse sowie die rote an eine Kupferbahn anlegst. Hierbei darf kein Durchgang messbar sein (unendlicher Widerstand).

Batterieladegeräte für Motorräder

Batterieladegeräte für Bikes gibt es in unterschiedlichen Ausführungen für einfache Blei/Säurebatterien (benötigt Ladegeräte, die Ladestrom und Spannung präzise regeln) sowie für Gel-, AGM- und Lithium-Ionen-Akkus (benötigen meist spezielle Ladeprofile). Oberste Regel: Da jeder Batterietyp eigene Vorgaben für Betrieb und Ladevorgang besitzt, sollte sicher sein, dass ein Ladegerät mit der jeweils genutzten Batterie kompatibel ist. Entweder ausschließlich, dann ist es für andere Typen nicht zu gebrauchen, oder aber übergreifend verwendbar, dann werden mehrere Batterietypen unterstützt (idealerweise mit automatischer Erkennung und Spannungsumschaltung). Insbesondere Lithium-Ionen-Akkus stellen besondere Ansprüche und benötigen einen speziellen Lithium-Modus, der die Ladespannung präzise steuert, die Spannung in diesem Modus auf maximal 14,4 V bis 14,8 V begrenzt, keine hohen Spannungsspitzen zur Desulfatierung durchführt und eine spezielle, spannungsreduzierte Langzeit- bzw. Erhaltungsladung für Lithium-Batterien aufweist.

Bringe also 1) in Erfahrung, welcher Typ Batterie in deinem Bike verbaut ist und 2), über welche Amperestunden (Ah) das Teil verfügt und 3) wie hoch der optimale Ladestrom sein sollte (steht meist auf der Batterie). Das Ladegerät sollte dann mindestens mit diesen Eckwerten übereinstimmen. Auch muss bei CAN-Bus-Systemen das Ladegerät in der Lage sein, mit der Motorrad-Elektronik zu kommunizieren, sonst wird die für das Laden zu nutzende Bordsteckdose nicht freigegeben.

Der weitere Funktionsumfang hängt von der Höhe des Preises ab (zwischen 30.- und 150.- Euro), den du gewillt bist, zu bezahlen[12-3].

- **Erhaltungsfunktion:** Ladegeräte mit Erhaltungsfunktion eignen sich, Batterien über längere Fahrpausen konstant geladen zu halten. Dies trifft bei Pausen über sechs Wochen zu und bei Stilllegungen über die Wintermonate, in denen tiefe Temperaturen einer Batterie zusätzlich zusetzen. (Ältere Akkus und im Stand arbeitende Stromfresser wie Uhren und Alarmanlagen können das Anschließen noch früher als alle sechs Wochen erfordern.)
- **Intelligenz:** Sinnvolle und brauchbare ‚Intelligenz' bei Ladegeräten beschränkt sich darauf, den angeschlossenen Batterietyp zu erkennen (siehe oben) sowie den Ladebetrieb zu überwachen

und anzupassen bzw. bei drohender Überladung, einem Kurzschluss oder bei Verpolung abzuschalten.

- **Revitalisierung/Rekonditionierung:** Ist eine Batterie tiefentladen, reicht ein normaler Ladevorgang nicht, den Akku wieder aufzuladen. Nicht einmal, wenn das gute Stück über Nacht an den Tropf gehängt wird. Revitalisierung heißt dann das Zauberwort, das mittels spezieller Lademodi oft auch tote Batterien wieder ins Leben zurückholt. Hierzu führt das Gerät hohe Spannungs-Pulsladungen durch, die eine Desulfatierung bewirken.

Eher vernachlässigen kannst du hingegen:

- **Kompakte Bauweise:** Die meiste Zeit wirst du ein Ladegerät zuhause verwenden, so dass hohe Geldausgaben für möglichst kompakte Geräte im Prinzip unsinnig sind. Stirbt eine Batterie bei einer größeren Tour in der Pampa, wird meist weit und breit keine Stromquelle zur Verfügung stehen. OK, es gibt Ladegeräte mit Anschlüssen für Zigarettenanzünder, aber versuche mal, einen des Weges kommenden Autofahrer zu überreden, deine Batterie aufzuladen. Der Mehraufwand an Kosten für ein kleines Ladegerät sollte deshalb besser in einer neuen Batterie, einem Jumpstarter (Powerbank) oder einem Starthilfekabel investiert werden. Denn läuft der Bock erst wieder, lädt sich auch die Batterie auf (es sei denn, der Ladestrom ist unterbrochen, aber dann hast du ein anderes Problem).
- **Diagnoselämpchen:** Diagnose-LEDs, die nicht mehr Informationen bieten, als dir zu sagen, dass deine Batterie randvoll, halb leer oder tot ist, braucht niemand. Das schafft auch das Armaturendisplay über die Voltanzeige – und fehlt sie, kannst du dir alles davon selbst denken: Ist die Batterie voll, dreht der Motor schnell und kraftvoll durch, ist sie halb leer, dreht er sich nur noch müde bis gar nicht und die Lichter glimmen beim Starten ab. Ist sie leer, naja, echt jetzt, da gibt's keine Antwort drauf.
- **Schnellladung:** Ja, kann man vielleicht brauchen, wenn ein wichtiger Termin ansteht. Leider ist aber nicht sicher geklärt, ob die für die Schnellladung notwendige steile Spannungskurve der Lebensdauer einer Batterie nicht eher abträglich ist (weil die Zellen durch Schnellladungen ihre Maximalkapazität deutlich früher als üblich erreichen). Alternativ lade nur so weit auf, dass der Motor wieder startet und überlasse den Rest der Lichtmaschine.

Lade eine Motorradbatterie nie mit einem Auto-Ladegerät auf, da dieses eine zu hohe Leistung hat. Mehr Amperestunden bedeuten zwar schnellere Aufladungen, der hohe Ladestrom schädigt aber die eher kleine Motorradbatterie.

Ein paar nützliche Hinweise ...

Ladegerätanschluss: Beim Anschluss ans Ladegerät zuerst den Pluspol (rot) anklemmen, dann den Minuspol (schwarz). Beim Abklemmen zuerst den Minuspol, dann den Pluspol.

Ladespannung: Batterien mit kleiner Ladespannung laden (falls das Ladegerät eine Auswahl zulässt). Maximale Ladezeiten und Ladeströme sind meist auf der Batterie oder einem Beipackzettel festgehalten. Häufige Werte sind 1/10 der Amperestundenstärke der jeweiligen Batterie (Ladestrom) und 5 bis 10 Stunden (Ladezeit).

Ladezeitpunkt: Liegt die Spannung unter 12,4 Volt, sollte nachgeladen werden (im Winter etwa alle sechs Wochen kontrollieren). Tiefentladung setzt bei 10,5 V (Blei-Akkus) bzw. 11,1 V (Blei-Gel) ein.

Ladezeit: Meist 12 Stunden, Motorradbatterien müssen aber nicht prinzipiell immer vollständig geladen werden. Oft reicht es, die Startfähigkeit des Motors wiederherzustellen und gut ist. Allerdings sollte man dann genügend Kilometer fahren, um den Akku vollständig zu laden. Achte hierbei darauf, dass genügend Drehzahl anliegt, da die Batterie bei niedrigen Drehzahlen eventuell nicht geladen wird, sondern im Gegenteil zum Erhalt des Bordnetzes beitragen muss.

Starthilfe: Vermeide, ein aufgrund einer toten Batterie liegengebliebenes Katalysator-Motorrad anzuschieben, da es zu Schäden am Abgasbauteil kommen kann. Verwende stattdessen ein Starthilfekabel, das auch an der Autobatterie hängen darf (gleiche Voltzahlen vorausgesetzt). Wer dabei auf Nummer Sicher gehen will, setzt spezielle Starthilfekabel für Motorräder ein, um Schäden durch Spannungsspitzen zu verhindern.

Elektr(on)ik (A – Z)

Scheinwerfer und Blinker kennt jeder, andere elektrische bzw. elektronische Komponenten arbeiten hingegen im Verborgenen und dann ist es gut, zumindest einmal etwas von ihnen gehört zu haben. Deshalb nachfolgend eine Liste der wichtigsten Bauteile, Hinweise zur Fehlerbehebung und zwei Großbilder (Seite 189) zur ungefähren Positionsbestimmung (hierzu erhält eine Komponente eine in Klammern gesetzte Zahlenfolge, bspw. 2.3, die ihre Entsprechung auf eines der vier Großbilder findet). Beachte, dass einige Bauteile an deinem Motorrad wahrscheinlich an anderen Stellen zu finden sein werden ...

Elektrik

Grob über den Daumen gepeilt gehe davon aus, dass sich alles, was an einem älteren Motorrad irgendwie mit Strom zu tun hat, unter der Rubrik Elektrik einordnen lässt. Was darüber hinaus geht und mit digitalen Daten hantiert, findest du weiter unten im Abschnitt *‚Elektronik‘* ab Seite 186.

Anlasser

Der Anlasser, lokalisierbar an unterschiedlichen Stellen am Motor (hier Großbild 2.10), ist an sich ein robustes Teil, kann aber trotzdem den Geist aufgeben. Meistens nachts, meistens bei Regen und in aller Regel fern aller zivilisierten Gegenden.

Immerhin: Der Ausbau ist easy, die Fahrt zur Überprüfung in die Werkstatt ebenfalls. Nur wer selbst demontieren und im Verlauf Bürstenfeder, Kohlebürsten und Kollektornuten auf Verschleiß kontrollieren sowie auf Masseschluss des Rotors prüfen will, muss mehr Hirnschmalz und Aufwand investieren.

Wichtig: Schließe bei Startschwierigkeiten vor einem Ausbau des Anlassers andere Ursachen aus, indem du ihn direkt startest: Ziehe hierzu die beiden schwarzen Kappen am Schalter ab, überbrücke die unterbrochene Leitung mit einer ***isolierten(!)*** Spitzzange und versuche, dich nicht vor dem Funkenflug zu erschrecken.

Dreht der Anlasser durch, ist er OK und eine andere Ursache verantwortlich für die Startverweigerung (bspw. der Magnetschalter). **Und ganz deutlich**: 30 Ampere sind eine anständige Hausnummer, die du dir nicht wirklich durch den Körper jagen willst. Achte also darauf, wo deine Finger sich bei dieser Aktion befinden!

Gut versteckt hinter den Auspuffrohren: Anlasser einer Ducati Scrambler.

Ist der Anlasser defekt, checke nach Ausbau und Demontage die Bürstenfedern auf Andruckkraft und die Kohlebürsten auf Abnutzung. Der

Kollektor wird mit Bremsenreiniger fettfrei gemacht und gesäubert (im Extremfall mit feinem Schleifpapier behandelt) und die Kollektornuten auf eine Mindesttiefe von 0,5 Millimeter geprüft. Bei weniger vertiefe die Nuten mit einem dünnen Sägeblatt (kann klappen) oder ersetze den Rotor.

Zur Überprüfung der Rotorwicklungen schalte das Multimeter auf 200 Ohm und messe die Widerstände zwischen jeweils zwei Kollektorlamellen des Rotors in allen möglichen Kombinationen. Die gemessenen Werte sollten unter 1 Ohm liegen (der genaue Wert ist im deinem Werkstattbuch verzeichnet). Liegt der Messwert über dem dort angegebenen, besteht kein Durchgang und der Rotor ist defekt.

Danach wechselst du in den Messbereich bis 2 Milliohm (wenn dein Multimeter dies hergibt), hältst die schwarze Prüfspitze an Masse (an der Achse) und die rote an je eine Kollektorlamelle. Es darf bei keiner ein Durchgang messbar sein (unendlicher Widerstand); falls doch, besteht ein Masseschluss und der Rotor ist hinüber.

Anlasserrelais

Direkt mit der Batterie verbunden ist das Anlasserrelais (Großbild 4.4), das aus dem laschen Stromstoß vom Startknopf über einen Elektromagneten den starken Anlasserstrom schaltet. Verweigert es die Arbeit, kann als Abhilfe Folgendes in Frage kommen:

1. Vor der Überprüfung schließe die simpelsten Alternativursachen für Startschwierigkeiten aus: Zündschlüssel auf ‚On' und eingerastet? Leerlauf eingelegt? Batterie aufgeladen? Seitenständer hochgeklappt? Killschalter deaktiviert? Keine Sicherung durchgebrannt? Kein Kabel sichtbar aufgescheuert?
2. Oft reicht es, mit dem Plastikgriff eines Schraubendrehers auf das Relais zu klopfen, um den Schalter zu reanimieren, der den Startstrom freigibt. Zumindest bis zum nächsten Mal.
3. Um das Relais zu überprüfen, baue es idealerweise aus, halte eine Batterie bereit, stelle dein Multimeter auf Widerstandsmessung (Ω) im Messbereich 200 Ohm und klemme die Prüfspitzen an die fetten Anschlüsse des Relais (Batterieanschluss und Anschluss zum Starter). Schließe die Batterie an (in der Regel Plus an Plusseite des Relais und Minus an Minusseite des Relais, ziehe aber auf jeden Fall den Schaltplan zu deinem Bike zu Rate). Das Relais sollte jetzt klicken und das Multimeter einen Wert von 0 Ohm anzeigen. Sind es deutlich mehr, ist das Relais hinüber. Das gilt auch, wenn es nicht klickt.

Hinweis: Je nach Starter handelt es sich um ein Relais mit stark belastbaren Kontakten oder ein kleineres; dann übernimmt ein Hubmagnet im Anlasser die eigentliche Relaisfunktion.

Irgendwo in der Nähe zum Anlasser zu finden, dank der fetten Anschlüsse meist auch unübersehbar: das Starterrelais.

Bremslichtschalter

Sowohl Hand- (Großbild 2.4) als auch Fußbremshebel (Großbild 2.12) verfügen über Schalter, die das Bremslicht bei Betätigen des Pedals bzw. des Hebels aktivieren. Fehlt das Bremslicht, probiere zunächst beide Schalter aus (weil sie kaum gleichzeitig ausfallen). Funktioniert ein Schalter, liegt der Fehler im anderen oder dessen Zuleitung. Zur Überprüfung ziehe den jeweiligen Anschluss ab und überbrücke die Leitungen. Inspiziere ferner die Kabel und den Stecker auf Schäden.

Funktionieren beide Schalter nicht, kann die Bremslichtlampe hinten defekt, die zugehörige Sicherung rausgesprungen oder die zuführende Leitung zum Licht beschädigt sein. (Aber, natürlich, können zufälligerweise auch beide Bremslichtschalter ausgefallen sein ...)

Hupe

Die Hupe (Großbild 2.11) liegt oft sehr gut zugänglich außen unterhalb des Tanks.

Bei einem Defekt ziehe zunächst beide Kabel ab und verbinde die Hupe direkt mit der Batterie. Funktioniert sie dort, überprüfe die zugehörige Sicherung, die Zuleitung und den Hupenschalter.

Killschalter

Der Killschalter (Großbild 2.5) sitzt (außer bei Custombikes traditionell rechts am Lenker und unterbricht die Stromzufuhr zum Motor. Bei Startproblemen überprüfen, evtl. abbauen und überbrücken.

Kupplungsschalter

Ist ein Gang eingelegt, startet der Motor, wenn der Kupplungsschalter (Großbild 3.1) eine gezogene Kupplung erkennt. Ist der Schalter defekt (oft gleitet der schaltende Stift nicht mehr aus der zusammengedrückten Stellung), muss zum Motorstart der Leerlauf aktiv sein.

Zur Überprüfung ziehe den Anschluss ab und schließe die Kabel kurz. Ändert sich dabei nichts am Verhalten, überprüfe Leitungen und Stecker sowie die zugehörige Sicherung. Bei einem Wechsel kann oft auch ein preisgünstiger Standard-Mikroschalter verwendet werden.

Leerlaufschalter

Der Leerlaufschalter sitzt irgendwo in der Nähe des Schalthebels, beispielsweise hinten am Motor vor der Schwinge oder im Ritzelkasten.

Bei einem Defekt säubere ihn gründlich, mache bewegliche Teile wie Stifte freigängig und ziehe den Anschluss ab, um den Schalter zu überbrücken. Startet der Motor auch dann nicht, überprüfe alle Leitungen, Stecker und die zugehörige Sicherung.

Hinweis: Unterscheide zwischen Leerlaufanzeige und Leerlauffunktion. Funktioniert die Anzeige im Cockpit nicht, lässt sich der Motor aber starten, liegt auch nur dort ein Fehler vor, bspw. eine defekte Anzeigelampe, Verkabelungsfehler, korrodierte Stecker etc.

Lichtmaschine

Aus der Batterie zieht dein Mopped nur im Stand den notwendigen Strom zur Unterhaltung der aktuell arbeitenden Verbraucher. Läuft der Motor, übernimmt die Lichtmaschine (Großbild 3.13), ein Wechsel- oder Drehstromgenerator, der mittels Induktion Strom für die Fahrzeugelektrik inklusive Wiederaufladung der Batterie erzeugt.

Ob die Lichtmaschine korrekt Licht maschiniert, merkst du spätestens, wenn du ohne Licht und mit leerer Batterie am Straßenrand strandest. Vorher bietet sich an, das Bauteil mit einem Multimeter direkt zu überprüfen. Hierzu misst du *bei laufendem Motor* die Spannung an den Batteriepolen, sie sollte zwischen 13 und 14,7 Volt betragen und beim Gasgeben moderat steigen. Steigt sie nicht, nur sehr wenig oder über 14,7 Volt, ist etwas faul und erfordert weitere Überprüfungen des Spannungsreglers, der Ladestromverkabelung und des Gleichrichters (siehe Seite 186) und, falls ergebnislos, auch der Lichtmaschine selbst (siehe Seite 181).

Bei Zweifeln oder generellen Bedenken erwäge das Hinzuziehen eines Spezialbetriebs, das mehr Erfahrung ins Spiel bringt, alte Lichtmaschinen überholt und zur Not gebrauchte Bauteile anbieten kann.

Masseanschluss

Kein Witz jetzt. In Fachzeitschriften und Online wird gerne mit dem Begriff ‚Masse ' hantiert, ohne zu realisieren, dass viele Leute keine Ahnung haben, was es damit auf sich hat.

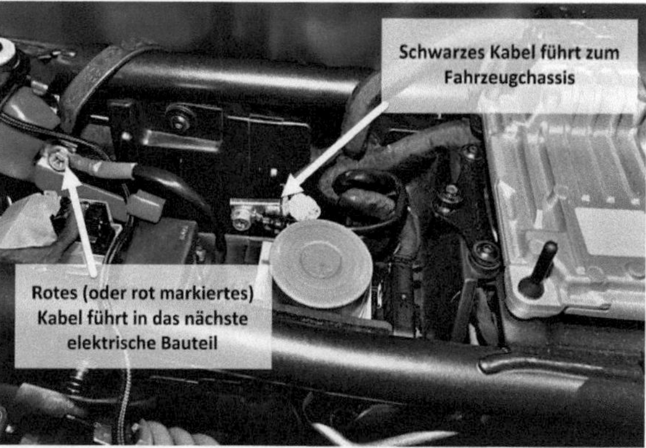

Deshalb in aller Kürze: Alle Verbraucher verfügen über zwei Pole, Plus und Minus, damit Strom fließen kann und sie funktionieren. Um aber Kabel einzusparen, nutzt man das Fahrzeugchassis als Minusleitung und schließt den Minuspol der Batterie direkt am Rahmen an (= Masse). Verbraucher mit Direktkontakt zum Chassis benötigen dann nur noch eine Leitung.

Allerdings: Ein Masseanschluss über metallische Fahrzeugteile ist unzuverlässig und kann zu Spannungsverlusten führen. Hapert es in der Elektrik, insbesondere, wenn hohe Ströme gefordert sind, lohnt es deshalb, die Masseverbindungen von der Batterie ausgehend auf Korrosion, Kabelbrüche und festen Anschluss zu prüfen.

Seitenständerschalter

Der Seitenständerschalter (Großbild 4.12) dient dem automatischen Abschalten des Motors, wenn ein Gang bei ausgeklapptem Ständer eingelegt wird, bzw. erlaubt gar nicht erst den Motorstart. Ist er defekt, droht Unbill – wobei ‚defekt' mehrere Dinge bedeuten kann. Ist der Schalter an sich ‚nur' funktionslos, startet der Motor nicht, ist hingegen die Rückholfeder verschlissen, kann er sogar während der Fahrt aussetzen.

Zur Überprüfung reinige das Teil und schraube es ab. Überbrücke die Kontakte und checke, ob der Motor abstirbt. Prüfe ferner auf

Freigängigkeit und die Leitungen auf Unversehrtheit. Bei Zweifeln tausche die Komponente komplett aus.

Spannungsregler/Gleichrichter

Der Spannungs- oder Laderegler (Großbild 2.8) hält die Bordspannung bei schwankender Motordrehzahl konstant auf Batterieniveau und schützt sowohl die elektrischen Verbraucher vor Überspannung als auch die Batterie vor Überladung. Wie im Abschnitt *„Der Ladevorgang"* ab Seite 179 ausgeführt, arbeitet der Regler fehlerhaft, wenn die an der Batterie gemessene Spannung bei Erhöhung der Motordrehzahl den erwünschten Wert überschreitet und das Teil gehört ausgetauscht oder (bei älteren Bikes und Oldtimern möglich) neu einjustiert. Ein Gleichrichter, der den Wechsel- oder Drehstrom der Lichtmaschine zu dem von der Batterie benötigten Gleichstrom umwandelt, ist oft als Einheit mit dem Laderegler verbaut. Zur Überprüfung der Komponenten siehe ab Seite 180.

DC/DC-Wandler (Elektromotorrad)

E-Motorräder haben zwei Spannungsnetze, ein Antriebsspannungsnetz für Akku und Motor bzw. Motorsteuerung und ein 12-Volt-Bordnetz für kleinere Verbraucher. Dies wird über eine kleine 12-Volt-Batterie versorgt, wenn der Hauptakku noch nicht zugeschaltet ist, oder über einen DC/DC-Wandler, der den Strom beim Hauptakku abgreift und von z. B. 72V auf 12,8V umwandelt. Er lädt auch die Pufferbatterie, falls vorhanden. (Mehr zum Akku ab Seite 229.)

Zündschloss

In der Regel ein Quell der Freude kann ein Zündschloss auch Ursache für Frustrationen sein, nämlich dann, wenn es elektrische Probleme provoziert.

Mag gerne pfleglich behandelt werden: das Zündschloss.

Bestes Beispiel: Der Zündschlüssel hängt am Hausmeisterbund mit Dutzenden anderen Schlüsseln, Werkzeugen und was man(n) sonst für notwendig erachtet. Dadurch versaust du dir nicht nur die Oberfläche der Gabelbrücke, sondern läufst Gefahr, dass Fahrvibrationen den Schlüsselklumpen in Stimmung versetzen und die feinen Innereien des Schlosses zerstören. Wackelkontakte sorgen dann für unzuverlässige Verbindungen, der Schlüssel sperrt sich beim Drehen und am Ende muss das Schloss getauscht werden.

Bei älteren Motorrädern mag das kein großes Thema sein, außer dass man(n) dann nach einem Neukauf einen Schlüssel mehr mit sich rumschleppen muss (den des Austauschschlosses), bei modernen Bikes mit Wegfahrsperren hingegen schon. Nicht nur, dass die Schlösser spürbar teurer sind, auch wird ein Besuch beim Händler unvermeidbar sein, da die Wegfahrsperre neu programmiert werden muss. Damit es gar nicht erst passiert, befestige den Schlüssel von vornherein bestenfalls an einem leichten (Stoff-) Anhänger. Alleine!

Halte Zündschlüssel mit Transpondern darüber hinaus von Wasser fern. Gegen Regen und Spritzwasser beim Waschen haben sie nichts, gehst du mit ihnen tauchen oder landen sie aus Versehen in der Waschmaschine, wird es der Transponder sehr wahrscheinlich nicht überleben und folgerichtig nicht mehr die Wegfahrsperre ausschalten können. Ebenfalls gut zu wissen:

- Hakelt der Schlüssel beim Drehen, verzichte darauf, ihn nachzuschleifen. Verändere besser den Winkel beim Drehen ein wenig und erleichtere Schloss und Schlüssel die Arbeit mit ein wenig Graphitspray.
- Zünd- und Ersatzzündschlüssel werden immer getrennt voneinander aufbewahrt, um Störungen des Codesignals zu vermeiden.
- Lasse codierte Schlüssel nicht auf harte Oberflächen aufschlagen, setze sie keinen hohen Temperaturen aus und halte sie von Magneten fern.

Elektronik

ABS

Damit ein ABS arbeiten kann, verfügt es über zwei Sensoren, einer am Vorderrad (Großbild 3.15) und einer am Hinterrad (Großbild 1.13), die ihrerseits das mit einem Druckmodulator kombinierte Steuergerät (Großbild 4.11) über die Drehgeschwindigkeiten der Räder unterrichten. Unterscheidet sich beim Bremsen ein vorgegebener Wert von einem Rad zum anderen, greift das ABS ein.

ABS-Steuergerät/Druckmodulator

Bei Defekten leuchtet die entsprechende Warn-LED im Cockpit (auch bei Schrittgeschwindigkeit, aber das ist normal). Passiert dies unterwegs, lege eine Pause ein, ziehe den Zündschlüssel ab und starte nach ein paar Minuten wieder durch. Manchmal ist es nur falscher Alarm. Weitere Infos findest du im Bremsenkapitel ab Seite 141.

CAN-Bus

Der **C**ontroller **A**rea **N**etwork-Bus ist als Bus-System zur Kommunikation mit dem Steuergerät Teil der Motorrad-Elektronik und regelt den Datenaustausch zwischen elektronischen Steuergeräten wie der zentralen Fahrzeugelektronik (ZFE), der Motor-Elektronik, der ABS-Steuerung und dem Instrumentenbord. Er ermöglicht bspw. das Eingreifen des ABS bei durchdrehenden Rädern und vermittelt Defekte in einzelnen Stromkreisen vom ZFE an die Instrumentenanzeige.

Kann der CAN-Bus zum Problem werden? Jein. Nein, weil viele Probleme, die dem CAN-Bus gerne zugeschrieben werden, meist Probleme des elektrischen Systems oder der zentralen Fahrzeugelektronik sind und der CAN-Bus bestenfalls als Überbringer der schlechten Nachricht dient. Ja, weil sich das System beim Hinzufügen neuer Komponenten gerne querstellt - weshalb man darauf achten sollte, ob einem Nachrüstprodukt ein Hinweis wie 'Nicht für CAN-Bus geeignet' beiliegt. Das kann bereits bei einfachen Sachen wie einem Batterieladegerät der Fall sein, das dann nicht in der Lage ist, mit dem CAN-Bus zu kommunizieren und die Bord-Steckdose, die gemeinhin für das Laden im verbauten Zustand genutzt wird, nicht freigegeben wird.

Mögliche Probleme im Can-Bus-System:

- **Sporadische Fehler**, meist bei Feuchtigkeit oder Vibrationen, die die Datenübertragungen zu den Steuergeräten verfälschen: Mögliche Ursachen können Übergangswiderstände an korrodierten Steckverbindungen der Steuergeräte oder des Kabelbaums sein (Rost, Grünspan, Oxydation). Ebenfalls möglich: Kabelbrüche oder Scheuerstellen, die auch beide CAN-Leitungen (CAN-High und CAN-Low) betreffen können und (wie gelöste oder lose Stecker) das jeweilige Steuergerät vom Netzwerk trennen. In der Folge meldet dann ein Steuergerät, dass es die Daten eines anderen nicht mehr empfängt und das Motorrad deaktiviert Assistenzsysteme wie ABS oder Traktionskontrolle, schaltet das Instrumentenboard aus oder fällt gleich in ein Notlaufprogramm.
- **Fehlende oder falsche Abschlusswiderstände:** Der CAN-Bus benötigt an beiden Enden des Hauptbusses einen sogenannten Abschlusswiderstand (Terminator), meist 120 Ohm. Fehlt einer der Widerstände, ist defekt oder sind generell zu viele Widerstände im System (bei einem intakten Bus sollte der gemessene Gesamtwiderstand etwa 60 Ohm betragen), können Signalreflektionen auftreten und die Datenübertragung stören. Das System wird instabil oder fällt komplett aus.
- **Soft- oder Hardwarefehler:** Ist ein Steuergerät defekt oder sendet es fehlerhafte Signale, kann dies die gesamte Kommunikation blockieren.

Kontakt- oder Kabelprobleme lassen sich am einfachsten identifizieren (siehe ab Seite 173), schwieriger wird es, wenn die digitalen Signale auf den Leitungen geprüft werden müssen. Hierfür benötigt man ein Oszilloskop und mindestens ein Diagnosegerät zum Auslesen des Fehlerspeichers (siehe den Abschnitt *OBD* weiter unten).

CAN-Bus Widerstandsüberprüfung

Schalte die Zündung aus, klemme die Batterie ab und schließe ein Multimeter an die beiden CAN-Bus-Leitungen an, bevorzugt am Diagnosestecker (OBD-Stecker), da dieser leicht zugänglich ist. Besitzt dieser keine direkten CAN-Pins, ziehe einen Stecker von einem der zugänglichen Steuergeräte ab, bspw. der ZFE. Im Schaltplan deines Motorrads sollten die CAN-High- und CAN-Low-Pins an einem Steuergerät oder am Diagnosestecker zu identifizieren sein (siehe Seite 188).

Stelle dein Multimeter auf den Widerstandsmessbereich (Ω) ein und halte die beiden Prüfspitzen des Multimeters an die CAN-High- und CAN-Low-Pins der Busleitung. Gemessen wird der Gesamtwiderstand, der nahe bei 60 Ohm liegen sollte, da der Bus durch zwei parallel geschaltete 120-Ohm-Abschlusswiderstände terminiert ist.

Gemessener Widerstand:

- **55 bis 70 Ohm:** Keine Probleme detektiert, der Can-Bus ist intakt und beide Abschlusswiderstände korrekt angeschlossen. => Andere Probleme in Betracht ziehen, bspw. fehlerhafte Sensoren, Softwarefehler oder unzuverlässige Versorgungsspannung.
- **Um die 120 Ohm:** Einer der beiden Abschlusswiderstände fehlt oder ist unterbrochen, möglicherweise durch eine schlechte Verbindung, Kabelbruch oder ein fehlendes bzw. defektes Steuergerät, das den Widerstand enthält. => Defekte Kabel bzw. Steuergerät lokalisieren.
- **Sehr geringer Wert (0 Ohm oder knapp darüber):** CAN-High und CAN-Low sind kurzgeschlossen, möglicherweise wegen Pin-Kurzschluss im Stecker oder aufgescheuerte Kabel. => Verkabelung auf Beschädigungen, Korrosion oder lose Pins bzw. korrodierte Stecker überprüfen.
- **Sehr hoher Wert:** Unterbrechung der CAN-Bus-Leitungen, möglicherweise wegen Kabelbruch oder lose Stecker. Verkabelung auf Beschädigungen, Korrosion oder lose Pins bzw. korrodierte Stecker überprüfen. Eventuell sind auch beide Abschlusswiderstände unterbrochen.

Hinweis: Dieser Test prüft nur die physikalische Integrität der Kabel und Widerstände. Er kann keine sporadischen Fehler (Wackelkontakte) oder Probleme in der Datenübertragung selbst erkennen – dafür ist ein Oszilloskop nötig.

DDA

Über DDA-Datenlogger-Anschlüsse (Großbild 4.6) können Diagnosegeräte die im Motorsteuergerät gespeicherten Fehlermeldungen auslesen, beispielsweise zur Zündung, Motorelektronik und Einspritzung.

Hinweis: Abhängig vom Motorradmodell dient der DDA-Connector auch zum Anschluss eines (meist teuren, herstellerspezifischen) Batterie-Ladegeräts (siehe hierzu *„On Board Diagnose“* ab Seite 188).

ECUs

Steuergeräte (ECUs, **E**lectronic **C**ontrol **U**nits) dienen der elektronischen Regulierung verschiedener Funktionen wie ABS und Traktion, aber auch der Motorleistung (Zündung, Einspritzung, Gemischbildung) über Sensordaten wie unter anderem Ansaugluftdruck, Drosselklappenposition, Lufttemperatur und Drehzahl (Großbild 4.10).

Die Basiswerte, so jene für optimale Einspritzmengen und -zusammensetzungen sind vorprogrammiert, können aber via Updates geändert werden. Ebenfalls in der Software von ECUs enthalten sind Notlaufprogramme bei ernsthaften Motorproblemen (siehe ab Seite 210) oder Störungen im Can-Bus.

Lambdasonde

Die Lambdasonde (Großbild 2.9) im Krümmer arbeitet mit dem Motorsteuergerät zusammen. Sie misst den Sauerstoffgehalt des Abgases und informiert das Steuergerät, falls der Wert vom Soll abweicht und das Einspritzgemisch verändert werden muss.

Ein Fehler in der Gemischaufbereitung wird als genereller Motorfehler im Cockpit ausgegeben und kann über das DDA ausgelesen werden. Ebenso eine defekte Lambdasonde. Der Austausch lässt sich in aller Regel problemlos in Eigenregie erledigen. Hinweis: Ab EURO 5 sind 2 Sonden Pflicht, eine vor dem Kat, eine dahinter.

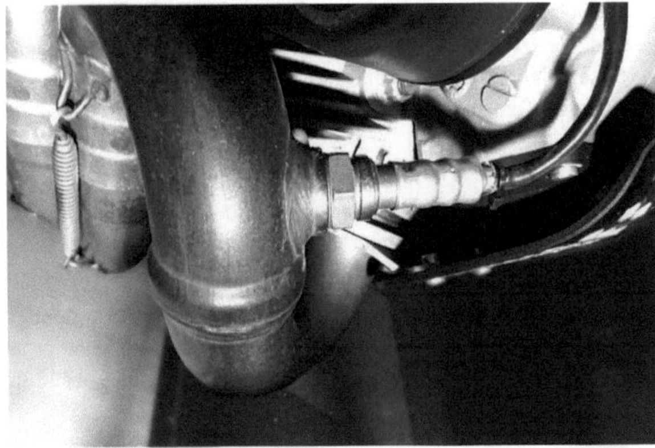

Neigungsschalter

Neigungsschalter dienen der Sicherheit an modernen Motorrädern, indem sie den Motor abschalten, wenn das Bike liegt, bspw. nach einem Unfall oder Sturz.

Bastelst du gerne an deiner Mopped-Elektrik herum, achte sorgfältig darauf, die Funktionalität dieses Schalters nicht in Mitleidenschaft zu ziehen. Andernfalls kann es passieren, dass eine Fehlfunktion den Schalter dazu bringt, bereits bei geringen Neigungswinkeln ausgelöst zu werden. Soll heißen, der Motor stirbt dann mitten in einer Kurve ab. Was er ganz sicher nicht soll.

OBD (On Board Diagnose)

Die Digitalisierung von Motorrädern lässt moderne Biker zwar nicht unbedingt zu getarnten Nerds in Kutte mutieren, nichtsdestotrotz bestimmt der Bordcomputer mittlerweile aber doch erhebliche Aspekte des Umgangs mit der Maschine, auch ohne Wissen des Besitzers. Das beginnt mit der permanenten Überwachung des Motors, zieht sich über Eingriffe ins Fahrverhalten hin und endet bei der Kommunikation mit Smartphone und GoPro noch längst nicht. Wichtige Schnittstelle nach draußen ist dabei der OBD-Stecker, der den Zugriff auf Fahrzeugelektronik und Speicher ermöglicht. Einmal dort per Kabel oder Bluetooth angeschlossen, kommuniziert dein Bike mit der Software auf dem Rechner der Werkstatt (oder wer sich sonst eingeloggt hat).

Der üblicherweise genutzte Begriff „Diagnoseschnittstelle" beschreibt dabei den Umfang des Zugangs allerdings nur bruchstückhaft, denn ‚Motorüberwachung' und ‚Fehlerauslese' stehen gerade einmal für den Beginn der Entwicklung, die mehr oder weniger in der Vergangenheit liegt. Heutzutage übernimmt der Bike-eigene Rechner neben der Kontrolle von Motorwerten und diversen Sensoren auch umwelt- und sicherheitsrelevante Entscheidungen sowie ‚Erinnerungen' an Wartungstermine und bearbeitet quasi nebenbei noch eine Vielzahl anderer, meist versteckter Parameter.

Letztere *können* tatsächlich der Fehlersuche dienen, um der Werkstatt die Arbeit zu erleichtern, erleichtern aber auch die Durchsetzung geschäftlicher Interessen, beispielsweise die Abwehr unrechtmäßiger Garantieansprüche (wie Missachtung der Einfahrzeit durch Rotbereich-Ritter). Nicht mehr rein spekulativ (weil bei Autos und in Ländern wie den USA bereits realisiert) sind ferner die Anfertigung von Datenbanken mit individuellen Fahrprofilen für die Marketing- und Entwicklungsabteilungen sowie künstlich vorprogrammierte Leistungseinbußen, wenn die letzte Inspektion zu lange zurückliegt.

OBD 1 und 2

Service-Schnittstellen fanden mit OBD 1 im Gefolge von Euro-4 verpflichtend Eingang in die Motorradwelt – allerdings nicht genormt, so dass die meisten Modelle jener Baujahre mit markenspezifischen Anschlüssen daherkommen. Genormte Schnittstellen und Protokolle sind seit Euro 5 mit OBD 2 verfügbar, für ältere Bikes stehen Adapter bereit, die markenspezifische Schnittstellen auf genormte 16-polige OBD 2-Stecker (bzw. der kleineren Variante mit 6 Polen) runterbrechen und die am Markt befindlichen Lesegeräte zugänglich machen. Vereinzelt werden Adapter und Auslesegerät auch als Set angeboten.

Was kannst du erwarten? Einfache OBD 2-Scanner mit Kabel kosten um 25.- Euro und informieren über Fehler im Umwelt- und Sicherheitsbereich, auf die auch der TÜV bei einer HU zurückgreifen kann. Fehlerlöschungen in diesem Bereich sind ebenfalls möglich.

Wer tiefer graben will, insbesondere nach Informationen, die in speziellen, nicht offiziellen Protokollen abgespeichert sind, muss mehr zahlen – und je tiefer die Diagnose (und Fehlerlöschung) greifen soll, desto teurer wird es. Die Dechiffrierung originaler Protokolle ist zeitaufwändig und betrifft obendrein nur wenige Motorradmodelle, so dass ein Anbieter schon einmal mehrere tausend Euro für seinen Scanner verlangt. Bei Otto-Normal-Bikern ist in aller Regel aber spätestens bei einigen hundert Euro Schluss mit Lustig und die meisten limitieren sich auf die preisgünstigen Low-Budget-Scanner.

Was genau beim eigenen Mopped sichtbar gemacht werden kann, musst du recherchieren. Gut versorgt, auch mit verschiedenen Apps, sind europäische Marken wie BMW, Aprilia, KTM, Triumph und Ducati. Weniger gut sieht es bei Japan-Bikes aus. Zwar existieren auch dort Adapter, die den Serienanschluss OBD 2-kompatibel machen, aber Informationsmenge und Löschmöglichkeiten sind Glückssache.

Fehlercode (DTC, Digital Trouble Code)

Der Fehlercode im Diagnosegerät erlaubt, Probleme einzukreisen. Hierbei verfügt jede Fehlermeldung über einen 5-stelligen DTC-Code:

1. Mit dem ersten Zeichen wird der Bereich charakterisiert:

   „P" steht für „Powertrain", also Motor und Antrieb
   „C" steht für „Chassis" (Fahrwerk, Fahrgestell)
   „B" steht für „Body" (Karosserie)
   „U" steht für „User Network" (Nutzer-Netzwerk).

2. Das zweite Zeichen ist eine der beiden Ziffern „0" oder „1". „0", wenn es sich um einen allgemeinen Fehler handelt, der auch im offiziellen OBD-Katalog aufgelistet ist, „1", wenn es sich um einen herstellerspezifischen Fehler handelt.
3. Das dritte Zeichen definiert den Fehlerbereich: 1 = Benzin und Luft, 2 = Einspritzung, 3 = Zündung, 4 = Abgas, 5 = Geschwindigkeit und Leerlauf, 6 = Elektronik, 7 und 8 = Übersetzung.
4. Das vierte und fünfte Zeichen engt den Suchbereich weiter ein. So weist „P0303" auf fehlerhafte Zündungen beim dritten Zylinder (‚03') hin.

Öffentlich einsehbar sind die Listen generischer Fehler, die auch von den meisten einfachen Scannern ausgelesen werden[12-4]. Schwieriger auffindbar sind herstellerspezifische Codes, die obendrein weniger gut auszulesen sind, weil die Anbieter sie ungern zugänglich machen. Immerhin: Bei Angabe des DTC-Fehlers in Kombination mit einem Modell sollte man zumindest in Foren auf Infos zum Problem stoßen.

Pinbelegung OBD-II-Stecker zur CAN-Bus-Messung

Der OBD-II-Stecker (J1962-Stecker) ist trapezförmig. Die Pins sind von 1 bis 8 in der oberen Reihe und von 9 bis 16 in der unteren Reihe nummeriert und bspw. für den CAN-Bus wie folgt belegt: Pin 6 (sechster Pin von links in der oberen Reihe): CAN-High (Leitung mit dem höheren Signalpegel), Pin 14 (sechster Pin von links in der unteren Reihe): CAN-Low (Leitung mit dem niedrigeren Signalpegel). Wichtig sind weiter Pin 4 (Masse, also Fahrzeugmasse), Pin 5 (Signalmasse) und Pin 16 (Batteriespannung).

Bus-Zustand überprüfen:

- Messe Pin 16 (Dauerplus): Sollte bei 12 V bis 14 V liegen.
- Messe Pin 4 (Masse): Muss etwa 0 V betragen.

- Messe Pin 6 und 14 im Ruhezustand: Sollte um 2,5 V betragen, dann ist die Bus-Verkabelung in Ordnung und der Transceiver mit wird Spannung versorgt.
- Messe den Widerstand: Bei ausgeschalteter Zündung und abgeklemmter Batterie sollte der Abschlusswiderstand zwischen Pin 6 und Pin 14 ca. 60 Ohm betragen. Ein Wert von 120 Ohm würde bspw. auf ein fehlendes Steuergerät mit Abschlusswiderstand hinweisen (siehe hierzu Seite 187).

Zentrale Fahrzeugelektronik (ZFE)

Die ZFE dient dem Zusammenspiel aller elektrischen Komponenten im Motorrad, vom Kabelbaum bis hin zu den Schaltern und einzelnen Verbrauchern. Außerdem überwacht die ZFE die einzelnen Stromkreise auf Defekte wie kaputte Lampen und Kurzschlüsse und schaltet die Kreise bei Letzterem kurzerhand ab (besitzt also auch eine Sicherungsfunktion jenseits der herkömmlichen Schmelzsicherungen).

Die Nachteile: Je empfindlicher die ZFE reagiert, desto eher sind 'False Positives' möglich – weshalb bspw. nachgerüstete LED-Blinker, die sehr viel weniger Strom anfordern als herkömmliche Glühlampen, oft als defekt diagnostiziert werden. Auch ist das Eingrenzen von Fehlern problematisch, wenn Stromkreise komplett abgeschaltet werden.

Bildlegende

Hauptrelais (1.1) aka Einspritzrelais, Zündrelais: Meist in direkter Nachbarschaft zum **Benzinpumpenrelais** in Batterienähe zu finden (siehe Seite 176).

Batterie (1.2): Akku zum Starten des Motors sowie zur Energielieferung für Funktionen wie Alarmanlage, Uhr, gespeicherte Einstellungen usw. (siehe ab Seite 176).

Sicherungskasten (1.3): Sicherungen für Stromkreise bzw. Verbraucher (Seite 175).

Handbremslichtschalter (2.4): Schaltet das Bremslicht beim Betätigen ein (siehe Seite 184).

Killschalter (2.5): Teil der rechten Lenker-Schaltereinheit; bei einigen Modellen sind Zünd- und Motor-Killschalter funktionell miteinander verbunden (siehe Seite 184).

Zündschloss (2.6): Start to ignite (siehe Seite 186).

Scheinwerfer (2.7): Siehe ab Seite 196.

Spannungsregler und Gleichrichter (2.8): Ein (oder zwei separate) Bauteil(e), das oder die der Batterieladung während der Fahrt dienen (siehe ab Seite 186).

Lambdasonde (1.9): Sensor der Gemischzusammensetzung (siehe ab Seite 187). Weitere Sensoren liefern Informationen über Ansaugluftdruck (MAP-Sensor), Drosselklappenposition (TPS-Sensor), Drehzahl (Zündgeber) Lufttemperatur und Motortemperatur (ECT-Sensor).

Anlasser (2.10): Elektromotor zum Starten des Motors (siehe Seite 183).

Hupe (2.11): Signalgeber für Verkehrsteilnehmer, die es schaffen, den Auspuff zu überhören (siehe Seite 184).

Fußbremslichtschalter (1.12): Schaltet das Bremslicht beim Betätigen ein (siehe Seite 184).

ABS-Sensor hinten (1.13): Die ABS-Sensoren (siehe Seite 186) aktivieren bei unterschiedlichen Radgeschwindigkeiten hinten und vorne das ABS (siehe ferner Sektion 10 ab Seite 141).

Masseanschluss (1.14): Verbindung des Minuspols der Batterie mit dem Fahrzeugchassis, das (meist) für andere Verbraucher offensteht (siehe ab Seite 185).

Bremslicht (1.15): Wahlweise LED oder Normallampe, bei Letzterem mit dem Rücklicht kombiniert. Bei Austausch des Bremslichts (bspw. auf LED) auf E-Zeichen achten (siehe auch Seite 184).

Linke Lenker-Schaltereinheit (ohne Bild): Schalter für Hupe, Lichthupe, Licht, Blinker, Warnblinker und bei modernen Bikes Einstellschalter für Bordcomputer.

Kupplungsschalter (3.1): Sicherheitsfeature, das dafür sorgt, dass der Motor abstirbt, wenn bei ausgeklapptem Seitenständer ein Gang eingelegt wird (siehe Seite 185).

Cockpit (3.2): Früher nur Kontrollinstanz der wichtigsten Funktionen, heutzutage auch Kommunikationszentrale.

Benzinpumpe (3.3): Versorgt Vergaser bzw. Einspritzer mit Benzin (siehe Sektion 13 ab Seite 204), bei älteren Maschinen vereinzelt Vakuumpumpen ohne E-Komponenten.

Anlasserrelais (4.4): In Batterienähe zu finden (folge dem fetten roten Kabel), oft auch am Klicken zu verorten, wenn Startprobleme existieren. Am Anlasserrelais finden sich ferner die Hauptsicherung und eine Reservesicherung (siehe ab Seite 184).

USB-Anschluss (4.5): Moderne Bikes verfügen über zündgeschaltete USB-Buchsen zum Aufladen von Smartphones et al.

DDA-Stecker (4.6) zum Anschluss eines Diagnosegeräts, in der Regel mit Gummiabdeckung zum Schutz vor Feuchtigkeit versehen (siehe Seite 187).

Blinker (4.7): Wahlweise LED oder Normallampe. Bei Problemen erst Lampen überprüfen, dann das Blinkrelais. Bei Austausch auf E-Zeichen achten (siehe ab Seite 198).

Rücklicht (4.8): LED oder Normallampe, bei Letzterem mit dem Bremslicht kombiniert. Bei Austausch auf E-Zeichen achten.

Kennzeichenbeleuchtung (4.9): Wahlweise LED oder Normallampe, bei Austausch auf E-Zeichen achten.

Motorsteuergerät (4.10): Empfängt Sensordaten wie u. a. Gemisch, Lufttemperatur, Drehzahl, Drosselklappenpositionen, Lufttemperatur, Ansaugluftdruck und reguliert davon abhängig Einspritzmenge und Einspritzzeit (siehe Seite 187 und 210).

ABS-Steuergerät (4.11): Antiblockiersysteme sind für Motorräder ab Baujahr 2016 verpflichtend, bei älteren Modellen ist die Ausrüstung optional oder nicht vorhanden (siehe Sektion 10 ab Seite 141).

Seitenständerschalter (4.12): Deaktiviert den Motor bei ausgeklapptem Ständer; Schalter öfter kontrollieren.

Lichtmaschine (3.13): Sorgt für die Stromversorgung des Bordnetzes ab Motorstart und lädt die Batterie (siehe ab Seite 185).

Zündkerze und Kerzenstecker (3.14): Zündkerze regelmäßig auf Kerzenbild checken, Stecker und Zündkabel sichtprüfen (siehe Sektion 13 ab Seite 215).

ABS-Sensor vorne (3.15): Die ABS-Sensoren aktivieren bei unterschiedlichen Radgeschwindigkeiten hinten und vorne das Antiblockiersystem (siehe Sektion 10 ab Seite 141).

Zündgeber (3.16): Auch Pickup, Zündimpulsgeber oder Motorsensor genannter Sensor zur Initiierung der Zündung in der Zündbox, einer kontaktlosen elektronischen Zündung. Bei modernen Maschinen erfolgt die Zündungsinitiation über das Motorsteuergerät (siehe Sektion 13 ab Seite 213).

Zündspule (3.17): Ab und an sichtprüfen, sonst nur bei Bedarf checken (siehe Sektion 13 ab Seite 214).

Relais
Haupt- und Benzinpumpenrelais
Batterie
Bei Ausbau immer erst den Minuspol lösen (schwarzes Kabel), dann den Pluspol (rot)!
Sicherungskasten
Sicherungen immer durch solche mit gleicher Ampere-Zahl ersetzen!
1
2
3
Bremslicht
15
Masseanschluss
14
13
9
12
ABS-Sensor
Lambdasonde
Fußbremslicht-schalter

Bremslichtschalter
4
Killschalter
5
Zündschloss
(Ringantenne für Wegfahrsperre inklusive)
6
Scheinwerfer
7
Spannungsregler
(mit Gleichrichter)
8
Lambadasonde
(eine Sonde pro Zylinder)
9
Anlasser
Manchmal leider gut versteckt ;-(
10
Hupe
aka 'Signalhorn'
11

Kupplungsschalter
Zur Überprüfung am Griff abziehen ...
Cockpit
Benzinpumpe
Zündspule
(eine pro Zylinder)
Zündgeber
ABS-Sensor
Zündkerze & Kerzenstecker
Lichtmaschine
(im Motor verbaut)
1
2
3
13
14
15
16
17

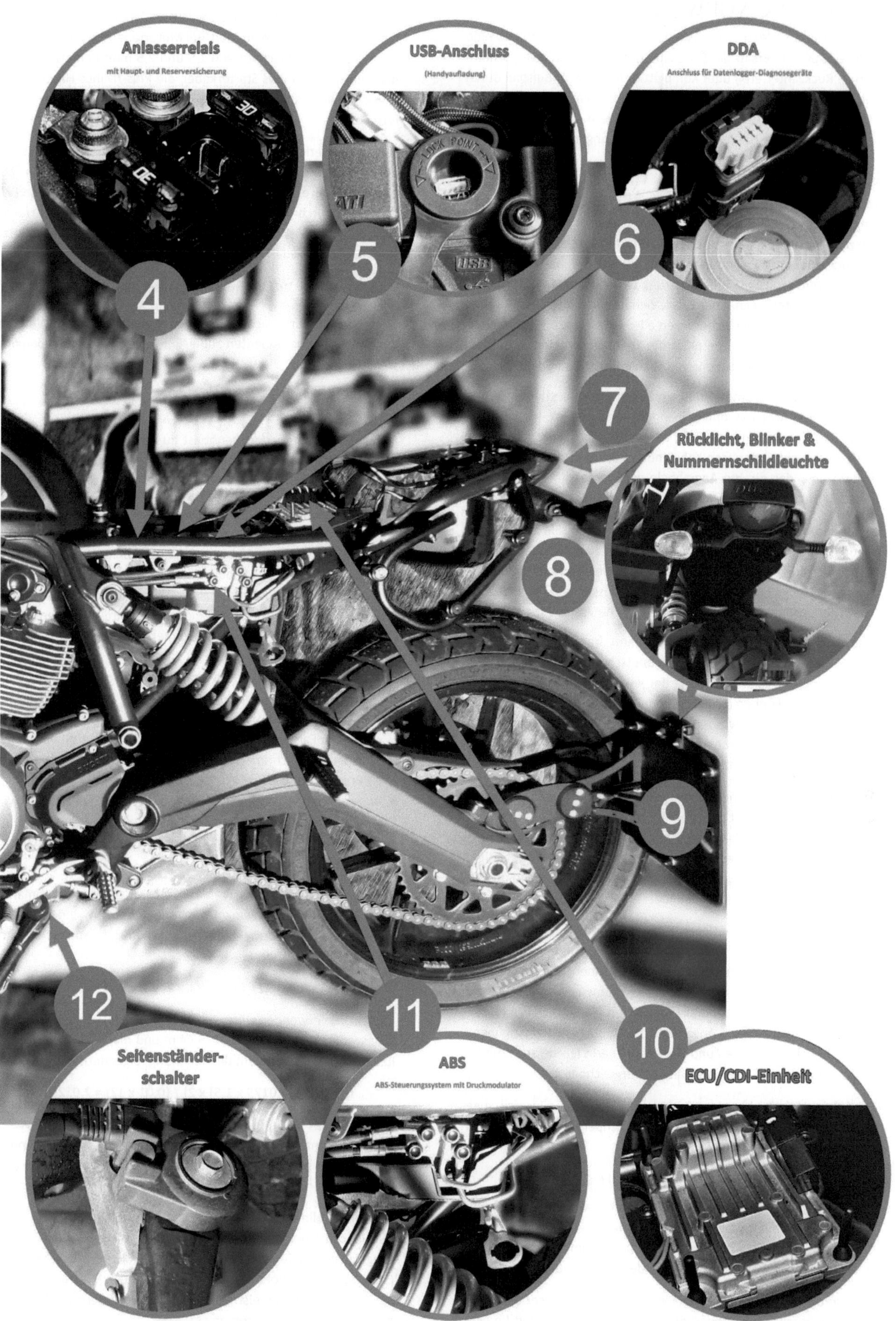
Anlasserrelais
mit Haupt- und Reserversicherung
USB-Anschluss
(Handyaufladung)
DDA
Anschluss für Datenlogger-Diagnosegeräte
4
5
6
7
Rücklicht, Blinker &
Nummernschildleuchte
8
9
12
11
10
Seitenständer-
schalter
ABS
ABS-Steuerungssystem mit Druckmodulator
ECU/CDI-Einheit

Elektrik aufwerten

Reparaturen am elektrischen System sind eine Sache, Updates eine andere, bspw. der Ersatz der Serienausstattung (neue Blinker, Scheinwerfer, Rücklichter etc.) über Komplettierungen (zum Beispiel durch Nebelscheinwerfer oder Heizgriffe) bis hin zu einem kompletten Neuaufbau des Kabelbaums, um älteren Motorrädern neumodische elektronische Tricks (wie Handyanbindung) beizubringen.

Grundregeln

Top-Regel: Klemme vor allen Arbeiten an der Elektrik die Masseleitung (Minuspol) von der Batterie ab. Dann verlierst du unter Umständen zwar Einstellungen an Uhr oder Fahrmodi, aber eben nicht mehr. Ein Kurzschluss mit Folgen kann teurer kommen. *Muss* mit Batterie getestet werden, schalte eine Sicherung zwischen. Bei E-Motorrädern warte 15 Minuten nach einer Fahrt, ziehe den Zündschlüssel, drehe die Sicherung sowie die Sicherungen aller Teile raus, an denen gearbeitet werden soll, und überprüfe die Spannungsfreiheit mit einem Multimeter. Einige Komponenten stehen immer unter Spannung!

Noch mehr Safety: Fummelst du am Strom rum, investiere in Werkzeug, das für Arbeiten unter Spannung geeignet ist (DIN EN IEC 60900:2004) sowie ein Paar Elektrikerhandschuhe. Sie schützen dich meist zwar nicht vor spitzen Kabelenden oder scharfen Kanten, verhindern aber das direkte Angrabbeln von Kontaktflächen (Schweiß führt zu Korrosion, Fett beeinträchtigt die Leitfähigkeit).

Lüsterklemmen haben am Mopped nichts zu suchen. Sie erhöhen den Leitungswiderstand, sind hässlich und schwer zu verstecken. Im Prinzip gilt dies auch für die Abzweigverbinder, die von Zubehörlieferanten gerne beigelegt werden. Setze stattdessen auf AMP-Stecker (wenn genug Platz ist) oder löte bzw. quetsche Verbindungen.

Was davon? Löten oder Quetschen? Kommt drauf an, welchen Glauben du hast. Manche löten, andere quetschen und beide haben irgendwie recht, was die Nachteile der jeweils anderen Methode betrifft: Lötstellen können oxidieren, gequetschte Verbindungen sich lockern. Ist erkennbar, wie eine Verbindung werksseitig verbunden wurde, bleib dabei. Ansonsten wäge ab, verwende die aktuell einfachste Methode – oder beides.

Sei sorgfältig: Werden neue Kabel gelegt, Schalter eingefügt, elektrisches Zubehör integriert oder komplette Stromkreise neu aufgebaut, denke dran, passende Kabelquerschnitte und Sicherungen zu verwenden sowie alle Komponenten vernünftig zu isolieren, zu befestigen und scheuerfrei zu verlegen. Schrumpfschläuche, Isolierband und Kabelsammler sind dann beste Freunde.

Veränderungen dokumentieren: Dokumentiere alle Änderungen sowie Auffälligkeiten und gehe systematisch vor. Bei einem simplen Blinkertausch dürftest du drauf verzichten können, aber bei Neuaufbauten, Neuverlegungen oder anderen umfassenden Änderungen wirst du dankbar sein, wenn alle Kabelarten (Farben, Querschnitte), Schalter, Verbindungen, Anschlüsse, Verbraucher, Befestigungen, Sammeltüllen, Flickstellen und Stecker vermerkt (gerne auch mit Fotos) und mit dem originalen Schaltplan vergleichbar sind.

Lass' deine Arbeit absegnen: Auch wenn du meinst, alles richtig gemacht zu haben, lege deine Arbeit einer Fachperson zur Prüfung vor. Wie gesagt: Safety first!

Hinweise zum Kabelquerschnitt

Auf dünne Kabel zurückzugreifen, ist verlockend, weil, je dünner, desto besser können sie versteckt und verlegt werden. Allerdings haben zu dünne Kabel in herkömmlichen Kabelbäumen nichts verloren und können wortwörtlich brenzlig werden und dein Bike abfackeln.

Hintergrund: Je dicker und kürzer ein Kabel, desto besser die Leitfähigkeit, je dünner und länger, desto höher der Widerstand (in Ohm gemessen). Da Strom nicht reibungslos geleitet wird, entsteht Wärme, bei zu dünnen oder korrodierten Kabeln im Extremfall genug, um die Isolierung zu entzünden. Bei Motorrädern sind die meisten Kabel mit einem Querschnitt von 1,5 und 2,5 mm² dimensioniert, Ausnahmen sind u. a. das Starterkabel, die Plus-/Minus-Hauptleitungen sowie die Verbindung Batterie ↔ Anlasserrelais (allesamt sichtbar fetter).

Um bei Neuverlegungen zu ermitteln, welcher Kabelquerschnitt[12-5] für bestimmte Verbraucher benötigt wird, bringe zunächst deren Strombedarf (Ampere, A) in Erfahrung, der sich aus dem Verbrauch (Watt, W) geteilt durch die Spannung des Stromnetzes (Volt, V) errechnen lässt. Bei einer 55-Watt-Scheinwerferlampe in einem 12-Volt-Netz beträgt der Strombedarf 4,6 A.

$$A = W / V \text{ – im Beispiel also: } 55 / 12 = 4{,}6$$

Bei mehreren Verbrauchern an einem Kabel werden die Wattzahlen der einzelnen Komponenten addiert, beispielsweise 2 Lampen mit jeweils 24 Watt:

$$A = W / V = (24 + 24) / 12 = 4$$

Neben dem Strombedarf benötigst du noch weitere Kennwerte, um den benötigten Kabelquerschnitt zu berechnen, darunter:

- **Benötigte Kabellänge (L):** Je weiter ein Verbraucher von seiner Energiequelle entfernt ist, desto mehr Leistung geht als Wärme verloren – was durch eine Erhöhung des Kabelquerschnitts aufgefangen werden muss. Ist der Querschnitt zu groß, passiert nix Dramatisches, das Kabel ist nur zu fett und unhandlich. Ist der Querschnitt zu klein, erhält der Verbraucher a) zu wenig Leistung (läuft reduziert) und die Leitung wird b) zu warm. Im Extremfall kann die Isolierung schmelzen und ein Kabelbrand ausgelöst werden.
- **Leistungsverlust (Lv):** Leistungsverluste sind in jeder Leitung unumgänglich und dürfen sich im Bereich zwischen ein und zwei Prozent bewegen. Zwei Prozent sind bereits relativ hoch gegriffen, im Fahrmodus aber akzeptabel. Möchtest du deine Geräte hingegen auch im Stand zuverlässig betreiben können, ist ein Prozent der bessere Wert.
- **Spezifischer Leitungswiderstand (O):** Der spezifische Widerstand eines Leiters hängt vom verwendeten Material ab und beträgt bei herkömmlichen Kupferleitungen 0,0175 Ohm pro mm² auf einen Meter.

Hinzu kommen meist noch weitere Kennwerte wie u. a. Stromart (wie Wechselstrom), Phasenwinkel und Verlegeart (bspw. innen). Hier eine einfach gehaltene Formel (genauer machen es Formelrechner im Internet[12-6]):

$$Q = (A \times O \times L \times 2) / (Lv \times V)$$

Im Beispiel verwenden wir eine Leitungslänge (L) von 1,5 m, einen Leitungswiderstand (O) von 0,0175 Ohm und maximal ein Prozent Verlust (Lv = 0,01). Dann sieht die Rechnung folgendermaßen aus:

$$Q = (4{,}6 \times (0{,}0175 \times 1{,}5) \times 2) / (0{,}01 \times 12) = 2{,}0125 \text{ mm}^2$$

Das heißt, das im Beispiel verwendete Abblendlicht mit 55 Watt benötigt im Prinzip ein Kabel mit einem Querschnitt von 2,01 mm². Da es im Handel aber keine beliebig dicken Kabel gibt, musst du auf die nächste Größe mit einem Querschnitt von 2,5 mm² ausweichen.

Hinweis: Schließt du an ein serienmäßiges Kabel (beispielsweise der Rückleuchte) zusätzliche Verbraucher an, müssen Kabel und Sicherung den neuen Gegebenheiten angepasst, also in Querschnitt und Sicherungsgröße erhöht werden. Die serienmäßige Ausstattung deckt aus Kostengründen meist nur die jeweils vorgesehenen Fließströme ab und besitzt kaum Reserven.

Löst du die Gleichung nach der maximal möglichen Amperezahl (A) für einen bestimmten Querschnitt auf (hier: 2,5 mm²), erhältst du bei identischen Grundvoraussetzungen die umgesetzte Formel:

$$A = Q / [(O \times L \times 2) / (Lv \times V)]$$

Im Beispiel sind es

$$A = 2{,}5 / 0{,}437 = 5{,}71$$

Im Internet findest du Tabellen mit Angaben zur maximalen Amperezahl bei unterschiedlichen Kabelquerschnitten, allerdings sind diese nur als Richtwerte zu sehen, da das Maximum zusätzlich von vielen anderen Faktoren abhängt, unter anderem der Umgebungstemperatur (Motornähe?), der Anzahl der Leiter und der Verlegeart. Oft reichen die Angaben nur, eine eher grobe Größenordnung zu vermitteln[12-7].

Immerhin: Dem Kabel selbst sollte ein Hinweis beiliegen, der den maximal schaltbaren Wert ausweist. Diesen kannst du auch zur Auswahl der richtigen Sicherung nutzen, die im Prinzip etwas unterhalb dieses Wertes liegen sollte. Darf ein Kabel beispielsweise mit 18 Ampere belastet werden, der Verbraucher selbst mit 15, sollte sich die Sicherung an Letzteren ausrichten. Dann brennt sie bereits durch, bevor das Kabel selbst an seine Grenzen gelangt. Auf keinen Fall darf die Amperezahl der Sicherung über jene des Kabels liegen, es sei denn, du sammelst Chancen, dein Motorrad kurzerhand abzufackeln.

Elektrozubehör

Vom Heizgriff über Radios bis zum Navi bietet der Fachhandel allerlei elektrisches Zubehör an, welches vom Bordnetz verkraftet werden soll. Wird es im Prinzip auch, aber nicht so, wie von den Marketingabteilungen versprochen, die nur ihre eigenen Produkte sehen, als seien diese die einzigen auf dem Planeten.

In der realen Welt wollen BikerInnen jedoch möglicherweise zwei, drei oder mehr Zusatzgeräte unterbringen, ihre Batterie-Pluspole *nicht* mit Direktanschlüssen zukleistern und die jeweiligen Verbraucher beim Abstellen nicht separat ausschalten müssen, damit die Batterie auch am nächsten Morgen noch unter den Lebenden weilt.

Was er oder sie dann benötigt, sind Zubehörinstallationen, die möglichst separat vom Bordnetz gehalten und über die Zündung an- und ausgeschaltet werden können. Realisieren lässt sich so etwas in Eigenregie über einen zusätzlichen Sicherungskasten und ein Relais, das über eine stromführende Leitung (beispielsweise vom Rücklicht) versorgt wird, den Saft abgesichert an die neuen Verbraucher weitergibt und das vorhandene elektrische System vor Überlastungen schützt.

Zubehörstromkreis

Um einen eigenen Zubehörstromkreis zu basteln, musst du zunächst wissen, wie hoch der Strombedarf jedes einzelnen Zubehörs ist. Bei einem Nebelscheinwerfer-Kit können beispielsweise jeweils 12 Watt pro Lampe anfallen, also 24 Watt bei einem Paar. Die Formel für die Ampere-Ermittlung lautet Watt durch Volt, also 24 W/12 V = 2A. Dieser Stromkreis wird mit dem in aller Regel mitgeliefertem Kabel mit dem richtigen Querschnitt und der ebenfalls beiliegenden fliegenden 2 Ampere-Sicherung genügend abgesichert.

Nachdem klar ist, wieviel Ampere die einzelnen Geräte einfordern, addierst du die Ergebnisse, um die maximale Belastung des Relais' zu errechnen sowie in der Folge den benötigten Querschnitt der Kabel von der Batterie zum Relais und von dort zum Sicherungskasten.

Ausführung: Besorge dir eine Sicherungsbox mit der gewünschten Zahl Sicherungsplätzen und führe die Plusleitung jedes Zubehörteils der jeweiligen Sicherung zu. An die drei *Ein*gänge des Relais* klemmst du:

1) Den Pluspol der Batterie, abgesichert mit fliegender Sicherung, bspw. 30 Ampere (Klemme 30*).
2) Die Plusleitung bspw. der USB-Ladebuchse oder des Rücklichts (Klemme 86*) als Steuerstrom.
3) Die Masseleitung (Klemme 85*), direkt zugeführt.

Der Plus-*Aus*gang (Klemme 87*) führt zum Sicherungskasten und wird dort auf die verschiedenen Stromkreise der hinzugefügten Verbraucher aufgeteilt

Hinweis: Die einzelnen Sicherungen sollten sich prinzipiell so nahe wie möglich an der Stromquelle (in dem Fall das Relais) befinden, damit die ungesicherte Strecke (vom Relais zur Sicherung) so kurz und die abgesicherten (von der Sicherung zum Verbraucher) so lang wie möglich sind.

Auf Nummer Sicher gehst du, wenn du Sicherungskasten und Relais in einem Gehäuse vereinst. Dann besteht auch keine Gefahr, dass die Kabelisolierung im ungesicherten Bereich aus Versehen beschädigt werden kann.

*Checke den Schaltplan des verwendeten Relais' auf Abweichungen.

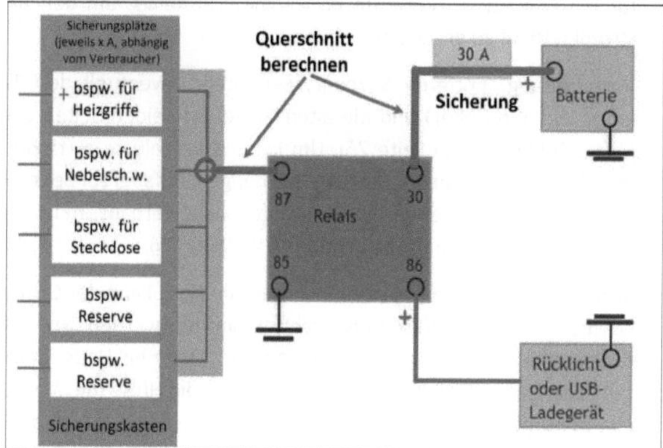

Hinweise zur Bordsteckdose

Bordsteckdosen liegen als Norm-, USB- und Zigarettenanzündervarianten in den Regalen der Anbieter. Welche es genau sein soll, kommt darauf an, welchen Stecker du anzuschließen gedenkst. Früher waren die eher klobigen und wenig ansprechenden Norm- und Zigarettenanzünder-Steckdosen die Regel, heutzutage sind es USB-Anschlüsse. Und im Prinzip gehört auch der nachfolgend als Beispiel gewählte Handyhalter mit USB-Anschluss zum Aufladen von Smartphones zur Gattung Bordsteckdose.

Wo du das Teil befestigst, ist nahezu egal, solange du keine Kabel einklemmst, sie Feuer fangen können oder normale Funktionen wie die Lenkung behindert werden. Lassen sich zur Verlegung der Kabel die Führungen bereits vorhandener Kabel nutzen, verwende sie. Ist abzusehen, dass die mitgelieferte Kabellänge nicht ausreicht, konstruiere keine Abkürzungen im Kabelverlauf, sondern verlängere die Zuleitung im Vorfeld. Bei der Gelegenheit kannst du auch eine fliegende Sicherung an der Plus-Zuleitung anbringen, wenn sie nicht Teil des Lieferumfangs war oder du keine externe Sicherungsbox nutzt.

Zum Anschluss löse die Batterieanschlüsse (das Massekabel am Minuspol zuerst) und befestige die Steckdosenkabel polgerecht (Plus an Plus, Minus an Minus). Hierbei stehen dir zwei Möglichkeiten zur Verfügung:

- **Direktanschluss:** Verbindest du die Steckdose direkt mit der Batterie, verfügt sie immer über Strom. Vorteil: Du kannst Geräte auch dann von der Bordbatterie aufladen lassen, wenn du nicht in der Nähe bist. Außerdem lässt sich mithilfe eines Adapters auf umgekehrtem Weg die Batterie aufladen, ohne die Sitzbank abzunehmen (natürlich nur wartungsfreie Batterien). Nachteil:

Wenn du ein Gerät vergisst, kann es dir die Batterie leerlutschen.

- **Über Zündungsplus:** Verbindest du das Pluskabel mit dem Pluskabel eines Verbrauchers, der nur bei eingeschalteter Zündung funktioniert, liefert auch die Steckdose nur dann Strom, wenn der Schlüssel steckt. Achte nur darauf, keinen wichtigen Stromkreis wie Zündspule oder Scheinwerferlicht anzuzapfen, sondern ein vorhandenes USB-Ladegerät, die Hupe oder das Rücklicht. Hinweis: Eventuell muss der Kabelquerschnitt angepasst werden.

Hinweise zu Heizgriffen

Bevor du dich daran machst, Heizgriffe zu verbauen, stelle sicher, dass deine Batterie den Angriff auf die Ladekapazität standhält (mindestens 12V und 6Ah sollten es sein). Heizgriffe sind mit bis zu 50 Watt echte Stromfresser und schmalbrüstige Batterien an kleinen Scootern und Krafträdern reichen dann schlichtweg nicht. Selbst größere müssen öfter als gewöhnlich extern aufgeladen werden, insbesondere wenn nur Kurzstrecken auf dem Programm stehen. Dann bist du mit Lenkerstulpen oder Handschalen vermutlich besser beraten. Ebenfalls für leistungsstarke Heizgriffe notwendig: Ein Relais, um den Bordstromkreislauf zu entlasten.

Vorbereitung: Entferne Sitzbank, Seitenteile, eventuell den Tank (oder lege ihn höher) und die alten Griffe auf beiden Seiten (siehe hierzu Sektion 06 ab Seite 76). Um keine Kurzschlüsse zu riskieren, löse den Minuspol an der Batterie und hänge das Kabel zur Seite. Hinweis: Ist am Lenkerende eine Gewindebuchse verbaut, muss diese erst entfernt werden (siehe Sektion 06 ab Seite 75).

Schritt 1: Inspiziere die Gasdrehhülse. Ist sie glatt, kann der Griff aufgeschoben und die Hülse muss nicht demontiert werden. Nur bei zu dicken oder profilierten Hülsen steht echte Arbeit ins Haus: Demontiere den Gasgriff (siehe Seite 77) und mache die Hülse mit Werkzeugen wie Säge (Überstände absägen), Feile (abgesägte Kanten begradigen) und Schleifpapier (Umfang verringern) passend. Ziel: Der neue Griff muss stramm aufgezogen werden können (ohne Gewalt!).

Schritt 2: Lenker und Hülse entfetten, Kleber anrühren (liegt dem Produkt bei) und etwas Kleber in den Griff einführen. Dann den Griff zügig (Kleber härtet schnell aus) aufschieben. Achte darauf, dass der Kabelabgang unten liegt. Auf der anderen Lenkerseite wiederholen. **Hinweis:** Der Gasgriff darf auf keinen Fall klemmen. Der Spalt links muss folglich weit genug sein und nicht an der Armatur anstoßen.

Schritt 3: Befestige den Schalter der Heizgriffe dort, wo er für dich am günstigsten bedienbar ist und verlege Schalterkabel und die von den Griffen abgehenden Kabel Richtung Lenkkopf – aber so, dass auf keinen Fall die normalen Lenkbewegungen beeinträchtigt werden.

Schritt 4: Verbinde den Kabelstrang für den Batterieanschluss mit Schalter und Griffkabel und verlege die Kabel Richtung Batterie – idealerweise an vorhandenen Kabelsträngen entlang. Nutze Kabelbinder, um die Stränge zu fixieren.

Bei leistungsschwachen Heizgriffen stehen zwei Anschlussverfahren (1 und 2) zur Verfügung, bei leistungsstarken nur eine (2):

1. Direktanschluss: Schließe die Heizgriffe direkt an der Batterie an – nur vergiss nie, sie bei Fahrtende auszustellen, da sie ständig Strom ziehen und über Nacht jede Batterie schaffen. Bis zur Tiefenentladung.

2. Über Relais und Zündungsplus: Verbindest du die Griffe mit einem geschalteten Pluskabel, funktionieren sie nur, wenn der Schlüssel auf ‚On' steht. Dies kann wahlweise in Verbindung mit einer Sicherungsbox erfolgen (siehe oben) oder nur mit einem Einzelrelais. Bei einem Einzelrelais verbindest du Klemme 30 mit dem Pluspol der Batterie (achte darauf, dass eine fliegende Sicherung zwischengeschaltet ist). Klemme 87 geht an die Plusleitung (rot) der Heizgriffe, Klemme 85 an Masse oder den Minuspol der Batterie und Klemme 86 an eine geschaltete Plusleitung. Achte darauf, keinen wichtigen Stromkreis anzuzapfen, sondern besser eine werksseitig bereits eingebaute USB-Ladebuchse oder die Hupe. Geeignet ist auch das Rücklicht.

Schritt 5: Batterie anschließen, Zündung anschalten (oder nicht, wenn direkt angeschlossen) und die Stufen der Heizgriffe durchschalten. Ist alles OK, erfolgt der Rückbau (Tank, Seitenteile, Sitzbank). Achte darauf, dass keine Kabel oder Schläuche eingeklemmt werden, die Lenkung freigängig ist und der Gasgriff nicht klemmt.

Feuchter Traum Komplettumbau

Willst du die Steuerung der Elektrik deines Moppeds von Grund auf neugestalten, bieten sich Bus-Systeme wie die mo.unit von motogadget[12-8] oder Axel Joosts Elektronikbox[12-9] an, die den Aufbau eines kompletten Kabelbaums mit dünnen Kabeln ermöglichen, den Sicherungskasten ersetzen und obendrein das Bike via Bluetooth mit dem Smartphone connecten.

Über einen solchen Digital/Elektro-Overkill lassen sich dann beispielsweise Alarmanlage, Blinker, Licht und Hupe steuern und die Zündung bei Annäherung aktivieren. Ebenfalls Teil der Liste möglicher Features (hängt natürlich vom jeweiligen Produkt ab): Fahrstrecken dokumentieren, Bilder hinterlegen (Freigaben, TÜV-Bescheinigungen etc.) und Wartungsaufgaben anzeigen.

Tipps: Halte dich beim Verlegen des neues Kabelbaums an den Originalverlauf, inklusive der verwendeten Befestigungen – es sei denn, die vom Hersteller gewählte Verlegung spiegelt eher Kostenvermeidung als praktischen Nutzen wider. Du musst dessen Fehler nicht wiederholen und kannst auf zu enge Radien (die oft auch billig aussehen) und damit einhergehend auf zu kurze Kabel sowie offenkundig missliche Schnittstellen (scharfe Kanten, viel Bewegung) verzichten. Schneide Kabel auch nicht voreilig ab, unter Umständen fehlt bei der Endmontage dann ein Stück.

Verzichte auf dünne Kabelbinder wo möglich, da sie bei viel Bewegung und Vibrationen mit der Zeit die Isolierung aufscheuern können (auch den Lack, wenn sie am Rahmen befestigt sind). Lässt es sich realisieren, verwende möglichst breite Binder und platziere sie in der Nähe von Anschlüssen, um bei der Gelegenheit auch das Risiko des Abvibrierens zu minimieren.

Vereinige parallel verlaufende Kabel in Schrumpfschläuche und wickle bei Bedarf Isolierband oder Kabelbaumband herum, beispielsweise an mechanisch belasteten Stellen oder in warmen/heißen Bereichen in Motor- bzw. Auspuffnähe.

Sind Stecker notwendig, werde nicht geizig und tausche originale gegen moderne, die in der Regel besser gegen Spritzwasser geschützt sind. Besorge dir ein Starterset mit ein- bis sechspoligen Steckverbindern und ein Japansteckerset (das sind die mit Gummihüllen überzogenen Einzelverbindungen).

Anschlüsse wie bspw. zum Bremslichtschalter sollten locker anliegen und die Kabel weder unter Zug noch Druck stehen. Denke dran beim Abschneiden der Kabel, insbesondere, wenn am Kabelende noch keine Kabelschuhe oder Endhülsen aufgequetscht wurden. Vergiss auch nicht, vor dem Quetschen Schrumpfschläuche aufzustecken, die die Enden isolieren.

Scheinwerfer

Um Fukushima herum leuchten viele Dinge von alleine, bei Bikes meistens auch. Und falls nicht, sind Probleme in der Regel schnell abgehakt. Geht beispielsweise beim halblegalen nächtlichen Waldeinsatz zwischen Treckerspur, Feldweg und Gammeltümpel abrupt das Licht aus, reicht ein Griff zur Ersatzlampe im Werkzeugfach und das Wissen, wie du das Teil im Düsteren einsetzt.

Heißt: Ersatzlampen sollten immer greifbar und der Weg, sie in die Fassung zu bekommen, bekannt sein. Kann dir keiner bei helfen, musste alleine kaufen, musste alleine trainieren – oder im Ernstfall mit Taschenlampe nach Hause tuckern und hoffen, dass eine neugierig gewordene Rennleitung genügend Humor besitzt.

Anders, wenn Umbauwünsche oder Probleme ins Haus stehen und du der Maschine das Bremslichtern, Blinken und Scheinwerfern wieder oder auf einem anderen Level beibringen willst. Insbesondere die (meist mit H4-Lampen bestückten) Scheinwerfer vieler Bikes sind ein Trauerspiel und außerhalb der Stadt offenbart sich das nach Einbruch der Dunkelheit brutal. Abhilfe schafft dann:

- **Waschen:** Ja, witzig, nicht? Scheinwerferwäschen können die Lichtausbeute um bis zu 20 % steigern.
- **Klarglasscheinwerfer:** Wer mit Riffelglas durch die Gegend fährt, sollte eine Aufrüstung auf Klarglas ins Auge fassen – in aller Regel, indem der Scheinwerfer komplett ausgetauscht wird (E-geprüft, selbstmurmelnd).
- **Reflektor prüfen:** Reflektoren sind entscheidend für die Lichtverteilung, kommen sie ihrem Job nicht gut oder nicht mehr gut genug nach, sollte ein Ersatz ins Auge gefasst werden.
- **Markenlampen statt Chinagelöt:** Verbesserte moderne Leuchten von Philips, Beru oder Osram bringen bis zu 120 % mehr Licht ins dunkle Spiel als No-Name-Produkte.
- **H7-Sockel statt H4:** Kostet mehr als H4, hält nicht so lange, ist aber heller: H7.
- Neue Scheinwerfer **auf Xenon- oder LED-Basis** oder Zusatzscheinwerfer, die – einmal einjustiert – automatisch mit dem Fernlicht zünden.

Scheinwerferlampen

Halogen: Traditionell kommen Motorräder mit Halogenglühlampen um die Ecken. Die länglichen Leuchtkörper werden wie vor 100 Jahren mit glühenden Metalldrähten zum Leuchten gebracht, in diesem Fall einer Wolframwendel, die in einem geschlossenen Glaskolben eine Halogenfüllung (Jod oder Brom) zur Verstärkung der Lichtleistung nutzt. Die Farbtemperatur liegt bei 3.000 Kelvin (Tageslicht hat 5.777), Modelle mit beschichteten Glaskolben kommen auf 4.200. Lebensdauer und Effizienz sind überschaubar.

LED: LEDs sind Halbleiterelemente, die bei Stromdurchlauf Licht erzeugen, einen geringen Verbrauch haben und in Form von Multi-Chip-LEDs nahezu 6.000 Kelvin in den Ring werfen. Die Lebensdauer ist beeindruckend, der Widerstand gegenüber Vibrationen und Erschütterungen ebenso.

LED-Lampen sind heller als Halogen, haltbarer, haben eine größere Reichweite und werden schneller wahrgenommen; da mag es nicht verwundern, dass moderne Motorradmodelle bereits ab Werk mit LED-Scheinwerfern ausgerüstet werden. Wer sein Bike hingegen mit LED nachrüsten möchte, bleibt oft im Regen stehen, zumindest wenn die Sache durchgezogen werden soll. Weil die einzelnen LEDs eines Leuchtsatzes den verschiedenen Motorrad-Scheinwerfermodellen und Reflektoren angepasst werden müssen, ist eine Nachrüstung meist teuer. Immerhin: Von Philips (Ultinon) und Osram (Night Breaker) sind relativ preisgünstige H4-konforme Nachrüstkits erhältlich (um € 80.-) und für bestimmte Bikes freigegeben[12-10].

Etwas günstiger sind Nebelscheinwerfer auf LED-Basis, diese dürfen aber nur bei bestimmten Witterungen und zusammen mit dem Abblendlicht angeschaltet werden. Was dann auch nicht jede und jeden zufriedenstellen mag, so dass so manche(r), der oder die weder Geld ausgeben noch Zusatzleuchten anbauen will, möglicherweise in Versuchung gerät, einen der LED-Nachrüstsätze zu ordern, die von China aus in Massen Richtung EU geworfen werden.

Diese Retrofits oder Conversion Kits genannten Aufrüstsets haben jedoch ihre Tücken. Zwar verfügen sie über die gewünschten Multi-Chip-LEDs, die für jede Menge Licht sorgen, ECE-Zeichen fehlen aber, womit jede(r), der/die sich solche Leuchte nachträglich in die Maschine baut, gleichzeitig die Straßenverkehrszulassung rausdrückt.

Deshalb: Verzichte drauf: So stark die Versuchung auch sein mag, die Kits werden in dem Moment illegal, in dem sie verbaut werden und verlangen vom Fahrer ein gesundes Nervenkostüm. Zum einen, weil das Bike bei jeder Kontrolle stillgelegt werden kann, zum anderen, weil der Pilot selbst zwar ein helleres Licht genießt, von links und rechts aber vermutlich von geblendeten Verkehrsteilnehmern mit Bierdosen beworfen wird.

Xenonlampen: Eine eher geringe Rolle, weil im Prinzip überholt, spielen Xenonlampen, bei denen Licht durch Gasentladung entsteht. Lichtausbeute und Sicherheitsaspekt liegen mit 4.500 Kelvin oberhalb von Halogenleuchten, aber unterhalb von LEDs. Außerdem benötigen Xenonlampen höhere Stromspannungen, die Umbau bzw. Nachrüstung als eher uninteressant erscheinen lassen – der/die im Übrigen sowieso nicht zulässig ist.

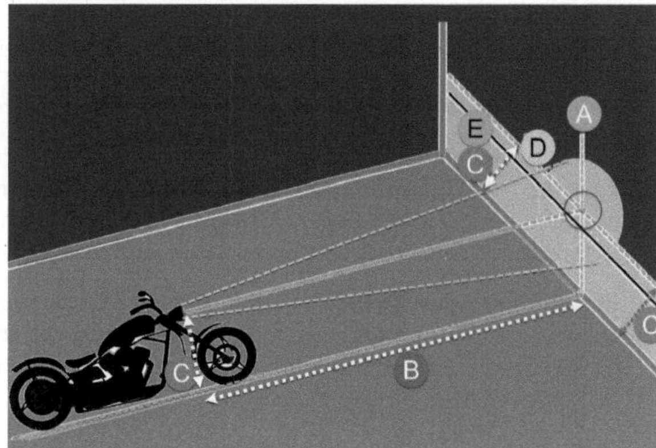

Scheinwerfer einstellen

Falsch eingestellte Scheinwerfer blenden den Gegenverkehr, beleuchten die Kuhweide neben der Straße und verschlechtern die Sicht. Zur Überprüfung und Neujustierung der Leuchtweite benötigst du:

- Dein Handbuch, das dir erklärt, wo und wie du den Abstrahlwinkel einstellst (besonders wichtig bei Scheinwerfern, die in Verkleidungen oder Instrumenten eingebettet sind).
- Werkzeug, falls Scheinwerfer in Schraubhalterungen stecken.
- Kreide oder Klebeband.
- Bandmaß oder Zollstock.
- Garagenwand oder Hausmauer.

Zur Vorgehensweise:

1. Markiere auf der Wand eine senkrechte Linie (A).

2. Stelle dein Mopped in einem Abstand (B) von fünf Metern (Wand <-> Scheinwerfer) aufrecht direkt vor diese Linie, ohne seitlich abzuweichen.
3. Messe die Höhe vom Boden bis zur Mitte des Scheinwerfers (C), idealerweise mit dir auf dem Motorrad. Wenn du es mit einem Zollstock und Verrenkungen schaffst, gleichzeitig normal auf deinem Bike zu sitzen *und* den Bodenabstand zu messen, Glückwunsch. Falls nicht, bitte einen Freund, die Messung zu übernehmen.
4. Zeichne an der Wand in gleicher Höhe wie (C) eine waagerechte Linie (D) im rechten Winkel zur senkrechten (A) ein.
5. Zeichne fünf Zentimeter unterhalb der waagerechten Linie eine Parallele (E) zur Waagerechten (D).

Hinweis: Ein Streifen Gaffa ersetzt beide waagerechten Striche, weil es praktischerweise meist 5 cm breit ist und somit oberen und unteren Strich bereits mitbringt.

Einfacher geht's kaum: Zwei Schrauben links und rechts lockern, Scheinwerfer nach oben/unten kippen.

Bei korrekter Einstellung sollte die Hell-Dunkelgrenze des Abblendlichts auf der unteren Linie (E) verlaufen. Schaltest du das Fernlicht zu, sollte sich der hellste Punkt im Fadenkreuz der senkrechten und der oberen waagerechten Linie befinden. Abweichungen können auf Links-rechts- (Scheinwerfer sitzt schief) oder Oben-unten-Verschiebungen (Scheinwerfer strahlt zu weit nach oben oder unten) basieren.

Konsultiere dein Handbuch, welche Einstellschrauben du zur Korrektur nutzen musst. Bei einem an der Gabel angebrachten Scheinwerfer beispielsweise sind in aller Regel nur zwei Befestigungsschrauben zu lockern, um die Lampe nach oben oder unten drücken zu können.

Hinweis: Ultra-digitale Moppeds mit sensorgestützten Systemen passen die Leuchtweiten automatisch an aktuelle Beladungssituationen an. Will oder muss hier die Grundeinstellung geändert werden, hilft nur der Anschluss an ein Diagnosesystem.

Blinker

Ebenfalls weit vorne auf der Liste der beliebtesten Umbaumaßnahmen bei Motorrädern stehen Mini-Blinker. Die Gründe sind schnell aufgezählt: visuell ästhetischer Mehrwert, meistens preiswert, wenig Arbeitsaufwand (denkt man) und kaum TÜV-Genöle. Dementsprechend bunt sieht der Markt aus. Wo früher faustgroße Kartoffeln den Ton angaben, kicken sich heute kleine, große, runde, eckige, flache, spitze, längliche, kurze und andere Formen gegenseitig vom Verkaufstresen. Wobei die Preise zwischen ‚Haste nicht gesehen' (Zubehörhandel) und ‚Billiger als Briefmarken' (eBay) liegen, je nachdem, wo du gewöhnlich einkaufst.

Worauf du auf jeden Fall achten solltest: Das berühmt/berüchtigte E-Prüfzeichen muss auf dem Blinkerglas aufgeprägt sein, sonst verlierst du die Betriebserlaubnis (es sei denn, die Leuchte wurde geprüft und eingetragen).

Wandern meistens immer als vorne und hinten gekreuztes Pärchen über den Ladentisch: (Mini-)Blinker.

Außerdem: Da direktes Plug 'n' Play oft reines Wunschdenken ist, musst du mit Zusatzkosten für weitere elektrische Komponenten und Anbauteile rechnen:

- Neue Blinker sind praktisch nie kompatibel mit den originalen Befestigungsteilen der alten. Dann werden Spacer fällig, die die vorhandenen, manchmal abstrus großen Löcher in der Verkleidung, dem Scheinwerfer oder dem Heckbauteil ausfüllen bzw. abdecken (gibt's im Handel für viele Modelle).
- Ältere Motorräder müssen größere Mindestabstände zwischen rechtem und linkem Blinker aufweisen als moderne Maschinen. Dann werden Verlängerungen notwendig, die die Paare gesetzeskonform voneinander trennen.
- Reichen die alten Kabel nicht bis zum neuen Blinker, sind Verlängerungen notwendig. Lüsterklemmaktionen verbieten sich von selbst, ebenso wie ‚Abschneiden-aufdrillen-isolieren-fertig'. Bessere Lösungen sind Lötkolben und Schrumpfschlauch oder ein Verlängerungsadapter.
- Blinken frisch verlegte LED-Blinkerpaare gar nicht oder hektisch im Maniac-Takt, erwartet das Bordnetz herkömmliche Glühlampen und kommt mit den niedrigwattigen LED-Sparlampen nicht zurecht. Dann benötigst du zusätzlich entweder ein neues Blinkrelais oder zusätzliche Widerstände.

Auf LED-Blinker umrüsten

Sollen Glühlampenblinker durch LED-Leuchten ersetzt werden, beachte, dass die Stromaufnahme (Wattzahl) bei LEDs erheblich geringer ist als bei den Glühlampen. Während Letztere pro Fahrzeugseite bspw. 2 mal 21 Watt (Lampen) plus 2 Watt für die Kontrollleuchte vom Blinkrelais anfordern (gibt auch andere Werte), geben LEDs sich mit vielleicht 5 Watt zufrieden (1,5 Watt pro Diode plus Kontrollleuchte).

Mini-Blinker: Dank LED kaum zu sehen, aber unübersehbar.

Die in der Regel verbauten lastenabhängigen Blinkrelais arbeiten in dem Fall aber entweder gar nicht oder spucken auf Teufel komm raus die originale Wattzahl Richtung Blinker, bei LEDs mit dem Ergebnis, dass diese wie wild arbeiten und eine Blinkfrequenz aufweisen, die weit über der gesetzlich erlaubten liegt.

Um die Blinkfrequenz zum Leben zu erwecken oder zurück in den Normbereich zu drücken, stehen zwei Möglichkeiten offen:

1. Tausche das lastenabhängige Blinkrelais gegen ein lastenunabhängiges, welches statt einer bestimmte Wattzahl einen Wattbereich abdeckt, beispielsweise zwischen 2 und 100 Watt (fix erledigt, aber nicht immer möglich).
2. Schalte elektrische Widerstände zwischen Einzelblinker und Relais (immer möglich, nicht so fix).

Blinkrelais tauschen

Ist dir nicht bekannt, was für ein Relais original verbaut ist, blättere im Handbuch, frage deinen Händler oder, falls bereits ausgebaut, schau einfach drauf; der Relais-Typ ist aufgedruckt. Lastenabhängige mit drei Anschlüssen sind dabei problemlos auszutauschen.

Unbill droht, wenn das Blinkrelais in einer multifunktionalen Elektronikeinheit integriert wurde (erkennbar an mehr als drei Kabelanschlüssen). Ebenso, wenn ein Bike mit Can-Bus oder Single Wire ausgestattet ist oder beim Starten einen Systemcheck macht. Dann können kapitale Schäden an der Elektronik die Folge sein, wenn das Relais einfach mal so ersetzt wird. Ebenso verbietet sich ein Austausch des Blinkrelais, wenn Zusatzfunktionen vorhanden sind wie Blinkpiepser und/oder Warnblinkanlage. Auch bei einer gemeinsamen Cockpit-Kontrollleuchte für das rechte und linke Blinkerpaar fällt die Option ‚Relaistausch' flach.

Stimmen hingegen die Voraussetzungen, verorte dein altes Blinkrelais, stöpsel die Anschlüsse ab und tausche es aus. Achte UNBEDINGT darauf, dass die Anschlusspolung stimmt, sonst vernichtest du das neue Relais in Sekundenschnelle. Lese dir ferner *auf jeden Fall* die Montageanleitung des neuen Blinkrelais durch. Dafür ist sie geschrieben worden.

Widerstände zwischenbauen

Fällt der Austausch eines Relais flach, bleibt der Einbau von Widerständen zur Wiederherstellung der Blinkfrequenz. Solche Teile gibt's passend zu Bike und Blinker im Fachhandel, idealerweise als Adapterkabel, das man zwischen Kabelbaum und Blinker aufsteckt – allerdings kosten diese Teile in etwa so viel wie die Blinker selbst.

Günstiger sind Widerstände aus dem Elektronikshop um die Ecke, allerdings musst du dann die Stärke der zu verbauenden Widerstände angeben können.

Zur Ermittlung bringe zunächst die Wattzahl der alten Blinker in Erfahrung, meist sind es 10, 18 oder 21 Watt. Von diesem Wert ziehst du die Wattzahl des LED-Blinkers ab. **Beispiel 1:** Ein Widerstand pro Blinker (vier Widerstände insgesamt, zwei auf jeder Seite):

- Ein Glühlampenblinker hat 18 Watt.
- Ein Austausch-LED-Blinker bringt es auf 6 Watt.
- Die Differenz ergibt 18 – 6 = 12 Watt.

In Beispiel 1 muss folglich jeder der vier notwendigen Widerstände jeweils 12 Watt ersetzen.

Bleibt die Frage, wie stark ein Widerstand sein muss, um eine bestimmte Wattzahl zu ersetzen. Die Umrechnung erfolgt in Ohm (O) über die allgemeine Formel $O = V^2 / W$, also Widerstand (O) = Spannung (V) zum Quadrat geteilt durch Watt (W). Im Beispiel sind es $O = 12^2 V / 12 W = 12 O$. Jeder der vier Widerstände muss also über jeweils 12 Ohm verfügen, um die für den jeweiligen Blinker fehlende Wattzahl von 12 Watt zu ersetzen.

Beispiel 2: Ein Widerstand für jeweils zwei Blinker (zwei Widerstände insgesamt, einer auf jeder Seite):

- Ein Glühlampenblinker hat 18 Watt. Mit zwei multipliziert ergibt das 36 Watt.
- Ein LED-Blinker hat 6 Watt. Mal zwei ergibt 12 Watt.
- Die Differenz ergibt 36 – 12 = 24 Watt.

Als Formel: W1 – W2 = (2 x 18) – (2 x 12) = 36 – 12 = 24. Jeder der beiden Widerstände muss folglich jeweils 24 Watt ersetzen.

Die Umrechnung von Watt zu Ohm wiederum ergibt: $O = V^2 / W = O = 12^2 / 24 = 6$. Jeder der beiden Widerstände muss somit über jeweils 6 Ohm verfügen, um die für die beiden angeschlossenen Blinker fehlenden 24 Watt zu ersetzen.

Wem das zu viel Rechnerei ist, der findet im Internet die passenden Umrechnungsrechner[12-11].

Blinker anbauen

Bevor du beginnst, klemmst du das Minuskabel (Masse) von der Batterie ab. Müssen Verkleidungen, Koffer, Nummernschildhalter, Halterungen und/oder andere Komponenten abgebaut werden, um an die alten Blinker und Steckverbindungen ranzukommen, erledige auch das. Danach ziehe die Stecker der alten Blinker ab, entferne sie und setze die neuen ein, aller Wahrscheinlichkeit nach mit neuen Halterungen, da die alten Löcher allzu oft unvorteilhaft geschnitten sind.

Hinweis: Findest du keine passenden Adapter oder Ersatzhalter im Handel, musst du kreativ tätig werden. Da LED-Blinker kaum etwas wiegen, reichen mglw. ein paar stabile Plastikscheiben, geschnitten aus alten Spraydosendeckeln und bei Bedarf auch gedoppelt.

Das Dumme an LED-Blinkern: Geht die LED kaputt, muss der komplette Blinker ersetzt werden.

Verbinde die alten Stecker mit den neuen Blinkern, beachte die Polung. (Falls nicht, ist das kein Beinbruch, denn im Gegensatz zum Relais funktionieren die Blinker bei falscher Polung schlichtweg nicht. Dann reicht es, die Kabel umzustecken, kaputt geht dabei nichts.)

Bei der Verlegung der Kabel stelle den Originalverlauf wieder her und führe die Kabel nicht zu straff, zu locker oder an beweglichen oder heiß werdenden Teilen vorbei. Musst du befürchten, dass die möglicherweise dünnen Kabel der LED-Blinker aufscheuern könnten, verstärke sie mit Schrumpfschläuchen, lagere sie an gefährdeten Stellen in Gummitüllen oder umwickele sie mit Kabelbaumband.

Die Leistungswiderstände werden dort zwischen Kabelbaum und Blinker eingefügt, wo sie a) genügend Platz vorfinden und b) ausreichend gekühlt werden. Widerstände können bei langen Blinksequenzen über 100 °C heiß werden, die Hitze an die Umgebung abgeben und beispielsweise Kunststoffplatten oder Kabelummantelungen schmelzen bzw. entzünden. Idealerweise platzierst du sie auf kleinen Montageblechen aus Alublech. Auf keinen Fall dürfen sie mit Gaffa oder doppelseitigem Klebeband irgendwo angepappt werden.

Hinweis: Denke daran, dass du maximal vier Widerstände unterbringen musst. Außerdem: Bei zu geringen Abständen zwischen linkem und rechten Blinker müssen die Halterungen verlängert werden – sagt der TÜV (abhängig vom Baujahr der Maschine).

Austausch elektronischer Komponenten

Der Ersatz defekter elektronischer Komponenten kann zum Trauerspiel werden: Bei älteren Bikes ist die Ersatzteillage oft dünn und die vorhandenen Produkte sind teuer. Bei neueren Motorrädern wiederum klebt in jeder Ecke ein technischer Helfer, dessen Austausch bereits aus Prinzip ins Geld geht – erst recht, wenn man es in der Werkstatt machen lässt.

Verständlich, dass viele Biker auf gebrauchte Ersatzteile zurückgreifen. Nur sind leider nicht alle Komponenten unkritisch per Plug & Play anzuschließen. Einige verlangen trotz mechanischem Selbsteinbau nach einer Werkstatt, andere sind nur bedingt oder überhaupt nicht mit dem eigenen Motorrad kompatibel. Die goldene Regel hierbei lautet: Je weniger eine elektronische Komponente mit dem Rest des Fahrzeugs kommunizieren muss, desto eher lohnt sich der Rückgriff auf Gebraucht- oder Aftermarket-Teile.

Plug & Play

Sensoren wie Lambdasonden, Luft- und Wassertemperaturfühler oder Klopfsensoren sind ebenso wie einfache Relais und viele Beleuchtungssteuergeräte in aller Regel komplikationslos austauschbar. Das gilt im Grunde für fast alle Motorräder bis Baujahr 2015 und bei einfacher aufgebauten Modellen oft auch darüber hinaus.

Scheinwerfer-Steuergeräte (wie sie für Xenon-Systeme oder einfache LED-Scheinwerfer benötigt werden) können meist ebenfalls ohne Codierung selbst verbaut werden, vorausgesetzt, die Teilenummern und der Hardware-Stand stimmen exakt mit dem Originalteil überein (Hersteller ändern durchaus mal mitten in einer Baureihe die Pin-Belegung).

Kein Plug, kein Play: Komponentenschutz

Elektronische Schlüsselkomponenten wie ABS-Module, Instrumententafeln (Dashboards) und Motorsteuergeräte (ECU) lassen sich zwar mechanisch meist leicht selbst wechseln, das Motorrad wird sich danach aber in aller Regel verweigern oder Fehler anzeigen. Diese Teile müssen auf das jeweilige Fahrzeug codiert bzw. angelernt werden.

Hierzu schreibt eine Diagnosesoftware fahrzeugspezifische Werte – wie Fahrgestellnummer (VIN) und/oder Kilometerstand – direkt in das neue Modul. Das funktioniert manchmal über spezialisierte Aftermarket-Diagnoselösungen (z. B. GS-911, TuneECU oder herstellerspezifische Freeware), oft aber nur über den Onlineserver des Vertragshändlers.

Richtig übel wird es beim sogenannten Komponentenschutz, bei dem viele moderne Hersteller die Module so absichern, dass sie digital fest mit der VIN des Spenderfahrzeugs verheiratet sind.

Ein gebrauchtes Steuergerät lässt sich dann ohne eine vorherige, offizielle 'Scheidung' beim Spenderfahrzeug oder einen tiefen Eingriff in das EEPROM des Steuergeräts (Chiptuning/Klonen) überhaupt nicht auf einem anderen Bike aktivieren. Freie Werkstätten winken hier meist ab, da ihnen die teuren, herstellerspezifischen Online-Lizenzen und Serverzugänge fehlen.

Kurz gesagt:

Für Steuergeräte der Wegfahrsperre, Hauptsteuergeräte oder digitale Tachos lohnt sich der Gebrauchtkauf für Privatpersonen ohne tiefgehendes Know-how und passende Software selten auf den ersten Blick. Man muss die Zusatzkosten für das Codieren von vornherein einkalkulieren. Für einfache Codierungen (wie das Freischalten eines gebrauchten Tachos) werden in freien Werkstätten oder bei Spezialisten ca. 50 bis 100 Euro fällig; bei aufwändigeren Systemen wie Motorsteuergeräten oder ABS-Blöcken sind es schnell 200 Euro – Vertragshändler liegen oft noch deutlich darüber oder weigern sich ganz, mitgebrachte Gebrauchtteile anzulernen.

Gebrauchtteil einbauen und anlernen

1. **Teilenummern und Softwarestand abgleichen:** Vor dem Werkzeugeinsatz vergleiche die Nummern auf dem Gehäuse des Gebrauchtteils penibel mit deinem defekten Originalteil. Wichtig: Achte auch auf den Hardware- (HW) und Softwarestand (SW). Selbst bei identischer Teilenummer ändern Hersteller unterjährig manchmal die Pin-Belegung oder den internen Chipsatz.
2. **Diagnose-Infrastruktur klären:** Finde heraus, wie das Teil angelernt werden muss, bevor du das alte ausbaust. Kann deine Aftermarket-Software (z. B. TuneECU) das Teil codieren? Wenn nein: Telefoniere mit einer freien Werkstatt oder dem Vertragshändler, ob sie ein mitgebrachtes Gebrauchtteil überhaupt anlernen wollen und können.
3. **Fehlerspeicher auslesen und dokumentieren:** Schließe das Diagnosegerät an dein noch fahrbereites (oder zumindest zündungseinschaltbares) Motorrad an. Lese den aktuellen Fehlerspeicher komplett aus und mache einen Screenshot oder Export, als Absicherung, um später alte Fehler von neuen Problemen trennen zu können.
4. **Batterie abklemmen:** Schalte die Zündung aus und klemme die Batterie ab (zuerst Minus, dann Plus). Wer unter Spannung Stecker von Steuergeräten abzieht, riskiert durch Funkenflug oder Kriechströme Spannungsspitzen, die das ‚neue' Gebrauchtteil instant grillen können.
5. **Mechanischer Austausch & Kontaktschutz:** Baue das alte Teil aus und das gebrauchte ein. Nutze die Gelegenheit, um die Steckerpins am Kabelbaum anzusehen. Ein Hauch von Elektronikspray (kein WD-40!) schützt vor Korrosion. Achte darauf, dass alle Steckverbindungen hörbar einrasten.
6. **Anschluss:** Klemme die Batterie wieder an (erst Plus, dann Minus). Schalte die Zündung ein, **aber starte den Motor noch nicht** und erwarte auch nicht, dass alles läuft. Wahrscheinlicher ist, dass der Tacho jetzt wild blinkt und die ABS-LED dauerhaft leuchtet, weil die VIN im Steuergerät nicht zum Rest des Bikes passt.
7. **Codierung / VIN-Anpassung durchführen:** Verbinde das Diagnose-Tool und lösche zuerst die alten, durch die Trennung entstandenen Fehler. Gehe dann in das entsprechende Programmiermenü, um die Fahrgestellnummer (VIN) deines Bikes in das gebrauchte Modul zu schreiben und den Systemcheck (z. B. ABS-Ventiltest) anzustoßen.
8. **Funktionstest & Probefahrt:** Schalte die Zündung einmal komplett aus, warte 10 Sekunden (bis die Steuergeräte schlafen gehen) und schalte sie wieder ein. Starte den Motor. Bleiben die Warnleuchten nach den ersten Metern der Probefahrt aus, war die Operation sehr wahrscheinlich erfolgreich.

Wichtig: Wenn du merkst, dass das Steuergerät einen unüberwindbaren Komponentenschutz hat (sich also ums Verrecken nicht überschreiben lässt), sende das alte und das gebrauchte Teil an einen Steuergeräte-Spezialisten. Der lötet dann den EEPROM-Chip um oder spiegelt die Daten 1:1 (Klonen). Danach sollte das gebrauchte Teil dann für dein Bike ein echtes Plug & Play-Teil sein.

Sektion 13: Motoren & Drumrum

BENZINSYSTEM

Neben dem Öl ist Sprit die zweite wichtige Flüssigkeit, ohne der nichts läuft am Mopped. Gut verstaut, wartet er im Tank darauf, via Vergaser oder Einspritzdüsen und mit Luft vermengt in den Brennraum transportiert, gezündet und via Auspuff als CO2, Feinstaub und Sonstiges in die Umwelt gepustet zu werden. Wenn's geht, mit wohlklingendem Wumms, damit sich der Aufwand lohnt.

Hinweis

Beachte bei allen Arbeiten am Benzinsystem die Brand-, Explosions- und Gesundheitsgefahren des Stoffes!

- Sorge für ausreichend Belüftung! Benzingase sind hochentzündlich und gesundheitsschädlich (Reizungen von Augen, Nase und Atemwegen, Kopfschmerzen, Schwindel, Übelkeit, Benommenheit, krebserregend und mehr).
- Die Zündung muss nicht nur aus, sondern der Zündschlüssel auch abgezogen sein, bevor du beginnst. Willst du wirkliche Sicherheit, klemme obendrein die Batterie ab.
- Hantiere nicht mit offenen Flammen oder bastele mit Kippe im Mund am Benzinsystem rum.
- Produziere keinen Funkenflug (bspw. Flex) oder provoziere Kurzschlüsse oder andere elektrische Entladungen!

Benzinsorten

Wer Benzin mit Bio-Ethanolanteil zwischen 5 und 10 % (E5, E10, bald auch E20) tankt, macht es in aller Regel aus Umweltschutzgründen, da Ethanol klimaneutral ist, sauberer verbrennt und weniger Schadstoffe wie Schwefel, Phosphor, Stickoxide, Kohlenmonoxid und unverbrannte Kohlenwasserstoffe in die Atemluft entlässt.

Nachteilig soll ein trotz besserer Zündfreudigkeit geringerer Energiegehalt sein, der sich aber eher als höherer Verbrauch (um die 3 % bei E10) bemerkbar macht, denn als Leistungsverlust. Zumindest zeigten Tests nur Unterschiede innerhalb der Messtoleranzen[13-1].

Hört man/frau als Öko gar nicht gerne: Für den Motor wichtiger als Bio oder nicht ist die Oktanzahl, die keinesfalls den vom Hersteller vorgeschriebenen Wert unterschreiten darf.

Also alles tutti für deine Ambitionen, beim Umweltschützen dabei zu sein? Nur, wenn der Hersteller keine Einwände hat. Bei neueren Maschinen ist es meist der Fall, zur Not nach einem Software-Update, andere Modelle können hingegen wegen der höheren chemischen Aggressivität der Mischungen Schaden nehmen.

Es empfiehlt sich, die Infos zum Tanken einzuholen, bevor man sie benötigt (bspw. bei einer Fehlbetankung). Am besten beim Hersteller, da Internetlisten wie diese[13-20] nicht zwingend korrekt sind.

Falsch getankt?

Hast du aus Versehen statt E5 das ‚umweltfreundlichere' E10 getankt, ist es in vielen Fällen kein wirkliches Problem – außer vielleicht bei älteren oder empfindlich abgestimmten Motoren (checke *unbedingt*, wie dein Hersteller dazu steht). Bei leidlich modernen Bikes reicht es oft, ein paar Liter abzulassen (wenn überhaupt) und mit wertigem Super Plus aufzufüllen. Zwar setzt Ethanol auch dort Vergaserdüsen zu und greift bestimmte Kunststoffe, Elastomere (Dichtungen, Schläuche) und ungeschützte Aluminiumteile, dies wird aber erst bei wiederholtem Fehltanken oder monatelangen Standzeiten ein Problem.

Ganz im Gegenteil zum Schaden, den Diesel in einem Ottomotor anrichten kann. Ist dir dies passiert, ist das Schadenspotenzial hoch und das gleich von Anfang an. Diesel besitzt als schweres, öliges Destillat eine höhere Zündtemperatur als Benzin und kann durch die Zündkerze kaum oder gar nicht entflammt werden. In der Folge wäscht es den Schmierfilm an den Zylinderwänden ab (Gefahr von Kolbenfressern), flutet unverbrannt den Auspuff und zerstört den Katalysator. Zudem verklebt es das gesamte Einspritz- oder Vergasersystem.

Sofortmaßnahmen bei Falschbetankung

Zunächst gilt: Je weniger Kraftstoff im System verteilt wurde, desto billiger wird die Rettung. Schiebe das Motorrad mit ausgeschalteter Zündung an die Seite und parke es sicher.

Szenario 1: Zündung ist noch AUS: Glück gehabt. Es ist zwar passiert, aber der falsche Sprit befindet sich einfach nur isoliert im Tank. Bei E10/E20 checkst du die Herstellerangaben und musst im besten Fall entweder gar nichts tun, einfach mit E5 oder Super Plus vermischen, um den Ethanolanteil rechnerisch zu senken, oder den Sprit aus dem Tank ablassen (siehe Seite 203) und danach normal befüllen.

Bei Diesel: Die Zündung darf auf keinen Fall eingeschaltet werden, auch nicht, um einen Blinker zu setzen! Schiebe das Motorrad von der Zapfsäule weg und lasse den Tank komplett leeren. Danach muss er mit etwas frischem Benzin gespült, erneut geleert und dann mit dem richtigen Benzin aufgefüllt werden.

Szenario 2: Zündung ist AN (Pumpe hat angesaugt): Sobald die Zündung aktiviert wird, surrt bei modernen Motorrädern die elektrische Kraftstoffpumpe und baut Druck im System auf. Der falsche Sprit steht jetzt bis an den Einspritzventilen.

Bei E10/E20 ist auch diese Situation bei vielen leidlich modernen Modellen unkritisch. Sagt der Hersteller, dass du gar nichts tun musst, lasse die Zündung an, starte, fahren den Tank zügig leer und setze gutes Super zum Verdünnen oben drauf.

Bei Diesel schalte hingegen sofort die Zündung wieder aus! Danach muss der Tank runter und geleert und die einzelnen Komponenten vom Tank bis zur Einspritzanlage (oder zum Vergaser) getrennt und gespült werden. Bei Modellen mit leicht zugänglichem Kraftstofffilter sollte dieser ausgetauscht werden, da das zähe Dieselöl ihn zusetzt.

Szenario 3: Motor läuft bereits (im Stand an der Tankstelle): Der Motor wurde gestartet und läuft – vermutlich noch kurz mit dem restlichen Benzin aus den Leitungen, bevor der falsche Kraftstoff die Brennräume erreicht.

Bei E10/E20 besteht nach wie vor keine Panik (siehe oben). Im besten Fall kannst du den Motor laufen lassen, nach Hause fahren und bei Gelegenheit den Tank durch Nachtanken von E5/Super Plus verdünnen. Je nach Herstellerangaben kann dies aber auch sofort notwendig sein, dann muss der restliche Sprit abgelassen und regulärer nachgetankt werden.

Bei Diesel schalte den Motor SOFORT aus! Jede Sekunde zählt jetzt, um den Katalysator und die Zylinderlaufbahnen zu schützen. Weitere Maßnahmen: Abschleppen (lassen), Tank entleeren und Leitungen spülen. Bei Vergasermotoren müssen ferner die Schwimmerkammern komplett entleert und gereinigt, bei Einspritzern das gesamte System professionell gespült werden. Zudem sollten die Zündkerzen ausgebaut und gereinigt oder ersetzt werden, da sie komplett verrußt oder verölt sein dürften.

Szenario 4: Motorrad fährt und zeigt erste Anzeichen: Bei E10/E20: Sollte das Motorrad hier tatsächlich ruckeln (was bei alten oder extrem empfindlich abgestimmten Motoren theoretisch durch die veränderte Verbrennungsgeschwindigkeit von Ethanol passieren kann), fahre im besten Fall sachte zur nächsten Tankstelle und fülle mit E5/Super Plus zur Verdünnung auf. Wie oben kläre aber zur Sicherheit mit dem Hersteller des Motorrads, wie dieser die Sache sieht. Eventuell ist eine zügige Entleerung und Neubefüllung notwendig.

Bei Diesel: Sofort rechts ran, Motor aus. Dank des Restbenzins springt der Motor wahrscheinlich an, fängt nach ein paar hundert Metern oder wenigen Kilometern aber heftig an zu ruckeln, qualmt extrem (bläulich-weißer Rauch) und verliert massiv an Leistung, bis er schließlich abstirbt.

In dieser Situation hilft nur noch ein Eingriff mit großem Besteck: Neben der kompletten Entleerung und Spülung des Kraftstoffsystems (Tank, Leitungen, Pumpe, Einspritzdüsen/Vergaser) muss zwingend folgendes geprüft werden:

- Zündkerzen: Müssen erneuert werden, da völlig verölt.
- Katalysator: Muss geprüft werden. Wenn zu viel unverbrannter Diesel den Kat geflutet hat, ist er oft dauerhaft beschädigt oder geschmolzen.
- Motoröl: Unbedingt kontrollieren! Durch die Startversuche und das Ruckeln kann Diesel an den Kolbenringen vorbei ins Motoröl gelangt sein (Ölverdünnung). Riecht das Öl nach Diesel oder steht der Pegel zu hoch, ist unbedingt ein Ölwechsel inklusive Filter fällig.

Benzinverbrauch

Der Verbrauch von Motorrädern ist, wie könnte es anders sein, überaus unterschiedlich und reicht von ‚kommt günstig' bis ‚scheiß teuer':

- **Cruisen:** Mit gemäßigtem Tempo auf Autobahnen und ausgebauten Landstraßen gleitet es sich am kostengünstigsten dahin. Die Last rollt ohne große Ausreißer nach oben oder unten über den Asphalt, die Drehzahl bleibt niedrig bis moderat und die Gashand entspannt.
- **Rasen:** Wer hart am Drehzahlbegrenzer bei Volllast über deutsche Autobahnen tiefflіegt, wird am ehesten zur Kasse gebeten (beim häufigen Tanken und auch sonst).
- **Spielen:** Irgendwo zwischen beiden Extremwerten siedelt sich zügiges Kurvenräubern mit abwechselnden Brems- und Beschleunigungsphasen an. Je spielerischer, desto höher der Verbrauch, je entspannter desto niedriger.

Einsparpotenzial

Auf seinen oder ihren persönlichen Fahrstil sollte niemand verzichten sollen, innerhalb dessen Grenzen liegen aber durchaus Verbrauchseinsparungen drin.

Motor warm fahren: Wer wie der kopflose Reiter aus Sleepy Hollow mit Vollgas aus der Garage schießt, saugt ordentlich am Tank-Füllstand. Ein kalter Motor verbraucht mehr als ein betriebswarmer – und verschleißt schneller, wenn er vom Start weg gefordert wird. Umgekehrt: Wird er sachte und ohne lange Standlaufphase mit geringen Drehzahlen auf die optimale Betriebstemperatur gebracht (um die 80 Grad), dankt er es mit weniger Verbrauch und längerer Lebensdauer.

Bike entschlacken: Mit Koffern, Tankrucksäcken, Topcases, Werkzeugtaschen, Schlafrollen, Sozius und sonstigen Anbauten bzw. Zusatzlasten erreichst du dreierlei: Einen Hausstand auf Rädern, eine miese Aerodynamik und das Gefühl, auf einem tonnenschweren Bagger unterwegs zu sein. Alles davon erhöht den Spritverbrauch.

Luftdruck: Kontrolliere den Reifenluftdruck regelmäßig und korrigiere ihn, falls notwendig (siehe Sektion 08 ab Seite 113). Vergiss ferner nicht, ihn bei Zusatzbeladung anzupassen.

Kette: Eine Kette sollte drei Zustände nicht kennen: verschlissen sein, falsch gespannt sein und ungeschmiert arbeiten müssen. Alles kostet Leistung und Benzin.

Umbauten: Ein Windschild an einem Naked Bike kann, abhängig von der Größe, helfen, Sprit zu sparen. Das gilt auch für tief angebaute Lenker, die dich zu einer stärkeren Oberkörperbeugung zwingen – allerdings sind beides auch Maßnahmen, die deinen individuellen Fahrstil oder die visuelle Ästhetik deines Bikes betreffen und nicht zwingend den Aufwand rechtfertigen.

Umgekehrt: Baust du eine Verkleidung ab, um ein Naked Bike zu erhalten, erhöhst du Luftwiderstand und Benzinverbrauch. Auch benötigt der Motor länger, um seine Betriebstemperatur zu erreichen. Ebenso kontraproduktiv kann ein zu hoher Lenker werden.

Tank

Verfügt dein Motorrad nicht über einen der eher seltenen Aluminium- oder Kunststofftanks, ist die Wahrscheinlichkeit hoch, dass dein Tank innen aus reinem Stahl besteht. Diese Ausführung lädt Flugrost geradezu ein und je weniger du fährst und das Innenleben durchschüttelst, desto mehr breitet der Rost sich aus. Obendrein altert handelsübliches E 5- und E 10-Benzin bereits nach ein paar Monaten und bildet aggressive Säuren – weshalb du lange Standzeiten mit randvollem Tank antreten solltest. Andernfalls drohen Flugrost und Verharzungen, die wiederum zu Verstopfungen in Benzinhahn, Filter, Ventile oder Vergaser führen können, während gebildete Essig- und Ameisensäuren Dichtungen und im Tank befindliche Benzinpumpen angreifen.

Verwende bei Stilllegungen ferner hochwertiges Benzin (ja, eine teure Sorte wie Ultimate etc.) und verstopfe die Tankbelüftung. Ob du den Sprit obendrein mit weiteren, separaten Additiven veredeln willst, musst du abwägen. Das Zeug wirkt, ist aber umweltschädlich und lebensgefährlich für jeden, der oder die es einatmet oder verschluckt. Auf der anderen Seite: Solch ein beigemischter Kraftstoffsystemreiniger schützt bei Wiederinbetriebnahme verlässlich vor versagender Spritzufuhr wegen Altbenzin – wenn du nicht vergisst, die Tankbelüftung wieder freizugeben.

Wasser im Tank

Befindet sich Wasser im Tank, musst du mit unangenehmen Folgen rechnen: Der Motor stottert, läuft unrund und neigt zum Absterben. Ferner kann die Einspritzmechanik leiden und das blanke innere Metall rosten.

Mögliche Ursachen für Wasser im Tank:

- Der Tankbelüftungsschlauch ist nicht korrekt verlegt, so dass Spritzwasser in den Tank gelangt.
- Im Frühling und Herbst kann es durch Wärme am Tag (über 10 ° C) und Kälte in der Nacht (Minusgrade) zu vermehrter Kondenswasserbildung im Kraftstoffsystem kommen, die umso stärker ausgeprägt ist, je weniger das Fahrzeug bewegt wird, je leerer der Tank und je brutaler das Bike Umwelteinflüssen ausgesetzt ist. Laternenparker müssen mit mehr Ungemach rechnen als jene, die ihr Bike in einer geschlossenen Garage abstellen.
- Eine weitere Möglichkeit: Im Rand zwischen Tank und Tankdeckelschloss sammelt sich Wasser an (durch Regen oder Waschanlage) und kann nicht ablaufen. Bis du den Deckel zum Tanken öffnest und das Wasser in den Tank abfließt.
- Ethanol (der Alkoholanteil bei E5 bis E20) macht Kraftstoff wasseranziehend, das sich bei längerer Standzeit am Boden absetzt.

Oft reicht es dann, eine Ladung Motorrad-Kraftstoffsystemreiniger in den Tank zu kippen und eine längere Spazierfahrt zu unternehmen. Das Zeug bindet Kondenswasser, schützt vor Rost, reduziert Ablagerungen und entfernt die ungeliebte Feuchtigkeit aus dem System.

Hilft dies nicht oder nicht genug, pumpe den Tank leer, fülle frischen Premium-Kraftstoff ein und fahre den Sprit ein wenig spazieren. Fehlt der feuchte Nachschub, wirst du Restwasser im System schnell los.

Rost im Tank

Rost ist neben Wasser die zweite artfremde Substanz, die du nicht im Tank haben willst.

Außen rum ist nicht so problematisch, drinnen schon.

Rost im Tank machst du (grob) dingfest, indem du mit einer Taschenlampe hineinleuchtest. Besser ist ein flexibles Endoskop, mit dem sich jede Ecke inspizieren lässt.

Das Zeugs bildet sich schrittweise an den Innenwänden, löst sich ab und lagert sich an anderen Stellen wieder an: im Filter, in den Leitungen, im Vergasersystem. Die Folgen sind verdreckte und verstopfte Filter sowie Düsen. Symptome sind Motorstottern und Motorausfälle, extreme Folgen bei Pech kapitale Motorschäden.

Um Rost im Tank loszuwerden, empfiehlt sich das Aufsuchen eines Spezialisten[13-2], der das Ausmaß der Korrosion bestimmen und passende Maßnahmen einleiten kann. In aller Regel bestehen diese aus Laugenbäder mit anschließenden Strahlarbeiten in allen Ecken, Winkeln und Kanten sowie eine Innenversiegelung. Hat der Rost bereits Löcher ins Metall gefressen (Stallfunde), stehen noch Schweiß- oder Lötaktionen ins Haus und ziemlich sicher Lackierarbeiten.

DIY? Eher nicht. Vorarbeiten wie der Abbau von Tank, Benzinhahn, Leitungen und Filter sind zwar locker erledigt, die eigentliche Aufgabe erfordert aber mehr, als empfohlene ‚Hausmittel' leisten können:

- **Handelsübliche Produkte:** Kommerzielle Produktsets mit Tankreiniger (Granulat), chemischem Tankentroster und Tankversiegelung liefern zwar akzeptable Ergebnisse, kosten aber vereinzelt 100.- vorinflationäre Euro und mehr. Plus Arbeit. Zum Vergleich: Beim Spezialisten bist du für um die 150.- Euro dabei, inklusive Versiegelung.
- **Ausweichprodukte:** Salz-, Phosphor- und Oxalsäuren lassen sich zum Entrosten zwangsverpflichten, bergen allerdings sehr hohe Verletzungsgefahren; sie verätzen beispielsweise deine Lunge bereits beim Einatmen irreversibel. Außerdem muss das Zeug als Giftmüll entsorgt werden und es ist praktisch nie sichergestellt, dass du alle Rostnester erwischst. Also Finger weg!
- **Hat Opa schon so gemacht:** Den Tank mit scharfkantigen Kieselsteinen, Split und/oder den Inhalt der Schraubenbox zu befüllen und kräftig durchzuschütteln bringt – genau nichts. Auch die Wirksamkeit von Betonmisch- oder Waschmaschinen statt 100 Stunden Freiluftschütteln gehört ins Reich tradierter Fabeln und Legenden. Mechanische Entrostung funktioniert einfach nicht.

Tank (de)montieren

Achte darauf, dass der Motor KALT und der Tank nahezu leer ist. Pumpe zur Not Benzin ab. Zum einen wiegt das Teil dann weniger, zum anderen musst du keine Angst haben, dass Benzin ausläuft.

Zum Ausbau des Tanks löse dessen Halteschrauben am Rahmen und hebe ihn soweit an, dass du unterschauen kannst, um verbundene Elemente zu lokalisieren. Ist es möglich, schiebe ein oder zwei Holzbretter zwischen Tank und Rahmen und löse dann (nach Konsultation des Handbuchs!) alles, was dem Entfernen des Tanks im Weg steht. Dinge, die stören könnten und beseitigt gehören, sind beispielsweise:

- Schläuche, Druckleitungen, Rücklaufleitungen, Tankbelüftungen, Überlaufleitungen: Vorsicht ist geboten bei Rück- oder Überlaufleitungen, die offen sind und aus denen Benzin auslaufen kann. Merke dir die Schlauchverlegungen (mache Fotos!).
- Massekabel.
- Schlauchkupplungen: Lege dicke Lappen unter, bevor der Flansch aus der Pumpe gezogen wird.
- Elektrostecker (bspw. Benzinpumpe und Füllstandsanzeige).

Achtung: Ziehe keinen der am Tank gelösten Schläuche aus dem Rahmen, falls einer dorthin verschwindet.

Unterm Tank verlaufen jede Menge Kabel und Schläuche. Mache dich im Vorfeld schlau, welche nach dem ersten Anheben des Tanks abgestöppselt werden müssen.

Beim späteren Anbau gehst du umgekehrt vor und achtest darauf, dass sowohl Ablauf- als auch Belüftungsschläuche knickfrei vom Tankboden bis unters Mopped verlaufen. Wird der Tank nicht korrekt belüftet, streikt der Motor.

Tank entleeren

Willst du deinen Tank entleeren (bspw., weil der falsche Sprit getankt wurde), ohne den Tank abzubauen, musst du schauen, welche Optionen dir zur Verfügung stehen:

Bei älteren Maschinen mit Benzinhahn ist es unkompliziert:

⇒ Benzinhahn schließen (oder bei unterdruckgesteuerten Benzinhähnen auf 'On' lassen).

⇒ Leitung am Vergaser trennen und in einen Benzinkanister (keine alten Plastikbecher!) umleiten.

⇒ Benzinhahn auf 'PRI' (Fluten) oder 'RES' (Reserve) stellen, je nachdem, wie der Hahn aufgebaut ist, bis der Tank leer ist.

⇒ Zusätzlich wird der Vergaser geleert über die unten an den Schwimmerkammern sitzenden Ablassschrauben.

Bei modernen Einspritzern gibt es keinen Benzinhahn mehr. Dann bleibt dir der Komplettausbau des Tanks oder das Absaugen von oben durch die Tanköffnung.

Für Letzteres besorge dir eine günstige Hand-Schüttelpumpe (gibt es für ein paar Euro im Baumarkt oder Autozubehör) oder eine große Absaugspritze mit langem, flexiblem Silikonschlauch. Damit saugst du den Sprit an, trennst dann den Schlauch und legst das Ende unten auf dem Boden in einen Kanister. Den Rest erledigt die Schwerkraft.

Niemals mit dem Mund ansaugen! Du lebst nicht im postapokalyptischen Niemandsland und was auf der Leinwand cool aussehen mag, ist im wirklichen Leben giftig und krebserregend. Ein einziger kräftiger Schluck Richtung Lunge ist ein medizinischer Notfall.

Achte ferner darauf, den Schlauch so tief wie möglich in den Tank einzuführen, um den tiefsten Punkt zu erreichen. Einen eventuellen kleinen Rest im Tank fülle mit einem halben Liter sauberen Sprit auf und verdünne so eventuelle Rückstände bzw. im Falle eines Tankfehlers den falsch eingefüllten Sprit. Vermische alt und neu und lasse dann auch den Rest auslaufen.

Hinweise: Bei einem Tankfehler (siehe oben) kann es notwendig sein, auch andere Komponenten wie Pumpe, Leitungen und Vergaser bzw. Einspritzdüsen zu reinigen! Entsorgt wird verschmutztes Benzin in einem dicht verschlossenen Kanister im nächsten Wertstoffhof oder dem Schadstoffmobil.

Zum Neustart nach einer Komplettentleerung (nur Einspritzer)

1) Schalte die Zündung 3- bis 4-mal hintereinander für jeweils 5 Sekunden ein- und wieder aus, ohne den Anlasser zu betätigen. So läuft die Pumpe mehrfach kurz an, baut schrittweise den Druck auf und drückt durch die Neubefüllung eingeschlossene Luft zurück in den Tank, bevor der Motor überhaupt die erste Umdrehung macht. Das schont Anlasser und Batterie.
2) Warte nach dem finalen Einschalten der Zündung 30 Sekunden, damit sich die Drosselklappen neu justieren können. Dies ist für jene Steuergeräte wichtig, die bei Stromverlust ihre Einstellungen vergessen.
3) Lasse den Motor ein paar Minuten im Stand laufen, damit sich das System fängt.
4) Moderne Steuergeräte überwachen den Druck im System. Erkennt der Sensor beim Einschalten keinen Druck, wird sofort ein Fehler hinterlegt. Eventuell muss diese über ODB gelöscht werden, in der Regel verschwindet sie aber nach einiger Zeit.

Sonstige Hinweise zum Tank

Ästhetik: Der Tank ist neben einer Sportverkleidung die größte lackierte Fläche eines Bikes – und ist sie zerkratzt, zerbeult und stumpf, ist das ganze Bike unansehnlich. Das macht Spaß bei einem Ratbike, ärgert aber ansonsten und verlangt nach:

- **Umsicht:** Hantiere vorsichtig mit dem Schlüssel fürs Tankschloss und gehe ebenso vorsichtig mit der Scheuerfalle Tankrucksack um (oder verwende eine Schutzhaube).
- **Pflege:** Gewöhne dir an, den Tank nicht zu wenig und nicht zu viel zu polieren. Bewährt haben sich auch spezielle Lackschutzfolien, die den Lack um die zwei Jahre taufrisch halten.
- **Vorsicht:** Decke das Teil bei Schraubarbeiten ab und schleudere so wenig wie möglich mit Flüssigkeiten aller Art um dich.

Tank-Gummiauflagen: Motorrad-Tanks sind durch Dämpfelemente vom Rahmen entkoppelt. Diese Gummiauflagen, Plastikscheiben und Hartgummimatten werden mit der Zeit brüchig und spröde und dämpfen dann nicht mehr so gut wie ehedem. Es lohnt, sie ab und an zu überprüfen und bei Bedarf zu erneuern.

Fehlen die Dämpfer, kann es zu unschönen Vibrationen und Klappern auf unebenen Fahrbahnen kommen.

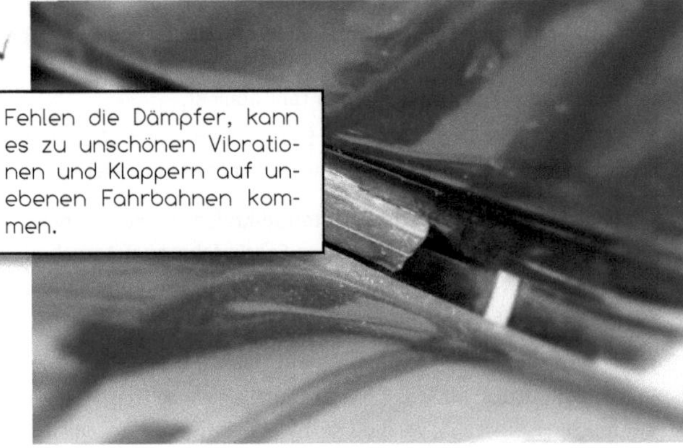

Gummidämpfer sind in aller Regel vorne, links, rechts und hinten zu finden, vorne und hinten meistens verschraubt.

Lassen sich die Gummis ersetzen, solltest du es tun. Finden sich keine originalen Dämpferelemente mehr im Handel, versuche es mit Moos- oder Schaumgummimatten.

Benzinfilter

Den Benzinfilter findest du bei Vergasermodellen in aller Regel zwischen Tank und Benzinpumpe, je nach Modell entweder einigermaßen zugänglich im Raum unterhalb des Tanks oder, weniger gut zugänglich, zusammen mit der Pumpe direkt an der Tankunterseite.

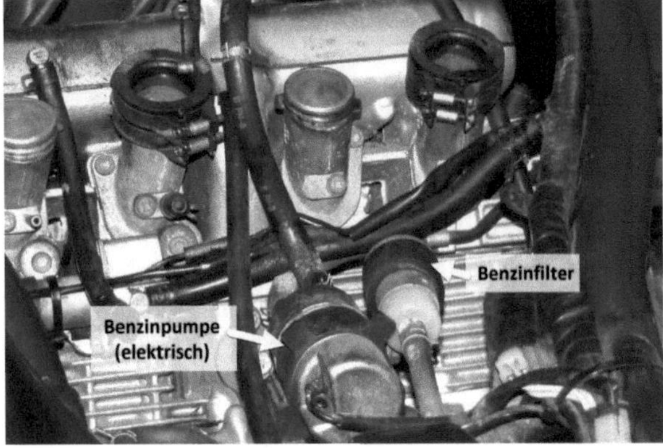

Elektrische Benzinpumpe und Benzinfilter.

Ist Ersteres der Fall, ist ein Austausch schnell vorgenommen; wenn du Glück hast, muss nicht einmal der Tank abgenommen werden, weil das Teil irgendwo darunter an zwei Schläuchen baumelt:

- Halte ein paar Lappen bereit und rechne mit kleineren Sauereien.
- Schließe den Benzinhahn, sofern vorhanden. Sollte der Hahn nur über Positionen für ‚Offen', ‚Reserve' und ‚Flood' (‚Pri') verfügen, belasse ihn auf ‚Offen'. Keinesfalls jedoch stelle einen Benzinhahn auf ‚Flood', wenn du die Schläuche abziehen willst, da in dieser Stellung das teure Nass ungehindert durch die Leitungen strömt – bis zum letzten Tropfen.

- Löse die Schellen vor/hinter dem Benzinfilter und ziehe die Schläuche ab.
- Überprüfe Schellen und Schläuche auf Weiterverwendbarkeit und ersetze sie bei Defekten.
- Baue den Filter aus und entsorge ihn.
- Befestige den neuen Benzinfilter, stecke die Schläuche auf und ziehe die Schellen wieder an. Die Flussrichtung des Benzins ist in der Regel durch einen Pfeil gekennzeichnet.

Ist im offenen Raum unterm Tank hingegen kein Filter zu entdecken, wurde er ins Gehäuse der Benzinpumpe integriert und befindet sich zusammen mit ihr auf der Unterseite des Tanks.

In dem Fall wird der Austausch einen eher geringen Unterhaltungswert haben, weil zunächst der Tank ab- sowie die Benzinpumpe ausgebaut werden müssen. Ist das geschehen, arbeitest du dich zum Benzinfilter (und meistens einem Sieb) vor und wechselst beide Teile, also Filter und Sieb. Konsultiere zu den Vorarbeiten und zum Austausch selbst unbedingt dein Motorrad-spezifisches Reparaturhandbuch, da solch ein Filtertausch eine komplizierte Angelegenheit sein kann, die ohne vernünftige Beschreibung schnell fiaskös endet.

Beim Wiedereinbau muss ferner eventuell darauf geachtet werden, die Dichtgummis leicht mit einem Flächendichtmittel wie ‚Loctite 510' zu bestreichen, die originalen Einbaupositionen genau einzuhalten sowie Schrauben in vorgeschriebener Reihenfolge und mit Drehmomenten anzuziehen. Informiere dich!

Vergaser

Der Vergaser macht, was der Name bereits vermuten lässt. Er zerstäubt zugeführten Kraftstoff – wobei man zumindest von vier Komponenten mal etwas gehört haben sollte: Schwimmer, Schieber (oder Drosselklappe), Düsennadel und Düse.

Unter Tank und Liftfilterbox wird der Vergaser sichtbar.

Der Schieber regelt die Luftzufuhr, während sich Düse und Düsennadel[13-21] um den Sprit kümmern, der aus der Schwimmerkammer kommt (ein ähnlich wie die Klospülung funktionierender Sammelbehälter). Die Kammer reguliert den Spritzulauf und ist das Ventil verschmutzt oder der Schwimmer defekt, läuft die Kammer über und saut dank Überlauf den Garagenboden ein.

Mit dem Gasgriff öffnest bzw. schließt du über einen Bowdenzug Drosselklappen oder Schieber, die für die richtige Frischluft sorgen, und hast du mehrere Zylinder, hast du auch mehrere Einzelvergaser und damit mehrere Gemischaufbereiter, die ab und an synchronisiert werden wollen, damit der Motor nicht stottert.

Einsteller

Das meiste am Vergaser darf geheimnisvoll bleiben, drei Schrauben solltest du aber irgendwann kennenlernen:

1. Standgasschraube: Die Standgasregulierung zur Erhöhung bzw. Verringerung der Leerlaufdrehzahl ist unter der Vergaserbatterie oder an einer Seite zu finden. Manch ältere Motoren laufen manierlich, wenn sie kalt, aber hochtourig, wenn sie warmgefahren sind. Dann kann durch gefühlvolles Einstellen der Schraube eine Verbesserung erreicht werden.

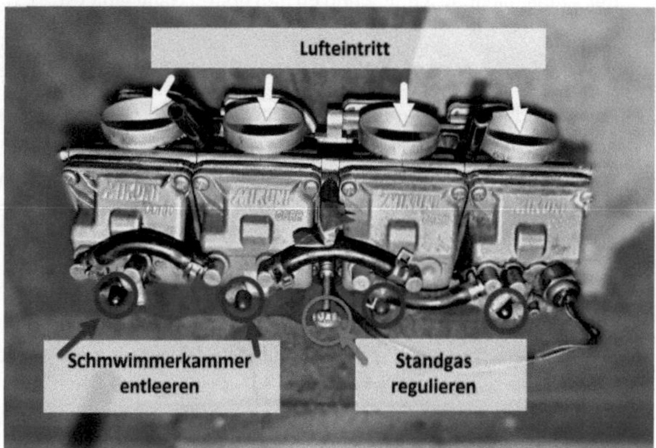

Standgasschraube (grün, mit Bedacht einstellen) und einfache Schrauben (hier 4) zum Entleeren der Schwimmerkammern.

2. Gemischschraube: Ist dein Gemisch zu fett oder zu mager (sagt dir dein Kerzenbild, siehe Seite 215) kannst du hier nachregeln.

Je nach Modell drehst du bei *betriebswarmem* Motor bis zum Anschlag rein (nicht festknallen!), dann (je nach Modell) ca. 1 bis 2 Umdrehungen wieder raus. Schau dir dein Kerzenbild erneut an und entscheide, ob du weiter ansättigst (rein) oder abmagerst (raus). Danach passt du das Standgas an.

Hinweis: Bei manchen Vergasern wird umgekehrt (die Luftzufuhr) geregelt, bringe es für dich und dein Bike in Erfahrung (siehe unten zum Thema Vergaserabstimmung).

3. Schwimmerkammerentleerungsschraube: Die Schrauber zur Entleerung liegt am tiefsten Punkt der Schwimmerkammer und erlangt Bedeutung, wenn du das Mopped längere Zeit stilllegen oder die Vergaserbatterie abbauen möchtest. Dann entlässt du dort das Benzin aus den Kammern, um Sauereien zu vermeiden (Demontage) oder Ablagerungen zu verhindern (die den Motorstart nach einer Stilllegung unmöglich machen können).

Hinweise zur Vergaser-Abstimmung

1. Das Standgas

Die Einstellung des Leerlaufs erfolgt über eine einzelne Einstellschraube direkt am Vergaser, auch bei Vergaserbatterien aus mehreren Einzelvergasern. Konsultiere dein Handbuch, wo deine genau zu finden ist (oft eine große, leicht zugängliche Rändel- oder Kreuzschraube).

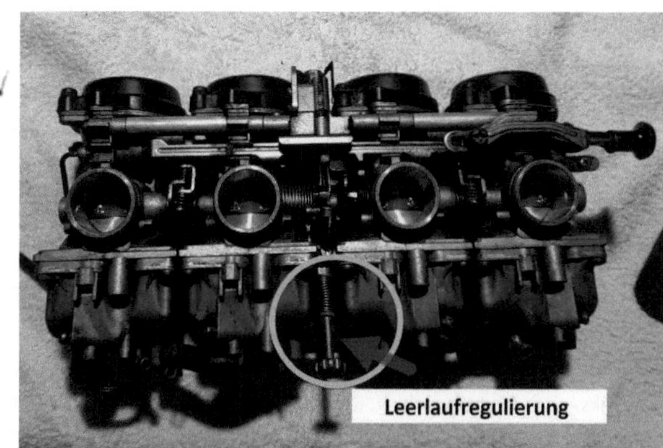

Der genaue Wert des Standgases richtet sich nach der Motorbauart und liegt meist irgendwo zwischen 900 Umdrehungen pro Minute (bspw. größere V2-Motoren) und 1.500/min (viele Einzylindermaschinen). Kennst du deinen Wert nicht, stelle das Standgas so ein, dass der Motor locker und unterbrechungsfrei vor sich hin tuckert und an der Ampel nicht ausgeht, wenn du den ersten Gang einlegst.

2. Luft- bzw. Gemischregulierung

Für das fein abgestimmte Standgas besitzt praktisch jeder Vergaser eine Einstellschraube für die Zusammensetzung des Leerlaufgemisches. Je nach Vergaserhersteller funktioniert sie nach einem von zwei Prinzipien, das heißt, entweder gibt es eine Gemisch- oder eine Luftregulierschraube:

- **Gemischregulierschraube** (sitzt meist motorseitig): Sie regelt den Benzinanteil. Schraubst du sie hinein, wird das Gemisch magerer (weniger Sprit). Schraubst du sie heraus, wird es fetter (mehr Sprit).
- **Luftregulierschraube** (sitzt meist luftfilterseitig): Sie regelt den Luftanteil. Schraubst du sie hinein, wird das Gemisch fetter (weniger Luft). Schraubst du sie heraus, wird es magerer (mehr Luft).

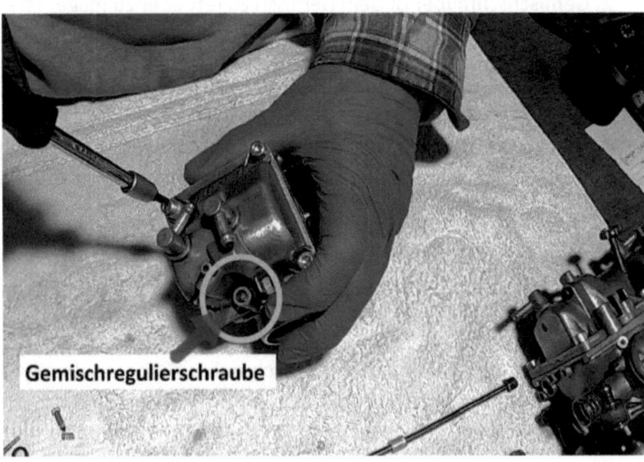

Als mechanischer Standard-Ausgangswert gilt oft 1 ¼ bis 1 ¾ Umdrehungen aus dem komplett geschlossenen Zustand heraus (Vorsicht: Schraube beim Schließen niemals mit Gewalt über den Anschlag hinaus hineindrehen! Es reicht, sie leicht stoppen zu lassen).

Fehlerdiagnose

Ein zu mageres Gemisch macht sich dadurch bemerkbar, dass der Motor im Schiebebetrieb knallt, sich beim Gasgeben verschluckt oder die Drehzahl nach dem Gasstoß nur sehr langsam wieder absinkt.

Bei einem zu fetten Gemisch dreht der Motor nur träge hoch, läuft ‚rußig' und spuckt im Extremfall schwarzen Rauch aus dem Auspuff.

3. Vergaserabstimmung

Angenommen, dein Luftfilter ist sauber, die Ventile sind eingestellt, die Vergaser synchronisiert und die Zündkerzen fehlerfrei: Fahre zunächst den Motor warm. Nicht heizen, nicht stundenlang spazieren fahren, aber so zehn Minuten sanftes Fahren sollten es schon sein, damit der Motor Betriebstemperatur erreicht.

Schritt 1: Leerlauf und Gaszugspiel einstellen

Stelle zunächst den Leerlauf gemäß der Herstellerangabe ein, bspw. auf 1.200/min.

Bewege anschließend den Lenker bei laufendem Motor langsam von Links- nach Rechtsanschlag. Erhöht sich dabei die Drehzahl? Wenn ja, ist der Gaszug falsch verlegt, eingeklemmt oder schlicht zu stramm eingestellt. Das ist im Fahrbetrieb gefährlich! Korrigiere in diesem Fall den Leitungsverlauf und stelle das nötige Gaszugspiel (meist 2–3 mm am Gasgriff) an den Einstellschrauben des Zuges ein (siehe Seite 80).

Schritt 2: Das Leerlaufgemisch optimieren

(Hinweis: Bei Vergaserbänken von Mehrzylindern wird dieser Schritt für jeden Vergaser einzeln durchgeführt).

Gehe von der Standardeinstellung der Regulierschraube aus. Drehe die Schraube nun langsam in weichen Vierteldrehungen hinein oder heraus, bis der Motor seine höchste und rundeste Drehzahl erreicht.

- Fällt die Drehzahl ab, bist du über das Ziel hinaus. Drehe dann in die entgegengesetzte Richtung zurück zum Punkt der höchsten Drehzahl.
- Hast du den richtigen Punkt gefunden, drehe die Schraube noch eine Winzigkeit (ca. ⅛ Umdrehung) in Richtung ‚fett' – das sorgt für eine stabilere Gasannahme aus dem Keller.
- Da sich durch diese Prozedur die Leerlaufdrehzahl insgesamt erhöht haben dürfte, reguliere sie über die Haupt-Standgasschraube wieder auf den Sollwert herunter.

Schritt 3: Überprüfen und Probefahrt

Spiele im Stand ein wenig mit dem Gas und beobachte, wie sich der Motor danach im Leerlauf einpegelt. Nimmt er sauber und ohne Verzögerung Gas an und fällt die Drehzahl ohne Nachziehen wieder auf den Ausgangswert ab? Falls ja, unternehme eine Probefahrt.

Fehlerdiagnose nach der Probefahrt

Zieht der Motor zwar zufriedenstellend hoch, mag sich aber nicht zügig herunterfahren, wenn man das Gas wegnimmt (Motor ‚zieht nach' bzw. bleibt auf hoher Drehzahl hängen)? Dann ist das Gemisch im Leerlaufsystem meist noch zu mager eingestellt oder der Motor zieht irgendwo Falschluft und magert das Gemisch so ab.

Hinweis: Bei Bedarf hilft nach der Fahrt ein Blick auf das Kerzenbild zur näheren Diagnose (siehe Seite 215).

Hinweise zu Vergaserproblemen

Nicht jedes Problem macht sich durch stotternde Motoren oder gestörte Gasannahmen bemerkbar (hervorgerufen bspw. durch überalterte Unterdruck- und Kraftstoffschläuche oder brüchige Kunststoffteile wie Schieber, Schwimmer und Ansaugstutzen). Im Gegenteil, allzu oft handelt es sich simpel um langsam fortschreitende Leistungsverluste durch über Jahre vernachlässigte Vergaser. So langsam, dass Verschlechterungen irrigerweise eher als Gewöhnung an die verfügbaren Pferdestärken interpretiert werden. Was natürlich im Umkehrschluss auch bedeutet, dass ein gesäuberter und synchronisierter Vergaser auf Schlag all das wieder aus einem Motor hervorkitzelt, was einst so begeisterte.

Hinweise zur Vergaserdemontage

Neben Werkzeug und modell-spezifischem Werkstatthandbuch benötigst du ein wenig Vorsicht, da Explosions- und Brandgefahr besteht, daneben genügend Frischluft-Zufuhr und der Verzicht auf mit offenes Feuer. Ist das geklärt, arbeite dich (bei abgekühltem Motor) zur Vergaserbatterie vor:

- Nehme die Sitzbank ab, demontiere den Tank und checke dort angeschlossene Schläuche auf poröse Stellen und Risse.
- Entferne Luftfilter und Luftfilterkasten und überprüfe die Airbox auf Risse und defekte Dichtungen.
- Mache Fotos des freigelegten Vergasers oder der Vergaserbatterie samt angeschlossenen Schläuchen und Komponenten wie Benzinfilter und –pumpe. Überprüfe alle Schläuche und

Anschlüsse des Benzinsystems. Verlierst du hierbei den Überblick markiere sie mit farbigem Klebeband.

Entleere die Schwimmerkammer(n). Zu diesem Zweck befinden sich dort in aller Regel ein Schlauchanschluss und eine Ventilschraube. Stecke einen Schlauch auf den Anschluss, öffne die Schraube und entlasse das Benzin in einem bereitgestellten Behälter.

Befreie den Vergaser bzw. die Vergaserbatterie von allen zuführenden Schläuchen, Kabeln, den Gaszügen sowie, falls vorhanden, dem Chokezug. Überzeuge dich davon, dass das Bauteil nirgends sonst am Motorblock befestigt ist.

Löse die Schellen um die Ansaugstutzen und ziehe den Vergaser bzw. die Vergaserbatterie ab.

Hinweise zur Vergaserinspektion

Inspiziere die Ansaugstutzen. Sie verbinden den Brennraum mit dem Vergaser und sind sie verhärtet, rissig, porös und/oder brüchig, saugt der Motor zusätzliche Luft an und magert das Gemisch ab. Leistungsverluste und Vergaserpatschen sind mögliche Folgen.

Prüfe auch die Dichtungen auf der anderen Seite (Richtung Luftfilter). Ersatz findest du im Zubehörhandel oder eBay & Co. (oder deinem Motorradhändler, die Originale sind in aller Regel aber kostspieliger).

Säubere den oder die Vergaser zunächst äußerlich gründlich mit Reinigungsspray und einer Bürste. Für die Schrauben oben an den Deckeln und unten an den Schwimmerkammern verwende Rostlöser, wenn sie entsprechend angegriffen aussehen.

An diesem Punkt entscheide dich ferner, wie du weiter vorgehen möchtest:

- Möglichkeit 1: Du bringst den Vergaser zum Mechaniker deines Vertrauens, der dann Fehlersuche betreibt und/oder das gute Stück im Mikroschallbad reinigt (empfohlen).
- Möglichkeit 2: Du demontierst das Teil in Eigenregie schrittweise selbst. Ist Letzteres der Fall (nicht empfohlen, weil die feinen Kanälen kaum ohne Mikroschall zu säubern sind), findest du nachfolgend eine *beispielhafte* Fallbeschreibung:

Hinweise zur Vergaserüberholung

Lege ein großes, sauberes Tuch aus und lege den ausgebauten Vergaser drauf.

Entferne bei einer Vergaserbatterie die Überlaufschläuche, die die einzelnen Kammern verbinden und demontiere nacheinander jede Schwimmerkammer für sich, um keine Teile zu vertauschen.

Arbeite sorgsam, da die kleinen Kreuzschlitzschrauben meist sehr weich sind und schnell vergnaddeln. Ein passender Kreuzschlitz ist oberstes Gebot. Ferner benötigst du je nach geplantem Arbeitsumfang einen dünnen Stiftaustreiber samt kleinen Hammer, Pinzette und Pressluft (verbliebener Dreck ist eine der Hauptursachen für spätere Probleme).

Entnehme den Deckel, merke dir die Einbaulage des Schwimmers (mache ein Foto) und schiebe die Achse des Schwimmers zu einer Seite heraus, um ihn frei zu bekommen.

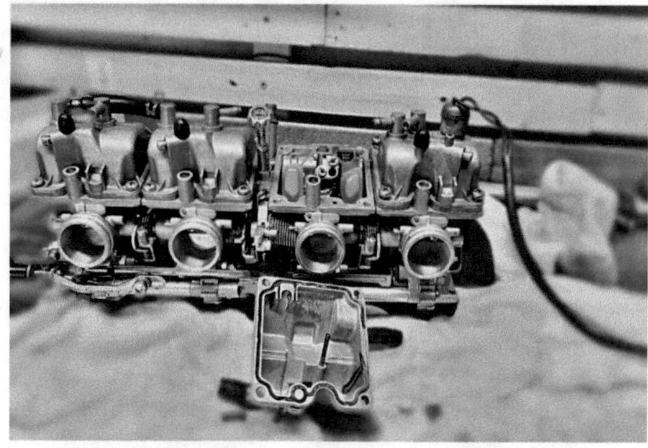

Entnehme den Schwimmer, beachte die Befestigung des Schwimmernadelventils (mache ein Foto) und hake die Schwimmernadel aus.

Säubere Kammer und Schwimmer. Verfügst du über passendes Werkzeug, entnehme auch die Messingdüsen aus dem Vergaser, sprühe sie mit Vergaserreiniger ein und blase sie mit Druckluft aus.

Achtung: Die Düsen sind aus weichem Messing und nehmen unpassendes Werkzeug genauso übel wie Schrubben mit dünnem Draht. Fehlen dir die nötigen Hilfsmittel, lasse die Teile extern reinigen.

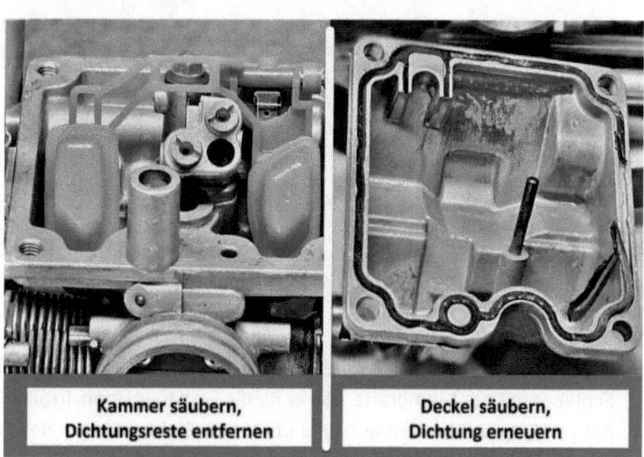

Die Ränder des entnommenen Schwimmerkammerdeckels sowie des korrespondierenden Vergasergehäuses werden gewissenhaft von Verschmutzungen und Dichtungsresten gesäubert und die Dichtungen vor dem Zusammenbau ausgetauscht.

Untersuche bei Drosselklappenvergasern den Schieber (aka Unterdruckkolben). Er sitzt oben in der einzelnen Vergaserkomponente und wird über eine (oft aufgeklebte) Membrane in Position gebracht. Ist ein Teil verschlissen, gehört es ausgetauscht; bereits kleinste Haarrisse können zu gestörter Gasannahme führen.

Öffne den Deckel und ziehe die Feder heraus sowie anschließend den Schieber mit der Membrane. Merke dir die Einbauposition. In aller Regel verfügt die Membrane hierzu über eine Einbuchtung (oder eine Lippe), die nur mit einer Stelle des Vergasergehäuses korrespondiert und so die Einbauposition bestimmt.

Inspiziere das Bauteil sorgfältig. Der Schieber sollte keine starken Riefen aufweisen und die Membrane darf weder Löcher haben noch aufgeweicht sein. Um sie zu untersuchen, hältst du sie ins Licht und dehnst sie leicht. Beschädigungen an der äußeren und inneren Kante sind gut zu erkennen. Ist die Membrane aufgeweicht, wird sie zu groß sein, um wieder eingebaut werden zu können.

Übrigens: Ein Schieber mit fest verklebter Membrane kann als Originalersatzteil abstrus kostspielig sein. Billiger ist, ein Reparatursatz aus dem Zubehörhandel zu ordern (eBay) und die neue Membrane selbst zu verkleben (benötigt allerdings Geschick).

Drehe die Leerlaufschraube komplett hinein und zähle dabei die Umdrehungen (damit du später die gleiche Einstellung wiederherstellen kannst). Ziehe die Schraube am Anschlag *nicht* an, sondern lasse sie locker anstoßen. Anschließend drehst du sie komplett heraus und entsorgst den Gummiring. Er wird beim Wiedereinbau erneuert.

Reinige das Innenleben des Vergasers mit Druckluft von allen Ablagerungen, auch die Bohrungen und Zusatzbohrungen am Lufteintritt und Gemischaustritt. Achte darauf, dass keine Kleinteile übersehen werden und/oder verloren gehen.

Achtung: Verbliebene Verharzungen und andere Verschmutzungen können über kurz oder lang zum Totalausfall führen (dann muss der Vergaser aller Arbeit zum Trotz in ein Mikroschallbad, um alle Verunreinigungen aufzulösen). Ersetze ferner alle Dichtungen und Dichtringe durch Neuteile. Achte beim Einsetzen auf die dafür vorgesehenen Nuten.

Drehe die Leerlaufschraube mit neuem Gummiring wieder bis zum lockeren Anschlag hinein und zähle die Umdrehungen zurück.

Führe den Schieber bzw. Kolben mit Membrane vorsichtig in den oberen Teil des Vergasergehäuses ein und achte auf den korrekten Sitz der Membrane (Einbuchtung bzw. Lippe zur Hilfe nehmen). Lege die Feder ein und schraube den Deckel fest.

Verschraube die Messingdüsen, hake eine neue Schwimmernadel ein und montiere den Schwimmer ins Gehäuse.

Verschließe die Schwimmerkammer.

Schmiere alle äußeren beweglichen Bauteile mit Teflonspray ein, da jedes Schmiermittel beim Reinigen entfernt wurde. Setze die Vergaserbatterie in die Ansaugstutzen und achte darauf, dass alle Stutzen richtig sitzen und sich der Vergaser bzw. die Vergaserbatterie satt eingesessen hat. Verschraube die Schellen ‚gut handfest' und schließe Schläuche, Kabel sowie Gas- und Chokezug wieder an.

Überprüfe die korrekte Verlegung der Schläuche und Bowdenzüge und stelle Gaszug- (siehe Seite 80) und Chokezugspiel sowie später, bei laufendem Motor, den Leerlauf ein.

... zur Vergasersynchronisation

Eine Vergasersynchronisation nach Schallreinigung einer Vergaserbatterie ist nicht zwingend notwendig, da die einzelnen Vergaser in der Regel nicht voneinander getrennt werden. Liegt die letzte Überholung aber längere Zeit zurück oder wurden die Vergaser zerlegt, solltest du dennoch synchronisieren (lassen), damit jeder Brennraum eines Mehrzylindermotors zum richtigen Zeitpunkt mit dem Benzin-Luftgemisch versorgt wird. Saugt ein Zylinder früher oder später als einer der Kollegen nebenan ein, kann er zur Ursache für einen rumpeligen Leerlauf und schlechter Gasannahme werden.

Vorbedingungen: Stelle sicher, dass die Ventile exakt eingestellt sind, die Kompression aller Zylinder in Ordnung ist sowie Zündkerzen, Zündzeitpunkt und Zündkabel fehlerfrei arbeiten. Auch das Spiel der Gas-Bowdenzüge und der Zustand des Luftfilters sollten tadellos daherkommen.

Vorgehensweise: Bocke das Motorrad auf, am besten im Freien, da bei laufendem Motor getestet wird.

- Fahre den Motor warm und nehme die Sitzbank ab.
- Muss auch der Tank entfernt werden, bringe irgendwo über der Vergaserbatterie einen Behälter mit Benzin sicher an, um das System mit Sprit versorgen zu können. Achtung, Explosions- und Brandgefahr!
- Schließe die Schläuche des Synchrontesters am Mopped an, je nach Produkt an den Zylinderköpfen, den einzelnen Vergasern oder den Ansaugstutzen (dein Reparaturhandbuch sollte Aufschluss über Anschlussmöglichkeiten und notwendige Adapter geben können).

Mithilfe des Synchrontesters (hier ein Satz analoger Uhren, gibt's aber auch in Digital[13-14]) misst du anschließend den Unterdruck, der durch Ansaugen des Gemisches erzeugt wird und der bei allen Vergasern gleich sein soll. Hast du ein Bike mit zwei Zylindern, benötigst du bspw. zwei Uhren, hast du eines mit vier, benötigst du vier.

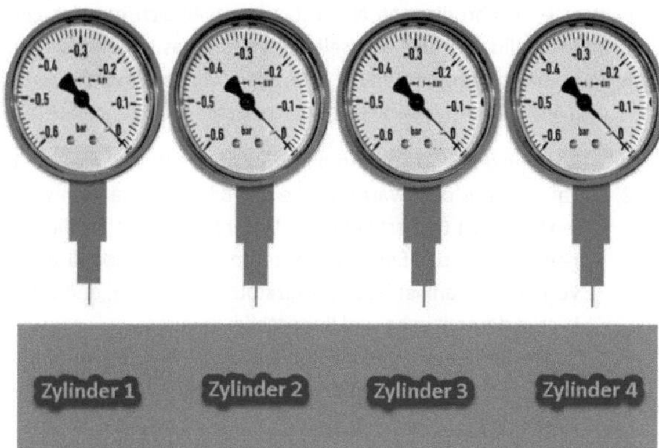

Uhren müssen übrigens vor dem Messen abgeglichen werden. Hierzu schließe alle über T-Adapter an einen einzigen Vergaser an, während die anderen Anschlüsse unberücksichtigt bleiben, und starte den Motor. Stelle die Uhren über deren Rändelmuttern so ein, dass sie sich gerade noch bewegen und gleiche Werte anzeigen. (Stillstehende Uhren bedeuten einen Verschluss. In dem Fall drehe die Einstellschrauben ein Stück auf, damit wieder Bewegung in die Sache kommt.)

Danach geht es folgendermaßen weiter:

- Schalte den Motor aus, schließe jede Uhr an jeweils einen Zylinder an und sichere sie vor dem Herunterfallen.
- Starte den Motor, gebe ein paar Mal bis ca. 3.000 Umdrehungen Gas und lasse den Motor sich im Leerlauf einpendeln.
- Je nach Motor lokalisierst du den Bezugsvergaser und pegelst die anderen auf dessen Wert über die Einstellschrauben ein, bzw. gleichst zunächst das rechte und dann das linke Paar einander an und abschließend die beiden mittleren (dein Reparaturhandbuch sollte die Vorgehensweise kennen). Die Einstellschrauben verändern die Position des Schiebers des jeweiligen Vergasers bzw. der Drosselklappen.
- Gebe zwischendurch regelmäßig kurz Gas und kontrolliere den Leerlauf. Verändert er sich, passe ihn mit der Leerlauf-Einstellschraube an.

Stimmt die Synchronisation, stöpsele die Uhren ab und löse deren Rändelmuttern. Verschließe die Anschlussstellen und achte bei Gummipfropfen darauf, dass diese nicht porös sind, bzw. bei Verschlussschrauben in weichem Material, dass du nicht zu fest anziehst.

... zu Vergaserkits

Vergaserkits (beispielsweise von Dynojet) sind Tuningmaßnahmen durch speziell angepasste Haupt-, Luftkorrektur- und Leerlaufdüsen sowie Kraftstoffnadeln, die eine bessere Laufkultur ohne Beschleunigungslöcher ermöglichen sollen. Solche Kits existieren für viele Motorradmodelle, spezifisch angepasst zur optimalen Gemischanreicherung und bei Bedarf in unterschiedlichen Tuningstufen erhältlich, also nicht nur für Serienmotoren, sondern ebenso für aufgebohrte.

Allerdings: Das Plus an Leistung muss mit zusätzlichen Arbeitsstunden erkauft werden, da die Abstimmung mit unterschiedlichen Düsengrößen recht zeitaufwändig werden kann – inklusive Gemischeinstellungsänderungen, frischer Synchronisierung und, falls noch nicht geschehen, Einbau eines neuen Luftfilters.

Auch bestehen Risiken, denn pfriemelst du deine Gemischanreicherung falsch zusammen, drohen Motorschäden und, falls der Motor während der Fahrt stirbt, Unfälle. Alleine deshalb solltest du nach Abschluss der Arbeiten unbedingt das Zündkerzenbild prüfen. Gegebenenfalls sind Nacharbeiten fällig – oder du reichst die Einstellarbeit gleich an einen Fachbetrieb mit Leistungsprüfstand weiter. Einfacher könnte es dann eventuell sein, seine Vergaser-Bike gleich zum Einspritzer umbauen zu lassen[12-18], spürbar mehr PS inklusive.

Ach ja: Leistungssteigerungen sind im Geltungsbereich der deutschen Straßenverkehrsordnung gleichbedeutend mit unzulässigen Eingriffen in die Verkehrssicherheit eines Bikes (= veränderte Auswirkungen auf Fahreigenschaften und Führen eines Fahrzeugs, wie es vom Hersteller nicht vorgesehen wurde). Vergaserkits sind aufgrund der StVZO also nicht ohne Weiteres zulässig.

Einspritzer

Einspritzanlagen verfügen wie Vergaser über Ansaugrohre und Drosselklappen, weisen ansonsten aber eher wenig Übereinstimmungen mit ihren Vorgängern auf. Sie spritzen den Kraftstoff mit Druck über Einspritzdüsen in der richtigen Menge und zum richtigen Zeitpunkt direkt in den Ansaugtrakt und haben keine Schwimmerkammern.

Modernere Anlagen verfügen ferner über elektronisch gesteuerte Drosselklappen ohne Gaszug (Ride by Wire), bei denen die optimale Gemischzusammensetzung über das Motorsteuergerät geregelt wird, welches wiederum Parameter wie unter anderem Nocken-, Kurbelwellen- und Drosselklappenpositionen sowie Außentemperatur, Luftdruck und Traktion unter einen Hut bringt. Dies ermöglicht höhere Leistungen, geringere Umweltbelastungen durch Abgasreduzierungen sowie eine höhere Fahrsicherheit – wirft aber auch Fragen hinsichtlich Selbstbestimmung und Entscheidungsfreiheit der Piloten auf.

Werden Fahrfehler korrigiert, die zum Schräglagen-Abschmieren auf nasser Straße geführt hätten, ist das Herz zwar noch erfreut, wird jedoch in individuelle Fahrstile eingegriffen, weil beispielsweise ein Sensor dafür sorgt, dass die Hauptplatine über eine zweite Drosselklappe einen bewusst gewählten Modus außer Kraft setzt, regt sich bei vielen Bikern Widerstand. Wo hier die Entwicklung stoppen (oder gestoppt) wird, kann derzeit allerdings niemand sagen.

So oder so, auf jeden Fall müssen abhängig vom Motorradmodell auch ältere Einspritzer von Zeit zu Zeit synchronisiert werden, vorzugsweise in der Fachwerkstatt, die auch Störungen per Diagnosegerät dingfest machen kann – was aber leider entsprechend kostet.

Ärgerlich ist ebenso, dass der Spritverbrauch von Einspritzern gegenüber Vergasern höher liegt und die notwendigen elektrischen Leitungen nicht immer vor Feuchtigkeit geschützt sind. Wer Zeit über hat, sollte hier mit Schrumpfschläuchen und Isolierband nachbessern und die Steckverbindungen wasserdicht machen.

ECU

Das Motorsteuergerät (ECU, Engine Control Unit) verfügt über fest einprogrammierte Basiswerte zu jeder denkbaren Gasgriffstellung und Motordrehzahl und ordnet allen Kombinationen dieser Basisparameter exakt definierte Zünd- und Einspritzimpulse (Zeitpunkt, Zeitdauer) zu. Berücksichtigt werden dabei von Sensoren angelieferte Informationen über:

Umgebungsluftdruck: Bei niedrigem Luftdruck (Gebirge) wird weniger Benzin (mageres Gemisch) eingespritzt, bei höherem Luftdruck mehr (fettes Gemisch). Der Sensor findet sich an einer Eigenwärmeneutralen Stelle am Bike.

CO-Gehalt im Abgas: Die in die Auspuffkrümmer ragenden Lambdasonden liefern Informationen über den Sauerstoffanteil im Abgasstrom. Entspricht das Gemisch nicht den gesetzlichen Vorgaben, erkennen es die Sonden und das Motorsteuergerät regelt nach.

Ansaug-Lufttemperatur: Bei warmen Temperaturen wird weniger Benzin eingespritzt, bei Kälte mehr. Der Sensor der Ansaugluft liegt im Luftfilterkasten.

Motortemperatur: Bei heißem Motor wird weniger Benzin eingespritzt, bei kaltem mehr.

Kurbelwellenposition: Unten rechts (oder links) am Kurbelwellenstumpf liegt ein Sensor, der auf Grundlage der Kurbelwellenstellung die Zündung veranlasst und als Drehzahlmesser dient.

Nockenwellenposition: Weiter oben überwacht ein weiterer Sensor die Nockenwellenposition und regelt, in welchem Zylinder die Einspritzung und in welchem die Zündung stattfindet.

Geschwindigkeitssensor: Über Geschwindigkeitssensor und Leerlaufstepper (Schrittmotor für Leerlaufdrehzahl) gelangen ebenfalls Informationen ins ECU. Sie regeln nach einem Kaltstart die Leerlaufdrehzahl, bis der Motor bei rund 80 °C seine Betriebstemperatur erreicht hat. (Im ECU sind für die Betriebszustände Kalt-/Warmstart und abruptes Gasgeben spezielle Vorgaben abgespeichert.)

Ebenfalls im Flash-EEPROM der Motorsteuerung fest einprogrammiert ist ein Notlaufprogramm, dass dafür sorgt, dass der Motor betriebsfähig bleibt, auch wenn ein Bauteil ausfällt und keine Daten liefert. Hierzu gehören Prüfroutinen zur Eigendiagnose, die bei Störungen durch Blinksignale (bei LED-Cockpits) oder Fehlercodes (bei Displays) auf sich aufmerksam machen.

Dann heißt es, die oben genannten Bauteile auf festen Sitz der Stecker zu prüfen und die Kontakte zu reinigen (oft sind Fehler in der Einspritzanlage auf korrodierte oder nicht sitzende Stecker zurückzuführen) oder das Diagnosegerät einer Werkstatt zu bemühen. Das Notlaufprogramm macht es möglich, denn nur bei tatsächlichen Einspritzfehlern, defektem Zündimpulsgeber, Ausfall des ECU selbst oder einer durchgebrannten Sicherung wird der Motor komplett abgeschaltet.

Ebenfalls hilfreich, wenn man nicht sofort die Werkstatt aufsuchen möchte:

- Benzin- und andere systemrelevanten Schläuche auf Schäden wie Risse, Brüche, Knicke und Quetschungen sowie festen Sitz kontrollieren.
- Die Sicherungen für Einspritzung und Zündung in Augenschein nehmen und auch dann versuchsweise austauschen, wenn sie keine sichtbaren Beschädigungen aufweisen.
- Den Tank(inhalt) auf Verschmutzungen überprüfen (lassen), insbesondere, wenn ein oder mehr Zylinder nicht bzw. nur unzuverlässig laufen.
- Drosselklappengehäuse ausbauen und via Ultraschallbad reinigen lassen. Es kann nach einer langen Winterpause durchaus passieren, dass der Drosselklappenkörper oder vereinzelte Luftkanäle verdreckt sind.

Einspritzersynchronisation

Bei älteren noch üblich, werden moderne Einspritzanlagen nicht mehr synchronisiert, denn weicht ein Wert von denen anderer Zylinder ab, korrigiert die Einspritzeinheit dies mithilfe der ECU-Einheit selbstständig (versagt sie dabei, deutet das auf eine Störung oder einen Defekt hin, beispielsweise unkontrolliertes Luftansaugen oder Kompressionsverlust auf einem Zylinder). Ob bei deinem Bike die Einspritzung synchronisiert werden kann/muss/darf, steht im Reparaturhandbuch.

Falls eine Synchronisation Not tut, dann weil sich mit der Zeit die Grundeinstellungen der Drosselklappen, die das Luftgemisch in den Brennraum führen, verändern und der Motor zusehends unruhiger läuft. Willst du korrigierend tätig werden, stehen folgende Schritte an:

1. Besorge dir Synchronuhren für Einspritzer (teuer, die Teile).
2. Fahre den Motor warm, bocke das Bike auf (draußen wg. Kohlenmonoxid) und schließe die Unterdruckuhren an die jeweiligen Adapter der Einspritzanlage an. Je nach Modell musst du vorher den Tank anheben (Holzklotz unterlegen), den Luftfilterkasten demontieren und Seitenteile abbauen.
3. Starte den Motor und gleiche die Uhren laut Bedienungsanleitung des Synchrontesters ab. Die Zeiger dürfen nur leicht schwanken.
4. Drehe die Bypass-Schrauben rein oder raus (in aller Regel mindestens eine halbe Umdrehung geöffnet), bis alle Uhren gleiche Werte aufweisen und das Luftgemisch in allen Zylindern bei gleicher Drehzahl mit exakt gleichem Unterdruck angesaugt wird. Ignoriere alle anderen Schrauben, insbesondere verplombte und farblich markierte.
5. Stelle den Motor aus, ziehe die Schläuche ab, verschließe die Anschlussstellen und montiere vorher entfernte Komponenten wieder an.

Hinweis: Krass abweichende Werte einer Uhr von allen anderen bedeutet Ungemach in Form von a) ernsten Schäden (Kompressionsverlust), b) weniger ernsten Defekten (Undichtigkeiten am Ansaugstutzen) oder c) Störungen. Für alles benötigst du fachkundigen Rat.

A2-Drossel

Der Führerschein ist frisch gemacht und das Mopped ausgesucht – aber dummerweise ist es zu kräftig, um legal auf den Straßen geführt werden zu dürfen. Für Fahranfänger hat der Gesetzgeber eine Bewährungszeit von zwei Jahren vorgesehen, die junge Piloten auf Motorräder unter 35 Kilowatt (knapp 48 PS) begrenzt. Was nun?

Antwort: Drosseln. Hierfür hält der Handel elektronische sowie mechanische Lösungen wie Gasschieberanschläge und Gasbegrenzer bereit[13-3]. Bei den elektronischen Drosselhelfern handelt es sich oft um MCR-Drosselmodule (MCR = Micro Controlled Restriction) der Firma Alpha Technik für Euro-4-Bikes, die dem Seriensteuergerät ein verändertes Signal anliefern, während die mechanischen Vertreter (für Motorräder bis Euro 3) gleich von mehreren Herstellern angeboten werden. Hier unterscheidet man auch zwischen Gasschieberanschlägen in Kombination mit Drosselblenden für Vergasermodelle sowie Gaswegbegrenzern für Einspritzer. Erstere verengen den Ansaugtrakt und damit die Luftzufuhr, Letztere sind simple Anschläge im Gasweg, die verhindern, dass der Hahn komplett aufgedreht werden kann. Vereinzelt kommen auch Gaswegbegrenzer in Kombination mit Drosselblenden vor.

Der Arbeitsaufwand variiert. So ist der Einbau mechanischer Drosselungs-Kits wie Gaswegsbegrenzer schnell erledigt, der Gesamtvorgang kann sich aber in die Länge ziehen, weil einleitend unterschiedlich viele Bauteile wie Sitzbank, Tank, Airbox, Seitenteile und Drosselklappeneinheit abgebaut und/oder zusätzlich Drosselblenden eingesetzt werden müssen, damit die Gemischzusammensetzung korrekt bleibt. Spürbar schneller geht es hingegen bei Ride-by-Wire-Maschinen, da nur ECU und Kabelbaum zugänglich gemacht werden müssen, um das Steuergerät anzuschließen.

Kannst du es selbst machen? Einfach gestrickte Drosselkits vermutlich ja. Ansonsten bleibt nur der Weg in die Werkstatt, auch um die Garantie von Mopped und Nachrüstkit zu erhalten. Ebenfalls wichtig: Eine Werkstatt wird in aller Regel, quasi als Nebenbei-Service, dafür sorgen, dass die Umstellung die vorgeschriebene Änderungsabnahme beim TÜV bekommt.

Aufwand: Alles in allem musst du mit den Kosten für den Drosselkit, bei einer Werkstattbeauftragung zusätzlich mit ein bis zwei Arbeitsstunden und dann natürlich mit den Gebühren für TÜV-Abnahme und Eintragung in die Fahrzeugpapiere rechnen[13-4].

LUFTSYSTEM

Eigentlich eine absurde Nummer: Weil wir alle durch die Gegend düsen, versauen wir uns nicht nur gegenseitig die Luft, sondern auch den Verbrennungsmotoren selbst. Wer einmal das Glück hatte, zu erfahren, wie viel Leistung sauerstoffgesättigte Luft zusätzlich aus einem Motor herausholt, weiß, was damit gemeint ist.

Aber wie auch immer, Sache ist, dass Motoren Luft benötigen, angeliefert über Airbox und Luftfilter. Diese Einheit saugt die Luft aus der Umgebung, filtert Schmutzpartikel aus, hält den Lärmpegel niedrig und stellt optimale Druckverhältnisse her.

Hakt es irgendwo, ist der Filter dicht oder die Airbox *un*dicht, sinkt die Leistung und im Extremfall nimmt der Motor Schaden. Jeder Luftfilter sollte deshalb beizeiten ausgetauscht (oder gereinigt) und die Box auf Undichtigkeiten überprüft werden. Kümmerst du dich nur oberflächlich oder nie drum, riskierst du negative Folgen:

- Stimmt das Mengenverhältnis zwischen Benzin und Luft wegen eines zugesetzten Filters nicht, verliert der Motor an Leistung und der Kraftstoffverbrauch steigt, visuell erkennbar an verrußten Zündkerzen (zu fettes Luftgasgemisch).
- Saugt der Brennraum mit der Luft Schmutzpartikel an, können diese zu Verstopfungen im Vergaser oder der Einspritzung führen. Mit Glück ruckelts nur hier und da, mit Pech bekommen die Zylinder keinen Sprit mehr.
- Gelangen Schmutzpartikel aus einem deutlich versifften oder gerissenen Filter über Vergaser oder Einspritzer in den Motor, verschleißen Zylinder und Kolbenringe stärker und reduzieren die Lebensdauer des Motors.

Wann dein Filter turnusmäßig an der Reihe ist, vom Dreck befreit zu werden, sagt dir dein Handbuch. Allzu oft ist es nicht, es sei denn, du bist Wüsten- und/oder Endurofahrer. Dann musst du aufgrund der erhöhten Biotop-Staubdichte deutlich öfter ran. Crossfahrer findest du sogar laufend am Filter fummeln.

Luftfiltertypen

In der Oldtimer- und Café-Racer-Szene sind offene Ansaugtrichter, die eindeutig Richtung Auge/Ohr zielen und dort ordentlich etwas hermachen, weit verbreitet. Technisch gesehen ist ihr Einsatz hingegen fragwürdig. So ein Trichter saugt bei Volllast zwischen 80 und 100 Liter Luft pro Sekunde ins Motorinnere, samt allem Dreck, der sich darin befindet.

Eindeutig ein Hingucker, der auch das Ohr zufriedenstellt– leider keine fahrtaugliche Alltagslösung ...

Kaum verwunderlich, dass so mancher Biker dann lieber doch ein paar Filterhütchen draufsetzt und sich außerhalb der Szene nicht nur einzelne Aufsetzluftfilter, sondern komplexe Airboxen mit integrierten Filtern durchsetzen konnten, die aufeinander abgestimmt einen Maximal-Kompromiss hinsichtlich Gasannahme, Leistung, Lärmbelästigung und Abgasbelastung ermöglichen.

Immerhin, ein Hütchen ...

Gängig sind folgende Airbox-Luftfiltertypen:

- Schaumstofffilter, die in der Regel alle 5.000 Kilometer mit Wasser und Spülmittel gereinigt werden.
- Papierfilter, die sich immer wieder mal reinigen lassen, meistens aber irgendwo zwischen 10.000 und 20.000 Kilometern ausgetauscht gehören.
- Dauerluftfilter (meistens im leistungsstarken Bereich zu finden), die gut und gerne bis zu 80.000 Kilometer durchhalten, aber trotzdem alle 10.000 Kilometer gereinigt werden sollten. Sie besitzen die Vorteile, langlebig zu sein und obendrein die Motorleistung ein Ticken zu verbessern, sind aber leider relativ teuer, wenn sie nachgerüstet werden sollen.

Tauscht du herkömmliche Luftfilter mit Dauer-, Renn- oder Sportluftfilter aus, muss die Vergaserabstimmung überprüft und bei Bedarf angepasst werden, um Leistungseinbußen und im Extremfall Motorschäden zu vermeiden. Einspritzer passen sich in der Regel an, man/frau sollte sich aber trotzdem vor dem Kauf absichern.

Hinweise zur Luftfilterwartung

Dein Luftfilter wartet im abgeschlossenen Bereich der Airbox auf dich, angesiedelt je nach Fahrzeug unter dem Tank (ätzend, ja), unter der Sitzbank oder hinter einem Seitendeckel, bei Scootern im Bereich der

Variomatik. Hast du ihn gefunden und störende Elemente abgebaut, kann es losgehen:

Nicht immer, aber oft: Erst muss der Tank runter ...

Löse zunächst die Schrauben oder Clips des Airbox-Deckels und nehme ihn ab.

Merke dir die Einbaulage des Filters (Fotos machen!) und entnehme ihn. Von unten kommende freiliegende Ansaugkanäle decke mit sauberen Lappen ab, damit nichts hineinfallen kann.

Säubere Luftfilterkasten und Deckel von innen. Grobe Sachen entfernst du via Staubsauger, für den Rest nutzt du einen fusselfreien und mit Ölspray getränkten sauberen Lappen. Überprüfe ferner Airbox und Ansauggummis auf Risse sowie auf festen Sitz und lockere Schellen (siehe nächsten Abschnitt).

Übrigens: Manche Bikes verfügen über einen zusätzlichen Hilfsluftfilter, der nicht vergessen werden sollte. Um ihn zu finden, konsultiere dein Reparaturhandbuch.

Reinige, bzw. tausche den Luftfilter aus. *Bei einer Reinigung* beachte je nach Luftfiltertyp:

Schaumstofffilter: Kommen dir beim Ausbau des Filters keine Schaumstoffkrümel entgegen, lässt er sich nach einer Reinigung meist weiterverwenden. Dazu wäschst du ihn in einer Wasser-Spülmittellösung sorgfältig aus, trocknest das Teil gründlich und sprühst es leicht mit speziellem Luftfilteröl ein.

No-Gos sind:

1) Reinigungsversuche mit Lösungsmittel (die heißen nicht nur so, sie lösen den Schaumstoff auch auf).
2) Filter in Öl einlegen, denn zu viel Öl behindert den Luftstrom. Zur Kontrolle presse den Filter nach dem Einölen kräftig zusammen, dabei darf kein Öl raustropfen.
3) Luftfilter aus alter Matratze basteln. Ein Motor-Luftfilter mag sich wie jeder andere Schaumstoff anfühlen, besteht aber aus einer speziellen benzin- und ölfesten Mischung.

Papierfilter: Trockene Papierfilter sollten gewechselt, nicht gereinigt werden. Muss es im Notfall unbedingt geschehen, klopfe den Filter vorsichtig sauber und blase die Reste mit weicher Druckluft von innen nach außen aus (entgegen der Ansaugrichtung). Die feinen Poren werden aber selbst dann weiterhin verstopft bleiben.

Bemerkst du beim Reanimieren, dass der Filter keinen stabilen Eindruck mehr macht oder verölt ist, solltest du selbst die Ausnahme nicht gelten lassen und ihn austauschen – was der Kasse nicht übermäßig weh tut, weil Papierfilter relativ günstig zu bekommen sind.

Dauerluftfilter: Trockene Dauerluftfilter aus Polyester können mit einem Pinsel oder Druckluft gesäubert werden. Feuchte bestehen aus extra zu diesem Zweck gefertigtes Textilgewebe und werden bei Verschmutzung mit einem speziellen Reiniger behandelt sowie im Anschluss mit einem abgestimmten Öl zur Wiederherstellung des Feuchtfilms verwöhnt. Beide Mittel erhält man beim Filter-Anbieter.

Neben Verschmutzung auch auf Risse und Materialauflösung checken.

Bei einem Austausch überprüfe vor dem Einbau, ob der neue Filter in allen Merkmalen dem Original entspricht (Passform, Dichtungen).

Achte beim Einsetzen des neuen oder gesäuberten Luftfilters auf die korrekte Einbaulage. Der eine oder andere Filter verfügt hierzu über eine Markierung, die die richtige Position angibt, ansonsten hast du ja dein Foto (hast du?).

Überprüfe, ob die Dichtkanten des Filters saugend am Gehäuse anliegen. Sind sie aus Gummi oder Plastik, fette sie ein, um sicherzugehen, dass der Motor keine ungefilterte Luft nebenbei ansaugt. Verliere oder vergesse beim Zusammenbau nicht das Gummi zwischen Airbox und Gehäusedeckel und fette auch dieses ein.

Luftfilter enthalten neben jeder Menge Dreck auch Feinstaub und Ölrückstände und sind somit Sondermüll. Die nächste Station nach einem Austausch ist deshalb der Recyclinghof, nicht die Mülltonne.

Airbox

Nutze die Gelegenheit des Luftfiltertausches, die gesamte Airbox samt Deckel und allen Schläuchen sorgfältig in Augenschein zu nehmen.

Die Plastikkomponenten der einzelnen Bauteile dürfen keine Risse aufweisen, die Dichtgummis müssen intakt und die Schläuche und Ansaugstutzen frei von Beschädigungen sein. Überprüfe ferner die Schlauchschellen auf korrekten Sitz. Kurz: Es darf nirgends neben dem vom Hersteller vorgesehenen Haupt- und möglichen Leerlaufluftkanälen Nebenluft angesaugt werden.

Risse im Plastikgehäuse lassen sich verkleben, zuspachteln oder mit einem Lötkolben anschmelzen und verschließen (hierbei unbedingt Atemmaske tragen!).

Sekundärluftsystem

Mit der Zufuhr von Frischluft in den Auslasstrakt bewirkt das Sekundärluftsystem (SLS) eine Nachverbrennung der Abgase, um unverbrauchte Kohlenwasserstoffe und Kohlenmonoxyd in weniger schädliches Kohlendioxyd und Wasser umzuwandeln. Dieser Prozess wird vom ECU gesteuert und kann nicht verstellt werden.

Knallt der Motor beim Gaswegnehmen (‚Patschen '), kann dies auf mögliche Fehler im SLS hindeuten. Überprüfe die Schläuche, die vom SLS-Schaltventil zu den Membranventilen auf den Zylinderköpfen führen (zur Anbauposition ziehe dein modellspezifisches Reparaturhandbuch zu Rate). Sie dürfen keine Löcher oder Risse aufweisen oder porös bzw. falsch angeschlossen sein. Am Schaltventil checkst du ferner die elektrischen Anschlüsse auf Korrosion.

Ebenfalls möglich: Eines der Membranventile auf den Zylinderköpfen schließt aufgrund eines defekten Membraneinsatzes nicht mehr zuverlässig und lässt Auspuffgase durch. Überprüfe deshalb die Membranen darauf, ob sie dicht am Gummi anliegen oder ob Verunreinigungen dies verhindern. Rußige Abgasrelikte können dabei vorsichtig mit Bremsenreiniger und einem fusselfreien Lappen entfernt werden.

Offene Airbox.

ZÜNDSYSTEM

Mächtig, mächtig: Es ist der kleine Funke, der es richtig knallen lässt und dich vorantreibt – vorausgesetzt, er kommt zur rechten Zeit, ist nicht zu schwach auf der Brust und bleibt nicht vorher auf der Strecke.

Arbeiten an der Zündanlage sind aufgrund der sehr hohen Spannungen nicht ungefährlich. Gehe deshalb sorgfältig und überlegt vor, verwende und beachte die Anleitungen im Werkstattbuch und beherzige die Sicherheitsanweisungen.

Zündimpulsgeber und Zündbox

Der Impulsgeber (aka Pickup) für den richtigen Zündzeitpunkt ist das erste Glied der Zündkette. Vom Polrad der Lichtmaschine über induktive, optische oder Hallsensoren angesprochen, vermittelt er im richtigen Moment ein Steuersignal über die aktuelle Position der Kurbel- oder Nockenwelle an die Zündbox, die daraus den Zündzeitpunkt ermittelt und den Zündfunken freigibt.

Ist der Pickup defekt, kommt es zu Zündaussetzern bei höheren Drehzahlen. Zum Austausch muss bei externen Pickups das Polrad abgezogen werden, interne Pickups sind hingegen im Lichtmaschinenanker verbaut und nur schlecht erreichbar.

CDI/HKZ

Die CDI (**C**apacitor **D**ischarger **I**gnition), auch Zündbox, Blackbox oder HKZ (Hochspannung-Kondensatorzündung) genannt, ermittelt aufgrund angelieferter Sensordaten den idealen Zündzeitpunkt und erfüllt somit die gleiche Funktion wie früher die mechanisch gesteuerten Zündanlagen mit Unterbrecherkontakten. Bei modernen Motorrädern ist die CDI ins Motorsteuergerät aufgegangen.

Zündbox

Bei der CDI-Technik enthält die Lichtmaschine meist eine spezielle Spule, die eine Spannung von rund 150 Volt zur Aufladung eines in der CDI-Zündbox enthaltenen Kondensators erzeugt, sowie einen Impulsgeber, der den genauen, werksseitig festgelegten Zündzeitpunkt über ein 1 bis 3 Volt starkes Signal ebenfalls an die CDI weiterleitet. Bei Eintreffen des Signals verbindet sich der Kondensator mit der Zündspule und lässt in der zweiten Wicklung der Spule eine Spannung von etwa 10.000 bis 20.000 Volt entstehen, die wiederum an der Zündkerze den Zündfunken erzeugt. Eine zusätzliche Spannungsversorgung über die Batterie ist meist nicht vorgesehen.

Erzeugt die Lichtmaschine die benötigten 150 Volt nicht mehr, produziert der Kondensator nur schwache Zündspannungen bzw. schwache Zündfunken. Darunter leiden Start- und Leistungsverhalten deutlich, auch Aussetzer können vorkommen. Um die Versorgungsspannung zu prüfen, verbinde beide Klemmen der Ladespule mit einem Multimeter (auf 200 V Wechselstrom einstellen) und lasse den Motor genügend schnell drehen (mit Anlasser oder Kickstarter, aber OHNE Kerzen). Ist die Spule defekt, tausche sie bzw. die Wicklung des Generators aus.

Ist sie in Ordnung, überprüfe den Zündimpulsgeber: Ziehe das Pickupkabel von der Zündbox ab, lege die rote Prüfspitze des Multimeters an (die schwarze geht an Masse) und drehe das Polrad von Hand. Die Messung beträgt im Moment des Impulses 1 – 3 Volt Wechselspannung. Fehlt der Impuls, ist der Zündimpulsgeber defekt, ist er hingegen erfolgreich messbar, überprüfe, ob er auf der anderen Seite der Zündbox an die Zündspulen weitergegeben wird. Auch hierbei muss es sich um ein 1 bis 3 Volt-Signal handeln. Fehlt das Signal, überprüfe noch die Masseverbindungen. Sind sie OK, steigt die Wahrscheinlichkeit, dass die CDI defekt ist, überprüfe aber noch die Verkabelung auf Kabelbrüche und Korrosionsschäden und tausche alle Zündkerzen, Zündspulen und Kerzenstecker aus. Bleibt letztendlich eine defekte Zündbox als Ursache bestehen (idealerweise steht eine intakte Zündbox bereit, um vergleichen zu können), hast du folgende Optionen:

- **Neukauf:** Die einfachste Lösung schlechthin. Was hingegen nicht so toll ist: Abhängig vom Motorradmodell kostet eine neue Zündbox zwischen 30.- (Glück gehabt) und 500.- Euro. Plus Arbeitslohn, wenn eine Werkstatt beteiligt ist.
- **Gebrauchtkauf:** Die hohen Preise für neue Zündboxen schlagen auf den Gebrauchtmarkt durch, so dass die teuren Vertreter auch gebraucht nur für viel Geld zu haben sind. Nicht wenige Biker kaufen dann Teilespender-Moppeds, weil es oft schlicht günstiger kommt.
- **Austausch:** Alternativ bietet sich der Austausch der Zündbox gegen eine programmierbare an, die gleichzeitig die Spannung zum Laden des Kondensators aus der Batterie bezieht [13-16].

- **Reparieren?** Ja, geht. Zündboxen sind zwar verklebt, aber vereinzelte Spezialisten wie Motek[13-5] öffnen und reparieren sie unter Umständen günstiger, als ein Neuteil kostet. Sie können das Teil auch einem simulierten Fahrbetrieb aussetzen, um Defekte dingfest zu machen, die nur sporadisch auftreten.

TCI

TCI ist die englische Abkürzung für Batterie-Transistorzündung (BTZ). Bei dieser Technik werden die Zündspulen von der Batterie mit 12 Volt (Plus) versorgt und das Zündsteuergerät liefert Minus (Masse).

Überprüfen der TCI

Versorgungsspannung: Zündung einschalten und mit Multimeter an Plus-Klemme der Zündbox gegen Masse messen (Wert 11 bis 12,5 Volt), dann Masseverbindung direkt an der Zündbox gegen Masse am Fahrzeug (Wert sollte bei nahezu null Volt liegen). Bei Fehlen einer Ladespule kommt die Spannung aus der Batterie; in dem Fall den Spannungsanschluss an der Zündbox gegen Masse prüfen (sollte bei ca. 12 Volt liegen) [13-16].

Motorsteuergerät

Bei modernen Motorrädern ist die Funktion der Zündbox im Motorsteuergerät integriert, das neben den Drehwinkeln der Kurbel- oder Nockenwellen u. a. auch die Berechnung der Kennlinie (die notwendige, drehzahlabhängige Frühzündung) und den Lastzustand des Motors berücksichtigt. Hinzu kommen die Daten für die Einspritzung, für die die Motor-ECU auch diverse andere Parameter zur Gemischbildung mit einbezieht, darunter Luftmenge, Motortemperatur und Abgas. Diese Werte werden über verschiedene Sensoren an das Steuergerät vermittelt (siehe hierzu u. a. Seite 187 und 210).

Auf der Ausgangsseite des Steuergeräts geht es zu den Zündspulen, meistens ein Ausgang zu einer Zündspule pro Zylinder, bei Mehrzylindern bisweilen aber auch ein Ausgang zu einer Zündspule, die zwei Zylinder gleichzeitig versorgt. In dem Fall werden beide Zylinder gleichzeitig ‚befeuert', aber nur einer erfolgreich, während der Funke beim anderen Zylinder wirkungslos im Ausstoßtakt verpufft.

Zündspule

In der Zündspule findet die Umwandlung der 12 Volt Bordspannung auf bis zu 20.000 Volt statt, die benötigt werden, damit ein Funke an den Elektroden der Kerze überspringt. Sie besteht aus einer Primär- und Sekundärwicklung sowie einem Zündkabel. Bei modernen Systemen sind die einzelnen Spulen direkt im Kerzenstecker integriert.

Zündspule

Kann man am Gehäuse einer Zündspule dünne, verbrannt wirkende Adern ausmachen, könnten dies Kriechstromspuren sein, mglw. entstanden durch Verschmutzungen oder Materialermüdung des Spulenkörpers. Reinigen kann helfen, muss aber nicht. Dann steht ein Austausch an. Ein Tausch wird ebenso notwendig, wenn Haarrisse im Gehäuse Feuchtigkeit eindringen lassen und Kurzschlüsse provozieren.

Dämlich ab wahr: In die Jahre gekommene Zündspulen neigen dazu, erst bei Wärme den Dienst zu versagen und am nächsten Morgen anzuspringen, als sei nie was gewesen. Auch dann ist ein Austausch fällig.

Die Überprüfung von Zündspulen ist mit DIY-Maßnahmen nur in gewissen Grenzen möglich und richtet sich hierbei nach der Art des Zündsystems (siehe des Weiteren auch ‚Einschätzung des Zündfunkens' und ‚Zündung prüfen' weiter unten).

Spulenprüfung bei Motorsteuergeräten

Bei batteriegespeisten Zündanlagen entferne eine der beiden Anschlüsse vom Steuergerät zur Zündspule und messe bei eingeschalteter Zündung die Spannung gegen Masse. Zeigt das Multimeter nichts an, wiederhole den Schritt bei der anderen Leitung. Bei einer von beiden sollte die Batteriespannung messbar sein.

Ist es bei beiden Leitungen nicht der Fall, besteht eine Leitungsunterbrechung, die das Zündsystem von der Stromversorgung ausschließt. Überprüfe dann die entsprechenden Sicherungen (Handbuch!), die Verkabelung und alle Steckverbindungen sowie den Killschalter und den Seitenständerschalter. Liegt hingegen auf einer Leitung Spannung an, trenne die *keine Spannung führende* Leitung von der Spule und wiederhole die Messung. Liegt keine Batteriespannung an, ist die Spule aller Wahrscheinlichkeit nach defekt.

Spulenprüfung bei CDI-Anlagen

Bei kontaktlosen CDI-Zündanlagen benötigst du eine Fachperson, die sich mit Elektrofummeleien auskennt. Die schaltet dann nach Abzug der spannungsfreien Leitung von der Zündspule einen Kondensator mit bummelig 0,5 uF (Mikro-Farad) vom jetzt freien Anschluss nach Masse und schaut, ob ein Zündfunke an einer eingesetzten, heilen Kerze entsteht, wenn die Überbrückung entfernt wird. Ist es der Fall, ist die Spule OK.

Spulenprüfung bei traditionellem Zündsystem

Bei alten Zündanlagen mit Unterbrecherkontakten dreht das Fachpersonal die Kurbelwelle, bis sich der Kontakt öffnet, steckt eine heile Kerze in den Kerzenstecker und legt sie mit der Elektrode an den Motor. Und nimmt die Finger weg, Verletzungsgefahr! Danach wird der offene Kontakt vorsichtig mit einem Schraubendreher kurzzeitig überbrückt. Stellt sich beim Entfernen der Überbrückung ein Zündfunke ein, ist die Spule OK.

Entsteht kein Funke, misst der Fachmann die Spannung am offenen Kontakt. Ist *keine Spannung* messbar, ist a) der Kondensator kurzgeschlossen, b) die Leitung zur Zündspule unterbrochen oder c) die Spule defekt (bei unbeschädigter Verkabelung). *Ist hingegen Batteriespannung messbar*, können bei fehlendem Funken die Unterbrecherkontakte verschmutzt oder der Kondensator defekt sein.

Kerzenstecker

Vom Zündkabel abgehend sitzt der Kerzenstecker (Bild vorige Seite rechts unten) direkt auf der Zündkerze und macht in der Regel nichts anderes, als das Kabel selbst: Strom weiterleiten (Ausnahmen sind Kerzenstecker mit integrierten Zündspulen).

Da die Teile aus Kunststoff sind, kann es passieren, dass sie mit der Zeit brüchig und unzuverlässig werden. Dann ermöglichen bspw. Haarrisse das Eindringen von Feuchtigkeit und sorgen in der Folge für Zündaussetzer oder dem Komplettausfall eines Zylinders. Abhilfe kann Kontaktspray zur Verdrängung der Feuchtigkeit schaffen. Sonst hilft nur, wie zur Überprüfung, ein Austausch.

Zündkerzen

Zündkerzen gehören zu den Verschleißteilen eines Motorrads und müssen von Zeit zu Zeit gewechselt werden. Die Abstände können bis zu 20.000, 30.000 Kilometer lang sein (Stadtverkehr fördert die Abnutzung stärker als moderate bis hohe Drehzahlen auf freien Strecken), aber irgendwann ist es unweigerlich soweit.

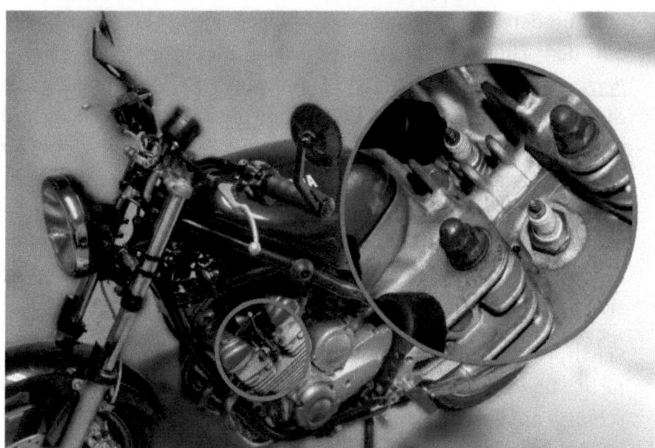

Zündkerzencode

Bei allen Zündkerzen ist ein Hersteller-spezifischer Code aus Buchstaben und Zahlen auf dem Porzellankörper aufgedruckt und im Metall eingeprägt, bspw. ‚C8E' oder ‚CR8E' bei NGK-Kerzen. Hierbei handelt es sich um die Angabe der Gewindestärke (hier ‚C'), den Wärmewert (hier ‚8', ein Wert für relativ heiße Motoren) und die Gewindelänge (hier ‚E'). Das zusätzliche ‚R' (‚CR8E)' weist darauf hin, dass ein Stör-Widerstand an Bord ist, damit die Zündung keine Funkwellen beeinträchtigt.

Hinweis: Die Länge des Codes kann variieren und weitere besondere Konstruktionsmerkmale enthalten wie Elektrodenabstände. Im Internet findest du diverse Listen möglicher Variationen für Hersteller wie unter anderem NGK, Bosch, Denso und Champion[13-6].

Zündkerzenwechsel und -diagnose

Um eine Kerze zu überprüfen, schraube sie aus und beurteile den Zustand der Elektroden und des Kerzenbilds:

Schritt 1: Warte, bis der Motor abgekühlt ist. Eine heiße Kerze aus einem heißen Motor drehen, kann das empfindliche Gewinde schädigen.

Schritt 2: Packe den Kerzensteckerkörper, drehe ihn leicht und ziehe den Stecker ab (nicht am Kabel ziehen). Säubere die Kerzenumgebung mit Druckluft oder einer Luftpumpe, damit nach dem Ausschrauben der Kerze kein Dreck in den Verbrennungsraum fallen kann.

Schritt 3: Löse die Kerze mit einem Kerzenschlüssel (eine Nuss mit langem Schaft) und schraube sie vorsichtig heraus. Lasse sie nicht auf den Boden oder sonst wie fallen, um Risse zu vermeiden, die zu Kurzschlüssen oder Stromkreisunterbrechungen führen können.

Schritt 4: Betrachte die Kerze. Die Kanten der Elektroden sollten scharfkantig und nicht abgebrannt sein. Messe den Abstand der Elektroden mit einer Fühlerlehre (meistens 0,7 bis 0,8 mm, konsultiere aber dein Handbuch für den richtigen Wert). Die Fühlerlehre sollte so gerade zwischen die Elektroden passen. Ist der Abstand größer, ist die Kerze ‚verbrannt' und sollte ausgetauscht werden. Passend hinbiegen ist ebenfalls möglich, aber nur durch einmaliges leichtes Klopfen mit dem Plastikgriff eines Schraubendrehers (Wiederholungen bergen Bruchgefahren). Beurteile ferner das Kerzenbild (siehe unten).

Muss eine Kerze ausgetauscht werden, checke die Typbezeichnung und greife zu jenen Modellen, die dein Motorradhersteller vorschreibt. Zündkerzen unterscheiden sich in ihren Konstruktionsmerkmalen und passen zum jeweiligen Motor. Stimmen diese Werte nicht überein, kannst du die jeweilige Kerze für dein Bike nicht gebrauchen und riskierst einen Motorschaden. Immerhin: Vom gleichen Hersteller wie die Originalkerzen müssen die Ersatzkerzen nicht sein.

Verbaust du bspw. eine Kerze mit einer höheren oder geringeren thermischen Belastbarkeit (Wärmewert) als vorgesehen, verrußt sie entweder (Wärmewert zu hoch) oder sie glüht ständig (Wärmewert zu niedrig), auch hörbar am Motorklingeln, das die Maschine über kurz oder lang ruiniert. Auch die physischen Dimensionen wie Elektrodenform und Gewindearten zählen. Ist die Gewindelänge der Kerze kleiner oder größer als vorgesehen, verändert dies den Hubraum und den Motorlauf. Nur die Gewindedicke stellt kein Problem dar, da sich verkehrte Maße gar nicht erst einschrauben lassen, und unbedeutend im Hinblick auf die Verwendbarkeit ist auch der Stör-Widerstand, so dass zumindest ein Notfalltausch vorgenommen werden kann, bspw. ‚C8E' statt ‚CR8E'.

Schritt 5: Inspiziere das Kerzengewinde auf Beschädigungen und trage ein wenig Keramik- oder Kupferpaste auf das Gewinde. Schraube die Kerze langsam mit der Hand ein, damit sie gerade in das Gewinde eingeführt wird und vergiss die Scheibe nicht.

Schritt 6: Zum Anziehen der Kerzen verwende einen Drehmomentschlüssel, den richtigen Wert erfährst du im Werkstatthandbuch. Findest du keinen Wert, ziehe die Kerze nach Aufsitzen mit rund einer weiteren 1/8 Umdrehung fest (nur bei alter Unterlegscheibe). Handelt es sich um eine neue Kerze mit neuer Scheibe, ziehe sie mit ¼ bis ½ Umdrehung nach dem Aufsitzen an, damit die Dichtscheibe sich setzt, löse die Kerze wieder und ziehe sie erst dann mit ca. 1/8 Umdrehungen fest.

Iridium-Kerzen: Ob du bei der Gelegenheit zu Iridiumkerzen wechselst, musst du schauen; sie verbessern das Start- und Freibrennverhalten und liefern stärkere Zündfunken, kosten allerdings auch mehr. Immerhin, für Oldtimer- und Moppedbesitzer, deren Maschinen trotz Top-Einstellungen zum Verrußen neigen (weil sie beispielsweise oft nur Kurzstrecken fahren), kann sich die Investition lohnen.

Schritt 7: Drücke den Kerzenstecker mit wenig Druck auf die Kerze. Achte bei Mehrzylindern darauf, dass die Stecker nicht durcheinandergeraten, in der Regel sind die Kabel aber gekennzeichnet und weisen unterschiedliche Längen auf.

Zündkerzenbild

Idealerweise sollten Kerzen von Vergaserbikes sauber aussehen, ohne Rückstände oder Ablagerungen, und auf der äußeren Elektrode sowie dem Porzellankörper eine leichte Färbung Richtung Rehbraun (grau- bis hellbraun) aufweisen. Das Gewindeende (also die Umrandung) darf dabei etwas dunkler, die Elektroden müssen aber gleichmäßig abgebrannt und unbeschädigt sein. Sie dürfen nicht abgenutzt oder angegriffen daherkommen und sollten den richtigen Abstand voneinander haben. Weicht eine Kerze vom Idealbild ab, steht in beiden Fällen (abgenutzte Elektroden und/oder zu starke farbliche Abweichungen) ein Austausch ins Haus.

Hinweis: Bei Einspritzern kommen Kerzenbilder von Haus aus sauberer daher, die Hinweise hinsichtlich des Elektrodenverschleißes (abgebrannt bzw. große Lücken zwischen den Elektroden) gelten aber auch hier.

Zündkerze schwarz verölt

Verschmutzungen durch Öl (feuchte, schwarze Ablagerungen) deuten auf Schäden wie defekte Kolbenringe oder beschädigte Zylinderwände hin, bei denen Öl von unten über die Zylinder in den Brennraum gelangt. Die Kerze bietet dann ein klumpiges, öliges und schmieriges Bild, das unter Umständen mit dem einer ,nur' nassen Kerze verwechselt werden kann, entstanden beispielsweise aufgrund vieler Startversuche. Im Zweifel lege die Kerze einfach zur Seite und checke später erneut: Benzin verflüchtigt sich und das Kerzenbild normalisiert sich; bei Öl treten keine Veränderungen im Bild auf.

Von links nach rechts (Farben künstlich betont): 1) Kerze verrußt mit matt-schwarzen Ablagerungen durch ein zu fettes Gemisch. 2) Kerze normal mit feiner, grau-brauner Schicht. 3) Kerze überhitzt mit weißlicher Schicht durch ein zu mageres Gemisch.

Zündkerze schwarz verrußt, aber trocken

Ist eine Kerze rußschwarz, ist das Gemisch zu fett, weil eine fehlerhafte Vergasereinstellung vorliegt, der Choke nicht zurückgestellt wurde oder der Luftfilter nicht genügend Luft durchlässt. Im Ergebnis kann die Stärke des Zündfunkens reduziert sein, im Extremfall ein Kurzschluss provoziert werden. Möglich sind auch ein falscher Zündkerzentyp (zu kalt) oder eine falsche Tankbefüllung (bei Diesel wird die Kerze aber eher *nass* und verrußt sein).

Sandige Ablagerungen

Besitzt eine Kerze eine dunkle *innere* Elektrode, aber eine hellgraue bis rehbraune äußere *mit sandigen Ablagerungen*, gelangt vermutlich Öl über die Ventilsitze in den Brennraum. Das Erscheinungsbild ähnelt ansonsten dummerweise aber dem einer perfekten Kerzen.

Zündkerze hellgrau oder blass-weißlich

Kommt ein Kerzenbild weißlich daher, gelangt zu wenig Sprit in den Brennraum. Ursachen können sein:

- Zu mageres Gemisch: -> Vergaser einstellen.
- Vergaserstutzen porös: Zu viel Nebenluft wird angesaugt. -> Austauschen.
- Falsche Benzinsorte: Benzin mit zu geringer Oktanzahl getankt. -> Höher-oktanigen Sprit probieren.
- Übermäßige Frühzündungen: -> Zündung einstellen (lassen).
- Ansaugkollektor undicht: -> Prüfen (lassen).
- Drosselklappenwelle des Vergasers hat zu viel Spiel: -> Überprüfen (lassen).
- Maschine läuft zu heiß: -> Überprüfen (lassen).

Zündkerze ohne Verfärbung

Kommt eine Kerze trocken, geleckt sauber und ohne Verfärbungen daher, gelangt mglw. Kühlflüssigkeit in den Brennraum, die alles säubert (defekte Dichtung).

Hinweis: Wem ein besonderes Weihnachtsgeschenk für die Werkstatt fehlt, der oder die sollte eine Colortune-Kerze[13-7] von Gunson ins Auge fassen, die über einen Glasboden verfügt, der die Verbrennungsfarbe besonders gut erkennen lässt. Eine Diagnose-Prüfschablone erlaubt darüber hinaus die Eingrenzung eines Fehlers und erleichtert die Vergasereinstellung. Die Colortune-Zündkerze passt ins Standard-Zündkerzengewinde (14 mm) der meisten Motoren und hat Adapter für den Rest. Nur fahren solltest du damit nicht.

Zündung prüfen

Um die Zündung zu überprüfen, benötigst du einen Zündspannungsprüfer, der die Elektronik vor Spannungsspitzen schützt, sowie eine Isolierzange, die *dich* vor elektrischen Schlägen bewahrt. **Ganz deutlich:** Arbeiten an der Zündanlage beinhalten, dass du dich mit Komponenten auseinandersetzt, die sehr hohe Spannungen erzeugen und transportieren und gefährlich sind. Beachte unbedingt die Anleitungen und Sicherheitsanweisungen in deinem Werkstattbuch. Auch ist die Isolierzange notwendig (!); sie soll dich davor bewahren, mindestens deine Kindheitserinnerungen zu verlieren, falls beispielsweise der Kerzenstecker oder das Kabel Risse aufweisen, an denen der Zündstrom ungehindert Richtung Körper und Hirn zischen kann.

Zur Vorgehensweise: Räume störende Bauteile (Verkleidungen, Tank, etc.) aus dem Weg und stecke nacheinander jeden Zündkerzenstecker auf den Zündspannungsprüfer. Halte diesen *mithilfe einer Isolierzange* im Abstand von rund 5 mm gegen die Motormasse, schalte die Zündung ein und starte. Verfügst du über *keinen* Spannungsprüfer und willst noch mehr Risiken eingehen, der Elektronik und/oder dir zu schaden, halte statt des Zündspannungsprüfers eine frische Kerze im Kerzenstecker *mithilfe einer Isolierzange* rund fünf mm gegen die Motormasse. **Hinweis:** Nutze *keine* ausgebaute Kerze. Aus dem offenen Zylinder kann Benzingemisch ausgedrückt werden und zu einer Explosion führen!

Schafft der Funke die fünf Millimeter, ist er stark genug. Schafft er sie nicht, überprüfe Kerze, Stecker, Zündkabel, Zündspule und Anschlüsse auf Beschädigungen, Korrosion und festen Sitz. Unter Kriechstrom leidende Zündspulen erkennst du an feinen Adern am Gehäuse, die ein wenig verbrannt aussehen. Bei Schäden wechselst du Kerzenstecker, Zündkabel und Kerzen im Satz.

Sind bei der Zündüberprüfung keine Fehler auffindbar, steht bei kontaktloser Zündung die Zündbox unter Verdacht, defekt zu sein oder fehlerhaft anzusteuern (siehe oben). Versagen hingegen alle genannten Ansätze, benötigst du zur weitergehende Fehlersuche eine gute Werkstatt, einen ausgebildeten Fachmann oder zumindest einen guten Freund mit genügend Zeit und Erfahrung. Die meisten Handbücher verlassen dich hier. Dieses inklusive.

ABGASANLAGE

Der Austausch der Auspuffanlage oder zumindest Teile davon durch Produkte aus dem Zubehörhandel[13-8] gehört weit oben auf die Individualisierungs-Wunschliste vieler Biker, meistens aus optischen und/oder akustischen, vereinzelt aber auch aus anderen Gründen:

- **Zwangslage:** Das Bike ist alt und eine Komponente des Auspuffs nicht reparabel defekt. Wenn dann ein Originalersatzteil nicht mehr zu bekommen oder unverschämt teuer ist und der Gebrauchtmarkt nur beschädigte Ware hergibt, kann ein neues Bauteil aus dem Zubehör der Retter sein.
- **Optischer Zugewinn:** Die strenger werdenden Abgasvorschriften der letzten Jahrzehnte führten zu unästhetischen Blähkörpern links und/oder rechts am Bike, weil mehr Volumen im Endtopf die Leistung zurückbringt, die durch die verschärften Umwelt-Vorgaben verloren geht. Optisch orientierte Biker greifen deshalb oft auf Slip-on-Lösungen zurück und tauschen nur den Endtopf aus. Dies ist günstiger und weniger aufwändig als ein Komplettaustausch, bringt aber auch einen Leistungsverlust mit sich (nicht bei neueren Anlagen mit Vorschalldämpfern).
- **Akustischer Zugewinn:** Die parallel zur Umweltbelastung geführten Diskussionen um scheppernde Lärmbelästigungen auf zwei Rädern trugen ebenfalls zur Entstehung von Bikes bei, die wie surrende Nähmaschinen um die Ecke kommen und deren bescheidene Hörerlebnisse (meist) mit Hilfe von Slip-On-Lösungen ausgeglichen werden sollen. **Hinweis:** Erlaubt sind beim Auspuffersatz maximal fünf Prozent mehr Dezibel als die jeweilige Serienausstattung auf die Waage bringt.
- **Leistungssteigerung:** Der unendliche Kampf um ein paar PS mehr, bei Zubehöranlagen hervorgerufen durch ein anderes Abgasverhalten und weniger Gewicht, führt bei finanziell gut gepolsterten Bikern oft zum Komplettaustausch des jeweiligen Serienauspuffs. Im Gegensatz zum Slip-on werden in diesen Fällen die Anlagen komplett vom Krümmer bis zum Endtopf ausgewechselt. Aufpassen sollten hier übrigens Piloten von auf 48 PS gedrosselten Maschinen, die dann über mehr Leistung verfügen (also die Maschinen) und die weder mit der bisherigen ABE noch mit der bisherigen Fahrerlaubnis geführt werden dürfen.

Für alle Auspufftöpfe gilt: Je größer das Volumen, desto besser die Leistung und desto niedriger die Geräuschkulisse. Umgekehrt heißt dies, dass kleinere Töpfe zwar leckerer aussehen, zum einen aber oft lauter sind als Serienoriginale und zum anderen niedrigere Leistungswerte mit sich bringen[13-9]. Erst recht, wenn es sich um Slip-on-Lösungen handelt und dort obendrein noch dB-Killer verbaut sind, die mitten im Gasstrom sitzen und für einen PS-reduzierenden Rückstau sorgen.

Bei Vergaserfahrzeugen kann dann eine Anpassung der Gemischaufbereitung durch eine fettere Bedüsung Abhilfe schaffen, bei modernen Bikes ein Vorschalldämpfer und/oder eine Neujustierung der Einspritzung (weil der werksseitig eingestellte Regelbereich überfordert ist). Letzteres hilft jedoch nur, wenn der gestörte Gasdurchsatz durch den dB-Killer nicht zu dominant ist. In dem Fall verbleibt dann nur der (illegale!) Ausbau der Dämpfung oder die Einsicht, die auch den Besitzern älterer Bikes abverlangt wird: entweder das neue Design und/oder den neuen Sound genießen oder die alte Leistung wiederherstellen.

Überprüfe nach einigen Kilometern unbedingt das Zündkerzenbild (siehe Seite 215) auf ein zu mageres Gemisch und justiere gegebenenfalls nach. Dies gilt besonders, wenn zusätzlich die Luftzufuhr erhöht und der dB-Killer entnommen wurde. Auch eine prinzipiell höhere Motortemperatur im Vergleich zu früher sowie häufiges Auspuffpatschen beim Gaswegnehmen können Anzeichen für zu magere Gemischbildungen sein.

Auspuffkomponenten

Krümmer: Krümmer werden außer bei Defekten (meist Durchrostungen) eher selten durch Fabrikate aus dem Zubehörmarkt ersetzt. Und wenn, dann meist in Form eines Komplettpakets, bei dem die gesamte Auspuffanlage getauscht wird, meist zur Leistungssteigerung, die durch ausgeklügelte Krümmerführungen realisiert werden kann. Achte bei Einspritzern mit Kat darauf, dass die neuen Krümmer über Schweißmuffen für den Einsatz von Lambdasonden verfügen, um die Zylinder abstimmen zu können. Die meisten Sonden haben M 18 x 1,5-Gewinde, für andere Größen sind Adapter verfügbar.

Zwischenrohre und Dichtungen: Diese Komponenten werden in der Regel generell bei allen Auspuffdemontagen erneuert, egal aus welchem Grund. Sie werden unterschieden in:

- **Ringdichtungen:** Finden sich am oberen Ende zwischen Zylinderkopf und Auspuffkrümmer.
- **Paketdichtungen:** Finden sich in den Verbindungsbereichen zwischen Auspufftopf und Kat oder Zwischenrohr und sehen aus, als ob sie aus vergipsten Mullbinden gebaut wurden. Sie dürfen weder eingedrückt noch geknickt werden (sofern Letzteres überhaupt möglich ist).

Katalysator: Der Kat wird nur bei Defekten oder einem Komplettaustausch erneuert. Hierbei gilt: Sollte die Schlüsselnummer 14.1 in den Zulassungspapieren 11 oder niedriger sein, kann eine Abgasanlage mit Kat gegen eine Anlage ohne Kat gewechselt werden. In diesen Fällen sind die Katalysatoren nicht zwingend notwendig und die Abgasvorschriften können auch ohne einen solchen eingehalten werden. Bei einer Kennzeichnung von 12 oder darüber gilt dies nicht mehr. Hier würde ein Wegfall das Abgasverhalten verschlechtern und der Kat darf somit nicht weggelassen werden. Dies gilt für die meisten Motorradmodelle mit Erstzulassung ab 2006.

Endtopf: Endtöpfe werden oft und gerne ausgetauscht, wie gesagt, meist aus visuell-ästhetischen oder akustischen Gründen. Achte wie beim Komplettaustausch darauf, dass nicht nur eine E-Nummer eingestanzt ist, sondern dass diese auch für dein Motorradmodell gilt.

Airbox und Luftfilter: Ist der Wunsch nach mehr Leistung ausschlaggebend, insbesondere bei einem Kompletttausch, sollte dieser durch eine Änderung der Airbox und/oder des Luftfilters (mehr Luft für mehr Leistung!) sowie eine Gemischanpassung komplettiert werden. Wirklich punkten können in diesem Fall aber nur erfahrene Tuner, die einer bereits guten Abgasanlage die notwendige Abstimmung zur Seite stellen können, um deren Potenzial auch tatsächlich auszuloten.

Rechtliches

Eine Veränderung der Auspuffanlage im Ganzen oder auch nur in wesentlichen Teilen wie Krümmer, Kat oder Endtopf entführt nicht nur in neue Klangwelten, sondern stehenden Fußes zunächst auch in eine Welt ohne gültige Betriebserlaubnis. Das Bike darf dann nicht auf öffentlichen Straßen gefahren werden – und übrigens oftmals auch nicht auf jeder Rennstrecke, da dort mittlerweile ebenso auf Lärmwerte geachtet wird und nicht mehr jeder Lärm-Enthusiast willkommen ist. Aus dieser Nummer kommst du nur raus, wenn die jeweilige Anlage offiziell abgesegnet wurde. Dies ist automatisch der Fall, wenn:

- Eine ABE vorliegt, die bei jeder Ausfahrt mitgeführt und bei Kontrollen vorgelegt werden muss.
- Die Auspuffanlage über ein gestanztes E-Prüfzeichen und eine E-Nummer verfügt, die es im Rahmen einer EG-Betriebserlaubnis als für das jeweilige Motorrad zugelassen ausweisen. Eine Eintragung entfällt hier und Papiere sind nicht mitzuführen.

Ist weder das eine noch das andere der Fall, muss die Anlage per Einzelabnahme auf Einhaltung der gesetzlichen Anforderungen geprüft und Änderungen in die Papiere eingetragen werden. Dies gilt für alle Eigenbauten sowie frei verkäufliche Anlagen ohne ABE oder E-Prüfzeichen, auch solche mit Teiletypgenehmigung. *Welche* Anforderungen genau einzuhalten sind, kommt dabei auf das Alter des Bikes an, weil je nach Baujahr unterschiedliche Geräuschwerte (steht in den Papieren), Abgaswerte (ab 1989) und Katpflichten (ab 2006) gelten. Sicher ist nur, dass du nicht ohne dB-Killer vorfahren solltest.

Auspuffdemontage

Je nach Alter des Bikes bzw. der Auspuffanlage lege neben dem benötigten Werkzeug Drahtbürste und Rostlöser sowie Kupferpaste bereit. Erstere, um festgerottete und -gebrannte Verbindungen zu lösen, die Paste, um zu vermeiden, dass Voriges so schnell wieder passiert.

Arbeite dich von hinten nach vorne vor und beginne am Auspufftopf. Entferne die Befestigungen, wo sie am zugänglichsten sind, also am Bike oder am Topf selbst. Je nach Modell löse des Weiteren die Schelle zwischen Endtopf und Rohr, bzw. entferne eine verbindende Feder und ziehe den Endtopf vom Katalysator ab (oder dem Zwischenrohr, wenn kein Kat vorhanden oder dieser im Endtopf integriert ist). **Hinweis:** Hast du zum Abziehen der Feder kein geeignetes Werkzeug, treibe einen Nagel durch ein kleines Stück Holz und biege das herausragende Ende zu einem Angelhaken um.

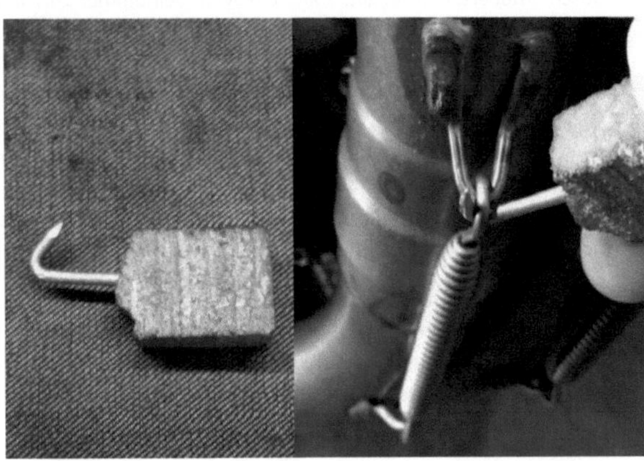

Für den Fall, dass an der Verbindungsstelle zum Endrohr ein Stellmotor verbaut ist, entferne dessen Abdeckung und hänge die zuführenden Bowdenzüge aus. Der Motor wird meist nicht mehr benötigt und die Züge können irgendwo in sicherer Entfernung von beweglichen Teilen permanent befestigt werden. Möchtest du sie komplett entfernen, ist es zwar prinzipiell möglich, die physische Trennung kann aber zu einer Fehlermeldung im Steuergerät führen, die entweder als Dauerwarnung im Cockpit verbleibt oder den Motor gar in den Notfallmodus (und dich in die Werkstatt) zwingt.

Befindet sich ferner eine Paketdichtung zwischen Endtopf und Zwischenrohr oder Kat (nicht notwendigerweise), sind drei Szenarien denkbar:

- ⇒ Sie ist noch nicht so alt und fällt runter oder raus, wenn du den Topf abziehst. Gut gelaufen.
- ⇒ Sie sitzt bereits länger an ihrem Platz und zerbröselt beim Abziehen des Endrohrs, was auch in Ordnung ist, da der Topf dann ebenfalls leicht abgeht.
- ⇒ Sie verbindet seit gefühlt 300 Jahren die Rohre und ist völlig mit ihnen verbacken. In dem Fall sprühe die Umgebung satt mit Rostlöser wie WD-40 ein und lasse das Zeug einwirken. Versuche dann, den Topf mit Drehbewegungen abzuziehen. Sperrt er sich, löse ihn mithilfe einer Wasserpumpenzange (Lappen zwischenlegen!). Eventuell muss dabei auch das andere Rohr mit einer Zange gehalten werden, damit kein Drehimpuls auf weiter vorne liegende Komponenten durchgereicht wird.

Soll nur der Endtopf getauscht werden, ist die Demontage damit beendet. Soll hingegen die komplette Auspuffanlage gewechselt werden, kümmere dich um die restlichen Komponenten:

- **Katalysator:** Der Kat ist meist mit je einer Schraubverbindung links und rechts am Rahmen oder den Fußrastenhalterungen befestigt. Sind die gelöst und sind ferner die Verbindungsfedern entfernt, ziehe ihn vom Zwischenrohr ab. Ist die Verbindung verbacken, gehe vor, wie oben beschrieben.
- **Zwischen- und/oder Sammelrohr:** Entferne die Feder(n) und ziehe das Rohr ab.
- **Krümmer:** Löse die Bundmuttern, die den Krümmer über Stehbolzen am Zylinderkopf fixieren. Sind sie festgerottet, bewaffne dich mit einer Messingbürste und Rostlöser und reinige das Gewinde. Die Ringdichtung kannst du mit einem Schraubendreher herauspulen, falls sie nicht von alleine rausfällt. **Hinweis:** Unter Umständen muss vor dem Lösen des Krümmers eine Verkleidung und/oder ein Kühler ab- oder komplett ausgebaut werden.

Reinige alle Komponenten sorgfältig und befreie sie von Dichtungsresten – was unter Umständen in echte Arbeit ausarten kann. Festgerottete Paketdichtungen müssen dann mühselig und stückweise mit einer Säge aufgeschnitten und einer Zange abgepult werden, bevor sich die Reste mit Drahtbürste, Schmirgelpapier und Rostlöser restlos entfernen lassen.

Sind Komponenten in Gummi gelagert verschraubt, gönne den Gummis ein wenig Silikonfett und sorge dafür, dass sie beim Rückbau ihren richtigen Platz finden. Sie schützen die Auspuffanlage vor Vibrationen und verzögern die vorzeitige Alterung der Auspuffdichtungen.

Anbau

Krümmer: Streiche reichlich Keramik- oder Kupferpaste auf die (neue!) Dichtung und die Gewinde, lege die Dichtung ein, setze den Krümmer unverkantet auf und ziehe die Schrauben an, die ihn an den Zylinderkopf fixieren. Ziehe die Schrauben aber noch nicht fest.

Zwischen- und/oder Sammelrohr: Stecke das oder die Zwischenrohre bzw. den Krümmersammler wieder auf. Sind Dichtungen vorgesehen, verschmiere Montage-, Keramik- oder Kupferpaste und lege sie ein. Sind keine vorgesehen, verwende trotzdem etwas Paste auf den Verbindungsflächen, damit sich die Rohre zur Montage besser gegeneinander bewegen und verdrehen lassen. Achte ferner darauf, dass sich das einzuschiebende Rohr leicht und klemmfrei bis zum Anschlag eindrücken lässt. Sperrt sich eine Paketdichtung, ziehe Rohr und Dichtung wieder heraus, weite die Dichtung vorsichtig ein wenig und schiebe das Rohr erneut auf.

Katalysator: Stecke den Kat auf und verschraube ihn (nicht festziehen). Für eventuell sich sperrende Dichtungen gilt Obiges.

Endtopf: Setze den Endtopf auf und verschraube auch ihn (nicht festziehen). Achte darauf, das Rohr in gerader Linie zum Kat- oder zum Zwischenrohr aufzuschieben, damit es nicht verkantet und die Dichtung beschädigt. Sitzt es, drehe es so, dass die Halteschrauben angebracht werden können. Bei modellspezifischem Zubehör passen nach wie vor die alten Halterungen, bei nicht speziell für das Bike vorgesehenen Töpfen stehen sehr wahrscheinlich Improvisationen auf dem Programm.

Unter Umständen müssen die einzelnen Rohrkomponenten gegeneinander verdreht werden, bis alle Bauteile den passenden Winkel gefunden haben und optimal sitzen. Ist es geschehen, ziehe alle Schrauben mit den vorgegebenen Drehmomenten fest und hänge die Federn wieder ein. Gehe hierbei von vorne (Zylinder) nach hinten vor, kümmere dich also erst um die Krümmerschrauben, dann um die vorderen Federn, die Klemmschelle (falls vorhanden), den Kat (falls vorhanden), dessen Federn und zuletzt um die Endtopfbefestigung. Bei einer eventuell vorhandenen Klemmschelle achte darauf, sie so anzusetzen, dass der Ausschnitt der einen Seite in den Buppel der anderen greift. Damit sollte auch sie die richtige Position einnehmen.

Kontrolle

Defekte Dichtungen führen zum ungewollten Austritt von Gasen, dem Ansaugen von Falschluft durch die Auspuffanlage und Auspuffpatschen beim Gaswegnehmen. Zur Kontrolle sichtprüfe auf rußigschwarze Verfärbungen und dunkle ‚Laufnasen' an den Verbindungsstücken oder halte simpel ein Papierblatt vor den jeweiligen Stellen. Hand anlegen bringt es zwar auch, ist aber wg. Verbrennungsgefahr nicht zu empfehlen ;-).

In der Regel ist bei Undichtigkeiten nur das jeweilige Rohr nicht korrekt aufgesteckt und ein schneller Abbau der Haltefedern plus Lösen der Halteschrauben reicht für eine Neuausrichtung. Ist hingegen eine Dichtung beim Einbau beschädigt worden, muss sie ausgetauscht werden. Der Versuch, die jeweilige Verbindung durch stärkeres Anziehen der Flansche oder Schellen dicht zu bekommen, führt nur dazu, dass die jeweils betroffenen Bauteile verzogen werden.

ÖLSYSTEM

Die halbe Welt dreht sich drum, Länder werden deswegen platt gemacht, Menschen weggebombt und Umwelt vernichtet: das Öl. Auch dein Jochen braucht welches. Nur, welches genau, wann, wie oft und wie viel?

Ölcheck

In den ersten Wochen und Monaten nach einem Gebrauchtkauf solltest du den Ölstand in Abständen von wenigen Tagen kontrollieren. Danach verlängern sich die Intervalle automatisch, wenn nichts Dramatisches passiert. Dann reicht es, alle 500 bis 1.000 Kilometer oder alle ein, zwei Monate ein Auge drauf zu werfen. Ausnahmen sind Zweitakt-Scooter, deren Motoren nur kleine Ölvolumen aufweisen und bei denen ein Verlust schneller zu Schäden führen kann. Hier sollte bei jedem Tankstopp kontrolliert werden.

Eine ernsthaftere Überprüfung (so alle 1.000 Kilometer) verbindest du am besten mit einer rund 15 Kilometer langen Aufwärmtour, idealerweise inklusive einer kleinen Autobahnetappe mit hoher Drehzahl. Dadurch lässt du im Öl gebundenes Benzin verdampfen, das bei häufigen Kurzstreckenfahrten in den Motorraum einfließt und die Messung verfälscht. Checkst du hingegen bei kaltem Motor, ist dies weniger aussagekräftig – obwohl ein Trend aber natürlich auch dann erkennbar bleibt.

Warte nach der Rückkehr ungefähr 10 Minuten, bis das Öl größtenteils in die Ölwanne zurückgeflossen ist.

Gemessen wird in der Regel bei senkrecht ausgerichtetem Motorrad, sonst bei ausgeklapptem Seitenständer. Konsultiere hierzu und anderen spezifischen Details unbedingt dein Handbuch.

Maschinen mit Nasssumpfschmierung (Ölwanne) verfügen in aller Regel über ein Schauglas. Falls nicht, haben sie wie Motorräder mit Trockensumpfschmierung (separater Öltank) einen Peilstab im Programm, der zur Messung in den Motor eingedreht oder aufgelegt werden muss. Aber wie immer die Messung erfolgt, der angezeigte Ölstand sollte im Idealfall auf halber bis ¾ Strecke zwischen der Minimum- und Maximum-Markierung liegen.

Ölstand Interpretieren

Zunächst die gute Nachricht: Alle Motorräder verbrauchen Öl. Also keine Panik, wenn zwischen damals (vor 1.000 km) und jetzt etwas fehlt. In der Regel dürfen es bummelig 0,1 bis 0,2 Liter sein, bei innerlich verschlissenen und hart rangenommenen Motoren (hohes Tempo, Langstreckenfahrten und hohe Drehzahlen) mehr. Erst wenn du Verluste von mehr als ¾ Liter (luftgekühlte Bikes) oder ¼ Liter (wassergekühlte) beklagen musst, solltest du dir Sorgen über die Zukunft deines Motors machen.

Nachfüllen

Bist du zuhause, hast du vermutlich noch Reste vom letzten Ölwechsel herumstehen, mit denen du nachfüllen kannst. Bist du unterwegs, wird es dich freuen zu hören, dass prinzipiell alle für Motorräder verfügbaren Öle (synthetische, teilsynthetische und mineralische) miteinander mischbar sein sollten, so dass du zur Not etwas nachfüllen kannst, was du sonst nicht mit der Kneifzange anfassen würdest. Vorsicht ist aber geboten, wenn der Bike-Hersteller ein bestimmtes Öl vorgibt; in dem Fall solltest du auf Touren einen halben Liter davon dabeihaben. Sei auch vorsichtig, wenn dein Motor bekanntermaßen allergisch auf synthetische Öle reagiert.

Zum Nachfüllen: Schütte nicht unüberlegt den Motor voll, sondern gehe in kleinen Schritten vor und behalte beim Nachfüllen den Ölstand via Schauglas oder Peilstab im Blick. Das kann nervig werden, je nachdem, wie lange das Öl benötigt, um in der Wanne anzukommen, ist aber besser, als zu viel einzufüllen. Passiert es trotzdem, sauge den Überschuss mit einem Schlauch und einer Spritze wieder ab. Zu viel Öl führt zu Schaumbildung, geringerer Schmierfähigkeit und Leistungsverlusten, weil der Motor ausgebremst wird. Außerdem erhöht sich der Öldruck und in der Folge können Dichtungen lecken oder Öl in den Luftfilter gedrückt werden.

Ölwechsel

Öl altert und kann seine wesentlichen Aufgaben immer unbefriedigender erfüllen, also: Motor, Getriebe und Kupplung schmieren (bei tiefen und hohen Temperaturen gleichermaßen), den Innenraum kühlen, reinigen (Abtransport von Abrieb und Verbrennungsrückständen zum Ölfilter) und abdichten (wie Simmerringe und Zylinderwand). Weshalb alle Jubeljahre ein Wechsel ansteht. Wann genau die Jubelzeit ist, steht in deinem Handbuch; in der Regel alle zwei Jahre oder alle 10.000 bis 12.000 Kilometer, je nachdem, welcher Wert zuerst erreicht wird. Zeitgleich kommt ein neuer Ölfilter ans Bike. (So mancher wird bereits nach 6.000 Kilometer tätig, was auch OK ist, da Motorradöl stark gefordert wird und sich Folgeschäden oft erst langfristig bemerkbar machen – meist beim Nachbesitzer.)

Ölsorte

Welche Ölsorte du favorisierst (mineralisch, synthetisch oder teilsynthetisch) ist nicht zwingend vorrangiger Natur – es sei denn, der Hersteller schreibt Sorte und Marke vor. Dann bleib' dabei. Es mag sein, dass finanzielle Absprachen die Grundlagen für die Vorgaben abgeben, es kann sich aber ebenso um schlichte Notwendigkeiten handeln, weil bestimmte Maschinen auf die Verwendung bestimmter Öle abgestimmt sind. So oder so: Kippst du während der Garantiezeit ein anderes Öl hinein als vorgeschrieben, verlierst du die Restgarantie.

Ansonsten gilt: Wer gerne auf Rennstrecken unterwegs ist und dort seinen Viertaktmotor an die Grenzen reitet, sollte synthetisches Öl mit hoher Viskosität wie 5W-50 einfüllen. Es verfügt über mehr Reserven als mineralische Öle und bleibt bei hoher Beanspruchung flüssig genug, ohne zu reißen. (Allerdings ist anzumerken, dass bei einigen, meist älteren, Motoren die Kupplungslamellen nicht mehr richtig greifen und die Kupplung dann durchrutscht.)

Bei Normalbeanspruchung reichen teilsynthetische oder (bei Oldtimern sowieso[13-15]) gute mineralische Öle mit Viskosität 10W-40 oder 15W-40. Hauptsache, es sind speziell für Viertakt-Motorräder ausgewiesene Öle. (Aber natürlich gilt in erster Linie, was dein Handbuch hinsichtlich Marke, Typ, Viskosität und Spezifikationen ausweist.)

Bei Zweitaktern greift man zu mineralischen oder synthetischen SAE-40- bis SAE-50-Ölen der Qualitätsstufen API-TA (TSC-1, Mopeds), API-TB (TSC-2, Motoräder/-roller) und API-TC für Hochleistungsmotoren.

Und NEIN, kein Autoöl! Es ist nicht für höhere Drehzahlen gedacht, kann das Getriebe nicht schmieren und verfügt über keine Additive für eine Ölbadkupplung.

Spezifikationen

Die Viskosität ist das Maß der Zähflüssigkeit eines Motoröls: Es sollte dünn genug für niedrige und ausreichend schmierfähig für hohe Temperaturen sein. Bei normalen Außentemperaturen zwischen 6 und 30 Grad erfüllen bereits (mineralische) Öle mit 10W-40 oder 15W-40 locker alle Anforderungen. ‚W' steht hierbei für ‚Winter', die Zahl davor für das Kälte- und die Zahl dahinter für das Warmfließverhalten bei 100°C Öltemperatur.

Die anderen auf den Etiketten gedruckten Öl-Spezifikationen lassen eine weitergehende Einschätzung der Qualität des Inhalts zu, heutzutage übertreffen aber bereits 5-Liter-Billigangebote alle Industrienormen, so dass man sich hierüber kaum Gedanken machen muss (noch mal: KEIN Autoöl!), wenn man nicht gerade zur Heizerfraktion gehört.

Vorbereitung

Wie zum Ölcheck solltest du für einen Ölwechsel den Motor auf Betriebstemperatur (ab 80 Grad) bringen; um die 15 km reichen bei luftgekühlten Motoren meist. Wenn du gleichzeitig eine Motorspülung vornehmen möchtest, gebe anschließend dem noch warmen Öl den Reiniger bei und lasse den Motor weitere 10 Minuten im Stand laufen (siehe hierzu Seite 223).

Bocke das Mopped auf und richte es laut Handbuch aus. Existiert keine Angabe, sorge dafür, dass die Ölablassschraube am tiefsten Punkt des Motors sitzt. Warte ein wenig, damit sich das Öl sammelt. 10 Minuten reichen, danach setzen sich die im Öl gelösten Schwebstoffe wieder an den Innenwänden des Motors ab. In der Wartezeit stelle sicher, dass du alles griffbereit hast:

Öl, Dichtring, Handschuhe, Trichter, Werkzeug. Es fehlt: Ölfilter, Messbecher, Altölwanne.

- Als Werkzeuge benötigst du einen Drehmomentschlüssel, Knarre, Nuss und für den Filter einen Knarrenaufsatz (gibt es speziell für verschiedene Motorradtypen). Die richtigen Drehmomente für dein Bike findest du im Handbuch oder halt im Internet.
- Genügend Motoröl der richtigen Spezifikation.
- Auffangbehälter (altes Motoröl ist umweltschädlich und gehört entsorgt!).
- Einen neuen Ölfilter (im alten befinden sich Dinge wie Metallabrieb, Verbrennungsrückstände und Dichtungsreste).
- Einen neuen Dichtring für die Ablassschraube (Messing oder Kupfer), eventuell auch eine neue Ablassschraube, falls die alte ramponiert ist.
- Schutzhandschuhe: Öl ist heiß und mit für die Haut aggressiven, gesundheitsschädlichen Substanzen versehen.
- Einen Messbecher, um die richtige Menge Öl einzufüllen (weder zu viel noch zu wenig).

Öl ablassen

Entferne den Öl-Einfüllverschluss, damit das Öl leichter abfließen kann. Überprüfe bei der Gelegenheit den Dichtungsring des Verschlusses auf Beschädigungen. Bei Bedarf erneuern!

Löse die Ölablassschraube und stelle ein Gefäß unter den Motor. Trage hierbei Handschuhe, nicht nur wegen der Öltemperatur. Auch Auspuff und Motor können noch heiß sein. Schraube die Ölablassschraube heraus und lasse das Öl ab.

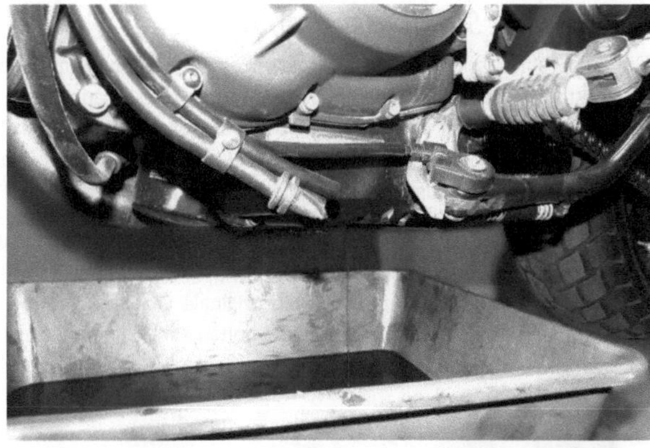

Im zweiten Schritt löse und entferne den Ölfilter. Die üblichen Dosen werden ausgeschraubt, die akkordeonartig zusammengefaltete Papierfilter in der Regel aus einem Gehäuse am Motor (meistens auf der Stirnseite) entnommen. Überprüfe, ob der neue Filter dem alten entspricht.

Lasse das Öl einige Zeit austropfen und reinige währenddessen die Auflageflächen von Ablassloch und Filtergehäuse. Inspiziere ferner das abgelassene Öl, den Filter und den Magneten an der Ablassschraube (falls vorhanden) auf Fremdkörper.

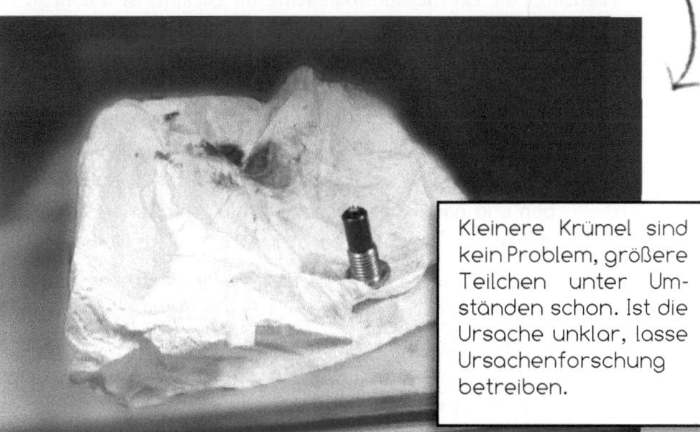

Kleinere Krümel sind kein Problem, größere Teilchen unter Umständen schon. Ist die Ursache unklar, lasse Ursachenforschung betreiben.

Penible Naturen schöpfen mit Kellen Stichproben ab und lassen sie durch ein Teesieb laufen, um auch kleine Plastikteilchen (mögliche Steuerkettenprobleme) oder Faserstoffe (mglw. hohe Abnutzung der Kupplung) dingfest zu machen.

Glänzt das Öl metallisch, ist das bei Neufahrzeugen kein Grund zur Panik, kleinere Metallkrümel am Magneten ebenfalls nicht. Findest du jedoch gröbere Metallflocken und Späne, deutet das auf eine baldige Motorüberprüfung hin. Überhaupt ist die Farbe des abgelassenen Öls sehr aussagekräftig:

- **Bräunlich** (ähnlich wie mit etwas Milch angerührter Kaffee): Der Zustand des Öls ist bei dieser Färbung nicht per se kritisch, weist aber auf häufige Kurzstreckenfahrten hin (die helle Farbe entsteht durch Kondenswasser). Ab und an solltest du dein Bike deshalb über längere Strecken ausführen und dabei den Motor heißfahren. Alternativ verkürze die Ölwechselintervalle.
- **Gräulich oder hellbraun:** Im Gegensatz zu oben (bräunlich) ist der Wechsel zu hellbraun/gräulich bedenklicher, weil sich hier zu viel Wasser im Öl befindet. Meistens sind dann auch viel Schaum und Wassertropfen sichtbar, weil die Wasseraufnahmekapazität des Öls erschöpft ist. Checke bei einer Wasserkühlung auf undichte Zylinderkopfdichtungen und ziehe den nächsten Ölwechsel zeitlich vor.
- **Schwarz:** Nix zu meckern, so sieht Öl halt aus, wenn es älter wird. Ist es dünnflüssig, perfekt. Ist es dickflüssig, hast du es nicht warmgefahren oder es hätte noch viele Kilometer drinbleiben können.
- **Metallischer Glanz:** Bei Neufahrzeugen ist eine Phase mit hohem Verschleiß/Metallabrieb meist OK; alle anderem ziehen den nächsten Öl- und Ölfilterwechsel zeitnah vor und überprüfen erneut.
- **Benzingeruch:** Übel und nicht ungefährlich! Überprüfe die Vergaser, ob ein Schwimmer hängt und Benzin ungehindert in den Motor läuft. Sind die Vergaser OK, checke die Zylinder. Möglicherweise läuft einer leer mit, bspw. bei defekter Zündung. Bei Scootern mit Zweitaktmotoren können Wellendichtringe undicht sein. Unbedingt überprüfen.

Einige Motoren verfügen über zusätzliche Ölfilter, die in regelmäßigen Abständen inspiziert und gereinigt werden wollen.

Dein Handbuch sollte Auskunft darüber geben können, wo ein solcher Zusatzfilter sitzt (hier im Bild ein Beispiel). Oft müssen zur Inspektion bzw. zum Austausch dann weitere Teile abgebaut werden, beispielsweise die Auspuffkrümmer.

Öl einfüllen

Rückabwickle die vorigen Arbeiten:

Setze die gereinigte Ölablassschraube mit neuem Dichtring ein und ziehe sie mit dem vorgegebenen Drehmoment an. Ist die Schraube ramponiert, tausche sie aus. Ob du einen neuen Kupfer-Dichtring vorher mit einer Lötlampe zum Glühen bringst oder nicht, bleibt dir überlassen. Angeblich soll sich das (abgekühlte!) Teil beim Anziehen der Schraube perfekt anlegen und die Öffnung lückenlos abdichten

Setze den neuen Ölfilter ein, evtl. bereits mit frischen Öl vorbefüllt (baut beim Neustart schneller Druck auf). Die Gummidichtung wird vor dem Einbau mit frischem Öl bestrichen, anschließend der Ölfilter von Hand fest angedreht und mit vorgeschriebenem Drehmoment angezogen. Bei einem Papierfilter achte darauf, dass sich am Gehäuse, dem Deckel oder der Zentralschraube Dichtungen befinden können, die ersetzt werden müssen.

Sind keine Drehmomente bekannt, ziehe Schraube und Filter gefühlvoll an, lass' den Motor laufen und überprüfe auf Dichtigkeit. Tritt Öl aus, ziehe etwas nach. Wiederum gefühlvoll, denn zumindest bei der Ablassschraube besteht bei zu viel Drehmoment die Gefahr, dass das Motorinnengewinde ausreißt. Fahr' ein paar Meter, checke, fahr' weiter, checke erneut, und checke auch dann später noch einmal, wenn die Komponenten dicht erscheinen.

Fülle das frische Öl ein, zunächst einen halben Liter weniger als angegeben (letztlich befindet sich noch altes Restöl im Motor – plus evtl. im Ölfilter).

Ölflecken entfernst du mit Kettenreiniger vom Motor. Ist der Motor erst wieder heiß, wirst du sie nur sehr schwer wieder los.

Lasse den Motor kurz laufen, warte, bis sich das Öl wieder in der Wanne gesammelt hat und erhöhe das Ölvolumen schrittweise in Richtung angegebener Menge. Behalte hierbei ständig den Ölstand via Schauglas oder Peilstab im Blick – eine nervige Angelegenheit, da das Öl immer ein wenig Zeit braucht, bis es sich sammelt.

Zu viel eingefülltes Öl lässt sich mit Schlauch und Spritze wieder absaugen. Habe auch ein Auge auf die Ölkontrollleuchte. Sie sollte bei laufendem Motor nach wenigen Sekunden ausgehen.

Zu guter Letzt säubere und verschließe den Öleinfluss und entsorge das Altöl fachgerecht. Ziehe den Verschluss nicht mit einer Zange fest. Handfest reicht!

Kontrolliere nach dem ersten Ausritt den Ölstand sowie die Ölablassschraube, den Filter und den Einfüllstutzen auf Dichtheit. Bedenke, dass mindestens die Ölablassschraube mittig am Motor liegen und austretendes Öl direkt auf deinem Hinterreifen landen kann.

Nur falls jemand es überhört oder gerade verdrängt hat: Altöl ist Sondermüll und gehört fachgerecht entsorgt (beim Wertstoffhof oder dem Händler, bei dem du das neue Öl gekauft hast). Deine ölverschmierten Lappen am besten ebenfalls, auch wenn sich nach wie vor das Gerücht hält, die Restmülltone reicht.

Upgrade: Stahlbussystem

Beim Stahlbussystem handelt es sich um eine Schraubbasis mit Ventil, die statt der Ablassschraube in den Motorblock geschraubt wird, sowie einen Adapter mit Schlauch. Der Adapter wird zum nächsten Wechsel in die Basis gesteckt und das Ventil entriegelt. Vorteile: spürbar weniger Arbeit und weniger Sauereien.

Die Nachteile: Das System ist nicht für alle Moppeds verfügbar und hat keine Magnetfunktion (logischerweise). Außerdem ragt es weiter aus dem Motorblock heraus als die originale Ölablassschraube, so dass man sich beim Runterfahren von hohen Kantsteinen dieser Tatsache bewusst sein sollte.

Ist die Schraubbasis drinnen (Drehmoment beachten, der vom Wert der Originalschraube abweicht!), fällt der nächste Ölwechsel um einiges entspannter aus:

- Schutzkappe abschrauben.
- Adapter mit Schlauch aufsetzen und mit halber Umdrehung im Uhrzeigersinn drehen.
- Öl fließen lassen.
- Adapter entriegeln und abziehen, Schutzkappe aufschrauben, Öl entsorgen.

Öldruck

Leuchtet die Öldruckkontrollleuchte im Cockpit, ist das nicht zwingend ein Grund, bleich zu werden. Ausschalten solltest du den Motor aber trotzdem sofort und Ursachenforschung betreiben:

- Überprüfe den Ölstand. Ist zu wenig Öl im Motor, überprüfe auf Leckagen und fülle auf. Geht die Leuchte aus, prima. Du kannst weiterfahren (wenn nichts ausläuft), solltest aber vorsichtig bleiben und nach einigen Kilometern 1) checken, ob der Ölstand gleich und 2) beobachten, ob die Leuchte aus bleibt.
- Geht die Leuchte nicht aus, lausche den Geräuschen deines Motors. Hat sich hinsichtlich der normalen Geräuschkulisse im Prinzip nichts geändert, kann es sein, dass nur der Öldruckschalter defekt ist. Dann überprüfe den Öldruck – wozu du allerdings ein Öldruckmanometer benötigst (wo es bei deinem Bike angebracht wird, sollte in der Reparaturanleitung stehen). Stimmt der Druck, ist der Schalter defekt. Alternativ (falls du kein Öldruckmanometer besitzt) tausche den Schalter auf Verdacht aus. Die Erfolgschancen sind hoch, dass die Sache damit erledigt ist, da die Schalter öfter mal defekt werden.

Ölkühlung

An der Ölkühlung kannst du kaum dran werkeln. Sie dient der Unterstützung der Wärmeabführung durch die Ölwanne, wenn diese (bei immer leistungsfähigeren Motoren und gleichzeitig sinkendem Ölvolumen) zur Kühlung nicht mehr ausreicht. Der Ölkühler führt die vom

Motor aufgenommene Wärme zusätzlich ab und benötigt selbst keine Wartung – außer ab und an mal einen Blick drauf zu werfen, ob die Kühlerfront durch Steinschlag beschädigt wurde oder verdreckt ist.

Zur Reinigung von Insekten und Straßendreck weiche die Lamellen mit Motorradreiniger oder Insektenentferner ein und wasche das Zeugs mit leichtem Wasserstrahl ab (keinen Dampfstrahler verwenden).

Verbogene Lamellen richte vorsichtig mit einem härteren Plastikwerkzeug wieder auf (Metall zerkratzt die Lackierung). Hinweis: Es besteht Gefahr, dass die Lamellen nach mehrfachem Biegen brechen. Das dünne Blech, aus dem sie bestehen, hält nicht viel aus.

Preisgünstige Schutzgitter bewahren die Lamellen des Ölkühlers vor Schäden.

Motorspülung

Eine Wäsche besonderer Art ist die Motorspülung, angeraten bei hohen Laufleistungen und verdreckten bzw. verschlammten Ölstand-Schaugläsern. Hierzu wird dem Motoröl vor dem Wechsel ein Chemieprodukt beigegeben, das sich mit diesem vermischt, erhältlich unter anderem von Liqui Moly[13-10], Motorex[13-11] und Motul[13-12] (etwa 10 bis 15 Euro pro Reinigung).

Vorgehensweise: Fahre den Motor warm und fülle den Reiniger ins Öl. Je nach Produkt lasse anschließend den Motor für eine gewisse Zeit im Stand laufen, meist 10 Minuten. In dieser Zeit empfiehlt sich, ab und an für längere Zeit die Kupplung zu ziehen, damit die Rückstände zwischen den Lamellen gelöst werden.

Danach steht ein Ölwechsel an (siehe Seite 219). Vorsicht beim Ablassen, da der Reiniger das Öl verdünnt und es noch zügiger als gewöhnlich ausläuft.

Erneuere Ölfilter und Kupferring und fülle neues Öl ein. In aller Regel erhöht sich nach der Reinigung die Kompression aller Zylinder und sie gleichen sich wieder einander an. (Die Abweichungen im Laufe der Zeit sind unterschiedlich starken Verkokungen geschuldet, die durch die Reinigung abgetragen werden.)

Wasserkühlung

Was unterscheidet wassergekühlte Motoren von ihren luft- oder ölgekühlten Kollegen? Außer, dass sie leiser sind und hässlicher aussehen? Sie verlangen nach Gehirnschmalz, wenn es um die Wartung geht, denn – Überraschung 1 – was weitläufig als Wasserkühlung verkauft wird, ist in Wirklichkeit eine Flüssigkeitskühlung aus verschiedenen Komponenten und – Überraschung 2 – ist nicht jedes Kühlmittel wie das andere.

Bestandteile Kühlflüssigkeit

Was die Komponenten betrifft, so dient der Wasseranteil (zwischen 40 und 60 %) tatsächlich der Kühlung, kann dem aber nur so effektiv nachkommen, wie es die Sekundärtugenden der Kühlflüssigkeit zulassen. Zu diesen Zweitaufgaben gehören der Schutz vor dem Einfrieren auf der einen Seite und dem Verdampfen auf der anderen, der Korrosionsschutz sowie Verbesserungen der Wärmeableitung und das Schmieren beweglicher Teile wie die Wasserpumpe.

Wasser

Einfaches Leitungswasser mag in vielen Fällen ausreichend sein, besitzt aber den Nachteil, je nach Region viel Kalk zu enthalten. Das im Wasser gelöste Kalk führt zu Ablagerungen im Kühlungssystem, die so stark werden können, dass sie mindestens die Kühlleistung reduzieren, unter Umständen aber auch die Leitungskanäle verstopfen. Statt hartes oder chlorhaltiges Wasser verwenden viele Hersteller deshalb vollentsalztes, demineralisiertes oder destilliertes Wasser. Damit gehen sie zumindest Kalk- und Schmutzablagerungen aus dem Weg, die den Wärmetransfer verschlechtern.

Frostschutz

Um das Wasser auch bei tieferen Temperaturen im Winter flüssig zu halten, besteht ein Teil des Kühlmittels aus Frostschutzkomponenten, die den Gefrierpunkt senken. Hierzu wurde in früheren Zeiten Ethylenglykol, später dann Polypropylenglykol genutzt, welches weniger toxisch ist als Ethylenglykol und als Bonus einen besseren Hitzetransfer aufweist.

Bis zu welcher Untergrenze ein Kühlmittel das System vor Frost schützt, kommt auf das Waser-Glykol-Verhältnis an. Im Handel verfügbare fertige Mischungen aus Wasser und Kühlmittel halten den Wasserkreislauf in der Regel bis -37° C flüssig. Bei Konzentraten, die noch mit (destilliertem) Wasser angereichert werden müssen, finden sich Mischangaben auf der Verpackung. Hierbei gilt: Befürchtest du harte Winter, sollte das Gemisch mit prozentual mehr Kühlmittel versorgt werden, lässt die Klimakatastrophe umgekehrt mildere Winter vermuten, reicht ein dünneres Gemisch. So bieten 40 % G30 + 60 % Wasser bspw. einen Schutz bis -27 Grad, bei gleichen Teilen (50/50) bis -40 Grad.

Ebenfalls Teil des Frostschutzes ist ein Additiv, das bei Erreichen des Gefrierpunkts Plan B einläutet, der daraus besteht, gefrierendes Wasser in eine breiige Masse zu verwandeln. Diese verschiebt sich bei Ausdehnung wie ein Blob, bspw. in den Ausgleichbehälter. Damit werden ca. weitere 5 Grad rausgeholt, bevor das Wasser endgültig gefriert und zur Gefahr für das System wird.

Additive

Überhitzungsschutz: Zu den Aufgaben des Kühlmittels gehören neben der Verschiebung des Gefrierpunkts nach unten die Erhöhung der Siedetemperatur nach oben, damit das Kühlwasser nicht verdampft und die Wärmeableitung optimiert wird.

Korrosionsschutz: Ein besonderes Thema bei Kühlmitteln ist der Korrosionsschutz, der den Rostbefall im Inneren vermeiden soll. Rost kann zum einen zu direkten Verstopfungen der Kanäle durch Rostschlamm führen und besitzt zum anderen eine schmirgelnde Funktion, die für höheren Verschleiß und noch mehr Schlamm in der Flüssigkeit Verantwortung trägt.

Was den Korrosionsschutz zum besonderen Thema macht, sind die Mittel, die verwendet werden. Bei anorganischen Kühlmitteln wird Silikat genutzt, das zwar gut wirkt, sich aber leider schnell verbraucht und regelmäßig (etwa alle zwei Jahre oder alle 30.000 km) erneuert werden muss. Demgegenüber sind neuere silikatfreie Kühlmittel auf organischer Basis länger einsatzbereit, greifen aber die Dichtungen älterer Kühlsysteme an. Ebenfalls problematisch: Beide Mittel sind nicht mischbar, bspw. beim Nachfüllen oder einem nachlässigen Flüssigkeitswechsel. Macht man es trotzdem, entstehen aggressive Säuren und Verklumpungen, die die Kanäle verstopfen. Auch können aus Aluminium gefertigte Zylinderköpfe und Kühler von Silikaten angegriffen und über einen längeren Zeitraum sogar zerstört werden.

Sonstige: Weitere Additive verhindern die Verkalkung und schmieren die beweglichen Teile von Wasserpumpe und Thermostat.

Anbieter und Standards

Einige Motorradhersteller greifen auf die Produkte großer Player wie VW (G11, G12, G12+, G12++ oder G13) oder BASF (Glysantin G30[13-19], G40, G48, G05, G33 oder G34) zurück, andere bauen eigene Formeln zusammen.

G11 (bzw. Glysantin G48 von BASF) war der erste Standard, basierend auf mit Silikat versehenem Glykol. Beim Nachfolger G12 ersetzte man das anorganische Silikat durch organische Verbindungen, gab dafür aber die Abwärtskompatibilität auf, so dass G11 nicht mit G12 gemischt werden darf. Erst die Nachfolger G12+ (und G30 bei BASF) bekamen dieses Problem in den Griff und sollen sowohl mit silikatfreien als auch mit den silikathaltigen Vorgängern kompatibel sein. Danach folgte G12++ (bzw. G40 bei BASF) mit einem weiter verbesserten Korrosionsschutz, gestiegener Wärmeableitung und einem höheren Siedepunkt bei 135 Grad. Die aktuellste Entwicklung G13 soll sogar ein ganzes Motorleben ohne Wechsel durchhalten. Letzteres wird auch nicht mehr aus Erdöl hergestellt, sondern aus biologischen Abfallprodukten und nutzt als Basis Glycerin statt Glykol.

Welches Kühlmittel soll es sein?

Gute Frage, die meist nur ein Werkstatthandbuch, die Unterlagen zum Bike oder eine Werkstatt beantworten kann. Du selbst eher nicht, denn Möglichkeiten gibt es viele und die eine oder andere Mischung aus Alt und Neu kann fatale Folgen für deinen Motor zeigen.

Viele Motorradhersteller greifen für ihre Modelle auf die Produkte großer Player wie VW und BASF zurück und vermerken dies im Fahrzeughandbuch, bspw. *VW G12+*, alternativ kann es ein Standard von BASF sein, wie bspw. *G30*. Dies besitzt den Vorteil, dass man losziehen und das entsprechende Mittel oder ein anderes kompatibles Mittel bequem und kostengünstig im Internet bestellen kann. Siehe hierzu auch die Tabellen in den FAQs unten (‚*Welche Standards gibt es*').

Verwirrender wird es, wenn ein Motorradhersteller sein eigenes Kühlmittel zusammenbraut und zum Hausstandard erklärt. Dies wäre dann zwar ebenfalls im Handbuch vermerkt, aber unklar bleibt oft, welches Ersatzprodukt beim Auffüllen verwendet werden kann. Basiert das Original auf Glykol, kommen zwar Ethylenglykol- und Polypropylenglykol-Mittel in Frage, allerdings weiß man damit noch lange nicht, ob die Hausmarke nun mit Silikat versetzt ist oder nicht.

Erhält man keine, nur unzureichende oder widersprüchliche Informationen, bleibt meist nur, entweder das (vermutlich teurere) Original zu kaufen oder das System komplett zu leeren und neu zu befüllen, eventuell mit einem Zwischenschritt, in dem man kurzzeitig nur reines Wasser verwendet. Das bringt einen (zumindest im Sommer) temporär über die Runden.

Einfacher zu beantworten ist die Frage nach dem richtigen Mischungsverhältnis, das auf den Produktpackungen oder einem Beipackzettel zu finden ist, meist als Tabelle, die den unterschiedlichen Mischungsverhältnissen die jeweiligen maximalen Tiefsttemperaturen zuordnet. Auch im Handbuch sollten die Mischungsverhältnisse vermerkt sein.

Reines Wasser ist nur in Notfällen zu nutzen und zügig auszutauschen. Im Winter platzt das System, im Sommer schädigen es Korrosion und Verschlammung.

Aufbau und Wartung des Kühlsystems

In der Regel verfügt ein wassergekühlter Motor über einen kleinen und großen Kühlkreislauf, wobei sich zunächst der kleine erwärmt. Die Motorkühlung ist in diesem Stadium unerwünscht, damit die Maschine schnell auf Betriebstemperatur kommt. Ist sie erreicht, öffnet der kleine Kühlkreislauf einen Thermostat und vereint sich mit dem großen. Dort wird die Flüssigkeit durch die Wasserpumpe zum Kühler und weiter durch die Kanäle gepumpt. Steigt die Temperatur auf einen Wert, der durch Fahrtwind und Kühler nicht mehr nennenswert gesenkt werden kann, wird ein Lüfter hinzugeschaltet.

Ein außenliegender Behälter dient dem Kühlungssystem als Ausdehnungsgefäß und Vorratsbehälter mit Flüssigkeitsstandanzeige. Sinkt sie unter die Minimalmarke, muss Flüssigkeit nachgefüllt werden, entweder reines Wasser (dann sinkt der Frostschutzfaktor), eine vorgefertigte Mischung (Frostschutzfaktor bleibt gleich) oder ein Kühlmittelkonzentrat (Frostschutzfaktor steigt).

Hinweis: Während des Fahrbetriebs können im Kühlsystem durch Dampf oder Schwingungen Blasen entstehen. Zerplatzen sie, können sie das umgebende Material durch Lochfraß schwächen. Der in einem Kühlsystem herrschende Überdruck schafft Abhilfe und wirkt der Blasenbildung entgegen, bzw. reduziert sie zumindest stark. Erzeugt wird der Druck, indem die Wassertemperatur durch Thermostat und Thermoschalter in einem Bereich zwischen 90 und 100 Grad Celsius gehalten und durch den Deckel des Ausgleichsbehälters aufrechterhalten wird. Schwächelt der Deckel, fördert dies die Blasenbildung, und er sollte ausgetauscht werden.

Nachfüllen

Welches Misch*verhältnis* dein Kühlwasser ausweist, lässt sich mit einem Frostschutzprüfer messen. Je nach Ergebnis schüttet man Wasser, Frostschutzkonzentrat oder ein Gemisch nach. Welche *Typ*mischung funktioniert, kann jedoch nicht sicher gesagt werden. Neuere Produkte sollen zwar (im Gegensatz zu G11 und G12) miteinander kompatibel sein, der Korrosionsschutz kann aber leiden. Im Zweifel ist der Hersteller zu befragen oder ein Komplettaustausch vorzunehmen.

Flüssigkeitstausch

Der Austausch der Kühlflüssigkeit sollte prinzipiell alle zwei Jahre erfolgen, früher, wenn sie trübe oder bräunlich aussieht sowie nach Arbeiten am Motor, falls hierzu die Flüssigkeit abgelassen wurde. Du benötigst passendes Werkzeug, eine Auffangwanne, neue Flüssigkeit sowie einen Vorrat sauberen Wassers, falls die Flüssigkeit mit lackierten Fahrzeugteilen in Berührung kommt. Wasche dann die Kontaktbereiche mit viel Wasser ab.

Hinweis: Wie bereits angesprochen, konsultiere dein Handbuch oder eine Werkstatt, welche Art Kühlmittel du benötigst. Daumenregel: Silikat-haltiges Kühlmittel ist in der Regel grün* oder blaugrün* eingefärbt, Silikat-freies rot*, und beide vertragen sich überhaupt nicht. Steht ein Typwechsel an, muss das System deshalb im Vorfeld mit destilliertem Wasser und idealerweise auch einem speziellen Reiniger ausgespült werden – was sich im Übrigen auch bei starken Verunreinigungen und Kalbablagerungen anbietet.

Je nach Motorradmodell musst du ferner zur Vorbereitung die Verkleidung, den Tank, die Sitzbank und/oder einen Seitendeckel aus dem Weg räumen.

Kühlflüssigkeit gehört zu den gesundheitsschädlichen Stoffen. Lese unbedingt die jeweiligen Produktinformationen durch und trage Handschuhe und Maske zum Schutz, falls erforderlich.

Kühler entleeren

Um dir nicht die Fummelfinger zu verbrühen, lasse nur abgekühlte Flüssigkeit (allerhöchstens 35 Grad Celsius) ab. Das System steht unter Druck und wartet nur darauf, dass ein Unbedarfter den Deckel öffnet, um ihn mit heißem Zeugs zu begrüßen.

Die meisten Motoren verfügen über Ablassschrauben in der Nähe der Kühlmittelpumpe; wo beides zu finden ist, sollte in deiner Bedienungsanleitung stehen. Löse und entferne die Ablassschraube, öffne laaangsam den Einfülldeckel und lasse die Kühlflüssigkeit in einen bereitstehenden Behälter auslaufen.

Bei Motoren ohne Ablassschraube löse die Schelle, die den unteren Schlauch am Kühler fixiert, und ziehe ihn ab (gelöste Schellen nicht wiederverwenden). Unter Umständen (abhängig vom Kühlsystem) muss zusätzlich der Ausgleichsbehälter demontiert und ausgekippt oder die Restflüssigkeit abgesaugt werden.

Kühlflüssigkeit darf nicht in die Umwelt geschüttet oder über die Toilette weggespült werden. Fange die Flüssigkeit auf und entsorge sie in einem Recyclinghof.

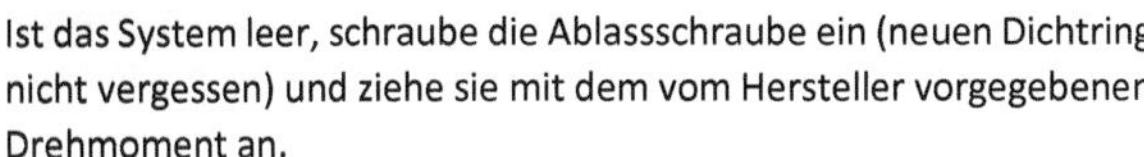

Ist das System leer, schraube die Ablassschraube ein (neuen Dichtring nicht vergessen) und ziehe sie mit dem vom Hersteller vorgegebenen Drehmoment an.

Kühlsystem neu befüllen

Fülle die eigene oder gekaufte Mischung langsam über den Füllstutzen ein. Stoppe, wenn der Pegel nicht mehr absinkt, und starte den Motor. Verfügt dein System über eine Entlüftungsschraube, öffne sie und halte sie offen, bis alle Luft entwichen ist und einzig Kühlflüssigkeit austritt (halte Lappen und Auffangbehälter bereit).

Hat der kleine Kühlkreislauf Maximaltemperatur erreicht, wird der Thermostat geöffnet und der Pegel kann rapide abfallen. In dem Fall schütte Kühlmittel nach und schließe den Einfülldeckel. Je nach Kühlsystem muss der Ausgleichsbehälter separat aufgefüllt werden (nur bis zur Maximalmarke!). Lasse den Motor weiterlaufen, bis sich der Lüfter zuschaltet, und schütte bei Bedarf Flüssigkeit nach.

Beachte: Warmes Wasser nimmt mehr Raum ein als kaltes. Überprüfe deshalb den Flüssigkeitsstand bei *kaltem* Motor und korrigiere bei Bedarf. Ist zu viel drinnen, muss Überschüssiges abgesaugt werden. Konsultiere hierzu (ob bei warmem oder kaltem Wasser geprüft wird) unbedingt das Werkstatthandbuch deines Bikes.

Sonstige Wartung

Sind Kühlerlamellen verbogen und/oder durch Insekten und Straßendreck zugesetzt, leidet die Lüftung. Zur Säuberung weiche die Lamellen mit Motorradreiniger oder Insektenentferner ein und wasche sie mit weicher Bürste und leichtem Wasserstrahl ab.

Verwende keinen Dampfstrahler. Durch Steinschlag verbogene Lamellen kannst du mit einem Plastikspatel (gibt's zum Öffnen von Handyschalen) oder dünnem Schraubenzieher wiederaufrichten, Letzterer zerkratzt dir aber wahrscheinlich eine aufgetragene Lackierung.

Übrigens: Lamellen sind aus sehr dünnem Blech und brechen, wenn sie mehrmals gebogen worden sind.

Flüssigkeitsverlust

Verliert dein Kühlsystem *sichtbar* Flüssigkeit, checke zunächst alle Schläuche und Verbindungsstücke auf festen Sitz, poröse Stellen und Beschädigungen. Bei Defekten, oft erkennbar an bläulichen Krusten um die Austrittstellen herum, tausche die betroffenen Teile aus.

Ist der Kühler selbst betroffen, kannst du versuchen, das Problem mit einem Kühler-Dichtmittel in den Griff zu bekommen. Bei einem kleineren Leck ist es einen Versuch wert, bei einem größeren kann der Austausch des Kühlers ins Haus stehen.

Verliert dein Kühlsystem Flüssigkeit, *ohne* dass du zunächst sagen kannst, wo es austritt, stehen zwei weitere Verdächtige im Raum, wobei nur der erste relativ einfach in den Griff zu bekommen ist:

1. Verdampfung: Bei Verdampfung durch Überdruck (Kühlerdeckel-Verschleiß) ist sehr wahrscheinlich die Feder im Kühlerdeckel altersschwach und macht zu früh auf. Das Wasser kocht, wird zu Dampf und entweicht über den Überlaufschlauch, während du fährst. Pfützen bekommst du deshalb nie zu Gesicht, weil der Dampf im Fahrtwind verschwindet.

Tipp: Suche nach getrockneten, weißlich-blauen Spritzspuren im Bereich des Überlaufschlauchs oder am Motorblock. Und hast du nach einer zügigen Fahrt einen süßlichen Geruch (wie Maggi) in der Nase, ist das oft verdampfendes Glykol.

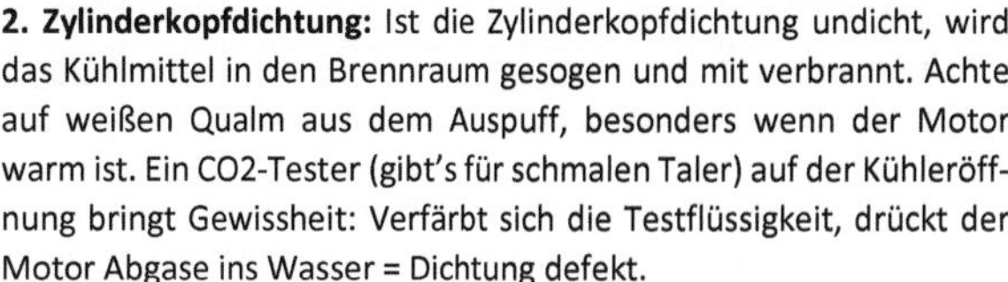

2. Zylinderkopfdichtung: Ist die Zylinderkopfdichtung undicht, wird das Kühlmittel in den Brennraum gesogen und mit verbrannt. Achte auf weißen Qualm aus dem Auspuff, besonders wenn der Motor warm ist. Ein CO2-Tester (gibt's für schmalen Taler) auf der Kühleröffnung bringt Gewissheit: Verfärbt sich die Testflüssigkeit, drückt der Motor Abgase ins Wasser = Dichtung defekt.

Öl-Emulsion: Entweicht die Kühlflüssigkeit an anderer Stelle als in Brennraumnähe, kann es sein, dass es stattdessen in die Ölkanäle gepresst wird. Schaue dir deshalb bei unerklärlichem Kühlmittelverlust das Ölstand-Schauglas oder den Öldeckel an. Musst du dort hellbraunen Schlamm (‚Mayonnaise') diagnostizieren, mischt sich Wasser mit Öl – was nicht nur die Kühlung betrifft, sondern obendrein die Schmierfähigkeit des Öls ruiniert. Mit allen denkbaren Folgen ...

Druckprüfung

Zur Drucküberprüfung des Kühlsystems gibt es Pumpen-Sets, mit denen man das kalte System unter Druck setzen kann (ca. 1,0 bis 1,2 Bar). Hält das System den Druck nicht, hörst du es irgendwo zischen oder siehst Flüssigkeit an Stellen austreten, die im Fahrbetrieb sofort wegtrocknen würden.

Elektro-Motorräder

Auch Elektromotorräder haben teilweise oder vollständige Kühlsysteme für Akku, Leistungselektronik und/oder E-Motor, unterscheiden sich in Aufbau und Wartung aber oft deutlich von Verbrennern. Typische Wechselintervalle liegen bei 4 bis 10 Jahren oder zwischen 50.000 bis 100.000 km, bei einigen Modellen muss hingegen nur regelmäßig kontrolliert und auf Dichtigkeit geprüft werden.

Kann ich selbst Kühlmittel nachfüllen? Unter Umständen ja, aber mit Vorsicht: 1) Nur das vom Hersteller freigegebene Kühlmittel verwenden (**keinesfalls** das Motorrad-Kühlmittel eines Verbrenners). 2) Einige Systeme sind empfindlich gegenüber Luftblasen und benötigen spezielle Entlüftungsverfahren. 3) Arbeiten an Hochvolt-Komponenten sollten grundsätzlich nach Herstellervorgaben erfolgen. Hier werden oft spezielle Kühlmittel benötigt, die auf die Materialien im Batteriesystem abgestimmt sind. Bei manchen Maschinen liegen die Kühlkanäle direkt an den Hochvolt-Komponenten, weshalb die elektrische Verträglichkeit des Kühlmittels besonders wichtig ist.

Welche Kühlmittelstandards* gibt es?

VW-Standard*	BASF-Standard*	Farbe*	Anmerkung
G11	Glysantin G48	Grün/blaugrün	Silikathaltig, nicht mischbar mit G12
G12		Rot/rosa	Silikatfrei, nicht mischbar mit G11/G48
G12+	Glysantin G30	Rotviolett	Mischbar
G12++	Glysantin G40	Rotviolett	Mischbar
G13		Lila	Mischbar
	Glysantin G05	Gelb	
	Glysantin G33	Blaugrün	Silikatfrei, es besteht aber wegen der Farbe Verwechslungsgefahr mit G11/G48!!
	Glysantin G34	Orange	Silikatfrei

Für Motorräder verwendet werden in der Regel (falls keine hauseigene vorgeschrieben sind):

BASF-Standard*	VW-Standard*	Farbe*	Motorrad*
Glysantin G30	G12+	Rotviolett	Aprilia, Harley Davidson, Honda, Kawasaki, KTM, Peugeot, Piaggio, Suzuki, Triumph, Yamaha
Glysantin G40	G12++	Rotviolett	Ducati
Glysantin G48	G11	Grün/blaugrün	BMW

* Die Tabellen beziehen sich auf Verbrenner-Kühlmittel und können unvollständig sein. Abweichungen, Irrtümer und Fehler sind möglich! Prüfe vor einer blinden Übertragung auf deine persönliche Situation, welches Kühlmittel für dein Motorrad geeignet oder vorgeschrieben ist. Die Vergabe der Farben ist nicht(!) standardisiert, weshalb oft widersprüchliche Angaben gemacht werden. Für die Richtigkeit kann keine Haftung übernommen werden. Achte ferner darauf, keine Verbrenner-Kühlmittel für Elektromotorräder zu verwenden!

Die Kupplung

Die Kupplung sorgt für die Verbindung des Motors zum Getriebe, meist per Zahnrad oder Kette auf die Getriebeeingangswelle. Sie besteht aus äußeren und inneren Korb, in dem sich eine bestimmte Zahl von Reibscheiben (Lamellen) und Stahlscheiben anfinden.

Die Reibscheiben verfügen über äußere 'Zähne' oder ‚Nasen', die im äußeren Kupplungskorb liegen und damit die Verbindung zur Kurbelwelle herstellen. Die Stahlscheiben wiederum sind mit der Nabe und damit dem Getriebe verbunden. Weitere Komponenten sind die Federn und die Druckplatte. Mit ihrer Hilfe werden die Scheiben so stark zusammengepresst, dass die Kraft des Motors auf das Getriebe übertragen werden kann.

Welche Kupplungsbauart in deinem Motor werkelt, musst du dem Werkstatthandbuch entnehmen. Meist wird es eine Mehrscheiben-Nasskupplung sein, die im Ölbad läuft.

Seltener sind Mehrscheiben-Trockenkupplungen, die ohne Öl arbeiten, erkennbar an ihrem charakteristischen Rasseln, ebenso die Ein- oder Zweischeiben-Trockenkupplungen wie bei BMW-Boxern und Moto Guzzi-V2-Motoren. Dort trennt eine Federlamellenplatte über ein Ausrücklager das Getriebe vom Antrieb.

Unterschieden wird ferner beim Ausrückmechanismus: Sitzt der Kupplungsausrücker auf dem Motorseitendeckel, hinter dem sich die Kupplung befindet, spricht man von gezogener Betätigung, befindet er sich auf der gegenüberliegenden, von gedrückter Betätigung (weil eine Druckstange die Arbeit übernimmt).

Kupplungsdiagnose

Ist eine Kupplung defekt, liegt das meist am Verschleiß der Reibscheiben. Sie werden mit der Zeit dünner und irgendwann ist der Kraftschluss dahin – spätestens, wenn zusätzlich die Federn ermüden. Die Kupplung rutscht durch; zunächst nur in hohen Gängen, schließlich auch in tieferen. Außerdem trennt sie beim Schalten nicht mehr richtig. Weitere Hinweise auf Verschleiß sind ein veränderter Druckpunkt, ungewöhnliche Geräusche und ein Geruch nach verbranntem Gummi.

Übrigens: Nicht nur die Beläge verschleißen, auch die Stahlscheiben können den Weg alles Irdischen gehen. Wenn sie durch Überhitzung (z. B. bei Burnouts oder harten Ampelstarts) blau anlaufen, verziehen sie sich. Die Folgen sind ähnlich wie bei verschlissenen Reibscheiben: Die Kupplung trennt nicht mehr sauber und der Leerlauf geht im Stand kaum noch rein.

Immerhin sind die Arbeiten an der Kupplung in den meisten Fällen relativ einfach zu meistern, weil man oft problemlos an die richtigen Stellen herankommt und einem wenig Steine in den Weg gelegt werden. Allerdings benötigst du zur endgültigen Diagnose der jeweiligen Kupplungsproblematik sowie für die eventuelle Reparatur ein modellspezifisches Reparaturhandbuch. Und du solltest dir vorher überlegen, wie du vorzugehen gedenkst:

- **Möglichkeit 1:** Die Kupplung zerlegen und dann nur die Teile tauschen, die unzweifelhaft defekt sind. Oder ...
- **Möglichkeit 2:** Bereits im Vorfeld ein Reparaturset bestellen, das alle Stahl- und Reibscheiben, Federn sowie Dichtungen enthält. Der Nachteil bei einer Vorbestellung ist, dass das Komplettpaket eventuell Teile enthält, die nicht zwingend getauscht werden müssen. Der Vorteil: Das Motorrad steht nicht unnütz in der Ecke, weil man nicht erst auf bestellte Teile warten muss.

Hinweis: Bestellst du im Vorfeld, lege die neuen Reibscheiben über Nacht in frisches Motoröl. Der Grund für das Einlegen in Öl liegt darin, dass die Scheiben niemals trocken eingebaut werden sollten, um Schäden beim Erststart zu vermeiden.

Hinweise zum Austausch

Zur Vorbereitung ...

⇒ Lege den ersten Gang ein, um das Getriebe zu blockieren.

⇒ Lasse bei Nasskupplungen das Öl ab. Je nach Stärke des Abriebs und Alter des Öls kannst du es eventuell wiederverwenden. Meist empfiehlt sich aber der Austausch, da eventuelle Beschädigungen an Korb oder Scheiben nicht ausgeschlossen werden können und sich eventuell Metallspäne im Öl befinden.

⇒ Schnappe dir dein Handy für einen Schnappschuss von jedem Arbeitsgang. Stehst du später vor einem Einbaurätsel, kannst du dies mit den Fotos entspannt angehen.

⇒ Je nach Motorradmodell müssen im Weg stehende Komponenten im Vorfeld demontiert werden (Fußraste, Auspuff, Schalthebel, Kickstarter etc.).

Anschließend kannst du loslegen:

Öffne den Motor-Seitendeckel (Schrauben über Kreuz lösen). Sperrt sich der Deckel, klopfe mit einem Gummihammer ringsum dagegen, um ihn zu lockern. Stecke KEINEN Schraubendreher in den Spalt, um den Deckel abzuhebeln – du ruinierst dir damit nur die Dichtflächen. Achte ferner auf eventuelle Passhülsen, separate Dichtungen und Zusatzteile wie Öldüsen (falls vorhanden).

Drehe die **Schrauben der Druckplatte** über Kreuz aus. Achtung: Die Schrauben stehen unter Spannung durch die darunter liegenden Federn. Lass' weder sie noch die Federn davonsurren.

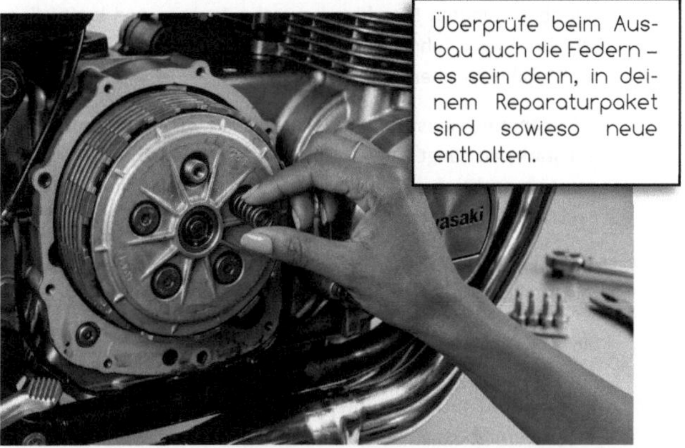

Überprüfe beim Ausbau auch die Federn – es sein denn, in deinem Reparaturpaket sind sowieso neue enthalten.

Bei einigen Kupplungen kann die Druckplatte jetzt noch nicht entnommen werden, da sie durch eine zentrale Mutter weiterhin fixiert ist. In dem Fall entferne die Sicherung dieser Mutter (meist ein Bördelblech) und löse sie. Hinweis: Das Teil ist oft bombenfest und nur zu lösen, wenn gleichzeitig der Kupplungskorb blockiert wird. Das gelingt unter Umständen nur mit einem Spezialwerkzeug.

Ist die Druckplatte gelöst, prüfe sie auf eventuell vorhandene Markierungen (Handbuch checken!) und entnehme sie. Anschließend entfernst du die Reib- und Stahlscheiben einzeln aus dem Korb. Merke dir die genaue Reihenfolge, achte auf Unterschiede zwischen einzelnen Scheiben und lege sie (sowie sonstige Komponente wie zusätzliche Federn) an einem sicheren Ort exakt so ab, wie du sie im Korb vorgefunden hast.

Überprüfung der Kupplungskomponenten

Überprüfe die Reibscheiben, die ziemlich sicher ersetzt werden müssen, ebenso wie die **Federn**. Letztere verschleißen zwar längst nicht so schnell wie die Reibscheiben, sind aber auch nicht so teuer, dass es sich nicht lohnt, sie zu ersetzen.

Was die **Stahlscheiben** betrifft, musst du schauen. Prinzipiell ausgetauscht werden müssen eigentlich nur jene, die verzogen sind. Wenn du die alten weiterverwenden möchtest, reinige sie gründlich von Ölresten und prüfe ihren Zustand auf Unversehrtheit, Farbveränderungen (bläulich angelaufen?) und Formveränderungen (lege sie dafür beispielsweise auf eine Glasplatte). Im Zweifel und bei offensichtlichen Defekten gehören jedoch auch die Stahlscheiben ausgetauscht.

Überprüfe ferner das **Lager der Druckplatte** – meist ein Nadellager auf der Getriebeeingangswelle. Dieses darf kein Spiel haben und muss sich sauber drehen lassen. Dreht sich der Korb dort bei ausgekuppeltem Zustand nicht frei, eiert er minimal. Das führt zu Vibrationen, die man bis in den Kupplungshebel spürt, und sorgt für ein unsauberes Trennverhalten.

Ein wenig Aufmerksamkeit gebührt auch dem Kupplungskorb, der meist über ein Primärzahnrad direkt von der Kurbelwelle angetrieben wird und all dem Scheibenzeug ein Zuhause gibt. Hier gilt es, sich die Führungen außen am Korb genau anzusehen, in denen die ‚Nasen' der Reibscheiben sitzen. Bei jedem Lastwechsel (Beschleunigen/Motorbremse) hämmern diese Nasen gegen die Flanken des Korbs.

In Motorradmotoren werkeln die unterschiedlichsten Scheibentypen. Habe alleine deshalb dein Reparaturhandbuch immer in der Nähe.

Das Problem: Mit der Zeit arbeiten sich die Nasen in das weichere Aluminium des Korbs ein. Es entstehen Vertiefungen, die sogenannten Rattermarken, die du spüren kannst, wenn du mit dem Finger über die Flanken fährst. Die Folge: Die Lamellen bleiben in diesen Kerben hängen und die Kupplung ‚rupft' beim Anfahren oder trennt nicht mehr sauber, weil die Scheiben nicht mehr frei gleiten können. Dann sind die Scheiben unter Umständen noch OK, aber der Korb nicht mehr.

Hinweis: Im Notfall kann man die Rattermarken mit einer feinen Feile vorsichtig glätten. Aber Vorsicht: Dadurch wird das Spiel zwischen Nase und Korb größer, was den Verschleiß beim nächsten Mal beschleunigt. Langfristig hilft nur ein neuer Korb.

Muss der Kupplungskorb ausgebaut werden, drehe ihn um und checke bei der Gelegenheit die großen Schraubenfedern auf der Rückseite (falls vorhanden).

Diese Federn dienen als Ruckdämpfer zwischen dem Zahnrad (Antrieb) und dem Korb (Kupplung) und können mit den Jahren lahm werden oder sogar brechen. (Wenn dein Bike im Leerlauf bei losgelassener Kupplung laut klappert und das Geräusch verschwindet, sobald du die Kupplung ziehst, sind oft diese Federn oder deren Sitz im Korb ausgeschlagen.)

Zusammenbau

Säubere zunächst den Deckelrand und die Auflagefläche des Deckels auf dem Motor mit einem Plastikschaber und/oder chemischen Helfern. Achte darauf, dass keine Dichtungsreste verbleiben, und verzichte komplett auf jede Art von Metallwerkzeugen.

Reinige ferner die Neuteile und öle sie mit frischem Motoröl ein. Wie gesagt: Verbaust du sie trocken – insbesondere die Reibscheiben –, verheizt du deine neue Kupplung in Sekundenbruchteilen und kannst wieder von vorne beginnen.

Anschließend geht es an den Einbau:

⇒ **Scheiben einlegen:** Lege alle Kupplungsscheiben in der exakt gleichen Reihenfolge ein, wie du die alten vorher entnommen hast (in der Regel beginnend mit einer Reibscheibe). Orientiere dich dabei an deinen Fotos und der Anordnung der Originalscheiben. Vergiss eventuelle Federringe oder andere Komponenten nicht, die du ebenfalls entnommen hast.

⇒ **Kupplungsbetätigung vorbereiten:** Bei einer *gedrückten Kupplungsbetätigung* wird die Druckstange durch die Bohrung der Getriebewelle gesteckt, dann die Kugel (falls vorhanden) sowie der Druckpilz eingeführt und am Ende die Druckplatte aufgesetzt. Handelt es sich um eine *gezogene Kupplungsbetätigung*, befindet sich auf der Druckplatte ein eingesetzter Zugbolzen.

⇒ **Druckplatte montieren:** Setze die Druckplatte auf und achte dabei auf eine eventuelle Markierung. Stecke die neuen Federn auf und schraube die Druckplatte über Kreuz mit dem passenden Drehmoment fest. Beachte unbedingt, dass die Gewinde sehr empfindlich und die vorgeschriebenen Drehmomente gering sind – hier ist Fingerspitzengefühl Trumpf!

⇒ **Zentralmutter anziehen:** Anders verhält es sich mit der Zentralmutter (falls vorhanden). Diese muss oft mit einem beachtlichen Drehmoment (um die 100 Nm oder mehr) angezogen werden. Vergiss die dazugehörige Sicherung nicht (z. B. das Bördelblech) und checke im Handbuch, ob Mutter und Sicherung eventuell zwingend erneuert werden müssen.

⇒ **Gehäusedeckel schließen:** Setze den Gehäusedeckel mit einer neuen Dichtung auf und schraube ihn über Kreuz fest. Unter Umständen musst du dabei spezielle Vorgaben beachten, wie beispielsweise die korrekte Verzahnung des Zugbolzens in der Hebelwelle. Checke hierzu unbedingt dein spezifisches Reparaturhandbuch.

Zum Schluss: Baue alle zuvor demontierten Komponenten wieder an, fülle frisches Motoröl ein und überprüfe das Kupplungsspiel am Hebel. Korrigiere es bei Bedarf am Seilzug oder der Einstellschraube.

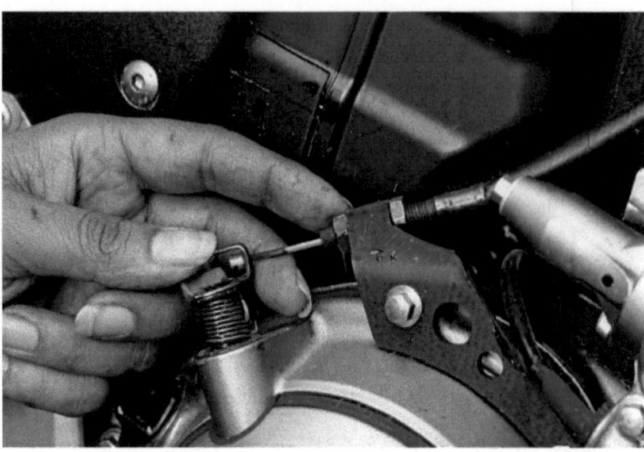

Elektromotor

Kurz zur Einordnung: Die Leistung eines Elektromotorrads wird wenig überraschend durch elektrische Kennzahlen determiniert:

- Die *Nenn- und Spitzenleistung* in Kilowatt (kW).
- Das *Drehmoment* in Newtonmetern (Nm).
- Die *Spannung* in Volt (V). Gängige Werte sind 48 V (leichte Motorräder), 60 V (mittelstarke), 72 V (stärkere) und mehr als 100 V für Hochleistungs-Elektromotorräder.
- Und indirekt die *Akkukapazität* in Kilowatt- oder Amperestunden (kWh bzw. Ah). Sie bestimmt die Reichweite.

Hierbei ist die **Nennleistung** (oder **Dauerleistung**) die Leistung, die der Motor über einen längeren Zeitraum kontinuierlich abgeben kann (Höchstgeschwindigkeit) und die **Spitzenleistung** die kurzzeitig maximal abrufbare Leistung des Motors.

Die *Nennleistung* ist entscheidend für die Führerscheinklassen, z.B. 11 kW für A1 und 35 kW für A2, während die oft deutlich darüber höher liegende *Spitzenleistung* die größte Überraschung für Verbrenner-Umsteiger birgt: Sie ist Grundlage der beeindruckenden Beschleunigungswerte von E-Motorrädern - und je höher sie ausfällt, desto agiler ist das Motorrad und desto schneller erreicht es seine Nennleistung.

Entscheidend für die Spitzenleistung wiederum ist das **Drehmoment**: Je höher, desto stärker die Zugkraft und desto schneller die Reaktionen des E-Bikes auf Gasbefehle. Wie beim Verbrenner bestimmt das Drehmoment die Werte für Beschleunigung und den ‚Punch' eines Motorrads - allerdings mit dem Unterschied, dass Elektromotoren ihr volles Drehmoment auf Schlag ab Leerlaufdrehzahl anliefern. Was bereits bei kleineren Maschinen zu sehr direkten und kraftvollen Beschleunigungen führen kann, die Verbrenner erst mit deutlich höherer PS-Zahl erreichen.

Die **Spannung** eines Lithium-Ionen-Akkus für Elektromotorräder variiert stark und hängt von der Leistung des Motorrads und dem Design des Akkupacks ab. Generell gilt: Je höher die Spannung des Akkupacks, desto mehr Leistung kann der Motor abrufen.

Die **Akkukapazität** schließlich ist ein indirekt aussagekräftiger Faktor für die allgemeine Performance und Nutzbarkeit eines E-Motorrads.

Ein größerer Akku bietet eine höhere kWh-Zahl und ermöglicht neben der längeren Reichweite (je höher die Kapazität, desto mehr Kilometer sind drin) auch eine potenziell höhere Leistung. Soll heißen, dass ein größerer Akku oft höhere Ströme liefert, so dass der E-Motor seine maximale Leistung länger aufrecht erhalten oder höhere Spitzenleistungen erzielen kann.

Kurz und übern Daumen: Beim E-Motor sind die Werte für Kilowatt (Leistung) und Drehmoment (Beschleunigung) die zentralen Größen, während die Akkukapazität maßgeblich bestimmt, wie lange diese Werte zur Verfügung stehen.

Akku

Ähnlich wie Handys speisen auch E-Motorräder ihre Energie aus Lithium-Ionen-Akkus, die je nach Modell unterschiedliche Kapazitäten aufweisen.

Die vorhandene Kapazität eines Akkus basiert auf der Anzahl der freien Lithium-Ionen im Inneren: je mehr, desto höher. Das Dumme daran: Freie Lithium-Ionen können verloren gehen, in erster Linie durch normale Alterungsprozesse, aber beschleunigt durch Umwelteinflüsse wie Außentemperaturen und dem Ladeverhalten. Generell lässt sich hierbei sagen: Bei hohen Temperaturen altert der Akku schneller, desgleichen bei niedrigen Temperaturen im Verbund mit einer Tiefenentladung. Ebenfalls zum Alterungsprozess tragen zu hohe Ladeströme bei. Verschärfend wirkt hierbei, wenn Akkus aus Kosten- und/oder Platzgründen ohne Kühlmanagement auskommen müssen, den Umgebungstemperaturen also ohne ausgleichende Maßnahmen wie Kühlflüssigkeit ausgesetzt sind.

Lademanagement

E-Biker, die nicht nur ein paar Kilometer täglich zur Arbeit pendeln, sind in vielen Fällen gezwungen, ihre Nutzungsgewohnheiten anzupassen und zu lernen, optimal mit ihrer Akkukapazität umzugehen und den Alterungsprozess des Akkus abzuschwächen. Hierzu gehören folgende Regeln:

Wann immer möglich, langsam laden: Langsames Laden (die normale Variante bei alle Akkus) schont den Akku - beißt sich aber naturgemäß mit den Bedürfnissen bei einer Ausfahrt, falls man sich zu weit vom Heimathafen entfernt hat[13-13]. Dann kann man zwar schon mal eine Ausnahme von der Regel machen, die Hauptsache ist aber, dass die Schnellladung nicht zur neuen Regel wird. Auf der anderen Seite: Bei geringen und hohen Temperaturen sollte man auch in Ausnahmefällen möglichst langsam laden, um den Alterungsprozess nicht unnötig zu forcieren.

Bei einer **Schnellladung** gilt es, die Akkutemperatur im Auge zu behalten, sowohl vor dem Anschluss als auch während des Ladevorgangs. Unter Umständen ist der Akku bereits zu heiß und eine Normalladung wäre die sinnvollere Alternative.

Eine **Normalladung** sollte bis maximal 85 % gehen und eine **Tiefentladung** nach Möglichkeit immer vermieden werden, insbesondere bei niedrigen Temperaturen. Sind **längere Touren** geplant, lade den Akku über Nacht, so dass kurz vor Start 100 % erreicht werden.

Einige Hersteller empfehlen, **1 x im Monat eine Komplettladung** auf 100 % vorzunehmen und diese dann 24 Stunden am Ladegerät zu lassen, um die Kapazität auf Maximalniveau zu bringen.

Bei einem Akkustand von unter 30 % sollte **bei längeren Standzeiten** auf jeden Fall aufgeladen werden. Bleibt der Akku zu lange auf einem Wert darunter, kann er Schaden nehmen. Bei Stilllegungen über **mehr als 30 Tage** bzw. bei saisonalen Ruhemonaten sollte der Akkustand auf 60 % reduziert (oder erhöht) und monatlich überprüft werden. Bei weniger als 30 % (kann lange dauern, da sich ein Akku sich nur sehr langsam entlädt) erhöht man den Akkustand wieder auf 60 %.

Arbeitstemperatur

Wie wir alle noch aus dem Chemieunterricht wissen, verlangsamen sich bei Kälte chemische Reaktionen, während Wärme beschleunigend wirkt. Für Fahrten bei kalter Witterung (unter +10 Grad Celsius) bedeutet dies, dass der Akku keine so hohe Energiemengen wie bei Normaltemperatur freisetzen kann, so dass Leistung, Höchstgeschwindigkeit und Reichweite sinken.

Bei Hitze (ab +35 Grad) auf der anderen Seite schaltet sich das Lademanagement ein, um den Akku zu schützen, und Leistung sowie Höchstgeschwindigkeit sinken ebenfalls. Hilfreich: Nach schneller Autobahnfahrt oder sportlicher Fahrweise den Akku nicht sofort erneut stark belasten und bei extremer Hitze möglichst nicht vollgeladen in der Sonne stehen lassen.

Akzeptable Arbeitsumgebungen für Akkus liegen demnach bei 10 bis 40 Grad Umgebungstemperatur, akzeptable Akkutemperaturen selbst bei -20 bis +50 Grad. Außerhalb dieser Bereiche werden im ersten Fall Funktionen des Fahrmodus (Leistung, Höchstgeschwindigkeit und Reichweite) eingeschränkt, im zweiten die Ladegeschwindigkeit.

Folgen für das Ladeverhalten: **Im Sommer** ***nicht direkt nach*** einer Ausfahrt den Akku wieder aufladen oder nur ein paar Prozente, weil er eine hohe Temperatur hat. Ist es machbar, lade den Akku über Nacht vor der nächsten Fahrt auf 85 % (oder mehr, wenn größere Strecken geplant sind). Demgegenüber: **Im Winter** lade direkt nach einer Ausfahrt den Akku auf 70 bis 85 %.

Seine **Wohlfühlzone** besitzt ein Akku bei 50 % Ladung. Bewegt man das Bike regelmäßig bei 30 bis 70 %, fährt man tatsächlich am besten. Zumindest was den Alterungsprozess des Akkus betrifft. Allerdings: Oft wird die Leistungsabgabe bei Akkuständen unter 50 % reduziert, das heißt, je weniger Restkapazität vorhanden ist, desto weniger Energie erhält der Motor. Hier liegt dann der Grund, warum der Fahrspaß bei 3 % Federn lässt - abgesehen davon, dass man darum zittert, rechtzeitig eine Steckdose zu finden.

Logfiles

Steht ein Verbrenner-Bike geleckt vor euch, spitzt ihr die Ohren, um anhand der Geräuschkulisse Hinweise zum Gesundheitszustand des Motors auszufiltern. Bei E-Motorrädern klappt das nicht. Ist nicht grad eines der wenigen Lager defekt, gibt es schlichtweg nichts zu hören. Nicht beim Motor, nicht beim Akku. Helfen können dann die vom Motorrad gespeicherten Logfiles, elektronisch gespeicherte Dateien, die von den diversen Sensoren des Bikes gespeist werden.

Um die Logfiles einsehen zu können, schalte das Motorrad ein, starte die zugehörige App auf dem Handy und lasse dir nach Verbindungsaufbau die Logfiles oder Ereignisprotokolle zuschicken. Je nach Modell können die Dateien auch anders benannt sein und entweder nur Motorrad-spezifische Ereignisse beinhalten oder auch Akku-Ereignisse beinhalten. Musste schauen.

Hinweis: Das Herunterladen kann dauern, eventuell musst du dir die Ergebnisse gar via E-Mail zusenden lassen. Und noch etwas: Da das Motorrad zum Übertragen via Zündung aktiviert sein muss, ist auch das Tagfahrlicht aktiviert. Achte darauf, dass keine Plane oder die Jacke über dem Scheinwerfer liegt, der sehr heiß werden kann.

Was steht in den Logfiles?

Abhängig vom Modell müssen die heruntergeladenen Dateien lesbar gemacht werden, bei Zero bspw. durch den Zero Log File Parser, der aus dem Netz heruntergeladen werden kann. Andere Hersteller bieten ähnliche Tools an.

Das Motorrad speichert im Fahr- und Lademodus in gleichbleibenden Abständen etliche Daten wie unter anderem die Akkutemperatur während der Fahrt, den SoC (State of Charge, also Ladezustand) in Prozent, die Motortemperatur, die Akkuspannung, die Batteriespannung, Motor- und Umgebungstemperatur, Kilometerstand etc. Ebenso Infos zum Ladevorgang, bspw. den Zeitraum und die Ladestärke. Das Batteriemanagementsystem klärt darüber hinaus auf, wann ein Akku geladen wurde, wie stark er entleert wurde (oder sich selbst entleert hat), wann die Maschine stand, wie viel Prozent meist geladen wurden usw.

Wichtig werden die Daten bei der Fehlersuche oder einem Verkauf des Motorrads. Mit ein wenig Erfahrung lassen sich Informationen darüber heraus lesen, ob die Regeln zum Umgang mit dem Akku eingehalten wurden, wie oft dieser tiefentladen stehen musste und andere Dinge.

Sektion 14: Hauptuntersuchung

Alle zwei Jahre plus/minus ein paar Wochen/Monate ist es soweit: Das Bike muss zum staatlich angeordneten Gesundheitscheck, der darüber befindet, ob die Maschine der körperlichen Unversehrtheit des Fahrers oder anderer Verkehrsteilnehmer eventuell abträglich ist.

Übernommen wurde diese Aufgabe in früheren Zeiten vom ‚Technischen Überwachungsverein' (TÜV), ein quasi-staatliches Monopolunternehmen, dem im Verlauf irgendeiner Modernisierungswelle Konkurrenten an die Seite gestellt bekam, so DEKRA, KÜS und GTÜ. Geblieben ist im Sprachgebrauch der Begriff ‚TÜV' als Synonym für den Vorgang an sich. Wer also sagt: „Mein Bike muss zum TÜV" meint, dass eine Hauptuntersuchung fällig wird. Welche der zugelassenen Organisationen er oder sie hierfür wählt, bleibt aber ihm/ihr überlassen. In der Anwendung der Vorschriften und Paragraphen unterscheiden sie sich hingegen nicht, nur die Preise variieren ein wenig.

Sehr wenig.

Auspuff. Passt. Nicht.

Rechtliches

Die Rahmenbedingungen, in denen sich alle Prüforganisationen bewegen, sind in der Straßenverkehrszulassungsordnung (StVZO) niedergelegt. Der dort vermerkte Paragraph 29 gilt bundesweit und bildet die Grundlage für jede Untersuchung.

Zeitraum

Überziehst du den Zeitrahmen, innerhalb dessen du dein Motorrad legal auf öffentlichen Straßen bewegen darfst, und hinkst dem fälligen Termin zur Haupt- und Abgasuntersuchung ein wenig hinterher, ist das zunächst zwar kein Beinbruch, aber streng genommen auch nicht erlaubt. Im Prinzip ist das Führen des Fahrzeugs bereits am ersten Tag nach Ablauf des letzten Monats strafbewehrt. Immerhin, fällt der Überprüfungszeitpunkt in eine saisonale Stilllegung oder Abmeldung (basiert die Überziehung also nicht auf Vergesslichkeit oder Faulheit) wird keine Strafzahlung fällig.

Ansonsten gilt:

Bis zu zwei Monate Überziehung sind dem Anschein nach relativ unproblematisch, die Rennleitung kann dich bei einer Ausfahrt ohne gültige Plakette aber nicht nur höflich auf dein Versäumnis hinweisen, sondern ebenso mit einem Verwarngeld verabschieden (aktuell 15 €). Auch darf deine Versicherung dich im Schadensfall in Regress nehmen und die Kosten oder einen Teil der Kosten zurückfordern, wenn am Fahrzeug zum Unfallzeitpunkt technische Mängel bestanden haben, die eine fällige HU aufgedeckt hätte.

Bei drei bis vier Monaten Überziehung werden derzeit 25 € fällig und die HU wird ausgedehnt, das heißt, dein Bike wird eingehender inspiziert und die Prüfstelle berechnet einen Aufschlag von 20 Prozent. Eventuelle Regressforderungen deiner Versicherung sind bei einem Schadensfall ebenfalls zu erwarten.

Bei mehr als vier Monaten steigt das Verwarngeld auf aktuell 60 € plus 1 Punkt in Flensburg, die vertiefte HU wird ebenfalls angewendet und eventuelle Regressforderungen der Versicherung sind bei einem Schadensfall in Kauf zu nehmen.

Mehr als acht Monate Überziehung bedeuten aktuell 75 EURO Verwarngeld, vertiefte HU sowie einen Punkt in der Flensburger Verkehrssünderdatei. Plus eventuelle Regressforderungen der Versicherung bei einem Schadensfall.

Mängelliste

Der Prüfungsausgang wird in einer von vier Kategorien einsortiert:

Ohne Mängel: Glückwunsch, du erhältst zwei weitere Jahre Freiheit auf zwei Rädern – aber ohne Gewähr. Zum einen kann der Prüfer gravierende Fehler übersehen haben, zum anderen ist es möglich, dass du in diesem Zeitraum den Verlockungen nicht-legaler Umbauten erliegst und die Betriebserlaubnis vorzeitig erlöscht. *„Ohne Mängel"* befreit also nicht automatisch von der Pflicht, das Motorrad weiterhin zu warten und in verkehrstechnischem Schuss zu halten.

Geringe Mängel: Keine gravierenden Mängel sind die Regel bei Motorrädern. Hierbei handelt es sich meist um kleinere Defekte wie fehlende Rückstrahler oder nicht korrekt funktionierende Leuchten und die Besitzer werden mit einem Vermerk in den Prüfungsunterlagen nach Hause geschickt. Die Plakette gibt es trotzdem, aber es wird erwartet, dass die monierten Mängel umgehend beseitigt werden. Ausnahmen: Wenn zu viele geringe Mängel auftreten, verlangt der Prüfer meistens auch hier eine Nachuntersuchung.

Erhebliche Mängel I: Bei erheblichen Mängeln wie abgefahrene Bremsbeläge, verrostete Bremsscheiben, leckende Gabeldichtungen und Ähnliches wird die Plakette verweigert. In der Regel darfst du noch nach Hause oder in die Werkstatt fahren, die Nachprüfung der angemahnten Mängel steht aber an. Beseitigst du die Defekte nicht, erlischt die Betriebserlaubnis.

Erhebliche Mängel II: Ist die Betriebserlaubnis wegen Änderungen am Fahrzeug erloschen (bspw. nach Anbau eines Lenkers ohne ABE oder Teiletypgenehmigung), wird eine Einzelabnahme zur Erstellung eines Gutachtens fällig. Das Ergebnis des (erfolgreich absolvierten) Gutachtens muss in die Fahrzeugpapiere eingetragen werden, was aber die

Zulassungsstelle erledigt. Bis dahin gilt die HU offiziell als ‚nicht bestanden wegen erheblicher Mängel', vorbehaltlich der notwendigen Eintragung. Ist das geschehen, ist die HU automatisch bestanden.

Verkehrsunsicher: Ein Bike, dass von den Prüfern als „*Verkehrsunsicher*" eingestuft wird, darf das Gelände nur noch auf einem Hänger verlassen. Es ist zwar noch nicht stillgelegt, wird es aber, wenn du die Mängel nicht in Monatsfrist beseitigst oder die Maschine verschrottest. Am Straßenverkehr teilnehmen darf das Motorrad in dieser Zeit auf keinen Fall. Die aufgeklebte alte Plakette wird noch während der HU abgekratzt.

Weitere Regeln, die du kennen solltest:

- Die AU muss nicht zwangsläufig während der HU gemacht werden. Du kannst sie auch vorher bei einer Werkstatt deines Vertrauens absolvieren lassen, eine Prüfungsstelle ist nicht vonnöten. Allerdings darf die AU zum Zeitpunkt der HU nicht älter als zwei Monate sein.
- Wird die Plakette wegen erheblichen oder zu vielen geringen Mängeln verweigert, hast du einen Monat Zeit, sie zu beseitigen oder beseitigen zu lassen. Die Nachprüfung(en) Innerhalb dieses Zeitraums ist/sind mit einer geringen Gebühr belegt. Nach Ablauf der Frist wird eine komplette neue HU fällig

Fahrzeugzustand

Der Ist-Zustand deines Bikes bei der Vorführung sollte im Prinzip dem der Auslieferung entsprechen – abzüglich des Verschleißes innerhalb der akzeptablen Grenzen sowie der erlaubten An- bzw. Umbauten.

Nicht von Interesse für die Prüfung ist der visuelle Zustand des Lacks und erlaubtem Zubehör wie Packtaschen. Allerdings solltest du trotzdem darauf achten, ein einigermaßen vorzeigbares Bike zu präsentieren. Flugrost auf Kette oder Bremsscheibe (sowieso ein No-Go) zeugen bspw. von langen Standzeiten oder mangelnder Pflege, weshalb ein zeitiger Check des Motorrads inklusive Probefahrt vor dem angesetzten Termin dringend anzuraten ist. Zum einen, um keine vermeidbaren Überraschungen zu erleben, zum anderen, um eventuelle Ersatzteile rechtzeitig ordern zu können.

Hierzu gehst du im Prinzip vor wie bei einer Inspektion und checkst dein Bike auf Herz und Nieren.

Was das heißt, zeigt die folgende Checkliste ...

MODIFIKATIONEN

Jeder Pilot kann ihm erliegen: dem Wunsch nach Veränderung und Individualisierung seines Motorrads. Was dabei jedoch erlaubt und nicht nur für den Showroom geeignet ist, schreibt die regelmäßig angepasste StVZO bzw. das EU-Recht vor (je nachdem, unter welchen Voraussetzungen ein Fahrzeug zugelassen wurde). Für jedes Bike gelten somit die gesetzlichen Vorschriften des Jahres der Erstzulassung, bspw. für alle seit 1.1.2021 die Euro-5-Norm sowie ab 2025 Euro-5+.

Wer unter diesen Rahmenbedingungen Hand an sein Bike legt zu dem Zweck, es bauarttechnisch zu verändern (und nicht nur umzulackieren), muss die jeweiligen Änderungen (je nach Schwere) einer Prüforganisation vorführen. Auch dann, wenn die reguläre HU noch nicht ansteht; andernfalls erlischt die Betriebserlaubnis.

Ausgenommen sind Umbaumaßnahmen, für die eine Allgemeine Betriebserlaubnis (ABE), eine Betriebserlaubnis der Europäischen Gemeinschaft (EG-BE) oder ein E-Prüfzeichen vorliegen. In diesen Fällen reicht das Mitführen des dem Produkt beiliegenden Dokuments (ABE oder EG-BE) bzw. das E-Prüfzeichen auf dem jeweiligen Bauteil. Eine Teiletypgenehmigung (vormals Teilegutachten) ist *nicht* ausreichend; in dem Fall muss eine vorgenommene Änderung vorgeführt und in die Fahrzeugpapiere eingetragen werden.

Prüfzeugnisse

Zur HU mitzunehmen sind alle Prüfzeugnisse, die zu vorgenommenen Umbauten gehören, es sei denn, bestimmte Bauteile sind vom jeweiligen Motorradhersteller bereits homologiert. Dann finden sie sich im Zentralcomputer der Prüforganisation an und benötigen keinerlei weitere Nachweise. In aller Regel handelt es sich dabei um Originalteile des Herstellers.

ABE: Mit einer ABE (zur Zulassung nach nationalem Recht) bestätigt ein Anbieter seinem Produkt einen klaren Verwendungsbereich bei bestimmten Motorradmodellen und dort der Einhaltung aller Auflagen und Hinweise. Bremshebel benötigen bspw. eine ABE, ebenso Austauschlenker und Fußrasten. Die ABE muss das Motorrad eindeutig ausweisen (der Hinweis auf ein Schwestermodell reicht nicht) und eine KBA-Nummer der Art ‚KBA XXXXX' beinhalten, die im Bauteil eingestanzt ist, als Beweis, dass Produkt und ABE zusammengehören.

Die in der ABE aufgeführten Auflagen und Anbauvorschriften sind einzuhalten und sie muss ständig mitgeführt werden. Willst du das nicht, besteht die Möglichkeit, das jeweilige Bauteil durch die Zulassungsstelle in die Fahrzeugpapiere eintragen zu lassen.

EG-BE: Die EG-BE entspricht der ABE, beruht aber auf europäischem Recht. Zu ihr gehört ein eingestanztes E-Prüfzeichen (bei Auspuffanlagen und Endschalldämpfer zusätzlich eine E-Prüfnummer), die ein Mitführen der Unterlagen (im Gegensatz zur ABE) überflüssig macht.

Hinweis: Eine Fahrzeugteile-ABE bzw. EG-BE bezieht sich immer nur auf ein Bike im Originalzustand. Ist es bereits verändert, kann es passieren, dass eine bestimmte Teilekombination nicht erlaubt ist – auch wenn jede einzelne der verwendeten Komponenten eine eigene ABE hat.

Gutachten, Teiletypgenehmigung, Festigkeitsgutachten: Schriftliche Gutachten bestätigen generell die Qualität und Eignung eines Bauteils und enthalten (wie die ABE) Anbauvorschriften und Auflagen. Der Unterschied zur ABE liegt darin, dass es nicht reicht, das Dokument bei einer Kontrolle vorzuzeigen, sondern der Umbau muss prinzipiell bei einer Prüfungsorganisation abgenommen und die Änderung in die Fahrzeugpapiere eingetragen sein. Die Betriebserlaubnis erlischt ab dem Zeitpunkt des Anbaus. Achte beim Teilekauf darauf, dass eine Typgenehmigung sich auf das vorliegende Bauteil bezieht; eine eingestanzte KBA-Nummer der Art ‚KBA XXXXXX' sorgt zusammen mit der Liste kompatibler Maschinen für die Identifizierung.

Eigenbauteile: Bei Umbauten mit selbst gestalteten Bauteilen (beispielsweise seitlichen Nummernschildträgern) wird ebenfalls prinzipiell eine Begutachtung, Abnahme und Eintragung fällig. Da in diesem Fall keine Gutachten vorliegen, auf die der Prüfer sich stützen kann, sind unter Umständen zeit- und arbeitsaufwändige Prozeduren zu erwarten. Eine eindeutige, aufgeprägte Nummer zur Identifizierung (beispielsweise bei einer späteren Kontrolle) ist notwendig.

Erlaubte Modifikationen

Machbar ist am Motorrad viel, erlaubt nur wenig, weil immer die Gefahr besteht, dass die Verkehrssicherheit gemindert wird. Als gängigste Veränderungen gelten die folgenden Umbauten:

Auspuff

Da der Ärger immer groß ist, wenn Verkehrskontrollen Bikes wegen ihres Auspuffs aus dem Verkehr ziehen, nehmen viele Leute an, Zubehörbauteile sind in diesem Bereich generell ein heißes Thema. Sind sie aber nicht. Der Grund ist meistens eine Beanstandung der Lautstärke, nicht aber des Bauteils an sich.

Jede *legale* Zubehöranlage für die Straße ist modellspezifisch und verfügt über eine ABE oder ein E-Prüfzeichen samt zusätzlicher E-

Nummer, wobei Letztere das Bauteil als spezifisch für das jeweilige Motorrad hergestellt ausweist. Erst bei einer fehlenden ABE oder E-Nummer (oder bei für andere Modelle geltenden Zulassungen) steht eine Einzelabnahme ins Haus (siehe zum Thema auch ab Seite 216).

Zu achten ist ansonsten einzig darauf, dass der Verwendungsbereich eingehalten und spezielle Auflagen beachtet wurden. Unter anderem gehört der dB-Eater natürlich in den Topf und nicht in den Pappkarton neben der Werkbank. Außerdem darf der Umbau keine Veränderungen am Motorrad selbst erzwingen.

Bremsen

An Bremsen rumfummeln, ist prinzipiell mit Risiken verbunden, weshalb der Gesetzgeber rote Linien einzog:

Die Reparatur oder der Austausch von Bremsen an sich ist nicht eintragungspflichtig. Voraussetzung: Es werden ausschließlich Originalteile oder genehmigte Nachbauten verwendet.

Werden originale Bremsleitungen oder -scheiben gegen nicht originale Zubehörteile ausgetauscht, müssen die Änderungen in die Papiere eingetragen sein oder es muss eine produktspezifische ABE vorliegen (und bei Fahrten mitgeführt werden). Existiert nur ein Gutachten, muss dieses explizit für das jeweilige Motorrad ausgewiesen sein. Außerdem werden eine Abnahme und die Eintragung in die Fahrzeugpapiere fällig.

- **Bremsbeläge** müssen über eine KBA-Nummer (= nationale Zulassung) oder eine EG- bzw. ECE-Kennzeichnung (= internationale Zulassung) verfügen.
- **Stahlflexleitungen** benötigen wie neue **Bremshebel** eine ABE oder eine Teiletypgenehmigung (bei starken Bremsungen wegbrechende China-Hebel gehören zu den überflüssigsten Dingen überhaupt).
- Das Bremssystem muss dicht sein und darf nirgends lecken.
- **Bremsleitungen** müssen ‚locker' verlegt sein, das heißt, nicht ‚locker' im Sinne von ‚lass' es baumeln', aber unverdreht und scheuerfrei und ohne Lenkbewegungen zu beeinträchtigen – sowie dort fixiert, wo es vom Hersteller vorgesehen ist.
- *Eine* **Bremsleuchte** ist vorgeschrieben und muss hinten mittig angebracht sein. Die ebenfalls gültigen EG-Vorschriften erlauben auch zwei Leuchten.
- Die Unterkante der Bremsleuchte muss mindestens 250 Millimeter (EG) bzw. 350 mm (StVZO) vom Boden entfernt sein, die Oberkante allerhöchstens 1500 mm.
- Hältst du beim Einbau einer neuen **Bremspumpe** die Größe des originalen Bremszylinders ein, sollte der TÜV mit einer ABE zufrieden sein. Änderst du mit der Pumpe aber die Größe des Hauptbremszylinders, wird eine Einzelabnahme fällig.

Fahrwerk (Federbein, Gabel, Schwinge)

Möchtest du dein Federbein tauschen, ist es bei Originalteilen kein Problem und eintragungsfrei.

Sollen nicht-modellspezifische Komponenten verbaut werden (beispielsweise aus dem Zubehörhandel oder von anderen Maschinen), wird eine Einzelabnahme samt Fahrprobe fällig, bei kompliziert angebrachten Federbeinen gar eine Teiletypgenehmigung mit anschließender Abnahme und Eintragung. Dies gilt auch für umfangreiche Umbauten, die Gabel und Schwinge mit beinhalten.

Zur Tieferlegung, die prinzipiell problemlos möglich ist, wenn du auf ein handelsübliches Set zurückgreifst, siehe ab Seite 67.

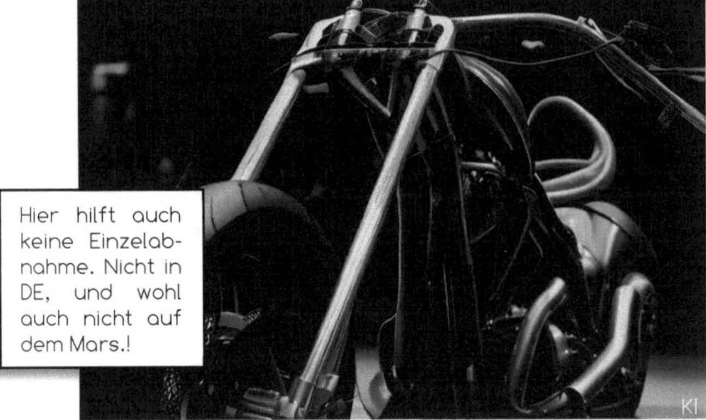

Fußrasten

Fußrasten können gegen Ersatzrasten oder komplexe Anlagen aus dem Zubehörhandel ausgetauscht werden, benötigen aber eine ABE oder eine Teiletypgenehmigung mit anschließender Abnahme.

Auch ist darauf zu achten, dass immer zwei gleiche Fußrasten pro Sitzplatz angebracht sind. Immerhin: Es müssen hinten und vorne nicht die gleichen sein.

Hauptständer, Seitenständer

Jedes Motorrad muss über einen Haupt- oder einen Seitenständer verfügen. Ist ein Seitenständer vorhanden, muss ein Hauptständer nicht sein, ist er aber vorhanden, darf er nicht verbogen oder locker daherkommen. Beide Ständer müssen sicher verbaut und die Federn nicht ausgeleiert sein, damit sich die Ständer in Fahrstellung nicht bewegen können. Ein Seitenständer muss ferner über eine funktionierende Motorabschaltung verfügen, falls ausgeklappt.

Kennzeichenhalter

Prinzipiell ist es erlaubt, den Kennzeichenhalter zu verlegen, beispielsweise zur Seite oder weiter nach oben/unten. Zu beachten sind folgende Anbauvorschriften:

- Die Unterkante muss mindestens 30 cm über dem Boden sein (bei Erstzulassungen vor 01.07.1958 mindestens 15 cm).
- Die Oberkante darf höchstens 120 cm vom Boden entfernt sein.
- Der Winkel darf 30 Grad zur Senkrechten nicht übersteigen (der Kippwinkel muss also irgendwo zwischen 60 und 90 Grad zum Boden liegen).

Eigenbauten müssen abgenommen werden, dies gilt auch für nachgerüstete Kennzeichenhalter aus dem Zubehörhandel, die nur über Teiletypgenehmigungen vom KBA verfügen. Weitere Vorgaben:

- Das Kennzeichen darf keine Risse aufweisen.
- Das Kennzeichen darf nicht abgeknickt sein.
- Das Kennzeichen darf keine unerlaubte (reflektierende) Beschichtung aufweisen.

Seitlicher Kennzeichenhalter

Unbedingte Voraussetzung: Seitliche Kennzeichen müssen beidseitig lesbar sein, wenn du 30 Grad rechts oder links hinter dem Mopped stehst. Ferner muss unbedingt ein *fahrzeugmittig* angebrachter Rückstrahler separat montiert werden (ein Rückstrahler am Kennzeichenhalter reicht nicht).

Seitlicher Kennzeichenhalter, wörtlich genommen!

Auch keine Chance!

Weitere Regeln: Die Unterkante muss mindestens 250 mm vom Boden entfernt sein, die Oberkante maximal 900 mm. Auch ist darauf zu achten, dass die Nummernschildbeleuchtung über ein E-Kennzeichen verfügt.

Lenker, Hebel und hydraulische Kupplung

Bei Zubehörlenkern muss es sich um geprüfte Bauteile handeln. Mal eben einen Fahrradlenker ans Mopped basteln, liegt also nicht drin. Eine ABE (oder zumindest eine Teiletypgenehmigung plus Abnahme und inklusive KBA-Nummer) sind zwingende Voraussetzungen für den neuen Lenker und zumindest dem Bremshebel. Achte ferner darauf, dass keine Kabel, Leitungen und Bowdenzüge eingeklemmt oder unter Spannung gesetzt werden.

Bremshebel unterliegen behördlichen Reglementierungen, ebenso wie der Rest des Bremssystem, und müssen über eine ABE oder EC-Zulassung verfügen oder eingetragen sein muss. Anders der Kupplungshebel und selbst die komplette Umrüstung auf eine hydraulische Kupplung. Zwar wird eventuell mal drübergeschaut, ob nirgends herausstehende Komponenten zur Gefährdung Dritter werden können, aber ansonsten sind Kupplungshebel, Leitungen und auch die Anschlüsse am Motor frei wählbar.

Den Prüfer durch zwei Lenker zu verwirren, um eine Sitzbank ohne Haltegurt durchzubekommen, klappt meist auch nicht ...

Die Lenkung *muss* störungsfrei möglich sein, die Griffbreite sollte für dich individuell nicht zu weit oder zu eng auseinanderliegen (um sicher einlenken zu können) und die Griffhöhe darf nicht mehr als 50 cm über der Sitzfläche liegen. (Mehr Infos zu Lenker- und Hebelumbauten in Sektion 06 ab Seite 75.) Die Griffe interessieren den Gesetzgeber hingegen nicht, sie sind beliebig austauschbar. Auch Heizgriffe bedürfen keiner besonderen Genehmigung.

Lichttechnik

Jede Leuchteinheit muss über ein ECE- (großes ‚E' im Kreis) oder EG-Prüfzeichen (kleines ‚e' im Rechteck) verfügen[14-1]. Dann ist erlaubt bzw. vorgeschrieben:

Stand-/Begrenzungslicht: Vorgeschrieben, nach EG mit einer oder zwei Lampen, Abstand vom Boden 350 bis 1.200 mm, bei zwei Lampen müssen sie symmetrisch zur Fahrzeuglängsmitte angebracht sein. Nach StVZO ist das Standlicht nur zulässig mit einer Lampe im Scheinwerfer bis 1.500 mm vom Boden.

Abblendlicht: Vorgeschrieben mit einer Lampe, nach EG auch zwei (dann darf der Abstand der beiden Scheinwerfer zueinander maximal 200 mm betragen, symmetrisch zur Fahrzeuglängsmitte). Nach StVZO darf bei einer Lampe der Abstand zum Fernscheinwerfer ebenfalls maximal 200 mm betragen, symmetrisch zur Fahrzeuglängsmitte. In der Höhe betragen die Werte für beide Normen 500 bis 1.200 mm (nach StVZO vor Erstzulassung (EZ) 01.01.1988 bis 1.000 mm).

Fernlicht: Vorgeschrieben mit einer Lampe, nach EG auch zwei (dann darf der Abstand der leuchtenden Flächen zueinander maximal 200 mm betragen, symmetrisch zur Fahrzeuglängsmitte). Für die Höhe existieren keine besonderen Vorschriften, allerdings ist eine blaue Kontrollleuchte vorgeschrieben (nach StVZO reicht auch die Stellung des Schalters).

Fluter mit der Lizenz zur sofortigen Stilllegung ...

Blinker: Vorgeschrieben seit 01.01.1962 (StVZO). Der minimale Abstand zwischen rechtem und linken Blinker muss nach EG vorne 240 mm und hinten 180 mm betragen, nach StVZO vorne 340 mm, hinten 240 mm. Der Abstand zum Scheinwerfer hängt neben der Art der Zulassung (EG oder national) auch von der Kennung eines Blinkers ab:

- **EG:** Kennzeichen 11c muss nichts beachten, Kennzeichen 11 benötigt mindestens 75 mm. Ansonsten gilt, dass der Abstand maximal 24 cm betragen darf.
- **ABE:** Pauschal 10 cm.

Weitere Zahlenspiele sind die Bestimmungen zur geometrischen Sichtbarkeit, also des Winkels, in dem die Richtungsanzeige sichtbar sein muss. Er beträgt bei zwei Blinkerpaaren 45 Grad nach innen und 80 Grad nach außen. Nach oben und unten sollen es mindestens 15 Grad sein, sind die Blinker selbst keine 75 cm vom Boden entfernt, reichen 5 Grad.

Bei Lenkerenden-Blinkern ohne zweites Paar hinten betragen die Winkelvorgaben vorne 10 Grad nach innen und 45 Grad nach außen und hinten 5 Grad nach innen und 60 Grad nach außen. Der Winkel nach oben und unten soll mindestens 15 Grad betragen, sind die Blinker selbst aber keine 115 cm vom Boden entfernt, reichen 5 Grad. Bei einer EG-Zulassung tun sich die Werte für die senkrechten Abstrahlgrößen nichts, während die horizontale Sichtbarkeit nach innen 20 Grad, nach außen 80 Grad betragen sollte.

Alleine darf man Lenkerenden-Blinker wie Ochsenaugen nur selten verwenden. Bei einer EG-Zulassung ist ein zweites Paar Blinker hinten obligatorisch, die Ochsenaugen reichen nicht. Bei STVO-Zulassungen ist dies ab Erstzulassung 1. Januar 1987 der Fall.

Hinweis: Die Bestimmungen hinsichtlich der Anbringung von Blinkern sind für Normalbürger nahezu unüberblickbar und wer diesbezügliche Änderungen vorhat, sollte sich im Vorfeld unbedingt Klarheit verschaffen, am besten in Absprache mit einem Prüfer[14-2].

Die Funktionskontrolle darf optisch oder akustisch erfolgen (oder beides gleichzeitig). In Blinkern integrierte gelbe Positionsleuchten sind erlaubt. Für **Kombileuchten**, die Blinker, Rück- und Bremslicht in sich vereinigen, gelten die gleichen Vorschriften.

Warnblinker: Zulässig, nach EG nicht zulässig an Kleinkrafträdern. Funktionskontrolle muss rot sein, die Schaltung über eine besondere Schalterstellung erfolgen.

Nebelscheinwerfer: Zulässig, nach EG auch im Doppelpack, dann aber symmetrisch zur Fahrzeuglängsmitte (nach StVZO maximal 250 mm von der Fahrzeuglängsmitte entfernt). In der Höhe darf der Bereich zwischen 500 und 1.200 mm belegt werden, die Schaltung erfolgt unabhängig vom Abblend- und Fernlicht.

Bremsleuchte: Vorgeschrieben, Anzahl: Eine (StVZO) oder ein bis zwei Leuchten (EG) mittig. Die Unterkante muss mindestens 250 mm (StVZO: 350 mm) vom Boden entfernt sein, die Oberkante maximal 1.500 mm.

Schlussleuchte: Vorgeschrieben, Anzahl: eine oder zwei Leuchten mittig (symmetrisch zur Fahrzeuglängsachse). Die Unterkante muss mindestens 250 mm vom Boden entfernt sein, die Oberkante maximal 1.500 mm.

Kennzeichenbeleuchtung: Vorgeschrieben.

Rückstrahler hinten: Vorgeschrieben, nicht dreieckig, rot. Anzahl: ein oder zwei, wenn zwei, dann symmetrisch zur Fahrzeuglängsachse angebracht.

Rückstrahler seitlich: Ab Euro 4 vorgeschrieben, in Gelb und nicht dreieckig. Anzahl ein Paar vorne oder jeweils ein Paar vorne und hinten. Bei zwei Paaren darf das hintere Paar rot sein.

Elektrische Bauteile mit E-Zeichen bedürfen keiner Abnahme oder Eintragung. Allerdings muss die ursprüngliche Anbaulage beibehalten bzw. die gesetzlich vorgeschriebenen Rahmenbedingungen (Anbauvor-schriften) eingehalten werden. Auch ist generell nichts ‚Artfremdes' wie Weihnachtslichter erlaubt.

Scheinwerfergitter: Drahtgitter sind praktisch im Gelände, auf der Straße aber nicht so gerne gesehen.

Sofern Scheinwerfer nicht von vornherein dafür vorgesehen sind, wird angenommen, dass die Gitter dessen lichttechnische Eigenschaften verändern. In dem Fall ist eine ärgerliche Einzelabnahme fällig mit Kosten, die den Wert des Bauteils bei weitem übertreffen.

Motor

Beim Chiptuning solltest du Fachleuten vertrauen – die auch die notwendig werdende Einzelabnahme samt Teiletypgenehmigung für dich übernehmen. Außerdem müssen Vater Staat (Steuer) und die Versicherung informiert werden, die die Beiträge der Leistungsänderung entsprechend anpassen.

Ähnliches gilt für Racing-Luftfilter, wenn die Änderung ausreicht, die Leistung zu erhöhen. Was sich dort in jedem Fall erhöht, wird die Geräuschkulisse sein – weshalb neben der Leistungs- eine Geräuschmessung ins Haus steht, um die Betriebserlaubnis zu behalten.

Ab Baujahr 1989 kommt wegen der angenommenen veränderten Umweltbelastung noch eine Abgasmessung hinzu.

Spiegel

Abhängig vom Jahr der Erstzulassung sind folgende Spiegelvarianten erlaubt:

- **Bis 1989:** Ein Spiegel linksseitig, wobei eine Spiegelfläche von 60 cm² ist als ausreichend gilt.
- **1990 bis 2002:** Bis 100 km/h Höchstgeschwindigkeit ist ein Spiegel linksseitig, über 100 km/h jeweils rechts und links ein Spiegel vorgeschrieben. Eine Spiegelfläche von 60 cm² ist bei allen Bikes, die nach StVZO zugelassen sind, ausreichend. Bei einer EG-Betriebserlaubnis müssen es 69 cm² sein.
- **Ab 2003:** Bis 45 km/h Höchstgeschwindigkeit ist ein 69er-Spiegel linksseitig, darüber hinaus jeweils ein 69er links *und* rechts vorgeschrieben. Bei nichtrunden Varianten sollte ein 78 mm-Kreis hineinpassen.

Verfügt ein Spiegel über ein E-Prüfzeichen, entspricht die Spiegelfläche immer den geforderten 69 cm².

Krieg der Welten am Motorradlenker. Krieg ist ja in mittlerweile, aber die Spiegel sind zu klein , sry.

Radabdeckung (Spritzschutz, Fender)

Motorräder benötigen hierzulande generell eine Radabdeckung, die die Reifenlauffläche abschirmt, laut EG-Recht sind aber keine konkreten Größen oder Anbaumaße vorgegeben. Soll heißen: Fender muss sein, wie groß, ist deine Sache – achte aber trotzdem darauf, ihn nicht zu klein werden zu lassen. Erwartet der Prüfer eine Verkehrsgefährdung durch eine minimalistische Ausführung, kann die Plakette verweigert werden.

Felgen, Reifen, Räder

Nicht das große Zubehörgeschäft, kommt aber vor: der Austausch der **Felgen**. Falls dir der Sinn hiernach steht, achte unbedingt auf die Zuordnung zum jeweiligen Motorrad(typ) und lasse die Austauschfelgen begutachten.

Bei **Reifen** ist auf eine eventuelle Reifenfabrikatsbindung zu achten, bei der Typ *und* Hersteller in den Fahrzeugpapieren vermerkt sind (ältere Bikes). Bei Abweichungen von der Reifenbindung (weil bspw. der Originalreifen nicht mehr hergestellt wird) ist eine Begutachtung des Neureifens fällig (siehe hierzu Seite 123). Dies gilt auch für neuere Bikes, wenn die im Fahrzeugschein vorgegebenen Reifendimensionen und die Bauart nicht eingehalten werden. Einfache Freigaben durch die Reifenhersteller reichen nicht mehr aus[14-3].

In Sachen **Radabdeckung** gilt: Für Motorräder mit EG-Zulassung bestehen keine Vorschriften (Verkehrssicherheit muss aber gegeben sein), ältere Bikes nationaler Zulassung benötigen zwingen eine Radabdeckung (1500 Millimeter über Achsmitte).

Rahmen

Änderungen am Rahmen sind nicht erlaubt, er muss sich im originalen Auslieferungszustand befinden. Generell ist es verboten, das Teil zu schweißen, anzubohren, zu verformen oder Material abzutragen.

Schweiß- und Richtarbeiten dürfen bestenfalls durch einen Fachbetrieb und nur nach Herstellerfreigaben vorgenommen werden. Alle Veränderungen (wie bspw. eine Heckkürzung) müssen aber trotzdem von einer Prüfungsstelle begutachtet und eingetragen werden.

Gut zu wissen: Für Originalrahmen gelten die gesetzlichen Vorgaben zum Zeitpunkt der Erstzulassung. Ein Vorteil bei Custom-Arbeiten, wenn damals Änderungen erlaubt waren, die heutzutage sanktioniert werden, weil der Rahmen festlegt, welche Zulassungsbedingungen das fertige Motorrad unterliegt.

Sitzbank

Wie hoch, tief, bequem, unbequem oder hässlich eine Sitzbank ist, interessiert niemanden. Wie viele drauf sitzen können, schon.

Baust du einen Zwei- zu einem Einsitzer um (Café Racer), müssen auch die Sozius-Fußrasten verschwinden und die vorgenommenen Änderungen eingetragen werden.

Außerdem sollen Zweisitzer mindestens 65 cm lang sein (bei Vorhandensein eines Haltegurts), bzw. 60 cm (bei seitlichen Haltegriffen). Einsitzer dürfen sich zwischen dem Minimum von 30 cm und einer Maximallänge von 40 cm bewegen.

Tankdeckel

Aftermarket-Tankdeckel ohne Belüftungssysteme (verschachtelte Gänge mit Membranen oder Ventilen) provozieren die Entstehung von Unterdruck im Tank. In der Folge stirbt der Motor ab, je nachdem, wie hoch der Füllstand ist, relativ fix oder erst nach einigen Kilometer.

Umgeht man dieses Problem, indem man ein gerades Loch in den Tankdeckel bohrt, ruft das instant die Prüfer auf den Plan, weil Sprit aus dem Loch sifft oder permanent Dämpfe unkontrolliert in die Umwelt entlassen werden. Ein modifizierter Tankdeckel, aus dem Kraftstoff austreten kann (ohne das vorgeschriebene Rückhaltesystem), gilt somit als ‚Erheblicher Mangel '.

EURO-NORMEN

Das Ding mit der Euro-Norm für Motorräder begann in den Nullerjahren nach der Jahrtausendwende und war zu jener Zeit ausschließlich eine Sache, die den Schadstoffausstoß betrifft.

Die ersten Vorschriften, mit denen damalige Zweiradfreunde konfrontiert wurden, war in der Euro-3-Norm verankert, die 2007 in Kraft trat. Mit ihr wurde der Schadstoffausstoß verbindlich geregelt und so nebenbei die Ära der Vergasermodelle beendet. Die neuen Richtlinien waren nur mit Einspritzermodellen einzuhalten, so dass seit 2007 keine Neufahrzeuge mit Vergasern mehr zugelassen wurden.

Statt der bislang üblichen Gemischaufbereitung verfügen Motorräder seitdem über Einspritzung und Katalysatoren sowie Lambdasonden und Steuergeräte, die die einzuspritzende Benzinmenge auf Basis diverser Sensordaten regelt.

Hierbei kommt der Lambdasonde ein besonderes Gewicht zu. Sie misst ständig das Luft-Benzin-Verhältnis und meldet die Werte zurück ans Steuergerät, damit dieses nachjustieren kann. Sie ist es auch, die die Motorkontrollleuchte auslöst, wenn sie nicht erlaubte Werte misst.

Seit 2017 ist die verschärfte Norm Euro 4 verbindlich und seit 2021 dürfen keine Motorräder mehr neu zugelassen werden, die die nochmals verschärfte Euro-5-Norm nicht einhalten.

Ab 2025 gelten weitere Einschränkungen, die mit Euro 5+ Geltung erlangen. Von diesem Jahr an müssen neu zugelassene Bikes über 2 Lambdasonden verfügen, eine vor dem Katalysator und eine dahinter – wenngleich die Werte für den Schadstoffausstoß unverändert bleiben. Verschärft wird mit Euro 5+ hingegen das Prüfverfahren bei der Bestimmung des maximalen Fahrgeräusches, das praxisnäher erfolgen soll.

Übrigens: Parallel zur Verschärfung der Abgaswerte erfolgte in den letzten Jahren schrittweise auch eine Anpassung der Überprüfungsmethoden. Während bspw. Euro 3 noch eine Vielzahl herstellerspezifischer Stecker und Belegungen zum Anschluss an Steuergeräte über die sogenannte K-Linie kannte, brachte Euro 4 mit ODB2 den stärker standardisierten Can-Bus an den Start.

Seit Euro 5 ist nun auch der Stecker samt Belegung standardisiert und mit Euro 5+ müssen alle abgasrelevanten Werte elektronisch überwacht und hinterlegt werden, um Werkstatt und Prüforganisationen zur Verfügung zu stehen.

Besonderes Augenmerk verdient dabei die lichttechnische Abteilung (hier sind knapp ein Drittel aller Mängel zu verorten), dicht gefolgt von Radlagern, Reifen und Kettenantrieben (zusammen rund 20 %).

Daneben belegen Fahrgestell (beispielsweise undichte Federelemente und defekte Lenkkopflager) sowie Rahmen (Beschädigungen, beispielsweise am Lenkanschlag) 16 % und immerhin noch 12 % aller Bemängelungen entfallen auf die Räder.

#motorbike #bikerepair

Checkliste

Da Motorräder es naturgemäß einfacher haben, eine HU zu bestehen als beispielsweise Autos, und die meisten Mängel eher geringer Natur sind, kannst du durch eine schnelle Kontrolle bereits im Vorfeld unliebsame Überraschungen zu vermeiden helfen.

Checkposten	*Check*
Umwelt	
Sind Motor, Öl- und Wasserkühler dicht oder tritt Flüssigkeit aus?	
Tritt irgendwo Benzin aus? Sind die Benzinschläuche scheuerfrei verlegt?	
Arbeitet der Auspuff vorschriftsmäßig (nicht zu laut)? Stimmt der CO-Wert? Ist der Auspuff sicher verschraubt und sind alle Dichtungen intakt?	
Ist eine Werkstatt-AU voraussehbar notwendig, bei der abweichende Werte gleich korrigiert werden können? Eine während der HU vorgenommene AU kennt nur ‚Bestanden' oder eben ‚Nicht bestanden', stellt aber nichts ein. Es empfiehlt sich, den Motor vor der Prüfung warmzufahren, bevorzugt bei mittleren und hohen Drehzahlen.	
Fahrwerk und Lenkung	
Sind die Lenkanschläge unbeeinträchtigt?	
Besteht Rostfraß an Rahmenbauteilen? Ist der Rahmen beschädigt oder verändert?	
Besteht Ölaustritt an Gabel oder Federbein?	
Besteht Spiel im Lenkkopflager? Sind Rastpunkte spürbar?	
Ist die Gabel verzogen?	
Besteht Spiel im Schwingenlager oder der Umlenkung?	
Sind alle Leitungen, Kabel und Züge scheuerfrei verlegt und knicken nirgends ab? Sind die Bowdenzüge leichtgängig?	
Sind alle Schrauben fest? Sind zu sichernde Schrauben wie vorgeschrieben gesichert?	
Funktioniert das Lenkschloss problemlos?	
Räder und Reifen	
Entsprechen die Reifendimensionen denen der Fahrzeugpapiere? Sind andere Größen aufgezogen? Unbedenklichkeitsbescheinigung dabei?	
Haben die Reifen noch genügend Profil (mindestens 1,6 mm)?	
Stimmt die Laufrichtung der Bereifung?	
Sind Risse, Beulen oder Schnitte erkennbar?	
Hat ein Rad seitlichen Schlag?	
Fluchten Vorder- und Hinterrad (sind also in der Spur)?	
Sind alle Speichen fest? Ist die Felge unbeschädigt?	
Sind alle Radlager spielfrei?	
Drehen die Räder frei oder schleift die Bremse?	
Sind die Radachsen befestigt und – falls vorgeschrieben – gesichert?	
Bremse	
Ist die Bremswirkung ausreichend?	
Sind die Beläge abgenutzt?	
Ist die Bremsscheibe stark riefig oder gar abgenutzt?	
Ist der Druckpunkt schwammig (Luft im Bremssystem)?	

Haben Hebel und Pedale noch Wegreserve?

Sind Leitungen und Flüssigkeitsbehälter dicht?

Sind die Leitungen unverdreht, scheuerfrei verlegt und knicken nirgends ab?

Ist die Bremsflüssigkeit zu alt (Farbe checken)? Stimmt der Bremsflüssigkeitsstand?

Laufen die Räder freigängig?

Reagieren die Bremslichtschalter rechtzeitig?

Beleuchtung funktionsfähig? Überprüfe Blinker, Warnblinker, Stand-, Abblend-, Fern- und Bremslicht sowie Anbauten wie Nebelscheinwerfer. Ebenso die Beleuchtung der Cockpiteinheit und deren Kontrollleuchten.

Haben alle Lampen E-Zeichen?

Stirbt der Motor bei Betätigen des Kill- und Seitenständerschalters ab?

Leuchten alle Lampen ohne zu flackern? Dimmt eine ab bei Einschalten eines weiteren Verbrauchers? Auch bei laufendem Motor (Masseschlüsse)?

Funktioniert der Tacho?

Sind die Gehäuse der Leuchteinheiten intakt wie Blinker, Bremslicht, Scheinwerfer, Zusatzbeleuchtung (meistens Plastik)? Sind die Rückstrahler intakt?

Sind die Scheinwerferreflektoren intakt oder angerostet bzw. erblindet?

Ist der Scheinwerfer korrekt eingestellt?

Sind alle elektrischen Anschlüsse frei von Korrosion?

Sind die in den Fahrzeugdokumenten vorgeschriebenen Zündkerzen und Zündkerzenstecker montiert?

Antrieb

Sind Kette, Kettenrad und/oder Ritzel abgenutzt?

Ist die Kette richtig gespannt?

Ist ein Kettenschutz vorhanden und ist der Kettenschleifschutz auf der Schwinge intakt?

Bei einem Kettenschloss: Ist es entsprechend der Laufrichtung eingeclippt?

Sonstiges

Funktioniert die Diebstahlsicherung?

Ist ein Rückstrahler vorhanden und hinten mittig verbaut?

Ist das Kennzeichen sicher befestigt und gut lesbar (nicht umgebogen oder anders im Winkel zur Straße verändert)?

Sind die Rückspiegel intakt (keine Risse im Glas oder blind)?

Sind die Lenkergriffe fest?

Ist ein Windschild bzw. eine Verkleidung mit Scheibe unbeschädigt und verfügen die Ränder über einen Kantenschutz?

Klappen die Fußrasten ein?

Sind Anbauteile (beispielsweise Koffer, Gepäckträger, Nebelscheinwerfer) sowie Sitzbank und Tank sicher befestigt?

Papiere

Fahrzeugschein (Zulassungsbescheinigung Teil I) dabei? Bei Vorführung nach langer Stilllegung ist auch der Fahrzeugbrief (Zulassungsbescheinigung Teil II) mitzubringen.

Stimmt die Fahrgestellnummer am Rahmen mit den Daten aus dem Fahrzeugschein überein? Entsprechen auch die anderen Daten (wie unter anderem Reifendimensionen) dem Istzustand des Motorrads?

Sind für An- oder Umbauten alle erforderlichen Papiere vorhanden (ABE, Teiletypgenehmigung, E-Nummer)?

Sektion 15: Problemlöser

Mit welchem Buchstaben lässt sich ein Problemlöser besser beginnen als mit ‚S'. ‚S' wie ...

Saisonstart

Kaum etwas ist frustrierender, als freudestrahlend zum Saisonbeginn die Garage zu entern, nur um kurz darauf mit hängenden Schultern wieder rauszuschleichen, weil leider nichts geht. Aber keine Panik, hast du dein Mopped im Herbst korrekt eingemottet, droht nur selten echtes Ungemach. In der Regel wird es sich um Kleinigkeiten handeln.

Batterie tot/Lebenszyklen immer kürzer

Passiert beim Drehen des Zündschlüssels auf ‚On' genau nichts, sind die LED-Kontrollleuchten im Cockpit tot bzw. dimmen beim Drücken auf den Starter ab und ist aus Richtung Motor nicht einmal ein weinerlicher Klick zu vernehmen? Vermutlich hat sich die Batterie über Winter zu Tode gestanden oder ist zumindest stark entladen.

Abhilfe: Hauptsicherung überprüfen, dann Starthilfe von einer Standbatterie oder einem Auto geben (auf gleiche Voltzahl achten). Alternativ baue eine andere Motorradbatterie ein bzw. schließe sie temporär an. Zur Starthilfe via Überbrückung[12-12] siehe Seite auch 247.

Springt der Motor an, lade die alte Batterie und überprüfe bei Standard-Blei-Batterien zusätzlich den Säurestand. Muss die Batterie hierzu ausgebaut werden, Massekabel zuerst lösen, dann das rote Pluskabel. Mehr zum Ladevorgang und Ursachen für ständige Entladungen findest du in Sektion 12 ab Seite 180.

Ist eine Wiederbelebung nicht mehr möglich, weil die Batterie sich definitiv tiefenentladen hat, steht eine Neuanschaffung an (siehe hierzu auch Sektion 12 *„Elektrik"* ab Seite 176).

Batterie fit, Anlasser tot

Die Batterie ist sichtlich lebendig, alle Lichter funzen, aber der Druck auf den Anlasser hat keinerlei Auswirkungen auf überhaupt nichts. Kein Licht wird schwächer, kein Klicken ist zu vernehmen und der Motor bleibt stumm und regungslos.

Seitenständer ausgeklappt? Kein Witz. In sechs Monaten kann man Grundlegendes vergessen, zum Beispiel, dass ein Mopped nicht anspringt, wenn gleichzeitig 1) der Seitenständer ausgeklappt, 2) ein Gang eingelegt und 3) die Kupplung NICHT gezogen ist.

Abhilfe: Sicherstellen, dass Leerlauf eingelegt bzw. Seitenständer hochgeklappt ist.

Sicherung durchgebrannt? Passiert eigentlich immer von heute auf morgen: die Hauptsicherung brennt durch.

Abhilfe: Sicherungen checken (siehe Sektion 12 ab Seite 175).

Zündschloss defekt? Kann passieren: Kontaktschwäche innerhalb der Schaltungen des Zündschlosses oder irgendwo am Kabelbaum. Insbesondere schwere Schlüsselbunde, die am Zündschlüssel zerren, können im Zusammenspiel mit Fahrvibrationen Wackelkontakte provozieren.

Abhilfe: Graphit- und Kontaktspray einführen, öfter hin- und herdrehen und Zuleitungen samt Stecker überprüfen.

Schalter am Seitenständer verdreckt? Dreck am Seitenständer kann den Schalter blockieren, der dann den Zündstrom nicht freigibt.

Abhilfe: Säubern und mit Kontaktspray eindieseln.

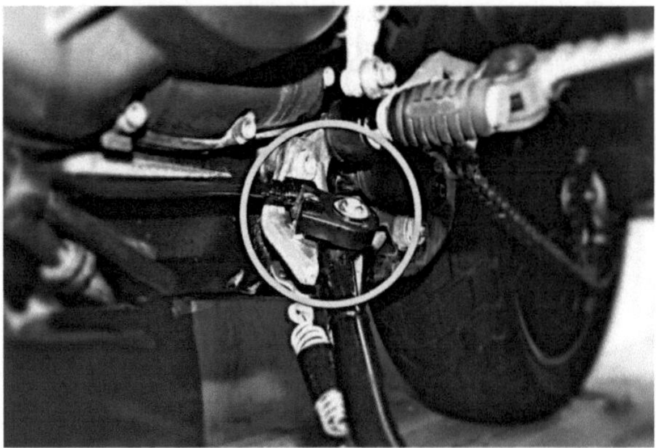

Vernachlässigte Pflege im Winter, beim Herbstputz übersehen oder einfach nur Pech: bockiger Seitenständerschalter.

Startschalter korrodiert? Bei älteren Fahrzeugen streikt gerne einmal der Starterknopf, weil Korrosion den Kontakt unterbricht. Abhilfe: Bewaffne dich mit Schleifpapier und Kontaktspray, öffne das Schaltergehäuse und reinige die Kontakte. Zur Überprüfung der Leitfähigkeit siehe Sektion 12 *„Elektrik"* ab Seite 175.

Killschalter auf 'ON'? Kontakte korrodiert?

Killschalter: Rechts am Lenker befindet sich ein (meist) roter Schalter, den kaum jemand nutzt und den viele nur selten auf dem Radar haben: der Notfallschalter zum Abstellen des Motors. Vielleicht wurde er beim Herbst- oder Frühjahrsputz unbemerkt auf ‚Off' gestellt oder sind die Kontakte über die Monate korrodiert? Kontrollieren!

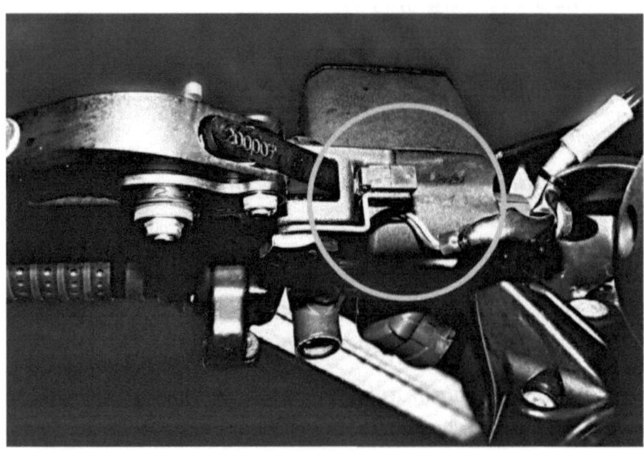

Irgendwo her muss die Notabschaltung ja wissen, was sie machen muss, wenn der Seitenständer draußen ist ...

Kupplungsschalter defekt? Verfügt ein Mopped über einen Kupplungsschalter, hat auch dieser Einfluss auf den Zündstrom. Ist er defekt, fließt kein Strom mehr. Zur Überprüfung den Stecker abziehen und die Kabel überbrücken.

Leerlauf eingerastet? Auch wenn sich das Bike hin- und herschieben lässt und die Leerlauf-Kontrollleuchte arbeitet, kann die Leerlauf*erkennung* der Elektronik trotzdem haken. → Zündung einschalten, 1. Gang einlegen, zum Leerlauf zurückkehren, 2. Gang einlegen, zum Leerlauf zurückkehren. Neustart versuchen.

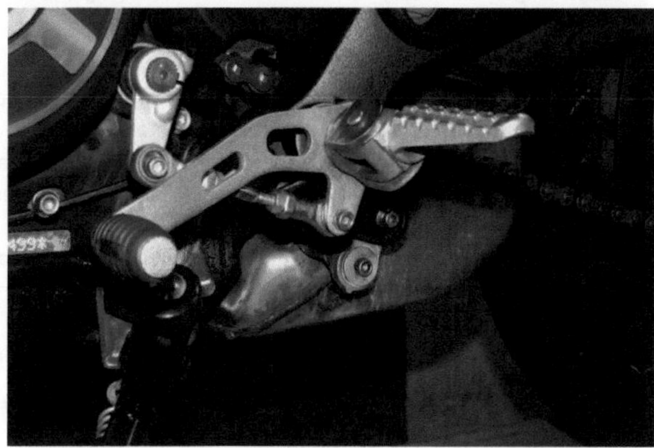

Stromkreisunterbrechung durch loses Kabel, Stecker oder Anschluss: Ruhig einmal die wichtigsten Kabel (Zündschloss, Batterie, Masseanschluss, Startersystem) samt Stecker, Anschlüsse und Schalter inspizieren, bei Korrosion abschleifen und mit Kontaktspray bearbeiten.

Anlasserrelais defekt? Zuzeiten gibt ein Anlasserrelais als Ganzes auf (bspw. Spule defekt, Kabel gebrochen, etc.) und nicht nur dessen Magnetschalter. → Überprüfen (siehe hierzu Sektion 12 *„Elektrik"* ab Seite 184).

Anlasserfreilauf: Läuft der Anlasser hörbar unbeeinträchtigt, scheint den Motor aber nicht zu bewegen, ist der Anlasserfreilauf defekt. Meistens sind dann auch üble Geräusche vernehmbar, die definitiv nichts Gutes bedeuten. In dem Fall hilft nur ausbauen und Zahnrad sowie Rollen von Fachleuten auf Schäden überprüfen und defekte Bauteile ersetzen lassen.

Batterie fit, ominöses Klicken von unten

Ist beim Startversuch nur ein Klicken oder Schnarren zu vernehmen, rührt es in aller Regel vom Starterrelais her. Das Teil ist meistens irgendwo unter der Sitzbank deponiert und sorgt dafür, dass der Starter mit der zur Drehung der Kurbelwelle notwendigen Spannung versorgt wird. Fehlt die Spannung, checke auf:

Batterie zu schwach: Manchmal ist eine Batterie nur oberflächlich gesehen fit, aber nicht fit genug, den Startvorgang auszuführen. → Unter Umständen reicht es, alle anderen Verbraucher (Licht, etc.) auszuschalten, ansonsten hilft nur Aufladen, die Batterie mit einem Starterkabel unterstützen oder eine frische einbauen.

Anschlussprobleme: Überprüfe alle Kabel und Anschlüsse, die von der Batterie zum Relais und von dort zum Anlasser führen. Sind Kontakte lose oder korrodiert, kann der Stromkreis bei Betätigung zusammenbrechen.

Magnetschalter defekt: Oft hilft es bei bockigen Magnetschaltern, mehrmals nacheinander auf den Starter zu drücken, um zum Ziel zu kommen. Reicht dies nicht, kannst du auch mit der Plastikseite eines Schraubendrehers freundlich am Relais anklopfen. Hängt es nur; wird es auf diese Weise freigegeben. Allerdings steht der Austausch des Relais über kurz oder lang trotzdem ins Haus. Mehr Infos zum Anlasserrelais findest du in Sektion 12 *„Elektrik"* ab Seite 184.

Anlasser dreht Motor nur langsam

Batterie zu schwach: Der Startstrom reicht nicht, dem Motor die nötige Umdrehungszahl anzudienen, damit dieser von alleine weiterlaufen kann. → Schalte alle anderen Verbraucher (Licht, etc.) aus. Falls es nicht reicht, lade die Batterie, überbrücke von einer anderen oder verbaue eine frische.

Anschlussprobleme: Wie oben: Möglicherweise bricht der Stromkreis unter Belastung zusammen. Überprüfe deshalb alle Kabel und Anschlüsse, die von der Batterie zum Relais und von dort zum Anlasser führen, auf feste Kontakte und Korrosion.

Anlasser defekt: Klemmt der Anlasser, reicht der Starterstrom nicht, ihn freizubekommen. Abhilfe schafft nur der Ausbau und die Überprüfung, bzw. ein Ersatz. Siehe hierzu auch Sektion 12 *„Elektrik"* ab Seite 183.

Anlasser dreht gut, Motor nicht

Sind alle Komponenten von der Batterie über das Relais bis zum Anlasser in Ordnung, dreht der Motor aber trotzdem nicht, ist unter Umständen die Freilaufkupplung, die Zahnräder am Anlasser oder das Einrückritzel defekt. → Meist Werkstatt. Vorher aber prüfen, ob bei einem vorigen Ausbau nur die Klemmen falsch angeschlossen worden sind.

Motor dreht, springt aber nicht an

Weitere Ursachen für den störrischen Frühjahrsauftritt eines Motorrads können am Erscheinungsbild der Zündkerzen dingfest gemacht werden. Hierzu:

1) Ziehe den Zündkerzenstecker ab. Gleichzeitig überprüfst du sicherheitshalber, ob die Stecker fest auf der Kerze gesessen haben und das Kabel fest im Stecker sitzt. War es nicht der Fall, behebe die Fehlerquelle(n) und versuche, den Motor erneut zu starten.

2) Schraube die Zündkerze aus und prüfe das Zündkerzengesicht, das idealerweise mit einer trockenen, grau- bis hellbraunen Färbung daherkommen sollte. Details hierzu, wie du die Zündung überprüfst und welche Fehlerquellen sonst noch in Frage kommen könnten (aber mehr Aufwand machen), erfährst du in Sektion 13 *„Motoren und Drumrum"* ab Seite 215).

Weitere Ursachen eines unwilligen Motors:

- Kein Sprit im Tank. →Checken und nachfüllen.
- Benzin verschmutzt. → System reinigen (Seite 202).
- Benzin veraltet. Bei der Lagerung von Benzin verdampfen die für einen Kaltstart wichtigsten Bestandteile zuerst. → Benzin absaugen, fachgerecht entsorgen und frisches Benzin einfüllen.
- Filter und/oder Leitungen verstopft (→ Seite 202).
- Vergaser-/ Einspritzdüsen verstopft (→ Seite 205.

- Motor abgesoffen. → Kerzen ausbauen und trocknen lassen.
- Benzinpumpe defekt (→Seite 204).
- Zündprobleme (→Seite 213).
- Luftfilter dicht (→Seite 211).

Fatale Ursachen (→ Werkstatt):

- Elektronische Zündung defekt.
- Kompression zu niedrig (Motorschaden).
- Ventile undicht.
- Zylinderkopfdichtung defekt.

In sehr seltenen Fällen schafft der Anlasser es nicht, die Kurbelwelle wegen gravierender Motorschäden zu drehen, beispielsweise bei einem festsitzenden Motor oder abgerissenen Ventilen. So etwas passiert bei einer Winterpause aber nicht mal eben von alleine.

Fahrwerk

Federung zu weich?

Reifenluftdruck zu niedrig. → Erhöhen, siehe auch Sektion 08 *„Reifen/Räder"* ab Seite 113.

Federvorspannung zu gering. →Vorspannung erhöhen, siehe Seite 89.

Dämpferdruckstufe zu weich. → Stellschraube eindrehen, siehe ab Seite 94.

Federn ermüdet. → Auswechseln, siehe ab Seite 102.

Zu wenig Gabelöl. → Gabelölwechsel, siehe ab Seite 102, , Ursache in Erfahrung bringen.

Gabelöl zu dünnflüssig. → Gabelölwechsel zu einem mit höherer Viskosität, siehe ab Seite 102.

Federhärte zu niedrig. → Austauschen, siehe ab Seite 86.

Federung zu hart?

Reifenluftdruck zu hoch. → Verringern, siehe Sektion 08 *„Reifen/Räder"* ab Seite 113.

Federvorspannung zu stark. → Vorspannung herabsetzen, siehe ab Seite 89.

Dämpferdruckstufe zu hart. → Stellschraube ausdrehen, siehe ab Seite 94.

Zu viel Gabelöl. → Gabelölmenge auf beiden Holmen gleichzeitig verringern, mit oder ohne Ölwechsel. Siehe ab Seite 98.

Gabelöl zu dickflüssig. → Gabelölwechsel zu einem mit geringerer Viskosität, siehe ab Seite 98.

Federhärte zu hoch. → Austauschen, siehe ab Seite 86.

Falsche Vorspannung?

Auswirkungen einer *zu geringen Gabelfeder*-Vorspannung (Maschine steht vorne zu tief, mit ihr rutscht der Schwerpunkt nach vorne):

- Die Sitzhöhe ist verringert.
- Die veränderten Werte für Lenkkopfwinkel und Nachlauf begünstigen Instabilitäten sowie Überhandlichkeit. In Kurven verhält sich das Mopped nervös und kippelig.
- Starke Bremsungen können die Gabel anschlagen lassen (auf Block gehen), unter Umständen blockiert das Vorderrad.

Auswirkungen einer *zu hohen Gabelfeder*-Vorspannung (Maschine steht vorne zu hoch, Schwerpunkt liegt höher):

- Die Sitzhöhe ist erhöht.
- Die veränderten Werte für Lenkkopfwinkel und Nachlauf verschlechtern das Handling, in Kurven drängt das Bike nach außen.
- Die zu kurzen Ausfederwege können auf schlechter Fahrbahn Lenkerschlagen provozieren.

Auswirkungen einer *zu geringen Federbein*-Vorspannung (Maschine steht hinten zu tief, Schwerpunkt liegt ebenfalls tiefer):

- Die Sitzhöhe ist verringert.
- Die veränderten Werte für Lenkkopfwinkel und Nachlauf verschlechtern das Handling. In Kurven und beim Lenken verhält sich das Mopped steif, in Kurven drängt es nach außen.
- Federung wird unangenehmer. Bei zu viel Zuladung und/oder Bodenwellen kann die Federung anschlagen.

Auswirkungen einer *zu hohen Federbein*-Vorspannung (Maschine steht hinten zu hoch, somit auch der Schwerpunkt:

- Sitzhöhe ist erhöht.
- Veränderte Werte für Lenkkopfwinkel und Nachlauf verschlechtern Stabilität bei Geradeauslauf und Kurvenfahrten.
- Zu kurze Ausfederwege können auf schlechter Fahrbahn dazu führen, dass das Hinterrad Bodenkontakt verliert. Beim Bremsen kann das Heck u. U. abheben.
- Eine starke Vorspannung beeinflusst die Anfangssensibilität des Federbeins negativ und lässt es in diesem Bereich unkomfortabel arbeiten.
- Im Zusammenspiel mit einer zu geringen Zugstufe kann lebensgefährliches Pendeln (Shimmy bzw. Kickback) auftreten

Gabel geht auf Block

Taucht die Gabel beim (harten) Bremsen zu stark ab, schlägt sie durch, oder neigt das Bike beim Bremsen zum Blockieren, kommen in Frage:

- Federvorspannung zu gering: → Verfügt die Gabel über Einstellmöglichkeiten, verringere den Negativfederweg. Bestehen bei der Gabel keine Einstellmöglichkeiten, erhöhe die Vorspannung *temporär zu Testzwecken* durch Scheiben oder Buchsen (siehe auch ab Seite 89). Verbessert sich das Fahrverhalten, ziehe einen Spezialisten für kostengünstige professionelle Lösung zu Rate.
- Druckstufendämpfung zu gering: → Erhöhe die Dämpfung der Gabel-Druckstufe (falls möglich).
- Einstellbarer Zusatzluftdruck zu gering: Erhöhe den Gabelluftdruck (falls möglich).
- Luftpolster zu groß: → Erhöhe den Gabelölstand in Abständen von maximal 10 Millimeter pro Schritt (siehe ab Seite 98).
- Gabelöl-Viskosität zu gering: → Verwende ein Gabelöl mit höherer Viskosität (siehe ab Seite 98).
- Federn zu weich: Um den Komfort zu erhöhen, werden viele Maschinen mit weichen Federn konstruiert. → Verbaue progressiv härtere (siehe ab Seite 86).

Gabel sinkt ein

Sinkt die Gabel im Stand zu weit und zu weich ein, checke auf eine zu geringe Federvorspannung: Falls möglich, verringere den Negativfederweg oder erhöhe die Vorspannung behelfsmäßig durch Scheiben oder Buchsen (siehe oben *‚Gabel geht auf Block'*). Auch denkbar:

- Zu geringer Zusatzluftdruck: → Erhöhe den Gabelluftdruck (falls möglich).
- Zu weiche Federn: → Verbaue progressiv härtere Federn (siehe Seite 86).

Gabel führt unpräzise

Fühlt sich die Gabel unpräzise und unkomfortabel an und/oder ist Lenkerschlagen zu beklagen, kommen als mögliche Ursachen in Frage:

- Federvorspannung zu hoch: → Verfügt die Gabel über Einsteller, erhöhe den Negativfederweg. Existieren keine, verringere die Vorspannung *temporär zu Testzwecken* durch die Entfernung oder Kürzung von Distanzhülsen (siehe ab Seite 99). Verbessert sich das Fahrverhalten, ziehe ferner einen Spezialisten zu Rate.
- Druckstufendämpfung zu hoch: → Verringere die Dämpfung der Gabel-Druckstufe (falls möglich).

- Einstellbarer Zusatzluftdruck zu hoch: → Verringere den Gabelluftdruck (falls möglich).
- Luftpolster zu klein: → Verringere den Gabelölstand mit einer Spritze und in kleinen Schritten (wenige Milliliter). Siehe hierzu auch ab Seite 98.
- Gabelöl-Viskosität zu hoch: → Verwende ein Öl mit niedrigerer Viskosität (siehe ab Seite 98).
- Federn zu hart: → Verbaue weichere Federn (siehe ab Seite 86).

Gabel übermäßig reaktiv

Federt die Gabel in Wechselkurven oder generell nach Kurven zu schnell aus (unruhige Front) und beeinflusst die Zielgenauigkeit negativ, steht Folgendes zur Debatte:

- Gabelöl-Viskosität zu gering: → Ein dickeres Öl Viskosität erhöht die Dämpfung (siehe ab Seite 98).
- Zugstufendämpfung zu gering: → Ziehe die Dämpfung der Gabel-Zugstufe schrittweise an.

Gabel sehr träge

Federt die Gabel zu langsam aus, verhärtet sich auf Bodenwellen und in der Schräglagenkompression, gehe gegenteilig zu oben vor:

- Gabelöl-Viskosität zu hoch: → Verwende ein Öl mit geringerer Viskosität (siehe Fahrwerkskapitel ab Seite 98).
- Zugstufendämpfung zu hoch: → Verringere Dämpfung der Gabel-Zugstufe schrittweise.

Gabel springt bei schlechter Fahrbahn

Springt die Gabel locker polternd über unebenen Straßenbelag, kann das auf eine zu schwache Druckstufendämpfung zurückzuführen sein. → Erhöhe sie schrittweise (falls möglich).

Vorderrad springt

Verliert der Vorderreifen den Bodenkontakt, ‚springt' das Vorderrad oder blockiert schnell beim Bremsen. Ursachen können eine zu geringe Druckstufe vorne, eine zu stark angezogene Zugstufe (ebenfalls vorne), ein zu hoher Negativfederweg, Gabelölverlust oder ein zu hohes Losbrechmoment der Gabel sein.

Schlechtes Gabel-Ansprechverhalten

Erhältst du zu wenig Gefühl vom Vorderrad, insbesondere in Schräglage, kann ein zu hohes Losbrechmoment der Gabelfederung ursächlich sein. Zur Überprüfung stütze dich auf dem Lenker ab und erhöhe den Druck aufs Rad kontinuierlich. Eine gut eingestellte Gabel spricht dabei sensibel und fließend auf jede Druckstufe an, eine schlecht zusammengebaute macht ruckartig einen kleinen Sprung (zur Korrektur siehe Seite 108).

Ursächlich können eine verspannte Gabel, aber auch straff anliegende Simmerringe sein. Einige Motorräder rollen so bereits vom Laufband und ärgern ihre Besitzer, bei anderen sind Letztere selbst schuld, weil sie zu viel Gabelöl eingefüllt haben (bspw. um weiche Federn auszugleichen). Dann provoziert der beim Einfedern entstehende Überdruck durch das zu geringe Luftpolster eine erhöhte Reibung der Dichtlippen der Simmerringe, welches wiederum das Losbrechmoment erhöht.

Motorrad neigt zum Lenkerschlagen

Lenkerschlagen (Kickback) tritt auf, wenn das Vorderrad (warum auch immer) abhebt und schräg wieder aufsetzt. Meistens fängt sich das Bike schnell (hilfreich ist beherztes Zupacken am Lenker), fatal können aber mehrere Bodenwellen hintereinander sein, die den Lenker mit zunehmender Wucht von Seite zu Seite springen lassen (siehe auch ab Seite 243).

- Weiß man, dass das Bike zum Lenkerschlagen neigt, versuche, mehr Last Richtung Vorderrad zu verteilen (mehr Gepäck im Tankrucksack, weniger in die Koffer). Dadurch wird der Schräglaufwinkel am Vorderrad geringer.
- Gabel-Negativfederweg eventuell zu niedrig. → Überprüfen.
- Eine geringere Druckstufendämpfung an der Gabel kann helfen, wenn sie spürbar hart trampelnd und unkomfortabel auf Unebenheiten reagiert.
- Ein gut eingestellter Lenkungsdämpfer mindert zwar ebenfalls die Kickback-Neigung eines Bikes, ändert aber nichts an der Ursache, die du trotzdem in Erfahrung bringen solltest.
- Tritt das Lenkerschlagen bevorzugt beim Beschleunigen in moderater Schräglage auf, können der dynamische Negativfederweg zu gering und die Zugstufe vorne (eventuell auch die Druckstufe hinten) zu stark sein. Hinweis: Überprüfe ebenso Federbein-Umlenkhebel und Schwinge auf Spiel.

Gabel stuckert

Taucht die Gabel ruckelnd ein, kann es an zu strammen Simmerringen und/oder einer verspannter Gabel liegen. → Silikonöl auf den Bereich oberhalb der Schutzkappen und Gabel entspannen (siehe Seite 107).

Gabel klackt beim Eintauchen

Schließe aus, dass die Bremse ursächlich ist (drücke die Gabel ohne Handbremse runter) und stelle sicher, dass keine Bowdenzüge irgendwo im Gabel-/Lenkkopfbereich anschlagen. Klackt es immer noch und ist auch nicht das Lenkkopflager dafür verantwortlich, sind mglw. die Gabel-Simmerringe trocken und geben das Standrohr nur ungerne preis. Verteile ein wenig WD-40 auf die Bereiche oberhalb der Simmerringe (nehme hierzu die Staubkappen ab) und checke, ob das Knacken nach ein paar Eintauchübungen ausbleibt. Falls nicht, liegt das Problem wahrscheinlich im Innenleben eines der Gabelholme, möglicherweise ist ein Gleitlager abgenutzt (siehe Seite 103).

Heck bockig

Springt das Heck über Bodenunebenheiten und lässt das Bike beim Bremsen unruhig werden, kann es an einer zu starken Druckstufendämpfung beim Federbein liegen. → Schrittweise verringern.

Heck federt durch, hängt in Schräglage

Sinkt das Heck in der Kurvenkompression zu tief ein, mag nicht aus den Federn kommen und läuft hart und unangenehm über Bodenunebenheiten, bzw. zwingt das Bike am Kurvenausgang in die weite Linie, kann das an einer zu schwachen Druckstufendämpfung liegen. → Erhöhe die Federbein-Druckstufe, versuchsweise auch bei gleichzeitiger Reduktion der Zugstufendämpfung.

Heck schwingt in Schräglage

Tritt das Phänomen bei Soziusbetrieb oder Gepäckzuladung auf, passe die Vorspannung an und/oder erhöhe die Druckstufe. Alternativ verbaue härtere Federn.

Heck pumpt

Pumpt das Heck beim Beschleunigen aus der Kurve, ist mglw. die Federbein-Druck- und/oder Zugstufendämpfung zu gering eingestellt. → Dämpfung schrittweise und unabhängig voneinander erhöhen.

Heck stempelt

Stempelt das Hinterrad beim Bremsen, versuche das Problem durch Erhöhung der Druck- und Zugstufe hinten in den Griff zu bekommen. Möglich ist leider auch Spiel im Schwingenlager oder den Umlenkhebeln des Federbeins.

Motorrad generell unhandlich

Überprüfe die Negativfederwege vorne und hinten. Erhöhe schrittweise den dynamischen Negativfederweg (N2) vorne und verringere ihn am Federbein.

Motorrad wandert, zieht zur Seite

Den kompletten Lenkeinschlag nutzt ein Biker nur selten, in der Regel sind es nur ein paar Grad. Klemmt es hier, weil Lenkkopflager eingelaufen oder zu stramm angezogen sind, passt sich die Lenkung nicht mehr widerstandslos an. Das Bike ‚wandert' dann beim Kurvenfahren und muss durch permanente Korrekturen auf Spur gehalten werden. In dem Fall ist in Schräglagen keine Linie möglich, bei Langsamfahrten kippelts und bei Freihandfahrten muss ständig ausbalanciert werden.

Zur Korrektur gibt es zwei Möglichkeiten:

- Ist das Lenkkopflager nur zu stramm eingestellt, lockere es ein wenig.
- Sind die Wälzkörper im Lenkkopflager eingelaufen, müssen die Lager getauscht werden (siehe Sektion 11 ab Seite 164).

Motorrad eiert in Kurve …

… und drängt zum Fahrbahnrand. Sind die Federelemente überaltert (schlechte Dämpfung, müde Federn, schlechtes Reaktionsverhalten, ‚auf Block gehen'), können die Reifen in Kurven kurzzeitig den Kontakt mit der Fahrbahn verlieren. In der Folge kann der Reifen die Seitenkräfte und die Bremsleistung nur ungenügend übertragen und das Rad drängt durch Mikrosprünge zum Kurvenäußeren. Das Motorrad wird quasi ‚aus der Kurve getragen'. → Abhilfe: Federelemente überprüfen, defekte Komponenten austauschen. Sind sie nicht defekt, Federvorspannung und Dämpfereinstellungen überprüfen.

Bike nicht spurstabil, wenig lenkpräzise

Lagerproblem: Verhält sich das Bike im Geradeauslauf nicht spurstabil und bzw. oder verstärken sich Vibrationen, hat das Lenkkopflager möglicherweise zu viel Spiel. In aller Regel klackert die Front dann auch auf schlechter Straße und/oder beim Bremsen. → Anziehen hilft, aber checke trotzdem auf Defekte (siehe ab Seite 161). **Lenkungsdämpfer vorhanden?** Mglw. ist der Dämpfer zu hart eingestellt.

Motorrad stellt sich auf

Stellt sich das Motorrad beim Kurvenbremsen auf, kann dies auf einem zu hohen Negativfederweg und/oder eine zu geringe Druckstufe vorne beruhen.

Pendeln bei hohen Geschwindigkeiten

Neigt dein Bike zu übermäßigem Pendeln bei hohen Geschwindigkeiten (Weave, siehe Seite 243), können falsch eingestellte Lenkungsdämpfer, verspannte oder unrund sitzende Lenkkopflager oder kantig gefahrene Hinterradreifen ursächlich sein, mglw. auch eine verkrampfte Fahrweise, bei der man sich am Lenker verkrallt.

Ebenso möglich: Spiel in der Schwingenlagerung oder Radachsenaufnahme, falsch eingestellter Negativfederweg am Federbein und/oder zu geringe Druck- bzw. zu hohe (oder zu geringe) Zugstufe hinten. Auch der Luftdruck sollte kontrolliert und eingestellt werden.

Pendeln bei moderatem Speed

Insbesondere ältere Motorräder können bereits bei moderat schnellem Fahren (100 bis 140 km/h) zu Pendelbewegungen neigen, die unter Umständen dramatisch verlaufen. Ursache können unter anderem Spiel im Lenkkopflager, der Schwingenlagerung oder der Radachsenaufnahme sein, aber auch defekte Radlager oder ein unrunder Sitz des Lenkkopflagers. Selbst abgerockte Federelemente, angelöste Motorhalterungen, lose Speichen (bei Speichenrädern) und veraltetes Gabelöl können in Frage kommen. Mit Pech auch ein Rahmenschaden.

Bei defekten Lagern -> austauschen (siehe ab Seite 161). Bei unrunden Lagersitzen im Lenkkopf müssen dabei (idealerweise) im Vorfeld die Sitze und der Lenkdorn von Fachleuten nachbearbeitet, mindestens sollte aber ein Untermaßlager eingeklebt werden (Letzteres ist kostengünstiger, aber suboptimal). Sind die Schwingenlagersitze unrund (was der stärkeren Belastung wegen häufiger vorkommt als am Lenkkopf), verschleißen neue Lagernadeln sehr schnell, so dass man auch hier überlegen sollte, einen Fachmann zu Rate zu ziehen.

Ist die Bohrung der Schwingachse im Rahmen ausgeschlagen, nützen neue Lager ferner wenig, weil trotzdem Spiel bestehen bleibt. Dann hilft nur eine kostenaufwändige Reparatur in einem Fachbetrieb, weil nicht nur neue Bohrungen und Buchsen eingebracht, sondern auch Geometrieabweichungen zwischen Schwingenaufnahme und Lenkkopf korrigiert werden müssen.

Radachsen müssen kompromisslos gerade und frei von Druckstellen sein, rissfrei sowieso. Bei der Montage darf ferner nur ein leichtes Spiel an den Lagerstellen vorhanden sein, das so gerade eben das Durchstecken erlaubt. Die Radlager selbst müssen spannungsfrei sitzen und die Distanzhülsen an ihrem angestammten Platz verbaut sein.

Bike verhält sich beim Bremsen nervös

Die Negativfederwege vorne und hinten sind möglicherweise nicht der Beladung angepasst. → Korrigieren. Hilfreich kann zusätzlich eine Erhöhung der Zugstufe hinten und der Druckstufe vorne sein.

Mangelnde Bodenfreiheit

Setzen Stiefel, Fußraste oder Auspuff vorzeitig auf, muss das nicht konstruktionsbedingt sein, sondern kann ebenso an zu hohen Negativfederwege vorne und hinten liegen. Eventuell verringern.

Bike kippelt, ‚verrutscht' in der Spur

Fährt sich das Mopped insgesamt stabil, scheint jedoch zu ‚kippeln', ähnlich, als ob du mit schmalen Reifen über Spurrillen fährst? Diese Eigenwilligkeit kann auf inkorrekten Luftdruck, abgefahrenen Reifen oder zu stramm angezogenen bzw. defekten Lenkkopflager beruhen. Weitere Möglichkeiten sind ein verlagerter Schwerpunkt durch zu starke Federvorspannung vorne ohne Federbeinanpassung, eine verspannte Gabel oder eine verrutschte Radflucht.

Lenkung hat zu viel Widerstand

Reifenluftdruck zu niedrig: → Korrigieren, siehe Sektion 08 *„Reifen und Räder"* ab Seite 113. **Lenkkopflager zu fest angezogen:** → Korrigieren, siehe Sektion 11 *„Motorradlager"* ab Seite 161. **Lenkkopflager defekt:** → Wechseln, Seite 161. **Fehlerhafte Verlegung** von Kupplungszug, Bremsleitungen und Kabel: → Korrigieren, siehe ab Seite 80. **Festsitzende Verschmutzungen im Bereich untere Gabelbrücke/Lenkkopf:** → Reinigen.

Lenkung schief

Gehe vor wie beim Entspannen der Gabel (Seite 107), lockere aber NICHT die *oberen* Klemmschrauben, sondern die *unteren* plus die Zentralmutter der Gabelbrücke. (‚Lockern' heißt hier, dass die Verbindungen leicht klemmen, aber auch Bewegungen erlauben.)

Hinterrad scheint Eigenleben zu führen

Läuft das Hinterrad aus der Spur (steht schräg zum Vorderrad), kommen mglw. folgende Ursachen in Frage:

- **Distanzbuchsen falsch eingebaut:** → Überprüfen und korrigieren, siehe Sektion 08 ab Seite 123.
- **Hinterrad ungenau eingebaut:** Sind die Kettenspanner ungleich eingestellt, steht auch das Rad schief. → Überprüfen, korrigieren, siehe Seite 123.
- **Hinterradschwinge verbogen:** → Austausch.

Rad flattert

Reifenluftdruck zu niedrig: → Korrigieren, siehe Sektion 08 *„Reifen und Räder"* ab Seite 113.

Reifen schlecht montiert: → Sitzt der Reifen nicht richtig in der Felge: abnehmen und neu einpassten. Fehlen nur die Auswuchtgewichte: neu auswuchten.

Achse und/oder Achsklemmschrauben locker: Möglicher Montagefehler, → Schrauben mit Drehmoment anziehen und Farbmarkierungen setzen.

Reifen defekt: → Auf schlechtem Untergrund oder durch Unfall ruinierte bzw. unwuchtige Reifen gehören ausgetauscht.

Radlager defekt: → Austauschen, siehe Sektion 08 ab Seite 165.

Schwingenlager defekt: → Austauschen, siehe ab Seite 168.

Felge verzogen: → Speichenräder mit Stahlfelgen können möglicherweise gerichtet werden, Gussräder gehören ausgetauscht. Siehe auch Sektion 08 ab Seite 127.

Gabel verzogen: Unter Umständen kann die Gabel wegen Verzug nicht korrekt einfedern. → Gabel entspannen und wiederholt auf klemmende Komponenten prüfen, siehe ab Seite 107.

Motorrad drängt zur Seite

Abgefahrene Reifen: → Wechseln, siehe ab Seite 118.

Reifen schlecht montiert: → Sitzt der Reifen nicht richtig in der Felge, muss er abgenommen und neu eingepasst werden.

Vorder- und Hinterrad nicht spurgetreu eingebaut: → Korrigieren, siehe Sektion 08 ab Seite 123.

Vorder- und/oder Hinterrad falsch eingebaut: → Korrigieren, siehe Sektion 08 ab Seite 123.

Radlager defekt: → Wechseln, siehe Sektion 11 ab Seite 166.

Schwingenlager defekt: → Wechseln, siehe Sektion 11 ab Seite 168.

Gabelbeine defekt (verzogen): → Tauschen.

Gabelbeine ungleich eingestellt: → Korrigieren, siehe Seite 89.

Gabelbeine ungleich befüllt: → Korrigieren, siehe in Sektion 07 den Abschnitt zum Gabelöl ab Seite 98.

Stand- und/oder Tauchrohr verzogen: → Austauschen, siehe Sektion 07 ab Seite 100.

Vorderachse verzogen: → Austauschen.

Rahmen verzogen: → Fatal, weil in vielen Fällen Totalschaden, den nur eine Werkstatt richten kann.

Schwingenlager defekt: → Wechseln, siehe Sektion 11 ab Seite 168.

Einfedergeräusche hinten

Federbeinbefestigung an Schwinge oder Rahmen ausgeschlagen oder gelöst: → Überprüfen.

Schwingenlager defekt: → Überprüfen, siehe Sektion 11 ab Seite 168.

Feder gebrochen: → Überprüfen.

Federwindung verschoben oder reibt am Gehäuse: → Überprüfen.

Einfedergeräusche vorne

Gabel-Gleitrohre verschlissen: → Austauschen.

Gabel-Führungsbuchsen verschlissen: Austauschen, siehe in Sektion 07 den Abschnitt zur Gabeldemontage ab Seite 100.

Zu wenig Gabelöl (Leckage, zu wenig eingefüllt): → Auf Undichtigkeiten prüfen und Ölwechsel vornehmen, siehe Sektion 07 ab Seite 98.

Vorderfront-Komponenten wie unter anderem Holme, Gabelbrücke und Rad nicht korrekt verschraubt: → Überprüfen und Nachziehen.

Gabel-Dämpferkomponenten oder Einstelleinheiten lose oder zerbrochen: → Gabelholme demontieren und reparieren, siehe ab Seite 100.

Stabilitätsprobleme

Shimmy

Das englische Wort ‚Shimmy' bezeichnet das nicht selten auftretende Lenkerflattern bei niedrigen Geschwindigkeiten zwischen ca. 40 und 100 km/h um die Lenkachse (oft erst spürbar bei Freihandfahrten). Es basiert auf Frequenzanregungen an der Gabel, die sich auf Vorderrad und Lenker übertragen. Shimmy ist, wenn auch nervend, meist nicht dramatisch und kann durch Festhalten des Lenkers kontrolliert werden, bzw. verliert sich, wenn schneller (über dem Geschwindigkeitsbereich, in dem es auftritt) oder langsamer (unterhalb des Bereichs) gefahren wird. Bei ausgedehnten Freihandfahrten kann es sich jedoch verstärken und das Bike aufschaukeln.

Manch Pilot greift bei starkem Shimmy zu einem Lenkungsdämpfer, der sollte aber nur als letzte Option in Frage kommen, weil der Ursache des Lenkerflatterns damit nicht beigekommen wird. Die Suche nach den Gründen steht trotzdem ins Haus, hier die häufigsten:

Luftdruck: Ganz simpel: Ein falscher Reifenluftdruck kann die Lenkung ins Flattern bringen. → Luftdruck überprüfen und auf Werksangaben bringen (siehe Sektion 08 ab Seite 113).

Reifenprofil: Verschlissene oder teilverschlissene Reifen, insbesondere Vorderreifen, erzeugen oftmals die Frequenzen, die die Gabel in Schwingungen versetzt. → Reifen wechseln.

Anbauten: Top Cases und fette Koffer können, auch abhängig von der Beladung, die Vorderradführung entlasten und vorhandene Shimmy-Tendenzen zumindest begünstigen

Unwucht im Vorderreifen: Hervorgerufen durch nicht korrekte ausgewuchtete Räder oder Reifen mit Höhen/Seitenschlag. → Überprüfen und korrigieren lassen.

Unterschiedliche Vorder- und Hinterradreifen: Manch Biker zieht aus Sparsamkeits- oder anderen Gründen vorne und hinten unterschiedliche Reifenprofile auf. → Rückgängig machen und gleiche Reifen verwenden (siehe ab Seite 118). Überprüfe auch die Reifenflucht.

Felgenschäden: Am Kantstein oder sonst wie eingedellte Felgen bringen Unruhe ins Fahrwerk, das gilt auch für lockere Speichen. → Überprüfen, korrigieren.

Lager: Sind die Lenkkopflager verschlissen/falsch eingestellt (siehe Seite 161)? Ist das Radlager defekt (siehe ab Seite 165)? → Überprüfen und korrigieren (lassen).

Gabel: Ist das Gabelöl zu alt oder die Federn ermüdet? Bestehen am rechten und linken Holm unterschiedliche Dämpfungs-Einstellungen oder unterschiedlich hohe Ölfüllstände? Ist die Gabel verspannt? → Überprüfen und korrigieren (lassen). Siehe hierzu auch ab Seite 107.

Federbasis: Stimmen die Negativfederwege oder ist zu viel Zuladung zu falsch verteilt? Harmoniert das Setup für vorne und hinten nicht? → Überprüfen (siehe hierzu ab Seite 89). Auch zu viel Vorspannung bei gleichzeitig zu geringer Zugstufe kann zu Shimmy führen.

Hochgeschwindigkeitspendeln (Weave)

Das Pendeln bei hohen Geschwindigkeiten (auch Weave oder Death Wobble) ist nicht wie Shimmy auf den vorderen Bereich limitiert, sondern breitet sich über das gesamte Fahrwerk aus. Hierbei schwingen die vordere Einheit (Gabel, Lenker und Vorderrad) phasenverschoben zu den restlichen zwei Drittel des Motorrads (Rahmen, Tank, Motor und Heck/Hinterrad) um die Lenkachse, während das Bike zeitgleich um die Längs- und Vertikalachse kippt. Ergebnis: Ein S-förmiger Wellenverlauf des Bikes auf der Fahrbahn, der meistens bei Geschwindigkeiten über 120 km/h auftritt und umso stärker wird, je schneller das Fahrzeug fährt. Abhilfe schafft nur sofortige Gaswegnahme und bedachtes Hinterradbremsen – was dringend empfohlen ist, denn Weave führt rapide zu Kontrollverlust. Hohe Sturzgefahr!

Intuitiv verbauen manche Piloten bei diagnostizierten Pendeltendenzen einen Lenkungsdämpfer, der sollte aber wie beim Shimmy versuchsweise nur als letzte Option gewählt werden, wenn die Ursache des Lenkerflatterns zwar bekannt, aber nicht abstellbar ist.

Auslöser können sein:

- **Luftdruck:** Ein falscher Reifenluftdruck kann Pendeln hervorrufen und ist als Ursache am schnellsten zu beseitigen. → Luftdruck überprüfen und auf Werksangaben bringen (siehe Sektion 08 ab Seite 113).
- **Reifenprofil:** Auch (teil)verschlissene Reifen können Hochgeschwindigkeitspendeln erzeugen. → Reifen wechseln (siehe Sektion 08 ab Seite 114).
- **Unwucht im Reifen:** Bei verlorenen Ausgleichsgewichten laufen Räder nicht mehr rund (insbesondere das Hinterrad). → Überprüfen und korrigieren lassen.
- **Gabel:** Ist das Gabelöl zu alt oder die Federn ermüdet? Bestehen in den Holmen unterschiedliche Einstellungen oder verschieden hohe Ölfüllstände? → Überprüfen und korrigieren (lassen). Siehe hierzu auch Sektion 07 ab Seite 107.
- **Hinterradfederung:** Stimmt die Dämpfung des Federbeins (eventuell zu weich oder Dämpfer defekt)? → Überprüfen und korrigieren/wechseln (siehe Sektion 07 ab Seite 108).
- **Lenkkopflager:** Sind die Lenkkopflager verschlissen oder falsch eingestellt? → Überprüfen und korrigieren, bzw. austauschen (lassen). Siehe hierzu auch Sektion 11 ab Seite 161.
- **Schwingenlager:** Sind die Schwingenlager lose (zu viel Spiel) oder defekt? → Überprüfen und korrigieren/wechseln (siehe hierzu auch Sektion 11 ab Seite 168).
- **Radlager:** Sind die Radlager verschlissen? → Überprüfen und wechseln (siehe hierzu auch Sektion 11 ab Seite 165).
- **Motorlagerung:** Ist der Motor in Gummi gelagert (bspw. Harley Davidson), können diese spröde oder brüchig sein. → Tauschen.
- **Zubehör:** Tritt die Fahrwerksverschlechterung nach Anbau von Zubehörteilen auf (Seitenkoffer, Windschild, Top-Case, neuer Lenker)? → Überprüfen und evtl. abbauen. **Hinweis:** Die Anbieter weisen nicht umsonst auf Geschwindigkeitsbegrenzungen nach Anbringen des jeweiligen Zubehörs hin.
- **Federbasis:** Stimmen die Negativfederwege oder ist zu viel Zuladung zu falsch verteilt? →Überprüfen und korrigieren (siehe hierzu ab Seite 89).
- Trägt starker Wind zur Pendeltendenz bei, eventuell in Verbindung mit losen Kleidungsstücken? → Klamotten überdenken (oder langsamer fahren).

Kickback / Lenkerschlagen

Kickback tritt nahezu geschwindigkeitsunabhängig auf, verursacht durch fehlerhafte Federungseinstellungen oder unglückliche Zufälle. Hebt bspw. das Vorderrad kurz ab und setzt verwinkelt wieder auf, schlägt der Lenkbereich (Vorderrad, Gabel, Lenker) urplötzlich um die Lenkachse, so beim Überfahren einer Bodenwelle in einer Kurve, starkem Beschleunigen oder hohem Tempo auf holprigem Untergrund.

Je höher dabei die Geschwindigkeit und je größer der Aufsetzwinkel, desto stärker der Schlag. Die gute Nachricht: Nach einer oder zwei Gegenbewegungen des Lenkers fängt sich das Fahrwerk relativ schnell wieder.

Verstärkende Faktoren sind:

- **Falscher Reifenluftdruck:** Immer auf korrekten Reifenluftdruck achten (siehe Sektion 08 ab Seite 113).
- **Verrutschter Schwerpunkt:** Bei falscher Masseverteilung der Zuladung oder einer verstellten Federbasis wird das Vorderrad eventuell nicht genügend belastet. Siehe hierzu ab Seite 84.
- **Federung:** Dämpfung zu hart eingestellt und/oder zu hohe Vorspannung der Gabel (siehe ab Seite 89.)
- **Ab Werk:** Extrem sportlich gebaute Rahmengeometrie des Bikes (beispielsweise einem aggressiven Nachlauf).
- **Falsche Einstellungen:** Zu viel Vorspannung bei gleichzeitig zu geringer Zugstufe kann zu Kickbacks führen.

Schlechte Fahrstabilität

Von einer schlechten Fahrstabilität ist die Rede, wenn das Fahrverhalten insgesamt als 'schwammig' definiert wird. Hierzu gehören unter anderem ein schlechter Geradeauslauf, eine hohe Trägheit beim Einlenken bzw. Hineinlegen in Kurven, eine unbefriedigende Kurvenstabilität mit notwendigen Korrekturen und schlechter Zielgenauigkeit sowie das Gefühl, als fahre man auf Fahrbahnmarkierungen.

Auslöser können sein:

- **Falscher Reifenluftdruck:** → Luftdruck überprüfen und auf Werksangaben bringen (siehe Sektion 08 *„Reifen/Räder"* ab Seite 113).
- **Reifentyp:** Neue Reifen mit hoher Profiltiefe oder Blockprofilen (wie Enduroreifen) können in der Einfahrphase ein diffus unbefriedigendes Fahrgefühl vermitteln (siehe Sektion 08 *„Reifen/Räder"* ab Seite 114).
- **Reifenzustand:** Verschlissene oder teilverschlissene Reifen (Auswaschungen, eckig gefahren, Sägezahnbildung) sind nicht nur risikobehaftet, sondern mindern auch das Fahrvergnügen. → Reifen wechseln (siehe Sektion 08 *„Reifen/Räder"* ab Seite 114).
- **Unwucht im Reifen:** Die Räder laufen nicht mehr rund. → Überprüfen und korrigieren lassen.
- **Schwingenlager:** Sind die Schwingenlager lose (zu viel Spiel) oder defekt? → Überprüfen und korrigieren/wechseln (siehe hierzu Sektion 11 ab Seite 168).
- **Lenkkopflager:** Sind die Lenkkopflager verschlissen oder falsch eingestellt? → Überprüfen und korrigieren, bzw. austauschen (lassen). Siehe hierzu auch Sektion 11 ab Seite 161.
- **Gabel:** Ist das Gabelöl zu alt oder die Federn ermüdet? Bestehen in den Holmen unterschiedliche Einstellungen oder verschieden hohe Ölfüllstände? Ist die Gabel verspannt? → Überprüfen und korrigieren (lassen). Siehe hierzu auch den Abschnitt zum Gabelöl in Sektion 07 ab Seite 98.
- **Radflucht:** Befindet sich das Hinterrad nicht in Flucht mit dem Vorderrad? → Überprüfen und korrigieren (lassen). Siehe auch Sektion 08 *„Kette, Kettenrad und Ritzel"* ab Seite 131.
- **Zubehör:** Tritt die Fahrwerksverschlechterung nach Anbau von Zubehörteilen wie Seitenkoffer, Windschild, Top-Case, Lenker auf? → Überprüfen und eventuell abbauen.

BREMSE

Verringerte Bremsleistung

Bremsbeläge verschlissen: → Austauschen, siehe ab Seite 149. Bremsscheibe kontrollieren.

Bremsbeläge ungleichmäßig verschlissen: → Austauschen, siehe ab Seite 149. Bremsscheibe kontrollieren. Alle Bremskolben auf Gängigkeit prüfen und bei Bedarf reinigen, siehe ab Seite 154.

Bremsbeläge verschmutzt oder verölt: → Austauschen, siehe ab Seite 149. Bremsscheibe ebenfalls kontrollieren sowie Bremskolben, Radlagerdichtung und Gabel-Simmerringe auf Undichtigkeiten checken, die sich auf Scheibe und Beläge auswirken können.

Bremsbeläge verglast: → Austauschen, siehe ab Seite 149. Bremsscheibe auf Überhitzungsschäden kontrollieren.

Bremsbeläge riefig: → Austauschen, siehe ab Seite 149. Bremsscheibe ebenfalls auf Riefen kontrollieren.

Bremsbeläge tellerförmig aufgeworfen: → Austauschen, siehe ab Seite 149. Bremsscheibe auf Überhitzungsschäden kontrollieren.

Bremsbeläge vom Träger abgerissen: → Beläge austauschen, siehe ab Seite 149.

Bremsbeläge mit falschen (zu großen) Dimensionen verbaut: → Alte mit neuen Belägen vergleichen und gegebenenfalls passende neue einsetzen.

Zu alte Bremsflüssigkeit: Achtung! Bei starker Belastung wie Passabfahrten kann das von der Bremsflüssigkeit angezogene Wasser schlagartig zu Dampf aufgekocht werden und die Bremse versagen lassen. → Austauschen, siehe ab Seite 141.

Kein klarer Druckpunkt: → Flüssigkeit überaltert, Luft im Bremssystem. Abhilfe: Wechseln, entlüften sowie auf Undichtigkeiten prüfen, siehe ab Seite 141.

Bremskolben schwergängig: → Reinigen, siehe ab Seite 154.

Bremskolben undicht: → Bremssattel überholen sowie Staub- und Dichtringe ersetzen, siehe ab Seite 154.

Bremse pumpt, pulsiert, rubbelt

Bremsscheibe verschlissen: → Austauschen, siehe ab Seite 147.

Bremsscheibe und/oder Bremsbeläge zu riefig: → Austauschen, siehe ab Seite 147.

Bremsscheibe hat Seitenschlag: → Austauschen, siehe ab Seite 147.

Bremsscheibe unterschiedlich abgenutzt: Scheibe an verschiedenen Stellen auf Restdicke prüfen. → Bei unterschiedlichen Ergebnissen austauschen, siehe ab Seite 147.

Bremsscheibe überhitzt: → Bei farblichen Flecken (bläulich im Wechsel mit blanken Stellen) austauschen, siehe ab Seite 147.

Bremsscheibe gerissen/gebrochen: → Austauschen, siehe ab Seite 147.

Bremsscheibenbolzen gelockert: → Überprüfen und reinigen, mit Schraubsicherung versehen und mit Drehmoment anziehen, siehe ab Seite 149.

Floater klemmen: → Gängig machen, siehe Seite 148.

Floater haben zu viel Spiel: → Austauschen, siehe ab Seite 148.

Bremsbelag gebrochen/abgerissen: → Beläge austauschen, siehe ab Seite 149.

Bremsbeläge verglast: → Austauschen, siehe ab Seite 149. Bremsscheibe auf Überhitzungsschäden checken.

Bremsbeläge mit falschen (zu kleinen) Dimensionen verbaut: → Alte mit neuen Belägen vergleichen und gegebenenfalls passende neue einsetzen.

Bremssattel gelockert: → Überprüfen und nachziehen, siehe ab Seite 154. Hinweis: Schwimmsättel lassen sich von Natur aus bewegen und sind nicht wie Festsättel starr fixiert. Bedenke dies.

Bremse schleift

Ein wenig Schleifen ist OK, lässt sich ein freies Rad aber nicht mehr mit Schwung in Drehung versetzen (mindestens eine halbe Umdrehung sollte drin sein), ist es an der Zeit, tätig zu werden.

Mögliche Ursachen:

Bremsbeläge und Bremsscheibe verschmutzt: → Mit Bremsenreiniger gründlich säubern.

Bremsscheibe verzogen: → Austauschen, siehe ab Seite 147.

Kolben verdreckt: → Mit Wasser, Zahnbürste und Bremsenreiniger säubern, siehe ab Seite 154.

Leitungssystem verstopft: Zu viel Druck im System presst die Kolben an die Scheibe. → Ganz zum Schluss überprüfen, wenn alle anderen Ursachen ausgeschlossen werden können. Dann das System leeren, mit gleicher Bremsflüssigkeit durchspülen und neu befüllen, siehe ab Seite 141.

ELEKTRIK

Elektr(on)ik ist wie Zauberei, nicht nur für ältere Semester, und fehlerhafte Verbindungen können die urigsten Folgen haben. Passiert es bei dir, viel Spaß in einer alternativen Realität. Immerhin: Für die häufigsten Probleme findest du im Folgenden einige Lösungsansätze.

Hinweise

Bei Fehlern in der Elektrik immer von ‚einfach prüfbar' zu ‚braucht ein paar Stunden' gehen bzw. von ‚preisgünstig zu regeln' bis ‚zu teuer für diesen Monat'.

Besorge dir einen Schaltplan für dein Motorradmodell und orientiere dich daran. Fallen mehrere Komponenten gleichzeitig aus, mache die gemeinsam genutzte Infrastruktur ausfindig, meistens sind es Sicherungen, Kabel oder Steckverbinder. Beeinflusst eine Komponente die Funktion einer anderen (dimmt bspw. das Bremslicht den Blinker), kommen in der Regel Massefehler bei gemeinsam genutzten Masseverbindungen in Frage.

Stromlos

Fehlt nach dem Drehen des Zündschlüssels jeder Hinweis darauf, dass irgendwo Strom fließt? Mögliche Ursachen sind:

Leergestandene Batterie: Überprüfe den Ladezustand der Batterie. Ist sie entladen, stecke sie ans Ladegerät. Lässt sie sich nicht wiedererwecken, erneuere sie. Siehe hierzu auch die Abschnitte zur Batterie ab Seite 176.

Batterie entleert sich permanent aufs Neue: Verliert die Batterie bereits wenige Tagen nach dem Aufladen zu viel Spannung, ist sie defekt. In dem Fall kontrolliere auch den Ladekreis, da Störungen in der Lichtmaschine oder dem Spannungsregler vorliegen können und die Batterie bei laufendem Motor nicht mehr korrekt geladen wird.

Denkbar ist auch eine Unterbrechung der Leitung von der Lichtmaschine zum Spannungsregler. Siehe hierzu ab Seite 185.

Stromdiebe: Nachträglich eingebaute und direkt an der Batterie angeschlossene Verbraucher wie beispielsweise Heizgriffe müssen separat ausgeschaltet werden, sonst ziehen sie bis zur Entleerung Strom.

Die gleichen negativen Folgen zeigen auch Leck- oder Kriechströme, die über Masse abfließen. Zur Überprüfung trenne das Massekabel von der Batterie und schalte ein Multimeter zwischen Batterie-Minuspool und getrenntem Massekabel. Fließt Strom (Amperemessung) besteht Kriechstrom (siehe Seite 173). Abhilfe schafft nur das Einkreisen des schuldigen Kabels oder Verbrauchers und die Erneuerung.

Stromleitung unterbrochen: → Checke die Hauptsicherung und mache dir Gedanken über die Ursache, falls sie durchgebrannt ist (siehe ab Seite 173).

Überprüfe die Anschlüsse der Batterie (Plus und Minus) sowie das Massekabel auf festen Sitz, ebenso auf Kabelbrüche und Korrosionsfreiheit (siehe Seite 173).

Korrodierte Anschlüsse ziehst du mit feinem Schleifpapier ab und sprühst Kontaktspray drauf. Bei wiederholt schnell korrodierenden Verbindungen überlege dir Schutzmaßnahmen gegen Feuchtigkeit (Plastikhüllen?).

Schlüssel defekt: → Bei Motorrädern mit Wegfahrsperren verwende den Ersatzschlüssel. Möglicherweise ist der Transponder des Originalschlüssels defekt und gibt die Zündung nicht frei.

Checke auch alle zum Zündschloss führenden Leitungen auf Kabelbrüche und freigescheuerte Litzen sowie deren Anschlüsse und Stecker auf Korrosion und festen Sitz.

Schwacher Strom

Liefert die Batterie nur schwachen Strom, während der Motor läuft, checke:

- **Den Ladezustand:** → Lade die Batterie mit einem Ladegerät komplett auf.
- **Den Batteriezustand:** Sind eine oder mehrere Zellen der Batterie ausgefallen, können die verbliebenen dies nicht auffangen → Batterie austauschen, siehe auch ab Seite 180.
- **Auf Ladestörung:** Kontrolliere Lichtmaschine und Spannungsregler auf Funktion und checke die Kabel, Anschlüsse und Stecker auf Korrosion, Brüche und festen Sitz. Angelaufene Kontakte ziehe mit feinem Schleifpapier ab. Siehe hierzu die Hinweise ab Seite 185 und 186.

Dreht sich beim Starten der Anlasser nur langsam, ist die Batterie unzureichend geladen. → Auf Störung im Ladesystem und die Batterie selbst auf tote Zellen checken (siehe ab Seite 180).

Wackelkontakt

Von Zeit zu Zeit aussetzender Strom deutet auf einen Wackelkontakt durch lose Kabelanschlüsse, schlechtsitzende und/oder teil-korrodierte Kabelschuhe hin. Möglich sind auch gebrochene Kabel, ablösende Anschlüsse, Kurzschlüsse im Kabelbaum oder defekte Sicherungen sowie Stecker. → Versuche, den betroffenen Stromkreis und in der Folge die gesuchte Kabelverbindung oder den Verbraucher einzukreisen (siehe ab Seite 173).

Musst du Zündaussetzer bei Nässe beklagen, liegt es oft an Wassereintritt im Kerzenstecker oder der restlichen Zündanlage. → Checken, Feuchtigkeit beseitigen, Kontaktspray verteilen und Undichtigkeit reparieren.

Batterie ‚kocht'

Das Gegenteil einer entladenen, leblosen Batterie ist eine überkochende, bspw. wenn:

- Eine zu schwache Batterie verbaut wurde- → Aufrüsten. Siehe hierzu auch ab Seite 177.
- Der Spannungsregler defekt ist. → Erneuern. Siehe hierzu ab Seite 186.
- Die Lichtmaschine einen Masseschluss aufweist. → Prüfen und reparieren bzw. austauschen. Siehe hierzu auch ab Seite 185.

Batterie startet Motor nicht

Siehe hierzu den Motor-Problemlöser ab Seite 247.

Ladeprobleme

Probleme beim Laden der angeschlossenen Batterie bereiten oft nur zwei Dinge: Über- oder nicht ausreichende Ladung.

Überladung

Bombardiert die Lichtmaschine die Batterie dauerhaft mit zu viel Energie, kommt es zur Überladung, bei herkömmlichen Säurebatterien erkennbar am erhöhten Wasserverbrauch sowie einer starken Gasblasenbildung. Bei Gelbatterien droht die Austrocknung der Füllung und damit Kapazitätsverlust. Ein weiterer Hinweis auf eine zu hohe Ladespannung sind reihenweise durchbrennende Glühlampen, insbesondere der Scheinwerfer.

Die Ursachen können in einer fehlerhaften Ladestrom-Verkabelung oder einem defekten Laderegler liegen. Zu Ersterem: Wurde das Motorrad gerade gebraucht gekauft oder hast du Arbeiten an der Ladestrom-Verkabelung vorgenommen, checke auf Fehler bzw. kontaktiere den Verkäufer, ob entsprechende Arbeiten vorgenommen wurden. Ansonsten wende dich dem Lade- bzw. Spannungsregler zu (zur Überprüfung konsultiere den entsprechenden Abschnitt ab Seite 179).

Unterladung

Sollte die Batterie sich ständig entladen oder wird sie nicht genügend aufgeladen. macht sich dies wenig überraschend durch ihr Unvermögen bemerkbar, den Starter auf Touren zu bringen. Zur Störungssuche lade aber zunächst die Batterie durch ein externes Ladegerät komplett auf. Dann:

Schritt 1: Verhält sich die Batterie normal, wenn das Bike regelmäßig gefahren wird? Falls ja, checke die Verkabelung des Ladestromsystems auf Kriechströme (siehe ab Seite 173) und die Batterie auf übermäßige Selbstentladung. Normal ist 1 % pro Tag bei Säure- und ein Viertel davon bei Gelbatterien.

Schritt 2: Kann Schritt 1 ausgeschlossen werden, überprüfe die Batteriespannung bei ausgeschalteter Zündung. Sie sollte so um und bei 12,5 oder mehr Volt erreichen. Sind es weniger als 10,5 Volt, gehört die Batterie ausgetauscht. (Siehe zu diesem Schritt und den folgenden den Abschnitt zur Kontrolle der Ladespannung Seite 179und Seite 317.)

Schritt 3: Bei eingeschalteter Zündung *mit* Fahrlicht sollten um 12 Volt gehalten werden und bei laufendem Motor (ohne Licht, aber mit höherer Drehzahl) 14 bis 14,5 Volt.

Schritt 4: Angenommen, du fährst in der Regel mit beispielsweise 6000 oder 7000 Umdrehungen, wird der obige Wert (14 bis 14,5 Volt) auch dann erreicht, wenn du den Motor im Stand auf diese Drehzahl bringst? Falls nicht, sollten die Lichtmaschine und deren Kohlebürsten überprüft werden (siehe hierzu ab Seite 185). Auch sind Defekte an Ladestrom-Verkabelung und Gleichrichter sowie Spannungsregler möglich (siehe ab Seite 186).

Schritt 5: Schalte als letzte Maßnahme das Abblendlicht hinzu und betätige die Bremse (damit das Bremslicht angeht). Sinkt die Batteriespannung damit unter 14 Volt, reicht entweder die Lichtmaschinenleistung nicht aus (unbedingt auch bei höherer Drehzahl prüfen) oder die Ladestrom-Verkabelung weist Defekte wie beispielsweise korrodierte Verbindungen mit zu hohen Übergangswiderständen auf.

Sollten 14 Volt erreicht werden, ziehe in Betracht, dass die Ursache mglw. nur während der Fahrt akut wird oder unregelmäßig auftritt. Dann prüfe alle Kabel sowie Steck- und Schraubverbindungen auf Schäden (Brüche, Korrosion, Grünspan) sowie auf festen Sitz.

Ladestromkreis-Verkabelung überprüfen

Die Ladestromkreis-Verkabelung reicht von der Batterie zur Gleichrichter-/Spannungsregler-Einheit und von dort zur Lichtmaschine, bzw. bei getrennten Einheiten von der Lichtmaschine zum Gleichrichter, von dort zum Spannungsregler und dann zur Batterie. Ebenfalls zu beachten: die Masseverbindungen der Einheit sowie eine unter Umständen vorhandene Ladekontrollleuchte.

Zur Funktionsüberprüfung messe die Spannungsdifferenz zwischen Batterieplus und Pluspol des Spannungsreglers sowie zwischen Batterieminus und Minuspol des Reglers. Differenzen unterhalb weniger Zehntel Volt sind tolerierbar, bei höheren Zahlen sind fehlerhafte Verbindungen wahrscheinlich.

Ferner checke die Gleichrichter-Eingänge. Zwischen beiden Leitungen sollten bei einer Wechselstrom-Lichtmaschine zwischen 15 und 20 Volt Wechselspannung messbar sein. Bei Drehstrom-Lichtmaschinen sind es drei Leitungen, die gegeneinander geprüft werden müssen, aber die Werte sind identisch.

MOTOR

Motor springt nicht an / läuft schlecht

Banale Aussage: Kommt ein Bike in die Jahre, steigt die Wahrscheinlichkeit, dass Motor- oder andere Fehler auftreten; in aller Regel harmlose, beizeiten aber auch dramatische. Dann springt der Motor nicht an, geht wieder aus oder läuft dauerhaft schlecht und unrund.

Die besonders häufigen findest du aufgelistet auf den nächsten Seiten, inklusive Lösungsansätze. Hierbei gilt: Kommen mehrere Kandidaten als Fehlerursachen in Frage, beginne immer mit dem Lösungsansatz, der am schnellsten, einfachsten und kostengünstigsten zu überprüfen ist, und arbeite dich von dort aus Richtung derjenigen Fehlerquellen vor, die mehr Arbeit abverlangen und/oder kostenträchtiger sind.

Kommste net drauf

Eine der häufigsten Ursachen für einen bockigen Motor sitzt eindeutig oben drauf: der/die Fahrerin, der/die regelmäßig harmlose Dinge aus den Augen verliert:

Benzinhahn I: An älteren Motorrädern kommen verschiedentlich noch Benzinhähne zum Einsatz, die explizit geöffnet werden wollen. Sie haben Markierungen für ‚On', ‚Off' und ‚Reserve' bzw. ‚On', ‚Flood' und ‚Reserve'. → Benzinhahnstellung überprüfen.

Benzinhahn II: So manche(r) vergisst, nach dem Tanken den Benzinhahn von ‚Reserve' zurück in die Normalstellung zu bringen – mit dem Resultat, dass der Tank aus Versehen komplett leergefahren wird. Das kann auch passieren, wenn zum Starten auf ‚Flood' gestellt und dann das Teil vergessen wurde. → Tankbefüllung überprüfen.

Benzinhahn III: Der Zeitpunkt, auf ‚Reserve' umzuschalten, kann unglücklicherweise just dann eintreten, wenn das Bike abgestellt wird. Dann orgelt der Starter ein paar Tage später verzweifelt vor sich hin. → Benzinhahnstellung testweise auf ‚Reserve' stellen.

Zündung unterbrochen I: Steht der Killschalter auf ‚Off'? → Überprüfen.

Zündung unterbrochen II: Ist der Leerlauf eingelegt? Verschiedentlich kann es passieren, dass der Leerlauf zwar angezeigt wird, die Elektronik aber nichts freigegeben hat. → Einen Gang hoch- oder runterschalten und Leerlauf erneut einlegen.

Zündung unterbrochen III: Ist der Seitenständer ausgeklappt? → Prüfen.

Wartungsfolgen: Wurde kürzlich am Bike gebastelt? → Überprüfe Kabel, Schläuche und was sonst alles abgezogen wurde auf korrekten Sitz. Ebenso alle Komponenten, die in der Nähe liegen und aus Versehen hätten abgezogen oder unterbrochen werden können.

Sicherung und Batterie

Kommen die oben genannten Dauerthemen nicht in Frage, wende dich dem Sicherungskasten zu und checke, ob die Hauptsicherung intakt ist (siehe Sektion 12 *„Elektrik"* ab Seite 175). Ist die Sicherung OK, prüfe die Batterie. Auch wenn Cockpit und Licht arbeiten, kann unter Umständen die Spannung nicht reichen, den Starter in Bewegung zu setzen. Dreht er nur müde oder gar nicht, überlege, was die Batterie dazu bringen könnte, mau zu sein (siehe hierzu Sektion 12 *„Die Batterie"* ab Seite 176 und den *„Problemlöser Elektr(on)ik"* weiter vorne.

Mögliche Behelfsmaßnahmen:

Aufladen, ganz klar. Gleich danach folgt manuelles kickstarten, wenn dein Mopped über einen Kickstarter verfügt. Nutze ihn, wenn die Batterie einmal mau ist.

Überbrücken: Lasche 12-Volt-Batterien lassen sich via Überbrückungskabel (auch vom Auto) unterstützen[12-12]. Danach steht eine längere Tour an, damit die eingebaute Batterie genügend aufgeladen werden kann.

Anschieben: Motorräder ohne Katalysator können angeschoben werden. Bei Einspritzern mit Kat hilft nur Überbrücken mit Starthilfekabel und Fremdbatterie. Anschieben ruiniert den Katalysator.

Starthilfespray. Sprühst du ein Produkt wie den ‚Startpilot' oder simpel Bremsenreiniger in die Ansaugöffnung des Luftfilters, sorgt die explosive Mischung für ein besseres Startverhalten.

Kontaktspray: Sprühe in alle zugänglichen Steckverbindungen wie Kerzenstecker und Zündspulenanschlüsse etwas Kontaktspray.

Pole: Ziehe die Polkontakte richtig fest.

Lithium-Ionen-Batterie: Lithiumbatterien sind bei Kälte gerne unwillig. Manchmal reicht es, einen Verbraucher wie Licht einzuschalten, um sie wieder ‚aufzuwecken'.

Anlasser

Weiter vorne in dieser Sektion hält der Abschnitt *„Probleme beim Saisonstart"* verschiedene Lösungsansätze für Startprobleme nach der Saisonpause bereit, die natürlich auch zu anderen Zeiten angewendet werden können:

- **Anlasser tot:** Infos siehe Seite 239.
- **Anlasser klickt oder schnarrt nur:** Infos ab Seite 239.

Sektion 12 *„Elektrik"* liefert zusätzliche Tipps in den Abschnitten *„Anlasserrelais"* (Seite 184) und *„Anlasser"* (Seite 183).

Kein Sprit oder Gemisch zu mager

Ist die Zündkerze trotz einiger Startversuche trocken, unter Umständen mit blass-weißlicher Färbung im Kerzenbild (siehe *„Zündkerzenbilder"* ab Seite 215), kommt kein Benzin oder ein zu mageres Gemisch im Verbrennungsraum an und das Spritsystem sollte in Augenschein genommen werden.

Hinweis: Es wird zwischen Vergaser-Motorrädern und Einspritzern unterschieden, wobei Ursachen, die beide Typen gleichzeitig betreffen, zuerst aufgelistet werden.

Vergasermodelle und Einspritzer

Tank: Ist die Tankbelüftung verstopft? Falls ja, kann kein Benzin fließen. → Tankdeckel öffnen (zischt es?) und bei offenem Deckel Neustart versuchen.

Filter: Ist der Benzinfilter zugesetzt oder befindet sich eine Luftblase im Inneren? → Bypass direkt vom Tank zum Vergaser bzw. zur Einspritzung legen und Startverhalten überprüfen. Bei Bedarf Filter austauschen (siehe ab Seite 204).

Benzinpumpe: Funktioniert die elektrische Benzinpumpe? → Zündung einschalten und im Bereich unter dem Tank hinhören. Läuft die Pumpe an? (Hinweis: Nach ca. 3 Sekunden wird sie automatisch wieder abgeschaltet.) Falls ja, verlege zur weiteren Überprüfung einen Schlauch von der Pumpe in einen Auffangbehälter, schließe eine externe 12-Volt-Batterie direkt an die Pumpe an und lasse sie eine kurze Zeit laufen. Sie sollte arbeiten und Benzin in den Behälter fördern.

Läuft die Pumpe nicht an, ist sie und/oder das Pumprelais möglicherweise defekt, vielleicht aber auch nur ein Kabel am Relais oder der Pumpe selbst abgerutscht. → Überprüfe die Pumpe wie oben direkt an einer Batterie. Läuft sie, liegt das Problem beim Relais, der Verkabelung oder einer zu schwachen Batterie. Überprüfe die Elemente und tausche ein defekte Komponenten aus.

Ist hingegen die Pumpe defekt, muss diese gewechselt werden – du kannst natürlich aber auch versuchen, sie zu zerlegen, um den Fehler kostengünstiger zu beheben.

Benzinleitungen: Ist eine Leitung abgerutscht? Fehlt eine Schlauchklemme? Existiert eine Knickstelle? → Überprüfen.

Nur Vergasermodelle

Ist es eisig draußen? Dann hat die beim Verdampfen vom Benzin entstehende Verdunstungskälte mglw. zu Vereisungen im Vergaser geführt. → Abhilfe schafft ein Kraftstoffsystemreiniger, der dem Tankinhalt beigegeben wird. Mache ein paar kurze Startversuche, damit sich das Additiv verteilen und wirken kann, ohne die Batterie übermäßig zu belasten und unterstütze den Prozess durch ein wenig Warmluft (Haarföhn) auf das Motorgehäuse(aus gebührendem Abstand.

Choke OK? Unter Umständen ist die Funktionalität der temporären Gemischanreicherung (Choke) gestört, beispielsweise durch eine verstopfte Chokedüse oder defekte Chokezüge. → Überprüfen, soweit zugänglich.

Benzinhahn: Ist der Benzinhahn durchlässig? Falls nicht, ist möglicherweise der integrierte Filter (oder die Tankbelüftung) verstopft. → Abhilfe: Ausbauen und säubern (neue Dichtungen verwenden!); Reparaturkits für Benzinhähne sind im Internet erhältlich.

Unterdruckpumpe: Bei Vergasern ohne elektrische Benzinpumpen kommen in der Regel Unterdrucksysteme zum Einsatz. Möglicherweise ist dort der Unterdruckschlauch abgerutscht. → Überprüfen.

Poröse oder defekte Ansaugstutzen: Sind die Ansaugstutzen zwischen Vergaser und Brennraum porös, wird Falschluft angesaugt. Insbesondere kalte Motoren starten dann unwillig. → Sichtprüfen und bei Bedarf ersetzen (siehe ab Seite 205). Zur Überprüfung kann auch Startpilotspray auf die Ansaugstutzen gesprüht werden. Steigt die Leerlaufdrehzahl, wird Falschluft angesaugt.

Lange Standzeit: Über längere Zeiträume Im Vergaser belassenes Benzin altert; entzündliche Bestandteile verflüchtigen sich und die festeren verharzen und verstopfen die Düsen.

→ Unter Umständen reicht es, die Schwimmerkammern zu leeren und/oder einen Kraftstoffsystemreiniger einzusetzen, der dem Benzin beigesetzt wird. Hierzu kippe nach dem Einfüllen in den Tank das Mopped kurz nach links und rechts, um die Vermischung zu beschleunigen und ziehe die Kerzenstecker ab. Hänge sie berührungs- und unfallsicher zur Seite und lasse den Motor ohne Zündung kurz durchlaufen. Warte einige Minuten, setze die Stecker wieder auf und starte erneut.

Reicht es nicht, versuche, die Leerlauf- und Hauptdüse mit Druckluft und Bremsenreiniger wieder durchgängig zu machen (nie mit Draht drin rumstochern!). Ist auch das vergeblich, muss die Vergaserbatterie vermutlich ausgebaut und in einem Mikroschallbad gereinigt werden (siehe ab Seite 207).

Nur Einspritzer

Sicherung: Ist die Sicherung für die Einspritzventile durchgebrannt? → Checken und gegebenenfalls austauschen.

Ansaugstutzen: Ist das Drosselklappengehäuse nicht richtig am Ansaugstutzen befestigt, ist der Ansaugstutzen selbst oder die Befestigung des Luftfilterkastens lose, kann Falschluft angesaugt werden und das Gemisch beeinflussen. Oder die Gummis am Ansaugstutzen sind porös. → Zur Überprüfung sprühe Startpilotspray in den Bereich der Ansaugstutzen und des Luftfilterkastens. Steigt die Leerlaufdrehzahl, wird Falschluft angesaugt.

Einspritzventile: Sind die Einspritzventile defekt? → Da kein Sprit austritt, überprüfe, ob der Elektrostecker korrekt auf dem Einspritzventil sitzt und nicht korrodiert ist. Ist dort alles OK und ist auch die Sicherung für die Einspritzventile nicht durchgebrannt, muss vermutlich das Ventil ersetzt werden. Lasse die Einspritzung durch eine Werkstatt überprüfen.

Gemisch zu fett

Zu viel Benzin kann ebenso kontraproduktiv sein und den Motorstart verhindern. → Zur Erstdiagnose ziehst du wie vorher das Kerzenbild heran (siehe Seite 215):

- Eine zwar *trocken erscheinende* Kerze mit dunkelbrauner Färbung auf der äußeren Elektrode und schwärzlicher Färbung sowie leicht rußiger Schicht auf der inneren Elektrode deutet auf ein zu fettes Gemisch hin.
- Ebenso eine *nasse* Kerze mit rußschwarzer Färbung, bzw. eine *nur feuchte* Kerze mit rußschwarzer oder bräunlicher Färbung.

Die Ursachen hierfür können vielfältiger Natur und sowohl im Spritals auch im Zündsystem zu finden sein:

Bei Vergasermodellen und Einspritzern

Zu viele Startversuche. → Baue die Zündkerzen aus und lasse sie trocknen (geht schnell, weil das Benzin sich schnell verflüchtigt). Baue die Kerzen wieder ein und starte erneut, unter Umständen mit Starthilfe (Starterkabel oder Startpilot). Sind neue Kerzen zur Hand, tausche die alten aus (siehe Seite 215).

Luftfilter dicht? Unter Umständen liegt das Problem nur an einem zugesetzten Luftfilter. → Öffne die Airbox und überprüfe den Zustand des Luftfilters (siehe Seite 211).

Zylinder abgesoffen: Nach der Winterpause liegt es wahrscheinlich an der langen Standzeit und den bislang missglückten Startversuchen. Siehe oben *„Zu viele Startversuche"*.

Motorschäden: Wenn du Pech hast, sind die Kolbenringe, die Ventilführungen oder die Ölabstreifringe defekt und es gelangt Motoröl in den Brennraum. In dem Fall gehört das Mopped in die Werkstatt. Zur Überprüfung baue die Kerzen aus und lasse sie trocknen. Ist Benzin für die dunkelfeuchte Verfärbung verantwortlich, sind sie im Nu trocken, da der Sprit sich schnell verflüchtigt. Ist Öl verantwortlich, bleiben die Kerzen feucht.

Nur Vergasermodelle

Zu viele Startversuche mit Choke. Abhilfe: Kerzen ausbauen, trocknen lassen, einbauen, Startversuch wiederholen.

Schwimmerkammer: Vergebliche Startversuche provozieren unter Umständen defekte Schwimmernadelventile. → Austauschen (siehe hierzu ab Seite 207). Um an das Ventil ranzukommen (es darf keinen ringförmigen Absatz haben), ist es ausreichend, nur die Schwimmerkammern zu öffnen – wozu du aber ein modellspezifisches Reparaturhandbuch zu Rate ziehen musst.

Möglich ist ebenso ein generell zu hoher Schwimmerstand, so dass zu viel Benzin im Vergaser ist. -> Vergaser ausbauen, korrigieren.

Hinweis: Besteht begründeter Verdacht auf Undichtigkeiten, sollten nicht nur die notwendigen Reparaturen erfolgen, sondern auch das Motoröl gewechselt werden, weil bei defekten Schwimmerventilen und längeren Standzeiten Benzin ins Öl gelangt sein könnte.

Fehlerhafte Einstellungen: Vergaser sollten mehr oder weniger regelmäßig neu einjustiert werden. Ist das Gemisch zu fett, säuft der Motor ab. → Gemischregulierung ein- oder Luftregulierung rausdrehen.

Nur Einspritzer

Zieht der Motor nicht und raucht gleichzeitig schwarz aus dem Auspuff, können die Einspritzventile klemmen. Sind *alle* Kerzen dunkel, arbeitet die Einspritzung wahrscheinlich generell fehlerhaft, sind es nur vereinzelte Kerzen, sind auch nur einzelne Ventile betroffen. So oder so: defekte Einspritzventile gehören ausgetauscht.

Zündprobleme

In aller Regel sind Zündprobleme auf das elektrische System zurückzuführen, es gibt aber durchaus fremde Fehlerquellen, die sich mit ähnlichen oder gleichen Symptomen äußern:

- Ist ein Drosselklappenpositionssensor defekt? Falls ja, springt der Motor nicht an, bzw. stirbt oft ab, weil keine Zündfunken anliegen.
- Checke das Einspritzsystem auf Korrosion und festen Sitz der Verbindungen.
- Überprüfe Airbox, Ansaugstutzen bzw. das Drosselklappengehäuse auf Risse und festen Sitz, um das Ansaugen von Falschluft auszuschließen.

Batterie: Ist die Batterie ausreichend geladen und sitzen die Anschlusskabel fest an den Polen? Ist vielleicht eines der Kabel gebrochen oder die Kontaktfläche des Massekabels am Rahmen korrodiert (siehe Sektion 12 *„Elektrik"* ab Seite 173)?

Zuführende Leitungen und Stecker: Zuzeiten steckt der Teufel im Detail und eine kaum erkennbare Unterbrechung in der Verkabelung legt den kompletten Zündstromkreis lahm. Sichtprüfe deshalb alle zugänglichen Stecker und Kabel des Zündsystems auf Beschädigungen, Korrosion, festen Sitz und Haarrisse. Reinige alle Anschlüsse und tausche im Zweifel Komponenten aus.

Überprüfe die Kerzenstecker auf festen Sitz sowie fester Verschraubung mit den Zündkerzenkabeln. Ist dies gegeben, überprüfe, ob überhaupt ein Funke entsteht (siehe hierzu den Abschnitt *„Zündung prüfen"* ab Seite 216). Allerdings: Die Bedingungen in der Praxis, also im Brennraum bei laufendem Motor, sind anders als im ausgebautem Zustand, so dass ein vorhandener Zündfunke bei einer alten Testkerze nicht zwangsläufig ein Kerzenproblem ausschließt. Deshalb durch Austausch mit neuer Kerze das Ergebnis absichern.

Zündkerzen: Zündkerzen sind Verbrauchsteile, checke deshalb, ob die Elektroden rund gebrannt sind oder der Abstand zwischen ihnen im Laufe der Zeit zu groß geworden ist. In beiden Fällen wird die Kerze ausgetauscht. Zur Überprüfung des Kerzenbilds siehe Seite 215.

Sind alle preisgünstig durchzuführenden Maßnahmen und einfach zu überprüfenden Fehlerquellen als Ursachen ausgeschlossen, rücken die teureren Komponenten in den Fokus:

Zündbox: Hast du das Steuergerät einer elektronischen Zündung in Verdacht, überprüfe es (siehe Seite 213).

Zündspule: Deine Zündspulen checkst du via Widerstandsprüfung mit einem Multimeter gemäß Werkstatthandbuch. Sind sie defekt, gehören sie ausgetauscht. Aber Achtung: Zündspulen haben des Öfteren die Angewohnheit, bei Erwärmung fehlerhaft zu arbeiten und bei kaltem Motor keinerlei Defekte zu zeigen. Die Überprüfung sollte deshalb bei warmem Motor stattfinden. Zu Details siehe ab Seite 214.

Zündgeber: Ist der Drehzahlsensor defekt, fällt der Motor im Fahrbetrieb aus, lässt sich später aber wieder starten. Zur Überprüfung checke den Pickup-Sensor mit dem Multimeter sowie visuell die Zuleitungen, Steckverbindungen und Stecker (siehe Seite 213).

Steuergerät: Defekte in der ECU sind ohne entsprechende Diagnosegeräte kaum dingfest zu machen. Hast du kein eigenes oder ist es nicht leistungsfähig genug und erkennt keine herstellerspezifischen Fehler, benötigst du folglich eine Werkstatt. Auch eine Reparatur ist nur insoweit möglich, als dies durch Aufspielen einer aktualisierten Software erreicht werden kann. Zur Überprüfung bleibt nur der probeweise Austausch – was ebenso für den Fall gilt, dass die ECU selbst hardwareseitig defekt ist.

Motor läuft unzuverlässig, stirbt ab

Springt der Motor zwar an, läuft aber unzuverlässig und neigt dazu, abzusterben, bzw. ist nur mit Mühe auf Drehzahl zu halten, kommen prinzipiell die gleichen Verursacher wie im Abschnitt *„Motor springt nicht an"* in Frage. Ferner möglich sind:

Eine zu magere Leerlaufgemischeinstellung: In dem Fall stirbt der Motor spontan ab, zeigt ein schlechtes Startverhalten bei *warmem* Motor und lässt den Topf beim Gaswegnehmen knallen. → Vergaser einstellen.

Unregelmäßige Kraftstoffzufuhr: Bei unzuverlässiger Spritversorgung mag auch der Motor nicht zu überzeugen. → Überprüfe Benzinpumpe sowie Filter und Leitungen auf Funktionalität, Beschädigungen und Verschmutzungen (siehe unten *„Dreck im Spritsystem"*).

Verschmutzungen: Überprüfe das Spritsystem auf eingeschlossenen Dreck (siehe unten).

Elektrische Probleme: Überprüfe das Zündsystem auf Masseschlüsse oder Unterspannung (siehe unten).

Zündkerzen defekt: Sind die Kerzen verschlissen (abgebrannt, falscher Elektrodenabstand) oder haben sie einen Masseschluss? → Überprüfen und austauschen.

Motorsteuerung defekt: → Werkstatt.

Dreck im Spritsystem

Prüfe auf verschmutztes Benzin im Tank sowie Dreck in den Leitungen und/oder Vergaser bzw. den Einspritzventilen. Wirst du fündig, gehe folgendermaßen vor:

- Benzin aus Tank in große Kanister abpumpen (muss entsorgt werden).
- Tank abbauen und mit frischem Benzin ausspülen (½ bis 1 Liter).
- Leitungen abbauen und mit frischem Benzin durchspülen oder ersetzen.
- Tank aufsetzen, Benzin einfüllen (mindestens 3 - 4 Liter), Benzinsystemreiniger hinzugeben (Dosierung beachten).
- Zündkerzen ausbauen und das Zeug via Starter ca. für 10 Sekunden durch die Leitungen pumpen. Pause einlegen und die Aktion wiederholen.
- Kerzen einbauen. Falls die alten verrußt sind, verwende neue. Startversuch machen.
- Kannst du keine positive Veränderung verbuchen, wiederhole den Vorgang.

Bei Vergaserbikes kann es notwendig werden, die Schwimmerkammern zu entleeren, abzuschrauben und zu säubern. Falls stark verschmutzt, muss die Vergaserbatterie schallgereinigt werden (siehe Seite 207).

Bei Einspritzern kann die Einspritzanlage selbst oder einer der Sensoren ebenfalls defekt sein. Überprüfe die Sensoren auf Funktionalität sowie alle Steckverbindungen auf festen Sitz und Korrosion.

Masseschluss und Unterspannung

Überprüfe alle Leitungen und Stecker der Zündanlage auf Feuchtigkeit, Risse, feste Verbindungen und Korrosion, insbesondere auf Masseschlüsse, bspw. der Kerze oder des Kerzensteckers. Im Zweifel ersetze beide Komponenten.

Untersuche das Zündkabel auf Schnitte oder Risse. Übersehe nicht die kleinen Stecker und Kabelschuhe, die außen auf der Zündspule aufgesteckt sind (manchmal ist schlicht nur die Klemmung zu lasch).

Möglich ist auch eine Unterspannung in der Zündanlage. Checke deshalb den Ladezustand der Batterie (siehe hierzu auch Sektion 12 *„Elektrik"* ab Seite 180.).

Motorleistung ungenügend

Springt der Motor schlecht an *und* hat eine zu niedrige Kompression (oder ungleich hohe Kompressionswerte bei Mehrzylindern), stehen Zylinder, Kolben, Zylinderkopf und Ventile unter Generalverdacht. Mögliche, noch relativ einfach zu beseitigende Ursachen:

- Ventile zu straff eingestellt. → Justieren (lassen).
- Ventilsteuerzeiten verstellt. → Einstellen (lassen).
- Zylinderkopfdichtung defekt. → Austauschen.
- Motor-Zahnriemen, Riemenräder verschlissen. → Austauschen (siehe *gÖrage vooks* Seite 260).

Meistens ein Fall für die Fachwerkstatt sind demgegenüber folgende Defekte: Ventilsitze undicht, Ventilsitze verbrannt, Ventilführungen ausgeschlagen, Ventil verbogen, Kipphebel gebrochen, Zylinderkopf/Kolben: gerissen, verzogen oder verschlissen, Kolbenringe defekt (gebrochen, verklebt, abgenutzt), Nockenwelle verschlissen.

Vereinzelt hilft eine Motorspülung bei Kompressionsschwankungen, quasi als Frischkur für einen in die Jahre gekommenen Motor (siehe hierzu ab Seite 223).

Mehr Verbrauch, weniger Leistung

Verfügt der Motor über (gefühlt) weniger Leistung und (nachweisbar) mehr Verbrauch? Dann checke auf:

Zündkerze defekt: Kerze hat Masseschluss oder ist verschlissen. → Austauschen oder zumindest Elektrodenabstand und Kerzenbild überprüfen. Defekte Kerzen (und Kerzenstecker) können auch unrunden, schwankenden Leerlauf provozieren.

Zündanlage defekt oder Unterspannung im Zündsystem: Überprüfe Leitungen, Stecker, Zündkerzen, Zündbox und Zündspulen auf festen Sitz, Feuchtigkeit, Korrosion und Masseschlüsse. Checke die Batterieanschlüsse und den Ladezustand. Siehe auch ab Seite 179.

Einspritzung klemmt: Zieht der Motor nicht und kommt schwarzer Rauch aus dem Auspuff, klemmen mglw. die Einspritzventile. → Überprüfen und evtl. austauschen (lassen).

Vergaser-Düsenprobleme: Falsche Düsen, defekte Nadelventile und ausgeschlagene Nadeldüsen führen zu höherem Verbrauch. Mglw. ist auch nur der O-Ring eines Nadelventilkörpers defekt. Achtung: Bei defekten Nadelventilen kann Benzin ins Motoröl migrieren und es verdünnen (Ölstand prüfen).

Luftfilter: Ist der Luftfilter verdreckt, verstopft oder verölt, führt auch dies zu Leistungseinbrüchen und Mehrverbrauch. → Checken, siehe ab Seite 211.

Benzin verschmutzt: Ist das Benzin verschmutzt (siehe oben *„Dreck im Spritsystem"*) und/oder der Benzinfilter oder das Benzinsieb (sitzt meistens oben am Benzinhahn) verstopft, kann dies zu Aussetzern und Leistungsverlust führen. → Überprüfen und säubern.

Motorsteuerung defekt: → Werkstatt.

Normalverbrauch, wenig Leistung

Leistet der Motor weniger, verbraucht jedoch nachweisbar nicht mehr als gewöhnlich, zieht aber nicht, obwohl du ordentlich am Gas hängst, kann es folgende Ursachen geben:

Verschmutzung: Mglw. Benzin verschmutzt (siehe *„Dreck im Spritsystem"*). Denkbar sind auch verstopfte Benzinfilter oder undurchlässige Benzinsiebe. → Überprüfen und säubern.

Druckabfall: Ist der Benzindruck zu niedrig, kann die Pumpe defekt sein (siehe Seite 204).

Luftfilter: Luftfilter kann verdreckt, verstopft oder verölt sein. → Checken, siehe ab Seite 211.

Vergasereinstellung: Beschleunigt das Bike nur träge und zeigt das Kerzenbild Rußbildung, ist das Leerlaufgemisch möglicherweise zu fett. → Vergaser einstellen (lassen).

Zündanlage defekt: Überprüfe Leitungen, Stecker, Zündkerzen, Zündbox, Zündspulen auf festen Sitz, Feuchtigkeit, Korrosion und Masseschlüsse. Siehe auch Sektion 12 ab Seite 173.

Motor raucht: Zieht der Motor nicht *mit* schwarzer Rauchentwicklung, klemmen mglw. die Einspritzventile. → Überprüfen.

Motorsteuerung defekt: → Werkstatt.

Weitere mögliche Ursachen, wenn die Leistung nachlässt:

- Verstopfte **Vergaserdüsen** oder Benzinzuläufe sorgen dafür, dass das Leerlaufgemisch zu mager ist. → Überprüfen und gegebenenfalls reinigen.
- **Zündanlage defekt:** Überprüfe Leitungen, Stecker, Zündkerzen, Zündbox, Zündspulen auf festen Sitz, Feuchtigkeit, Korrosion und Masseschlüsse (siehe Sektion 12 ab Seite 173).
- **Zylinderausfall:** Möglicherweise laufen bei Mehrzylindern ein oder mehr Zylinder nicht mit- → Durch Handauflegen prüfen (da ist nix Mystisches bei, ausgefallene Zylinder sind halt deutlich kühler als laufende). Achtung, Verbrennungsgefahr!

Fatale Fehlerquellen mit ziemlich sicherem Werkstattbesuch sind:

- Riefige (aber noch funktionierende) Zylinderwände und/oder Kolben.
- Verschlissene/gebrochene Kolbenringe.
- Verschlissene Kolben oder Zylinder.
- Verschlissene Ventilführungen oder -schäfte.
- Abgenutzte Ventilschaftdichtungen.

Motor wird zu heiß

Fehlt dem Motor Leistung *und* wird er gleichzeitig zu heiß, ist möglicherweise die Tankbelüftung verstopft, entweder oben am Tank oder im Tankbelüftungsschlauch. Dieser Schlauch sitzt in der Regel im vorderen Tankbereich, führt nach unten und endet frei irgendwo unterm Bike. → Prüfe sowohl die Tankbelüftung als auch den Entlüftungsschlauch, Letzteren zusätzlich auf Knicke im Verlauf.

Ähnliche Folgen wie eine beeinträchtigte Tankbelüftung haben geknickte, eingeklemmte oder zusammengequetschte Benzinleitungen. So kann es passieren, dass Tankrucksackbefestigungen unter den Tank geführt werden und dort beim Festziehen eine Leitung einklemmen. → Kontrolliere gründlich alle Benzinleitungen.

Weitere mögliche Ursachen:

Gemisch zu mager: Beschleunigt das Bike nur träge und ist das Kerzenbild zu hell, ist das Leerlaufgemisch zu mager. → Vergaser einstellen (lassen). Bei Einspritzern sind unter Umständen die Einspritzdüsen verstopft. Ebenfalls möglich: Sind die Ansaugstutzen zwischen Vergaser und Brennraum porös, wird Falschluft angesaugt. → Sichtprüfen und bei Bedarf unbedingt ersetzen (siehe ab Seite 205).

Druckverlust im Benzinsystem, möglicherweise durch eine defekte Benzinpumpe. → Checken, siehe ab Seite 204.

Zu wenig Öl: Je weniger Öl im Motor, desto stärker die entstehende Reibungshitze- → Nachkippen.

Falsche Zündkerzen: Mglw. sind Zündkerzen mit dem falschen Wärmewert verbaut. → Checken und austauschen, siehe Seite 215.

Starke Ölkohleablagerungen im Brennraum mit Klopfen und zu hoher Kompression. → Werkstatt.

Sonstige Motorprobleme

Benzin im Öl

Ist der Benzinhahn defekt oder durchgehend auf PRI gestellt oder ist ein Schwimmernadelventil undicht, kann bzw. können die Schwimmerkammer(n) des Vergasers überlaufen und der Kraftstoff über den Luftfilterkasten, der Motorentlüftung oder den Einlassventilen und Kolben ins Motorgehäuse eindringen und das Öl verdünnen. Abhilfe: Benzinhahn und Schwimmernadelventile prüfen und bei Defekten austauschen, anschließend einen Ölwechsel mit Filter durchführen!

Unruhiger Leerlauf

Ein unruhiger Leerlauf kann bei Vergasermodellen auftreten, wenn die Vergaserstutzen nicht sitzen oder porös sind. Dann wird Nebenluft angesaugt. Zur Überprüfung sprühe bei laufendem Motor Startpilotspray auf die Stutzen. Steigt die Drehzahl, sollten die Stutzen auf Zustand und Sitz überprüft und bei Bedarf ersetzt werden.

Weitere mögliche Ursachen für unrunden Leerlauf:

- Leerlaufdrehzahl zu gering: → Leerlauf anpassen (erhöhen), modellspezifisches Reparaturhandbuch zu Rate ziehen.
- Falsches Ventilspiel: → Modellspezifisches Reparaturhandbuch, Werkstatt.
- Zündsystem-Probleme: → Siehe ab Seite 213, Sichtprüfung auf Kabelbrüche, korrodierte Stecker und fehlerhafte Anschlüsse.
- Zündkerze und/oder Kerzenstecker defekt: → siehe ab Seite 215.
- Motorsteuerung defekt: → Werkstatt.
- Benzinpumpe defekt: → siehe ab Seite 204.
- Verschmutzungen in Tank, Leitungen, Vergaser: → Seite 202.

Motorklingeln

Motorklingeln tritt auf, wenn das Gemisch im Teillastbereich zu mager ist oder die Hauptdüsen fehlerhaft arbeiten. Denkbar ist auch eine undichte Airbox.

Fahrruckeln

Fahrruckeln tritt auf bei Verschmutzungen im Vergaser oder bei angesaugter Nebenluft durch poröse Vergaserstutzen. Denkbar ist auch ein zu mageres Leerlaufgemisch.

Zündaussetzer

Leidet dein Motor unter Zündaussetzern beim Gasgeben, liegt die Ursache oft in der Zündanlage. Nur vereinzelt besteht ein Defekt im Einspritzsystem, daher dort zunächst nur auf sicheren Sitz der Steckverbindungen und Korrosion checken. Außerdem überprüfe Airbox, Ansaugstutzen und/oder Drosselklappengehäuse auf Risse und festen Sitz, um Falschluft auszuschließen.

Anschließend wechsle zum Zündsystem:

- **Defekte Sicherung:** → Sicherungskasten durchtesten, siehe Sektion 12 *„Elektrik"* ab Seite 175.
- **Sichtprüfung:** Korrosion, Feuchtigkeit oder schlechtsitzende Verbindungen an Anschlüssen oder Steckern führen oft zu Aussetzern. Sichtprüfe deshalb auf Kabelbrüche, korrodierte Stecker, Grünspan an Verbindungen und fehlerhafte Anschlüsse., → siehe Sektion 12 ab Seite 173. Checke auch die Zündkerzenkabel und Zündkerzenstecker auf Defekte und festen Sitz.
- **Zündkerze verschlissen:** → Begutachte das Kerzenbild (siehe Seite 215) und kontrolliere/korrigiere den Elektrodenabstand. Alternativ verbaue gleich neue Kerzen.
- **Zündkerze defekt:** → Austauschen, siehe Seite 215.
- **Zündkerze verrußt oder verölt:** → Kerze ausbauen und trocknen lassen, um ein zu fettes Gemisch von defekten Kolbenringen oder Ventilsitzen zu unterscheiden (verölte Kerzen trocknen nicht). Bei zu fettem Gemisch neu einstellen, bei defekten Motorteilen eine Werkstatt aufsuchen.
- **Vibrationsdefekte:** Möglicherweise hat sich der Kerzenstecker gelockert oder die Kerze selbst sitzt nicht fest im Gewinde. → Beides überprüfen und korrigieren.
- **Zündspule defekt:** Zum Durchmessen der Zündspule benötigst du genaue Werte, die es entweder beim Hersteller, dem Händler oder Bosch gibt. Ist eine Spule defekt, muss sie erneuert werden. Zu Reparieren gibt's da nichts. Siehe ab Seite 214.
- **Zündkabel defekt:** → Überprüfe alle Zündkabel auf Korrosion und festen Sitz in Zündspule und Kerzenstecker. Checke auf poröse Stellen, Risse oder Schnitte. Ist ein Kabel defekt, ersetze es; bei eingegossenen Kabeln wird eine neue Spule fällig.
- **Fehler im elektrischen System:** → Überprüfe alle Leitungen des Zündsystems auf festen Sitz, Feuchtigkeit, Korrosion und Masseschlüsse. Ebenso die Stecker, die Zündkerzen, die Zündbox und die Zündspulen.
- **Falscher Zündzeitpunkt:** → Werkstatt.
- **Motorsteuergerät** oder ein Sensor defekt: → Werkstatt.

Probleme bei der Benzinzufuhr: Siehe Seite 204.

Motor zu laut

Ventilspiel falsch: Haben Ventile und/oder Kipphebel zu viel Spiel, sind sie auch laut. → Einstellen (lassen).

Zylinderkopf: Sind Nockenwelle und/oder Kipphebel beschädigt, kann die Geräuschentwicklung des Motors ein Hinweis darauf sein. → Werkstatt.

Ventilsteuerung: Ist die Steuerkette oder der Motor-Zahnriemen locker? → Nachspannen (siehe *gÖrage vooks* auf Seite 262). Hinweise: Ein Zahnriemen kann auch verschlissen sein, dann muss er ausgewechselt werden. Abgenutzte Steuerketten machen sich in der Regel durch rasselnde Geräusche bemerkbar.

Pleuel verbogen oder **Kolben** gebrochen. → Werkstatt.

Kolben, Zylinder, Kurbelwelle, Getriebelager, Pleuellager, Kolbenbolzen und/oder Bolzenbohrung verschlissen. → Werkstatt.

Kein Öldruck

Leuchtet die Öldruck-LED im Cockpit, checke auf:

- Zu wenig Öl eingefüllt: → Nachschütten, auf Leckagen kontrollieren und in der Folge auf den Verbrauch achten (siehe ab Seite 219).
- Öldruckschalter defekt: → Checken, evtl. auch blind austauschen (siehe ab Seite 222).
- Ölpumpe bzw. Pumpenantriebsrad defekt. → Werkstatt.
- Öllecks: → Überprüfen. In Extremfällen (defekte Ausrücklager oder Zylinderkopfdichtungen) -> Werkstatt.
- Überdruckventil klemmt bei geöffnetem Ventil: → Werkstatt.

Öldruck zu hoch

Ölfluss behindert: Ölleitung und/oder Ölsieb verstopft? → Checken, siehe ab Seite 219.

Ölfilter verstopft: → Öl- und Ölfilterwechsel, siehe ab Seite 219.

Überdruckventil klemmt bei geschlossenem Ventil: → Werkstatt.

Zu dickflüssiges Öl eingefüllt: → Ölwechsel zu Öl mit geringerer Viskosität (dünneres Öl), falls herstellerseitig unbedenklich, siehe ab Seite 219.

Öldruck zu niedrig

Zu wenig Öl eingefüllt: → Nachschütten, auf Leckagen kontrollieren und in der Folge auf den Verbrauch achten (siehe ab Seite 222).

Motor zu heiß gefahren: → Abkühlen lassen, Ölstand überprüfen (bei Bedarf nachfüllen), Ölkühler und Ölleitungen checken (sofern vorhanden), bei Luftkühlung Luftkanäle an Verkleidung und/oder Kühlrippen checken (siehe hierzu auch ab Seite 222).

Öllecks: → Überprüfen, im Extremfall (Ausrücklager, Zylinderkopfdichtung, etc.) zur Werkstatt.

Zu dünnflüssiges Öl eingefüllt: → Ölwechsel, Öl mit höherer Viskosität einfüllen, falls herstellerseitig unbedenklich (siehe Seite 219).

Ölfluss behindert: Ölleitung und/oder Ölsieb verstopft? → Checken (siehe ab Seite 219).

Ölpumpe defekt. → Werkstatt.

Motorklopfen

Bei zu geringer Oktanzahl des Kraftstoffs drohen ungewollte Zündungen zum falschen Zeitpunkt, die materialschädigend wirken, mglw. Motorschäden (Loch im Kolben). → Sprit mit hoher Oktanzahl tanken.

Schaltung schwergängig

Zu wenig Öl eingefüllt: → Nachschütten, auf Leckagen kontrollieren und in der Folge auf den Verbrauch achten, siehe ab Seite 219.

Zu dickflüssiges Öl eingefüllt: → Ölwechsel, Öl mit geringerer Viskosität, falls herstellerseitig unbedenklich (siehe ab Seite 219).

Kupplungsspiel zu hoch: Trennt die Kupplung nicht korrekt, verringere das Kupplungsspiel.

Schalthebel klemmt: → Sichtbares Fußschaltgestänge auf Kugelfreigängigkeit, Korrosion, Schäden (verbogen?) und Schmutz checken.

Schalthebel verbogen: → Äußeres Fußschaltgestänge sichtprüfen und reparieren oder austauschen.

Schalthebel hängt: Mglw. Rückholfeder gebrochen, → austauschen.

Schaltwelle, -walze, -krone, -zinken und/oder -gabeln verschlissen: → Werkstatt.

Gangverlust

Springen bei dir öfter einmal Gänge heraus, checke oder lasse checken auf:

- **Schaltstange verbogen:** → Richten.
- **Kugelköpfe** Schaltgestänge defekt: → Austauschen.
- **Verbogene**, bzw. verschlissene Schaltgabeln: → Werkstatt.
- **Schaltwalzenfeder gebrochen:** → Werkstatt.
- **Gangzahnräder** oder Getriebewellenlager defekt: → Werkstatt.
- **Klemmende Schaltwelle:** → Werkstatt.
- **Schaltwalzensperre defekt:** → Werkstatt.

Kupplung schwergängig

- Kupplungszug unglücklich verlegt, Zug eingeknickt, Seele trocken oder einzelne Fasern gerissen. → Wartung einschieben.
- Kupplungshebel in der Armatur nicht geschmiert: → Wartung nachholen, siehe Seite 43 und 81.
- Hebel verbogen? → Überprüfen.
- Lagerbolzen in der Armatur zu fest angezogen: → Lockern.
- Ausrückmechanismus defekt: → Richten (lassen).

Kupplung rutscht

- Vollsynthetisches Öl mit Graphit- oder anderen Zusätzen eingefüllt? → Öl ablassen, Motor spülen (Sektion 12, Seite 223), herkömmliches/ teilsynthetisches Öl einfüllen, siehe ab Seite 219.
- Kupplungszug ohne Spiel: → Spiel einstellen (siehe Seite 80).
- Kupplungsbeläge abgenutzt/ gebrochen: → Wechseln (lassen). Tipp: Lege die neuen Beläge über Nacht in das Motoröl ein, das du später fährst. Wer trocken einbaut und losballert, riskiert, dass die neuen Scheiben beim ersten Anfahren verglasen.
- Kupplungsfedern gealtert: → Wechseln (lassen).
- Stahlscheiben verzogen oder verschlissen: → Wechseln (lassen).
- Feder-Halteschrauben gelockert: → Nachziehen (lassen).
- Kupplungskorb-Lamellen beschädigt: → Wechseln (lassen).

Kupplung trennt nicht

- Zu viel Spiel im Zug? → Korrigieren.
- Falscher Hebel, Hebel verbogen: → Hebel austauschen, da zu wenig Hebelweg, Sektion 06 Seite 81.
- Kupplungsscheiben verzogen: → Richten (lassen), tauschen (siehe ab Seite 226).
- Zentralmutter gelockert: → Nachziehen (lassen), (s. Seite 226)
- Kupplungszugbolzen arbeitet nicht: → Im Ausschnitt der Welle ausrichten (lassen).
- Ausrückmechanismus arbeitet nicht: → Richten (lassen).
- Flüssigkeitsverlust bei Hydraulik-Kupplungen -> Auf Leckagen prüfen. Luft im System. -> Flüssigkeitswechsel (wie Bremse).

Fahrruckeln bei Langsamfahrt

Alle Antriebskomponenten verschlissen: → Kette, Kettenrad und Ritzel wechseln, siehe *„Kette, Kettenrad und Ritzel"* ab Seite 134.

Kette ungleich gelängt: → Kette, Kettenrad und Ritzel wechseln, siehe Sektion 09 ab Seite 134.

Kettenrollen ausgeschlagen oder gebrochen: → Kette, Kettenrad und Ritzel wechseln, siehe Sektion 09 ab Seite 134.

Kette verzogen oder verschlissen: → Kette, Kettenrad und Ritzel wechseln, siehe gleichnamige Sektion 09 ab Seite 134.

Nur eine Antriebskomponente gewechselt: Laufen neue Ketten auf alten Zahnrädern oder umgekehrt, kann es ruckeln. → Komponenten gleichzeitig erneuern, siehe Sektion 09 ab Seite 134.

Kettenrad lose (Bolzen locker): → Mit Flüssigsicherung neu anziehen, siehe Sektion 09 ab Seite 134.

Kettenradträger-Lager ausgeschlagen: → Wechseln, siehe Seite 166.

Ruckdämpfer verschlissen: → Auswechseln, siehe ab Seite 137.

Hinterrad schwergängig, knackt

Lässt sich das Hinterrad nur schwer drehen und macht knackende, knirschende oder mahlende Geräusche, kann es hindeuten auf:

Kette schlecht gewartet und trocken: → Kette schmieren, siehe Sektion 09 *„Kette, Kettenrad und Ritzel"* ab Seite 130.

Kein Kettendurchhang, Kette zu straff: → Kettendurchhang neu einstellen, siehe Sektion 09 *„Kette, Kettenrad und Ritzel"* ab Seite 131.

Motorgehäuse hinter Ritzelabdeckung sehr stark verschmutzt: → Säubern.

Getriebeantriebslager defekt: → Wechseln (Werkstatt).

Radlager defekt: → Wechseln, siehe Sektion 11 ab Seite 166.

Radachse(n) zu fest angezogen: → Lockern, Sektion 08 *„Reifen/Räder"* ab Seite 124.

Mehrere feste Glieder in der Kette: → Einzelne Glieder mit viel Fett leichtgängig machen, je nach Anzahl eventuell Kette, Kettenrad und Ritzel wechseln, siehe Sektion 09 ab Seite 130.

Radachse verzogen: → Austauschen.

Bremskolben fest: → Gängig machen, siehe ab Seite 154.

Sektion 16: Anmerkungen

ZU SEKTION 01 – WERKZEUG ETC.

01-1 Werkstatthandbücher, Reparaturanleitungen, Ersatzteilkataloge, Bedienungsanleitungen, Schaltpläne, Stromlaufpläne: *www.original-anleitungen.de* (Kommerzlink).

01-2 Torx® ist registriertes Markenzeichen der Firma Acument Intellectual Properties, LLC, USA, weshalb entsprechende Geräte und Schrauben unter diversen generischen Namen laufen: Sechsrund, Sternantrieb, Innen-Sechsrund, Außen-Sechsrund, Innenstern, I-Stern, Spax T-Star, Torx Plus (leicht veränderte Form), Spax T-Star Plus (leicht veränderte Form) sowie Torx-TR und Torx-TR Plus (beides spezielle Formen für Fachbetriebe).

01-3 Bezug von zölligen Schrauben und Zoll-Werkzeugen: Der Zollshop (*www.zollshop.de*).

01-4 Anzugsdrehmomente für Regelgewinde, Tabellen mit Werten für verschiedene Schraubengrößen und Festigkeitsklassen (Blog): *https://t1p.de/s7wm.*

Standard-Anziehdrehmomente für *herkömmliche* Schrauben und Muttern sind 5 Nm für M5 x 0,8, 10 Nm für M6 x 1, 25 Nm für M8 x 1,25 und 45 Nm für M10 x 1,5 Gewinde.

01-5 Powerpack-Anbieter sind u. a. Anker: Anker Starthilfe: *www.anker.com,* Dino: Multifunktions-Starthilfe: *www.dino-kraftpaket.de,* Pow All: Jump Starter: *www.bwvertrieb.de.* Test von 10 Starthilfegräte von Klaus Herder auf Motorrad Online: *„Starthilfe, Bedienung, Preis-Leistung“: https://t1p.de/nhsjj.*

01-6 Flüssige Schraubensicherungen von Loctite: *https://t1p.de/4t6h.*

01-7 WD-40 wird geradezu inflationär für alle möglichen Arbeiten genutzt, sollte es besser aber nicht. In erster Linie dient es der Wasserverdrängung (daher auch die Bezeichnung ‚WD‘, die für ‚water displacement‘ steht) sowie der Reinigung, dem Korrosionsschutz und (nach Einwirkzeit) der Rostlösung. Ebenfalls möglich: die Entfernung von Eingebranntem auf Metallen, von Flecken auf Textilien (bedingt, da Verfärbungen möglich sind) und Kleberesten.

Nicht sinnvoll ist der Einsatz als Schmiermittel, da es gebaut wurde, Fett zu entfernen, nicht aber zu ersetzen. Auch entzieht das Mittel die Weichmacher aus Kunststoffen und beschleunigt bei Verwendung zur Reinigung solcher Bauteile die Bildung poröser Stellen und Brüche. Hier eignet sich Silikonspray besser. Vorsicht ist ebenfalls geboten bei Wachs-polierten Oberflächen, einigen Gummisorten und bei direktem Körperkontakt. Wird der Sprühnebel eingeatmet oder gelangt es über Mund, Nase oder Augen in den Körper, kann es zu Benommenheit und Schläfrigkeit kommen, dringt es tief in die Atemwege vor, sogar zum Tod. Letzteres gilt auch, wenn es verschluckt wird. Infos unter *www.wd40.de.*

01-8 Caramba: *https://www.caramba.eu/.*

01-9 Liqui Moly: *https://www.liqui-moly.com/.*

01-10 Spezial 99: *https://spezial99.de/.*

01-11 Ballistol: *https://ballistol.de/.*

01-12 Motorrad Online hat seine redaktionellen Muckis spielen und Klaus Herder Handwaschpasten prüfen lassen: Klaus Herder: *„H12 Handreiniger im Test“: https://t1p.de/fbwk.*

Verweise

Theo-Schrauben: *„Schraubenarten“: https://t1p.de/teg6.*

Klaus Herder: *„Zehn Drehmomentschlüssel unter 100 Euro im Test“* auf Motorrad Online: *https://t1p.de/t3vh.*

Klaus Herder: *„Zehn chemische Alleskönner im Vergleich“* auf Motorrad Online: *https://t1p.de/6wix.*

Ultimate Handyman: *How to remove rounded Allen head bolts* (YouTube): *https://t1p.de/hvu1.*

Engelbert Strauss: *„Arbeitshandschuhe im Überblick“* (Kommerzlink): *https://t1p.de/wrfn.*

Für den Fall, dass nur Qualitätswerkzeug in Frage kommt: Hazet-Qualitätswerkzeug: *https://www.hazet-freak.de.*

ZU SEKTION 02 – REINIGUNG ETC.

02-1 Umweltschutzauflagen variieren, das Ordnungsamt deiner Gemeinde erteilt Auskunft über örtliche Bestimmungen.

02-2 S100 Schnellreiniger von Dr. Wack Chemie: *https://t1p.de/mnvy.* Trockenreiniger. Alternativen gibt es unter anderem von BelRay, Motorex, Liqui Moly und Caramba. Auch Discounter wie Lidl und Aldi haben verschiedentlich entsprechende Produkte unter verschiedenen Bezeichnungen im Angebot. Bei allen gilt: Zunächst an versteckten Bauteilen (Metall, Lack, Kunststoff, Gummi etc.) ausprobieren; die Mittel dürfen das Material nicht angreifen!

02-3 Glasscoat von Simoniz: *www.simonizglasscoat.com.* Lackversiegelung; QJUTSU Body Coat: *https://t1p.de/btxwf.*

02-4 Klaus Herder: Test Kunststoffpflegemittel: *https://t1p.de/11chf.*

02-5 EMR Fein Retro Polish bzw. EMR Grob Retro Polish von Ambassador-Chemie: (*www.ambassador-chemie.de*). Hochpreisige, aber wirkmächtige Metallpflege.

02-6 Haftgründe (Kommerzlink): *https://t1p.de/x8v4t.*

02-7 Bondo (Kommerzlink): *https://t1p.de/ig6te.*

02-8 Folienwerk Janine Strünker (Kommerzlink): *https://t1p.de/0z1iw.*

02-9 Folierungskosten, Motorrad-Dekor (Kommerzlink): *https://t1p.de/n5wc3.*

02-10 Folienspray (Kommerzlink): *https://t1p.de/70lnx.*

02-11 Haftgrund Transparent (Amazon): *https://t1p.de/e2yer.*

02-12 Ein solches Gerät ist der WingMan von RideLink (*https://ridelink.com*). Es beinhaltet ein automatisches Notrufsystem, einen digitalen Diebstahlschutz, einen Routenplaner, Schräglagen- und Fahranalysetools sowie einen Zugriff auf OBD2 zur Datenauslese der ECU.

02-13 Einen Test diverser In- und Outdoorplanen hat Motorrad Online vorgenommen: *https://t1p.de/tfjve.*

02-14 Bspw. Motul Wheel Clean E3, Dr. Wack P21S, S100 Motorrad Felgenreiniger oder Sonax Xtreme. Felgenreiniger müssen säurefrei sein, säurehaltige beschädigen Felgen dauerhaft.

Verweise

ACV-Ratgeber *„Motorrad waschen“: https://t1p.de/sx8l.*

ADAC *„Motorrad richtig waschen“: https://t1p.de/kxwi.*

Christian Petzoldt: *„Praxisratgeber Motorradpflege – Perfekt reinigen, polieren, konservieren“*, HEEL Verlag GmbH, Königswinter, 2012.

Ralf Schneider *„Motorrad richtig putzen – Ein sicheres Diagnosesystem“* auf Motorrad Online (Artikel): *https://t1p.de/vwiy.*

ZU SEKTION 03 – SCHMIERUNG

Forum Member: *„Schmieren und Fetten“* im CBX-Forum: *https://t1p.de/i3tq.*

Louis (Kommerzlink): *„Bowdenzügen am Motorrad pflegen und reparieren“: https://t1p.de/cl2w.*

Uli Holzwarth: *„Schraubertipp Bowdenzüge“* auf Motorrad Online (Artikel): *https://t1p.de/96o7.*

ZU SEKTION 04 – INSPEKTIONEN

04-1 Servicehefte für Inspektionen, Saisonarbeiten und beides zusammen: *https://t1p.de/8l12q*.

04-2 Fakeshopfinder: *https://t1p.de/vf2p5*.

04-3 Zum Beispiel bei Ricambi Weiss: *www.ricambiweiss.com/de/* und RaceFox: *www.racefoxx.com*.

Verweise

Motorrad Online: *„Werkstatt – Schraubertipp für die Inspektion"*: *https://t1p.de/er28*.

Thorsten Dentges: *„Was kostet der Profi-Service? Überblick Inspektionskosten"* auf Motorrad Online: *https://t1p.de/700i*.

Motorrad-Tour-Online: *„Motorradinspektion: freie Werkstatt oder Markenwerkstatt"* (Blog): *https://t1p.de/4fwm*.

Kurvenjäger: *„Motorradwartung selbst durchführen"* (Blog): *https://t1p.de/7mge*.

ZU SEKTION 05 – SAISONPAUSE

05-1 Bei längerer Einlagerung empfiehlt sich, das Benzin aus Plastiktanks restlos zu entfernen. Der Sprit neigt dazu, im Laufe der Zeit durch die Plastikschicht zu diffundieren und Bestandteile aus ihr zu lösen.

Bei Aluminiumtanks besteht die Möglichkeit, dass das Material spröde wird.

05-2 Konsultiere auf jeden Fall das Handbuch zu deinem Motorrad. Kraftstoffadditive wie Stabilisatoren sind weder genormt noch kann in allen Fällen ausgeschlossen werden, dass nicht doch Ablagerungen provoziert werden.

Aus diesem Grund sind bei einigen Motorradmodellen spezielle Produkte empfohlen (meistens natürlich ein Vertragspartner des Herstellers), bei anderen Modellen Additive sogar ausdrücklich verboten. Verwendest du trotzdem einen Zusatzstoff (oder einen nicht empfohlenen), riskierst du Garantieverlust.

Verweise

Melanie Khoshmashrab, Manuel Fuchs, Dina Dervisevic: *„Ratgeber zum Saisonstart"* auf Motorrad Online: *https://t1p.de/3q1o*.

Tec-doc: *„Winterschlaf"* auf Motor-talk.de (Forum, PDF): *https://t1p.de/xgr8*.

Tourenfahrer.de: *„Motorrad winterfest machen"*: *https://t1p.de/iwt0*.

TÜV Nord: *„Winterschlaf fürs Motorrad"*: *https://t1p.de/q8kl*

1000ps.de: *„Motorrad einmotten"*: *https://t1p.de/mu9l*.

Automobilclub Verkehr: *„Motorrad überwintern: In 5 Schritten zum winterfesten Bike"*: *https://t1p.de/8rqa*.

ZU SEKTION 06 – ERGONOMIE

06-1 Im gÖrage-Blog findest du eine kleine Liste von Stand- und Sitzpositionen gängiger Modelltypen: *https://t1p.de/y6sr9*.

06-2 Sitzhöhen aktueller Bikes: ADAC (*https://t1p.de/92y2*), siehe hierzu auch Jens Kratschmars Ausführungen zu variablen Sitzhöhen auf Motorrad Online: *https://t1p.de/945ec*.

06-3 Sitzpolster: Prinzipiell lässt sich ein Sitz in Eigenregie oder von Fachbetrieben überholen, also Schneidern, Sattlern und Autosattlern. Achte nur darauf, dass genügend Erfahrung mit Motorradsitzen vorhanden ist. Ein paar Beispiele:

- Schauland: *www.schauland-kiel.de*.
- Niklas Lange: *www.sitzbankbezieher.de*.
- Alexander Ellert: *www.ae-motorradsitze.de*.
- Sattlerei & Polsterei Williams: *www.ps-williams.de*.
- SW-Motech: *www.sw-motech.de*.
- Touratech: *www.touratech.de*.
- Wunderlich: *www.wunderlich.de*.
- Baehr: *www.baehr.net*.
- Bagster: *www.bagsterworld.de*.

06-4 Tieferlegungen:

- Wilbers: *www.wilbers.de*.
- Öhlins: *www.ohlins.eu/de*.
- Mizu: *www.mizu-shop.de*.
- Team Metisse: *www.metisse.de*.
- Alpha Technik: *www.alphatechnik.de*.

06-5 **Simulationstool:** Das Simulationstool auf *www.cycle-ergo.com* hilft dir, wenn du vor dem Kauf einer Maschine wissen möchtest, welchen Stand- und Fahrfigur du drauf machen wirst, oder wenn die voraussichtlichen Ergebnisse von Modifikationen an Lenker, Sitz und (im Fall der Fahrposition) Fußrasten eingeschätzt werden sollen.

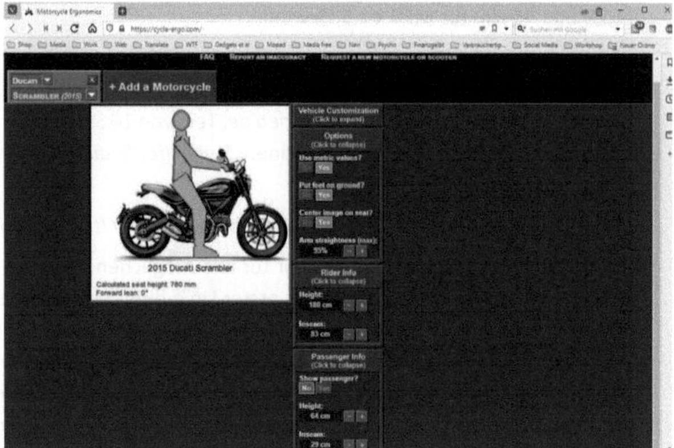

Kurz zur Vorgehensweise:

1. Motorradmodell (die meisten sind bekannt) eingeben (*‚Add a motorcycle'*).
2. Auf metrische Maße wechseln (unter *‚Options'*).
3. Fahr- oder Standposition auswählen (*‚Options > Put feet on ground'*).
4. Größe und Schritthöhe eingeben (*‚Rider Info > Height' und ‚Inseam'*).

Unter *‚Vehicle Customization'* lassen sich anschließend verschiedene Werte für Lenkerpositionen (Höhe und Richtung), Sitzhöhe sowie Fußrastenpositionen eingeben, während das Schaubild die jeweils geänderte Sitzposition anzeigt:

- **Lenkererhöhung** (*‚handlebar rise'*): Bis maximal 20 Millimeter sind ohne TÜV und meistens auch ohne Verlängerung der Züge möglich (ABE ist trotzdem notwendig). Alle Höhenwerte darüber (maximal 80 Millimeter) verlangen eine Eintragung in die Zulassungspapiere sowie meistens auch neue Züge, Kabel und/oder Hydraulikleitungen.
- **Lenker versetzen** (*‚handlebar pull back'*): Zum Fahrer ziehen (positive Werte) bzw. wegdrücken (negative Werte).
- **Sitzbank erhöhen** (*‚seat rise'*): positive Werte; Sitzbank absenken: negative Werte.
- **Fußrasten nach vorne verlegen (*‚peg forward offset'*):** positive Werte.
- **Fußrasten nach hinten verlegen**: negative Werte.

- **Fußrasten erhöhen („*peg rise*'):** positive Werte.
- **Fußrasten absenken:** negative Werte.

06-6 Upgrade-Kits:

- Fußrasten-Nachrüstkits, bzw. -module: MFW (*http://mfwgmbh.de*).
- Fußrastenanlagen: LSL (*https://www.lsl.eu*), Gilles Tooling (*www.gillestooling.com*), Arlows (https://*www.arlows.de*).
- Lenkererhöhungen (Riser): AB-M (*https://ab-m.de*).

06-7 **Bowdenzugtausch**

Muss beim Lenkerwechsel oder bei Defekten ein Bowdenzug getauscht werden, kommt es auf das jeweilige Motorradmodell an, wie schnell oder kompliziert der Wechsel erfolgen kann. Bei einigen ist die Sache schnell erledigt (weil alle Züge frei zugänglich sind), bei anderen muss unter Umständen der Tank abgebaut werden sowie evtl. diverse Verkleidungsteile.

So oder so, das eigentliche Prinzip ähnelt sich bei allen: 1) Löse die Verstell- oder Befestigungsmuttern am unteren Ende (also motorseitig) und dann am Handhebel, damit du maximales Spiel zum Ausfädeln der Nippel hast.

Ausbau Kupplungszug:

- Verstellmutter am Ausrückhebel unten am Motor maximal lösen.
- Rändelmutter (die große) oben am Hebel lösen.
- Verstellschraube (die kleine) maximal eindrehen. Darauf achten, dass der Spalt der Rändelmutter mit dem Spalt der Verstellschraube sowie dem Spalt des Kupplungshebels übereinstimmen, damit die Bowdenzugseele durchgeführt werden kann.
- Außenhülle des Zugs aus der Führung ziehen (mit Schmackes, wenn unten nicht gelöst wurde).
- Zug herausfädeln.
- Nippel aus dem Hebel fädeln.
- Zug unten am Motor aus dem Ausrückhebel fädeln.
- Neuen Zug exakt so verlegen wie den alten, auf eventuelle Reibstellen, ausreichend Biegeradius und Abstand zu Motor und Auspuff achten. Vorhandene Halterungen und Führungen werden genutzt wie vorher.

Einbau Kupplungszug:

Der Einbau erfolgt in umgekehrter Reihenfolge:

- Bowdenzug spannungsfrei verlegen und unten am Ausrückhebel einhängen. Nippel oben am Hebel einfädeln. Hierbei etwas Fett auf Nippel und Hebellagerung geben.
- Bowdenzugseele durch die noch übereinstimmend ausgerichteten Spalten fädeln (eventuell mit Kraftaufwand).
- Bowdenzug in Einstellschraube versenken.
- Kupplungsspiel einstellen. Zuerst grob unten am Ausrückhebel, dann oben am Handhebel. Beachte hierbei die Herstellerangaben zum Kupplungsspiel und drehe den Spalt der Einstellschraube nach unten, damit kein Wasser in den Zug eintreten kann (siehe Seite 81).

Ausbau Gaszug:

Analog zur Kupplung beginnst du auch hier motorseitig.

- Löse die Verstellmutter am Vergaser, um den Zug aushängen zu können. Je nach Motorradmodell müssen im Vorfeld mglw. Tank und Airbox entfernt werden.
- Gas- und Rückholzug lösen und aus den jeweiligen Führungen entnehmen.
- Gasdrehgriff öffnen (in der Regel zwei Schrauben).
- Gasdrehgriffgehäuse vom Lenker entfernen und öffnen.
- Nippel aus dem Gasdrehgriff fädeln.
- Neuen Zug so verlegen wie den alten, auf eventuelle Reibstellen, ausreichend Biegeradius und Abstand zu Motor und Auspuff achten. Vorhandene Halterungen und Führungen werden genutzt wie vorher. **Wichtig:** Der Zug darf in *keiner* Lenkerposition straff sitzen. Es besteht Gefahr, dass unbeabsichtigt Gas gegeben wird.

Einbau Gaszug:

Der Einbau erfolgt in umgekehrter Reihenfolge des Ausbaus.

- Die Nippel des Gas- und des Rückholzugs einfädeln.
- Gasdrehgriffgehäuse mit Fett versorgen, auf Lenker positionieren (Stellung ist durch eine Lenkerbohrung vorgegeben) und verschrauben.
- Gas- und Rückholzug in die jeweiligen Führungen am Vergaser einsetzen und Verstellmutter festschrauben.
- Gaszugspiel einstellen (siehe Seite 81). Zuerst grob an der Verstellmutter, dann oben in Lenkernähe. Beachte hierbei die Herstellerangaben.

Verweise

Nicolas Streblow: *„Richtig sitzen, locker fahren"* auf Motorrad Online: *https://t1p.de/svup.*

Ralf Petersen: *Einstellungssache: Fahrwerk und Ergonomie*: *https://t1p.de/33xn* (YouTube).

Bikinger.com: *„Verschiedene Arten von Motorradlenkern"*: *https://t1p.de/ost3* (Kommerzlink).

Manuel Fuchs: *„Vor- und Nachteile unterschiedlicher Lenkerformen"* auf Motorrad Online: *https://t1p.de/wayl.*

Uli Baumann: *„Zuladung beim Motorrad – So viel Gewicht darf aufs Bike"* auf Motorrad Online: *https://t1p.de/qb6u.*

Volkmar Jacob: *„Fahrwerk-Spezial: Federung"* auf Motorrad Online: *https://t1p.de/pddq.*

Volkmar Jacob: *„Fahrwerk-Spezial: Gabeldämpfung"* auf Motorrad Online: *https://t1p.de/6pqs.*

‚Infected' auf KTM-Forum: *„Fahrwerkseinstellungen und Probleme"* (Forum): *https://t1p.de/hyqy.*

S-Tech Racing: *„Federratenberechnung für Offroad-Racer"* (Kommerzlink, PDF): *https://t1p.de/i9xc.*

‚Gerd` auf Powerboxer.de: *„Feder bestimmen"* (Blog): *https://t1p.de/afet.*

‚Achim60`auf racing4fun.de: *„Fahrwerkstechnik, Grundeinstellung, Problemlösungen"* (Forum): *https://t1p.de/8buy.*

P-Form *„Fahrwerktipps"* (Kommerzlink): *https://t1p.de/elyx.*

Delboy's Garage: *USD Fork Seal Replacement*: *https://t1p.de/zdbu.*

Produktinfos Federungssysteme: Wilbers (Kommerzlink): *https://www.wilbers.de/.*

Lothar Steinmetz: *„Veränderter Nachlauf beim Motorrad"* auf Custombike: *https://t1p.de/ccwpe.*

Tilman Sanhüter: *„Sitzhöhe anpassen"* in Motorrad News 02/2019, Syburger Verlag GmbH.

ZU SEKTION 07 – FAHRWERK ETC.

07-1 Beim Customizing bspw. bei Choppern erfolgt in der Regel immer auch ein Herumschrauben an den bei Serienbikes fixen Größen wie Radstand, Lenkkopfwinkel und Nachlauf.

So korrespondieren kleinere Vorderräder oder kürzere Standrohre mit kleineren Nachläufen und kleineren Radständen, aber steileren Lenkkopfwinkeln. Umgekehrt finden sich bei größeren Vorderrädern und längeren Standrohren größere Nachläufe und Radstände, aber flachere Lenkkopfwinkel.

Hinweis: Neben den unten aufgeführten Beispielen existieren viele weitere Bauformen, die sich aber sehr einfach und schnell über die folgende Formel selbst berechnen lassen:

„Gesamtfederweg durch Nenner der Faustregel ist gleich Einsackwert in Millimeter".

Ein Beispiel: 180/4 = 45 Millimeter statischer Negativfederweg als Referenzwert für eine Gabel mit 180 Millimeter Gesamtfederweg. Toleranzen sind plus/minus 10 %, also 45 – 4,5 = 40,5 Millimeter und 45 + 4,5 =49,5 Millimeter.

07-2 Beispieltabelle für verschiedene Gesamtfederwege, Negativfederwege und Toleranzbereiche (G* = Gesamtfederweg):

Gesamtfederweg	**N1 Gabel**	**N2 Gabel**	**N1 Federbein**	**N2 Federbein**
	Faustregel: 1/4 G*	Faustregel: 1/3 G*	Faustregel: 1/10 G*	Faustregel: 1/4 G*
120 Millimeter	30 mm	40 mm	12 mm	30 mm
Toleranzbereich	27 – 33 mm	36 – 44 mm	10,8 – 13,2 mm	27 – 33 mm
130 Millimeter	32,5 mm	43,3 mm	13 mm	32,5 mm
Toleranzbereich	29,25 – 35,75 mm	38,97 – 47,63 mm	11,7 – 143 mm	29,25 – 35,75 mm
150 Millimeter	37,5 mm	50 mm	15 mm	37,5 mm
Toleranzbereich	33,75 – 41,25 mm	45 – 55 mm	13,5 – 16,5 mm	33,75 – 41,25 mm
200 Millimeter	50 mm	66,67 mm	20 mm	50 mm
Toleranzbereich	45 – 55 mm	60 – 73,34 mm	18 – 22 mm	45 – 55 mm

07-3 Grafik Federwege (unten): Vergleich von Gabelfederlängen in verschiedenen Belastungssituationen. Die *freie Länge* bezieht sich auf eine Feder in unverbautem Zustand (beim Einbau wird eine Feder stets etwas vorgespannt, damit kein Spiel entsteht). Die *Vorspannung* korrigiert die mit Fahrer und Zuladung belastete Feder, indem sie via Versteller verschoben wird, so dass sie wieder ca. 1/3 dynamischen Negativfederweg 2 aufweist.

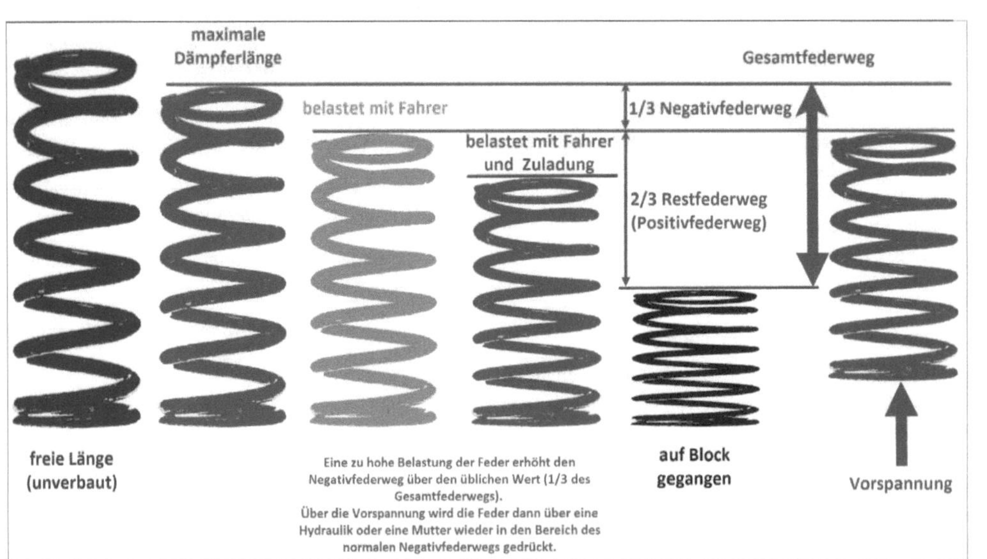

07-4 LDC Nivomat-System von Wilbers: Dieses auf das jeweilige Motorradmodell und Fahrer(in) zugeschnittene Federbein vom Fahrwerksspezialisten Wilbers verfügt ad hoc über eine (für einen als Normalfall betrachteten Solobetrieb) voreingestellte Niveaulage mit passender Federrate und Dämpfung.

Bei Zuladungen wie Sozius und/oder Gepäck, die das Bike einsacken lassen und die Fahrzeuggeometrie entsprechend verändern, bringt sich das Federbein nach ein paar hundert Metern automatisch zurück auf die vordefinierte Niveaulage. Die manuelle Vorspannung der Feder entfällt. Besser noch: Das um die 1.000 Euro teure LDC Nivomat-System stellt nicht nur die anfängliche Niveaulage wieder her, sondern passt auch die Dämpfung an die Zuladung an.

07-5 Zur Berechnung hilft der einfache Dreisatz, aufgelöst Richtung Negativfederweg oder Prozentwert:

- **Aufgelöst nach N1** (Gesamtfederweg mal Faustregel-Prozentwert durch 100) sagt die Formel dir, wie der exakte statische Federweg in mm aussehen sollte.
- **Aufgelöst nach X** (statischer Negativfederweg mal 100 durch Gesamtfederweg) erfährst du, ob deine Daten sich mit dem Faustregel-Prozentwert decken.

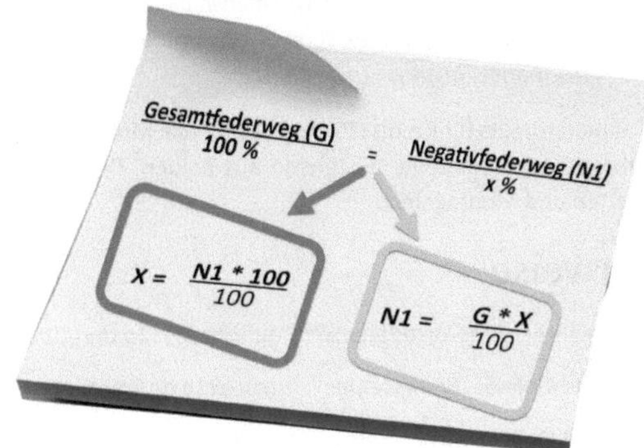

07-6 Die Standrohre stehen gewöhnlich unter starker Belastung und können sich mit den abgerissenen Kilometern minimal verformen. Werden sie nach einer Demontage nicht wieder in ihre gewohnten Positionen gebracht, kann dies Auswirkungen auf das Fahrverhalten haben.

07-7 Beschleunigt ein Motorrad, wirkt eine Trägheitskraft nach hinten auf den Schwerpunkt. Dadurch entsteht ein Drehmoment um den Schwerpunkt und das Bike wird vorne angehoben und hinten abgesenkt. Während der Schwerpunkt selbst seine Position relativ zum Fahrzeug nur wenig verändert, verschiebt sich die Last stark - bis zum Wheelie (oder umgekehrt bis zum Stoppie, wenn die Front abgesenkt und das Heck angehoben wird). Deshalb ‚dynamische Lastverteilung'.

07-8 Das Motorlayout beinhaltet bspw. die Einbaulage der Kurbelwelle und deren Kreiselkräfte, die stabilisierend wirken, Lageänderungen des Motorrads erschweren und so Einfluss aufs Handling haben.

Verweise

Ralf Petersen: *Einstellungssache: Fahrwerk und Ergonomie*: *https://t1p.de/33xn* (YouTube).

Winnie Scheibe: *„Fahrwerksabstimmung"* (Blog): *https://t1p.de/bgav.*

Volkmar Jacob: *„Fahrwerk-Spezial: Federung"* auf Motorrad Online: *https://t1p.de/pddq.*

Volkmar Jacob: *„Fahrwerk-Spezial: Gabeldämpfung"* auf Motorrad Online: *https://t1p.de/6pqs.*

‚Infected' auf KTM-Forum: *„Fahrwerkseinstellungen und Probleme"* (Forum): *https://t1p.de/hyqy.*

Achim60`auf racing4fun.de: *„Fahrwerkstechnik, Grundeinstellung, Problemlösungen"* (Forum): *https://t1p.de/8buy.*

P-Form *„Fahrwerktipps"* (Kommerzlink): *https://t1p.de/elyx.*

Konzepte von Motor, Antrieb, Fahrwerk" Springer Fachmedien, 2016. Paul Thede, Lee Parks: *„Handbuch Motorradfahrwerke: Einstellen – Optimieren - Reparieren"*, Heel, 2011.

Wolfgang Zeyen: *„Moderne Fahrwerkstechnik: Grundlagen – Entwurf – Abstimmung"*, Motorbuch, 2004.

Gaetano Cocco: *„Motorrad-Technik pur: Funktion – Konstruktion - Fahrwerk"*, Motorbuch, 2005.

Zu Sektion 08 – Reifen etc.

08-1 Reifen-Indizes: Tragfähigkeits-/Geschwindigkeitsindex (Wikipedia): *https://t1p.de/omo3* und *https://t1p.de/8l3l.*

08-2 *Die Wahrheit über Silica* von Jens Kratschmar auf Motorrad Online: *https://t1p.de/2zbus.*

08-3 1) Andreas Denner: „Abschaffung der Reifenfreigabe", Motorcycle News: *https://t1p.de/yssvp.* 2) *„Reifenumrüstung - Was gilt denn nun?"* gÖrage: *https://t1p.de/9mp2h.*

08-4 Radumbauten:

- Karbonräder: BST (www.blackstonetek.com), Ilmberger Carbon: *www.ilmberger-carbon.de*, Thyssenkrupp: *https://t1p.de/c4se.*
- Custombauten: Custom Chrome Europe: *https://t1p.de/eq6x*, SScycle (*www.sscycle.de*), Thunderbike (*www.thunderbike.de*).
- Felgenverbreiterung: Georg Deget Motorradtechnik (*www.deget.de*), Krüger & Junginger (*www.krueger-junginger.de*).
- Marchesini-Räder: Moto Coach (*www.moto-coach.de*), Telgesparts (*www.telgesparts.de*).
- Schmiederäder: Gilles Tooling (*www.gillestooling.com*), Krüger & Junginger. (*https://t1p.de/zwod*).
- Drahtspeichenräder: Krüger & Junginger (*https://t1p.de/zwod*), SWC (*www.swc-maier.de*), WalMoTec (*www.walmotec.de*).

08-5 Z. B. Motul Wheel Clean E3, Dr. Wack P21S Felgenreiniger, S100 Motorrad Felgenreiniger oder Sonax Xtreme.

08-6 Ein Vergleichstest kompakter Reifen-Luftpumpen lässt sich auf Motorrad Online abrufen: *https://t1p.de/2k8cu.*

Verweise

Werner Koch: *„Fahrverhalten bei verändertem Luftdruck"* auf Motorrad Online: *https://t1p.de/3u9b.*

Uli Baumann: *„Reifen-Tipps: Nutzung, Alter, Lagerung"* auf Motorrad Online: *https://t1p.de/zbmm.*

Bikereifen24.de: *„Motorrad-Reifendruckkontrollsystem Test"* (Kommerzlink): *https://t1p.de/yavn.*

Jens Kratschmar: *„Problemfall Reifenpanne: Darf ich einen Motorradreifen reparieren?"*: *https://t1p.de/6u8b4*

Zu Sektion 09 – Kette etc.

09-1 **Kettenreinigungssysteme** säubern die Kette über integrierte Bürsten von allen Seiten. Die in den Sets enthaltene Lösung entfernt Schmutz und altes Fett, während das (freie) Hinterrad mit der Hand gedreht wird. Ein Auffangbeutel nimmt den Schmodder auf. Beispiel: KettenMax (Kommerzlink): *www.kettenmax.com.*

09-2 **Kettenöler**

- Eigenbau: McCoi (belastungsabhängig, temperaturunabhängig, Microprozessor-gesteuerter Eigenbau, Anleitung auf Homepage): *https://t1p.de/c4qv.*
- Chain Lube Systems (teuer, Microprozessor-gesteuert, temperaturunabhängig, konstante Abgabe): *https://cls-evo.eu* (Kommerzlink).
- Scottoiler (kontinuierlicher Fluss): *https://rockoil-shop.de/de/scottoiler* (Kommerzlink).

09-3 **Wichtige Kettenhersteller:**

- DID: *https://www.did-motorradketten.de.*
- RK: *https://t1p.de/ivjfg.*
- Enuma: *http://www.enuma.co.jp/en/.*
- AFAM/DC: *https://de.afam-group.com/.*
- Regina: *https://www.reginachain.net.*

Angeboten unter anderem von:

- DID-Ketten: *www.brands4bikes.de, www.kettenmax.de.*
- RK-Ketten: *www.cea.de.*
- CZ-Ketten: *www.mefo-shop.de.*
- Enuma: *www.alphatechnik.de.*
- AFAM/DC: *shop.krueger-motoparts.com, www.kettenwulf.com/.*

09-4 Kettennietwerkzeuge. **Hinweis:** Achte bei hochpreisigen Werkzeugen darauf, dass Bauteile nachgekauft werden können, wenn sie defekt werden. Bei Niedrigpreisern ist dies generell nicht der Fall; wenn dort etwas ausfällt, muss das komplette Werkzeug ersetzt werden.

- AFAM EasyRiv5 Chain Riveter (nur als Bordwerkzeug brauchbar für 520er-, 525er- und 530er-Ketten mit Hohlnietschloss): *https://de.afam-group.com/.*
- JT50 (relativ günstig und von brauchbarer Qualität, wenn selten vernietet wird, geeignet für 520er-, 525er- und 530er-Hohlnietschloss-Ketten): *www.jtsprockets.com.*
- DID KM500R Chain Cut & Rivet Tool (teuer, hohe Qualität, geeignet für 520er-, 525er- und 530er-Ketten mit Hohlnietschloss, mit Adapter auch für 420er und 428er): *www.did-motorradketten.de.*
- Kellermann KTW 2.5 (teuer, hohe Qualität, geeignet für 420er-, 428er-, 520er-, 525er-, 530er- und 630er-Ketten mit Hohlnietschloss, per Nachrüstkit auch für Vollnietschlösser.

09-5 Wichtige Hersteller von Kettenrad und Ritzel:

- AFAM: *https://de.afam-group.com/.*
- ESJOT: *www.esjot.com.*
- JT-Sprocket: *www.jtsprockets.com/.*
- Ognibene: *https://silent-ritzel.de/* (gummierte Ritzel und Kettenräder).
- Supersprox: *www.supersprox.com* (Stealth-Produkte).

09-6 Norberts Motorradseiten: Tool zur Ermittlung alternativer Übersetzungen des Sekundärantriebs: *https://t1p.de/oqmn.*

Verweise

Tourenfahrer: *„Motorradketten: Fakten, Pflege, Kaufberatung“*: *https://t1p.de/nfkm.*

Jörg Lohse, Holger Hertneck: *„Report Motorradketten“* auf Motorrad Online: *https://t1p.de/jawk.*

Jens Schultze: *„Motorradketten – Kettentypen, Pflege und worauf zu achten ist“* auf Nippon Classic (Blog): *https://t1p.de/fpz6.*

Motorradreisefuehrer.de: *„Kettenratgeber – Die richtige Kette für die Reise“* (Blog): *https://t1p.de/m622* (Top-Überblick über Motorradketten und deren Hersteller).

Delboy's Garage (YouTube): *Motorcycle Chain and Sprocket Change*, inkl. Gebrauch eines Trenn- und Nietwerkzeugs: *https://t1p.de/7t94.*

Kettennormung, Beschaffenheit und Bezeichnungen von Racingketten (Blog): *https://t1p.de/n04s.*

Kettenmax: *„Überblick Kettenschlösser und Kettennietwerkzeuge“* (Kommerzlink): *https://t1p.de/430q.*

mykettenkit.de: *„Motorrad Standard-Kette, O-Ring oder doch lieber DID X-Ring Kette?“* (Kommerzlink): *https://t1p.de/cyy8.*

Uli Baumann: *„Regina High Performance“* auf Motorrad Online: *https://t1p.de/25vt.*

Kompendium zu den Bauarten von Antriebsketten: *www.alphatechnik.de* (Kommerzlink).

MDvPs Mopped Page: Kettenöler (Blog): *https://t1p.de/c4qv.*

Zu Sektion 10 – Bremsen etc.

10-1 Bremsflüssigkeitstester sind günstig erhältlich. Erkannt werden sollten mindestens 1 % Wassergehalt und die Messsprünge nicht höher als 0,5 Prozent liegen).

10-2 Wer trotzdem mehr über einen Flüssigkeitswechsel an einem CBS-System wissen möchte, hier ein paar Denkanstöße auf ZAMsChannel auf YouTube: *https://t1p.de/p2gim.*

10-3 Stahlbus-Entlüftungssysteme: *www.stahlbus.com.*

10-4 Stahlbus- Gewindezuordnungstabelle für Motorräder: *https://t1p.de/6xlr.*

10-5 Stahlflex-Anbieter: Melvin: *www.melvin.de,* Spiegler: *spiegler.de,* Stahlflex-Shop: *www.stahlflex-shop.de,* Probrake: *www.probrake.de,* HEL-Performance: *https://t1p.de/pkn1.*

10-6 Reparatursets für Bremssättel gibt es für alle Motorräder im Zubehörhandel und bei eBay, bestehend aus Kolben, Dichtungen, Manschetten und Montagefett.

Verweise

Tourenfahrer: *„ Motorradbremsen“* auf *https://t1p.de/g08w.*

Motorrad Online: *„Bremsbeläge“*: *https://t1p.de/ctlgb.*

Motorrad Online: *„Bremsflüssigkeit wechseln“*: *https://t1p.de/qgbr*

Motorrad Online: *„Bremsscheiben selber wechseln“*: *https://t1p.de/450d.*

Ugly: *„Stahlflex-Bremsleitungen, was können sie und braucht man sie?“* auf Motorcycle News: *https://t1p.de/ao5j.*

Werner Jörg: *„Bremsscheiben wechseln“* auf gs-classic: *https://t1p.de/wcc6.*

Franz Josef Schermer: *„Bremsbeläge am Motorrad wechseln“* auf Motorrad Online: *https://t1p.de/8kfo.*

TRWmoto: *„Bremsbeläge – prüfen und wechseln“* (Kommerzlink, PDF): *https://t1p.de/aga7.*

Motorrad-Tour-Online: *„Bremsbelagwechsel am Motorrad“* (Blog): *https://t1p.de/219j.*

Peter: *„Bremsen-Special: Tipps, Tricks & Wissenswertes rund um das Thema Bremsbeläge“* auf Italobike Performance (Kommerzlink, Blog): *https://t1p.de/chll.*

Winnie Scheibe: *„Überholen von Bremssätteln“* (Blog): *https://t1p.de/wgib.*

Philipp Morris: *„DIY: Bremssattel Reparatur“* (Kommerzlink) auf Motorrad-Ersatzteile24: *https://t1p.de/52c1.*

Hans-Jörg Bruckberger: *„Messung der Bremsflüssigkeit“* (Kommerzlink). *https://t1p.de/fo4og.*

Zu Sektion 11 – Lager

11-1 Bevor du Fahrwerksschwächen abseits normaler Wartungsintervalle durch Lagerarbeiten zu beheben versuchst, kläre, ob nicht eine andere Ursache in Frage kommt wie falscher Luftdruck,

Profilverschleiß, Gabelholme unterschiedlich befüllt, unterschiedlich eingestellte Gabel- oder Federbeine (bei Stereobestückung), Gabelverspannung oder eine verrutschte Radflucht. Anbieter und Spezialisten von Lagern und Lageranpassungen sind unter anderem:

- Neuteile diverser Motorradmodelle: *www.neubert-racing.com* und *www.racing-shop-schuller.de.*
- Agrolager: Lager, Passscheibenvertrieb und Antriebstechnik: *www.agrolager.de.*
- Übermaßbolzen: Firma Böckers Alu Construction (*www.alu-construction.de*).

[11-2] Ein praktisches Beispiel zum Radlagerwechsel hält der gÖrage-YouTube-Kanal bereit: *https://t1p.de/8jxi.*

[11-3] Die Erwärmung von Lagersitzen, bspw. auf rund 80, wird von einigen Experten oft zusammen mit einer Vereisung der Lager empfohlen, um irreparable Schäden an den Lagersitzen zu vermeiden, die auftreten, wenn Lager kalt ausgepresst werden. Andere sehen es als nicht so geboten, weil sie befürchten, dass die Materialien in Mitleidenschaft gezogen werden. Und wieder andere sehen beide Maßnahmen eher undramatisch. Kurz: Viele tendieren zum Erhitzen, aber verbindliche Aussagen sind selten, erst recht modellspezifische. Es ist angeraten, sich im Vorfeld solcher sicherheitsrelevanten Arbeiten fachmännischen Rat bei Bike-Hersteller oder Vertragswerkstatt einzuholen.

[11-4] Emil Schwarz (*https://www.emilschwarz.de*), Anbieter von Präzisionsteilen für Motorräder: Der Fahrwerksspezialist fertigt u. a. maßgeschneiderte, axial und radial spielfreie Schwingenlager an.

[11-5] Ein praktisches Beispiel zum Schwingenlagerwechsel hält der gÖrage-YouTube-Kanal bereit: *https://t1p.de/8jxi.*

Verweise

Winnie Scheibe: *Fahrwerkslagerung überholen*: *https://t1p.de/9cal*

Delboy: *Motorcycle Wheel Bearing Replacement*: *https://t1p.de/cekz.*

Delboy: *Head Stock Bearings Replacement*: *https://t1p.de/lnaj.*

Werner Koch: *Lagerstellen am Rahmen*: *https://t1p.de/w72s.*

Werner Koch: *Stoßdämpfer und Umlenkhebel*: *https://t1p.de/dkvd.*

Zu Sektion 12 – Elektrik

[12-1] Seit Februar 2021 ist es verboten, Batteriesäure an Endverbraucher abzugeben, damit schlimme Finger nicht an Schwefelsäure kommen (kannste Bomben mit bauen). Wer noch trockene Batterien auf Lager hat oder sich eine anschafft, muss deshalb mit dem Teil in die Fachwerkstatt, die es dann befüllen darf. Bereits vorgefüllte AGM- und Gel- sowie Lithium-Batterien sind weiterhin normal verwendbar.

[12-2] Dirks Motorrad-Elektrik-Seiten: *https://t1p.de/12kx.*

[12-3] Roman Kirschbauer: *15 Motorrad-Batterieladegeräte im Test* auf Motorrad Online: *https://t1p.de/xioj5.*

[12-4] Liste generischer Fehler, ODB-2-Fehlercode-Datenbank: *https://t1p.de/7hbf.*

[12-5] Verwechsele Kabelquerschnitt nicht mit Kabeldurchmesser. Das eine ist ein Längenmaß, das andere eine Flächenangabe und verantwortlich für die elektrischen Eigenschaften eines Leiters.

[12-6] Kabelrechner: *https://t1p.de/dq0v8, https://t1p.de/01496*

[12-7] Andreas Woithon: *„Den richtigen Kabelquerschnitt finden"* auf Matsch & Piste – Offroad- und Reisemagazin: *https://t1p.de/snhk.*

[12-8] Motogadget: Bus-Systeme, Customizing (*www.motogadget.de*).

[12-9] Alternativen zur mo.unit: Elektronikbox von Axel Joost (*https://t1p.de/4l9ka*) und Ultima (*https://t1p.de/aty4y*).

[12-10] Kompatibilitätsliste: Philips Ultinon *https://t1p.de/6kma1*. Osram Nightbreaker: *https://t1p.de/2n6ry.*

[12-11] Rechner für Widerstandsstärken: *https://t1p.de/pzusl.*

[12-12] Starthilfe für lahme Batterien: Soll/muss eine Batterie Starthilfe bekomme, vermeide Spannungsspitzen durch folgende Reihenfolge: 1. Schließe das rote Kabel an den Pluspol der leeren Batterie und dann am anderen Ende an den Pluspol der Spenderbatterie an (Auto oder anderes Motorrad). 2. Schließe das Minuskabel (Schwarz) an den Minuspol der vollen Spenderbatterie und das andere Ende an ein blankes Metallteil am Rahmen oder Motorblock des liegengebliebenen Bikes (Fahrzeugmasse). Vermeide es, den Minuspol der leeren Batterie als Anschluss zu verwenden, um das Risiko von Spannungsspitzen für das Steuergerät zu minimieren. Außerdem können beim Anschließen Funken entstehen, die bei ausgasenden (leeren) Batterien zu einer Explosion führen können. 3. Lasse den Motor des Spenderfahrzeugs (besonders beim Auto) aus, während du das Motorrad startest. Die Lichtmaschine eines laufenden Autos kann so viel Power liefern, dass der empfindliche Regler des Motorrads überfordert wird. 4. Sobald das Bike läuft: Kabel in umgekehrter Reihenfolge abklemmen (erst Masse, dann Plus). Hinweis: Ein fehlerhafter Masseanschluss kann bei dieser Vorgehensweise nicht enttarnt werden.

Verweise

Marcel Schoch: *Kabelbaum reparieren und nachfertigen* auf ‚Motorrad Online': *https://t1p.de/atdf.*

Chris: *Wie erstellt man einen Kabelbaum?* auf ‚550MOTO' (Blog): *https://t1p.de/yhsp.*

Thomas Hey'l: *Tipps für einen Kabelbaum ohne Leitungsverluste* auf ‚KR26' (Blog): *https://t1p.de/9mux.*

Kabel Schmidt (Kabel und Zubehör): *www.kabel-schmidt.de.*

Kellermann (Beleuchtung, Relais, etc.): *www.kellermann-online.com.*

Kay von Louis in *Motorrad-Blinkrelais & Widerstände erklärt!* (Video auf YouTube, Kommerzlink): *https://t1p.de/si1m.*

Dirk Glander: *Dirks Motorrad-Elektrik-Seiten*: *https://t1p.de/12kx.*

Klaus Herder, Dina Dervisevic: *H4- und H7-Nachrüstlampen fürs Motorrad im Test* auf ‚Motorrad Online': *https://t1p.de/wqkhj.*

Wulf Weis: *Datenschleuse – Was kann die ODB-Schnittstelle* in ‚Motorradfahrer & Motorrad News' 07/2020.

Zu Sektion 13 – Motoren etc.

[13-1] *Benzinsorten auf dem Prüfstand* von Wulf Weis in MOTORRAD NEWS 3/2020.

[13-2] Tankspezialisten (Rost im Tank):

- Plastec Kunststoffschweisstechnik (*www.team-plastec.de*).
- Motorrad Stemler (*www.motorrad-stemler.de*).
- Tank-Spezialist (*www.tank-spezialist.de*).
- Kühlerbau Spannagel (*www.kbs-spannagel.de*).
- Theo Däschlein (*www.daeschlein.de*).

[13-3] Drosselkits von:

- Mizu: *www.mizu-shop.de.*
- Alpha Technik: *www.alphatechnik.de.*
- Biketown 24: *https://t1p.de/mtf8.*

[13-4] *„Das kostet die A2-Werksdrosselung auf 35 KW"* von Jens Kratschmar auf Motorrad Online: *https://t1p.de/7z8f3.*

[13-5] Zündboxinstandsetzung: Firma Motek Motorradelektrik, Bielefeld: *www.motek.de.*

[13-6] Zündkerzencodes: Racing Planet (Blog): *https://t1p.de/7mehq.*

[13-7] Colortune-Zündkerze: Zephyr Garage: *https://t1p.de/qs09i.*

[13-8] Anbieter von Auspuffanlagen: Akrapovic (*www.akrapovic.com*), Arrow (*www.arrow-auspuffanlagen.de/*), Bodis (*www.bodis-exhaust.com/*), BOS (*www.bosauspuff.de/*), Cobra (*www.cobraexhaust.de*), Falcon, GPR (*www.gpr-germany.de/*), Hurric, LeoVince (*www.leovince.de/*), Mivv (*mivv.com/de/*), QD (*www.qdexhaust.de/*),

Remus (*remus.eu/de/*), Storm (siehe Mivv), Yoshimura (*www.yoshimuraauspuff.de/*), Zard (*www.zardauspuff.de/*).

[13-9] Uwe Seitz: *Umbau-Tipps Auspuffanlagen: Optik, Sound, Leistung* auf Motorrad Online: *https://t1p.de/sue5g*.

[13-10] Engine Flush von Liqui Moly (250 ml): *https://t1p.de/qhoc*.

[13-11] Motor Cleaner von Motorex (250 ml): *motorex.com/de-de*.

[13-12] Engine Clean von Motul (200 ml): *www.motul.com*.

[13-13] Tourplan von Paddy Lectric: Ladestationen für die Tourplanung mit E-Motorrädern: *https://t1p.de/svidk*.

[13-14] Bspw. der elektronische Synchrontester SynX, erhältlich bei den üblichen Verdächtigen wie diesen hier: *https://t1p.de/k971w*.

[13-15] Einer der Vorteile synthetischer Öle ist das Lösen von Ablagerungen – die aber viele alte Motoren oft noch dicht und am Leben halten.

[13-16] Übernommen von Saarbike.de. Bei Saarbike werden programmierbare Zündboxen angeboten. In den meisten Fällen reicht einfaches Plug-and-Play, bei anderen muss die eine oder andere Vor-Info abgefragt werden: *https://t1p.de/ad61n*.

[13-17] Tank-Innenbeschichtungen aus flüssigem Kunststoff, der sich im Inneren ausbreitet, sollen vor Rost schützen; Erfahrungsberichte sind allerdings widersprüchlich. Während einige zufrieden sind, beklagen andere sich auflösende Beschichtungen, die im kompletten Benzinsystem bis hin zu Benzinpumpe und Vergaser zu finden sind und dort alles verkleben. Vermutlich reagieren die Kunststoffe mit Kraftstoffzusätzen oder altern schlicht und verlieren ihre Haftfähigkeit. Genaues hierzu ist nicht bekannt.

[13-18] *Scheepers Motorsport* rüstet ältere Vergasermotorräder mit Einspritzdüsen nach: *https://t1p.de/rke9q*, *https://t1p.de/98v6o*.

[13-19] Was ist Glysantin? Was OAT? Glysantin ist ein von BASF entwickeltes Kühlmittel, bspw. Glysantin G30. OAT-Varianten enthalten keine Silikate, sondern ausschließlich organische Additive als Korrosionsschutz (Organic Acid Technology). OAT-Produkte, die darüber hinaus zusätzlich mit Silikaten angereichert sind, bezeichnet man demgegenüber als HOAT (Hybrid Organic Acid Technology).

[13-20] E10-Kompatibilitätsliste: *https://t1p.de/m8tnu*.

[13-21] Düsennadeln sorgen dafür, das beim Gasgeben mehr Benzin durchlaufen kann. Eingehängt ist sie im Gasschieber in einer von (meist) fünf Kerben, oft der dritten. Eine Kerbe höher sorgt für ein fetteres Gemisch, eine tiefer für ein magereres.

Verweise

‚Tank entrosten und versiegeln', Nippon Classic: *https://t1p.de/z784*.

Jörg Lohse: *Fehler in der Einspritzanlage finden und beheben* auf Motorrad Online: *https://t1p.de/grgy*.

Johannes Müller: *Kraftstoffverbrauch bei Motorrädern – Verbrauchstest* auf Motorrad Online: *https://t1p.de/w0t5*.

Thomas Schmieder: *Alles über Benzin*: *https://t1p.de/xr65*.

Martin Weber: *Motorrad tanken aber richtig – Super, E10 oder Super Plus?* auf Motorradbekleidung.net: *https://t1p.de/idf8*.

Drosseln für A2-Führerschein: https://t1p.de/q11b.

Markus Kuhnla: *Instandsetzung Vergaser VX 800* (PDF) auf VX800.de (Blog, Forum): *https://t1p.de/myrh*.

Bußgeldkatalog 2020: *Luftfilter-Tuning: Welche Vor- und Nachteile hat der Einbau eines Sportluftfilters? https://t1p.de/p3d3*.

Winnie Scheibe: *Kontakt-Zündanlage*: *https://t1p.de/e6eo*.

Cay Ury: *Zündbox reparieren*, Motorrad Online: *https://t1p.de/ukf0*.

Goss' Garage: *How to read your spark plugs*: *https://t1p.de/yfeh*.

Ralf Petersen: *Ölwechsel und Ölstandskontrolle*: *https://t1p.de/95t7*.

Kradblatt: *Ölwechsel beim Motorrad – das sollte man beachten*: *https://t1p.de/s1bt*.

Team Ratracer: *Ölwechsel selbst gemacht – so einfach geht's* (Blog): *https://t1p.de/7289*.

Uwe Seitz: *Umbau-Tipps Auspuffanlagen*: *https://t1p.de/lcjwo*.

DEKRA: *Die Auspuffanlage: Wichtig ist, was rauskommt.* (Website): *https://t1p.de/qodbm*.

Andreas Berger: *Ausprobiert: Motorspülung* (mit Ergebnistests), Motorradfahrer & Motorrad News 07/2020.

Zu Sektion 14 – TÜV etc.

[14-1] Wann ABE, ECE oder EG gilt, ist vom Prinzip her unerheblich, Hauptsache, das eine oder andere Zeichen ist vorhanden. Die Prüfung nach EG-Recht (E-Nummer) ist von der Gültigkeit her nichts anderes als eine Prüfung nach nationalem Recht (ABE). Aus dem gleichen Grund wird man auch nur Teile mit E-Nummer oder ABE finden, nicht mit beiden Prüfzeugnissen.

[14-2] Lothar Steinmetz: *„Blinker: TÜV, Regeln, Nützliches"*, Custombike Online: *https://t1p.de/errre*.

[14-3] Boert: *„Reifenumrüstung Motorrad: Was gilt denn nun?"* (Blog): *https://t1p.de/1y1xb*.

Verweise

„Tipps für die Hauptuntersuchung" auf Motorrad Online (*https://t1p.de/q0ej*).

Checkliste vom TÜV Süd: *https://t1p.de/elz7i*.

„Motorrad TÜV – Die ultimative Checkliste" von Autoreparaturen.de (Kommerzlink): *https://t1p.de/qizc*.

„Motorrad-Umbau: Erlaubt, was gefällt?" von DEKRA (Kommerzlink): *https://t1p.de/d7ob5*.

Weitere Literaturhinweise

Gebrauchtkauf Motorrad (Broschüre), gÖrage motorcycles: *https://goerage.net*.

Motorrad-Reparaturanleitung Band 5319: *„Ducati Scrambler – Wartung, Pflege, Reparatur"*, Bucheli Verlags GmbH, Cham (CH), 2017.

Alan Ahlstrand, John H. Haynes: *"Yamaha XJ600S & XJ600N Service and Repair Manual"*, Haynes Publishing, Newbury Park (USA), 2009.

Ricky Burns: *„Das Motorrad-Schrauberhandbuch – Klassische Zweiräder perfekt restaurieren"*, HEEL Verlag GmbH, Königswinter, 2018.

Franz Josef Schermer: *„Das Motorrad-Schrauberbuch: Praxiswissen für Hobbyschrauber"*, bucheli Verlag, 2010.

Pistone: *„Gut beschwingt – Technik Hinterradschwingen"* in Motorradfahrer 04/2020

Ralf Petersen: „Motorrad-Technik – Praktisches Basiswissen leicht verständlich", Delius Klasing, 2015.

Bernt Spiegel: *Die obere Hälfte des Motorrads – Über die Einheit von Fahrer und Maschine,* Motorbuch, 2018.

Jürgen Stoffregen: *„Motorradtechnik: Grundlagen und Konzepte von Motor, Antrieb und Fahrwerk"* Springer Fachmedien, 2016.

gÖrage Vooks

Zahnriemenwechsel Ducati Scrambler: *https://t1p.de/o9mt6*.

Motorradhebebühne: *https://t1p.de/okr27*.

Hinterradausbau Yamaha XJ 600: *https://t1p.de/uqid4*.

Hinterradlagerwechsel Yamaha XJ 600: *https://t1p.de/g5q5o*.

Schwingenlagerwechsel Yamaha XJ 600: *https://t1p.de/rvxc4*.

Kettenantriebswechsel Yamaha XJ 600: *https://t1p.de/eyw4q*.

Federbeinwechsel Yamaha XJ 600: *https://t1p.de/y0vak*.

Gabel entspannen: *https://t1p.de/tb4a8*.

Gabelservice Yamaha XJ 600 (Simmerringe, Gleitlager, Gabelöl, Gabelfeder): *https://t1p.de/m7kd0*.

Sektion 17: Über ...

Uller Bessin/gÖrage Motorcycles

Uller Bessin aka Ulrich Brügmann ist spezialisierter Fachautor für Technikvermittlung. Nach seinem Studium der Psychologie und Stationen in Los Angeles machte er sich als Verfasser diverser Technikbücher einen Namen und verdingte sich als Autor von Manuals sowie als Marketingspezialist in der Privatwirtschaft – bis er beschloss, seine Leidenschaft für Mechanik und die angeborene Liebe zu Motorrädern mit seiner Expertise in Wissensvermittlung zu verbinden und zum Mentor einer neuen Generation Motorradfahrer zu werden. Hierfür initiierte er Mitte 2018 im norddeutschen Wankendorf in einer feuchten, undichten und weiträumig mit Deckenschmodder gesegneten Beton-PKW-Garage das Projekt gÖrage motorcycles, führte es durch die Krisen der 20er-Jahre und baute es schrittweise zur Grundlage des vorliegenden Schrauberhandbuchs für Motorradfahrer aus.

Safety First!

Viele Menschen sind von Natur aus unvernünftig, bei welcher Arbeit und aus welchem Grund auch immer. Andere sind so vernünftig, dass es schmerzt, und wieder andere machen das *einzig* Vernünftige und passen ihre Wunschvorstellungen bezüglich der eigenen Fähigkeiten den Realitäten an, sprich: ihren Talenten, ihrem Vorwissen, ihren Erfahrungen und der verfügbaren Ausrüstung.

Als warnende Richtlinien zur Kenntnis nehmen sollten alle:

- Immer gewissenhaft arbeiten! Als hinge deine Sicherheit davon ab!
- Die Arbeiten an sicherheitsrelevanten Bauteilen wie unter anderem der Bremsanlage (ohne oder mit ABS) und Fahrwerk dürfen nur von ausgebildeten und autorisierten Fachleuten durchgeführt werden.
- Veränderungen jeglicher Art, nicht nur im sicherheitsrelevanten Bereich, können die Betriebserlaubnis und/oder Garantieansprüche gegen den Hersteller eines Motorrads erlöschen lassen.
- Nach Abschluss aller Schraubarbeiten ist eine sorgfältige Prüfung aller Schrauben und Verbindungen durchzuführen. Wer keine Zeit hat, sollte nicht schrauben.
- Immer mit Motorradmodell-spezifischem Reparaturhandbuch arbeiten – aber hinsichtlich der dort niedergelegten Texte das Gehirn eingeschaltet lassen. Das gilt ebenso für das vorliegende Buch. Alle vorhandenen Texte, Bilder, Tutorials und andere Inhalte stellen Leitfäden und Beispiele dar, nehmen aber nicht für sich in Anspruch, fehlerfrei zu sein oder technische Wahrheiten zu vertreten. Die Leser sind nicht davon befreit, die Darstellungen eigenverantwortlich und gegengeprüft umzusetzen.

Fotos

Die meisten Bilder stammen von Lukas Heikendorf und gÖrage.net, andere aus nicht mit dem Projekt verbundenen Quellen. Sie wurden ursprünglich auf Pexels (*pexels.com*) oder Pixabay (*pixabay.com*) veröffentlicht oder sind von einer KI erstellt und dienen in Teilen oder als Ganzes als Grundlagen für Neuinterpretationen.

Dank und Credits gehen an: Paul vom Ehrenberg für *Screw Contrasts* (Seite 17), Max Lochner (Lomax58) für *Motorcycle Front Wheel* (Seite 47) und *Motorcycle Chain Rust* (Seite 128), Patrick Shields (pashiel) für *Chopper Wheel* auf Seite 84, Ilona F (Couleur) für *Biker Figure* (Seite 86). Monika (miniformat65) für *Antriebs-Zahnriemen* auf Seite 137, Wiki Images für *Train Wreck* (Seite 139), 2427999 für *Trommelbremse* (Seite 140), motogadget für *Mo.unit* (Seite 196), English (Clker-Free-Vector-Images) für *Chopper Motorbike Vektor* auf Seite 197, Kevin Bidwell für *Vergaser* (Seite 211).

Ebenfalls von gÖrage:

Gebrauchtkauf Motorrad

Gratis-Booklet zum Kauf und Verkauf gebrauchter Motorräder: Sichtprüfung, Betrugsversuche, Anmeldung, Überführung, Transport, Checklisten ...

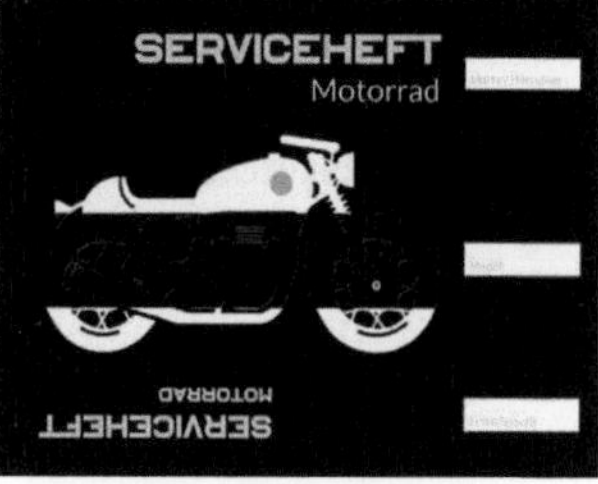

Serviceheft Motorrad

Serviceheft zur Dokumentation von Inspektionen, Reparaturen und anderen Wartungsarbeiten.

Serviceheft Plus Motorrad

Serviceheft zur Dokumentation von Inspektionen, Wartungen, Reparaturen und Saisonarbeiten.

Saison- und HU-Check Motorrad

Serviceheft zur Dokumentation von Saisonarbeiten. Inklusive HU-Checkliste

Weitere Informationen und Tutorials unter:

https://goerage.net

Sektion 18: Schlagwortregister

S

★★★★★

Du hast Ideen zur Verbesserung, möchtest Kritik an den Mann bringen oder zu Korrekturen bzw. Aktualisierungen beitragen? Halte dich nicht zurück.
Deine Mail ist willkommen: feedback@goerage.net.

Dieses Buch wurde in Übereinstimmung mit den GPSR-Richtlinien der EU zur Sicherheit von Produkten erstellt.

Die Verordnung über die allgemeine Produktsicherheit ist der aktualisierte Rahmen der Europäischen Union, um sicherzustellen, dass alle Verbraucherprodukte, einschließlich Bücher, für Verbraucher sicher sind.

Dieses Buch wurde von Libri Plureos GmbH gedruckt. Der Drucker hat Sicherheitszertifikate für die verwendeten Materialien wie Tinte, Papier und Kleber ausgestellt.

Die Produktkennung ist: 9789403706368

Der Autor ist für den Inhalt des Buches verantwortlich und hat das Buch von Bookmundo produzieren lassen.

Sollten Sie Fragen zur Sicherheit des Produkts haben, kontaktieren Sie uns bitte.

Bookmundo
Delftsestraat 33
3013AE Rotterdam
Die Niederlande
info@bookmundo.com